Introdução à Computação

Usando Python

gen
Grupo
Editorial
Nacional

Introdução à Computação
Usando Python

Um Foco no Desenvolvimento de Aplicações

Ljubomir Perkovic

DePaul University

Tradução e Revisão Técnica

Daniel Vieira

- **Atendimento ao cliente: (11) 5080-0751 | faleconosco@grupogen.com.br**
- Traduzido de
  INTRODUCTION TO COMPUTING USING PYTHON: AN APPLICATION DEVELOPMENT FOCUS, FIRST EDITION

  ISBN 978-0-470-61846-2

- Travessa do Ouvidor, 11
  Rio de Janeiro – RJ – 20040-040
  www.grupogen.com.br

- Design de capa: Wendy Lai
  Foto de capa: ©simon2579/iStockphoto
  Editoração Eletrônica: *Alsan Serviços de Editoração Ltda.*

CIP-BRASIL. CATALOGAÇÃO NA PUBLICAÇÃO
SINDICATO NACIONAL DOS EDITORES DE LIVROS, RJ

P526i

Perkovic, Ljubomir
Introdução à computação usando Python : um foco no desenvolvimento de aplicações / Ljubomir Perkovic ; tradução Daniel Vieira. - 1. ed. - [Reimpr] - Rio de Janeiro : LTC, 2022.
il. ; 28 cm

Tradução de: Introduction to computing using python: an application development focus
Inclui índice
ISBN 978-85-216-3081-4

1. Computação. I. Vieira, Daniel. II. Título.

16-30406 CDD: 004
CDU: 004

Ao meu pai, Milan Perković (1937-1970),

que não teve a chance de concluir seu livro.

Sumário

5

Estruturas de Controle de Execução 134

6

Contêineres e Aleatoriedade 173

Prefácio

Este livro-texto é uma introdução à programação, ao desenvolvimento de aplicações de computador e à ciência da computação. Ele deverá ser usado em um curso introdutório de programação em nível universitário. Mais do que apenas uma introdução à programação, o livro é uma introdução geral à ciência da computação e aos conceitos e ferramentas usadas para o desenvolvimento moderno de aplicações de computador.

A linguagem de programação de computador usada neste livro é Python, uma linguagem que tem uma curva de aprendizagem mais suave do que a maioria das outras. Python vem com poderosas bibliotecas de software, que facilitam tarefas complexas — como desenvolver uma aplicação gráfica ou achar todos os links em uma página Web. Neste livro, aproveitamos a facilidade não só de aprender Python, bem como de usar suas bibliotecas para realizar mais ciência da computação *e* focar o desenvolvimento moderno de aplicações. O resultado é uma introdução geral ao campo da computação e ao desenvolvimento moderno de aplicações.

A abordagem pedagógica do livro-texto consiste em apresentar os conceitos de computação e da programação em Python primeiro em sua amplitude. Em vez de cobrir os conceitos de computação e as estruturas do Python um após o outro, a técnica aqui adotada é mais semelhante ao aprendizado de uma linguagem natural, começando com um pequeno vocabulário de uso geral e, depois, estendendo-o gradualmente. Em geral, a apresentação é orientada a problemas, e os conceitos de computação, as estruturas do Python, técnicas algorítmicas e outras ferramentas são introduzidos quando necessário, usando um modelo do tipo "ferramenta certa no momento certo".

O livro utiliza o paradigma imperativo primeiro e procedural primeiro, mas não evita uma discussão sobre objetos desde cedo. As classes definidas pelo usuário e a programação orientada a objeto são abordadas depois, quando puderem ser motivadas e os alunos estiverem prontos. Os três últimos capítulos do livro utilizam o contexto de "Web crawling" e mecanismos de busca para introduzir uma grande variedade de assuntos. Entre eles estão conceitos fundamentais, como recursão, expressões regulares, busca primeiro em profundidade e a estrutura MapReduce do Google, além de ferramentas práticas, como widgets GUI, parsers HTML, SQL e programação multicore.

Este livro-texto pode ser usado em um curso que introduz a ciência da computação e a programação para estudantes universitários de ciência da computação. Sua ampla cobertura de tópicos fundamentais em ciência da computação, bem como das tecnologias atuais, dará ao estudante um amplo conhecimento dessa área e uma confiança para desenvolver modernas aplicações "reais", que interagem com a Web e/ou com bancos de dados. A ampla cobertura do livro-texto também o torna ideal para estudantes que precisam dominar os conceitos de programação e computação, mas não farão mais do que um ou dois cursos de computação, particularmente nas disciplinas de matemática, ciência e engenharia.

Características Técnicas do Livro

O livro-texto tem uma série de características que envolvem os alunos e os encorajam a colocar as "mãos na massa". Por um lado, o livro utiliza diversos *exemplos que usam o shell interativo do Python*. Os estudantes podem facilmente reproduzir esses comandos de uma linha por conta própria. Depois de fazer isso, eles provavelmente continuarão experimentando o uso do *feedback* imediato do shell interativo.

Por todo o livro-texto, existem problemas práticos na sequência, cuja finalidade é reforçar os conceitos que acabaram de ser tratados. As soluções desses problemas aparecem ao final do capítulo correspondente, permitindo que os estudantes verifiquem sua solução ou façam uma consulta caso estejam em dúvida.

O livro-texto utiliza caixas de Aviso para advertir os alunos sobre armadilhas em potencial. Ele também utiliza caixas de Desvio para explorar rapidamente alguns tópicos interessantes, mas que fogem do curso principal. A grande quantidade de caixas, problemas práticos, figuras e tabelas cria interrupções visuais no texto, tornando o volume mais comunicativo para os alunos de hoje.

A maioria dos capítulos no texto inclui um estudo de caso que demonstra os conceitos e ferramentas abordados no capítulo em contexto. Por fim, o livro-texto contém grande quantidade de problemas de fim de capítulo, muitos deles provavelmente diferentes daqueles normalmente encontrados em um livro introdutório.

Para Estudantes: Como Ler Este Livro

Este livro tem como objetivo ajudá-lo a dominar a programação e desenvolver habilidades de pensamento computacional. A programação e o pensamento computacional são atividades práticas que exigem um computador com um ambiente de desenvolvimento integrado Python, uma caneta e papel. O ideal é que você tenha essas ferramentas a seu lado enquanto o lê.

O livro utiliza muitos exemplos pequenos, por meio do shell interativo do Python. Tente executar esses exemplos no seu shell. Fique à vontade para experimentar mais. É muito pouco provável que o computador pegue fogo se você cometer um erro!

Você também deverá tentar resolver todos os problemas de prática que aparecerem no texto. As soluções desses problemas estão no final do capítulo correspondente. Se tiver dificuldades, poderá dar uma olhada na solução; depois de fazer isso, tente resolvê-los sozinho.

O texto usa caixas de Aviso para adverti-lo sobre armadilhas em potencial. Estas são muito importantes e não devem ser desprezadas. As caixas de Desvio, no entanto, discutem assuntos que não estão totalmente relacionados com a discussão principal. Você poderá saltá-las, se quiser. Ou então, se estiver curioso, poderá ir mais além e explorar os tópicos com mais profundidade.

Em algum ponto na leitura deste texto, você poderá ficar inspirado a desenvolver sua própria aplicação, seja ela um jogo de cartas ou uma que acompanhe os índices de uma carteira de ações da Bolsa de Valores em tempo real. Nesse caso, basta seguir em frente e experimentar! Você aprenderá muito com isso.

Visão Geral do Livro

Este livro-texto contém 12 capítulos que introduzem os conceitos de computação e a programação em Python de uma forma que aborda primeiro a amplitude.

Passeio pelo Python e pela Ciência da Computação

O Capítulo 1 introduz os *conceitos básicos e a terminologia da computação*. Começando com uma discussão sobre o que é a ciência da computação e o que os desenvolvedores fazem, são definidos os conceitos de modelagem, desenvolvimento algorítmico e programação. O capítulo descreve o *kit* de ferramentas do cientista da computação e do desenvolvimento de aplicações, da lógica aos sistemas, enfatizando as linguagens de programação, o ambiente de desenvolvimento Python e o pensamento computacional.

O Capítulo 2 aborda os *tipos de dados embutidos no Python*: inteiro, booleano, ponto flutuante, string e lista. Para ilustrar as características dos diferentes tipos, usamos o shell interativo do Python. Em vez de ser abrangente, a apresentação focaliza o propósito de cada tipo e as diferenças e semelhanças entre eles. Esse método motiva uma discussão mais abstrata de objetos e classes, que, por fim, serão necessários para dominar o uso apropriado dos tipos de dados. O estudo de caso ao final do capítulo tira proveito dessa discussão para introduzir as classes Turtle graphics, que permitem aos alunos fazer gráficos simples e divertidos, de forma interativa.

O Capítulo 3 introduz a *programação imperativa e procedural, incluindo as estruturas de controle de execução básica*. Esse capítulo apresenta os programas como uma sequência de comandos Python armazenados em um arquivo. Para controlar como os comandos são executados, estruturas de controle condicionais e iterativas básicas são apresentadas: as instruções `if` com um e dois caminhos, bem como os padrões de iteração do laço `for`, que percorrem uma sequência explícita ou um intervalo de valores. O capítulo apresenta as funções como um meio de empacotar de modo limpo uma pequena aplicação; ele também toma por base o material sobre objetos e classes, apresentado no Capítulo 2, para descrever como o Python realiza atribuições e passagem de parâmetros.

Os três primeiros capítulos oferecem uma introdução *superficial*, porém *ampla*, à programação e à ciência da computação. Os tipos de dados fundamentais do Python e suas estruturas básicas de controle de execução são introduzidos de modo que os estudantes possam escrever programas simples e completos desde o primeiro contato. As funções são introduzidas mais cedo também para ajudar os estudantes a formar um conceito acerca daquilo que um programa está realizando, ou seja, quais entradas ele toma e qual saída ele produz. Em outras palavras, abstração e encapsulamento de funções são usados para ajudar os estudantes a compreender melhor os programas.

Foco no Pensamento Algorítmico

O Capítulo 4 aborda *strings e processamento de textos mais a fundo*. Ele continua a cobertura sobre strings do Capítulo 2, com uma discussão de representação de valor de string, operadores e métodos de string e saída formatada. Também tratamos da entrada e saída (E/S) de arquivo e, em particular, dos diferentes padrões para a leitura de arquivos de texto. Por fim, o contexto da E/S de arquivo é usado para motivar uma discussão sobre exceções e os diferentes tipos de exceções em Python.

O Capítulo 5 trata das *estruturas de controle de execução e padrões de laço em profundidade*. As estruturas condicionais e de iteração básicas foram apresentadas no Capítulo 3 e depois utilizadas no Capítulo 4 (por exemplo, no contexto da leitura de arquivos). O Capítulo 5 começa com uma discussão dos comandos condicionais com vários caminhos. A maior parte do capítulo descreve os diferentes padrões de laço: as diversas formas como são usados os laços `for` e `while`. Também são apresentadas as listas multidimensionais, no contexto do padrão de laço aninhado. Mais do que simplesmente cobrir as estruturas de laço do Python, este capítulo essencial descreve as diferentes maneiras como os problemas podem ser desmembrados. Assim, trata fundamentalmente da *solução de problemas e algoritmos*.

O Capítulo 6 conclui a cobertura sobre os *tipos de dados contêiner embutidos do Python e seu uso*. Os tipos de dados dicionário, conjunto e tupla são motivados e apresentados. Esse capítulo também conclui a cobertura de strings com uma discussão sobre codificações de caracteres e Unicode. Por fim, o conceito de aleatoriedade é introduzido no contexto da seleção e permuta de itens em contêineres.

Os Capítulos 4 a 6 representam a segunda camada na abordagem "primeiro em amplitude" que este livro utiliza. Um dos principais desafios que os estudantes enfrentam em um curso introdutório de programação é dominar as estruturas condicionais e de iteração e, geralmente, as habilidades de desenvolvimento da solução do problema de computação e do algoritmo. O essencial Capítulo 5, sobre padrões de aplicação das estruturas de controle de execução, aparece *depois* que os estudantes já estiverem usando os comandos condicionais *básicos* e os padrões de iteração há várias semanas, quando se acostumarem com a linguagem Python. Já com alguma prática na linguagem e na iteração básica, os estudantes podem se concentrar em questões algorítmicas, em vez das questões menos fundamentais, como a leitura apropriada da entrada ou a formatação da saída.

Gerenciando a Complexidade do Programa

O Capítulo 7 gira as engrenagens e se concentra no processo de desenvolvimento de software propriamente dito e no problema de gerenciamento de programas maiores, mais complexos. Ele introduz os *namespaces como o alicerce para o gerenciamento da complexidade do programa.* O capítulo se baseia na explicação sobre funções e passagem de parâmetros, no Capítulo 3, para motivar os objetivos de engenharia de software de reutilização de código, modularidade e encapsulamento. Funções, módulos e classes são ferramentas que podem ser usadas para alcançar esses objetivos, fundamentalmente porque definem namespaces separados. O capítulo descreve como os namespaces são gerenciados durante o fluxo de controle normal e durante o fluxo de controle excepcional, quando as exceções são tratadas pelos manipuladores de exceção.

O Capítulo 8 aborda o *desenvolvimento de novas classes em Python e o paradigma da programação orientada a objeto (POO).* O capítulo é baseado na descoberta do Capítulo 7 de como as classes em Python são implementadas por namespaces para explicar como as classes novas são desenvolvidas. O capítulo introduz os conceitos de POO de sobrecarga de operador — essencial para a filosofia de projeto do Python — e herança — uma propriedade poderosa da POO, que será usada nos Capítulos 9 a 11. A partir da abstração e do encapsulamento, as classes alcançam os objetivos de modularidade e reutilização de código, desejados pela engenharia de software. O contexto da abstração e do encapsulamento é então utilizado para motivar as classes de exceção definidas pelo usuário e a implementação do comportamento iterativo nas classes contêiner definidas pelo usuário.

O Capítulo 9 introduz as *interfaces gráficas do usuário* (GUIs — *Graphical User Interfaces*) e *demonstra o poder da abordagem POO para o desenvolvimento de GUIs.* Ele utiliza o *kit* de widgets `Tk`, que faz parte da Biblioteca Padrão Python. O tratamento de widgets interativos oferece a oportunidade de discutir o paradigma de programação orientado a evento. Além de introduzir o desenvolvimento GUI, o capítulo também demonstra o poder da POO para se conseguir programas modulares e reutilizáveis.

O objetivo geral dos Capítulos 7 a 9 é apresentar aos estudantes os aspectos de complexidade do programa e organização do código. Eles descrevem como os namespaces são utilizados para conseguir abstração funcional, abstração de dados e, por fim, código encapsulado, modular e reutilizável. O Capítulo 8 oferece uma discussão abrangente das classes definidas pelo usuário e POO. Entretanto, é possível visualizar o benefício completo da POO no contexto, que é o objetivo do Capítulo 9. Contextos e exemplos adicionais de POO aparecem em outros capítulos, mais especificamente nas Seções 10.5, 11.2, 12.3 e 12.4. Esses capítulos oferecem um alicerce para o treinamento futuro dos estudantes em estruturas de dados e metodologias de engenharia de software.

Rastejando por Fundamentos e Aplicações

Os Capítulos 10 a 12, os três últimos deste livro, abordam uma série de tópicos avançados, desde conceitos fundamentais da ciência da computação, como recursão, expressões regulares e busca primeiro em profundidade, até ferramentas práticas e contemporâneas como parsers HTML, SQL e programação multicore. O tema usado para motivar e conectar esses tópicos é o desenvolvimento de Web crawlers, mecanismos de busca e aplicações de mineração de dados (*data mining*). O tema, porém, é livre, e cada tópico individual é apresentado de forma independente, para permitir que os instrutores desenvolvam contextos e temas alternativos para esse material, como desejarem.

O Capítulo 10 apresenta tópicos fundamentais da ciência da computação: *recursão, busca e análise de algoritmos em tempo de execução* (*run-time*). O capítulo começa com uma discussão de como pensar de maneira recursiva. Em seguida, essa habilidade é colocada em prática por meio de diversos problemas, desde desenho de fractais até varredura de vírus. Este último exemplo é usado para ilustrar a busca primeiro em profundidade. Os benefícios e as armadilhas da recursão levam a uma discussão da análise de algoritmo em tempo de execução, então usada no contexto da análise de desempenho de diversos algoritmos de busca de lista. Esse capítulo realça os aspectos teóricos da computação, formando uma base para futuros trabalhos em classe sobre estruturas de dados e algoritmos.

O Capítulo 11 introduz a *World Wide Web como uma plataforma de computação essencial e como uma imensa fonte de dados* para o desenvolvimento de aplicações de computador inovadoras. HTML, a linguagem da Web, é discutida rapidamente antes da explicação sobre ferramentas de acesso aos recursos na Web e análise de páginas Web. Para apanhar o conteúdo desejado de páginas Web e outros tipos de conteúdo de texto, apresentamos as expressões regulares. Os diferentes tópicos abordados nesse capítulo são utilizados, em conjunto com a travessia primeiro em profundidade do capítulo anterior, no contexto do desenvolvimento de um Web crawler. Um benefício da explicação sobre análise HTML e expressões regulares em um curso introdutório é que os estudantes estarão familiarizados com seus usos no contexto antes de analisá-los de forma mais rigorosa em um curso formal de linguagens.

O Capítulo 12 aborda os *bancos de dados e o processamento de grandes conjuntos de dados*. A linguagem de banco de dados SQL é descrita rapidamente, bem como a interface de programação de aplicação (API) para banco de dados do Python, no contexto do armazenamento de dados buscados de uma página Web. Em razão da onipresença dos bancos de dados nas aplicações de computador de hoje, é importante que os estudantes tenham, desde cedo, uma exposição a esses recursos e sua utilização (pelo menos, para que estejam acostumados com eles antes de seu primeiro estágio). O tratamento de bancos de dados e SQL é apenas introdutório e deve ser considerado simplesmente uma base para um curso mais aprofundado no assunto. Esse capítulo também considera como aproveitar os múltiplos núcleos (*cores*) disponíveis nos computadores para processar grandes conjuntos de dados mais rapidamente. A estrutura de solução de problemas MapReduce do Google é descrita e usada como contexto para a introdução de compreensões de lista e o paradigma de programação funcional.

Para Instrutores: Como Usar Este Livro

O material deste livro foi desenvolvido para uma sequência de cursos de dois trimestres introduzindo ciência da computação e programação a disciplinas de ciência da computação. Por conseguinte, o livro tem material mais do que suficiente para um curso típico de 15 semanas (e provavelmente a quantidade certa de material para uma turma de alunos bem preparados e altamente motivados).

Os seis primeiros capítulos do livro oferecem uma cobertura abrangente da programação imperativa/procedural em Python. Eles devem ser acompanhados na ordem, embora seja possível estudar o Capítulo 5 antes do Capítulo 4. Além do mais, os tópicos abordados no Capítulo 6 podem ser pulados e depois introduzidos conforme a necessidade.

Os Capítulos 7 a 9 deverão ser estudados na ordem, para demonstrar a programação orientada a objeto (POO) de forma eficaz. É importante que o Capítulo 7 seja estudado antes do Capítulo 8, pois desmistifica a abordagem do Python à implementação de classes e permite a cobertura mais eficaz dos tópicos de POO, como sobrecarga de operador e herança. Também é benéfico, embora não necessário, tratar do Capítulo 9 depois do Capítulo 8, pois ele oferece um contexto no qual a POO oferece grandes benefícios.

Os Capítulos 9 a 12 são todos opcionais; eles dependem apenas dos Capítulos 1 a 6 — com algumas exceções anotadas — e contêm tópicos que, de modo geral, podem ser pulados ou reordenados a critério do instrutor do curso. As exceções são as Seções 9.4 e 9.5, que ilustram a abordagem POO para o desenvolvimento da GUI, bem como as Seções 10.5, 11.2, 12.3 e 12.4, todas utilizando as classes definidas pelo usuário. Todas essas seções têm o Capítulo 8 como pré-requisito.

Os instrutores que utilizam este livro em um curso que deixa a POO para um curso posterior poderão abordar os Capítulos 1 a 7 e depois escolher tópicos das seções não POO dos Capítulos 9 a 12. Aqueles que quiserem abordar a POO deverão usar os Capítulos 1 a 9 e depois escolher tópicos dos Capítulos 10 a 12, a seu critério.

Agradecimentos

O material deste livro foi desenvolvido durante três anos no contexto do ensino da sequência de cursos CSC241/242 (Introdução à Ciência da Computação I e II) na DePaul University. Nesse período, seis grupos separados de calouros em ciência da computação prosseguiram pela sequência do curso. Usei os seis grupos diferentes para testar diversas abordagens pedagógicas, reordenar e reorganizar o material e experimentar tópicos normalmente não ensinados em um curso de introdução à programação. Reorganização e experimentação contínuas tornaram o material do curso menos fluido e mais desafiador do que o necessário, especialmente para os primeiros grupos. Por incrível que pareça, os estudantes mantiveram seu entusiasmo durante os pontos baixos no curso; por sua vez, isso me manteve entusiasmado também. Agradeço a eles, de todo o coração.

Gostaria de agradecer aos membros e à administração da Escola de Computação da DePaul por criarem um ambiente acadêmico verdadeiramente exclusivo, que encoraja a experimentação e a inovação na educação. Alguns deles também tiveram um papel direto na criação e na modelagem deste livro-texto. A assistente Dean Lucia Dettori agendou minhas aulas de modo que eu tivesse tempo para escrever. Curt White, autor experiente em livro-texto, encorajou-me a começar a escrever e me indicou para a editora John Wiley & Sons. Massimo DiPierro, criador da estrutura da Web web2py e uma autoridade em Python muito maior do que eu poderei ser, criou o primeiro esboço do conteúdo da sequência de cursos CSC241/242, que constituiu a semente de partida para este livro. Iyad Kanj lecionou na primeira iteração do curso CSC241 e gentilmente me permitiu minerar o material que ele desenvolveu. Amber Settle é a primeira pessoa, além de mim, a usar este livro-texto em seu curso; felizmente, ela teve bastante sucesso, embora isso em parte seja por causa de sua excelência como professora. Craig Miller pensou com mais profundidade sobre os conceitos fundamentais da ciência da computação e como explicá-los do que qualquer um que eu conheça; alcancei algumas de suas percepções a partir de muitas discussões interessantes, e o livro foi bastante beneficiado com elas. Por fim, Marcus Schaefer melhorou o livro-texto, realizando uma revisão técnica profunda em mais de metade da obra.

Minhas notas de palestrante do curso continuariam sendo apenas isso se Nicole Dingley, representante de livros da Wiley, não tivesse sugerido que eu as transformasse em um livro-texto. Nicole me colocou em contato com a editora Beth Golub da Wiley, que tomou a decisão ousada de confiar em um estrangeiro com um nome estranho e nenhuma experiência na escrita de livros-texto para elaborar esta obra. A projetista sênior da Wiley, Madelyn Lesure, juntamente com meu amigo e vizinho Mike Riordan, me ajudaram a chegar ao modelo simples e limpo do texto. Por fim, a assistente editorial sênior da Wiley, Samantha Mandel, trabalhou incansavelmente para revisar meus rascunhos dos capítulos e mandá-los para a produção. Samantha foi um modelo de profissionalismo e gentileza durante todo o processo, tendo oferecido boas ideias para melhorar o livro.

A versão final aqui apresentada é semelhante ao rascunho original apenas na superfície. A vasta melhoria em relação ao rascunho inicial deve-se às dezenas de revisores anônimos. A bondade dos estranhos tornou este livro melhor e deu-me uma nova imagem do processo de revisão. Os revisores foram gentis o bastante não apenas para localizar problemas, mas também para oferecer soluções. Por seu *feedback* cuidadoso e sistemático, sou imensamente grato. Alguns dos revisores, incluindo David Mutchler, que ofereceu seu nome e e-mail para o envio de mais correspondência, foram além do dever e ajudaram a escavar o potencial que estava enterrado em meus primeiros rascunhos. Jonathan Lundell também ofereceu uma revisão técnica dos últimos capítulos do livro. Em razão de restrições de tempo, não pude incorporar todas as valiosas sugestões que recebi deles, e a responsabilidade por quaisquer omissões é totalmente minha.

Por fim, gostaria de agradecer à minha esposa, Lisa, e às minhas filhas, Marlena e Eleanor, pela paciência que tiveram comigo. A escrita de um livro leva muito tempo, e esse tempo só poderia vir do "tempo com a família" ou do tempo de sono, pois outras obrigações profissionais têm horas definidas. O tempo que gastei escrevendo este livro fez com que eu não estivesse disponível para a família ou que ficasse rabugento por não dormir, uma dupla situação ruim. Por sorte, tive a boa ideia de adotar um cão quando comecei a trabalhar neste projeto. Um cão chamado Muffin inevitavelmente traz mais alegrias do que qualquer falta de minha parte... Portanto, obrigado, Muffin.

Sobre o Autor

Ljubomir Perkovic é professor adjunto na Faculdade de Computação da DePaul University, em Chicago. Obteve o bacharelado em matemática e ciência da computação pelo Hunter College da City University of New York em 1990. Em 1998, obteve doutorado em algoritmos, combinatória e otimização pela Faculdade de Ciência da Computação na Carnegie Mellon University.

O professor Perkovic começou a lecionar a sequência de introdução à programação para os alunos da DePaul em meados da década de 2000. Seu objetivo era compartilhar com os programadores iniciantes o entusiasmo que os desenvolvedores sentiam ao trabalhar com uma nova aplicação interessante. Ele incorporou no curso conceitos e tecnologias usadas no moderno desenvolvimento de aplicações. O material que ele desenvolveu para o curso configura a base deste livro.

Seus interesses de pesquisa incluem computação distribuída, geometria computacional, teoria de grafos e algoritmos, e pensamento computacional. Ele recebeu o prêmio Fulbright Research Scholar por sua pesquisa em geometria computacional e um subsídio da National Science Foundation para um projeto de expansão do pensamento computacional pelo currículo de educação geral.

Material Suplementar

Este livro conta com os seguintes materiais suplementares:

- Ilustrações da obra em formato de apresentações (acesso restrito a docentes);
- Códigos-fontes: Códigos-fontes do livro-texto, no formato (.py) (acesso livre);
- Solutions Manual: Manual contendo as soluções para os Exercícios e Problemas no final dos capítulos – em inglês, no formato (.py) (acesso restrito a docentes);
- Lecture PowerPoints: Apresentações para uso em sala de aula – em inglês, em (.ppt) (acesso restrito a docentes).

O acesso ao material suplementar é gratuito. Basta que o leitor se cadastre e faça seu *login* em nosso *site* (www.grupogen.com.br), clicando em GEN-IO, no *menu* superior do lado direito.

O acesso ao material suplementar online fica disponível até seis meses após a edição do livro ser retirada do mercado.

Caso haja alguma mudança no sistema ou dificuldade de acesso, entre em contato conosco pelo e-mail gendigital@grupogen.com.br.

GEN-IO (GEN | Informação Online) é o ambiente virtual de aprendizagem do GEN | Grupo Editorial Nacional

CAPÍTULO

1

Introdução à Ciência da Computação

NESTE CAPÍTULO INTRODUTÓRIO, oferecemos o contexto para o livro e apresentamos os principais conceitos e a terminologia que usaremos em todo o livro. O ponto de partida para nossa discussão são várias perguntas. O que é ciência da computação? O que os cientistas da computação e os desenvolvedores de aplicações fazem? E que ferramentas eles utilizam?

Os computadores, ou mais geralmente os sistemas de computação, formam um conjunto de ferramentas. Discutiremos os diferentes componentes de um sistema de computação, incluindo o hardware, o sistema operacional, a rede e a Internet, e a linguagem de programação usada para escrever programas. Oferecemos especificamente alguma base na linguagem de programação Python, a linguagem usada neste livro.

O outro conjunto de ferramentas são as habilidades de raciocínio, fundamentadas na lógica e na matemática, exigidas para se desenvolver uma aplicação de computador. Apresentamos a ideia do pensamento computacional e ilustramos como ela é usada no processo de desenvolvimento de uma pequena aplicação de busca na Web.

Os conceitos básicos e a terminologia, introduzidos neste capítulo, são independentes da linguagem de programação Python. Eles são relevantes a qualquer tipo de desenvolvimento de aplicação, independentemente da plataforma de hardware ou de software, seja qual for a linguagem de programação utilizada.

1.1 Ciência da Computação

Este livro-texto é uma introdução à programação. Ele também é uma introdução à linguagem de programação Python. Porém, em primeiro lugar, é uma introdução à computação e como olhar para o mundo do ponto de vista da ciência da computação. Para entender esse ponto de vista e definir o que é a ciência da computação, vamos começar examinando o que os profissionais da computação fazem.

O que os Profissionais da Computação Fazem?

Uma resposta é dizer: eles escrevem programas. É verdade que muitos profissionais da computação escrevem programas. Mas dizer que eles escrevem programas é como dizer que os roteiristas (ou seja, os escritores de roteiros para filmes ou séries de televisão) escrevem texto. Por nossa experiência assistindo a filmes, sabemos mais do que isso: roteiristas inventam um mundo e tramam nele para criar histórias que respondem à necessidade do espectador de entender a natureza da condição humana. Bem, talvez nem todos os roteiristas consigam fazer isso.

Portanto, vamos tentar novamente definir o que os profissionais da computação fazem. Muitos realmente *não* escrevem programas. Mesmo entre os que o fazem, o que eles estão realmente fazendo é desenvolver aplicações de computador que tratam de uma necessidade de alguma atividade que os humanos realizam. Esses profissionais da computação geralmente são chamados de *desenvolvedores de aplicações de computador*, ou simplesmente *desenvolvedores*. Alguns deles até mesmo trabalham em aplicações, como jogos de computador, que não são tão diferentes dos mundos imaginários, tramas intricadas e histórias que os roteiristas criam.

Mas nem todos os desenvolvedores criam jogos de computador. Alguns criam ferramentas financeiras para bancos de investimento, enquanto outros criam ferramentas de visualização para médicos (veja outros exemplos na Tabela 1.1).

E que tal os profissionais de computação que *não* são desenvolvedores? O que eles fazem? Alguns falam com clientes e levantam requisitos para as aplicações de computador que eles precisam. Outros são gerentes que supervisionam uma equipe de desenvolvimento de aplicação. Alguns profissionais de computação dão suporte aos seus clientes com software recém-instalado e outros mantêm o software atualizado. Muitos profissionais de computação administram redes, servidores de aplicações, servidores Web ou servidores de bancos de dados. Profissionais de computação artística projetam as interfaces que os clientes utilizam para interagir com uma aplicação. Alguns, como o autor deste livro, gostam de ensinar computação, enquanto outros oferecem serviços de consultoria em tecnologia da informação (TI). Por fim, diversos profissionais de computação se estabeleceram como empreendedores e iniciaram novos negócios de software, muitos dos quais se tornaram nomes de família.

Não obstante o papel final que eles desempenham no mundo da computação, todos os profissionais dessa área compreendem os princípios básicos da computação e como as aplicações de computador são desenvolvidas e como funcionam. Portanto, o treinamento de um

Atividade	Aplicação de Computador
Ativismo político	Tecnologias de rede social que permitem comunicação em tempo real e compartilhamento de informações
Compras	Sistema de recomendação que sugere produtos que podem ser de interesse para um comprador
Defesa	Software de processamento de imagens para detecção e rastreamento de alvo
Direção	Software de navegação baseado em GPS com visõess de tráfego em smartphones e hardware de navegação dedicado
Educação	Software de simulação para realizar, virtualmente, experiências perigosas ou dispendiosas do laboratório de biologia
Exploração espacial	Veículos de exploração de Marte, que analisam o solo e procuram evidência de água no planeta
Fazenda	Software de gestão de fazendas baseado em satélite, que acompanha propriedades do solo e calcula previsões de colheita
Filmes	Software de gráficos de computador 3D para criar imagens geradas por computador para filmes
Física	Sistemas de grade computacional para manipular dados obtidos de aceleradores de partículas
Medicina	Software de gestão de registros de pacientes para facilitar o compartilhamento entre especialistas
Mídia	Streaming de vídeo por demanda, em tempo real, de shows de televisão, filmes e clipes de vídeo

Tabela 1.1 **O alcance da ciência da computação.** Aqui, listamos exemplos de atividades humanas e, para cada atividade, um produto de software criado por desenvolvedores de aplicação de computador que oferece suporte à realização da atividade.

profissional de computação sempre começa com o domínio de uma linguagem de programação e o processo de desenvolvimento de software. Para descrever esse processo em termos gerais, precisamos usar uma terminologia ligeiramente mais abstrata.

Modelos, Algoritmos e Programas

Para criar uma aplicação de computador que trate de uma necessidade em alguma área da atividade humana, os desenvolvedores inventam um *modelo* que representa o ambiente do "mundo real" no qual a atividade ocorre. O modelo é uma representação abstrata (imaginária) do ambiente e é descrito usando a linguagem da lógica e da matemática. O modelo pode representar os objetos em um jogo de computador, índices do mercado de ações, um órgão do corpo humano ou os assentos em um avião.

Os desenvolvedores também inventam *algoritmos* que operam no modelo e que criam, transformam e/ou representam as informações. Um algoritmo é uma sequência de instruções, não muito diferente de uma receita culinária. Cada instrução manipula informações de um modo específico e bem definido, e a execução das instruções do algoritmo alcança um objetivo desejado. Por exemplo, um algoritmo poderia calcular colisões entre objetos em um jogo de computador ou os assentos econômicos disponíveis em um voo.

O benefício completo do desenvolvimento de um algoritmo é alcançado com a *automação* da execução do algoritmo. Depois de inventar um modelo e um algoritmo, os desenvolvedores implementam o algoritmo como um *programa de computador* que pode ser executado em um *sistema de computação*. Embora um algoritmo e um programa sejam ambos descrições de instruções passo a passo de como chegar a um resultado, um algoritmo é descrito por meio de uma linguagem que nós compreendemos, mas que não pode ser executada por um sistema de computação, e um programa é descrito usando uma linguagem que nós compreendemos *e* que pode ser executada em um sistema de computação.

Ao final deste capítulo, na Seção 1.4, vamos nos dedicar a uma tarefa simples e percorrer os passos do desenvolvimento de um modelo e um algoritmo que implementa essa tarefa.

Ferramentas do Ofício

Já indicamos algumas das ferramentas que os desenvolvedores utilizam ao trabalhar em aplicações de computador. Em um nível fundamental, os desenvolvedores utilizam lógica e matemática para desenvolver modelos e algoritmos. Durante a segunda metade do século XX, os cientistas da computação desenvolveram um grande corpo de conhecimento – baseado na lógica e na matemática – sobre os alicerces teóricos da informação e da computação. Os desenvolvedores aplicam esse conhecimento em seu trabalho. Grande parte do treinamento em ciência da computação consiste em dominar esse conhecimento, e este livro é o primeiro passo nesse treinamento.

O outro conjunto de ferramentas que os desenvolvedores utilizam são computadores, logicamente, ou então, de forma mais genérica, sistemas de computação. Eles incluem o hardware, a rede, os sistemas operacionais e também as linguagens de programação e suas diversas ferramentas. Descrevemos todos esses sistemas com mais detalhes na Seção 1.2. Embora os alicerces teóricos frequentemente permaneçam em meio a mudanças na tecnologia, as ferramentas do sistema de computação estão constantemente evoluindo. O hardware mais rápido, sistemas operacionais melhorados e novas linguagens de programação estão sendo criados quase diariamente, para lidar com as aplicações de amanhã.

O que É Ciência da Computação?

Descrevemos o que os desenvolvedores de aplicação fazem e também as ferramentas que utilizam. Mas o que é ciência da computação, então? Como ela se relaciona com o desenvolvimento de aplicações de computador?

Embora a maioria dos profissionais de computação desenvolva aplicações para usuários de fora da área de computação, alguns estão estudando e criando as teorias e ferramentas de sistemas que os desenvolvedores utilizam. O campo da ciência da computação abrange esse tipo de trabalho. A ciência da computação pode ser definida como o estudo dos alicerces teóricos da informação e da computação e sua implementação prática em sistemas de computação.

Ainda que o desenvolvimento de aplicações certamente seja um fator fundamental do campo da ciência da computação, seu escopo é mais amplo. As técnicas computacionais desenvolvidas pelos cientistas da computação são utilizadas para estudar questões sobre a natureza da informação, computação e inteligência. Elas também são usadas em outras disciplinas para entender os fenômenos naturais e artificiais ao nosso redor, como as transições de fase na física ou as redes sociais na sociologia. De fato, alguns cientistas da computação agora estão trabalhando em alguns dos problemas mais desafiadores na ciência, matemática, economia e outros campos.

Temos que enfatizar que a fronteira entre o desenvolvimento de aplicações e a ciência da computação (e, de modo semelhante, entre os desenvolvedores de aplicações e os cientistas da computação) normalmente não é delineada de forma muito clara. Grande parte dos alicerces teóricos da ciência da computação surgiu do desenvolvimento de aplicações, e investigações teóricas da ciência da computação frequentemente têm levado a aplicações inovadoras da computação. Assim, muitos profissionais da computação vestem duas camisas: a de desenvolvedor e a de cientista da computação.

1.2 Sistemas de Computação

Um sistema de computação é uma combinação de hardware e software que funcionam em conjunto para executar programas de aplicação. O hardware consiste nos componentes físicos – ou seja, componentes que você pode tocar, como chip de memória, um teclado, um cabo de rede ou um smartphone. O software inclui todos os componentes não físicos do computador, incluindo o sistema operacional, os protocolos de rede, as ferramentas da linguagem de programação e a interface de programação de aplicação (API — *application programming interface*).

Hardware do Computador

O *hardware* do computador refere-se aos componentes físicos de um sistema de computação. Ele pode se referir a um computador desktop, incluindo o monitor, o teclado, o mouse e outros dispositivos externos e, mais importante, a própria "caixa" física com todos os seus componentes internos.

O componente básico do hardware, dentro da caixa, é a *unidade central de processamento* (CPU — *central processing unit*). A CPU é onde ocorre a computação. A CPU realiza a computação buscando instruções de programa e dados e depois executando as instruções sobre os dados. Outro componente interno fundamental é a *memória principal*, normalmente chamada de *memória de acesso aleatório* (RAM — *random access memory*). É nela que as instruções do programa e seus dados são armazenados quando o programa é chamado para execução. A CPU busca instruções e dados da memória principal e, então, armazena os resultados na memória principal.

O conjunto de "fios" que transportam instruções e dados entre a CPU e a memória principal normalmente é chamado de *barramento*. O barramento também conecta a CPU e a memória principal a outros componentes internos, como o disco rígido e os diversos *adaptadores* aos quais os dispositivos externos (como o monitor, o mouse ou os cabos de rede) são conectados.

O *disco rígido* é o terceiro componente central dentro da caixa. O disco rígido é onde são armazenados os arquivos. A memória principal perde todos os dados quando o computador é desligado; o disco rígido, porém, é capaz de armazenar um arquivo mesmo que não haja alimentação. Ele também tem uma capacidade de armazenamento muito mais alta do que a memória principal.

O termo *sistema de computação* pode se referir a um único computador (desktop, notebook, smartphone ou pad), mas também a uma coleção de computadores conectados a uma rede (e, portanto, conectados entre si). Nesse caso, o hardware também inclui quaisquer fios de rede e hardware especializado da rede, como *roteadores*.

É importante entender que a maioria dos desenvolvedores não trabalha com hardware de computador diretamente. Seria extremamente difícil escrever programas se o programador tivesse que escrever instruções diretamente aos componentes do hardware. Isso também seria muito perigoso, pois um erro de programação poderia incapacitar o hardware. Por esse motivo, existe uma *interface* entre os programas de aplicação escritos por um desenvolvedor e o hardware.

Sistemas Operacionais

Um programa de aplicação (ou aplicativo) não acessa diretamente o teclado, o disco rígido do computador, a rede (e a Internet) ou o monitor. Em vez disso, ele pede ao *sistema ope-*

racional (OS — *operating system*) para fazer isso em seu favor. O sistema operacional é o componente de software de um sistema de computação que se encontra entre o hardware e os programas de aplicação escritos pelo desenvolvedor. O sistema operacional tem duas funções complementares:

1. O sistema operacional protege o hardware contra uso indevido pelo programa ou pelo programador.
2. O sistema operacional oferece aos programas de aplicação uma interface por meio da qual os programas podem solicitar serviços dos dispositivos de hardware.

Basicamente, o sistema operacional gerencia o acesso ao hardware pelos programas de aplicação executados na máquina.

DESVIO

Origens dos Sistemas Operacionais de Hoje

Os principais sistemas operacionais no mercado atualmente são o Microsoft Windows e o UNIX com suas variantes, incluindo Linux e Apple OS X.

O sistema operacional UNIX foi desenvolvido no final da década de 1960 e início dos anos 1970 por Ken Thompson, da AT&T Bell Labs. Por volta de 1973, o UNIX foi reimplementado por Thompson e Dennis Ritchie usando C, uma linguagem de programação recém-criada na época por Ritchie. Por ser de uso livre para qualquer pessoa, C tornou-se bastante popular, e os programadores *portaram* C e UNIX para diversas plataformas de computação. Hoje, existem diversas versões do UNIX, incluindo o Mac OS X da Apple.

A origem dos sistemas operacionais Windows da Microsoft está ligada ao advento dos computadores pessoais. A Microsoft foi fundada no final da década de 1970 por Paul Allen e Bill Gates. Quando a IBM desenvolveu o IBM Personal Computer (IBM PC) em 1981, a Microsoft ofereceu o sistema operacional MS DOS (Microsoft Disk Operating System). Depois disso, a Microsoft acrescentou uma interface gráfica ao sistema operacional e passou a chamá-lo de Windows. A versão mais recente (na época da publicação deste livro) é o Windows 8.

Linux é uma variante do sistema operacional UNIX, desenvolvido no início da década de 1990 por Linus Torvalds. Sua motivação foi criar um sistema operacional do tipo UNIX para computadores pessoais, pois, na época, o UNIX era restrito a estações de trabalho poderosas e computadores de grande porte (*mainframes*). Após o desenvolvimento inicial, o Linux tornou-se um projeto de desenvolvimento de software baseado na comunidade, de *código-fonte aberto*. Isso significa que qualquer desenvolvedor pode se juntar e ajudar no desenvolvimento futuro do OS Linux, um dos melhores exemplos de projetos de desenvolvimento de software de código-fonte aberto bem-sucedidos.

Redes e Protocolos de Rede

Muitas das aplicações de computador que usamos diariamente exigem que o equipamento esteja conectado à Internet. Sem uma conexão com a Internet, você não pode enviar e-mail, navegar pela Web, ouvir rádio da Internet ou atualizar seu software on-line. No entanto, para estar conectado com a Internet, você precisa, primeiramente, se conectar a uma rede que faça parte da Internet.

Uma rede de computadores é um sistema de computadores que podem se comunicar um com o outro. Existem diferentes tecnologias de comunicação de rede em uso atualmente, algumas delas sem fio (por exemplo, wi-fi) e outras que usam cabos de rede (por exemplo, Ethernet).

Uma *inter-rede* é a conexão de várias redes. A *Internet* é um exemplo de uma inter-rede. A Internet transporta uma grande quantidade de dados e é a plataforma sobre a qual a World Wide Web (www) foi criada.

DESVIO

Início da Internet

Em 29 de outubro de 1969, um computador na University of California (UCLA), em Los Angeles, fez uma conexão de rede com um computador do Stanford Research Institute (SRI) na Stanford University. Havia nascido a Arpanet, precursora da Internet de hoje.

O desenvolvimento das tecnologias que possibilitaram essa conexão de rede começou no início da década de 1960. Naquela época, os computadores estavam começando a se tornar mais divulgados e a necessidade de conectá-los para compartilhar dados tornou-se aparente. A Advanced Research Projects Agency (Arpa), braço do Departamento de Defesa dos Estados Unidos, decidiu atacar o problema e patrocinou a pesquisa de redes em diversas universidades norte-americanas. Muitas das tecnologias de rede e conceitos de interligação de redes em uso atualmente foram desenvolvidos durante aquela década e, então, colocados em uso em 29 de outubro de 1969.

Os anos 1970 viram o desenvolvimento do conjunto de protocolos de rede TCP/IP, que ainda está em uso nos dias atuais. O protocolo especifica, entre outras coisas, como os dados trafegam de um computador para outro na Internet. A Internet cresceu rapidamente durante as décadas de 1970 e 1980, mas não era muito usada pelo público em geral até o início da década de 1990, quando foi desenvolvida a World Wide Web.

Linguagens de Programação

O que distingue os computadores de outras máquinas é que os computadores podem ser programados. Isso significa que instruções podem ser armazenadas em um arquivo no disco rígido e depois carregadas para a memória principal e executadas por demanda. Como as máquinas não podem processar a ambiguidade da forma como nós (humanos) podemos, as instruções devem ser precisas. Os computadores fazem exatamente o que lhes é solicitado, e não podem compreender o que o programador "pretendeu" escrever.

As instruções realmente executadas são instruções em *linguagem de máquina*. Elas são representadas usando a notação binária (ou seja, uma sequência de 0s e 1s). Visto que as instruções em linguagem de máquina são extremamente difíceis de se trabalhar, os cientistas da computação desenvolveram linguagens de programação e tradutores de linguagem. Com isso, os desenvolvedores podem escrever instruções em uma linguagem legível aos humanos e depois fazer com que sejam traduzidas (automaticamente ou não) para a linguagem de máquina. Esses tradutores de linguagem são conhecidos como *montadores* (ou *assemblers*), *compiladores* ou *interpretadores*, dependendo da linguagem de programação.

Há muitas linguagens de programação à disposição. Algumas delas são linguagens especializadas, voltadas para aplicações particulares, como modelagem 3D ou bancos de dados. Outras linguagens são de *uso geral* e incluem C, C++, C#, Java e Python.

Embora seja possível escrever programas usando um editor de texto simples, os desenvolvedores utilizam *ambientes de desenvolvimento integrados* (IDEs — *integrated development environments*), que oferecem uma grande gama de serviços para dar suporte ao desenvolvimento de software. Entre eles estão um editor para escrever e editar programas, um tradutor de linguagem, ferramentas automatizadas para criar arquivos executáveis binários e um *depurador* (ou *debugger*).

DESVIO

Bugs de Computador

Quando um programa se comporta de um modo que não foi planejado, por exemplo, falhando, travando o computador ou simplesmente produzindo uma saída errada, dizemos que o programa tem um *bug* (ou seja, um erro). O processo de remoção do erro e correção do programa é chamado de *depuração* (*debugging*). Um *depurador* (ou *debugger*) consiste em uma ferramenta que ajuda o desenvolvedor a encontrar as instruções que causam o erro.

O termo "bug" para indicar um erro em um sistema é anterior aos computadores e à ciência da computação. Thomas Edison, por exemplo, usou o termo para descrever falhas e erros na engenharia de máquinas desde a década de 1870. É interessante que também houve casos de *bugs* (insetos) reais causando falhas no computador. Um exemplo, relatado pelo pioneiro em computação Grace Hopper em 1947, é a mariposa que causou a falha do computador Mark II, em Harvard, um dos mais antigos do mundo.

Bibliotecas de Software

Uma linguagem de programação de uso geral como Python consiste em um pequeno conjunto de instruções de uso geral. Esse conjunto básico não inclui instruções para baixar páginas Web, desenhar imagens, tocar música, encontrar padrões em documentos de texto ou acessar um banco de dados. O motivo disso é basicamente porque uma linguagem "mais esparsa" é mais facilmente utilizável para o desenvolvedor.

Naturalmente, existem programas de aplicação que precisam acessar páginas Web ou bancos de dados. As instruções para fazer isso são definidas em *bibliotecas de software*, separadas do núcleo da linguagem e que precisam ser *importadas* explicitamente para um programa a fim de que sejam utilizadas. A descrição de como usar as instruções definidas em uma biblioteca frequentemente é denominada *interface de programação de aplicação* (API — *application programming interface*).

1.3 Linguagem de Programação Python

Neste livro-texto, apresentamos a linguagem de programação Python e a usamos para ilustrar os principais conceitos da ciência da computação, aprender programação e aprender desenvolvimento de aplicações em geral. Nesta seção, damos alguma base sobre Python e como configurar um IDE Python no seu computador.

Pequena História do Python

A linguagem de programação Python foi desenvolvida no final da década de 1980 pelo programador holandês Guido van Rossum enquanto trabalhava no CWI (Centrum Wiskunde & Informatica, em Amsterdã, Holanda). A linguagem não recebeu esse nome por causa da espécie de serpente, mas sim do seriado de comédia da BBC *Monty Python's Flying Circus* da qual Guido van Rossum é um fã. Assim como o OS Linux, Python por fim tornou-se um projeto de desenvolvimento de software de código-fonte aberto. Contudo, Guido van Rossum ainda tem um papel central na decisão de como a linguagem irá evoluir. Para cimentar esse papel, ele recebeu da comunidade Python o título de "Benevolente Ditador para a Vida".

Python é uma linguagem de uso geral, projetada especificamente para tornar os programas bastante legíveis. Python também possui uma rica biblioteca, tornando possível criar aplicações sofisticadas usando código de aparência relativamente simples. Por esses motivos, Python tornou-se uma linguagem de desenvolvimento de aplicações popular *e* também uma preferência como "primeira" linguagem de programação.

AVISO

Python 2 *Versus* Python 3

Atualmente existem duas versões principais do Python em uso. Python 2 esteve disponível originalmente em 2000; sua versão mais recente é 2.7. Python 3 é uma nova versão do Python que resolve algumas decisões de projeto abaixo do ideal, feitas no desenvolvimento inicial da linguagem Python. Infelizmente, Python 3 não é compatível com Python 2. Isso significa que um programa escrito usando Python 2 normalmente não será executado corretamente com um interpretador Python 3.

Neste livro, escolhemos usar Python 3 por causa de seu projeto mais consistente. Para aprender mais sobre a diferença entre as duas versões, visite esta página Web:

```
http://wiki.python.org/moin/Python2orPython3
```

Configurando o Ambiente de Desenvolvimento Python

Se você ainda não tem as ferramentas de desenvolvimento Python instaladas em seu computador, precisará baixar um IDE Python. A lista oficial de IDEs Python está em

```
http://wiki.python.org/moin/IntegratedDevelopmentEnvironments
```

Ilustramos a instalação do IDE usando o *kit* de desenvolvimento Python padrão, que inclui o IDE IDLE. Você poderá baixar o *kit* (gratuitamente) em:

```
http://python.org/download/
```

Lá existem instaladores listados para todos os principais sistemas operacionais. Escolha aquele que for apropriado para o seu sistema e complete a instalação.

Para começar a trabalhar com Python, você precisa abrir uma janela do *shell interativo* do Python. O shell interativo IDLE incluído no IDE Python aparece na Figura 1.1.

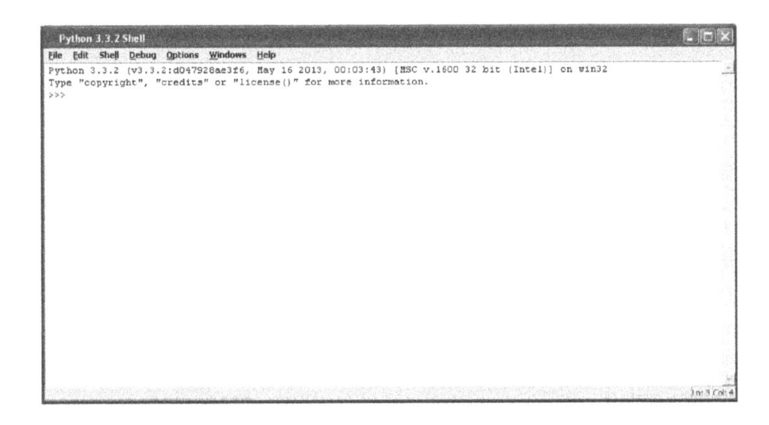

Figura 1.1 **O IDE IDLE.** O Ambiente de Desenvolvimento Integrado IDLE está incluído na implementação padrão do Python. Também é mostrado o shell interativo IDLE. No prompt >>>, você pode digitar instruções Python isoladas. A instrução é executada pelo interpretador Python quando a tecla [Enter/Return] for pressionada.

O shell interativo espera que o usuário digite uma instrução Python. Quando o usuário digita a instrução `print('Hello, world!')` e depois pressiona a tecla Enter/Return no teclado, uma saudação é impressa:

```
Python 3.2.1 (v3.2.1:ac1f7e5c0510, Jul  9 2011, 01:03:53)
[GCC 4.2.1 (Apple Inc. build 5666) (dot 3)] on darwin
Type "copyright", "credits" or "license()" for more information.
>>> print('Hello world')
Hello world
```

O shell interativo é usado para executar instruções Python isoladas, como `print('Hello, world!')`. Um programa normalmente consiste em várias instruções que precisam ser armazenadas em um arquivo antes que sejam executadas.

1.4 Pensamento Computacional

Para ilustrar o processo de desenvolvimento de software e apresentar a terminologia de desenvolvimento de software, consideramos o problema de automatizar uma tarefa de busca na Web. Para modelar os aspectos relevantes da tarefa e descrevê-la como um algoritmo, precisamos *entender* a tarefa de um ponto de vista "computacional". O *pensamento computacional* é um termo usado para descrever o método intelectual pelo qual processos ou tarefas naturais ou artificiais são compreendidos e descritos como processos computacionais. Essa habilidade provavelmente é a mais importante que você desenvolverá no seu treinamento como cientista da computação.

Um Exemplo de Problema

Estamos interessados em comprar cerca de 12 romances premiados em nosso site Web de compras on-line. Acontece que não queremos pagar o preço total pelos livros. Preferiríamos esperar e comprar os livros em promoção. Mais precisamente, temos uma meta de preço para cada livro e compraremos um livro somente quando seu preço de venda estiver abaixo da meta. Assim, a cada dois dias, mais ou menos, visitamos a página Web do produto de cada livro em nossa lista e, para cada livro, verificamos se o preço foi reduzido até que fique abaixo de nossa meta.

Como cientistas de computação, não devemos ficar satisfeitos em visitar uma página Web atrás da outra manualmente. Preferiríamos automatizar o processo de busca. Em outras palavras, estamos interessados em desenvolver uma aplicação que visite as páginas Web dos livros, constantes em nossa lista, para procurar aqueles cujo preço esteja abaixo da meta. Para fazer isso, precisamos descrever o processo de busca em termos computacionais.

Abstração e Modelagem

Começamos simplificando o enunciado do problema. O "mundo real", que é o contexto para o problema, contém informações que não são realmente relevantes. Por exemplo, não é necessariamente importante que os produtos sejam livros, muito menos romances premiados. A automatização do processo de busca seria a mesma se os produtos fossem equipamento para escalada ou sapatos da moda.

Também não é importante que haja 12 produtos em nossa lista. O mais importante é que haja *uma lista* (de produtos); nossa aplicação deverá ser capaz de lidar com uma lista de 12, 13, 11 ou qualquer quantidade de produtos. O benefício adicional de ignorar o detalhe dos

"12 romances" é que a aplicação que obteremos será reutilizável em uma lista de qualquer tamanho com quaisquer produtos.

Quais são os aspectos relevantes do problema? Um é que cada produto tem uma página Web associada, que lista seu preço. Outro é que temos um preço de meta para cada produto. Por fim, a própria Web também é um aspecto relevante. Podemos resumir a informação relevante como consistindo em:

a. a Web;
b. uma lista que contém endereços para páginas Web de produtos;
c. uma lista que contém preços dentro da meta.

Vamos chamar a primeira lista de `Endereços` e a segunda de `Metas`.

Precisamos ser um pouco mais precisos com as descrições de nossas listas, pois não ficou claro como os endereços na lista `Endereços` correspondem aos preços de meta na lista `Metas`. Esclarecemos isso numerando os produtos com 0, 1, 2, 3, ... (os cientistas da computação começam a contar a partir de 0) e depois ordenando os endereços e metas de modo que o endereço da página Web e o preço de meta de um produto estejam na mesma posição em sua respectiva lista, como mostra a Figura 1.2.

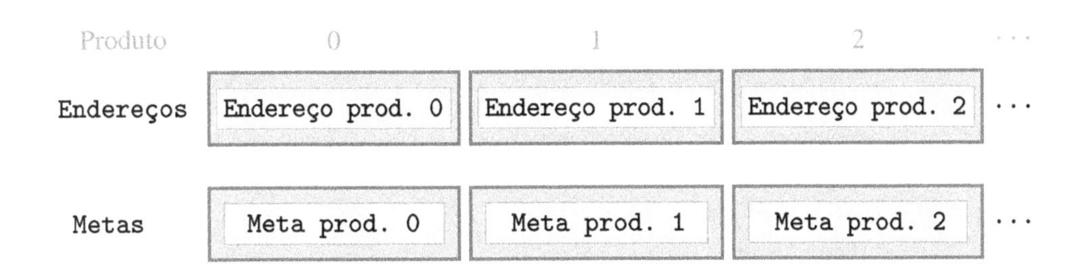

Figura 1.2 **Listas de endereços de páginas Web e preços de meta.** O endereço da página Web e o preço de meta para o produto 0 são os primeiros em suas respectivas listas. Para o produto 1, eles são o segundo, para o produto 2, são o terceiro etc.

O processo de destilar os aspectos relevantes de um problema é chamado de *abstração*. Esse é um passo necessário, de modo que o problema é descrito com precisão, usando a linguagem da lógica e da matemática. O resultado da abstração é um *modelo* que representa todos os aspectos relevantes do problema.

Algoritmo

A aplicação de busca que queremos desenvolver deverá "visitar" as páginas Web de produto "uma após a outra" e, para cada produto, "checar" se o preço foi reduzido para menos do que o preço de meta. Embora essa descrição de como a aplicação deverá funcionar possa ser clara para nós, ela não é precisa o suficiente. Por exemplo, o que queremos dizer com "visitar", "uma após a outra" e "checar"?

Quando "visitamos" uma página Web, na realidade estamos baixando essa página e exibindo-a em nosso navegador (ou lendo-a). Quando dizemos que vamos visitar as páginas "uma após a outra", precisamos deixar claro que cada página será visitada exatamente uma vez; também devemos ser explícitos sobre a ordem em que as páginas serão visitadas. Por fim, para "verificar" se o preço foi reduzido de forma suficiente, precisamos, primeiramente, achar o preço na página Web.

Para facilitar a eventual implementação do processo de busca como um programa de computador, precisamos descrever a busca usando instruções passo a passo mais precisas ou, em outras palavras, um algoritmo. O algoritmo deverá consistir em uma descrição não ambígua das etapas que, quando executadas sobre uma entrada especificada, produzem a saída desejada.

Começamos o desenvolvimento do algoritmo especificando claramente os dados de *entrada* (ou seja, as informações com as quais queremos começar) e os dados de *saída* (ou seja, as informações que desejamos obter):

Entrada: Uma lista ordenada de endereços de página Web chamada `Endereços` e uma lista ordenada de preços de meta chamada `Metas`, com o mesmo tamanho.
Saída: (Impressa na tela.) Endereços de página Web para os produtos cujo preço seja menor que o preço de meta.

Agora podemos descrever o algoritmo:

```
1  Seja N o número de produtos na lista Endereços.
2
3  Para cada produto I = 0, 1, ..., N-1, execute as instruções:
4
5      Seja END o endereço na lista Endereços para o produto I
6
7      Baixe a página Web cujo endereço é END e
8          seja PAG o conteúdo dessa página Web
9
10     Encontre na PAG o preço atual do produto I e
11         seja ATUAL esse valor
12
13     Seja META o preço de meta do produto I a partir da lista Metas
14
15     Se ATUAL < META:
16         Imprima END
```

Essa descrição do algoritmo não é um código real, que pode ser executado em um computador. Em vez disso, é simplesmente uma descrição precisa do que precisamos fazer para realizar uma tarefa e, em geral, é chamado de *pseudocódigo*. Um algoritmo também pode ser descrito usando código executável real (programa). No restante deste livro, vamos descrever nossos algoritmos usando programas Python.

Tipos de Dados

A descrição do algoritmo de busca inclui referências a diversos dados:

a. `N`, o número de produtos.
b. `END`, o endereço de uma página Web.
c. `PAG`, o conteúdo de uma página Web.
d. `ATUAL` e `META`, os preços atual e de meta.
e. As listas `Endereços` e `Metas`.

Os nomes `N`, `I`, `END`, `PAG`, `ATUAL` e `META` são denominados *variáveis*, assim como na álgebra. Os nomes `Endereços` e `Metas` também são variáveis. A finalidade das variáveis é armazenar valores de modo que possam ser recuperados mais tarde. Por exemplo, o valor de `END`, definido na linha 5 do algoritmo, é recuperado para ser impresso na linha 16.

Vamos examinar mais de perto o *tipo de valores* que esses dados podem ter. O número de produtos `N` será um valor inteiro não negativo. O preço `ATUAL` e o preço `META` serão números positivos, provavelmente usando uma notação de ponto decimal; vamos descrevê-los como números não inteiros positivos. E o que podemos dizer do "valor" do endereço da página

Web END e o "valor" do conteúdo da página Web? Ambos são descritos de forma mais apropriada como sequências de caracteres (ignoramos o conteúdo não textual). Por fim, temos as duas listas. A lista Endereços é uma sequência ordenada de endereços (que são sequências de caracteres), enquanto a lista de preços Metas é uma sequência ordenada de preços (que são números).

O *tipo de dados* refere-se à faixa de valores que os dados podem ter (por exemplo, inteiro, número não inteiro, sequência de caracteres ou lista de outros valores) *e também* às operações que podem ser realizadas sobre os dados. No algoritmo, realizamos as seguintes operações, entre outras, sobre os dados:

a. Comparamos números ATUAL e META.
b. Encontramos o endereço do produto I na lista Endereços.
c. Procuramos o conteúdo da página Web para um preço.
d. Criamos uma sequência 0, 1, 2, ..., N-1 a partir do inteiro N.

No caso **a.**, supomos que os tipos numéricos podem ser comparados. No caso **b.**, supomos que podemos recuperar o produto I da lista Endereços. No caso **c.**, consideramos que podemos buscar uma sequência de caracteres e procurar algo que se pareça com um preço. No caso **d.**, consideramos que podemos criar uma sequência de 0 até (não incluindo) um inteiro.

O que queremos dizer é o seguinte: um algoritmo consiste em instruções que manipulam dados e o modo como os dados podem ser implementados depende do tipo do dado. Considere o caso **d.**, por exemplo. Embora essa operação faça sentido para o tipo de dados inteiro N, ela não faz sentido algum para, digamos, os dados do endereço de página Web END. Assim, o tipo de dados inteiro admite a operação de criar uma sequência, enquanto o tipo de dados "sequência de caracteres" não admite.

Na realidade, para poder pensar "computacionalmente", precisamos saber que tipos de dados podemos usar e que operações podem ser realizadas sobre esses dados. Como pensamos "computacionalmente" no contexto da programação Python, precisaremos conhecer os tipos de dados e as operações que o Python admite. Nossa primeira atividade, portanto, é aprender os tipos de dados básicos dessa linguagem de programação e, em particular, as diferentes operações que esses tipos admitem. Esse será o assunto do Capítulo 2.

Atribuições e Estruturas de Controle de Execução

Além de *diferentes tipos de dados*, o algoritmo de busca de produto que desenvolvemos usa *diferentes tipos de instruções*. Várias instruções no algoritmo atribuem um valor a uma variável:

a. Na linha 1, atribuímos um valor à variável N.
b. Na linha 5, atribuímos um valor à variável END.
c. Na linha 8, atribuímos um valor à variável PAG.
d. Na linha 11, atribuímos um valor à variável ATUAL.
e. Na linha 13, atribuímos um valor à variável META.

Embora os valores atribuídos às variáveis sejam de tipos diferentes, o mesmo tipo de instrução é usado para realizar a atribuição. Esse tipo de instrução é chamado de *instrução de atribuição*.

Um tipo diferente de instrução é usado na linha 15. Esta instrução compara o preço ATUAL com o preço de META; se o valor de ATUAL for menor do que o valor de META – e somente então –, o comando na linha 16 é executado (e o valor de END é impresso). A instrução Se na linha 15 é um tipo de instrução conhecido como *estrutura de controle condicional*.

A linha 3 ilustra ainda outro tipo de instrução. Essa instrução executará repetidamente os comandos nas linhas 5 a 16, uma vez para cada valor de `I`. Assim, os comandos de 5 a 16 serão executados para `I` igual a 0, e então novamente para `I` igual a 1, e depois novamente para `I` igual a 2 e assim por diante. Depois que os comandos de 5 a 16 tiverem sido executados para `I` igual a `N-1`, a execução da instrução na linha 3 está concluída. Essa instrução é conhecida como *estrutura de controle de iteração*. A palavra *iteração* significa "a ação de repetir um processo". O processo repetido em nosso algoritmo é a execução dos comandos nas linhas de 5 a 16.

As estruturas de controle condicional e de iteração são conhecidas em conjunto como *estruturas de controle de execução*, usadas para controlar o *fluxo de execução* dos comandos em um programa. Em outras palavras, elas determinam a ordem em que os comandos são executados, sob quais condições e quantas vezes. Juntamente com as instruções de atribuição, as estruturas de controle de execução são os blocos de montagem fundamentais para descrever soluções computacionais para os problemas e para desenvolver algoritmos. Apresentamos as estruturas de controle de execução do Python no Capítulo 3, depois de termos analisado os tipos de dados básicos do Python no Capítulo 2.

Resumo do Capítulo

Este capítulo apresenta o campo da ciência da computação, o trabalho realizado pelos cientistas da computação e desenvolvedores, e as ferramentas que os cientistas de computação e desenvolvedores utilizam.

A ciência da computação estuda, por um lado, os alicerces teóricos da informação e da computação e, por outro, as técnicas práticas para implementar aplicações em sistemas de computação. Os desenvolvedores de aplicações de computador utilizam os conceitos e as técnicas da ciência da computação no contexto do desenvolvimento de aplicações. Eles formulam representações abstratas que modelam determinado ambiente real ou imaginário, criam algoritmos que manipulam os dados no modelo e depois implementam o algoritmo como um programa que pode ser executado em um sistema de computação.

As ferramentas da ciência da computação incluem tanto as ferramentas abstratas da matemática e da lógica quanto as ferramentas concretas do sistema de computação. As ferramentas do sistema de computação incluem o hardware e o software. Em particular, elas incluem a linguagem de programação e as ferramentas da linguagem de programação por meio das quais o desenvolvedor, por fim, controla os diferentes componentes do sistema.

As ferramentas abstratas que os cientistas da computação utilizam são as habilidades de pensamento computacional, baseadas na lógica e na matemática, necessárias para descrever problemas, tarefas e processos pela lente da abstração e da computação. Para poder fazer isso, precisamos dominar uma linguagem de programação. Como resultado, a linguagem de programação é a cola que conecta o sistema e as ferramentas abstratas de um desenvolvedor. É por isso que o domínio de uma linguagem de programação é a habilidade fundamental de um cientista da computação.

CAPÍTULO

2

Tipos de Dados Python

NESTE CAPÍTULO, apresentamos um subconjunto muito pequeno do Python. Embora pequeno, ele é amplo o suficiente para começar a realizar coisas interessantes imediatamente. Nos próximos capítulos, vamos preencher os detalhes. Começaremos usando o Python como uma calculadora que avalia expressões algébricas. Depois, introduzimos as variáveis como um meio de "lembrar" dos resultados dessas avaliações. Por fim, mostramos como o Python trabalha com valores que não são apenas números: valores para representar os estados lógicos verdadeiro e falso, valores de texto e listas de valores.

Depois que tivermos visto os tipos básicos de dados aceitos pelo Python, recuamos um passo e definimos exatamente o conceito de um tipo de dado e o de um objeto que armazena um valor de determinado tipo. Com os dados armazenados em objetos, podemos ignorar o modo como os dados são representados e armazenados no computador, para trabalhar somente com as propriedades abstratas, porém familiares, que se tornam explícitas pelo tipo do objeto. Essa ideia de abstrair propriedades importantes é fundamental na ciência da computação, e voltaremos a ela várias vezes.

Além dos tipos de dados básicos, embutidos, Python vem com uma grande biblioteca de tipos adicionais, organizados em forma de módulos. No estudo de caso deste capítulo, usamos o módulo turtle graphics para ilustrar visualmente os conceitos introduzidos neste capítulo: objetos, tipos e nomes; abstração e classes de dados; e ocultação de informações.

2.1 Expressões, Variáveis e Atribuições

Vamos começar com algo familiar. Usamos o shell interativo do IDE Python como uma calculadora para avaliar expressões Python, começando com expressões algébricas simples. Nosso objetivo é ilustrar o modo como Python é intuitiva e normalmente se comporta da forma como você poderia esperar.

Expressões Algébricas e Funções

No prompt do shell interativo >>>, digitamos uma expressão algébrica, como 3 + 7, e pressionamos a tecla Enter ou Return no teclado para ver o resultado da avaliação da expressão:

```
>>> 3 + 7
10
```

Vamos experimentar expressões que usam diferentes operadores algébricos:

```
>>> 3 * 2
6
>>> 5 / 2
2.5
>>> 4 / 2
2.0
```

Nas duas primeiras expressões, os inteiros são somados ou multiplicados e o resultado é um inteiro, que é o que você espera. Na terceira expressão, um inteiro é dividido por outro e o resultado é mostrado na notação de ponto decimal. Isso porque, quando um inteiro é dividido por outro, o resultado não é necessariamente um inteiro. A regra em Python é retornar um número com um ponto decimal e uma parte fracionária, mesmo quando o resultado é um inteiro. Isso pode ser visto na última expressão, onde o inteiro 4 é dividido por 2 e o resultado mostrado é 2.0, em vez de 2.

Dizemos que os valores sem o ponto decimal são do tipo *inteiro* ou simplesmente `int`. Os valores com pontos decimais e partes fracionárias são do tipo *ponto flutuante*, ou simplesmente `float`. Vamos continuar avaliando expressões usando valores dos dois tipos:

```
>>> 2 * 3 + 1
7
>>> (3 + 1) * 3
12
>>> 4.321 / 3 + 10
11.440333333333333
>>> 4.321 / (3 + 10)
0.3323846153846154
```

Múltiplos operadores são usados nessas expressões, o que levanta a questão: em que ordem as operações devem ser avaliadas? As *regras de precedência* da álgebra padrão se aplicam em Python: multiplicação e divisão têm precedência em relação a adição e subtração e, assim como na álgebra, os parênteses são usados quando queremos especificar explicitamente a ordem em que as operações devem ocorrer. Se tudo o mais falhar, as expressões são avaliadas usando a regra de *avaliação da esquerda para a direita*. Essa última regra é usada na próxima expressão, onde a adição é executada *após* a subtração:

```
>>> 3 - 2 + 1
2
```

Todas as expressões que avaliamos até aqui são *expressões* algébricas puras, envolvendo valores numéricos (do tipo `int` ou do tipo `float`), operadores algébricos (como +, / e *) e parênteses. Quando você pressiona a tecla Enter, o interpretador Python lerá a expressão e a avaliará da maneira como você espera. Aqui está mais um exemplo, um pouco menos comum, de uma expressão algébrica:

```
>>> 3
3
```

Python avalia a expressão 3 como... 3.

Os dois tipos de valores numéricos, `int` e `float`, possuem propriedades um pouco diferentes. Por exemplo, quando dois valores `int` são somados, subtraídos ou multiplicados, o resultado é um valor `int`. Entretanto, se pelo menos um valor `float` aparecer na expressão, o resultado é sempre um valor `float`. Observe que um valor `float` também é obtido quando dois valores inteiros (por exemplo, 4 e 2) são divididos.

Diversos outros operadores algébricos são comumente utilizados. Para calcular 2^4, você precisa usar o operador de *exponenciação*, `**`:

```
>>> 2**3
8
>>> 2**4
16
```

Logo, x^y é calculado usando a expressão Python `x**y`.

Para obter o quociente inteiro e o resto quando dois valores inteiros são divididos, são usados os operadores `//` e `%`. O operador `//` na expressão `a//b` retorna o quociente inteiro obtido quando o inteiro `a` é dividido pelo inteiro `b`. O operador `%` na expressão `a%b` calcula o resto obtido quando o inteiro `a` é dividido pelo inteiro `b`. Por exemplo:

```
>>> 14 // 3
4
>>> 14 % 3
2
```

Na primeira expressão, `14//3` é avaliado como 4, pois 3 cabe 4 vezes dentro de 14. Na segunda expressão, `14%3` é avaliado como 2, pois 2 é o resto quando 14 é dividido por 3.

Python também tem suporte para funções matemáticas do tipo que você usou em uma aula de álgebra. Lembre-se de que, na álgebra, a notação

```
f(x) = x + 1
```

é usada para definir a funcionalidade `f()` que apanha uma entrada, indicada por `x`, e retorna um valor, que neste caso é `x + 1`. Para usar esta função no valor de entrada 3, por exemplo, você usaria a notação `f(3)`, que é avaliada como 4.

Funções Python são semelhantes. Por exemplo, a função Python abs() pode ser usada para calcular o valor absoluto de um valor numérico:

```
>>> abs(-4)
4
>>> abs(4)
4
>>> abs(-3.2)
3.2
```

Algumas outras funções que Python torna disponíveis são min() e max(), que retornam os valores mínimo ou máximo, respectivamente, dos valores de entrada:

```
>>> min(6, -2)
-2
>>> max(6, -2)
6
>>> min(2, -4, 6, -2)
-4
>>> max(12, 26.5, 3.5)
26.5
```

Problema Prático 2.1

Escreva expressões algébricas Python correspondentes aos seguintes comandos:

(a) A soma dos 5 primeiros inteiros positivos.
(b) A idade média de Sara (idade 23), Mark (idade 19) e Fátima (idade 31).
(c) O número de vezes que 73 cabe em 403.
(d) O resto de quando 403 é dividido por 73.
(e) 2 à 10ª potência.
(f) O valor absoluto da distância entre a altura de Sara (54 polegadas) e a altura de Mark (57 polegadas).
(g) O menor preço entre os seguintes preços: R$ 34,99, R$ 29,95 e R$ 31,50.

Expressões e Operadores Booleanos

Expressões algébricas são avaliadas como um número, seja do tipo int, ou float, ou um dos outros tipos numéricos que Python admite. Em uma aula de álgebra, expressões que não são numéricas também são comuns. Por exemplo, a expressão 2 < 3 não resulta em um número, mas sim em True (verdadeiro) ou False (falso) — neste caso, True. Python também pode avaliar tais expressões, que são denominadas *expressões Booleanas*. Expressões Booleanas são expressões que podem ser avaliadas como um de dois *valores Booleanos*: True ou False. Esses valores são considerados como tipo Booleano — um tipo assim como int e float, e indicado em Python como bool.

Operadores de comparação (como < ou >) são operadores normalmente utilizados em expressões Booleanas. Por exemplo:

```
>>> 2 < 3
True
>>> 3 < 2
False
>>> 5 - 1 > 2 + 1
True
```

A última expressão ilustra que as expressões algébricas em qualquer lado de um operador de comparação são avaliadas antes que a comparação seja feita. Conforme veremos mais adiante neste capítulo, os operadores algébricos têm precedência sobre os operadores de comparação. Por exemplo, em $5 - 1 > 2 + 1$, os operadores – e + são avaliados primeiro, e depois a comparação é feita entre os valores resultantes.

Para verificar a igualdade entre os valores, o operador de comparação == é usado. Observe que o operador tem dois símbolos =, e não um. Por exemplo:

```
>>> 3 == 3
True
>>> 3 + 5 == 4 + 4
True
>>> 3 == 5 - 3
False
```

Existem alguns outros operadores de comparação lógica:

```
>>> 3 <= 4
True
>>> 3 >= 4
False
>>> 3 != 4
True
```

A expressão Booleana `3 <= 4` usa o operador <= para testar se a expressão à esquerda (3) é *menor ou igual à* expressão da direita (4). A expressão Booleana é avaliada como `True`, naturalmente. O operador >= é usado para testar se o operando da esquerda é maior ou igual ao operando da direita. A expressão `3 != 4` usa o operador `!=` (não igual) para testar se as expressões à esquerda e à direita são avaliadas como valores diferentes.

Problema Prático 2.2

Traduza os comandos a seguir para expressões Booleanas em Python e avalie-as:

(a) A soma de 2 e 2 é menor que 4.
(b) O valor de 7 // 3 é igual a 1 + 1.
(c) A soma de 3 ao quadrado e 4 ao quadrado é igual a 25.
(d) A soma de 2, 4 e 6 é maior que 12.
(e) 1387 é divisível por 19.
(f) 31 é par. (Dica: o que o resto lhe diz quando você divide por 2?)
(g) O preço mais baixo dentre R$ 34,99, R$ 29,95 e R$ 31,50 é menor que R$ 30,00.*

Assim como a expressão algébrica pode ser combinada em uma expressão algébrica maior, as expressões Booleanas podem ser combinadas usando operadores Booleanos `and`, `or` e `not` para formar expressões Booleanas maiores. O operador `and` aplicado a duas expressões Booleanas será avaliado como `True` se as duas expressões forem avaliadas

*Atenção para o uso do separador de casas decimais no Python. No texto, usamos a vírgula livremente, porém, no shell interativo do Python, é preciso usar o ponto (.) no lugar da vírgula. Se isso não for observado, as expressões serão avaliadas incorretamente. (N.T.)

como `True`; se qualquer uma delas for avaliada como `False`, então o resultado será avaliado como `False`:

```
>>> 2 < 3 and 4 > 5
False
>>> 2 < 3 and True
True
```

As duas expressões ilustram que os operadores de comparação são avaliados antes dos operadores Booleanos. Isso porque os operadores de comparação têm precedência sobre os operadores Booleanos, conforme veremos mais adiante neste capítulo.

O operador `or` aplicado a duas expressões Booleanas avalia como `False` somente quando as duas expressões são falsas. Se uma delas for verdadeira, ou ambas forem verdadeiras, então ele avalia o resultado como `True`.

```
>>> 3 < 4 or 4 < 3
True
>>> 3 < 2 or 2 < 1
False
```

O operador `not` é um operador Booleano *unário*, o que significa que é aplicado a uma *única* expressão Booleana (ao contrário dos operadores Booleanos *binários* `and` e `or`). Ele é avaliado como `False` se a expressão for verdadeira ou como `True` se a expressão for falsa.

```
>>> not (3 < 4)
False
```

George Boole e a Álgebra Booleana

George Boole (1815–1864) desenvolveu a álgebra Booleana, a base sobre a qual foram criadas a lógica digital do hardware de computador e a especificação formal das linguagens de programação.

A álgebra Booleana é a álgebra dos valores verdadeiro e falso. A álgebra Booleana inclui os operadores `and`, `or` e `not`, que podem ser usados para criar expressões Booleanas, expressões que são avaliadas como verdadeira ou falsa. As tabelas *verdade* definem como essas operações são avaliadas.

p	q	p e q
verdadeiro	verdadeiro	verdadeiro
verdadeiro	falso	falso
falso	verdadeiro	falso
falso	falso	falso

p	q	p ou q
verdadeiro	verdadeiro	verdadeiro
verdadeiro	falso	verdadeiro
falso	verdadeiro	verdadeiro
falso	falso	falso

p	não p
verdadeiro	falso
falso	verdadeiro

Variáveis e Atribuições

Vamos continuar com nosso tema da álgebra mais um pouco. Como já sabemos pela álgebra, é útil atribuir nomes a valores, e chamamos esses nomes de *variáveis*. Por exemplo, o valor 3 pode ser atribuído à variável `x` em um problema da álgebra da seguinte forma: $x = 3$. A variável `x` pode ser imaginada como um nome que nos permite apanhar o valor 3 mais adiante. Para recuperá-lo, só precisamos avaliar x em uma expressão.

O mesmo pode ser feito em Python. Um valor pode ser atribuído a uma variável:

```
>>> x = 4
```

A instrução x = 4 é denominada *instrução de atribuição*. O formato geral de uma instrução de atribuição é:

```
<variável> = <expressão>
```

Uma expressão que nos referimos como <expressão> se encontra no lado direito do operador =; ela pode ser algébrica, Booleana ou outro tipo de expressão. No lado esquerdo está uma variável denominada <variável>. A instrução de atribuição atribui a <variável> o valor avaliado pela <expressão>. No último exemplo, x recebe o valor 4.

Quando um valor tiver sido atribuído a uma variável, a variável pode ser usada em uma expressão Python:

```
>>> x
4
```

Quando o Python avalia uma exemplo contendo uma variável, ele avalia a variável para seu valor atribuído e depois realiza as operações na expressão:

```
>>> 4 * x
16
```

Uma expressão envolvendo variáveis pode aparecer no lado direito de uma instrução de atribuição:

```
>>> contador = 4 * x
```

Na instrução contador = 4 * x, x é primeiro avaliada como 4, e depois a expressão 4 * 4 é avaliada como 16, e depois 16 é atribuído à variável contador:

```
>>> contador
16
```

Até aqui, definimos dois nomes de variável: x com o valor 4 e contador com o valor 16. E o que podemos dizer, por exemplo, do valor da variável z, que não foi atribuída ainda? Vejamos:

```
>>> z
Traceback (most recent call last):
  File "<pyshell#1>", line 1, in <module>
    z
NameError: name 'z' is not defined
```

Não temos certeza do que esperávamos... mas obtivemos aqui nossa primeira (e, infelizmente, não a última) mensagem de erro. Acontece que, se a variável — z, neste caso — não teve um valor atribuído, ela simplesmente não existe. Quando o Python tenta avaliar um nome não atribuído, ocorrerá um erro e uma mensagem (como name 'z' is not defined) é emitida. Aprenderemos mais sobre erros (também chamados de *exceções*) no Capítulo 4.

Problema Prático 2.3

Escreva instruções Python que correspondem às ações a seguir e execute-as:

(a) Atribua o valor inteiro 3 à variável a.

(b) Atribua 4 à variável b.

(c) Atribua à variável c o valor da expressão a * a + b * b.

Você pode se lembrar, da álgebra, que o valor de uma variável pode mudar. O mesmo é verdadeiro com as variáveis Python. Por exemplo, suponha que o valor da variável x seja inicialmente 4:

```
>>> x
4
```

Agora, vamos atribuir o valor 7 à variável x:

```
>>> x = 7
>>> x
7
```

Assim, a instrução de atribuição x = 7 mudou o valor de x de 4 para 7.

AVISO

Operadores de Atribuição e Igualdade

Tenha o cuidado de distinguir a instrução de atribuição = e o operador de igualdade ==. Esta é uma instrução de atribuição que atribui 7 à variável x:

```
>>> x = 7
```

Esta, porém, é uma expressão Booleana que compara o valor da variável x com o número 7 e retorna True se eles forem iguais:

```
>>> x == 7
True
```

A expressão é avaliada como True porque a variável x tem o valor 7.

Nomes de Variáveis

Os caracteres que compõem um nome de variável podem ser letras minúscula e maiúscula do alfabeto (de a até z e de A até Z), o caractere de sublinhado (_) e, exceto pelo primeiro caractere, os dígitos de 0 a 9:

- minhaLista e _lista são válidos, mas 5lista não.
- lista6 e l_2 são válidos, mas lista-3 não.
- minhalista e minhaLista são nomes de variável diferentes.

Mesmo quando um nome de variável é "válido" (ou seja, segue as regras), ele pode não ser um nome "bom". Aqui estão algumas convenções geralmente aceitas para o projeto de nomes bons:

- Um nome deve ser significativo: o nome preço é melhor que o nome p.
- Para um nome com mais de uma palavra, use o caractere de sublinhado como delimitador (por exemplo, var_temp e taxa_juros) ou use maiúsculas e minúscula na palavra (por exemplo, varTemp, VarTemp, taxaJuros ou TaxaJuros); escolha um estilo e use-o de modo coerente por todo o seu programa.
- Nomes significativos mais curtos são melhores que os mais longos.

Neste livro-texto, todos os nomes de variável começam com um caractere minúsculo.

Nomes de Variável a Partir do Python 3

A restrição sobre os caracteres usados para nomes de variável é verdadeira somente para as versões Python antes da 3.0. Essas versões do Python usam a codificação de caractere ASCII (que inclui apenas caracteres no alfabeto inglês e é descrita com mais detalhes no Capítulo 6) como conjunto de caracteres padrão.

Começando com o Python 3.0, a codificação de caracteres Unicode (também discutida no Capítulo 6) é a codificação de caracteres padrão. Com essa mudança, muito mais caracteres (por exemplo, caracteres cirílicos, chineses ou árabes) podem ser usados em nomes de variável. A mudança reflete o importante papel social e econômico que a globalização tem no mundo de hoje.

Neste momento, a maioria das linguagens de programação ainda requer que nomes de variáveis e outros objetos usem a codificação de caracteres ASCII. Por esse motivo, embora este livro-texto siga o Python 3.0 e padrões mais recentes, vamos nos restringir à codificação de caracteres ASCII quando criarmos nomes de variável.

Os nomes a seguir são usados como palavras-chave reservadas da linguagem Python. Você só pode usá-los como comandos Python.

```
False    break     else     if        not     while
None     class     except   import    or      with
True     continue  finally  in        pass    yield
and      def       for      is        raise
as       del       from     lambda    return
assert   elif      global   nonlocal  try
```

2.2 Strings

Além dos tipos numéricos e Booleanos, Python admite uma grande quantidade de outros tipos, mais complexos. O tipo de string em Python, denominado `str`, é usado para representar e manipular dados de texto ou, em outras palavras, uma sequência de caracteres, incluindo espaços, pontuação e diversos símbolos. Um valor de string é representado como uma sequência de caracteres delimitada por apóstrofos:

```
>>> 'Hello, World!'
'Hello, World!'
>>> s = 'hello'
>>> s
'hello'
```

A primeira expressão, `'Hello, world!'`, é uma expressão que contém apenas um valor de string e é avaliada como ela mesma, assim como a expressão 3 é avaliada como 3. A instrução `s = 'hello'` atribui o valor de string `'hello'` à variável `s`. Observe que `s` é avaliada como seu valor de string quando usado em uma expressão.

Operadores de String

Python oferece operadores para processar texto (ou seja, valores de string). Assim como os números, as strings podem ser comparadas usando operadores de comparação: ==, !=, <, > e assim por diante. O operador ==, por exemplo, retorna `True` se as strings nos dois lados do operador tiverem o mesmo valor:

```
>>> s == 'hello'
True
>>> t = 'world'
>>> s != t
True
>>> s == t
False
```

Embora == e != testem se duas strings são iguais ou não, os operadores de comparação < e > comparam strings usando a ordem do dicionário:

```
>>> s < t
True
>>> s > t
False
```

(Por enquanto, vamos apelar à intuição ao nos referirmos à *ordem do dicionário*; vamos defini-la com precisão na Seção 6.3.)

O operador +, quando aplicado a duas strings, é avaliado como uma nova string que é a *concatenação* (ou seja, a junção) das duas strings:

```
>>> s + t
'helloworld'
>>> s + ' ' + t
'hello world'
```

No segundo exemplo, os nomes `s` e `t` são avaliados como os valores de string `'hello'` e `'world'`, respectivamente, que são então concatenados com a string de espaço em branco `' '`. Se podemos *somar* duas strings, será que podemos *multiplicá-las*?

```
>>> 'hello ' * 'world'

Traceback (most recent call last):
  File "<pyshell#146>", line 1, in <module>
    'hello ' * 'world'
TypeError: cannot multiply sequence by non-int of type 'str'
```

Bem... parece que não podemos. Se você parar para pensar um pouco nisso, não fica muito claro o significado de multiplicar duas strings, de qualquer forma. Somá-las (ou seja, concatená-las) faz mais sentido. Em geral, o projeto da linguagem de programação Python e o significado dos operadores padrão (+, *, / etc.) para diversos tipos de valores (inteiro, ponto flutuante, Booleano, string etc.) é intuitivo. Assim, intuitivamente, o que você acha que deveria acontecer quando uma string é multiplicada por um inteiro? Vamos experimentar:

```
>>> 3 * 'A'
'AAA'
>>> 'hello ' * 2
'hello hello '
>>> 30 * '-'
'------------------------------'
```

A multiplicação de uma string `s` por um inteiro `k` nos dá uma sequência obtida concatenando `k` cópias da string `s`. Observe como obtivemos com facilidade uma linha (útil para apresentar sua saída de texto simples, digamos) multiplicando a string `'-'` 30 vezes.

Com o operador `in`, podemos verificar se um caractere aparece em uma string:

```
>>> s = 'hello'
>>> 'h' in s
True
>>> 'g' in s
False
```

Uso	Explicação
`x in s`	Verdadeiro se `x` for uma substring da string `s`, e falso caso contrário
`x not in s`	Falso se a string `x` for uma substring da strings `s`, e verdadeiro caso contrário
`s + t`	Concatenação da string `s` com a string `t`
`s * n, n * s`	Concatenação de *n* cópias de `s`
`s[i]`	Caractere da strings `s` no índice `i`
`len(s)`	Comprimento da strings `s`

Tabela 2.1 **Operadores de string.** Somente alguns poucos operadores de string usados aparecem; há muito mais à disposição. Para obter a lista completa no seu shell interativo, use a função de documentação `help()`: `>>> help(str)`.

O operador `in` também pode ser usado para verificar se uma string aparece em outra:

```
>>> 'll' in s
True
```

Como `'ll'` aparece na string `s`, dizemos que `'ll'` é uma *substring* de `s`.

O comprimento de uma string pode ser calculado usando a função `len()`:

```
>>> len(s)
5
```

Na Tabela 2.1, resumimos o uso e a explicação para os operadores de string comumente utilizados.

Problema Prático 2.4

Comece executando as instruções de atribuição:

```
>>> s1 = 'ant'
>>> s2 = 'bat'
>>> s3 = 'cod'
```

Escreva expressões Python usando `s1`, `s2` e `s3` e os operadores + e * a fim de avaliar para:

(a) `'ant bat cod'`
(b) `'ant ant ant ant ant ant ant ant ant ant'`
(c) `'ant bat bat cod cod cod'`
(d) `'ant bat ant bat ant bat ant bat ant bat ant bat ant bat'`
(e) `'batbatcod batbatcod batbatcod batbatcod batbatcod'`

Operador de Indexação

Os caracteres individuais de uma string podem ser acessados usando o *operador de indexação* `[]`. Primeiro, vamos definir o conceito de um *índice*. O índice de um caractere em uma string é o deslocamento do caractere (ou seja, a posição na string) com relação ao primeiro caractere. O primeiro caractere tem índice 0, o segundo tem índice 1 (pois está a uma distân-

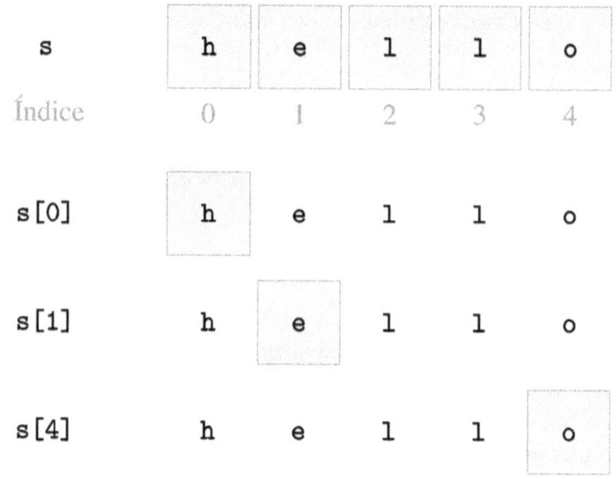

Figura 2.1 O índice da string e o operador de índice.
O índice 0 refere-se ao primeiro caractere, enquanto o índice i refere-se ao caractere que está a i posições à direita do primeiro caractere. A expressão s[0], usando o operador de indexação [], é avaliada como a string 'h'; s[1] é avaliada como 'e'; s[4] é avaliada como 'o'.

s	h	e	l	l	o
Índice	0	1	2	3	4
s[0]	h	e	l	l	o
s[1]	h	e	l	l	o
s[4]	h	e	l	l	o

cia do primeiro caractere), o terceiro caractere tem índice 2, e assim por diante. O operador de indexação [] toma um índice não negativo i e retorna uma string consistindo no único caractere no índice i (ver Figura 2.1):

```
>>> s[0]
'h'
>>> s[1]
'e'
>>> s[4]
'o'
```

Problema Prático 2.5

Comece executando a atribuição:

```
s = '0123456789'
```

Agora, escreva expressões usando a string s e o operador de indexação que é avaliado como:

(a) '0'
(b) '1'
(c) '6'
(d) '8'
(e) '9'

Índices negativos podem ser usados para acessar os caracteres do final (lado direito) da string. Por exemplo, o último caractere e o penúltimo caractere podem ser apanhados usando os índices negativos –1 e –2, respectivamente (ver também a Figura 2.2):

```
>>> s[-1]
'o'
>>> s[-2]
'l'
```

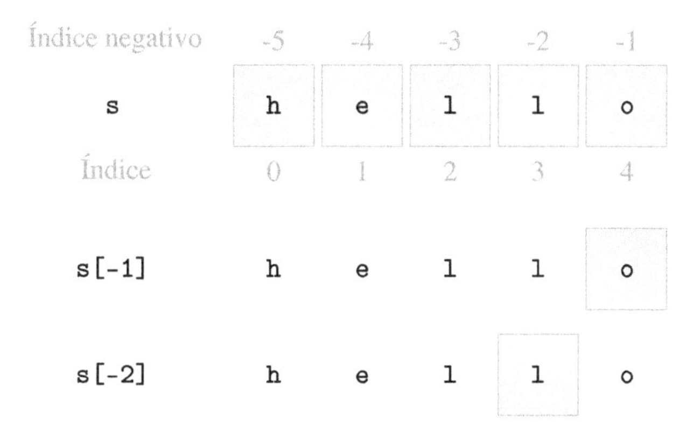

Figura 2.2 **Operador de índice usando índices negativos.** O índice −1 refere-se ao último caractere; assim, `s[-1]` é avaliado como a string `'o'`, `s [-2]` é avaliado como `'l'`.

Nesta seção, apenas arranhamos a superfície das capacidades de processamento de textos do Python. Voltaremos às strings e ao processamento de textos várias vezes neste livro. Por enquanto, vamos continuar nosso passeio pelos tipos de dados do Python.

2.3 Listas

Em muitas situações, organizamos os dados em uma lista: uma lista de compras, uma lista de cursos, uma lista de contatos no seu telefone celular, uma lista de canções no seu *player* de áudio e assim por diante. Em Python, as listas normalmente são armazenadas em um tipo de objeto denominado *lista*. Uma lista é uma sequência de objetos. Os objetos podem ser de qualquer tipo: números, strings e até mesmo outras listas. Por exemplo, veja como atribuiríamos a variável `animais` à lista de strings que representa diversos animais:

```
>>> animais = ['peixe', 'gato', 'cão']
```

A variável `animais` é avaliada como a lista:

```
>>> animais
['peixe', 'gato', 'cão']
```

Em Python, uma lista é representada como uma sequência de objetos separados por vírgulas, dentro de colchetes. Uma lista vazia é representada como `[]`. As listas podem conter itens de diferentes tipos. Por exemplo, a lista chamada `coisas` em

```
>>> coisas = ['um', 2, [3, 4]]
```

tem três itens: o primeiro é a string `'um'`, o segundo é o inteiro 2 e o terceiro item é a lista `[3, 4]`.

Operadores de Lista

A maioria dos operadores de string que vimos na seção anterior pode ser usada em listas de formas semelhantes. Por exemplo, os itens na lista podem ser acessados individualmente usando o operador de indexação, assim como os caracteres individuais podem ser acessados em uma string:

```
>>> animais[0]
'peixe'
>>> animais[2]
'cão'
```

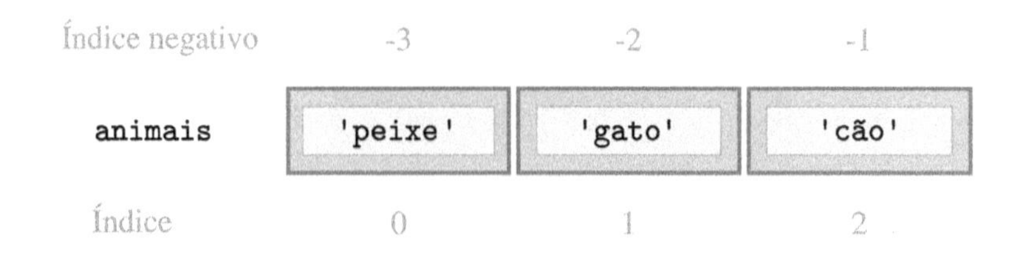

Figura 2.3 Uma lista de objetos de string. A lista `animais` é uma sequência de objetos. O primeiro objeto, no índice 0, é a string `'peixe'`. Índices positivos e negativos podem ser usados, assim como para as strings.

A Figura 2.3 ilustra a lista `animais` junto com a indexação dos itens da lista. Índices negativos também podem ser usados:

```
>>> animais[-1]
'cão'
```

O comprimento de uma lista (ou seja, o número de itens nela) é calculado usando a função `len()`:

```
>>> len(animais)
3
```

Assim como as strings, as listas podem ser "adicionadas", significando que podem ser *concatenadas*. Elas também podem ser "multiplicadas" por um inteiro `k`, que significa que *k* cópias da lista são concatenadas:

```
>>> animais + animais
['peixe', 'gato', 'cão', 'peixe', 'gato', 'cão']
>>> animais * 2
['peixe', 'gato', 'cão', 'peixe', 'gato', 'cão']
```

Se você quiser verificar se a string `'coelho'` está na lista, pode usar o operador `in` em uma expressão Booleana que é avaliada como `True` se a string `'coelho'` aparecer na lista `animais`:

```
>>> 'coelho' in animais
False
>>> 'cão' in animais
True
```

Na Tabela 2.2, resumimos o uso de alguns dos operadores de string. Incluímos na tabela as funções `min()`, `max()` e `sum()`, que podem apanhar uma lista como entrada e retornar, respectivamente, o menor item, o maior item, a soma dos itens da lista:

```
>>> lst = [23.99, 19.99, 34.50, 120.99]
>>> min(lst)
19.99
>>> max(lst)
120.99
>>> sum(lst)
199.46999999999997
```

Uso	Explicação
`x in lst`	Verdadeiro se o objeto `x` estiver na lista `lst`; caso contrário, falso
`x not in lst`	Falso se o objeto `x` estiver na lista `lst`; caso contrário, verdadeiro
`lstA + lstB`	Concatenação das listas `lstA` e `lstB`
`lst * n, n * lst`	Concatenação de *n* cópias da lista `lst`
`lst[i]`	Item no índice *i* da lista `lst`
`len(lst)`	Comprimento da lista `lst`
`min(lst)`	Menor item na lista `lst`
`max(lst)`	Maior item na lista `lst`
`sum(lst)`	Soma dos itens na lista `lst`

Tabela 2.2 **Operadores de lista e funções.** Somente alguns dos operadores de lista comumente usados aparecem aqui. Para obter a lista completa no seu shell interativo, use a função de documentação `help()`: `>>>help(list)`

Problema Prático 2.6

Primeiro, execute a atribuição

```
palavras = ['taco', 'bola', 'celeiro', 'cesta', 'peteca']
```

Agora, escreva duas expressões Python que são avaliadas, respectivamente, como a primeiro e a última palavras em `palavras`, na ordem do dicionário.

Listas São Mutáveis, Strings Não

Uma propriedade importante das listas é que elas são *mutáveis*. O que isso significa é que o conteúdo de uma lista pode ser mudado. Por exemplo, suponha que queremos ser mais específicos sobre o tipo de gato na lista `animais`. Gostaríamos que `animais[1]` fosse avaliado como `'gato siamês'` em vez de apenas `'gato'`. Para fazer isso, atribuímos `'gato siamês'` a `animais[1]`:

```
>>> animais[1] = 'gato siamês'
>>> animais
['peixe', 'gato siamês', 'cão']
```

Assim, a lista não contém mais a string `'gato'` no índice 1; em vez disso, ela contém a string `'gato siamês'`.

Enquanto as listas são mutáveis, as strings não são. O que isso significa é que não podemos mudar os caracteres individuais de um valor de string. Por exemplo, suponha que tenhamos errado na digitação de um gato:

```
>>> meuGato = 'bato siamês'
```

Gostaríamos de corrigir o erro alterando o caractere no índice 0 de `'b'` para `'c'`. Vamos experimentar:

```
>>> meuGato[0] = 'c'
Traceback (most recent call last):
  File "<pyshell#35>", line 1, in <module>
    meuGato[0] = 'c'
TypeError: 'str' object does not support item assignment
```

A mensagem de erro basicamente diz que os caracteres (itens) individuais de uma string não podem ser alterados (atribuídos). Dizemos que as strings são *imutáveis*. Isso significa que estamos presos com um valor errado para `meuGato`? Não, de forma alguma. Podemos simplesmente reatribuir um *novo valor* à variável `meuGato`:

```
>>> meuGato = 'gato siamês'
>>> meuGato
'gato siamês'
```

Discutiremos mais sobre as atribuições a strings e lista — e outros tipos imutáveis e mutáveis — na Seção 3.4.

Métodos de Lista

Vimos funções que operam sobre listas como a função `min()`:

```
>>> números = [6, 9, 4, 22]
>>> min(números)
4
```

Na expressão `min(números)`, dizemos que a função `min()` é *chamada* com um argumento de entrada, a lista `números`.

Há também funções que são chamadas *sobre* listas. Por exemplo, para acrescentar `'porco espinho'` à lista `animais`, chamaríamos a função `append()` sobre a lista `animais`, da seguinte forma:

```
>>> animais.append('porco espinho')
>>> animais
['peixe', 'gato siamês', 'cão', 'porco espinho']
```

Vamos fazer isso de novo para acrescentar outro `'cão'` à lista `animais`:

```
>>> animais.append('cão')
>>> animais
['peixe', 'gato siamês', 'cão', 'porco espinho', 'cão']
```

Observe o modo especial como a função `append()` é chamada:

```
animais.append('porco espinho')
```

O que essa notação significa é que a função `append()` é chamada sobre a lista `animais` com a entrada `'porco espinho'`. O efeito da execução da instrução `animais.append('porco espinho')` é que o argumento de entrada `'porco espinho'` é acrescentado ao final da lista `animais`.

A função `append()` é uma função `list`. O que isso significa é que a função `append()` não pode ser chamada por si só; ela sempre deve ser chamada sobre alguma lista `lst`, usando a notação `lst.append()`. Vamos nos referir a essas funções como *métodos*.

Outro exemplo de um método de lista é o método `count()`. Quando chamado sobre uma lista com um argumento de entrada, ele retorna o número de vezes que o argumento de entrada aparece na lista:

```
>>> animais.count('cão')
2
```

Novamente, dizemos que o método `count()` é chamado sobre a lista `animais` (com argumento de entrada `'cão'`).

Para remover a primeira ocorrência de `'cão'`, podemos usar o método de lista `remove()`:

```
>>> animais.reverse()
>>> animais
['cão', 'porco espinho', 'gato siamês', 'peixe']
```

Uso	Explicação
`lst.append(item)`	Inclui itens ao final da lista `lst`
`lst.count(item)`	Retorna o número de ocorrências de `item` na lista `lst`
`lst.index(item)`	Retorna o índice da primeira ocorrência do `item` na lista `lst`
`lst.insert(índice, item)`	Insere `item` na lista imediatamente antes do `índice`
`lst.pop()`	Remove o último item na lista
`lst.remove(item)`	Remove a primeira ocorrência do `item` na lista
`lst.reverse()`	Inverte a ordem dos itens na lista
`lst.sort()`	Classifica a lista

Tabela 2.3 **Alguns métodos de lista.** As funções `append()`, `insert()`, `pop()`, `remove()`, `reverse()` e `sort()` modificam a lista `lst`. Para obter a listagem completa dos métodos de lista no seu shell interativo, use a função de documentação `help()`: `>>> help(list)`

O método de `list reverse()` reverte a ordem dos objetos:

```
>>> animais.reverse()
>>> animais
['cão', 'porco espinho', 'gato siamês', 'peixe']
```

Alguns métodos de lista comumente usados aparecem na Tabela 2.3. Você pode ver uma listagem de *todos* os métodos de lista no shell interativo usando a função de documentação `help()`:

```
>>> help(list)
Help on class list in module builtins:
...
```

O método `sort()` classifica os itens na lista em ordem crescente, usando a ordenação que se aplica "naturalmente" aos objetos na lista. Como a lista `animais` contém objetos de string, a ordem será lexicográfica (ou seja, a ordem do dicionário):

```
>>> animais.sort()
>>> animais
['gato siamês', 'cão', 'peixe', 'porco espinho']
```

Uma lista de números seria classificada usando a ordem numérica crescente normal:

```
>>> lst = [4, 2, 8, 5]
>>> lst.sort()
>>> lst
[2, 4, 5, 8]
```

O que aconteceria se tentássemos classificar uma lista contendo números e strings? Visto que strings e os inteiros não podem ser comparados, a lista não pode ser classificada, e um erro seria gerado. Verifique isso.

Problema Prático 2.7

Dada a lista de notas de trabalho de casa dos alunos

```
>>> notas = [9, 7, 7, 10, 3, 9, 6, 6, 2]
```

escreva:

(a) Uma expressão que avalia para o número de 7 notas.
(b) Uma instrução que muda a última nota para 4.
(c) Uma expressão que avalia para a nota mais alta.

(d) Uma instrução que classifica as `notas` da lista.
(e) Uma expressão que avalia para a média das notas.

2.4 Objetos e Classes

Até aqui, vimos como usar diversos tipos de valores que o Python admite: `int`, `float`, `bool`, `str` e `list`. Nossa apresentação foi informal para enfatizar a técnica normalmente intuitiva que o Python utiliza para manipular valores. Porém, a intuição nos leva somente até aí. Nesse ponto, damos um passo atrás por um instante para entender mais formalmente o que significa um tipo e os *operadores* e *métodos* admitidos pelo tipo.

Em Python, cada valor, seja um valor inteiro simples (como 3) ou um valor mais complexo (como a string `'Hello, World!'` ou a lista `['hello', 4, 5]`) é armazenado na memória como um *objeto*. É útil pensarmos em um objeto como um contêiner para o valor que fica dentro da memória do seu computador.

A ideia de contêiner captura a motivação por trás dos objetos. A representação real e o processamento de, digamos, valores inteiros em um sistema de computação é bastante complicada. No entanto, a aritmética com valores inteiros é bem natural. Os objetos são contêineres para valores, inteiros ou não, que ocultam a complexidade do armazenamento e processamento de inteiros e oferece ao programador a única informação de que ele precisa: o valor do objeto e qual tipo de operações que podem ser aplicadas a ele.

Tipo de Objeto

Cada objeto tem, associado a ele, um *tipo* e um *valor*. Isso pode ser visto na Figura 2.4, que ilustra quatro objetos: um objeto inteiro com valor 3, um objeto de ponto flutuante com valor 3.0, um objeto de string com valor `'Hello World'` e um objeto de lista com valor `[1, 1, 2, 3, 5, 8]`.

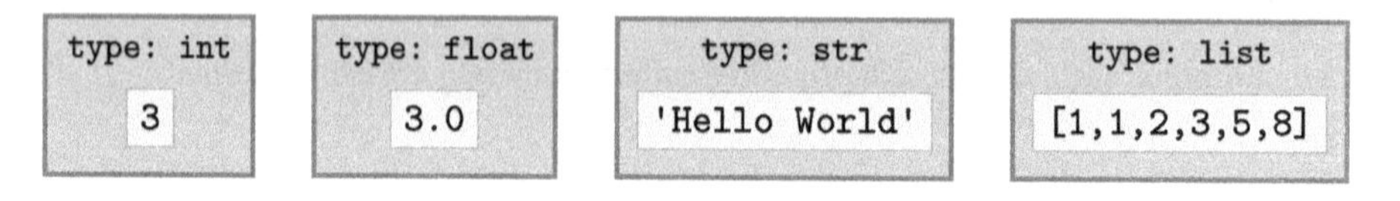

Figura 2.4 Quatro objetos. Ilustração de quatro objetos com tipos diferentes. Cada objeto tem, associado a ele, um tipo e um valor.

O *tipo de um objeto* indica que tipo de valores o objeto pode manter e que tipo de operações podem ser realizadas sobre esse objeto. Os tipos que vimos até aqui incluem o inteiro (`int`), ponto flutuante (`float`), Booleano (`bool`), string (`str`) e lista (`list`). A função `type()` do Python pode ser usada para determinar o tipo de um objeto:

```
>>> type(3)
<class 'int'>
>>> type(3.0)
<class 'float'>
>>> type('Hello World')
<class 'str'>
>>> type([1, 1, 2, 3, 5, 8])
<class 'list'>
```

Quando usada sobre uma variável, a função `type()` retornará o tipo do objeto ao qual a variável se refere:

```
>>> a = 3
>>> type(a)
<class 'int'>
```

AVISO

Variáveis Não Têm um Tipo

É importante observar que uma variável não tem um tipo. Uma variável é apenas um nome. Somente o objeto ao qual ela se refere tem um tipo. Assim, quando vemos

```
>>> type(a)
<class 'int'>
```

Na realidade, isso significa que o objeto ao qual a variável a *atualmente* se refere é do tipo inteiro.

Enfatizamos *atualmente* porque o tipo de um objeto ao qual a se refere pode mudar. Por exemplo, se atribuirmos 3.0 à variável a:

```
a = 3.0
```

então a se referirá a um valor do tipo `float`:

```
>>> type(a)
<class 'float'>
```

A linguagem de programação Python é considerada *orientada a objeto* porque os valores são sempre armazenados em objetos. Em linguagens de programação diferentes de Python, os valores de certos tipos não são armazenados em entidades abstratas, como objetos, mas explicitamente na memória. O termo *classe* é usado para se referir aos tipos cujos valores são armazenados em objetos. Como cada valor em Python é armazenado em um objeto, cada tipo Python é uma classe. Neste livro, usaremos *classe* e *tipo* significando a mesma coisa.

Anteriormente neste capítulo, apresentamos diversos tipos numéricos do Python informalmente. Para ilustrar o conceito do *tipo do objeto*, agora vamos discutir seus comportamentos com mais detalhes.

Valores Válidos para Tipos Numéricos

Cada objeto tem um *valor* que deve ser válido para o tipo do objeto. Por exemplo, um objeto inteiro pode ter um valor 3, mas não 3.0 ou `'três'`. Os valores inteiros podem ser arbitrariamente grandes. Por exemplo, podemos criar um objeto inteiro cujo valor seja 2^{1024}.

```
>>> x = 2**1024
>>> x
17976931348623159077293051907890247336179769789423065727343008
...
7163350510684586298239947245938479716304835356329624224137216
```

Na realidade, há um limite para o tamanho que pode ter o valor armazenado em um objeto inteiro: o valor é limitado pela memória disponível no computador. Isso é simplesmente porque não é possível armazenar um valor inteiro com mais dígitos do que podem ser armazenados na memória do computador.

O tipo de ponto flutuante (float) em Python é usado para representar números reais como frações com representações decimais finitas:

```
>>> pi = 3.141592653589793
>>> 2.0**30
1073741824.0
```

Embora os valores inteiros possam ter um número de dígitos muito grande (limitado apenas pelo tamanho da memória do computador), o número de bits usados para representar os valores float é limitado, normalmente a 64 bits nos computadores de desktop e notebooks atuais. Isso implica várias coisas. Primeiro, significa que números muito, muito grandes não podem ser representados:

```
>>> 2.0**1024
Traceback (most recent call last):
  File "<pyshell#92>", line 1, in <module>
    2.0**1024
OverflowError: (34, 'Result too large')
```

Ocorre um erro quando tentamos definir um valor float que exija mais bits do que o tamanho disponível para representar valores float. (Observe que isso só pode ocorrer com valores de ponto flutuante; o valor inteiro 2**1024 é válido, como já vimos.) Além disso, valores fracionários menores só serão aproximados, ao invés de serem representados exatamente:

```
>>> 2.0**100
1.2676506002282294e+30
```

O que significa essa notação? essa notação é chamada de *notação científica*, e representa o valor $1{,}2676506002282294 \cdot 10^{30}$. Compare isso com a precisão completa do valor inteiro correspondente:

```
>>> 2**100
1267650600228229401496703205376
```

Valores fracionários pequenos também serão aproximados:

```
>>> 2.0**-100
7.888609052210118e-31
```

e valores muito pequenos são aproximados para 0:

```
>>> 2.0**-1075
0.0
```

Operadores para Tipos Numéricos

Python oferece operadores e funções matemáticas embutidas, como abs() e min() para construir expressões algébricas. A Tabela 2.4 lista os operadores de expressão aritmética disponíveis em Python.

Para cada operação que não seja a divisão (/), a seguinte afirmação é válida: se os dois operandos x e y (ou apenas x para as operações unárias - e abs()) são inteiros, o resultado é um inteiro. Se um dos operandos for um valor float, o resultado é um valor float. Para a divisão (/), o resultado sempre é um valor float, independente dos operandos da expressão.

Operação	Descrição	Tipo (se x e y são inteiros)
x + y	Soma	Inteiro
x - y	Diferença	Inteiro
x * y	Produto	Inteiro
x / y	Divisão	Ponto flutuante
x // y	Divisão inteira	Inteiro
x % y	Resto de x // y	Inteiro
-x	Negativo de x	Inteiro
abs(x)	Valor absoluto de x	Inteiro
x**y	x elevado à potência y	Inteiro

Tabela 2.4 **Operadores de tipo numérico.** Listamos aqui os operadores que podem ser usados sobre objetos numéricos (por exemplo, bool, int, float). Se um dos operadores for um float, o resultado é sempre um valor float; caso contrário, o resultado é um valor int, exceto para o operador de divisão (/), que sempre resulta em um valor float.

Operadores de comparação são usados para comparar valores. Existem seis operações de comparação em Python, como mostra a Tabela 2.5. Observe que, em Python, as comparações podem ser encadeadas de qualquer forma:

```
>>> 3 <= 3 < 4
True
```

Quando uma expressão contém mais de um operador, a avaliação da expressão requer que a ordem seja especificada. Por exemplo, a expressão 2 * 3 + 1 é avaliada como 7 ou 8?

```
>>> 2 * 3 + 1
7
```

A *ordem* na qual os operadores são avaliados é definida *explicitamente* (por meio de parênteses) ou *implicitamente*, usando as regras de *precedência de operadores* ou a regra de *avaliação da esquerda para a direita*, se os operadores tiverem a mesma precedência. As regras de precedência de operadores em Python seguem as regras normais da álgebra e são ilustradas na Tabela 2.6. Observe que contar com a regra da esquerda para a direita é passível de erro humano, e os bons desenvolvedores preferem usar os parênteses em vez disso. Por exemplo, em vez de contar com a regra da esquerda para a direita para avaliar a expressão a seguir:

```
>>> 2 - 3 + 1
0
```

um bom desenvolvedor usaria parênteses para indicar claramente sua intenção:

```
>>> (2 - 3) + 1
0
```

Operação	Descrição
<	Menor que
<=	Menor ou igual a
>	Maior que
>=	Maior ou igual a
==	Igual
!=	Não igual

Tabela 2.5 **Operadores de comparação.** Dois números do mesmo tipo ou de tipos diferentes podem ser comparados com os operadores de comparação.

Tabela 2.6 **Precedência dos operadores.** Os operadores são listados na ordem de precedência, da mais alta no topo até a mais baixa no final; os operadores na mesma linha têm a mesma precedência. Operações com precedência mais alta são realizadas primeiro, e operações com a mesma precedência são realizadas na ordem da esquerda para a direita.

Operador	Descrição
`[expressões...]`	Definição de lista
`x[], x[índice:índice]`	Operador de indexação
`**`	Exponenciação
`+x, -x`	Sinais de positivo e negativo
`*, /, //, %`	Produto, divisão, divisão inteira, resto
`+, -`	Adição, subtração
`in, not in, <, <=, >, >=, <>, !=, ==`	Comparações, inclusive a participação em listas e testes de identidade
`not x`	Booleano NOT (NÃO)
`and`	Booleano AND (E)
`or`	Booleano OR (OU)

Problema Prático 2.8

Em que ordem os operadores nas expressões a seguir são avaliados?

(a) `2 + 3 == 4 or a >= 5`

(b) `lst[1] * -3 < -10 == 0`

(c) `(lst[1] * -3 < -10) in [0, True]`

(d) `2 * 3**2`

(e) `4 / 2 in [1, 2, 3]`

Criando Objetos

Para criar um objeto inteiro com valor 3 (e atribuí-lo à variável `x`), podemos usar esta instrução:

```
>>> x = 3
```

Observe que o tipo do objeto inteiro que é criado não é especificado explicitamente. Python também admite uma forma de criar objetos que torna explícito o tipo desse objeto:

```
>>> x = int(3)
>>> x
3
```

A função `int()` é chamada de *construtor*, e é usada para instanciar *explicitamente* um objeto inteiro. O valor do objeto é determinado pelo argumento da função: o objeto criado com `int(3)` tem valor 3. Se nenhum argumento for dado, um valor padrão (ou *default*) é dado ao objeto.

```
>>> x = int()
>>> x
0
```

Assim, o valor padrão para os inteiros é 0.

As funções construtoras para os tipos de ponto flutuante, lista e string são `float()`, `list()` e `str()`, respectivamente. Vamos ilustrar seu uso sem argumento para determinar os valores padrão para esses tipos. Para objetos `float`, o valor padrão é 0.0:

```
>>> y = float()
>>> y
0.0
```

Os valores padrão para strings e listas são, respectivamente, `''` (a string vazia) e [ ] (a lista vazia):

```
>>> s = str()
>>> s
''
>>> lst = list()
>>> lst
[]
```

Conversões de Tipo Implícitas

Se uma expressão algébrica ou lógica envolver operandos de diferentes tipos, o Python converterá cada operando para o tipo que *contém* os outros. Por exemplo, `True` é convertido para 1 antes que a adição de inteiros seja executada para dar um resultado inteiro:

```
>>> True + 5
6
```

O motivo para esse comportamento aparentemente estranho é que o tipo Booleano é na realidade apenas um "subtipo" do tipo inteiro, conforme ilustrado na Figura 2.5. Valores Booleanos `True` e `False` normalmente se comportam como valores 1 e 0, respectivamente, em quase todos os contextos.

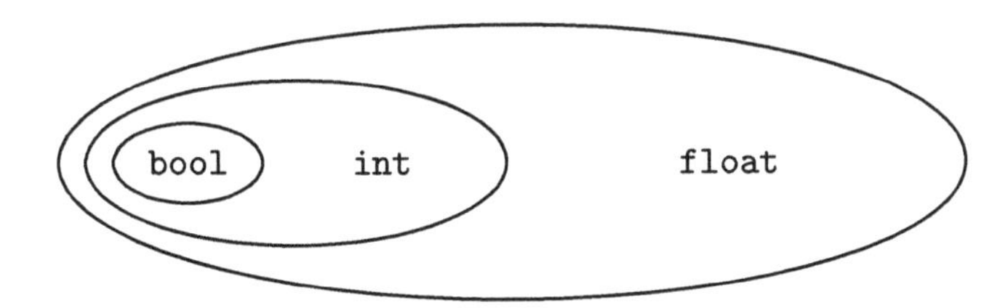

Figura 2.5 **Número de conversões de tipo.** Em uma expressão aritmética com operandos de diferentes tipos, os valores são convertidos para o tipo que contém os outros, onde a hierarquia de contenção é conforme mostra a figura. A conversão de inteiro para ponto flutuante pode resultar em um estouro.

Como os inteiros podem ser escritos usando a notação de ponto decimal (3 é 3.0), mas não o contrário (2.65 não pode ser representado como um inteiro), o tipo `int` está contido no tipo `float`, como mostra a Figura 2.5. Considere, por exemplo, a expressão `3 + 0.35`, em que um valor `int` e um valor `float` são somados. O tipo `float` contém o tipo `int`; portanto, o 3 é convertido para `3.0` antes que a adição de ponto flutuante dos dois valores `float` seja realizada:

```
>>> 3 + 0.35
3.35
```

Conversão de `int` para `float`

Lembre-se de que o intervalo de valores que os objetos `int` podem ter é muito maior do que o intervalo de objetos `float`. Embora o tipo `int` esteja contido no tipo `float`, isso não significa que os valores `int` *sempre* podem ser convertidos para um valor `float`. Por exemplo, a expressão `2**10000+3` é avaliada sem dificuldades para um valor `int`, mas sua conversão para `float` resulta em um estouro.

```
>>> 2**10000+3.0
Traceback (most recent call last):
  File "<pyshell#139>", line 1, in <module>
    2**10000+3.0
OverflowError: Python int too large to convert to C double
```

Conversões de Tipo Explícitas

As conversões de tipo também podem ser feitas explicitamente usando as funções construtoras que acabamos de apresentar. Por exemplo, o construtor `int()` cria um inteiro a partir de um argumento de entrada `float`; ele faz isso removendo a parte fracionária do argumento.

```
>>> int(3.4)
3
>>> int(-3.6)
-3
```

O construtor `float()` aplicado a um inteiro mudará a representação para uma de ponto flutuante, a menos que ocorra um estouro.

```
>>> float(3)
3.0
```

A conversão de string para um tipo numérico só funcionará se isso fizer sentido (ou seja, a string é uma representação válida de um valor do tipo); caso contrário, isso resulta em um erro:

```
>>> int('3.4')
Traceback (most recent call last):
  File "<pyshell#123>", line 1, in <module>
    int('3.4')
ValueError: invalid literal for int() with base 10: '3.4'
>>> float('3.4')
3.4
```

O construtor de string `str()`, quando aplicado a um número, retorna a representação desse número em forma de string.

```
>>> str(2.72)
'2.72'
```

Problema Prático 2.9

Qual é o tipo do objeto ao qual essas expressões são avaliadas?

(a) `False + False`

(b) `2 * 3**2.0`

(c) `4 // 2 + 4 % 2`

(d) `2 + 3 == 4 or 5 >= 5`

Métodos de Classe e Programação Orientada a Objeto

Um modo de pensar em um tipo (isto é, classe) é vê-lo como um conjunto de operadores e métodos que podem ser aplicados aos objetos da classe. A classe `list`, por exemplo, pode ser definida pelos operadores e métodos da classe `list`, alguns dos quais podem ser vistos nas Figuras 2.2 e 2.3. Usamos, por exemplo, os métodos `append()`, `count()` e `remove()` da classe `list` da seguinte forma:

```
>>> animais = ['peixe', 'gato', 'cão']
>>> animais.append('porco espinho')
>>> animais.append('cão')
>>> animais
['peixe', 'gato', 'cão', 'porco espinho', 'cão']
>>> animais.count('cão')
2
>>> animais.remove('cão')
>>> animais
['peixe', 'gato', 'porco espinho', 'cão']
>>> animais.reverse()
>>> animais
['cão', 'porco espinho', 'gato', 'peixe']
```

Para ver todos os métodos admitidos pela classe `list`, use a ferramenta de documentação `help()`:

```
>>> help(list)
```

Agora, vamos explicar formalmente a notação usada nas chamadas de método anteriores. Em cada caso, temos um objeto `list`, `animais`, seguido por um ponto (`.`), seguido por uma chamada de método (função). O significado de, digamos,

```
animais.append('porco espinho')
```

é: *O método* `append()` *de* `list` *é chamado sobre* o objeto `animais` de `list` com a entrada de string `'porco espinho'`. Em geral, a notação

```
o.m(x,y)
```

significa que o método `m` é chamado sobre o objeto `o` com entradas `x` e `y`. O método `m` deverá ser um método da classe à qual o objeto `o` pertence.

Cada operação feita em Python é uma invocação de método desse formato. Você pode questionar por que a expressão `x + y` não se encaixa nesse formato, mas, conforme veremos no Capítulo 8, ela realmente se encaixa. Essa técnica de manipular dados, onde os dados são armazenados em objetos e os métodos são invocados sobre objetos, é chamada *programação orientada a objeto* (POO). A POO é uma técnica poderosa para organização e desenvolvimento de código. Aprenderemos muito mais sobre isso no Capítulo 8.

2.5 Biblioteca Padrão Python

A linguagem de programação básica do Python vem com funções como `max()` e `sum()` e classes como `int`, `str` e `list`. Embora estas não sejam, de forma alguma, todas as funções e classes embutidas da linguagem Python, o núcleo da linguagem Python é deliberadamente pequeno, para fins de eficiência e facilidade de uso. Além das funções e classes básicas, Python tem muitas outras funções e classes definidas na Biblioteca Padrão Python. A Biblioteca Padrão Python (Python Standard Library) consiste em milhares de funções e classes organizadas em componentes chamados módulos.

Cada módulo contém um conjunto de funções e/ou classes relacionadas a determinado domínio de aplicação. Mais de 200 módulos embutidos formam juntos a Biblioteca Padrão Python. Cada módulo na Biblioteca Padrão contém funções e classes para dar suporte à programação de aplicações em um certo domínio. A Biblioteca Padrão inclui módulos para dar suporte, dentre outros, a:

- Programação em rede
- Programação de aplicação Web
- Desenvolvimento de interface gráfica com o usuário (GUI)
- Programação de bancos de dados
- Funções matemáticas
- Geradores de números pseudoaleatórios

No momento apropriado, usaremos todos esses módulos. No momento, veremos como usar os módulos `math` e `fraction`.

Módulo `math`

O núcleo da linguagem Python admite somente os operadores matemáticos básicos; já aprendemos sobre eles anteriormente neste capítulo. Para outras funções matemáticas, como a função de raiz quadrada ou as funções trigonométricas, o módulo `math` é necessário. O módulo `math` é uma biblioteca de constantes e funções matemáticas. Para usar uma função do módulo `math`, o módulo primeiro deve ser importado explicitamente:

```
>>> import math
```

A instrução `import` coloca à disposição todas as funções matemáticas definidas no módulo `math`. (Deixamos uma explicação mais detalhada de como funciona a instrução `import` para o próximo capítulo e também para o Capítulo 6.)

A função de raiz quadrada `sqrt()` é definida no módulo `math`, mas não podemos usá-la desta forma:

```
>>> sqrt(3)
Traceback (most recent call last):
  File "<pyshell#28>", line 1, in <module>
    sqrt(3)
NameError: name 'sqrt' is not defined
```

Nitidamente, o interpretador Python não conhece `sqrt`, o nome da função de raiz quadrada. Temos que informar ao interpretador explicitamente onde (ou seja, em qual módulo) ele deve procurá-la:

```
>>> math.sqrt(3)
1.7320508075688772
```

A Tabela 2.7 lista algumas das funções comumente usadas, definidas no módulo `math`. Também mostramos duas constantes matemáticas definidas no módulo. O valor da variável `math.pi` é uma aproximação da constante matemática π, e o valor de `math.e` é uma aproximação da constante de Euler e.

Tabela 2.7 **Módulo `math`. Listamos algumas funções e constantes no módulo. Depois de importar o módulo, você pode obter a lista completa em seu shell interativo usando a função `help()`: `>>>help(math)`.**

Função	Explicação
`sqrt(x)`	$\sqrt{x}$
`ceil(x)`	$\lceil x \rceil$ (ou seja, o menor inteiro $\geq x$)
`floor(x)`	$\lfloor x \rfloor$ (ou seja, o maior inteiro $\leq x$)
`cos(x)`	$\cos(x)$
`sin(x)`	$\text{sen}(x)$
`log(x, base)`	$\log_{base}(x)$
`pi`	3,141592653589793
`e`	2,718281828459045

Problema Prático 2.10

Escreva expressões Python correspondentes ao seguinte:

(a) O comprimento da hipotenusa em um triângulo retângulo cujos dois outros lados têm comprimentos `a` e `b`

(b) O valor da expressão que avalia se o comprimento da hipotenusa acima é 5

(c) A área de um disco com raio `a`

(d) O valor da expressão Booleana que verifica se um ponto com coordenadas `x` e `y` está dentro de um círculo com centro (a, b) e raio `r`

Módulo `fractions`

O módulo de frações torna disponível um novo tipo de número: o tipo `Fraction`. O tipo `Fraction` é usado para representar frações e realizar aritmética racional, como:

$$\frac{1}{2}+\frac{3}{4}=\frac{5}{4}$$

Para usar o módulo `fractions`, primeiro precisamos importá-lo:

```
>>> import fractions
```

Para criar um objeto `Fraction`, usamos o construtor `Fraction()` com dois argumentos: um numerador e um denominador. Veja aqui como definir 3/4 e 1/2:

```
>>> a = fractions.Fraction(3, 4)
>>> b = fractions.Fraction(1, 2)
```

Observe como devemos especificar onde a classe `Fractions` é definida: no módulo `fractions`. Quando avaliamos a expressão a, obtemos

```
>>> a
Fraction(3, 4)
```

Observe que a *não* é avaliado como 0,75.

Assim como outros números, objetos `Fraction` podem ser somados, e o resultado é um objeto `Fraction`:

```
>>> c = a + b
>>> c
Fraction(5, 4)
```

Qual é a diferença entre o tipo `float` e o tipo `fractions.Fraction`? Mencionamos anteriormente que os valores `float` são armazenados no computador usando um número limitado de bits, normalmente 64 deles. Isso significa que o intervalo de valores que os objetos `float` podem armazenar é limitado. Por exemplo, $0{,}5^{1075}$ não pode ser representado como um valor `float` e, portanto, é avaliado como 0:

```
>>> 0.5**1075
0.0
```

O intervalo de valores representáveis com objetos `fractions.Fraction` é muito, muito maior e limitado apenas pela memória disponível, assim como para o tipo `int`. Assim, podemos facilmente calcular $1/2^{1075}$:

```
>>> fractions.Fraction(1, 2)**1075
Fraction(1, 4048045066146212367049906934378346140991132995282842367
1380271605486067913599069378392076740287424899037415572863362382277
9617474771586953734026799881477019843034848553132722728933815484
1864326824795353569454901371240149668493853972362067112983191126816
2011302471753910466682923046100506437265501729201252661541548218
6989568)
```

Por que não usar sempre o tipo `fractions.Fraction`? Porque as expressões envolvendo valores `float` são avaliadas muito mais rapidamente do que as expressões envolvendo valores `fractions.Fraction`.

2.6 Estudo de Caso: Objetos Turtle Graphics

Em nosso primeiro estudo de caso, usaremos uma ferramenta gráfica para ilustrar (visualmente) os conceitos abordados neste capítulo: objetos, classes e métodos de classe, programação orientada a objeto e módulos. A ferramenta, Turtle graphics, permite que um usuário desenhe linhas e formas de um modo semelhante ao uso de uma caneta sobre o papel.

DESVIO

Turtle Graphics

Turtle graphics tem uma longa história, desde a época em que o ramo da ciência da computação estava sendo desenvolvido. Ele fez parte da linguagem de programação Logo, desenvolvida por Daniel Bobrow, Wally Feurzig e Seymour Papert em 1966. A linguagem de programação Logo e seu recurso mais popular, turtle graphics, foi desenvolvida para fins de ensino de programação.

A tartaruga (turtle) era originalmente um robô, ou seja, um dispositivo mecânico controlado por um operador de computador. Uma caneta era presa ao robô e deixava um rastro na superfície enquanto o robô se movia de acordo com as funções inseridas pelo operador.

Turtle graphics está disponível a desenvolvedores Python através do módulo `turtle`. No módulo, estão definidas 7 classes e mais de 80 métodos de classe e funções. Não vamos examinar todos os recursos do módulo `turtle`. Só apresentaremos um número suficiente para nos permitir realizar gráficos interessantes enquanto cimentamos nosso aprendizado de objetos, classes, métodos de classe, funções e módulos. Fique à vontade para explorar essa divertida ferramenta por conta própria.

Vamos começar importando o módulo `turtle` e depois instanciando um objeto `Screen`.

```
>>> import turtle
>>> s = turtle.Screen()
```

Você notará que uma nova janela aparece com um fundo branco depois da execução do segundo comando. O objeto `Screen` é a tela de desenho na qual iremos desenhar. A classe `Screen` é definida no módulo `turtle`. Mais adiante, vamos apresentar alguns métodos de `Screen` que mudam a cor do fundo ou fecham a janela. No momento, só queremos começar a desenhar.

Para iniciar nossa caneta ou, usando a terminologia turtle graphics, nossa tartaruga, instanciamos um objeto `Turtle` que chamaremos de `t`:

```
>>> t = turtle.Turtle()
```

Um objeto `Turtle` é basicamente uma caneta que está inicialmente localizada no centro da tela, nas coordenadas (0,0). A classe `Turtle`, definida no módulo `turtle`, oferece muitos métodos para movimentar a tartaruga. Ao movermos a tartaruga, ela deixa um rastro atrás de si. Para fazer nosso primeiro movimento, usaremos o método `forward()` da classe `Turtle`. Assim, para movimentar para frente por 100 pixels, o método `forward()` é invocado sobre o objeto `Turtle t` com 100 (pixels) como distância:

```
>>> t.forward(100)
```

O efeito aparece na Figura 2.6.

Figura 2.6 **Turtle graphics.** A ponta de seta preta representa o objeto `Turtle`. A linha é o rastro deixado pela tartaruga depois de mover 100 pixels para frente.

Observe que o movimento é para a direita. Quando instanciada, a tartaruga se volta para a direita (ou seja, para o leste). Para fazer a tartaruga virar para uma nova direção, você pode girá-la em sentido anti-horário ou horário usando os métodos `left()` ou `right()`, ambos métodos da classe `Turtle`. Para girar 90 graus em sentido anti-horário, o método `left()` é invocado sobre o objeto `Turtle t` com o argumento 90:

```
>>> t.left(90)
```

Podemos ter vários objetos `Turtle` simultaneamente na tela. Em seguida, criamos uma nova instância de `Turtle` que chamamos de `u` e fazemos as duas tartarugas se movimentarem:

```
>>> u = turtle.Turtle()
>>> u.left(90)
>>> u.forward(100)
>>> t.forward(100)
>>> u.right(45)
```

O estado atual das duas tartarugas e o rastro que elas fizeram aparecem na Figura 2.7.

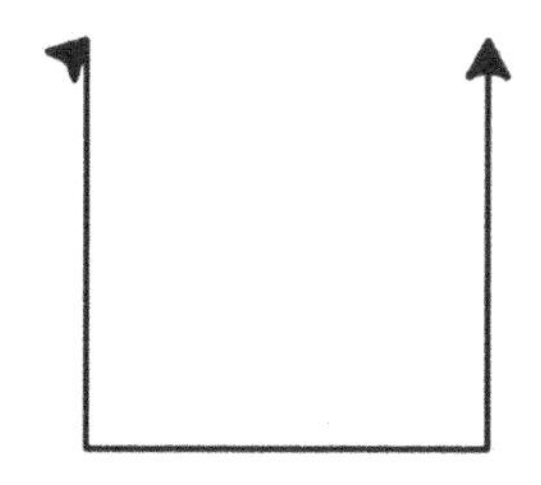

Figura 2.7 **Dois objetos Turtle.** O objeto `Turtle` da esquerda está apontando para nordeste, enquanto o objeto `Turtle` da direita está apontando para o norte.

No exemplo que acabamos de completar, usamos três métodos da classe `Turtle`: `forward()`, `left()` e `right()`. Na Tabela 2.8, listamos estes e alguns outros métodos (porém, não todos eles). Para ilustrar alguns dos métodos adicionais listados na tabela, vamos percorrer as etapas necessárias para desenhar um emoticon de face sorridente, mostrado na Figura 2.8.

Tabela 2.8 **Alguns métodos da classe** `Turtle`. Depois de importar o módulo `turtle`, você pode obter a lista completa de métodos `Turtle` em seu shell interativo usando `help(turtle.Turtle)`.

Uso	Explicação
`t.forward(distância)`	Mova a tartaruga na direção em que ela está apontando por `distância` pixels
`t.left(ângulo)`	Gire a tartaruga em sentido anti-horário por `ângulo` graus
`t.right(ângulo)`	Gire a tartaruga em sentido horário por `ângulo` graus
`t.undo()`	Desfaça o movimento anterior
`t.goto(x, y)`	Mova a tartaruga para as coordenadas definidas por `x` e y; se a caneta estiver abaixada, desenhe uma linha
`t.setx(x)`	Defina a primeira coordenada da tartaruga como x
`t.sety(y)`	Defina a segunda coordenada da tartaruga como y
`t.setheading(ângulo)`	Defina a orientação da tartaruga como `ângulo`, dado em graus; o ângulo 0 significa leste, 90 significa norte e assim por diante
`t.circle(raio)`	Desenhe um círculo com o `raio` indicado; o centro do círculo está a `raio` pixels à esquerda da tartaruga
`t.circle(raio, ângulo)`	Desenhe apenas a parte do círculo (ver acima) correspondente ao `ângulo`
`t.dot(diâmetro, cor)`	Desenhe um ponto com o `diâmetro` e `cor` indicados
`t.penup()`	Levante a caneta; não desenha ao movimentar
`t.pendown()`	Desça a caneta; desenha ao movimentar
`t.pensize(largura)`	Desfina a espessura da linha da caneta como `largura`
`t.pencolor(cor)`	Defina a cor da caneta como aquela descrita pela string `cor`

Figura 2.8 **Desenhando uma face sorridente com a tartaruga.**

Começamos instanciando um objeto `Screen` e um objeto `Turtle` e definindo o tamanho da caneta.

```
>>> import turtle
>>> s = turtle.Screen()
>>> t = turtle.Turtle()
>>> t.pensize(3)
```

Depois, definimos as coordenadas onde estará localizado o queixo da carinha e depois passamos para esse local.

```
>>> x = -100
>>> y = 100
>>> t.goto(x, y)
```

Opa! Desenhamos uma linha da coordenada (0, 0) até a coordenada (–100, 100); tudo o que queríamos era mover a caneta, sem deixar um rastro. Logo, precisamos desfazer o último movimento, levantar a caneta e depois movê-la.

```
>>> t.undo()
>>> t.penup()
>>> t.goto(x, y)
>>> t.pendown()
```

Agora, queremos desenhar o círculo com o contorno da nossa carinha sorridente. Chamamos o método `circle()` da classe `Turtle` com um argumento, o raio do círculo. O círculo é desenhado da seguinte forma: a posição atual da tartaruga será um ponto do círculo, e o centro do círculo é definido como estando à esquerda da tartaruga, em relação à direção atual apontada por ela.

```
>>> t.circle(100)
```

Agora, queremos desenhar o olho esquerdo. Escolhemos as coordenadas do olho esquerdo em relação a (x, y) (isto é, a posição do queixo) e "saltamos" para esse local. Depois, usamos a função `dot` para desenhar um ponto preto de diâmetro 10.

```
>>> t.penup()
>>> t.goto(x - 35, y + 120)
>>> t.pendown()
>>> t.dot(25)
```

Em seguida, saltamos e desenhamos o olho direito.

```
>>> t.penup()
>>> t.goto(x + 35, y + 120)
>>> t.pendown()
>>> t.dot(25)
```

Por fim, desenhamos o sorriso. Escolhi o local exato da extremidade esquerda do sorriso usando tentativa e erro. Você também poderia usar geometria e trigonometria para acertar, se preferir. Usamos aqui uma variante do método `circle()` que utiliza um segundo argumento além do raio: um ângulo. O que é desenhado é apenas uma seção do círculo, uma seção correspondente ao ângulo indicado. Observe que novamente temos que saltar primeiro.

```
>>> t.penup()
>>> t.goto(x - 60.62, y + 65)
>>> t.pendown()
>>> t.setheading(-60)
>>> t.circle(70, 120)
```

E terminamos! Ao encerrarmos este estudo de caso, você pode questionar como fechar de forma limpa a sua janela do turtle graphics. O método `bye()` de `Screen` fecha a janela:

```
>>> s.bye()
```

Este método e vários outros métodos de `Screen` são listados na Tabela 2.9.

Tabela 2.9 **Métodos da classe** `Screen`. Aqui, vemos apenas alguns dos métodos da classe `Screen`. Depois de importar o módulo `turtle`, você pode obter a lista completa de métodos de `Screen` no seu shell interativo usando `help(turtle.Screen)`.

Uso	Explicação
`s.bgcolor(cor)`	Muda a cor do fundo da tela `s` para a cor descrita por meio da string `cor`
`s.clearscreen()`	Apaga a tela `s`
`s.turtles()`	Retorna a lista de todas as tartarugas na tela `s`
`s.bye()`	Fecha a janela da tela `s`

Problema Prático 2.11

Comece executando estas instruções:

```
>>> s = turtle.Screen()
>>> t = turtle.Turtle(shape='turtle')
>>> t.penup()
>>> t.goto(-300, 0)
>>> t.pendown()
```

Deverá haver uma caneta de tartaruga no lado esquerdo da tela. Em seguida, execute uma sequência de comandos turtle graphics do Python que produzirão esta imagem:

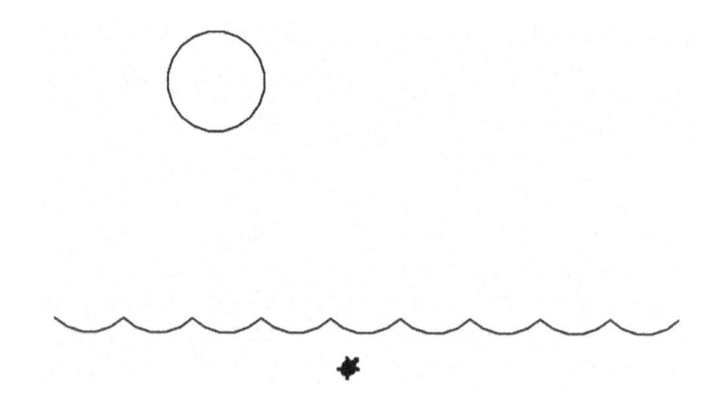

Resumo do Capítulo

Este capítulo é uma visão geral dos conceitos do Python e seus tipos de dados embutidos no núcleo da linguagem.

Apresentamos o shell interativo como uma forma de avaliar expressões. Começamos com as expressões algébricas que são avaliadas como um número e depois as expressões Booleanas que são avaliadas como valores `True` ou `False`. Também introduzimos as variáveis e o comando de atribuição, que é usado para dar um valor a um nome de variável.

Este capítulo introduz os tipos embutidos na linguagem Python: `int`, `float`, `bool`, `str` e `list`. Analisamos os operadores numéricos embutidos e explicamos a diferença entre os tipos numéricos `int`, `float` e `bool`. Apresentamos os operadores de string (`str`), mas deixamos os métodos de string para o Capítulo 4; em particular, abordamos o importante operador de indexação. Para o tipo `list`, apresentamos seus operadores e seus métodos.

Depois de definir várias classes embutidas, retornamos e definimos os conceitos de objeto e de classe. Depois, usamos esses conceitos para definir construtores de classe e conversão de tipo.

A Biblioteca Padrão do Python inclui muitos módulos que contêm funções e tipos além dos embutidos. Apresentamos o módulo `math`, muito útil, que nos dá acesso a muitas funções matemáticas clássicas. Por fim, no estudo de caso do capítulo, apresentamos o divertido módulo de desenho `turtle`.

Soluções dos Problemas Práticos

2.1 As expressões são:

(a) `1 + 2 + 3 + 4 + 5`
(b) `(23 + 19 + 31) / 3)`
(c) `403 // 73`
(d) `403 % 73`
(e) `2**10`
(f) `abs(54 - 57)`
(g) `min(34.99, 29.95, 31.50)`

2.2 As expressões Booleanas são:

(a) `2 + 2 < 4` que é avaliada como `False`
(b) `7 // 3 == 1 + 1` que é avaliada como `True`
(c) `3**2 + 4**2 == 25` que é avaliada como `True`
(d) `2 + 4 + 6 > 12` que é avaliada como `False`
(e) `1387 % 19 == 0` que é avaliada como `True`
(f) `31 % 2 == 0` que é avaliada como `False`
(g) `min(34.99, 29.95, 31.50) < 30.00` que é avaliada como `True`

2.3 A sequência de instruções no shell interativo é:

```
>>> a = 3
>>> b = 4
>>> c = a * a + b * b
```

2.4 As expressões são:

(a) `s1 + ''+ s2 + ''+ s3`
(b) `10 * (s1 + '')`
(c) `s1 + '' + 2 * (s2 + '') + 2 * (s3 + '') + s3`
(d) `7 * (s1 + ''+ s2 + '')`
(e) `3 * (2 * s2 + s3 + '')`

2.5 As expressões são:

(a) `s[0]`, (b) `s[1]`, (c) `s[6]`, (d) `s[8]`, e (e) `s[9]`.

2.6 As expressões são `min(palavras)` e `max(palavras)`.

2.7 As chamadas de método são:

(a) `notas.count(7)`
(b) `notas[-1] = 4`

(c) `max(notas)`
(d) `notas.sort()`
(e) `sum(notas) / len(notas)`

2.8 A ordem é indicada por meio de parênteses:
(a) `((2 + 3) == 4) or (a >= 5)`
(b) `(((lst[1]) * (-3)) < (-10)) == 0`
(c) `(((lst[1]) * (-3)) < (-10)) in [0, True]`
(d) `2 * (3**2)`
(e) `(4 / 2) in [1, 2, 3]`

2.9 Verifique estas soluções por si mesmo avaliando todas as expressões no shell interativo.
(a) Embora os dois operadores sejam Booleanos, o operador + é um operador `int`, e não um operador `bool`. O resultado (0) é um valor `int`.
(b) Um valor `float`.
(c) Um valor `int`.
(d) As expressões nos dois lados do operador `or` são avaliadas como valor `bool`, de modo que o resultado é um valor `bool`.

2.10 As expressões são:
(a) `math.sqrt(a**2 + b**2)`
(b) `math.sqrt(a**2 + b**2) == 5`
(c) `math.pi * a**2`
(d) `(x - a)**2 + (y - b)**2 < r**2`

2.11 Assumimos que a posição inicial é o ponto mais à esquerda da curva da "onda". Para desenhar o primeiro "vale", precisamos fazer com que a tartaruga aponte para o sul e depois desenhar uma seção de 90º do círculo:

```
>>> t.setheading(-45)
>>> t.circle(50, 90)
```

Depois, repetimos esse par de comandos oito vezes. Para desenhar o sol, precisamos deslocar a caneta, movê-la, descer a caneta e desenhar um círculo:

```
>>> t.penup()
>>> t.goto(-100, 200)
>>> t.pendown()
>>> t.circle(50)
>>> t.penup()
>>> t.goto(0, -50)
```

Terminamos movendo a tartaruga de modo que ela possa nadar no mar.

Exercícios

2.12 Escreva expressões Python correspondentes a estas instruções:
(a) A soma dos sete primeiros inteiros positivos
(b) A idade média de Sara (idade 65), Fátima (idade 56) e Mark (idade 45)
(c) 2 à 20ª potência

(d) O número de vezes que 61 cabe em 4356
(e) O resto de quando 4365 é dividido por 61

2.13 Comece avaliando, no shell interativo, a atribuição:

```
>>> s1 = '-'
>>> s2 = '+'
```

Agora, escreva expressões de string envolvendo `s1` e `s2` e os operadores de string + e * que são avaliados como:

(a) `'-+'`
(b) `'-+'`
(c) `'+--'`
(d) `'+--+--'`
(e) `'+--+--+--+--+--+--+--+--+--+--+'`
(f) `'+-+++--+-+++--+-+++--+-+++--+-+++--'`

Tente tornar suas expressões de string as menores possíveis.

2.14 Comece executando, no shell, a seguinte instrução de atribuição:

```
>>> s = 'abcdefghijklmnopqrstuvwxyz'
```

Agora, escreva expressões usando a string `s` e o operador de indexação que é avaliado como `'a'`, `'c'`, `'z'`, `'y'` e `'q'`.

2.15 Comece executando

```
s = 'goodbye'
```

Depois, escreva uma expressão Booleana que verifica se:

(a) O primeiro caractere da string `s` é `'g'`
(b) O sétimo caractere de `s` é `g`
(c) Os dois primeiros caracteres de `s` são `g` e `a`
(d) O penúltimo caractere de `s` é `x`
(e) O caractere do meio de `s` é `d`
(f) O primeiro e último caracteres da string `s` são iguais
(g) Os 4 últimos caracteres da string `s` correspondem à string `'tion'`

Nota: Essas sete instruções devem ser avaliadas como `True`, `False`, `False`, `False`, `True`, `False` e `False`, respectivamente.

2.16 Escreva as instruções de atribuição Python correspondentes a:

(a) Atribuir 6 à variável `a` e 7 à variável `b`.
(b) Atribuir à variável `c` a média das variáveis `a` e `b`.
(c) Atribuir à variável `estoque` a lista contendo as strings `'papel'`, `'grampos'` e `'lápis'`.
(d) Atribuir às variáveis `primeiro`, `meio` e `último` as strings `'John'`, `'Fitzgerald'` e `'Kennedy'`.
(e) Atribuir à variável `nomecompleto` a concatenação das variáveis de string `primeiro`, `meio` e `último`. Lembre-se de incorporar os espaços em branco de modo apropriado.

2.17 Escreva expressões Booleanas correspondentes às instruções lógicas a seguir e avalie as expressões:

(a) A soma de 16 e –9 é menor que 10.

(b) O comprimento da lista `inventário` é mais de cinco vezes o comprimento da string `nomecompleto`.
(c) `c` não é maior que 24.
(d) 6,75 está entre os valores dos inteiros `a` e `b`.
(e) O comprimento da string `meio` é maior que o comprimento da string `primeiro` e menor que o comprimento da string `último`.
(f) Ou a lista `estoque` está vazia ou tem mais de 10 objetos nela.

2.18 Escreva instruções Python correspondentes ao seguinte:

(a) Atribua à variável `flores` uma lista contendo as strings `'rosa'`, `'buganvília'`, `'iúca'`, `'margarida'`, `'dália'` e `'lírio dos vales'`.
(b) Escreva uma expressão Booleana que é avaliada como `True` se a string `'batata'` estiver na lista `flores` e avalie a expressão.
(c) Atribua à lista `espinhosas` a sublista da lista `flores` consistindo nos três primeiros objetos na lista.
(d) Atribua à lista `venenosas` a sublista da lista `flores` consistindo apenas no último objeto da lista `flores`.
(e) Atribua à lista `perigosas` a concatenação das listas `espinhosas` e `venenosas`.

2.19 Um alvo de dardos de raio 10 e a parede em que está pendurado são representados usando o sistema de coordenadas bidimensionais, com o centro do alvo na coordenada (0,0). As variáveis `x` e `y` armazenam as coordenadas x e y de um lançamento de dardo. Escreva uma expressão usando as variáveis `x` e `y` que avalia como `True` se o dardo atingir o (estiver dentro do) alvo, e avalie a expressão para estas coordenadas do dardo:

(a) (0, 0)
(b) (10, 10)
(c) (6, –6)
(d) (–7, 8)

2.20 Uma escada encostada diretamente contra uma parede cairá a menos que colocada em um certo ângulo menor que 90 graus. Dadas as variáveis `comprimento` e `ângulo` armazenando o comprimento da escada e o ângulo que ela forma com o solo enquanto encostada na parede, escreva uma expressão Python envolvendo `comprimento` e `ângulo`, que calcule a altura alcançada pela escada. Avalie a expressão para estes valores de `comprimento` e `ângulo`:

(a) 16 pés e 75 graus
(b) 20 pés e 0 graus
(c) 24 pés e 45 graus
(d) 24 pés e 80 graus

Nota: Você precisará usar a fórmula trigonométrica:

$$\texttt{comprimento} = \frac{\texttt{altura}}{\text{sen}(\texttt{ângulo})}$$

A função `sin()` do módulo `math` toma sua entrada em radianos. Assim, você precisará converter o ângulo dado em graus para o ângulo dado em radianos, usando:

$$\texttt{radianos} = \frac{\pi * \texttt{graus}}{180}$$

2.21 Escreva uma expressão envolvendo uma string de três letras `s` que avalia como uma string cujos caracteres são os caracteres de `s` em ordem contrária. Se `s` for `'top'`, a expressão deverá ser avaliada como `'pot'`.

2.22 Escreva uma expressão envolvendo a string `s` contendo o último e o primeiro nome de uma pessoa — separados por um espaço em branco — que seja avaliada para as iniciais da pessoa. Se a string tivesse meu primeiro e último nome, a expressão seria avaliada como `'LP'`.

2.23 O intervalo de uma lista de números é a maior diferença entre dois números quaisquer na lista. Escreva uma expressão em Python que calcule o intervalo de uma lista de números `lst`. Se a lista `lst` for, digamos, `[3, 7, -2, 12]`, a expressão deverá ser avaliada como 14 (a diferença entre 12 e –2).

2.24 Escreva a expressão ou instrução Python relevante, envolvendo uma lista de números `lst` e usando operadores e métodos de lista para estas especificações.

(a) Uma expressão que é avaliada como o índice do elemento do meio de `lst`
(b) Uma expressão que é avaliada como o elemento do meio de `lst`
(c) Uma instrução que classifica a lista `lst` em ordem decrescente
(d) Uma instrução que remove o primeiro número da lista `lst` e o coloca no final

2.25 Acrescente um par de parênteses a cada expressão de modo que ela seja avaliada como `True`.

(a) $0 == 1 == 2$
(b) $2 + 3 == 4 + 5 == 7$
(c) $1 < -1 == 3 > 4$

Para cada expressão, explique em que ordem os operadores foram avaliados.

2.26 Escreva instruções Python que desenham um quadrado com 100 pixels de lado usando Turtle graphics. Não se esqueça de importar o módulo `turtle` primeiro. As duas primeiras e a última instrução deverão ser conforme mostrado:

```
>>> s = turtle.Screen()      # cria tela
>>> t = turtle.Turtle()      # cria tartaruga

...                          # agora escreve uma sequência de instruções
...                          # que desenha o quadrado

>>> s.bye()                  # remove a tela quando termina
```

2.27 Usando a técnica do Exercício 2.26, escreva instruções Python que desenham um losango com 100 pixels de comprimento de lado usando Turtle graphics.

2.28 Usando a técnica do Exercício 2.26, escreva instruções Python que desenham um pentágono com 100 pixels de comprimento de lado usando Turtle graphics. Depois faça um hexágono, um heptágono e um octógono.

2.29 Usando a técnica do Exercício 2.26, escreva instruções Python que desenham os círculos sobrepostos com raio de 100 pixels, mostrados a seguir, usando o Turtle graphics:

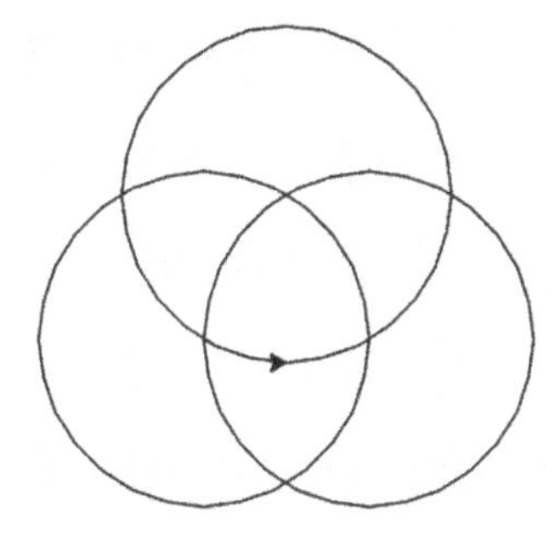

Os tamanhos dos círculos não importam; seus centros deverão ser, mais ou menos, os pontos de um triângulo equilátero.

2.30 Usando a técnica do Exercício 2.26, escreva instruções Python que desenham quatro círculos concêntricos semelhantes aos círculos concêntricos de um alvo de dardos.

2.31 Acrescente mais três tartarugas nadando à figura mostrada no Problema Prático 2.11.

2.32 Usando Turtle graphics, ilustre o tamanho relativo do sol e da terra desenhando dois círculos. O círculo representando a Terra deverá ter um raio de 1 pixel. O círculo representando o sol deterá ter um raio de 109 pixels.

2.33 Usando Turtle graphics, desenhe uma estrela de cinco pontas repetindo o seguinte cinco vezes: mova a tartaruga a por 100 pixels e depois gire-a para a direita por 144 graus. Quando terminar, considere como desenhar a estrela de seis pontas (normalmente conhecida como Estrela de Davi).

2.34 Usando Turtle graphics, desenhe uma imagem mostrando os seis lados de um dado. Você pode representar cada lado dentro de um quadrado separado.

2.35 Usando Turtle graphics, desenhe as linhas de uma quadra de basquete. Você pode escolher as especificações da National Basketball Association (NBA) ou da International Basketball Federation (FIBA), que você pode encontrar facilmente na Web.

2.36 Usando Turtle graphics, desenhe uma imagem mostrando as fases (visíveis) da lua conforme vista do seu hemisfério: quarto crescente, lua cheia, quarto minguante, lua nova. Você pode achar ilustrações das fases da lua na Web.

CAPÍTULO

3

Programação Imperativa

NESTE CAPÍTULO, vamos discutir como desenvolver programas Python. Um programa Python é uma sequência de instruções Python executadas em ordem. Para conseguir um comportamento de programa diferente, dependendo de uma condição, apresentamos algumas estruturas de decisão e fluxo de controle de iteração, que controlam se e quantas vezes determinadas instruções são executadas.

Ao desenvolvermos mais código, notaremos que, com frequência, o mesmo grupo de instruções Python é utilizado repetidamente e implementa uma tarefa que pode ser descrita de forma abstrata. Python dá aos desenvolvedores a capacidade de quebrar o código em funções de modo que o código possa ser executado com apenas uma chamada de função. Um benefício das funções é a reutilização de código. Outro é que elas simplificam o trabalho do desenvolvedor (1) ocultando o código que implementa a função do desenvolvedor e (2) tornando explícita a tarefa abstrata alcançada pelo código. No estudo de caso do capítulo, continuamos o uso do turtle graphics para ilustrar a reutilização de código, ocultação de informações e abstração funcional.

Os conceitos abordados neste capítulo são fundamentais da linguagem de programação, e não apenas conceitos Python. Este capítulo também apresenta o processo de desmembramento dos problemas em etapas que podem ser descritas computacionalmente usando instruções Python.

3.1 Programas em Python

No Capítulo 2, usamos o shell interativo para avaliar expressões Python e executar instruções Python isoladas. Um *programa* em Python que implementa uma aplicação de computador é uma sequência de múltiplas instruções Python. Essa sequência de instruções Python é armazenada em um ou mais arquivos criados pelo desenvolvedor usando um editor.

Nosso Primeiro Programa Python

Para escrever seu primeiro programa, você precisará usar o editor que está incluído no IDE Python que você está usando. O modo como o editor é aberto depende do IDE. Por exemplo, se você estiver usando o IDE Python IDLE, clique no menu File da janela do IDLE e depois na opção New Window. Isso abrirá uma nova janela, que você usará para digitar seu primeiro programa Python.

Módulo: hello.py

```
1 line1 = 'Olá, desenvolvedor Python ... '
2 line2 = 'Bem-vindo ao mundo do Python!'
3 print(line1)
4 print(line2)
```

Esse programa consiste em quatro instruções, uma em cada linha. As linhas 1 e 2 possuem instruções de atribuição, enquanto as linhas 3 e 4 são chamadas à função `print()`. Depois que você tiver digitado o programa, desejará executá-lo. Você pode fazer isso usando seu IDE Python; novamente, as etapas que você precisa realizar para executar seu programa dependerão do tipo de IDE que está usando. Por exemplo, se estiver usando o IDE EDLE, basta pressionar a tecla F5 no seu teclado (ou, usando seu mouse, clique no menu Run da janela do shell IDLE e selecione a opção Run Module. Você deverá salvar o programa em um arquivo. O nome do arquivo precisa ter o sufixo `'.py'`. Depois que tiver salvo o arquivo (como `hello.py`, por exemplo, em uma pasta à sua escolha), o programa é executado e isto é impresso no shell interativo:

```
>>> ======================== RESTART ========================
>>>
Olá, desenvolvedor Python...
Bem-vindo ao mundo do Python!
```

O interpretador Python executou todas as instruções no programa em ordem, da linha 1 à linha 4. A Figura 3.1 mostra o *fluxograma* desse programa. Um fluxograma é um diagrama que ilustra o fluxo de execução de um programa. Nesse primeiro exemplo, o fluxograma mostra que as quatro instruções são executadas na ordem de cima para baixo.

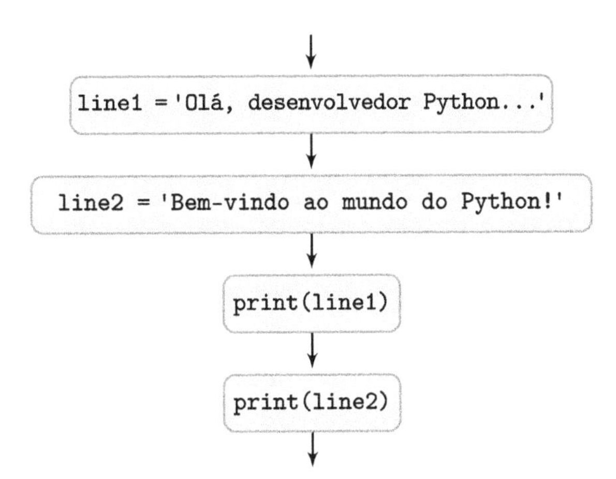

Figura 3.1 Fluxograma do primeiro programa. Cada instrução do programa está dentro de sua própria caixa; o fluxo de execução do programa é demonstrado usando setas conectando as caixas.

AVISO

Reiniciando o Shell

Quando executamos `hello.py`, o interpretador Python exibiu essa linha antes da saída real do programa:

```
>>> ======================== RESTART ========================
...
```

Essa linha indica que o shell Python foi reiniciado. O reinício do shell tem o efeito de apagar todas as variáveis que foram definidas no shell até aqui. Isso é necessário porque o programa precisa executar com um ambiente de shell padrão, como um "quadro limpo".

O shell interativo também pode ser reiniciado diretamente. No IDLE, você faria isso clicando no menu Shell da janela do IDLE e depois selecionando o botão Restart Shell. No próximo exemplo, reiniciamos o shell após a variável x ter recebido o valor 3 e a expressão x ter sido avaliada como 3:

```
>>> x = 3
>>> x
3
>>> ======================== RESTART ========================
>>> x
Traceback (most recent call last):
  File "<pyshell#4>", line 1, in <module>
    x
NameError: name 'x' is not defined
>>>
```

No shell reiniciado, observe que x não é mais definida.

Um programa de aplicação normalmente é executado de fora de um ambiente de desenvolvimento de software como o IDLE, de modo que é importante saber como executar programas Python na linha de comandos. Um modo fácil de executar seu programa é executar esse comando no prompt (aviso) de uma janela da linha de comandos:

```
> python hello.py
Olá, desenvolvedor Python...
Bem-vindo ao mundo do Python!
```

(Não se esqueça de executar o programa de dentro da pasta que contém o programa em Python.)

DESVIO

Editores

Um editor como o Microsoft Word é uma escolha fraca para escrever e editar programas. Um editor especializado para programadores vem com ferramentas para facilitar e agilizar o processo de desenvolvimento de programas. Esse ambiente de desenvolvimento de software é denominado *ambiente de desenvolvimento integrado* (IDE — *integrated development environment*).

Diversos IDEs podem ser usados para desenvolver programas em Python. Cada um possui recursos que são úteis para a programação Python, incluindo endentação automática, capacidades para executar/depurar código Python de dentro do editor, e acesso fácil à Biblioteca Padrão Python. Três IDEs populares são IDLE (que está incluído com o *kit* de desenvolvimento Python), Komodo e PyDev com Eclipse.

Módulos Python

O arquivo `hello.py` que criamos e salvamos é um exemplo de um modulo Python *definido pelo usuário*. No Capítulo 2, usamos o termo *módulo* para descrever os componentes embutidos da Biblioteca Padrão `math`, `fractions` e `turtle`. Esses são módulos *embutidos* Python. O que há de comum entre `hello.py` e os módulos embutidos que já vimos?

Um módulo é simplesmente um arquivo contendo código Python. Cada arquivo contendo código Python e cujo nome de arquivo termina com `.py` é um módulo Python. O arquivo `hello.py` que criamos é um módulo, assim como os arquivos `math.py`, `fractions.py` e `turtle.py` escondidos em alguma pasta no seu computador e implementando os componentes correspondentes da Biblioteca Padrão.

O código em um módulo, naturalmente, tem por finalidade ser executado. Por exemplo, quando você executou `hello.py` pressionando a tecla F5, o código no módulo foi executado, do início ao fim. Quando executamos uma instrução `import` em um módulo como `math` ou `turtle`, isso é equivalente a pressionar F5 (bem, não exatamente, mas explicaremos isso no Capítulo 7). Quando executamos

```
>>> import math
```

o código contido no arquivo `math.py` é executado. Acontece que esse código Python define uma série de funções matemáticas.

Função Embutida `print()`

Nosso primeiro programa tem duas linhas de código, nas quais a função `print()` é usada. Essa função exibe, dentro do shell interativo, qualquer argumento que for dado à ela. Por exemplo, se receber um número, ela exibe o número:

```
>>> print(0)
0
```

De modo semelhante, se receber uma lista, ela a exibe também:

```
>>> print([0, 0, 0])
[0, 0, 0]
```

Um argumento de string é impresso sem as aspas:

```
>>> print('zero')
zero
```

Se o argumento de entrada tiver uma expressão, a expressão é avaliada e o resultado impresso:

```
>>> x = 0
>>> print(x)
0
```

Observe que, em nosso primeiro programa, cada instrução `print()` "exibiu" seu argumento em uma linha separada.

Entrada Interativa com `input()`

Frequentemente, um programa em execução precisa interagir com o usuário. A função `input()` é usada para essa finalidade. Ela sempre é usada no lado direito de uma instrução de atribuição, como em:

```
>>> x = input('Digite seu primeiro nome: ')
```

Quando o Python executa essa função `input()`, ele primeiro exibe seu argumento de entradas (string `'Digite seu primeiro nome: '`) no shell:

```
Digite seu primeiro nome:
```

e depois ele interrompe a execução e espera que o usuário digite algo no teclado. A string impressa `'Digite seu primeiro nome: '` é basicamente um aviso. Quando o usuário digita algo e pressiona a tecla Enter/Return em seu teclado, a execução continua e qualquer coisa que o usuário tiver digitado será atribuído ao nome da variável no lado esquerdo da atribuição:

```
>>> name = input('Digite seu primeiro nome: ')
Digite seu primeiro nome: Ljubomir
>>> name
'Ljubomir'
```

Observe que o Python trata como uma string qualquer coisa que o usuário digita (por exemplo, `Ljubomir` no exemplo).

A função `input()` tem por finalidade ser usada em um programa. Ilustramos isso com uma versão mais personalizada do programa de saudação `hello.py`. O próximo programa pede que o usuário digite seu primeiro e último nomes e depois exibe uma saudação personalizada na tela.

```
1 first = input('Digite seu primeiro nome: ')
2 last = input('Digite seu sobrenome: ')
3 line1 = 'Olá'+ first + ' ' + last + '...'
4 print(line1)
5 print('Bem-vindo ao mundo do Python!')
```

Módulo: input.py

Quando executamos esse programa, a instrução na linha 1 é executada primeiro; ela exibe a mensagem `'Digite seu primeiro nome: '` e interrompe a execução do programa até que o usuário digite algo usando o teclado e pressione a tecla Enter/Return. Qualquer coisa que o usuário digitar é atribuída à variável `first`. A linha 2 é semelhante. Na linha 3, a concatenação de string é usada para criar a string de saudação impressa na linha 4. Aqui está um exemplo da execução do programa:

```
>>>
Digite seu primeiro nome: Ljubomir
Digite seu sobrenome: Perkovic
Olá, Ljubomir Perkovic...
Bem-vindo ao mundo do Python!
```

AVISO

Função `input()` Retorna uma String

Acabamos de ver que, quando a função `input` é chamada, aquilo que o usuário digitar é tratado como uma string. Vamos verificar o que acontece quando o usuário digita um número:

```
>>> x = input('Digite um valor para x: ')
Digite um valor para x: 5
>>> x
'5'
```

O interpretador Python trata o valor informado como uma string `'5'`, e não como o inteiro 5. Verifique isso:

```
>>> x == 5
False
>>> x == '5'
True
```

A função `input()` *sempre* tratará aquilo que o usuário digita como uma string.

Função `eval()`

Se você espera que o usuário informe um valor que *não* é uma string, precisa pedir explicitamente ao Python para avaliar o que o usuário digita *como uma expressão Python* usando a função `eval()`.

A função `eval()` aceita uma string como entrada e avalia essa string como se fosse uma expressão Python. Aqui estão alguns exemplos:

```
>>> eval('3')
3
>>> eval('3 + 4')
7
>>> eval('len([3, 5, 7, 9])')
4
```

A função `eval()` pode ser usada juntamente com a função `input()` quando esperamos que o usuário digite uma expressão (um número, uma lista etc.) quando solicitado. Tudo o que precisamos fazer é envolver a função `eval()` em torno da função `input()`: o efeito é que qualquer coisa que o usuário digite será avaliado como uma expressão. Por exemplo, veja como podemos garantir que um número digitado pelo usuário será tratado como um número:

```
>>> x = eval(input('Digite x: '))
Digite x: 5
```

Verificamos que x é realmente um número e não uma string:

```
>>> x == 5
True
>>> x == '5'
False
```

Problema Prático 3.1

Implemente um programa que solicita a temperatura atual em graus Fahrenheit do usuário e exibe a temperatura em graus Celsius usando a fórmula

$$\texttt{celsius} = \frac{5}{9}(\texttt{fahrenheit} - 32)$$

Seu programa deverá ser executado da seguinte forma:

```
>>>
Digite a temperatura em graus Fahrenheit: 50
A temperatura em graus Celsius é 10.0
```

3.2 Estruturas de Controle de Execução

Um programa em Python é uma sequência de instruções executadas em sucessão. Nos programas curtos que vimos até aqui, a mesma sequência de instruções é executada, começando com a instrução na linha 1, independentemente dos valores inseridos pelo usuário, se houver algum. Isso não é o que normalmente experimentamos ao usar uma aplicação em um computador. As aplicações de computador normalmente realizam coisas diferentes, dependendo dos valores informados. Por exemplo, o jogo que você acabou de jogar pode parar ou continuar, dependendo se você clicar no botão Sair ou Jogar Novamente. Apresentamos as instruções Python que podem controlar tanto quais instruções são executadas quanto quais devem ser executadas repetidamente.

Decisões de Caminho Único

Suponha que queiramos desenvolver um programa que peça ao usuário para entrar com temperatura e depois exiba uma mensagem apropriada *somente se* ela for mais de 86 graus. Esse programa se comportaria conforme mostrado se o usuário digitar 87:

```
>>>
Digite a temperatura atual: 87
Está quente!
Tome bastante líquido.
```

O programa se comportaria conforme mostrado se o usuário digitar 67:

```
>>>
Digite a temperatura atual: 67
```

Em outras palavras, se a temperatura for 86 ou menos, nenhuma mensagem é impressa. Se a temperatura for mais de 86, então a mensagem

```
Está quente!
Tome bastante líquido.
```

é impressa.

Para conseguir o comportamento descrito (ou seja, a execução condicional de um fragmento de código), deverá haver algum modo de controlar *se* o fragmento de código será executado, com base em uma condição. Se a condição for verdadeira, então o fragmento de código é executado; caso contrário, não.

A instrução `if` é usada para implementar execução condicional. Veja aqui como usaríamos a instrução `if` para implementar o programa desejado:

Módulo: oneWay.py

```
1  temp = eval(input('Digite a temperatura atual: '))
2
3  if temp > 86:
4      print('Está quente!')
5      print('Tome bastante líquido.')
```

(Observe o uso de uma linha em branco para tornar o programa mais legível.) A instrução `if` compreende as linhas de 3 a 5 do programa. Na linha 3, a palavra-chave `if` é seguida pela condição `temp > 86`. Se a condição for avaliada como `True`, as instruções endentadas abaixo da linha 3 são executadas. Se a condição `temp > 86` for `False`, essas instruções endentados *não* são executadas. A Figura 3.2 ilustra (usando linhas tracejadas) os dois fluxos de execução possíveis para o programa.

Agora, suponha que precisemos acrescentar um recurso ao nosso programa. Gostaríamos que o programa exibisse `'Adeus.'` antes de encerrar, não importando se a temperatura digitada pelo usuário seja alta ou não. O programa precisaria se comportar desta forma:

```
>>>
Digite a temperatura atual: 87
Está quente!
Tome bastante líquido.
Adeus.
```

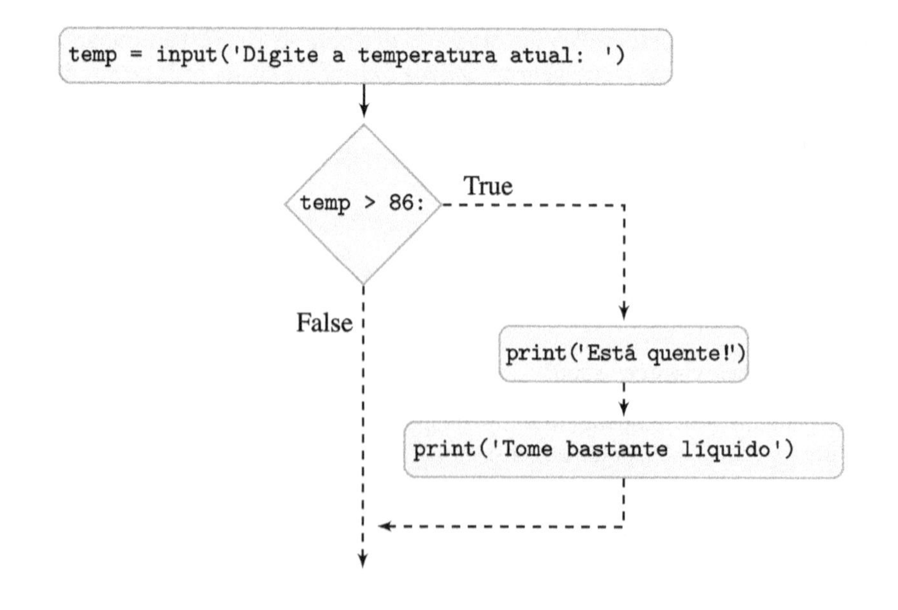

Figura 3.2 Fluxograma do programa `oneWay`. A instrução `input()` é executada primeiro e o valor informado pelo usuário recebe o nome `temp`. A instrução `if` verifica a condição `temp > 86`. Se for verdadeira, as duas instruções `print()` são executadas e o programa termina; se for falsa, o programa simplesmente termina.

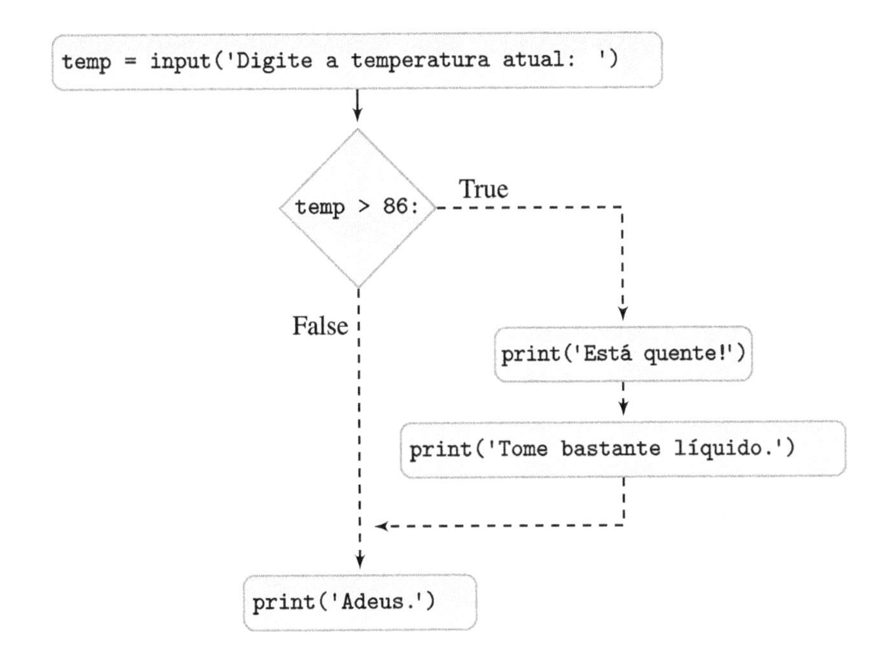

Figura 3.3 **Fluxograma do program** oneWay2. Não importa se a instrução `if` é verdadeira ou falsa, a instrução `print('Adeus.')` é executada *após* a instrução `if`.

ou desta forma:

```
>>>
Digite a temperatura atual: 67
Adeus.
```

Um `print('Adeus.')` precisa ser executado após a instrução `if`. Isso significa que a instrução `print('Adeus.')` precisa ser colocada no programa (1) `abaixo` do bloco de código endentado da instrução `if` e (2) com a mesma endentação da primeira linha da instrução `if`:

Módulo: oneWay2.py

```
1  temp = eval(input('Digite a temperatura atual: '))
2
3  if temp > 86:
4      print('Está quente!')
5      print('Tome bastante líquido.')
6
7  print('Adeus.')
```

Após a execução da linha 3 desse programa, ou o bloco de código endentado nas linhas 4 e 5 é executado, ou não. De qualquer forma, a execução retoma com a instrução na linha 7. O fluxograma correspondente ao programa `oneWay2.py` aparece na Figura 3.3.

Em geral, o formato de uma instrução `if` é:

```
if <condição>:
    <bloco de código endentado>
<instrução não endentada>
```

A primeira linha de uma instrução `if` consiste na palavra-chave `if`, seguida pela expressão booleana `<condição>` (isto é, uma expressão avaliada como `True` ou `False`), seguida por um sinal de dois-pontos, que indica o final da condição. Abaixo da primeira linha e endentado em relação à palavra-chave `if` estará o bloco de código que é executado se a condição for avaliada como `True`.

Se a `<condição>` for avaliada como `False`, o bloco de código endentado é pulado. De qualquer forma, sendo o código endentado executado ou não, a execução continua com a instrução Python `<instrução não endentada>` diretamente abaixo, e com a mesma endentação da primeira linha da instrução `if`.

AVISO

Endentação

Em Python, a endentação apropriada de instrução Python é crítica. Compare

```
if temp > 86:

    print('Está quente!')
    print('Tome bastante líquido.')

print('Adeus.')
```

com

```
if temp > 86:

    print('Está quente!')
    print('Tome bastante líquido.')
    print('Adeus.')
```

No primeiro fragmento de código, a instrução `print('Adeus.')` tem a mesma endentação da primeira linha da instrução `if`. Portanto, ela é uma instrução executada *após* a instrução `if`, não importando se a condição da instrução `if` é verdadeira ou falsa.

No segundo fragmento de código, a instrução `print('Adeus.')` é endentada com relação à primeira linha da instrução `if`. Portanto, ela faz parte do bloco que é executado somente se a condição da instrução `if` for verdadeira.

Problema Prático 3.2

Traduza estas instruções condicionais em instruções `if` do Python:

(a) Se `idade` é maior que 62, exiba `'Você pode obter benefícios de pensão'`.

(b) Se o nome está na lista `['Musial', 'Aaraon', 'Williams', 'Gehrig', 'Ruth']`, exiba `'Um dos 5 maiores jogadores de beisebol de todos os tempos!'`.

(c) Se `golpes` é maior que 10 e `defesas` é 0, exiba `'Você está morto...'`.

(d) Se pelo menos uma das variáveis booleanas `norte`, `sul`, `leste` e `oeste` for `True`, exiba `'Posso escapar.'`.

Decisões de Caminho Duplo

Em uma instrução de decisão `if` de caminho único, uma ação é executada somente se uma condição for verdadeira. Então, se a condição for verdadeira ou falsa, a execução continua com a instrução após a instrução if. Em outras palavras, nenhuma ação especial é realizada se a condição for falsa.

Às vezes, porém, nem sempre é isso o que queremos. Pode ser necessário realizar uma ação quando a condição é verdadeira e outra se a condição for falsa. Continuando com o exemplo de temperatura, suponha que queiramos exibir uma mensagem alternativa se o valor de temp não for maior que 86. Podemos conseguir esse comportamento com uma nova versão da instrução if, uma que usa a cláusula else. Usamos o programa twoWay.py para ilustrar isso.

Módulo: twoWay.py

```
temp = eval(input('Digite a temperatura atual: '))

if temp > 86:

    print('Está quente!')
    print('Tome bastante líquido.')

else:

    print('Não está quente.')
    print('Traga uma jaqueta.')

print('Adeus.')
```

Quando a linha 3 do programa é executada, existem dois casos. Se o valor de temp for maior que 86, o bloco endentado

```
print('Está quente!')
print('Tome bastante líquido.')
```

é executado. Se temp não for maior que 86, o bloco endentado abaixo do else é executado em seu lugar:

```
print('Não está quente.')
print('Traga uma jaqueta.')
```

Nos dois casos, a execução continua com a instrução seguinte, com a mesma endentação da instrução if/else (ou seja, a instrução na linha 13). O fluxograma ilustrando os dois fluxos de execução possíveis aparece na Figura 3.4.

A versão mais geral da instrução if tem o seguinte formato:

```
if <condição>:
    <bloco de código endentado 1>
else:
    <bloco de código endentado 2>
<instrução não endentada>
```

A seção de código endentada <bloco de código endentado 1> é executada se <condição> for avaliada como True; se a <condição> for avaliada como False, a seção de código endentada <bloco de código endentado 2> é executada em seu lugar. Depois de executar um ou o outro bloco de código, a execução continua com a instrução <instrução não endentada>.

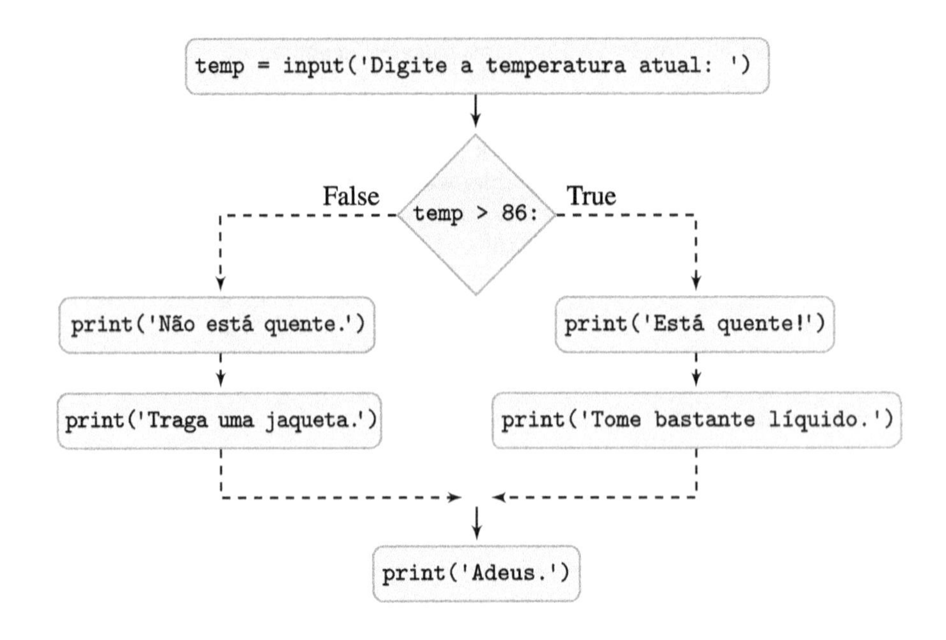

Figura 3.4 **Fluxograma do programa** `twoWay`. Se a condição `temp > 86` for verdadeira, o corpo da instrução `if` é executado; se for falsa, o corpo da cláusula `else` é executado. Nos dois casos, a execução continua com a instrução após o par de instruções `if/else`.

Problema Prático 3.3

Traduza estas declarações em instruções `if/else` do Python:

(a) Se `ano` é divisível por 4, exiba `'Pode ser um ano bissexto.'`; caso contrário, exiba `'Definitivamente não é um ano bissexto.'`

(b) Se a lista `bilhete` é igual à lista `loteria`, exiba `'Você ganhou!'`; se não, exiba `'Melhor sorte da próxima vez...'`.

Problema Prático 3.4

Implemente um programa que comece pedindo ao usuário para digitar uma identificação de login (ou seja, uma string). O programa, então, verifica se a identificação informada pelo usuário está na lista `['joe', 'sue' , ' hani' , ' sophie' ]` de usuários válidos. Dependendo do resultado, uma mensagem apropriada deverá ser impressa. Não importando o resultado, sua função deverá exibir `'Fim.'` antes de terminar. Aqui está um exemplo de um login bem-sucedido:

```
>>>
Login: joe
Você entrou!
Fim.
```

E aqui está um que não tem sucesso:

```
>>>
Login: john
Usuário desconhecido.
Fim.
```

Estruturas de Iteração

No Capítulo 2, apresentamos strings e listas. Ambas são sequências de objetos. Uma string pode ser vista como uma sequência de strings de um caractere; uma lista é uma sequência de objetos de qualquer tipo (strings, números, até mesmo outras listas). Uma tarefa comum a todas as sequências é realizar uma ação sobre cada objeto na sequência. Por exemplo, você poderia percorrer sua lista de contatos e enviar um convite para uma festa aos contatos que moram mais perto. Ou, então, poderia percorrer uma lista de compras para verificar se comprou tudo o que está nela. Ou, ainda, poderia percorrer os caracteres no seu nome a fim de soletrá-lo.

Vamos usar este último exemplo. Suponha que você queira implementar um pequeno programa que soletre a string digitada pelo usuário:

```
>>>
Digite uma palavra: Lena
A palavra soletrada:
L
e
n
a
```

O programa primeiro solicita que o usuário digite uma string. Depois, após exibir a linha `'A palavra soletrada:'`, os caracteres da string digitada pelo usuário são impressos, um por linha. Podemos começar a implementação desse programa da seguinte forma:

```
name = input('Digite uma palavra: ')
print('A palavra soletrada: ')
...
```

Para concluir esse programa, precisamos de um método que nos permitirá executar uma instrução `print()` *para cada caractere* da string `name`. A instrução de laço `for` do Python pode ser usada para fazer exatamente isso. Esse programa implementa o comportamento que desejamos:

Módulo: spelling.py

```
1  name = input('Digite uma palavra: ')
2  print('A palavra soletrada: ')
3
4  for char in name:
5      print(char)
```

A instrução de laço `for` compreende as linhas 4 e 5 do programa. Na linha 4, `char` é um nome de variável. A instrução de laço `for` atribuirá repetidamente os caracteres da string `name` à variável `char`. Se o nome for a string `'Lena'`, `char` primeiro terá o valor `'L'`, depois `'e'`, depois `'n'` e, finalmente, `'a'`. Para cada valor de `char`, a instrução endentada `print(char)` é executada. A Figura 3.5 ilustra o funcionamento desse laço.

O laço `for` também pode ser usado para percorrer os itens de uma lista. No próximo exemplo, usamos, no shell interativo, um laço `for` para percorrer os objetos de string representando meus animais de estimação:

```
>>> animais = ['peixe', 'gato', 'cão']
>>> for animal in animais:
        print(animal)

fish
cat
dog
```

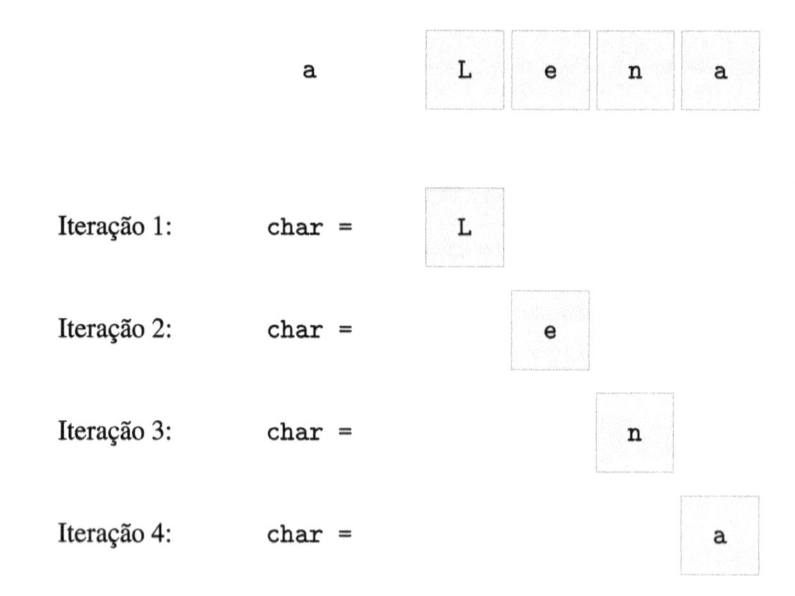

Figura 3.5 Iteração por uma string. A variável `char` recebe `'L'` na iteração 1, `'e'` na iteração 2, `'n'` na iteração 3 e `'a'` na iteração 4; em cada iteração, o valor atual de `char` é impresso. Assim, quando `char` é `'L'`, `'L'` é impresso, quando `char` é `'e'`, `'e'` é impresso e assim por diante.

O laço `for` executa a seção endentada `print(animal)` três vezes, uma para cada valor de animal; o valor de animal é primeiro `'peixe'`, depois `'gato'` e, por fim, `'cão'`, conforme ilustra a Figura 3.6.

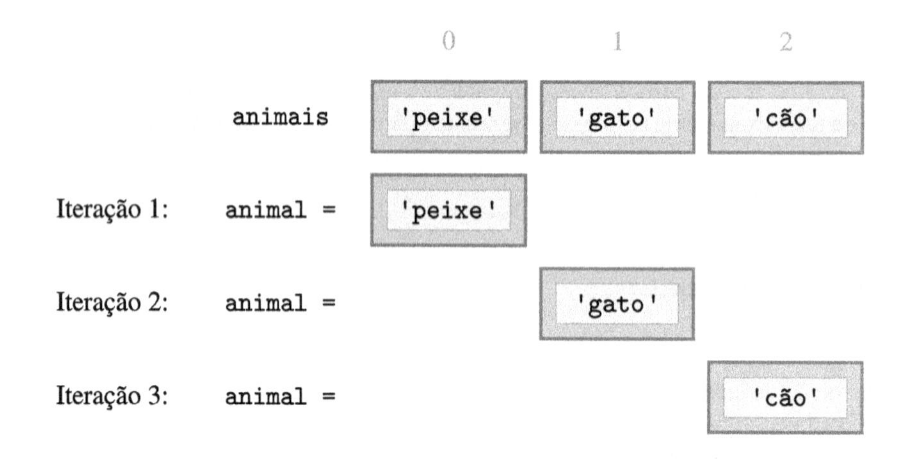

Figura 3.6 Iteração por uma lista. O valor da variável `animal` é definido como `'peixe'` na iteração 1, depois como `'gato'` na iteração 2 e, por fim, como `'cão'`. Em cada iteração, o valor de `animal` é impresso.

AVISO

A Variável de Laço `for`

A variável `char` em

```
for char in name:
    print(char)
```

e a variável `animal` em

```
for animal in animais:
    print(animal)
```

são apenas nomes de variável, escolhidos para tornar o programa mais significativo. Poderíamos ter escrito os laços da mesma forma com, digamos, o nome de variável x:

```
for x in name:
    print(x)

for x in animais:
    print(x)
```

Nota: Se mudarmos o nome da variável do laço for, também precisamos mudar qualquer ocorrência dela no corpo do laço for.

Em geral, a instrução de laço for tem este formato:

```
for <variável> in <sequência>:
    <bloco de código endentado >
<bloco de código não endentado>
```

O laço for atribuirá com sucesso objetos de <sequência> à <variável>, na ordem em que aparecem da esquerda para a direita. O <bloco de código endentado>, normalmente denominado *corpo* do laço for, é executado uma vez para cada valor de <variável>. Dizemos que o laço for *percorre* os objetos na sequência. Após o <bloco de código endentado> ter sido executado pela última vez, a execução retoma com as instruções após o laço for; elas estarão abaixo e usarão a mesma endentação da primeira linha da instrução de laço for.

Aninhando Estruturas de Fluxo de Controle

Vamos usar o laço for para escrever um programa que combina um laço for e uma instrução if. Gostaríamos de escrever uma aplicação que comece pedindo ao usuário para digitar uma frase. Depois que ele fizer isso, o programa exibirá todas as vogais do texto, e nenhuma outra letra. O programa deverá se comportar desta forma:

```
>>>
Digite uma frase: caso de teste
e
a
e
```

Esse programa consistirá em vários componentes. Precisamos de uma instrução input() para ler a frase, um laço for para percorrer os caracteres da string de entrada e, em cada iteração do laço for, uma instrução if para verificar se o caractere atual é uma vogal. Se for, ele é impresso. A seguir vemos o programa completo.

Módulo: for.py

```
1 phrase = input('Digite uma frase:')
2
3 for c in phrase:
4     if c in 'aeoiuAEIOU':
5         print(c)
```

Observe que combinamos um laço for e uma instrução if e que a endentação é usada para especificar o corpo de cada um. O corpo da instrução if é apenas print(c), enquanto o corpo da instrução de laço for é

```
if c in 'aeiouAEIOU':
    print(c)
```

Problema Prático 3.5

Implemente um programa que solicite do usuário uma lista de palavras (ou seja, strings) e depois exiba na tela, uma por linha, todas as strings de quatro letras nessa lista.

```
>>>
Digite a lista de palavras: ['pare', 'desktop', 'tio', 'pote']
pare
pote
```

Função range()

Acabamos de ver como o laço `for` é usado para percorrer os itens de uma lista ou os caracteres de uma string. Com frequência, é necessário percorrer uma sequência de números em determinado intervalo, mesmo que a lista de números não seja dada explicitamente. Por exemplo, podemos estar procurando um divisor de um número, ou então poderíamos estar percorrendo os índices 0, 1, 2, ... de um objeto sequencial. A função embutida `range()` pode ser usada juntamente com o laço `for` para percorrer uma sequência de números em determinado intervalo. Veja como podemos percorrer os inteiros 0, 1, 2, 3, 4:

```
>>> for i in range(5):
        print(i)

0
1
2
3
4
```

A função `range(n)` normalmente é usada para percorrer a sequência de inteiros 0, 1, 2, ..., $n - 1$. No exemplo anterior, a variável `i` é definida como 0 na primeira iteração; nas iterações seguintes, `i` recebe os valores 1, 2, 3 e finalmente 4 (pois $n = 5$). Como nos exemplos de laço `for` anteriores, a seção de código endentada do laço `for` é executada em cada iteração, para cada valor de `i`.

Problema Prático 3.6

Escreva o laço `for` que exibirá as sequências de números a seguir, um por linha, no shell interativo do Python.

(a) Inteiros de 0 a 9 (isto é, 0, 1 , 2, 3, 4, 5, 6, 7, 8, 9).
(b) Inteiros de 0 a 1 (isto é, 0, 1).

A função `range()` também pode ser usada para percorrer sequências de números mais complexas. Se quisermos que a sequência comece em determinado número diferente de zero `início` e termine *antes* do número fim, fazemos com que a função chame `range(início, fim)`. Por exemplo, esse laço `for` percorre a sequência 2, 3, 4:

```
>>> for i in range(2, 5):
        print(i)

2
3
4
```

Para gerar sequências que usam um tamanho de passo diferente de um, um terceiro argumento pode ser usado. A chamada de função `range(início, fim, passo)` pode ser usada para percorrer a sequência de inteiros começando em `início`, usando um tamanho de `passo` e terminando antes do número `fim`. Por exemplo, o próximo laço percorrerá a sequência 1, 4, 7, 10, 13:

```
>>> for i in range(1, 14, 3):
        print(i)
```

A sequência impressa pelo laço `for` começa em 1, usa um tamanho de passo igual a 3 e termina antes de 14. Portanto, ela exibirá 1, 4, 7, 10 e 13.

Problema Prático 3.7

Escreva um laço `for` que exiba a seguinte sequência de números, um por linha.

(a) Inteiros de 3 até 12, inclusive este.
(b) Inteiros de 0 até (mas não incluindo) 9, com um passo de 2 em vez do padrão 1 (isto é, 0, 2, 4, 6, 8).
(c) Inteiros de 0 até (mas não incluindo) 24, com um passo de 3.
(d) Inteiros de 3 até (mas não incluindo) 12, com um passo de 5.

3.3 Funções Definidas pelo Usuário

Já vimos e usamos diversas funções Python embutidas. A função `len()`, por exemplo, aceita uma sequência (uma string ou uma lista, digamos) e retorna o número de itens na sequência:

```
>>> len('dourado')
8
>>> len(['dourado', 'gato', 'cão'])
3
```

A função `max()` pode aceitar dois números como entrada e retorna o maior dos dois:

```
>>> max(4, 7)
7
```

A função `sum()` pode aceitar uma lista de números como entrada e retorna a soma dos números:

```
>>> sum([4, 5, 6, 7])
22
```

Algumas funções podem ainda ser chamadas sem argumentos:

```
>>> print()
```

Em geral, uma função utiliza 0 ou mais argumentos de entrada e retorna um resultado. Uma das coisas úteis sobre funções é que elas podem ser chamadas, usando uma instrução de única linha, para concluir uma tarefa que realmente requer múltiplas instruções Python. Melhor ainda, normalmente o desenvolvedor usando a função não precisa saber quais são essas instruções. Como os desenvolvedores não precisam se preocupar com o funcionamento das funções, elas simplificam o desenvolvimento de programas. Por esse motivo, Python e outras linguagens de programação possibilitam aos desenvolvedores definir suas próprias funções.

Nossa Primeira Função

Ilustramos como as funções são definidas em Python usando o próximo exemplo: uma função Python que aceita um número como entrada e calcula e retorna o valor $x^2 + 1$. Esperamos que essa função se comporte desta maneira:

```
>>> f(9)
82
>>> 3 * f(3) + 4
34
```

A função `f()` pode ser definida em um módulo Python como:

Módulo: ch3.py

```
1 def f(x):
2     return x**2 + 1
```

Para usar a função `f()` (para calcular, digamos `f(3)` ou `f(9)`), primeiro temos que executar essa instrução de duas linhas rodando o módulo que a contém (por exemplo, pressionando a tecla F5). Depois que a instrução de definição de função tiver sido executada, a função `f()` poderá ser usada.

Você também pode definir a função `f()` diretamente no shell interativo, desta forma:

```
>>> def f(x):
        return x**2 + 1
```

Vamos verificar se ela está definida:

```
>>> 2 * f(2)
10
```

A instrução de definição de função em Python tem este formato geral:

```
def <nome da função> (<0 ou mais variáveis>):
    <corpo da função endentado>
```

Uma instrução de definição de função começa com a palavra-chave `def`. Depois dela, vem o nome da função; em nosso exemplo, o nome é `f`. Após o nome (e entre parênteses) aparecem os nomes de variável que representam os argumentos de entrada, se houver. Na função `f()`, o x em

```
def f(x):
```

tem o mesmo papel do x na função matemática $f(x)$: servir como nome para o valor de entrada.

A primeira linha da definição de função termina com um sinal de dois-pontos. A seguir e endentado está o corpo da função, um conjunto de instruções Python que implementam a função. Elas são executadas sempre que a função é chamada. Se uma função tiver que retornar um valor, então a instrução de retorno é usada para especificar o valor a ser retornado. Em nosso caso, o valor $x^2 + 1$ é retornado.

Problema Prático 3.8

Defina, diretamente no shell interativo, a função `média()`, que aceita dois números como entrada e retorna a média dos números. Um exemplo de uso é:

```
>>> average(2, 3.5)
2.75
```

Problema Prático 3.9

Implemente a função `perímetro()`, que aceita, como entrada, o raio de um círculo (um número não negativo) e retorna o perímetro do círculo. Você deverá escrever sua implementação em um módulo chamado `perímetro.py`. Um exemplo de uso é:

```
>>> perimeter(1)
6.283185307179586
```

Nem todas as funções precisam retornar um valor, como veremos no próximo exemplo.

`print()` versus `return`

Como outro exemplo de uma função definida pelo usuário, desenvolvemos uma função `hello()` personalizada. Ela aceita como entrada um nome (uma string) e *exibe* uma saudação:

```
>>> hello('Sue')
Hello, Sue!
```

Implementamos essa função no mesmo módulo da função `f()`:

Módulo: ch3.py

```
1 def hello(name):
2     print('Hello, '+ name + '!')
```

Quando a função `hello()` for chamada, ela exibirá a concatenação da string `'Hello, '`, a string de entrada e a string `'!'`.

Observe que a função `hello()` *exibe* a saída na tela; ela não *retorna* nada. Qual é a diferença entre uma função chamando `print()` ou retornando um valor?

AVISO

Instrução `return` *versus* Função `print()`

Um engano comum é usar a função `print()` no lugar da instrução `return` dentro de uma função. Suponha que tenhamos definido a função `f()` desta maneira:

```
def f(x):
  print(x**2 + 1)
```

Pode parecer que tal implementação da função `f()` funciona bem:

```
>>> f(2)
5
```

Porém, quando usada em uma expressão, a função `f()` não funcionará conforme o esperado:

```
>>> 3 * f(2) + 1
5
Traceback (most recent call last):
  File '<pyshell#103>', line 1, in <module>
    3 * f(2) + 1
TypeError: unsupported operand type(s) for *:
           'int' and 'NoneType'
```

Ao avaliar `f(2)` na expressão `3 * f (2) + 1`, o interpretador Python avalia (ou seja, executa) `f(2)`, que *exibe* o valor 5. Você pode realmente ver esse 5 na linha antes da linha de erro de "Traceback".

Assim, `f()` *exibe* o valor calculado, mas não o *retorna*. Isso significa que `f(2)` *não retorna nada* e, portanto, *nada* é avaliado em uma expressão. Na realidade, o Python tem um nome para o tipo "nada": é o `'NoneType'` referenciado na mensagem de erro apresentada. O erro em si é causado pela tentativa de multiplicar um valor inteiro com "nada".

Dito isso, é perfeitamente válido chamar `print()` dentro de uma função, desde que a intenção seja exibir em vez de retornar um valor.

Problema Prático 3.10

Escreva a função `negativos()`, que aceita uma lista como entrada e *exibe*, um por linha, os valores *negativos* na lista. A função não deverá retornar nada.

```
>>> negatives([4, 0, -1, -3, 6, -9])
-1
-3
-9
```

Definições de Função São Instruções de "Atribuição"

Para ilustrar que as funções são, na realidade, instruções Python normais, semelhantes às instruções de atribuição, usamos este pequeno programa:

Módulo: dynamic.py

```
1 s = input('Digite quadrado ou cubo:')
2 if s == 'quadrado':
3     def f(x):
4         return x*x
5 else:
6     def f(x):
7         return x*x*x
```

Nele, a função `f()` é definida dentro de um programa em Python, assim como uma instrução de atribuição pode estar em um programa. A definição real de `f()` depende da entrada informada pelo usuário em tempo de execução. Digitando cubo após o aviso, a função `f()` é definida para ser a função cúbica:

```
>>>
Digite quadrado ou cubo: cubo
>>> f(3)
27
```

Porém, se o usuário digitar `quadrado`, então `f()` será a função quadrática.

AVISO

Primeiro Defina a Função, Depois a Use

Python não permite chamar uma função antes que ela seja definida, assim como uma variável não pode ser usada em uma expressão antes que ela seja atribuída.

Sabendo disso, tente descobrir por que a execução desse módulo resultaria em um erro:

```
print(f(3))

def f(x):
    return x**2 + 1
```

Resposta: quando um módulo é executado, as instruções Python são executadas de cima para baixo. A instrução `print(f(3))` falhará porque o nome `f` ainda não estava definido no momento de sua execução.

Haverá um erro quando executarmos esse módulo?

```
def g(x):
    return f(x)

def f(x):
    return x**2 + 1
```

Resposta: não, porque as funções `f()` e `g()` não são *executadas* quando o módulo é executado, são apenas definidas. Depois que elas forem definidas, elas poderão ser executadas sem problemas.

Comentários

Os programas em Python deverão ser bem documentados por dois motivos:

1. O usuário do programa deverá entender o que o programa faz.
2. O desenvolvedor que desenvolve e/ou mantém o código deverá entender como o programa funciona.

A documentação para o desenvolvedor do programa e o mantenedor futuro é importante porque o código não documentado é mais difícil de manter, mesmo pelo programador que o escreveu. Essa documentação é feita principalmente usando comentários escritos pelo desenvolvedor da função logo em seguida ao programa.

Um comentário é qualquer coisa que vem após o símbolo `#` em uma linha. Veja como acrescentamos um comentário para explicar a implementação da função `f()`:

Módulo: ch3.py

```
1 def f(x):
2     return x**2 + 1    # f(x) deve ser avaliado como x*x + 1
```

O comentário — qualquer coisa que vem após # na linha — é ignorado pelo interpretador Python.

Embora os comentários sejam necessários, também é importante não comentar demais. Os comentários não devem dificultar a leitura do programa. O ideal é que seus programas utilizem nomes de variável significativos e simples, em um código bem projetado, de modo que o programa seja autoexplicativo, ou quase isso. Isso é realmente mais fácil de conseguir em Python do que na maioria das outras linguagens. Os comentários devem ser usados para identificar os principais componentes do programa e explicar as partes mais complicadas.

Docstrings

As funções também devem ser documentadas para os usuários da função. As funções embutidas que já vimos até aqui possuem uma documentação que pode ser vista usando a função `help()`. Por exemplo:

```
>>> help(len)
Help on built-in function len in module builtins:

len(...)
    len(object) -> integer

    Return the number of items of a sequence or mapping.
```

Se usarmos `help` em nossa primeira função `f()`, surpreendentemente obteremos alguma documentação também.

```
>>> help(f)
Help on function f in module __main__:

f(x)
```

Porém, para obtermos algo mais útil, o desenvolvedor da função precisa incluir um comentário especial na definição da função, que será apanhado pela ferramenta `help()`. Esse comentário, chamado de *docstring*, é uma string que deverá descrever o que a função faz e deverá ser colocado diretamente abaixo da primeira linha de uma definição de função. Veja como incluiríamos a docstring `'retorna x**2+1'` à nossa função `f()`:

Módulo: ch3.py

```
1  def f(x):
2      'retorna x**2 + 1'
3      return x**2 + 1    # calcula x**2 + 1 e retorna valor obtido
```

Vamos também acrescentar uma docstring à nossa função `hello()` :

Módulo: ch3.py

```
1  def hello(name):
2      'uma função hello personalizada'
3      print('Hello,' + name + ' !')
```

Com as docstrings no lugar, a função `help()` as usará como parte da documentação da função. Por exemplo, a docstring `'retorna x**2+1'` é exibida quando se visualiza a documentação para a função `f()`:

```
>>> help(f)
Help on function f in module __main__:

f(x)
    retorna x**2 + 1
```

De modo semelhante, a docstring é exibida quando se visualiza a documentação para `hello()`:

```
>>> help(hello)
Help on function hello in module __main__:

hello(name)
    uma função hello personalizada
```

Problema Prático 3.11

Acrescente a docstring `retorna a média de x e y` à função `média()` e a docstring `exibe os números negativos contidos na lista lst` à função `negativos()` dos Problemas Práticos 3.8 e 3.10. Verifique seu trabalho usando a ferramenta de documentação `help()`. Você deverá receber, por exemplo:

```
>>> help(média)
Ajuda sobre a função média no módulo __main__:

média(x, y)
    retorna a média de x e y
```

3.4 Variáveis e Atribuições em Python

As funções ou são chamadas de dentro do shell interativo ou por outro programa, que será denominado programa chamador. Para poder criar funções, precisamos entender como os valores criados no programa chamador — ou no shell interativo — são passados como argumentos de entrada à função. Para fazer isso, porém, primeiro precisamos entender exatamente o que acontece em uma instrução de atribuição.

Vamos considerar essa questão no contexto da atribuição `a = 3`. Primeiro, vamos observar que, antes de executar essa atribuição, o identificador `a` não existe:

```
>>> a
Traceback (most recent call last):
  File "<pyshell#15>", line 1, in <module>
    a
NameError: name 'a' is not defined
```

Quando a atribuição

```
>>> a = 3
```

é executada, o objeto inteiro `3` e seu nome `a` são criados. Python armazenará o nome em uma tabela mantida pelo Python. Isso é ilustrado na Figura 3.7.

A variável `a` agora se refere ao objeto inteiro com valor `3`:

```
>>> a
3
```

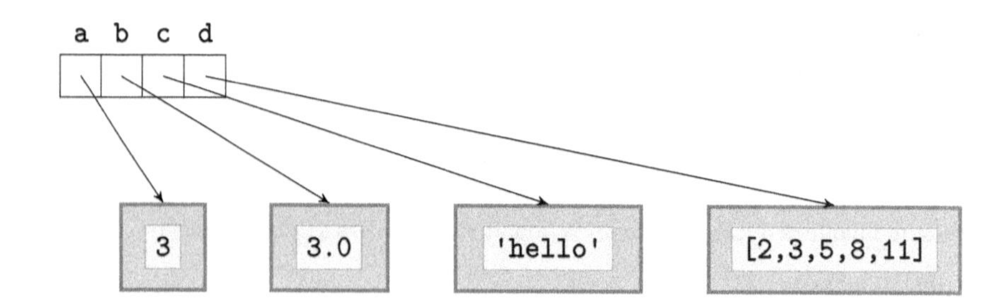

Figura 3.7 **Atribuições para novas variáveis.** O objeto `int` (com valor) 3 é atribuído à variável `a`, o objeto `float` 3.0 é atribuído a `b`, o objeto `str` `'hello'` é atribuído a `c` e o objeto `list` `[2, 3, 5, 8, 11]` é atribuído a `d`.

A Figura 3.7 mostra que variáveis adicionais estão na tabela: a variável `b` referindo-se ao objeto 3.0, a variável `c` referindo-se ao objeto `str` `'hello'` e a variável `d` referindo-se ao objeto de lista `[2, 3, 5, 8, 11]`. Em outras palavras, ela ilustra que essas atribuições também foram feitas:

```
>>> b = 3.0
>>> c = 'hello'
>>> d = [2, 3, 5, 8, 11]
```

Em geral, uma instrução de atribuição Python tem esta sintaxe:

```
<variável> = <expressão>
```

A `<expressão>` à direita do operador de atribuição `=` é avaliada e o valor resultante é armazenado em um objeto do tipo apropriado; depois disso, o objeto pode ser atribuído à `<variável>`, que dizemos que se *refere* ao objeto ou está *vinculada* ao objeto.

Tipos Mutáveis e Imutáveis

Atribuições subsequentes à variável a, por exemplo:

```
>>> a = 6
```

reutilizarão o nome existente a. O resultado dessa atribuição é que a variável a passará a se referir a outro objeto, o objeto inteiro 6. O objeto `int` 3 não é mais referenciado por uma variável, como mostra a Figura 3.8.

O mais importante a observar é que a atribuição `a = 6` não mudou o valor do objeto inteiro 3. Em vez disso, um novo objeto inteiro 6 é criado e a variável a agora se refere a ele. De fato, não há um modo de mudar o valor do objeto contendo o valor 3. Isso ilustra um recurso importante da linguagem Python: os objetos `int` não podem ser alterados. Objetos inteiros não são os únicos objetos que não podem ser modificados. Os tipos cujos objetos não podem ser modificados são denominados *imutáveis*. Todos os tipos numéricos em Python (`bool`, `interface`, `float` e `complex`) são imutáveis.

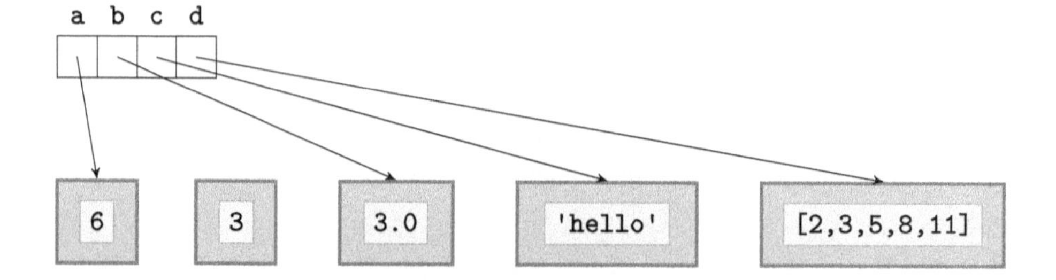

Figura 3.8 **Atribuição de um objeto imutável a uma variável existente.** O objeto `int` 6 é atribuído à variável existente `a`; o objeto `int` 3 não é mais atribuído a uma variável e, portanto, não pode mais ser acessado.

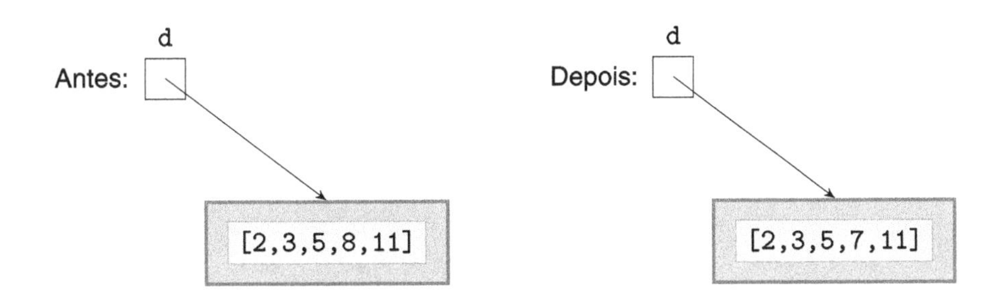

Figura 3.9 **Listas são mutáveis.** A atribuição d[3] = 7 substitui o objeto no índice 3 de d pelo novo objeto int 7.

Vimos, no Capítulo 2, que um objeto de lista *pode* mudar. Por exemplo:

```
>>> d = [2, 3, 5, 8, 11]
>>> d[3] = 7
>>> d
[2, 3, 5, 7, 11]
```

A lista d é modificada na segunda instrução: a entrada no índice 3 é trocada para 7, como mostra a Figura 3.9. Os tipos cujos objetos podem ser modificados são denominados tipos *mutáveis*. O tipo de lista é mutável. Os tipos numéricos são imutáveis. E o tipo de string?

```
>>> c = 'hello'
>>> c[1] = 'i'
Traceback (most recent call last):
  File "<pyshell#23>", line 1, in <module>
    c[1] = 'i'
TypeError: 'str' object does not support item assignment
```

Não podemos modificar um caractere do objeto string. O tipo string é *imutável*.

Atribuições e Mutabilidade

Frequentemente, temos a situação em que diversas variáveis se referem ao mesmo objeto. (Ou seja, em particular, o caso quando um valor é passado como uma entrada para uma função.) Precisamos entender o que acontece quando uma das variáveis tem outro objeto atribuído. Por exemplo, suponha que façamos o seguinte:

```
>>> a = 3
>>> b = a
```

A primeira atribuição cria um objeto inteiro com valor 3 e lhe dá um nome a. Na segunda atribuição, a expressão a é avaliada para o objeto inteiro 3, que então recebe outro nome, b, como mostra a Figura 3.10.

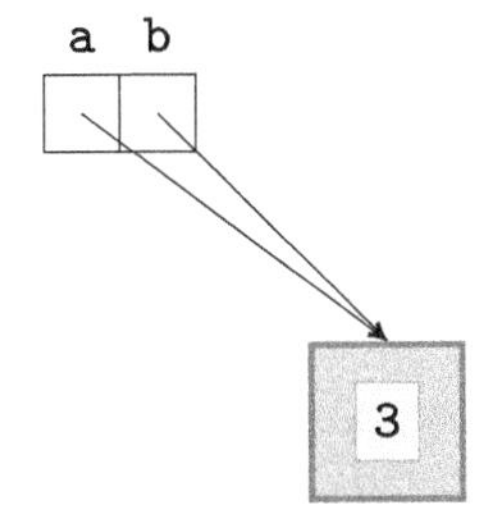

Figura 3.10 **Múltiplas referências ao mesmo objeto.** A atribuição b = a avalia a expressão à direita do sinal = como o objeto 3 e atribui esse objeto à variável b.

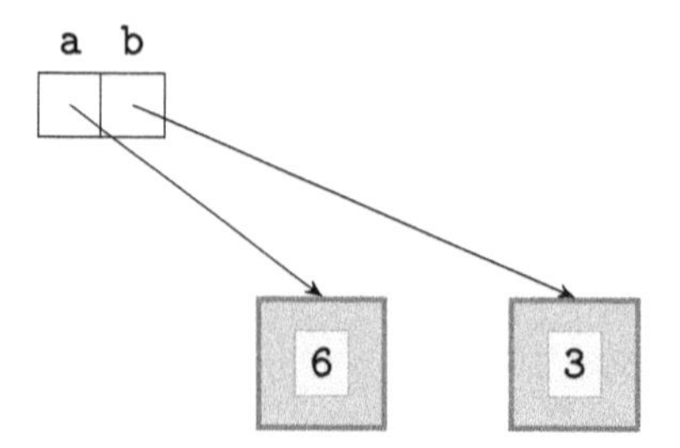

Figura 3.11 **Atribuições múltiplas e mutabilidade.** Se a e b se referem ao mesmo objeto 3 e depois a recebe o objeto 6, b ainda irá se referir ao objeto 3.

Agora, o que acontece quando atribuímos algo mais à variável a?

```
>>> a = 6
```

A atribuição a = 6 não altera o valor do objeto de 3 para 6, pois o tipo int é imutável. A variável a agora deve se referir a um novo objeto com valor 6. E o que acontece com b?

```
>>> a
6
>>> b
3
```

A variável b ainda se refere ao objeto com valor 3, como mostra a Figura 3.11.

A conclusão é esta: se duas variáveis se referem ao mesmo objeto imutável, a modificação de uma variável não afetará a outra.

Agora, vamos considerar o que acontece com as listas. Começamos atribuindo uma lista a a e depois atribuindo a a b.

```
>>> a = [3, 4, 5]
>>> b = a
```

Esperamos que a e b se refiram à mesma lista. Isso realmente acontece, como mostra a Figura 3.12.

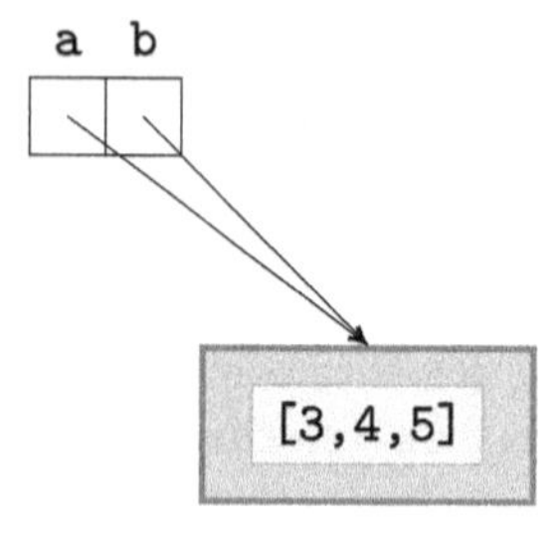

Figura 3.12 **Atribuições múltiplas sobre um objeto mutável.** Tanto a quanto b se referem à mesma lista; a atribuição b[1] = 8 e a atribuição a[-1] = 16 mudarão a mesma lista, de modo que qualquer mudança referenciada por b mudará a lista referenciada por a e vice-versa.

Agora, vejamos o que acontece quando atribuímos um novo objeto a b[1]:

```
>>> b[1] = 8
>>> b
[3, 8, 5]
>>> a
[3, 8, 5]
```

Como vimos no Capítulo 2, as listas podem ser modificadas. A lista b é modificada pela atribuição b[1] = 8. Mas, como a variável a é vinculada à mesma lista, a também será mudada. De modo semelhante, as mudanças à lista a modificarão a lista b: a atribuição a[-1] = 16 fará com que o novo objeto 16 seja o último objeto nas listas a e b.

Problema Prático 3.12

Desenhe um diagrama representando o estado dos nomes e objetos após esta execução:

```
>>> a = [5, 6, 7]
>>> b = a
>>> a = 3
```

Troca (*swapping*)

Agora, vamos considerar um problema fundamental da atribuição. Suponha que a e b se refiram a dois valores inteiros:

```
>>> a = 6
>>> b = 3
```

Suponha que precisamos trocar os valores de a e b. Em outras palavras, depois da troca, a referir-se-á a 3 e b referir-se-á a 6, como mostra a Figura 3.13.

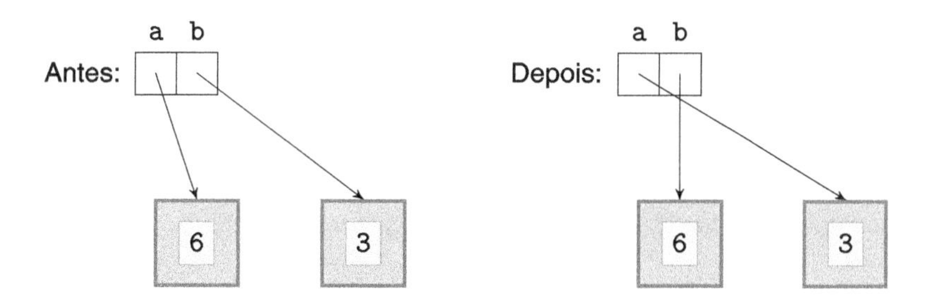

Figura 3.13 **Troca de valores.** As variáveis a e b trocam os objetos a que se referem; Python admite a instrução de atribuição múltipla, que facilita a troca.

Se começarmos atribuindo o valor de b a a:

```
a = b
```

então a variável a referir-se-á ao mesmo objeto ao qual a variável b se refere. Assim, teremos a e b referindo-se a 3, e teríamos "perdido" o objeto inteiro 6. Antes de executarmos a = b, temos que salvar uma referência a 6 e depois atribuí-la a b no final:

```
>>> temp = a    # temp refere-se a 6
>>> a = b       # a refere-se a 3
>>> b = temp    # b refere-se a 6
```

No Python, há um modo muito mais simples de conseguir a troca. Python admite a instrução de atribuição múltipla:

```
>>> a = 6
>>> b = 3
>>> a, b = b, a
>>> a
3
>>> b
6
```

Na instrução de atribuição múltipla `a, b = b, a`, as duas expressões no lado direito de = são avaliadas como dois objetos e depois cada um é atribuído à variável correspondente.

Antes de prosseguirmos a partir da nossa discussão sobre atribuições em Python, observaremos outro recurso interessante dessa linguagem. Um valor pode ser atribuído a diversas variáveis, simultaneamente:

```
>>> i = j = k = 0
```

As três variáveis `i`, `j` e `k` são todas definidas como 0.

Problema Prático 3.13

Suponha que uma lista não vazia `time` foi atribuída. Escreva uma instrução Python ou instruções que mapeiam o primeiro e último valor da lista. Assim, se a lista original for:

```
>>> time = ['Ava', 'Eleanor', 'Clare', 'Sarah']
```

então a lista resultante deverá ser:

```
>>> time
['Sarah', 'Eleanor', 'Clare', 'Ava']
```

3.5 Passagem de Parâmetros

Com um conhecimento melhor de como as atribuições acontecem em Python, podemos entender como os argumentos de entrada são passados em chamadas de função. As funções são chamadas de dentro do shell interativo ou por meio de outro programa. Referimo-nos a ambas como *programa chamador*. Os argumentos de entrada em uma chamada de função são *nomes* de objetos criados no programa chamador. Esses nomes podem se referir a objetos mutáveis ou imutáveis. Vamos considerar cada caso separadamente.

Passagem de Parâmetro Imutável

Usamos a função `g()` para discutir o efeito de passar uma referência a um objeto imutável em uma chamada de função.

Módulo: ch3.py

```
1 def g(x):
2     x = 5
```

Vamos começar atribuindo o inteiro 3 ao nome de variável `a`:

```
>>> a = 3
```

Nessa instrução de atribuição, o objeto inteiro 3 é criado e recebe o nome `a`, como mostra a Figura 3.14.

Essa figura ilustra que o nome `a` foi definido no contexto do shell interativo. Ele se refere a um objeto inteiro cujo valor é 3. Agora, vamos chamar a função `g()` com o nome `a` como argumento de entrada:

```
>>> g(a)
```

Quando essa chamada de função é feita, o argumento `a` é avaliado primeiro. Ele é avaliado como o objeto inteiro 3. Agora, lembre-se de que a função `g()` foi definida como:

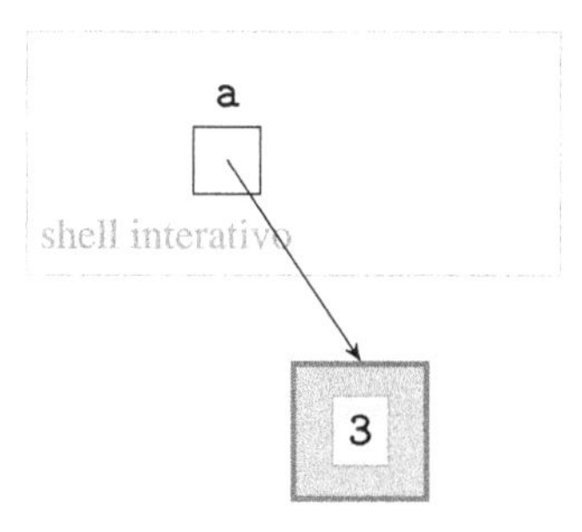

Figura 3.14 Uma atribuição no programa principal. O objeto inteiro 3 recebe o nome a no programa principal, o shell interativo.

```
def g(x):
    x = 5
```

O nome x em `def g(x):` agora é definido para se referir ao objeto inteiro de entrada 3. Com efeito, isso é como se tivéssemos executado a atribuição `x = a`.

Assim, no início da execução de `g(a)`, existem duas variáveis que se referem ao único objeto 3: a variável a definida no shell interativo e a variável x definida na função `g()` (veja Figura 3.15).

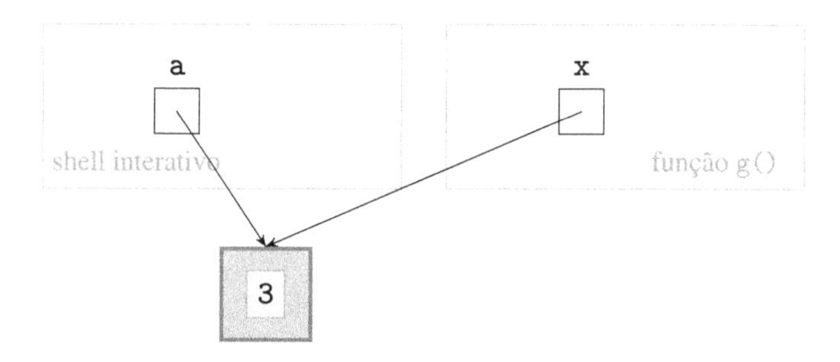

Figura 3.15 Passagem de parâmetros. A chamada de função `g(a)` passa a referência a como argumento de entrada. A variável x, definida no início da execução de `g()`, receberá essa referência. Tanto a quanto x farão referência ao mesmo objeto.

Durante a execução de `g(a)`, a variável x recebe 5. Como os objetos inteiros são imutáveis, x não se refere mais a 3, mas ao novo objeto inteiro 5, como mostra a Figura 3.16. A variável a, porém, ainda se refere ao objeto 3.

A conclusão desse exemplo é esta: a função `g()` não modificou, nem pode modificar, o valor de a no shell interativo. Em geral, quando chamamos e executamos uma função, a função não modificará o valor de qualquer variável passada como um argumento de função se a variável se referir a um objeto imutável.

Porém, e se passarmos uma referência a um objeto mutável?

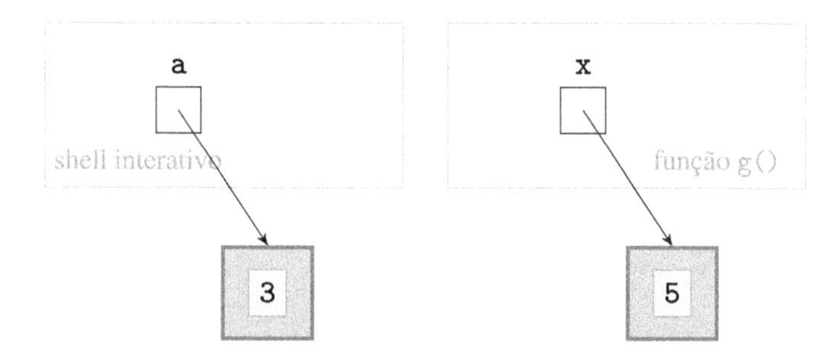

Figura 3.16 Passagem de parâmetro imutável. Quando `x = 5` é executado, x passará a se referir a um novo objeto inteiro com valor 5. O objeto inteiro com valor 3 não é alterado. O nome a no programa principal, o shell interativo, ainda se refere a ele.

Passagem de Parâmetro Mutável

Usamos a próxima função para ver o que acontece quando o nome de um objeto mutável é passado como argumento de uma chamada de função.

Módulo: ch3.py

```
1 def h(lst):
2     lst[0] = 5
```

Considere o que acontece quando executamos:

```
>>> minhaLista = [3, 6, 9, 12]
>>> h(minhaLista)
```

Na instrução de atribuição, um objeto de lista é criado com o nome `minhaLista`. Depois, a chamada de função `h(minhaLista)` é realizada. Quando a função `h()` começar a ser executada, a lista referenciada por `minhaLista` receberá o nome de variável `lst` definido na definição de função de `h()`. Assim, temos a situação ilustrada na Figura 3.17.

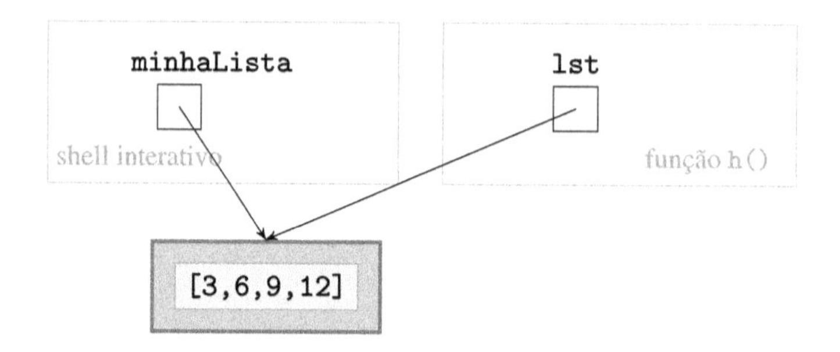

Figura 3.17 **Passagem de parâmetro mutável.** A chamada de função `h()` passa a referência a uma lista como um argumento. Assim, o nome `minhaLista` no shell interativo e o nome `lst` em `h()` agora se referem à mesma lista.

Enquanto executa a funções `h()`, `lst[0]` recebe 5 e, portanto, `lst[0]` referir-se-á ao novo objeto 5. Como as listas são mutáveis, o objeto de lista referenciado por `lst` muda. Visto que a variável `minhaLista` no shell interativo refere-se ao mesmo objeto de lista, isso significa que o objeto de lista referenciado por `minhaLista` também muda. Ilustramos isso na Figura 3.18.

Esse exemplo ilustra que, quando um objeto mutável, como o objeto de lista `[3,6,9,12]` é passado como argumento em uma chamada de função, ele *pode* ser modificado pela função.

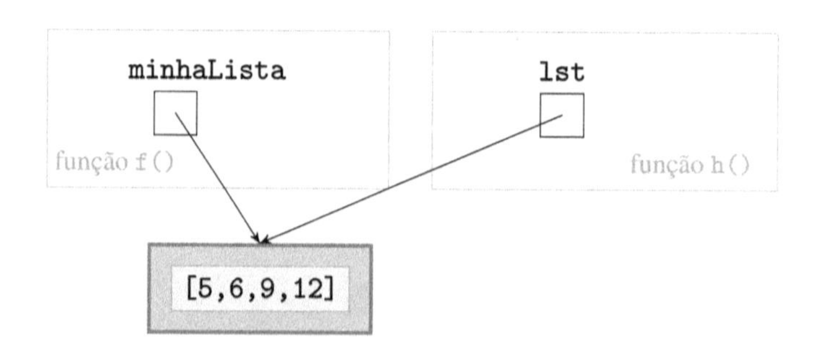

Figura 3.18 **Funções podem modificar argumentos mutáveis.** Como as listas são mutáveis, a atribuição `lst[0] = 5` substitui a entrada da lista no índice 0 para 5. Como o nome `minhaLista` no programa principal, o shell interativo, refere-se à mesma lista, a mudança será visível no programa principal.

Problema Prático 3.14

Implemente a função trocaPU(), que aceita uma lista como entrada e troca o primeiro e último elementos da lista. Você pode considerar que a lista não estará vazia. A função não deverá retornar nada.

```
>>> ingredientes = ['farinha', 'açúcar', 'manteiga', 'maçãs']
>>> trocaPU(ingredientes)
>>> ingredientes
['maçãs', 'açúcar', 'manteiga', 'farinha']
```

3.6 Estudo de Caso: Automatizando o Turtle Graphics

No Capítulo 2, implementamos uma sequência de instruções Python — em outras palavras, um programa — que desenha a imagem de uma carinha sorridente. Dê uma olhada nessa sequência de instruções. Você notará que as instruções foram repetitivas e um tanto tediosas de digitar. Essa sequência de comandos apareceu várias vezes:

```
t.penup()
t.goto(x, y)
t.pendown()
```

Essa sequência de chamadas do método Turtle foi usada para mover o objeto Turtle t (com coordenadas (*x*, *y*)) sem deixar um rastro; em outras palavras, ela foi usada para fazer o objeto Turtle saltar para um novo local.

Gastaríamos muito menos digitação se pudéssemos substituir essa sequência de instruções Python por apenas uma. É exatamente para isso que servem as funções. O que queremos fazer é desenvolver uma função que tome um objeto Turtle e coordenadas *x* e *y* como argumentos de entrada e faça o objeto Turtle saltar para a coordenada (*x*, *y*). Aqui está essa função:

Módulo: turtlefunctions.py

```
1  def jump(t, x, y):
2      'faz tartaruga saltar para coordenadas (x, y)'
3
4      t.penup()
5      t.goto(x, y)
6      t.pendown()
```

Usando essa função em vez de três instruções abrevia o processo de desenho da imagem da carinha sorridente. Isso também torna o programa mais inteligível, pois a chamada de função jump(t, x, y):

1. Descreve melhor a ação realizada pelo objeto Turtle.
2. Oculta as operações de baixo nível e técnicas de subir e descer a caneta, removendo assim a complexidade do programa.

Agora suponha que queiramos desenhar várias carinhas uma ao lado da outra, conforme mostra a Figura 3.19.

Para fazer isso, seria útil desenvolver uma função que aceite como entrada um objeto Turtle e as coordenadas *x* e *y*, desenhando uma carinha na coordenada (*x*, *y*). Se chamarmos essa função de emoticon(), poderemos usá-la e reutilizá-la para desenhar a imagem.

Figura 3.19 **Duas carinhas sorridentes.** De forma ideal, cada carinha sorridente deve ser desenhada com apenas uma chamada de função.

```
>>> import turtle
>>> s = turtle.Screen()
>>> t = turtle.Turtle()
>>> emoticon(t, -100, 100)
>>> emoticon(t, 150, 100)
```

Aqui está a implementação da função:

Módulo: ch3.py

```
1  def emoticon(t,x,y):
2      'tartaruga t desenha uma carinha com queixo na coordenada (x, y)'
3      # define direção da tartaruga e tamanho da caneta
4      t.pensize(3)
5      t.setheading(0)
6
7      # move para (x, y) e desenha cabeça
8      jump(t, x, y)
9      t.circle(100)
10
11     # desenha olho direito
12     jump(t, x+35, y+120)
13     t.dot(25)
14
15     # desenha olho esquerdo
16     jump(t, x-35, y+120)
17     t.dot(25)
18
19     #desenha sorriso
20     jump(t, x-60.62, y+65)
21     t.setheading(-60) # sorriso está em 120 graus
22     t.circle(70, 120)  # seção de um círculo
```

Devemos fazer algumas observações sobre o programa. A docstring aparece aqui em uma única linha, mas poderia se espalhar por mais de uma. Em Python, strings, instruções e a maioria das expressões normalmente não podem se espalhar por várias linhas. Uma string, seja ela definida com apóstrofos, como em `'exemplo'`, ou com aspas, como em `"exemplo"`, não pode se espalhar por várias linhas de um programa Python. Porém, se precisarmos definir uma string que contém várias linhas, temos que usar apóstrofos triplos, como em `'''exemplo'''` ou aspas triplas, como em `"""exemplo"""`.

O restante da função segue os passos que já desenvolvemos no estudo de caso do Capítulo 2. Observe como usamos a função `jump()` para tornar o programa mais curto e os passos do programa mais intuitivos.

Problema Prático 3.15

Implemente a função `olimpíadas(t)`, que faz com que a tartaruga `t` desenhe os anéis olímpicos mostrados a seguir. Use a função `jump()` do módulo `ch3`. Você conseguirá obter a imagem desenhada executando:

```
>>> import turtle
>>> s = turtle.Screen()
>>> t = turtle.Turtle()
>>> olimpíadas(t)
```

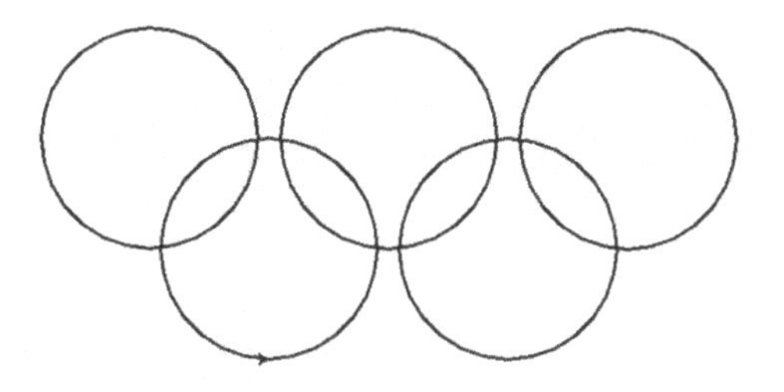

Resumo do Capítulo

O Capítulo 3 apresenta ferramentas para a escrita de programas Python e conceitos básicos de desenvolvimento de programas.

Começamos escrevendo programas interativos muito simples, que usam as funções embutidas `print()`, `input ()` e `eval()`. Depois, para criar programas que são executados de forma diferente, dependendo da entrada inserida pelo usuário, apresentamos a instrução `if`. Descrevemos os formatos de decisão de caminho único e de caminho duplo.

Em seguida, apresentamos a instrução de laço `for`, em sua forma mais simples: como um meio de percorrer os itens de uma lista ou os caracteres de uma string. Também apresentamos a função `range()`, que permite a iteração por uma sequência de inteiros em determinado intervalo.

Um foco deste capítulo é como definir novas funções em Python. A sintaxe de uma instrução de definição de função é apresentada. Prestamos atenção especialmente à passagem de parâmetros (ou seja, como os parâmetros são passados quando uma função é chamada). Para entender a passagem de parâmetros, examinamos mais de perto como funcionam as atribuições. Por fim, apresentamos as formas de documentar uma função, por meio de comentários e de uma docstring.

No estudo de caso, demonstramos os benefícios das funções — reutilização de código e ocultação dos detalhes de implementação — desenvolvendo diversas funções `turtle` graphics.

Soluções dos Problemas Práticos

3.1 Uma instrução `input()` é usada para representar uma temperatura. O valor inserido pelo usuário é tratado como uma string. Uma forma de converter o valor de string em um número é com a função `eval()`, que avalia a string como uma expressão. Uma expressão aritmética é usada para a conversão de graus Fahrenheit para graus Celsius e o resultado é então impresso.

```
fahr = eval(input('Digite a temperatura em graus Fahrenheit: '))
cels = (fahr - 32) * 5 / 9
print('A temperatura em graus Celsius é', cels)
```

3.2 A instrução `if` no shell interativo é mostrada sem o resultado da execução:

```
>>> if idade > 62:
        print('Você pode obter benefícios de pensão!')
>>> if nome in ['Musial','Aaron','Williams','Gehrig','Ruth']:
        print('Um dos 5 maiores jogadores de beisebol de todos
              os tempos!')
>>> if golpes > 10 and defesas == 0:
        print('Você está morto...')
>>> if norte or sul or leste or oeste:
        print('Posso escapar.')
```

3.3 A instrução `if` no shell interativo aparece sem o resultado da execução:

```
>>> if ano % 4 == 0:
        print('Pode ser um ano bissexto.')
    else:
        print('Definitivamente não é um ano bissexto.')
>>> if bilhete == loteria:
        print('Você ganhou!')
    else:
        print('Melhor sorte da próxima vez...')
```

3.4 A lista `usuários` é definida primeiro. A id é então solicitada usando a função `input()`. A condição `id in usuários` é usada em uma instrução `if` para determinar a mensagem apropriada:

```
usuários = ['joe', 'sue', 'hani', 'sophie']
id = input('Login: ')
if id in usuários:
    print('Você entrou!')
else:
    print('Usuário desconhecido. ')
print('Fim.')
```

A Figura 3.20 apresenta o fluxograma descrevendo os diferentes fluxos de execução desse programa.

3.5 Usamos um laço `for` para percorrer as palavras na lista. Para cada palavra, verificamos se ela tem tamanho 4; se tiver, ela é impressa na tela.

```
listaPalavras = eval(input('Digite a lista de palavras:'))
for palavra in listaPalavras:
  if len(palavra) == 4:
    print(palavra)
```

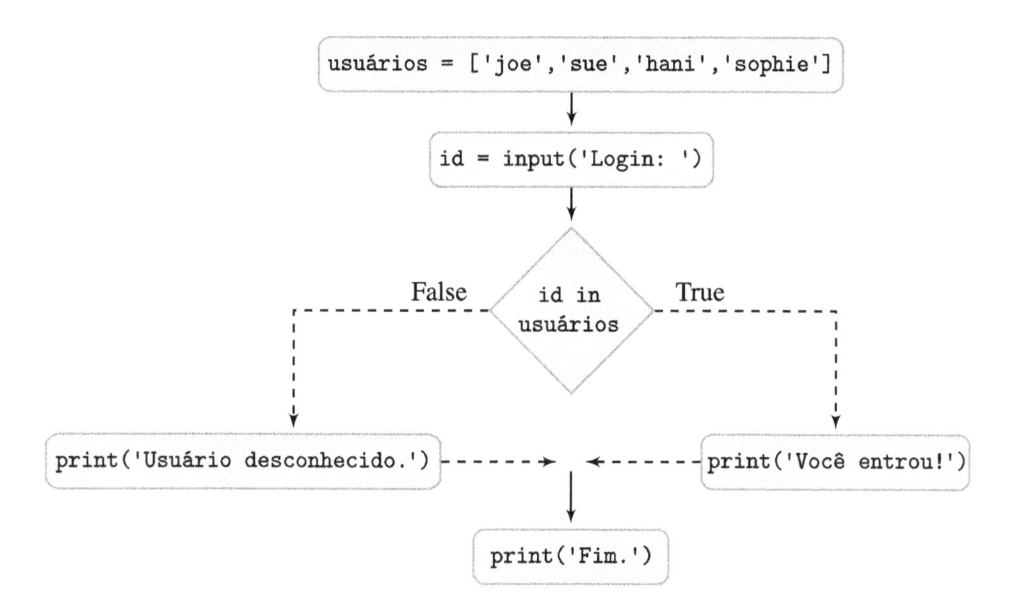

Figura 3.20 **Fluxograma do programa.** As setas sólidas mostram o fluxo de execução que sempre ocorre. As setas tracejadas mostram os fluxos de execução possíveis que ocorrem dependendo de uma condição.

3.6 Os laços `for` são:

```
>>> for i in range(10):
        print(i)
>>> for i in range(2):
        print(i)
```

3.7 Omitimos o laço `for` completo:

(a) `range(3, 13)`, (b) `range(0, 10, 2)`, (c) `range(0, 24, 3)` e (d) `range(3, 12, 5)`.

3.8 A função `média()` aceita duas entradas. Usamos os nomes de variável `x` e `y` para nos referirmos aos argumentos de entrada. A média de `x` e `y` é `(x+y)/2`:

```
>>> def média(x, y):
        'retorna a média de x e y '
        return (x + y) / 2
```

3.9 O perímetro de um círculo de raio r é $2\pi\ r$. A função `math` precisa ser importada para que o valor `math.pi` possa ser obtido:

```
import math
def perímetro(raio):
    'retorna perímetro do círculo com o raio indicado'
    return 2 *math.pi * raio
```

3.10 A função deverá percorrer todos os números na lista e testar cada um para determinar se ele é negativo; se for, o número é impresso.

```
def negativos(lst):
    'exibe os números negativos na lista lst'
    for i in lst:
        if i < 0:
            print(i)
```

3.11 As docstrings aparecem nas soluções dos respectivos Problemas Práticos.

3.12 Quando a variável a recebe o valor 3, a está vinculada ao novo objeto 3. A variável b ainda está vinculada ao objeto de lista.

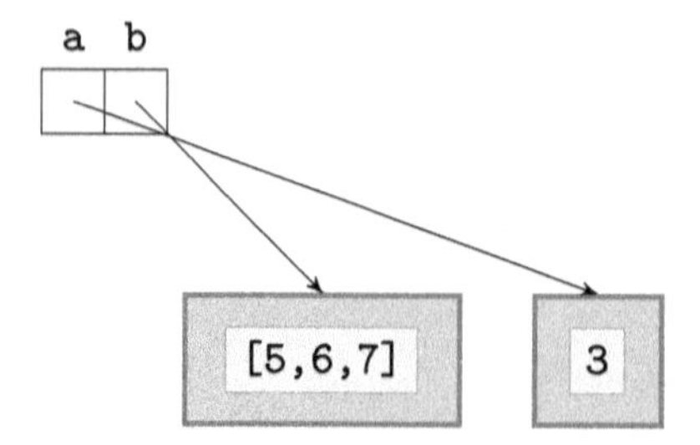

3.13 A instrução de atribuição múltipla é o modo mais fácil de conseguir a troca:

```
>>> time[0], time[-1] = time[-1], time[0]
```

Outra maneira seria usar uma variável temporária, como temp:

```
>>> temp = time[0]
>>> time[0] = time[-1]
>>> time[-1] = temp
```

3.14 Essa função simplesmente engloba o código de troca que desenvolvemos no Problema Prático anterior.

```
def trocaPU(lst):
    lst[0], lst[-1] = lst[-1], lst[0]
```

3.15 A solução usa as funções jump() do módulo turtlefunctions que desenvolvemos no estudo de caso. Para que o Python importe esse módulo, ele precisa estar na mesma pasta do módulo que contém a função olimpíadas().

```
import turtlefunctions
def olimpíadas(t):
    'faz tartaruga t desenhar os anéis olímpicos'
    t.pensize(3)
    jump(t, 0, 0)    # fundo do círculo superior central
    t.setheading(0)

    t.circle(100) # círculo superior central
    turtlefunctions.jump(t, -220, 0)
    t.circle(100) # círculo superior esquerdo
    turtlefunctions.jump(t, 220, 0)
    t.circle(100) # círculo superior direito
    turtlefunctions.jump(t, 110, -100)
    t.circle(100) # círculo inferior direito
    turtlefunctions.jump(t, -110, -100)
    t.circle(100) # círculo inferior esquerdo
```

Exercícios

3.16 Use a função `eval()` para avaliar essas strings como expressões Python:

(a) `'2 * 3 + 1'`
(b) `'hello'`
(c) `"'hello' + 'not'+ 'world!'"`
(d) `"'ASCII'.count('I')"`
(e) `'x = 5'`

Quais avaliações resultam em um erro? Explique o motivo.

3.17 Suponha que `a`, `b` e `c` tenham sido definidas no shell interativo conforme mostrado:

```
>>> a, b, c = 3, 4, 5
```

Dentro do shell interativo, escreva instruções `if` que exibem `'OK'` se:

(a) `a` for menor que `b`.
(b) `c` for menor que `b`.
(c) A soma de `a` e `b` for igual a `c`.
(d) A soma dos quadrados de `a` e `b` for igual ao quadrado de `c`.

3.18 Repita o exercício anterior com o requisito adicional de que `'NÃO OK'` é exibido na tela se a condição for falsa.

3.19 Escreva um laço `for` que percorra uma lista de strings `lst` e exiba os três primeiros caracteres de cada palavra. Se `lst` for a lista `['Janeiro' , 'Fevereiro' , 'Março']`, então o seguinte deve ser exibido na tela:

```
Jan
Fev
Mar
```

3.20 Escreva um laço `for` que percorre uma lista de números `lst` e exibe na tela os números na lista cujo quadrado seja divisível por 8. Por exemplo, se `lst` for `[2, 3, 4, 5, 6, 7, 8, 9]`, então os números 4 e 8 devem ser exibidos.

3.21 Escreva laços `for` que usam a função `range()` e exibem as seguintes sequências:

(a) 0 1
(b) 0
(c) 3 4 5 6
(d) 1
(e) 0 3
(f) 5 9 13 17 21

Problemas

Nota: Nos problemas que usam entrada interativa de valores não de string, você precisará usar a função `eval()` para forçar o Python a tratar a entrada do usuário como uma expressão Python (em vez de apenas uma string).

3.22 Implemente um programa que solicita uma lista de palavras do usuário e depois exibe cada palavra na lista que não seja `'segredo'`.

```
>>>
Digite lista de palavras: ['cia','segredo','mi6','isi','segredo']
cia
mi6
isi
```

3.23 Implemente um programa que solicita uma lista de nomes de aluno do usuário e exiba aqueles nomes que começam com as letras de A até M.

```
>>>
Digite a lista: ['Ellie', 'Steve', 'Sam', 'Owen', 'Gavin']
Ellie
Gavin
```

3.24 Implemente um programa que solicite uma lista não vazia do usuário e exiba na tela uma mensagem mostrando o primeiro e o último elemento da lista.

```
>>>
Digite uma lista: [3, 5, 7, 9]
O primeiro elemento da lista é 3
O último elemento da lista é 9
```

3.25 Implemente um programa que solicita um inteiro positivo n do usuário e exiba os quatro primeiros múltiplos de n:

```
>>>
Digite n: 5
0
5
10
15
```

3.26 Implemente um programa que solicita um inteiro n do usuário e imprime na tela os quadrados de todos os números de 0 até, mas não incluindo, n.

```
>>>
Digite n: 4
0
1
4
9
```

3.27 Implemente um programa que solicita um inteiro positivo n e exibe na tela todos os divisores positivos de n. *Nota*: 0 não é um divisor de qualquer inteiro, e n divide por si mesmo.

```
>>>
Digite n: 49
1
7
49
```

3.28 Implemente um programa que solicita quatro números (inteiro ou ponto flutuante) do usuário. Seu programa deverá calcular a média dos três primeiros números e comparar a média com o quarto número. Se elas forem iguais, seu programa deverá exibir 'Igual' na tela.

```
>>>
Digite o primeiro número: 4.5
Digite o segundo número: 3
Digite o terceiro número: 3
Digite o quarto número: 3.5
Igual
```

3.29 Implemente um programa que solicita ao usuário que entre com as coordenadas *x* e *y* (cada um entre –10 e 10) de um dardo e calcula se o dardo atingiu o alvo, um círculo com centro (0,0) e raio 8. Se tiver atingido, a string `Está dentro!` deverá ser exibida na tela.

```
>>>
Digite x: 2.5
Digite y: 4
Está dentro!
```

3.30 Escreva um programa que solicita um inteiro positivo de quatro dígitos do usuário e exibe seus dígitos. Você não poderá usar as operações do tipo de dados string para realizar essa tarefa. Seu programa deverá simplesmente ler a entrada como um inteiro e processá-la como um inteiro, usando as operações aritméticas padrão (`+, *, -, /, % etc.`).

```
>>>
Digite n: 1234
1
2
3
4
```

3.31 Implemente a função `inverte_string()` que aceite como entrada uma string de três letras e retorne a string com seus caracteres invertidos.

```
>>> inverte_string('abc')
'cba'
>>> inverte_string('dna')
'and'
```

3.32 Implemente a função `pagar()` que toma como entrada dois argumentos: um salário horário e o número de horas que um empregado trabalhou na última semana. Sua função deverá calcular e retornar o pagamento do empregado. Quaisquer horas trabalhadas além de 40 é hora extra, e deve ser paga a 1,5 vez o salário horário normal.

```
>>> pagar(10, 10)
100
>>> pagar(10, 35)
350
>> pagar(10, 45)
475
```

3.33 A probabilidade de conseguir *n* caras em sequência ao lançar uma moeda não viciada *n* vezes é 2^{-n}. Implemente a função `prob()` que aceita um inteiro não negativo *n* como entrada e retorna a probabilidade de *n* caras em seguida ao lançar uma moeda não viciada *n* vezes.

```
>>> prob(1)
0.5
>>> prob(2)
0.25
```

3.34 Implemente a função `inverte_int()` que aceita um inteiro de três dígitos como entrada e retorna o inteiro obtido invertendo seus dígitos. Por exemplo, se a entrada for 123, sua função deverá retornar 321. Você não poderá usar operações do tipo de dado de string para realizar essa tarefa. Seu programa deve simplesmente ler a entrada como um inteiro e processá-la como um inteiro usando operadores como `//` e `%`. Você pode considerar que o inteiro informado não termina com o dígito 0.

```
>>> inverte_int(123)
321
>>> inverte_int(908)
809
```

3.35 Implemente a função `pontos()` que aceita como entrada quatro números x_1, y_1, x_2, y_2, que são as coordenadas de dois-pontos (x_1, y_1) e (x_2, y_2) no plano. Sua função deverá calcular:

- A inclinação da linha passando pelos pontos, a menos que a linha seja vertical.
- A distância entre os dois-pontos.

Sua função deverá *exibir* a inclinação e a distância calculadas no formato a seguir. Se a linha for vertical, o valor da inclinação deverá ser a string `'infinito'`. *Nota*: Não se esqueça de converter os valores de inclinação e distância para uma string antes de exibi-los.

```
>>> pontos(0, 0, 1, 1)
A inclinação é 1.0 e a distância é 1.41421356237
>>> pontos(0, 0, 0, 1)
A inclinação é infinita e a distância é 1.0
```

3.36 Implemente a função `abreviação()` que aceita um dia da semana como entrada e retorna sua abreviação em três letras.

```
>>> abreviação('Terça-feira')
'Ter'
```

3.37 A função de jogo de computador `collision()` verifica se dois objetos circulares colidem; ela retorna `True` se eles colidirem e `False` se não colidirem. Cada objeto circular será dado pelo seu raio e as coordenadas (x, y) do seu centro. Assim, a função apanhará seis números como entrada: as coordenadas (x_1, y_1) do centro e o raio r_1 do primeiro círculo, e as coordenadas (x_2, y_2) do centro e o raio r_2 do segundo círculo.

```
>>> colisão(0, 0, 3, 0, 5, 3)
True
>>> colisão(0, 0, 1.4, 2, 2, 1.4)
False
```

3.38 Implemente a função `partição()` que divide uma lista de jogadores de futebol em dois grupos. Mais precisamente, ela toma uma lista de nomes (strings) como entrada e exibe os nomes dos jogadores de futebol cujo nome começa com uma letra entre A e M, inclusive.

```
>>> partição(['Elano', 'Edinho', 'Silas', 'Obina', 'Gerson'])
Elano
Edinho
Gerson
>>> partição(['Neymar', 'Silas', 'Obina'])
>>>
```

3.39 Escreva a função `inverteNome()`, que aceita como entrada uma string na forma `'Nome Sobrenome'` e retorna uma string na forma `'Sobrenome, N.'`. (Somente a letra inicial deverá ser exibida para o nome.)

```
>>> inverteNome('João Lourenço')
'Lourenço, J.'
>>> inverteNome('Alberto Carlos')
'Carlos, A.'
```

3.40 Implemente a função `med()`, que aceita como entrada uma lista que contém listas de números. Cada lista de números representa as notas que determinado aluno recebeu para um curso. Por exemplo, aqui está uma lista de entrada para uma classe de quatro alunos:

```
[[95, 92, 86, 87], [66, 54], [89, 72, 100], [33, 0, 0]]
```

A função `avg` deverá *exibir*, uma por linha, a nota média de cada aluno. Você pode considerar que cada lista de notas não é vazia, mas *não* deve considerar que todo aluno tem o mesmo número de notas.

```
>>> med([[95, 92, 86, 87], [66, 54], [89, 72, 100], [33, 0, 0]])
90.0
60.0
87.0
11.0
```

3.41 A função de jogo de computador `acerto()` utiliza cinco números como entrada: as coordenadas x e y do centro e o raio de um círculo C, e as coordenadas x e y de um ponto P. A função deverá retornar `True` se o ponto P estiver dentro ou sobre o círculo C e `False` caso contrário.

```
>>> acerto(0, 0, 3, 3, 0)
True
>>> acerto(0, 0, 3, 4, 0)
False
```

3.42 Implemente a função `ion2e()` que aceita uma string como entrada e retorna uma cópia da palavra de volta com a seguinte mudança: se a palavra informada terminar com `'ion'`, então `'ion'` é substituído por `'e'`.

```
>>> ion2e('congratulation')
'congratulate'
>>> ion2e('maratona')
'maratona'
```

3.43 Escreva uma função `distância()` que tome como entrada um número: o tempo decorrido (em segundos) entre o raio e o som do trovão. Sua função deverá retornar a distância até o local em que o raio atinge o solo em quilômetros. Sabe-se que a velocidade do som é de aproximadamente 340,29 metros por segundo e que há 1000 metros em um quilômetro.

```
>>> distância(3)
1.0208700000000002
>>> distância(6)
2.0417400000000003
```

3.44 (Esse problema é baseado no Problema 2.28.) Implemente a função `polígono()` que utiliza um número $n \geqslant 3$ como entrada e desenha, usando Turtle graphics, um polígono regular com n lados.

3.45 Usando Turtle graphics, implemente a função `planetas()`, que simulará o movimento planetário de Mercúrio, Vênus, Terra e Marte durante uma rotação do planeta Marte. Você pode considerar que:

(a) No início da simulação, todos os planetas estão alinhados (digamos, ao longo do eixo *y* negativo).
(b) As distâncias de Mercúrio, Vênus, Terra e Marte a partir do Sol (o centro de rotação) são representadas com 58, 108, 150 e 228 pixels.
(c) Para cada 1 grau de movimento circular de Marte, Terra, Vênus e Mercúrio se moverão 2, 3 e 7,5 graus, respectivamente.

A figura a seguir mostra o estado da simulação quando a Terra está a cerca de um quarto do caminho em torno do Sol. Observe que Mercúrio quase completou sua primeira rotação.

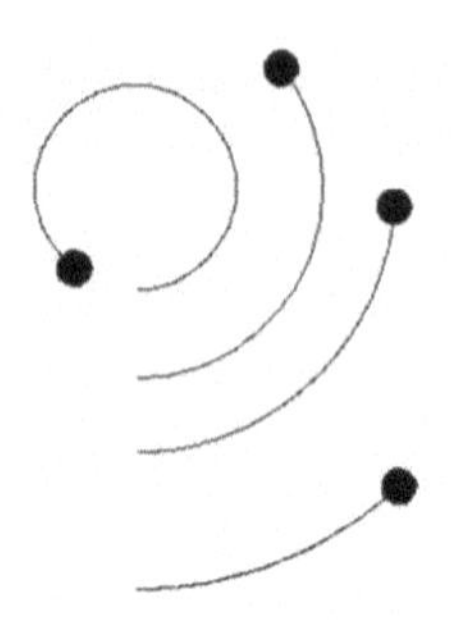

CAPÍTULO

4

Dados de Texto, Arquivos e Exceções

NESTE CAPÍTULO, vamos nos concentrar nas ferramentas Python e nos padrões de solução de problemas para o processamento de texto e arquivos.

Vamos continuar a discussão sobre a classe string que iniciamos no Capítulo 2. Discutimos, em particular, o extenso conjunto de métodos de string que dão ao Python capacidades poderosas para processamento de textos. Mais tarde, estudamos as ferramentas de processamento de textos que Python oferece para controlar o formato do texto de saída.

Depois de adquirir habilidade no processamento de textos, abordamos os arquivos e a entrada/saída (E/S ou I/O — Input/Output) de arquivo, ou seja, como ler e gravar em arquivos de dentro de um programa Python.

Grande parte da computação de hoje envolve o processamento do conteúdo de texto armazenado em arquivos. Definimos diversos padrões para leitura de arquivos, que preparam o conteúdo de arquivo para processamento.

O trabalho com dados vindo interativamente do usuário ou de um arquivo introduz uma fonte de erros para nosso programa, os quais não podemos realmente controlar. Portanto, veremos os erros comuns que podem ocorrer. Por fim, no estudo de caso deste capítulo, demonstramos os conceitos de processamento de textos e E/S aqui introduzidos, no contexto de uma aplicação que registra os acessos aos arquivos.

4.1 Revisão de Strings

No Capítulo 2, apresentamos a classe de string `str`. Nosso objetivo, então, foi mostrar que o Python aceitava valores que não fossem números. Mostramos como os operadores de string possibilitam a escrita de expressões de string e processam strings de um modo tão familiar quanto a escrita de expressões algébricas. Também usamos strings para introduzir o operador de indexação `[]`.

Nesta seção, vamos abordar as strings e o que pode ser feito com elas, com mais profundidade. Em particular, mostramos uma versão mais genérica do operador de indexação e muitos dos métodos de string comumente utilizados, que tornam Python uma forte ferramenta de processamento de textos.

Representações de String

Já sabemos que um valor de string é representado como uma sequência de caracteres delimitada por sinais de apóstrofo (simples) ou aspas (duplas):

```
>>> "Hello, World!"
'Hello, World!'
>>> 'hello'
'hello'
```

AVISO

Esquecendo-se dos Delimitadores de Aspas

Um erro comum quando se escreve um valor de string é esquecer-se das aspas. Se elas forem omitidas, o texto será tratado como um nome (por exemplo, um nome de variável), e não como um valor de string. Visto que, geralmente, não haverá um valor atribuído a tal variável, o resultado será um erro. Veja aqui um exemplo:

```
>>> hello
Traceback (most recent call last):
  File "<pyshell#35>", line 1, in <module>
    hello
NameError: name 'hello' is not defined
```

A mensagem de erro informou que o nome `hello` não está definido. Em outras palavras, a expressão `hello` foi tratada como uma variável, e o erro foi o resultado de tentar avaliá-la.

Se as aspas delimitarem um valor de string, como construímos strings que já contêm aspas? Se o texto a ser delimitado já contém um apóstrofo, podemos usar delimitadores de aspas, e vice-versa:

```
>>> desculpa = 'Estou "doente"'
>>> material = "caixa d'água"
```

Se o texto tiver os dois tipos de aspas, então a *sequência de escape* `\'` ou `\"` é usada para indicar que o símbolo não é o delimitador de string, mas faz parte do valor de string. Assim, se quiséssemos criar o valor de string

```
"Caixa" d'água.
```

escreveríamos o seguinte:

```
>>> material = '"Caixa" d\'água'
```

Vamos verificar se isso funcionou:

```
>>> material
'"Caixa" d\'água'
```

Bem, parece que isso não funcionou. Gostaríamos de ver: `"Caixa" d'água`. Em vez disso, ainda vemos a sequência de escape `\'`. Para que o Python exiba a string corretamente, com a sequência de escape `\'` interpretada devidamente como um apóstrofo, precisamos usar a função `print()`, que aceita como entrada uma expressão e a exibe na tela; no caso de uma expressão de string, a função `print()` interpretará qualquer sequência na string e emitirá os delimitadores de string:

```
>>> print(material)
"Caixa" d'água
```

Em geral, uma sequência de escape em uma string é alguma sequência de caracteres começando com uma \ que define um caractere especial; essa sequência é interpretada pela função `print()`.

Valores de string definidos com delimitadores de aspas ou apóstrofos devem ser definidos em uma única linha. Se a string tiver que representar texto de várias linhas, temos duas opções. Uma é usar *apóstrofos triplos*, como fazemos nesse poema de Emily Dickinson:

```
>>> poema = '''
Para fazer uma campina
Basta um só trevo e uma abelha.
Trevo, abelha e fantasia.
Ou apenas fantasia
Faltando a abelha.
'''
```

Vejamos como a variável poema é avaliada:

```
>>> poema
'\nPara fazer uma campina \nBasta um só trevo e uma abelha.
 \nTrevo, abelha e fantasia. \nOu apenas fantasia \nFaltando a
  abelha. \n'
```

Temos outro exemplo de uma string que contém uma sequência de escape. A sequência de escape `\n` significa um *caractere de nova linha*. Quando ela aparece em um argumento de string da função `print()`, a sequência de escape de nova linha `\n` inicia uma nova linha:

```
>>> print(poema)

Para fazer uma campina
Basta um só trevo e uma abelha.
Trevo, abelha e fantasia.
Ou apenas fantasia
Faltando a abelha.
```

Outra forma de criar uma string multilinha é codificar os novos caracteres de linha explicitamente:

```
>>> poema = '\nPara fazer uma campina \nBasta um só trevo e uma
             abelha. \nTrevo, abelha e fantasia. \nOu apenas
             fantasia \nFaltando a abelha. \n'
```

Revisão do Operador de Indexação

No Capítulo 2, apresentamos o operador de indexação `[]`:

```
>>> s = 'hello'
>>> s[0]
'h'
```

O operador de indexação aceita um índice `i` e retorna a string de único caractere consistindo no caractere que se encontra no índice `i`.

O operador de indexação também pode ser usado para obter um *pedaço* de uma string. Por exemplo:

```
>>> s[0:2]
'he'
```

A expressão `s[0:2]` é avaliada como o pedaço da string `s` *começando* no índice 0 e terminando *antes* do índice 2. Em geral, `s[i:j]` é a substring da string `s` que começa no índice `i` e termina no índice `j-1`. Aqui estão mais alguns exemplos, também ilustrados na Figura 4.1:

```
>>> s[3:4]
'l'
>>> s[-3:-1]
'll'
```

O último exemplo mostra como obter uma fatia usando índices negativos: a substring obtida começa no índice –3 e termina *antes* do índice –1 (ou seja, no índice –2). Se o pedaço que queremos começa no primeiro caractere de uma string, *podemos* omitir o primeiro índice:

```
>>> s[:2]
'he'
```

Para obter um pedaço que termina no último caractere de uma string, também podemos omitir o segundo índice:

```
>>> s[-3:]
'llo'
```

Índice invertido	-5	-4	-3	-2	-1
s	h	e	l	l	o
Índice	0	1	2	3	4
s[0:2]	h	e	l	l	o
s[3:4]	h	e	l	l	o
s[-3:-1]	h	e	l	l	o

Figura 4.1 Divisão em pedaços. `s[0:2]` é avaliado como o pedaço da string começando no índice 0 e terminando antes do índice 2. A expressão `s[:2]` é avaliada como o mesmo pedaço. A expressão `s[3:4]` é equivalente a `s[3]`. A expressão `s[-3:-1]` é o pedaço da string `s` que começa no índice `-3` e termina antes do índice `-1`.

Problema Prático 4.1

Comece executando a atribuição:

```
s = '0123456789'
```

Agora, escreva expressões (usando `s` e o operador de indexação) que sejam avaliadas como:

(a) `'234'`
(b) `'78'`
(c) `'1234567'`
(d) `'0123'`
(e) `'789'`

AVISO

Dividindo Listas em Pedaços

O operador de indexação é um dos muitos operadores que são compartilhados entre as classes de string e de lista. O operador de indexação também pode ser usado para obter um pedaço de uma lista. Por exemplo, se `animais` for definido como

```
>>> animais = ['peixe', 'gato', 'cão']
```

podemos obter "pedaços" da lista `animais` com o operador de indexação:

```
>>> animais[:2]
['peixe', 'gato']
>>> animais[-3:-1]
['peixe', 'gato']
>>> animais[1:]
['gato', 'cão']
```

Um pedaço de uma lista também é uma *lista*. Em outras palavras, quando o operador de indexação é aplicado a uma lista com dois argumentos, ele retornará uma lista. Observe que isso é diferente do caso em que o operador de indexação é aplicado a uma lista com apenas um argumento, digamos, um índice `i`; nesse caso, o *item* da lista no índice `i` é retornado.

Métodos de String

A classe string aceita uma grande quantidade de métodos. Esses métodos oferecem ao desenvolvedor um *kit* de ferramentas de processamento de textos que simplifica o desenvolvimento de aplicações que processam texto. Nesta seção, vamos abordar alguns dos métodos mais utilizados.

Começamos com o método de string find(). Quando ele é chamado sobre a string s com um argumento de entrada de string alvo, ele verifica se o alvo é uma substring de s. Se for, ele retorna o índice (do primeiro caractere) da primeira ocorrência da string alvo; caso contrário, ele retorna -1. Por exemplo, veja como o método find() é invocado sobre a string mensagem usando a string de alvo 'secreta':

```
>>> mensagem = ''' Esta mensagem é secreta e não deverá
ser divulgada a qualquer um que não tenha autorização secreta'''
>>> mensagem.find('secreta')
16
```

O índice 16 é obtido pelo método find(), pois a string 'secreta' aparece na string mensagem a partir do índice 16.

O método count(), quando chamado pela string s com argumento de entrada de string alvo, retorna o número de vezes que o alvo aparece como uma substring de s. Por exemplo:

```
>>> mensagem.count('secreta')
2
```

O valor 2 é retornado porque a string 'secreta' aparece duas vezes na mensagem.

A função replace(), quando invocada sobre a string s, aceita duas entradas de string, antigo e novo, e resulta em uma cópia da string s com cada ocorrência da substring antigo substituída pela string novo. Por exemplo:

```
>>> mensagem.replace('secreta', 'confidencial')
'Esta mensagem é confidencial e não deverá\n
ser divulgada a qualquer um que não tenha autorização confidencial'
```

Isso mudou a mensagem da string? Vamos verificar:

```
>>> print(mensagem)
Esta mensagem é confidencial e não deverá
ser divulgada a qualquer um que não tenha autorização confidencial
```

Assim, a string mensagem *não* foi mudada pelo método replace(). Em vez disso, uma cópia de mensagem, com as substituições de substring apropriadas, é retornada. Essa string não pode ser usada mais adiante, pois não a atribuímos a um nome de variável. Normalmente, o método replace() seria usado em uma instrução de atribuição como esta:

```
>>> pública = mensagem.replace('secreta', 'pública')
>>> print(pública)
Esta mensagem é pública e não deverá
ser divulgada a qualquer um que não tenha autorização pública
```

Lembre-se de que as strings são imutáveis (isto é, elas não podem ser modificadas). É por isso que o método de string replace() retorna uma cópia (modificada) da string invocando o método, em vez de alterando a string. No próximo exemplo, demonstramos alguns outros métodos que retornam uma cópia modificada da string:

```
>>> mensagem = 'secreta'
>>> mensagem.capitalize()
'Secreta'
>>> mensagem.upper()
'SECRETA'
```

O método `capitalize()`, quando chamado pela string `s`, torna o primeiro caractere de `s` maiúsculo; o método `upper()` torna *todos* os caracteres maiúsculos.

O método de string `split()`, muito útil, pode ser chamado sobre uma string a fim de obter uma lista de palavras na string:

```
>>> 'este é o texto'.split()
['este', 'é', 'o', 'texto']
```

Nessa instrução, o método `split()` usa os espaços em branco na string `'este é o texto'` para criar substrings de palavra que são colocadas em uma lista e retornadas. O método `split()` também pode ser chamado com uma string delimitadora como entrada: a string delimitadora é usada no lugar do espaço em branco para quebrar a string. Por exemplo, para quebrar a string

```
>>> x = '2;3;5;7;11;13'
```

`em uma lista de números, você usaria ';'` como delimitador:

```
>>> x.split(';')
['2', '3', '5', '7', '11', '13']
```

Por fim, outro método de string útil é `translate()`. Ele é usado para substituir certos caracteres em uma string por outros, com base em um mapeamento de caracteres para caracteres. Esse mapeamento é construído usando um tipo especial de método de string chamado não por um objeto de string, mas pela própria classe de string `str`:

```
>>> tabela = str.maketrans('abcdef', 'uvwxyz')
```

A variável `tabela` refere-se a um "mapeamento" dos caracteres a, b, c, d, e, f para os caracteres u, v, w, x, y, z, respectivamente. Discutimos esse mapeamento com mais profundidade no Capítulo 6. Para nossos propósitos nesta seção, é suficiente entender seu uso como um argumento para o método `translate()`:

```
>>> 'fad'.translate(tabela)
'zux'
>>> 'desktop'.translate(tabela)
'xysktop'
```

A string retornada por `translate()` é obtida substituindo os caracteres de acordo com o mapeamento descrito pela `tabela`. No último exemplo, `d` e `e` são substituídos por `x` e y, mas os outros caracteres permanecem iguais, pois a `tabela` de mapeamento não os inclui.

Uma lista parcial de métodos de string aparece na Tabela 4.1. Muitos outros estão disponíveis e, para ver todos eles, use a ferramenta `help()`:

```
>>> help(str)
...
```

Tabela 4.1 **Métodos de string.** Somente alguns dos métodos de string comumente usados aparecem aqui. Como as strings são imutáveis, nenhum desses métodos muda a string `s`. Os métodos `count()` e `find()` retornam um inteiro, o método `split()` retorna uma lista e os métodos restantes retornam uma cópia (normalmente) modificada da string `s`.

Uso	Valor Retornado
`s.capitalize()`	Uma cópia da string `s` com o primeiro caractere em maiúscula, se for uma letra no alfabeto
`s.count(alvo)`	O número de ocorrências da substring `alvo` na string `s`
`s.find(alvo)`	O índice da primeira ocorrência da substring `alvo` na string `s`
`s.lower()`	Uma cópia da string `s` convertida para minúsculas
`s.replace(antiga, nova)`	Uma cópia da string `s` em que cada ocorrência `antiga`, quando a string `s` é lida da esquerda para a direita, é substituída pela substring `nova`
`s.translate(tabela)`	Uma cópia da string `s` na qual os caracteres foram substituídos usando o mapeamento descrito pela `tabela`
`s.split(sep)`	Uma lista de substrings strings `s`, obtida usando a string delimitadora `sep`; o delimitador padrão é o espaço em branco
`s.strip()`	Uma cópia da string `s` sem espaços no início e no final
`s.upper()`	Uma cópia da string `s` convertida para maiúsculas

Problema Prático 4.2

Supondo que a variável `previsão` tenha recebido a string

```
'It will be a sunny day today'
```

escreva instruções Python correspondentes a estas atribuições:

(a) À variável `cont`, a quantidade de ocorrências da string `'day'` na string `previsão`.
(b) À variável `clima`, o índice em que a substring `'sunny'` começa.
(c) À variável `troca`, uma cópia de `previsão` na qual cada ocorrência da substring `'sunny'` é substituída por `'cloudy'`.

4.2 Saída Formatada

Os resultados da execução de um programa normalmente são mostrados na tela ou gravados em um arquivo. De qualquer forma, os resultados deverão ser apresentados de uma maneira que seja visualmente eficaz. As ferramentas de formatação de saída do Python ajudam a conseguir isso. Nesta seção, vamos aprender como formatar a saída usando recursos da função `print()` e o método de string `format()`. As técnicas que aprendemos aqui se transformarão na formatação da saída para arquivos, algo que discutiremos na próxima seção.

Função `print()`

A função `print()` é usada para exibir valores na tela. Sua entrada é um objeto e ela exibe uma *representação de string* do valor do objeto. (No Capítulo 8, explicaremos de onde vem essa representação de string.)

```
>>> n = 5
>>> print(n)
5
```

A função `print()` pode aceitar uma quantidade qualquer de objetos de entrada, não necessariamente do mesmo tipo. Os valores dos objetos serão impressos na mesma linha e espaços em branco (isto é, caracteres `' '`) serão inseridos entre eles:

```
>>> r = 5/3
>>> print(n, r)
5 1.66666666667
>>> nome = 'Ida'
>>> print(n, r, nome)
5 1.66666666667 Ida
```

O espaço em branco inserido entre os valores é simplesmente o separador padrão. Se quisermos inserir sinais de ponto e vírgula entre os valores, em vez de espaços em branco, também podemos. A função `print()` usa um argumento de separação opcional `sep`, além dos objetos a serem exibidos:

```
>>> print(n, r, nome, sep=';')
5;1.66666666667;Ida
```

O argumento `sep=';'` especifica que sinais de ponto e vírgula devem ser inseridos para separar os valores exibidos de `n`, `r` e `nome`.

Em geral, quando o argumento `sep=<alguma string>` é acrescentado aos argumentos da função `print()`, a string `<alguma string>` será inserida entre os valores. Aqui estão alguns usos comuns do separador. Se quisermos exibir cada valor separado pela string `', '` (vírgula e espaço em branco), usaremos:

```
>>> print(n, r, nome, sep=', ')
5, 1.66666666667, Ida
```

Se quisermos exibir os valores em linhas separadas, o separador deverá ser o caractere de nova linha, `'\n'`:

```
>>> print(n, r, nome, sep='\n')
5
1.66666666667
Ida
```

Problema Prático 4.3

Escreva uma instrução que exibe os valores das variáveis `último`, `primeiro` e `meio` em uma linha, separadas por um caractere de tabulação horizontal. (A sequência de escape Python para o caractere de tabulação horizontal é `\t`.) Se as variáveis são atribuídas desta forma:

```
>>> último = 'Smith'
>>> primeiro = 'John'
>>> meio = 'Paul'
```

a saída deverá ser:

```
Smith   John    Paul
```

A função `print()` admite outro argumento de formatação, `end`, além de `sep`. Normalmente, cada chamada de função `print()` sucessiva exibirá em uma linha separada:

```
>>> for nome in ['Joe', 'Sam', 'Tim', 'Ann']:
        print(nome)

Joe
Sam
Tim
Ann
```

O motivo para esse comportamento é que, como padrão, a instrução print() acrescenta um caractere de nova linha (\n) aos argumentos a serem impressos. Suponha que a saída que realmente queremos é:

```
Joe! Sam! Tim! Ann!
```

(Só chamamos nossos bons amigos, e estamos em um tipo de clima exclamativo.) Quando o argumento end=<alguma string> é acrescentado aos argumentos a serem exibidos, a string <alguma string> é exibida após todos os argumentos terem sido exibidos. Se o argumento end=<alguma string> não existir, então a string padrão '\n', o caractere de nova linha, é exibido em vez disso; isso faz com que a linha atual termine. Assim, para obter a saída de tela no formato que queremos, precisamos acrescentar o argumento end = '!' à nossa chamada de função print():

```
>>> for nome in ['Joe', 'Sam', 'Tim', 'Ann']:
        print(nome, end='! ')

Joe! Sam! Tim! Ann!
```

Problema Prático 4.4

Escreva a função par() que toma um inteiro positivo *n* como entrada e *exibe* na tela todos os números entre 2 (inclusive) e *n*, que sejam divisíveis por 2 ou por 3, usando este formato de saída:

```
>>> even(17)
2, 3, 4, 6, 8, 9, 10, 12, 14, 15, 16,
```

Método de String format()

O argumento sep pode ser acrescentado aos argumentos de uma chamada de função print() para inserir a mesma string entre os valores impressos. A inserção da mesma string separadora nem sempre é o que queremos. Considere o problema de exibir o dia e a hora da forma como esperamos ver a hora, dadas estas variáveis:

```
>>> diasemana = 'Quarta'
>>> mês = 'Outubro'
>>> dia = 9
>>> ano = 2013
>>> hora = 11
>>> minuto = 45
>>> segundo = 33
```

O que queremos é chamar a função print() com as variáveis definidas como argumentos de entrada e obter algo do tipo:

```
Quarta, 9 de outubro de 2013 às 11:45:33
```

Fica evidente que não podemos usar um argumento separador para obter essa saída. Um modo de consegui-la seria usar a concatenação de strings para construir uma string no formato correto:

```
>>> print(diasemana+', '+str(dia)+' de '+mês+', de '+str(ano)
    +' às '+str(hora)+':'+str(minuto)+':'str(segundo))
SyntaxError: invalid syntax (<pyshell#36>, line 1)
```

Opa, cometi um engano. Esqueci de incluir um + antes de `str(segundo)`. Isso resolve (verifique!), mas não devemos estar satisfeitos. O motivo para que eu cometesse esse erro é que a técnica usada é bastante tediosa e passível de erros. Há um modo mais fácil e bem mais flexível de formatar a saída. A classe de string (`str`) oferece um método de classe poderoso, `format()`, para essa finalidade.

O método de string `format()` é invocado sobre uma string que representa o formato da saída. Os argumentos da função `format()` são os objetos a serem impressos. Para explicar o uso da função `format()`, começamos com uma pequena versão do nosso exemplo de data e hora, na qual só queremos exibir a hora:

```
>>> '{0}:{1}:{2}'.format(hora, minuto, segundo)
'11:45:33'
```

Os objetos a serem impressos (`hora`, `minuto` e `segundo`) são argumentos do método `format()`. A string invocando a função `format()` — ou seja, a string `'{0}:{1}:{2}'` — é a string de formato: ela descreve o formato da saída. Todos os caracteres fora das chaves — ou seja, os dois sinais de dois-pontos (`':'`) — serão exibidos literalmente. As chaves `{0}`, `{1}` e `{2}` são *marcadores de lugar*, em que os objetos serão impressos. Os números 0, 1 e 2 indicam explicitamente que os marcadores de lugar são o primeiro, segundo e terceiro argumentos da chamada de função `format()`, respectivamente. Veja uma ilustração na Figura 4.2.

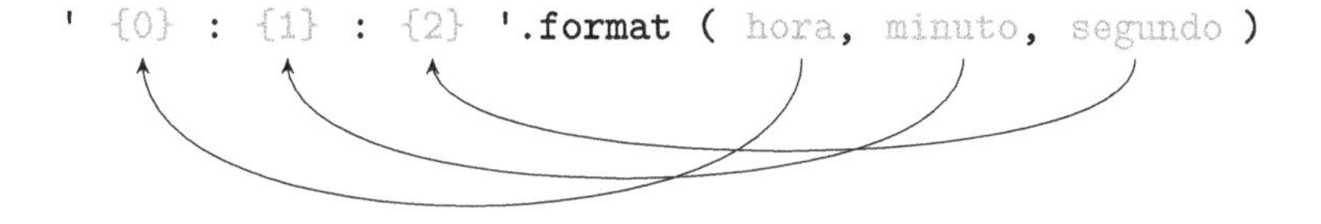

Figura 4.2 Formatação da saída. Os argumentos da função `format()` são impressos nas posições indicadas pelos marcadores de lugar, com as chaves.

A Figura 4.3 mostra o que acontece quando movemos os índices 0, 1 e 2 no exemplo anterior:

```
>>> '{2}:{0}:{1}'.format(hora, minuto, segundo)
'33:11:45'
```

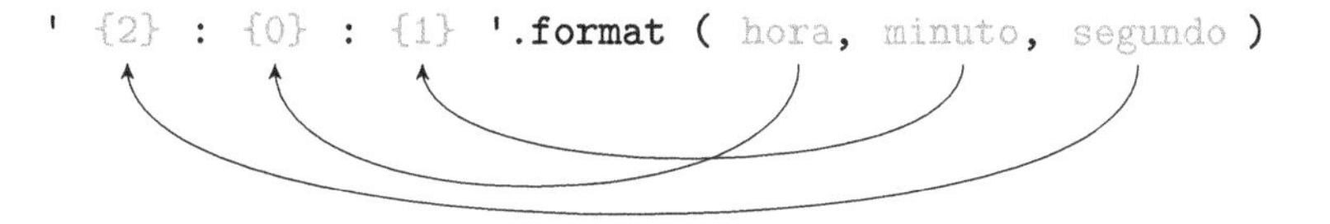

Figura 4.3 Mapeamento explícito do marcador de lugar.

O padrão, quando nenhum número explícito é indicado entre as chaves, é atribuir o primeiro marcador de lugar (da esquerda para a direita) ao primeiro argumento da função `format()`, o segundo marcador ao segundo argumento, e assim por diante, conforme mostra a Figura 4.4:

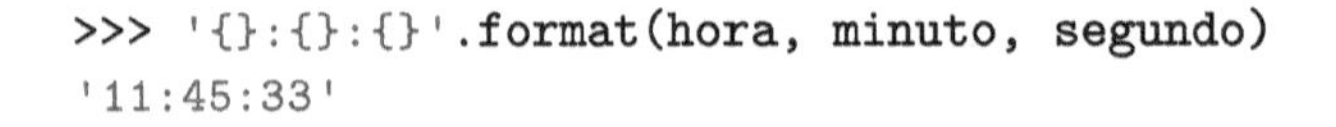

```
>>> '{}:{}:{}'.format(hora, minuto, segundo)
'11:45:33'
```

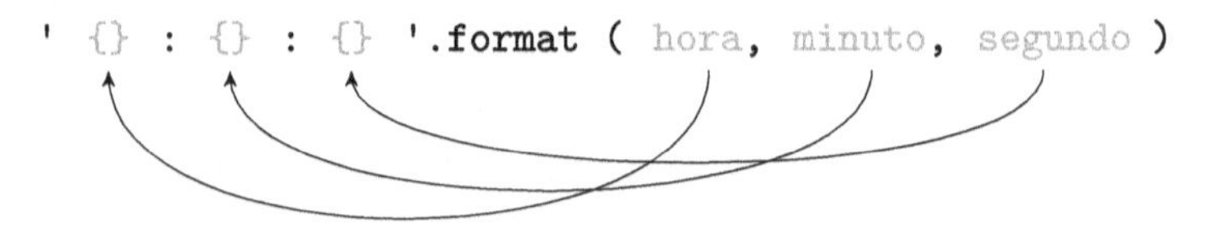

Figura 4.4 Mapeamento padrão de marcador de lugar. Vamos voltar ao nosso objetivo original de exibir a data *e* hora. A string de formato que usaremos é `'{}, {} {}, {} às {}:{}:{}'`, supondo que a função `format()` seja chamada sobre as variáveis `diasemana`, `mês`, `dia`, `ano`, `hora`, `minuto`, `segundo`, nessa ordem.

Verificamos isso (veja também na Figura 4.5 a ilustração do mapeamento de variáveis aos marcadores de lugar):

```
>>> print('{}, {} {}, {} at {}:{}:{}'.format(diasemana, mês,
              dia, ano, hora, minuto, segundo))
Quarta, Outubro 10, 2013 às 11:45:33
```

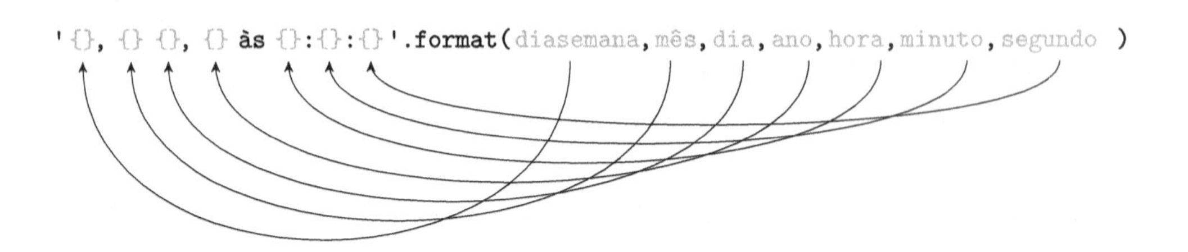

Figura 4.5 Mapeamento de dia e hora aos marcadores de lugar.

Problema Prático 4.5

Suponha que as variáveis `primeiro`, `último`, `rua`, `número`, `cidade`, `estado`, `codPostal` já tenham sido atribuídas. Escreva uma instrução `print` que crie uma etiqueta de correspondência:

```
John Doe
123 Main Street
AnyCity, AS 09876
```

supondo que:

```
>>> primeiro = 'John'
>>> último = 'Doe'
>>> rua = 'Main Street'
>>> número = 123
>>> cidade = 'AnyCity'
>>> estado = 'AS'
>>> codPostal = '09876'
```

Alinhando Dados em Colunas

Agora, vamos considerar o problema de apresentar dados visualmente alinhados em colunas. Para motivar o problema, pense simplesmente em como os campos De, Assunto e Data no seu cliente de e-mail são organizados, ou como as informações de saída e chegada de voos são apresentadas nas telas. Ao começarmos a lidar com quantidades de dados maiores, às vezes também precisaremos apresentar os resultados em formato de coluna.

Para ilustrar essas questões, vamos considerar o problema de alinhar corretamente os valores das funções i^2, i^3 e 2^i para $i = 1, 2, 3,...$ O alinhamento correto dos valores é útil porque ilustra as taxas de crescimento muito diferentes dessas funções:

```
i   i**2   i**3   2**i
1      1      1      2
2      4      8      4
3      9     27      8
4     16     64     16
5     25    125     32
6     36    216     64
7     49    343    128
8     64    512    256
9     81    729    512
10   100   1000   1024
11   121   1331   2048
12   144   1728   4096
```

Agora, como podemos obter essa saída? Em nossa primeira tentativa, acrescentamos um argumento `sep` à função `print()` para inserir um número apropriado de espaços entre os valores impressos em cada linha:

```
>>> print('i    i**2    i**3    2**i')
>>> for i in range(1,13):
        print(i, i**2, i**3, 2**i, sep='      ')
```

A saída que obtemos é:

```
i    i**2    i**3    2**i
1      1      1      2
2      4      8      4
3      9      27      8
4      16      64      16
5      25      125      32
6      36      216      64
7      49      343      128
8      64      512      256
9      81      729      512
10      100      1000      1024
11      121      1331      2048
12      144      1728      4096
```

Embora as primeiras linhas pareçam estar corretas, podemos ver que as entradas na mesma coluna não estão alinhadas corretamente. O problema é que um separador de tamanho fixo empurra as entradas mais para a direita quando o número de dígitos na entrada aumenta. Um separador com tamanho fixo não é a ferramenta correta para essa tarefa. O modo apropriado de representar uma coluna de números é fazer com que todos os dígitos de unidade sejam alinhados. O que precisamos é de uma maneira de fixar a largura de cada coluna de números e exibir os valores *alinhados à direita* dentro dessas colunas de largura fixa. Podemos fazer isso com strings de formato.

Dentro das chaves de uma string de formato, podemos especificar como o valor mapeado para o marcador de lugar de chave deverá ser apresentado; podemos especificar sua *largura de campo*, *alinhamento*, *precisão decimal*, *tipo* e assim por diante.

Podemos especificar a *largura de campo (mínima)* com um inteiro decimal definindo o número de posições de caractere reservadas para o valor. Se não for especificada ou se a largura do campo especificada for insuficiente, então a largura do campo será determinada pelo número de dígitos/caracteres no valor exibido. Veja um exemplo:

```
>>> '{0:3},{1:5}'.format(12, 354)
' 12,   354'
```

Nesse exemplo, estamos imprimindo os valores inteiros 12 e 354. A string de formato tem um marcador de lugar para 12 com `'0:3'` dentro das chaves. O 0 refere-se ao primeiro argumento da função `format()` (12), conforme já vimos. Tudo depois do `':'` especifica a formatação do valor. Nesse caso, 3 indica que a largura do marcador de lugar deve ser 3. Como 12 é um número de dois dígitos, um espaço em branco extra é acrescentado na frente. O marcador de lugar para 354 contém `'1:5'`, de modo que dois espaços em branco extras são acrescentados na frente.

Quando a largura do campo for maior que o número de dígitos, o padrão é alinhar à direita — ou seja, empurrar o valor numérico para a direita. As strings são alinhadas à esquerda. No próximo exemplo, um campo com largura de 10 caracteres é reservado para cada argumento `primeiro` e `último`. Observe que espaços extras são acrescentados após o valor da string:

```
>>> primeiro = 'Bill'
>>> último = 'Gates'
>>> '{:10}{:10}'.format(primeiro, último)
'Bill      Gates     '
```

A *precisão* é um número decimal que especifica quantos dígitos devem ser exibidos antes e depois do ponto decimal de um valor de ponto flutuante. Ele vem após a largura do campo e um ponto os separa. No próximo exemplo, a largura do campo é 8, mas somente quatro dígitos do valor de ponto flutuante são exibidos:

```
>>> '{:8.4}'.format(1000 / 3)
'   333.3'
```

Compare isso com a saída não formatada:

```
>>> 1000 / 3
333.3333333333333
```

O *tipo* determina como o valor deve ser apresentado. Os tipos de apresentação de inteiros disponíveis aparecem na Tabela 4.2. Ilustramos as diferentes opções de tipo inteiro sobre o valor inteiro 10.

```
>>> n = 10
>>> '{:b}'.format(n)
'1010'
>>> '{:c}'.format(n)
'\n'
>>> '{:d}'.format(n)
'10'
>>> '{:x}'.format(n)
'a'
>>> '{:X}'.format(n)
'A'
```

Tipo	Explicação
b	Mostra o número em binário
c	Mostra o caractere Unicode correspondente ao valor inteiro
d	Mostra o número em notação decimal (padrão)
o	Mostra o número na base 8
x	Mostra o número na base 16, usando letras minúsculas para os dígitos acima de 9
X	Mostra o número na base 16, usando letras maiúsculas para os dígitos acima de 9

Tabela 4.2 **Tipos de apresentação de inteiros.** Eles permitem que um valor inteiro seja mostrado em diferentes formatos.

Duas das opções de apresentação para valores de ponto flutuante são `f` e `e`. A opção de tipo `f` mostra o valor como um número de ponto fixo (ou seja, com um ponto decimal e uma parte fracionária).

```
>>> '{:6.2f}'.format(5 / 3)
'  1.67'
```

Nesse exemplo, a especificação de formato `':6.2f'` reserva uma largura mínima de 6 com exatamente dois dígitos após o ponto decimal para um valor de ponto flutuante representado como um número de ponto fixo. A opção de tipo `e` representa o valor em notação científica, na qual o expoente aparece após o caractere `e`:

```
>>> '{:e}'.format(5 / 3)
'1.666667e+00'
```

Isso representa $1.666667 \cdot 10^0$.

Agora, vamos retornar ao nosso problema original de apresentação dos valores de funções i^2, i^3 e 2^i para i = 1, 2, 3, ... até no máximo 12. Especificamos uma largura mínima de 3 para os valores de i e 6 para os valores de i^2, i^3 e 2^i para obter a saída no formato desejado.

Módulo: text.py

```
1 def taxasCrescimento(n):
2     'mostra valores para 3 funções usando i = 1, ..,n'
3     print(' i   i**2   i**3   2**i')
4     format_str = '{0:2d} {1:6d} {2:6d} {3:6d}'
5     for i in range(2,n+1):
6         print(format_str.format(i, i**2, i**3, 2**i))
```

Problema Prático 4.6

Implemente a função `rol()`, que recebe uma lista contendo informações de estudantes e exibe um rol, como vemos a seguir. As informações do estudante, consistindo em seu sobrenome, nome, nível e nota média, serão armazenadas nessa ordem em uma lista. Portanto, a lista de entrada é uma lista de listas. Cuide para que o rol exibido tenha 10 espaços para cada valor de string e 8 para a nota, incluindo 2 espaços para a parte decimal.

```
>>> estudantes = []
>>> estudantes.append(['DeMoines', 'Jim', 'Pleno', 3.45])
>>> estudantes.append(['Pierre', 'Sophie', 'Pleno', 4.0])
>>> estudantes.append(['Columbus', 'Maria', 'Sênior', 2.5])
>>> estudantes.append(['Phoenix', 'River', 'Júnior', 2.45])
>>> estudantes.append(['Olympis', 'Edgar', 'Júnior', 3.99])
>>> rol(estudantes)
```

```
Último     Primeiro   Classe     Nota Média
DeMoines   Jim        Pleno        3.45
Pierre     Sophie     Pleno        4.00
Columbus   Maria      Sênior       2.50
Phoenix    River      Júnior       2.45
Olympia    Edgar      Júnior       3.99
```

4.3 Arquivos

Um arquivo é uma sequência de bytes armazenados em um dispositivo de memória secundário, como uma unidade de disco. Um arquivo poderia ser um documento de texto ou uma planilha, um arquivo HTML ou um módulo Python. Esses arquivos são denominados arquivos de texto. Os arquivos de texto contêm uma sequência de caracteres que são codificados usando alguma codificação (ASCII, utf-8 etc.). Um arquivo também pode ser uma aplicação executável (como python.exe), uma imagem ou um arquivo de áudio. Esses arquivos são denominados *arquivos binários*, pois são apenas uma sequência de bytes e não há codificação.

Todos os arquivos são gerenciados pelo sistema de arquivos, que apresentamos em seguida.

Sistema de Arquivos

O sistema de arquivos é o componente de um sistema de computação que organiza arquivos e oferece maneiras de criar, acessar e modificar arquivos. Embora os arquivos possam estar armazenados fisicamente em diversos dispositivos de memória secundários (hardware), o sistema de arquivos oferece uma visão uniforme dos arquivos, ocultando as diferenças entre o modo como os arquivos são armazenados nos diferentes dispositivos de hardware. O efeito é que a leitura ou escrita de arquivos é a mesma, esteja o arquivo em um disco rígido, em um pendrive ou em um DVD.

Os arquivos são reunidos em *diretórios* ou *pastas*. Uma pasta pode conter outras pastas, além de arquivos (comuns). O sistema de arquivos organiza arquivos e pastas em uma estrutura em forma de árvore. A organização do sistema de arquivos no Mac OS X é ilustrada na Figura 4.6. Na ciência da computação, convencionou-se desenhar estruturas de árvore hierárquica viradas "de cabeça para baixo", com a raiz da árvore no topo.

A pasta no topo da hierarquia é denominada *diretório raiz*. Em sistemas de arquivos UNIX, Mac OS X e Linux, a pasta raiz é denominada `/`; no Microsoft Windows, cada dispositivo de hardware terá seu próprio diretório raiz (por exemplo, `C:\`). Cada pasta e cada arquivo em um sistema de arquivos tem um nome. Porém, um nome não é suficiente para localizar um arquivo de forma eficiente. Cada arquivo pode ser especificado usando um *caminho*, o qual é útil para localizar o arquivo de forma eficiente. O caminho do arquivo pode ser especificado de duas maneiras.

O *caminho absoluto* de um arquivo consiste na sequência de pastas, começando do diretório raiz, que deve ser atravessada até chegar ao arquivo. O caminho absoluto é representado como uma string em que a sequência de pastas é separada pelas barras normal (/) ou invertida (\), dependendo do sistema operacional.

Por exemplo, o caminho absoluto da pasta `Python 3.1` é

```
/Applications/Python 3.1
```

enquanto o caminho absoluto do arquivo `example.txt` é

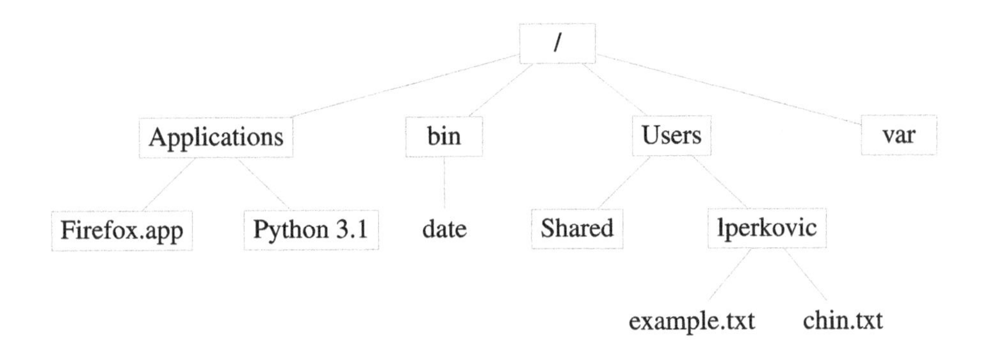

Figura 4.6 **Organização do sistema de arquivos do Mac OS X.** O sistema de arquivos consiste em arquivos de texto (por exemplo, example.txt e chin.txt) e arquivos binários (por exemplo, date) e pastas (os retângulos na figura), organizados em uma hierarquia de árvore; a raiz da árvore é uma pasta denominada /. A figura mostra apenas um fragmento de um sistema de arquivos, o qual normalmente consiste em milhares de pastas e muito mais arquivos.

```
/Users/lperkovic/example.txt
```

Esse é o caso no UNIX, Mac OS X e boxes Linux. Em uma máquina Windows, as barras são invertidas e a "primeira barra", o nome da pasta raiz, é `C:\`, por exemplo.

Cada comando ou programa executado pelo sistema do computador tem, associado a ele, um *diretório de trabalho ativo*. Ao usar o shell de comandos, o diretório de trabalho ativo normalmente é listado no prompt do shell. Ao executar um módulo Python, o diretório de trabalho ativo normalmente é a pasta contendo o módulo. Depois de executar o módulo Python de dentro do shell interativo (por exemplo, pressionando F5 no shell interativo), a pasta contendo o módulo torna-se o diretório de trabalho ativo para os comandos do shell interativo que se seguem.

O *caminho relativo* de um arquivo é a sequência de diretórios que deve ser atravessada, começando do diretório de trabalho ativo, para chegar até o arquivo. Se o diretório de trabalho ativo é `Users`, o caminho relativo do arquivo `example.txt` na Figura 4.6 é

```
lperkovic/example.txt
```

Se o diretório de trabalho ativo é `lperkovic`, o caminho relativo do arquivo executável `date` é

```
../../bin/date
```

A notação de duplo ponto (`..`) é usada para se referir à *pasta pai*, aquela que contém o diretório de trabalho ativo.*

Abrindo e Fechando um Arquivo

O processamento de um arquivo consiste nestas três etapas:

1. Abrir o arquivo para leitura ou gravação.
2. Ler dados do arquivo e/ou gravar dados no arquivo.
3. Fechar o arquivo.

A função embutida `open()` é usada para abrir um arquivo, seja ele um arquivo de texto ou um arquivo binário. Para ler o arquivo `example.txt`, primeiro temos que abri-lo:

```
infile = open('example.txt', 'r')
```

* Neste exemplo, a partir do diretório ativo, o sistema sobe dois níveis na árvore (`../../`), chegando à raiz, e depois desce pelo diretório `bin` até chegar ao arquivo `date`. Em um sistema Windows, por exemplo, o mesmo caminho seria `..\..\bin\date`, caso houvesse uma estrutura de diretórios semelhante. (N.T.)

A função `open()` aceita três argumentos de string: um nome de arquivo e, opcionalmente, um modo e uma codificação; não discutiremos a respeito do argumento de codificação antes do Capítulo 6. O nome do arquivo é, na realidade, o caminho (absoluto ou relativo) até o arquivo a ser aberto. No último exemplo, o caminho relativo do arquivo é `example.txt`. O Python procurará um arquivo chamado `example.txt` no diretório de trabalho ativo (lembre-se de que esta será a pasta contendo o módulo que foi importado por último); se esse arquivo não existir, haverá uma exceção. Por exemplo:

```
>>> infile = open('amostra.txt')
Traceback (most recent call last):
  File "<pyshell#339>", line 1, in <module>
    infile = open('amostra.txt')
IOError: [Errno 2] No such file or directory: 'amostra.txt'
```

O nome de arquivo também poderia ser o caminho absoluto do arquivo como, por exemplo:

```
/Users/lperkovic/example.txt
```

em um boxe UNIX ou

```
C:/Users/lperkovic/example.txt
```

em uma máquina Windows.

AVISO

Barras Normais ou Invertidas nos Caminhos do Sistema de Arquivos?

Nos sistemas UNIX, Linux e Mac OS X, a barra normal / é usada como um delimitador em um caminho. Nos sistemas Microsoft Windows, a barra invertida \ é usada em seu lugar:

```
C:\Users\lperkovic\exemplo.txt
```

Sendo assim, o Python aceitará a barra normal nos caminhos em um sistema Windows. Esse é um recurso interessante, pois a barra invertida dentro de uma string é interpretada como início de uma sequência de escape.

O *modo* é uma string que especifica como vamos interagir com o arquivo aberto. Na chamada de função `open('exemplo. txt', 'r')`, o modo `'r'` indica que o arquivo aberto será para leitura; ele também especifica que o arquivo será lido como um arquivo de texto.

Em geral, a string de modo pode conter `r`, `w`, `a` ou `r+`, para indicar se o arquivo deve ser aberto para leitura, gravação, acréscimo ou leitura *e* gravação, respectivamente. Se estiver ausente, o padrão é `r`. Além disso, `t` ou `b` também poderiam aparecer na string de modo: `t` indica que o arquivo é de texto, enquanto `b` indica que ele é um arquivo binário. Se nenhum deles estiver presente, o arquivo será aberto como um arquivo de texto. Assim, `open('exemplo.txt', 'r')` é equivalente a `open('exemplo.txt', 'rt')`, que é equivalente a `open('exemplo.txt')`. Tudo isso é resumido na Tabela 4.3.

A diferença entre abrir um arquivo como um arquivo de texto ou binário é que os arquivos binários, além de serem tratados como uma sequência de bytes, não são decodificados quando lidos, nem codificados quando gravados. Os arquivos de texto, porém, são tratados como arquivos codificados, usando algum tipo de codificação.

Modo	Descrição
`r`	Modo de leitura (padrão)
`w`	Modo de gravação; se o arquivo já existir, seu conteúdo é apagado
`a`	Modo de acréscimo; o conteúdo é acrescentado ao final do arquivo
`r+`	Modo de leitura e gravação (fora do escopo deste livro)
`t`	Modo de texto (padrão)
`b`	Modo binário

Tabela 4.3 **Modos de abertura de arquivo.** O modo de arquivo é uma string que descreve como o arquivo será usado: leitura, gravação ou ambos, byte a byte ou usando uma codificação de texto.

A função `open()` retorna um objeto do tipo *Fluxo de Entrada* ou *Saída*, que admite métodos para ler e/ou gravar caracteres. Referimo-nos a esse objeto como um *objeto de arquivo*. Diferentes modos nos darão objetos de arquivo de diferentes tipos de arquivo. Dependendo do modo, o tipo de arquivo aceitará todos ou alguns dos métodos descritos na Tabela 4.4.

Os métodos de leitura separados são usados para ler o conteúdo do arquivo de diferentes maneiras. Mostramos a diferença entre as três no arquivo `example.txt`, cujo conteúdo é:*

Arquivo: example.txt

```
1 The 3 lines in this file end with the new line character.
2
3 There is a blank line above this line.
```

Começamos abrindo o arquivo para leitura como um fluxo de entrada de texto:

```
>>> infile = open('example.txt')
```

Com cada arquivo aberto, o sistema de arquivos associará um *cursor* que aponta para um caractere no arquivo. Quando o arquivo é aberto inicialmente, ele normalmente aponta para o início do arquivo (ou seja, o primeiro caractere do arquivo), conforme mostra a Figura 4.7.

Uso do Método	Explicação
`arqEntrada.read(n)`	Lê *n* caracteres o arquivo `arqEntrada` ou até que o final do arquivo seja alcançado, e retorna caracteres lidos como uma string
`arqEntrada.read()`	Lê caracteres do arquivo `arqEntrada` até o final e retorna caracteres lidos como uma string
`arqEntrada.readline()`	Lê o arquivo `arqEntrada` até (e incluindo) o caractere de nova linha ou até o final do arquivo, o que vier primeiro, e retorna os caracteres lidos como uma string
`arqEntrada.readlines()`	Lê o arquivo `arqEntrada` até o final do arquivo e retorna os caracteres lidos como uma lista de linhas
`arqSaída.write(s)`	Grava a string `s` no arquivo `arqSaída`
`file.close()`	Fecha o arquivo

Tabela 4.4 **Métodos de arquivo.** Os objetos de arquivo como aqueles retornados pela função `open()` aceitam esses métodos.

*Esse arquivo encontra-se no site da Wiley para este livro (http://www.wiley.com/college/perkovic). Para encontrá-lo, siga estes links: Companion Sites, Visit Companion Site, Browse by Resource, All Code from the Text, Chapter 4. Portanto, seu nome e conteúdo foram mantidos nesta edição. Outros arquivos de exemplo contidos no site também não foram traduzidos pelo mesmo motivo. Nos módulos com código, alguns nomes e comentários foram traduzidos para ajudar o leitor a compreender o material do texto. (N.T.)

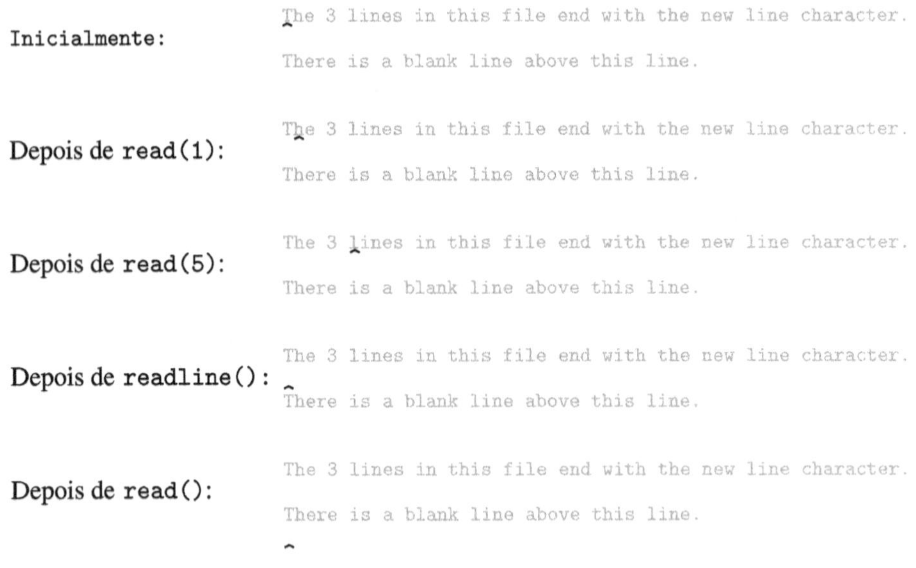

Inicialmente:	The 3 lines in this file end with the new line character. There is a blank line above this line.
Depois de `read(1)`:	The 3 lines in this file end with the new line character. There is a blank line above this line.
Depois de `read(5)`:	The 3 lines in this file end with the new line character. There is a blank line above this line.
Depois de `readline()`:	The 3 lines in this file end with the new line character. There is a blank line above this line.
Depois de `read()`:	The 3 lines in this file end with the new line character. There is a blank line above this line.

Figura 4.7 Lendo o arquivo `example.txt`. Quando um arquivo é lido, o curso se move à medida que os caracteres são lidos e sempre aponta para o primeiro caractere não lido. Depois de `read(1)`, o caractere `'T'` é lido e o cursor se move para o ponto em `'h'`. Depois de `read(5)`, a string `'he 3'` é lida e o cursor se move para o ponto em `'l'`. Depois de `readline()`, o restante da primeira linha é lido e o cursor se move para o ponto no início da segunda linha, que está vazia (exceto pelo caractere de nova linha).

Quando estiver lendo o arquivo, os caracteres lidos são os caracteres que começam no cursor; se estivermos gravando no arquivo, então qualquer coisa que "escrevermos" será gravada a partir da posição do cursor.

Agora, vamos usar a função `read()` para reajustar um caractere. A função `read()` retornará o primeiro caractere no arquivo como uma string (de um caractere).

```
>>> arqEntrada.read(1)
'T'
```

Após a leitura do caractere `'T'`, o curso será movido e apontará para o caractere seguinte, que é `'h'` (ou seja, o primeiro caractere não lido); veja a Figura 4.7. Vamos usar a função `read()` novamente, mas agora para ler cinco caracteres de uma vez. O que é retornado é uma string de cinco caracteres após o caractere `'T'` que lemos inicialmente:

```
>>> arqEntrada.read(5)
'he 3 '
```

A função `readline()` lerá caracteres do arquivo até o final da linha (ou seja, o caractere de nova linha `\n`) ou até o final do arquivo, o que vier primeiro. Observe que, em nosso exemplo, o último caractere da string retornado por `readline()` é o caractere de nova linha:

```
>>> arqEntrada.readline()
'lines in this file end with the new line character.\n'
```

O cursor agora aponta para o início da segunda linha, como mostra a Figura 4.7. Por fim, usamos a função `read()` sem argumentos para ler o restante do arquivo:

```
>>> arqEntrada.read()
'\nThere is a blank line above this line.\n'
```

O cursor agora aponta para o caractere de "fim de arquivo" (EOF – *End Of File*), que indica o final do arquivo.

Para fechar o arquivo aberto ao qual o `arqEntrada` se refere, você precisa fazer:

```
arqEntrada.close()
```

Fechar um arquivo libera os recursos do sistema de arquivos que mantêm informações sobre o arquivo aberto (ou seja, a informação da posição do cursor).

AVISO

Términos de Linha

Se um arquivo é lido ou gravado como arquivo binário, o arquivo é apenas uma sequência de bytes e não existem linhas. Deverá existir uma codificação para um código de uma nova linha (ou seja, um caractere de nova linha). Em Python, o caractere de nova linha é representado pela sequência de escape `\n`. Porém, os formatos de arquivo de texto dependem da plataforma, e diferentes sistemas operacionais utilizam uma sequência de bytes diferente para codificar uma nova linha:

- MS Windows usa a sequência de dois caracteres `\r\n`.
- Linux/UNIX e Mac OS X usam o caractere `\n`.
- Mac OS até a versão 9 usa o caractere `\r`.

A linguagem Python traduz os términos de linha dependentes de plataforma para `\n` ao ler o arquivo e traduz `\n` de volta para os términos dependentes de plataforma ao gravar no arquivo. Fazendo isso, o Python torna-se independente de plataforma.

Padrões para Leitura de um Arquivo de Texto

Dependendo do que você precisa fazer com um arquivo, existem várias maneiras de acessar o conteúdo do arquivo e prepará-lo para processamento. Descrevemos diversos padrões para abrir um arquivo para leitura e ler o conteúdo do arquivo. Usaremos o arquivo `example.txt` novamente para ilustrar os padrões:

```
1 The 3 lines in this file end with the new line character.
2
3 There is a blank line above this line.
```

Uma forma de acessar o arquivo de texto é ler o conteúdo do arquivo para um objeto de string. Esse padrão é útil quando o arquivo não é muito grande e as operações de string serão usadas para processar o conteúdo do arquivo. Por exemplo, esse padrão pode ser usado para procurar o conteúdo do arquivo ou substituir cada ocorrência de uma substring por outra.

Ilustramos esse padrão implementando a função `numChars()`, que toma o nome de um arquivo como entrada e retorna o número de caracteres no arquivo. Usamos a função `read()` para ler o conteúdo do arquivo para uma string:

Módulo: text.py

```
1 def numChars(filename):
2     'retorna o número de caracteres no arquivo filename'
3     arqEntrada = open(filename,'r')
4     conteúdo = arqEntrada.read()
5     arqEntrada.close()
6
7     return len(conteúdo)
```

Quando executamos essa função em nosso arquivo de exemplo, obtemos:

```
>>> numChars('example.txt')
98
```

Problema Prático 4.7

Escreva a função `stringCount()` que aceita duas entradas de string — um nome de arquivo e uma string de alvo — e retorna o número de ocorrências da string alvo no arquivo.

```
>>> stringCount('example.txt', 'line')
4
```

O padrão de leitura de arquivo que discutimos em seguida é útil quando precisamos processar as palavras de um arquivo. Para acessar as palavras de um arquivo, podemos ler o conteúdo do arquivo em uma string e usar a função de string `split()`, em sua forma padrão, para separar o conteúdo em uma lista de palavras. (Assim, nossa definição de uma palavra nesse exemplo é simplesmente uma sequência contígua de caracteres não vazios.) Ilustramos esse padrão na próxima função, que retorna o número de palavras em um arquivo. Ela também exibe a lista de palavras, de modo que possamos vê-la na tela:

Módulo: text.py

```
1 def numWords(nomearq):
2     'retorna o número de palavras no arquivo filename'
3     arqEntrada = open(nomearq, 'r')
4     conteúdo = arqEntrada.read()      # lê o arquivo em uma string
5     arqEntrada.close()
6 
7     listaPalavras = conteúdo.split() # divide arquivo em uma lista de palavras
8     print(listaPalavras)             # exibe lista de palavras também
9     return len(listaPalavras)
```

Veja a saída quando a função é executada sobre nosso arquivo de exemplo:

```
>>> numWords('example.txt')
['The', '3', 'lines', 'in', 'this', 'file', 'end', 'with',
 'the', 'new', 'line', 'character.', 'There', 'is', 'a',
 'blank', 'line', 'above', 'this', 'line.']
20
```

Na função `numWords()`, as palavras na lista podem incluir símbolos de pontuação, como o ponto em `'line.'`. Seria bom se removêssemos os símbolos de pontuação antes de separar o conteúdo em palavras. Esse é o objetivo do próximo problema.

Problema Prático 4.8

Escreva a função `palavras()` que aceita um argumento de entrada — um nome de arquivo — e retorna a lista de palavras reais (sem símbolos de pontuação !,.:;?) no arquivo.

```
>>> palavras( 'example.txt')
['The', '3', 'lines', 'in', 'this', 'file', 'end', 'with',
 'the', 'new', 'line', 'character', 'There', 'is', 'a',
 'blank', 'line', 'above', 'this', 'line']
```

Às vezes, um arquivo de texto precisa ser processado *linha por linha*. Isso é feito, por exemplo, ao pesquisar em um arquivo de log do servidor Web os registros contendo um endereço IP suspeito. Um arquivo de log é um arquivo em que cada linha é um registro de alguma transação (por exemplo, o processamento de uma solicitação de página Web por um servidor Web). Nesse terceiro padrão, a função `readlines()` é usada para obter o conteúdo do arquivo como uma lista de linhas. Ilustramos o padrão em uma única função que conta o número de linhas em um arquivo retornando o comprimento dessa lista. Ele também exibirá a lista de linhas de modo que possamos ver como a lista se parece.

Módulo: text.py

```
1  def numLines(nomearq):
2      'retorna o número de linhas em nomearq'
3      arqEntrada = open(nomearq, 'r')   # abre o arquivo e o lê
4      listaLinhas = arqEntrada.readlines() # em uma lista de linhas
5      arqEntrada.close()
6
7      print(listaLinhas)                # exibe lista de listas
8      return len(listaLinhas)
```

Vamos testar a função em nosso arquivo de exemplo. Observe que o caractere de nova linha `\n` está incluído em cada linha:

```
>>> numLines('example.txt')
['The 3 lines in this file end with the new line character.\n',
 '\n', 'There is a blank line above this line.\n']
3
```

Todos os padrões de processamento de textos que vimos até aqui leem o conteúdo inteiro do arquivo para uma string ou uma lista de strings (linhas). Essa técnica funciona bem se o arquivo não for muito grande. Se ele for grande, uma abordagem melhor seria processar o arquivo linha por linha; dessa forma, evitamos ter o arquivo inteiro na memória principal. O Python admite a iteração por linhas de um objeto de arquivo. Usamos essa técnica para imprimir cada linha do arquivo de exemplo:

```
>>> infile = open('example.txt')
>>> for line in infile:
        print(line,end='')

The 3 lines in this file end with the new line character.

There is a blank line above this line.
```

Em cada iteração do laço `for`, a variável `line` refere-se à próxima linha do arquivo. Na primeira iteração, a variável `line` se refere à linha `'The three lines in ...'`; na segunda, refere-se a `'\n'`; e na iteração final, ela se refere a `'There is a blank ...'`. Assim, em qualquer instante, somente uma linha de texto precisa ser mantida na memória.

Problema Prático 4.9

Implemente a função `meuGrep()`, que toma como entrada duas strings, um nome de arquivo e uma string alvo, e exibe cada linha do arquivo que contém a string alvo como uma substring.

```
>>> meuGrep('example.txt', 'line')
The 3 lines in this file end with the new line character.
There is a blank line above this line.
```

Gravando em um Arquivo de Texto

Para gravar em um arquivo de texto, este precisa ser aberto para gravação (ou escrita):

```
>>> arqSaída = open('teste.txt', 'w')
```

Se não houver um arquivo `teste.txt` no diretório de trabalho ativo, a função `open()` o criará. Se o arquivo `teste.txt` já existir, seu conteúdo será apagado. Nos dois casos, o cursor apontará para o início do arquivo (vazio). (Se quiséssemos acrescentar mais conteúdo ao arquivo (existente), usaríamos o modo `'a'` em vez de `'w'`.)

Uma vez aberto um arquivo para gravação, a função `write()` é usada para gravar strings nele. Ela gravará a string começando na posição do cursor. Vamos começar com uma string de um caractere:

```
>>> arqSaída.write('T')
1
```

O valor retornado é o número de caracteres gravados no arquivo. O cursor agora aponta para a posição após o E, e a próxima gravação será feita começando nesse ponto.

```
>>> arqSaída.write('esta é a primeira linha.')
23
```

Nessa gravação, 23 caracteres são gravados na primeira linha do arquivo, logo após o E. O cursor agora apontará para a posição após o ponto.

```
>>> arqSaída.write(' Ainda a primeira linha...\n')
27
```

Tudo o que for enviado até o caractere de nova linha é gravado na mesma linha. Com o caractere `'\n'` gravado, o que vier em seguida entrará na segunda linha:

```
>>> arqSaída.write('Agora estamos na segunda linha.\n')
32
```

A sequência de escape `\n` indica que encerramos a segunda linha e enviaremos a terceira linha em seguida. Para gravar algo diferente de uma string, isso precisa ser convertido primeiro para uma string:

```
>>> arqSaída.write('Valor não de string como '+str(5)+' deve ser
                    convertido primeiro.\n')
57
```

É aqui que a função de string `format()` é útil. Para ilustrar o benefício do uso da formatação de string, exibimos uma cópia exata da linha anterior usando a formatação de string:

```
>>> arqSaída.write('Valor não de string como {} deve ser convertido
                    primeiro.\n'.format(5))
57
```

Assim como para a leitura, temos que fechar o arquivo depois que terminarmos de gravar:

```
>>> arqSaída.close()
```

O arquivo `teste.txt` será salvo no diretório de trabalho atual e terá este conteúdo:

```
1 Esta é a primeira linha. Ainda a primeira linha...
2 Agora estamos na segunda linha.
3 Valor não de string como 5 deve ser convertido primeiro.
4 Valor não de string como 5 deve ser convertido primeiro.
```

Esvaziando a Saída

Quando um arquivo é aberto para gravação, um buffer é criado na memória. Todas as gravações no arquivo na realidade são escritas nesse buffer; nada é gravado no disco, pelo menos, não ainda.

O motivo para não gravar diretamente no disco é que a gravação em memória secundária, como um disco, leva muito tempo, e um programa fazendo muitas gravações seria muito lento se cada uma delas tivesse que ser feita na memória secundária. No entanto, isso significa que nenhum arquivo é criado no sistema de arquivos até que o arquivo e as escritas sejam *esvaziadas*. A função `close()` esvaziará as escritas do buffer para o arquivo no disco, antes de fechar o arquivo, de modo que é essencial não se esquecer de fechar o arquivo. Você também pode esvaziar as escritas sem fechar o arquivo, usando a função `flush()`:

```
>>> arqSaída.flush()
```

4.4 Erros e Exceções

Normalmente, tentamos escrever programas que não produzem erros, mas a verdade lamentável é que até mesmo os programas escritos pelos desenvolvedores mais experientes às vezes falham. E mesmo que um programa seja perfeito, ele poderia produzir erros porque os dados vindos de fora do programa (interativamente do usuário ou de um arquivo) podem ser malformados e causar erros no programa. Esse é um grande problema com programas servidores, como servidores Web, de correio e de jogos: definitivamente, não queremos que um erro causado por uma solicitação errada do usuário cause uma falha no servidor. Em seguida, estudamos alguns dos tipos de erros que podem ocorrer antes e durante a execução do programa.

Erros de Sintaxe

Dois tipos básicos de erros podem ocorrer durante a execução de um programa em Python. Os erros de sintaxe são aqueles que se devem ao formato incorreto de uma instrução Python. Esses erros ocorrem enquanto a instrução ou programa está sendo traduzido para a linguagem de máquina e antes que esteja sendo executado. Um componente do interpretador Python, chamado *analisador* (ou *parser*), descobre esses erros. Por exemplo, a expressão:

```
>>> (3+4]
SyntaxError: invalid syntax
```

é uma expressão inválida que o analisador não pode processar. Aqui estão mais alguns exemplos:

```
>>> if x == 5
SyntaxError: invalid syntax
>>> print 'hello'
SyntaxError: invalid syntax
>>> lst = [4;5;6]
SyntaxError: invalid syntax
>>> for i in range(10):
print(i)
SyntaxError: expected an indented block
```

Em cada uma dessas instruções, o erro se deve a uma sintaxe (formato) incorreta de uma instrução Python. Assim, esses erros ocorrem antes que o Python tenha sequer uma chance de executar a instrução sobre os argumentos dados, se houver.

Problema Prático 4.10

Explique o que causa o erro de sintaxe em cada instrução listada anteriormente. Depois, escreva uma versão correta de cada instrução Python.

Exceções Embutidas

Vejamos agora os erros que ocorrem durante a execução da instrução ou programa. Eles não ocorrem devido a uma instrução ou programa Python malformados, mas sim porque a execução do programa entra em um estado errôneo. Aqui estão alguns exemplos. Observe que, em cada caso, a sintaxe (ou seja, o formato da instrução Python) está correta.

Um erro causado por uma divisão por 0:

```
>>> 4 / 0
Traceback (most recent call last):
  File "<pyshell#52>", line 1, in <module>
    4 / 0
ZeroDivisionError: division by zero
```

Um erro causado por um índice lista inválido:

```
>>> lst = [14, 15, 16]
>>> lst[3]
Traceback (most recent call last):
  File "<pyshell#84>", line 1, in <module>
    lst[3]
IndexError: list index out of range
```

Um erro causado por um nome de variável não atribuído:

```
>>> x + 5
Traceback (most recent call last):
  File "<pyshell#53>", line 1, in <module>
    x + 5
NameError: name 'x' is not defined
```

Um erro causado por tipos de operando incorretos:

```
>>> '2' * '3'
Traceback (most recent call last):
  File "<pyshell#54>", line 1, in <module>
    '2' * '3'
TypeError: cant multiply sequence by non-int of type 'str'
```

Um erro causado por um valor ilegal:

```
>>> int('4.5')
Traceback (most recent call last):
  File "<pyshell#80>", line 1, in <module>
    int('4.5')
ValueError: invalid literal for int() with base 10: '4.5'
```

Em cada caso, um erro ocorre porque a execução da instrução entrou em um estado inválido. A divisão por 0 é inválida e, da mesma forma, o uso de um índice de lista que está fora do intervalo de índices válidos para determinada lista. Quando isso acontece, dizemos que o interpretador Python *levanta uma exceção*. Isso significa que um objeto é criado e esse objeto contém toda a informação relevante ao erro. Por exemplo, ele terá a mensagem de erro que indica o que aconteceu e o número de linha do programa (módulo) em que o erro ocorreu. (Nos exemplos anteriores, o número de linha é sempre 1, pois há somente uma instrução em um "programa" de instrução do shell interativo.) Quando ocorre um erro, o padrão é que a instrução ou programa falhe e que a informação do erro seja exibida.

O objeto criado quando ocorre um erro é denominado *exceção*. Cada exceção tem um tipo (um tipo como em `int` ou `list`) que está relacionado com o tipo de erro. Nos últimos exemplos, vimos estes tipos de exceção: `ZeroDivisionError`, `IndexError`, `NameError`, `TypeError` e `ValueError`. A Tabela 4.5 descreve estes e alguns outros erros comuns.

Vejamos mais alguns exemplos de exceções. Um objeto `OverflowError` é levantado quando uma expressão de ponto flutuante é avaliada como um valor de ponto flutuante fora do intervalo de valores representáveis usando o tipo de ponto flutuante. No Capítulo 3, vimos este exemplo:

```
>>> 2.0**10000
Traceback (most recent call last):
  File "<pyshell#92>", line 1, in <module>
    2.0**10000
OverflowError: (34, 'Result too large')
```

É interessante que as exceções de estouro (*overflow*) não são levantadas quando se avalia expressões inteiras:

```
>>> 2**10000
1995063116880758384883742162683585083823496831886192454852008949852943
... # muito mais linhas de números
0455803416826949787141316063210686391511681774304792596709376
```

(Você deve se lembrar que os valores do tipo `int` são, basicamente, ilimitados.)

Exceção	Explicação
`KeyboardInterrupt`	Levantado quando o usuário pressiona Ctrl-C, a tecla de interrupção
`OverflowError`	Levantado quando uma expressão de ponto flutuante é avaliada como um valor muito grande
`ZeroDivisionError`	Levantado quando se tenta dividir por 0
`IOError`	Levantado quando uma operação de entra/saída falha por um motivo relacionado com E/S
`IndexError`	Levantado quando um índice sequencial está fora do intervalo de índices válidos
`NameError`	Levantado quando se tenta avaliar um identificador não atribuído (nome)
`TypeError`	Levantado quando uma operação da função é aplicada a um objeto do tipo errado
`ValueError`	Levantado quando a operação ou função tem um argumento com tipo correto, mas com valor incorreto

Tabela 4.5 **Tipos comuns de exceção.** Quando ocorre um erro durante a execução do programa, um objeto exceção é criado. O tipo desse objeto depende do tipo do erro que ocorreu. Apenas alguns dos tipos de exceção embutidos são listados nessa tabela.

A exceção `KeyboardInterrupt` é algo diferente das outras exceções, pois é interativa e explicitamente levantada pelo usuário do programa. Pressionando Ctrl-C durante a execução de um programa, o usuário pode interromper um programa em execução, fazendo com que entre em um estado errôneo, interrompido. A exceção levantada pelo interpretador Python é do tipo `KeyboardInterrupt`. Os usuários normalmente pressionam Ctrl-C para interromper um programa (quando, por exemplo, ele está executando por muito tempo):

```
>>> for i in range(2**100):
        pass
```

A instrução Python `pass` não faz nada (é sério)! Ela é usada onde um código precisa aparecer (como no corpo de um laço `for`), mas nenhuma ação deve ser feita. Pressionando Ctrl-C, interrompemos o programa e obtemos uma mensagem de erro `KeybordInterrupt`:

```
>>> for i in range(2**100):
        pass

KeyboardInterrupt
```

Uma exceção `IOError` é levantada quando uma operação de entrada/saída falha. Por exemplo, poderíamos estar tentando abrir um arquivo para leitura, mas um arquivo com o nome indicado não existe:

```
>>> infile = open('exaple.txt')
Traceback (most recent call last):
  File "<pyshell#55>", line 1, in <module>
    infile = open('exaple.txt')
IOError: [Errno 2] No such file or directory: 'exaple.txt'
```

Uma exceção `IOError` também é levantada quando um usuário tenta abrir um arquivo que ele não tem permissão para acessar.

4.5 Estudo de Caso: Registrando o Acesso ao Arquivo

Demonstramos o material abordado neste capítulo desenvolvendo uma aplicação que registra acessos ao arquivo. Toda vez que um usuário abre um arquivo usando essa aplicação, um registro — chamado *log* — é criado e depois *acrescentado* a um arquivo de texto especial — chamado *arquivo de log*. O log é uma string de uma linha que inclui o nome do arquivo aberto e a hora e data do acesso.

Vamos ilustrar o que a aplicação deverá fazer mais precisamente. Lembre-se de que, para abrir o arquivo `example.txt` para leitura, precisamos usar a função `open()`:

```
>>> arqEntrada = open('example.txt', 'r')
```

O que queremos desenvolver é uma função semelhante, chamada `openLog()`, que também abre um arquivo. Assim como a função `open()`, ela usaria como entrada o nome (caminho) de um arquivo e retornaria uma referência ao arquivo aberto:

Arquivo: **example.txt**

```
>>> arqEntrada = openLog('example.txt', 'r')
```

Além disso, a função `openLog()` criaria um log e o anexaria a um arquivo de log chamado `log.txt`. Isso significa que, se tivéssemos que abrir e ler o arquivo `log.txt`, a última linha teria um log associado ao acesso a `example.txt` que acabamos de fazer:

```
>>> arqLog = open( 'log.txt')
>>> for log in arqLog:
        print(log, end = '')

Friday Aug/05/11 08:56 AM: Arquivo example.txt aberto.
```

(Vamos supor que o arquivo `log.txt` não existia antes da abertura de `example.txt`.)

Quaisquer acessos subsequentes ao arquivo que usem `openLog()` também seriam *registrados*. Assim, se tivéssemos que abrir outro arquivo imediatamente, digamos, para gravação:

```
>>> arqSaída = openLog('example2.txt', 'w')
```

Arquivo: example2.txt

então o log registrando esse acesso seria acrescentado ao arquivo de log existente. Verificaríamos isso desta forma:

```
>>> arqLog = open( 'log.txt')
>>> for log in arqLog:
        print(log, end = '')

Friday Aug/05/11 08:56 AM: Arquivo example.txt aberto.
Friday Aug/05/11 08:57 AM: Arquivo example2.txt aberto.
```

Assim, haveria um log em `log.txt` correspondente a cada instância quando um arquivo fosse aberto usando a função `openLog()`.

O motivo para registrar acessos ao arquivo é que isso nos permite obter estatísticas valiosas. Por exemplo, se os arquivos fossem páginas Web hospedadas em um servidor Web, o arquivo de log poderia ser usado para obtermos estatísticas sobre:

- número de solicitações de página Web tratadas diariamente;
- horários ocupados e lentos;
- conteúdo mais popular no site Web.

entre outras. Essa informação poderia ser usada para ajustar o desempenho do servidor Web.

Uma Pequena Função Wrapper

Vamos iniciar a implementação da função `openLog()`. A função toma como entrada o nome (caminho) de um arquivo e um modo de arquivo, e retorna uma referência ao arquivo aberto. Se ignorarmos a necessidade de registrar o acesso ao arquivo, a implementação é simplesmente:

```
def openLog(nomearq, modo):
    arqEntrada = open(nomearq, modo)
    return arqEntrada
```

A função `openLog()` usa a função existente `open()` para abrir o arquivo e obter a referência ao arquivo aberto, que ela então retorna. Quando a implementação de uma função `f()` é basicamente uma única chamada para outra função `g()`, dizemos que a função `f()` é um *wrapper* (ou invólucro) em torno da função `g()`.

Registrando Nomes de Arquivo

Agora, vamos expandir a implementação de `openLog()` para incluir o registro do nome do arquivo aberto. O que isso significa é que toda vez que a função `openLog()` é chamada, o seguinte deverá ser feito:

1. O arquivo de log é aberto.
2. O log é criado e acrescentado ao final do arquivo de log.
3. O arquivo de log é fechado.

Essa implementação intermediária de openLog() implementa essas etapas:

```
def openLog(nomearq, modo):
    arqEntrada = open(nomearq, modo)

    # abre arquivo log.txt no modo de acréscimo e acrescenta log
    arqSaída = open('log.txt', 'a')
    arqSaída.write('Arquivo {} aberto.\n'.format(nomearq))
    arqSaída.close()

    return arqEntrada
```

O que resta a ser feito é registrar a hora do acesso. A data e hora atual são obtidas "perguntando" ao sistema operacional subjacente. Em Python, o módulo time é a interface de programação de aplicação (API — *application programming interface*) por meio da qual um programa Python obtém informações de hora do sistema operacional.

Obtendo e Formatando Data e Hora

O módulo time oferece uma API aos utilitários de hora do sistema operacional, bem como ferramentas para formatar valores de data e hora. Começamos importando o módulo time:

```
>>> import time
```

Várias funções no módulo time retornam alguma versão da hora atual. A função time() retorna a hora em segundos, desde *a época:*

```
>>> time.time()
1268762993.335
```

DESVIO

Época, Tempo e Tempo UTC

Os computadores registram a hora mantendo o número de segundos desde certo ponto no tempo, *a época*. Em computadores baseados em UNIX e Linux (incluindo o Mac OS X), a época começa em 00:00:00 de 1º de janeiro de 1970, horário de Greenwich.

Para registrar o número correto de segundos desde a época, os computadores precisam saber quanto tempo leva um segundo. Todo computador tem, em sua unidade central de processamento (CPU), um relógio de quartzo para esse propósito (e também para controlar o tamanho do "ciclo de clock"). O problema com relógios de quartzo é que eles não são "perfeitos", e se desviarão da "hora real" após algum tempo. Esse é um problema com os computadores em rede de hoje, pois muitas aplicações da Internet exigem que os computadores estejam com a hora sincronizada (pelo menos, dentro de uma pequena margem de erro).

Os computadores em rede de hoje mantêm o sincronismo de seus relógios de quartzo com os servidores de hora pela Internet, cuja função é informar a "hora oficial", denominada *hora universal coordenada* (ou hora UTC — *Coordinated Universal Time*).*

*Um grupo internacional (ITU) constituiu o sistema *Coordinated Universal Time* em 1970. Criou-se uma única abreviação, que não favorecesse o termo em inglês (CUT) nem em francês (TUC). Assim, estabeleceu-se a sigla UTC, que também se encaixa nas abreviações das variações de *Universal Time*, como "UT0" e "UT1". (N.T.)

UTC é a hora média de cerca de 12 relógios atômicos e deveria rastrear o tempo solar médio (com base na rotação da Terra em torno do Sol) no Royal Observatory em Greenwich, Inglaterra.

Com servidores de hora na Internet informando essa hora padrão combinada internacionalmente, os computadores podem descobrir qual é a hora exata (com uma pequena margem de erro).

Você pode verificar a época para o seu sistema de computação usando outra função que retorna a hora em um formato muito diferente de `time()`:

```
>>> time.gmtime(0)
time.struct_time(tm_year=1970, tm_mon=1, tm_mday=1, tm_hour=
0, tm_min=0, tm_sec=0, tm_wday=3, tm_yday=1, tm_isdst=0)
```

O valor retornado pela função é um tanto complexo; discutiremos sobre o tipo de objeto que a função `gmtime()` retorna no Capítulo 6. Mas não precisamos saber disso para ver que a época (ou seja, a hora e a data 0 segundo desde a época) é `00:00:00` em 1º de janeiro de 1970, UTC. Essa é uma hora UTC, pois a função `gmtime()`, recebendo entradas inteiras, retorna a hora UTC `s` segundos desde o início da época. Se nenhum argumento for dado à função `gmtime()`, ela retornará a hora UTC *atual*. A função relacionada `localtime()`, por sua vez, retorna a hora atual no *fuso horário local*:

```
>>> time.localtime()
time.struct_time(tm_year=2010, tm_mon=3, tm_mday=16, tm_hour=
13, tm_min=50, tm_sec=46, tm_wday=1, tm_yday=75, tm_isdst=1)
```

O formato de saída não é muito legível (e não foi projetado para ser). O módulo `time` oferece uma função de formatação `strftime()`, que envia a hora no formato desejado. Essa função apanha uma *string de formato* e a hora retornada por `gmtime()` ou `localtime()` e retorna a hora em um formato descrito pela string de formato. Veja um exemplo, ilustrado na Figura 4.8:

```
>>> time.strftime('%A %b/%d/%y %I:%M %p', time.localtime())
'Tuesday Mar/16/10 02:06 PM'
```

Neste exemplo, `strftime()` exibe a hora retornada por `time.localtime()` no formato especificado pela string de formato `'%A %b %d/%y %I:%M %p'`. A string de formato inclui *diretivas* `%A`, `%b`, `%d`, `%y`, `%I`, `%M` e `%p` que especificam quais valores de data e hora exibir no local da diretiva, usando o mapeamento mostrado na Tabela 4.6. Todos os outros caracteres (`/`, `:` e os espaços em branco) da string de formato são copiados literalmente para a saída.

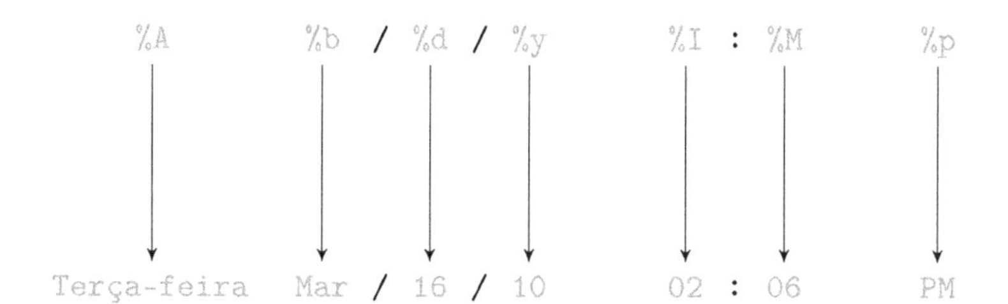

Figura 4.8 Diretivas de mapeamento. As diretivas `%A`, `%b`, `%d`, `%y`, `%I`, `%M` e `%p` mapeiam valores de data e hora na string de saída, de acordo com o mapa descrito na Tabela 4.6.

Tabela 4.6 **Diretivas de string de formato de tempo.** Somente algumas das diretivas mais usadas para a formatação de valores de data e hora são apresentadas aqui.

Diretiva	Saída
%a	Nome do dia da semana abreviado
%A	Nome do dia da semana completo
%b	Nome do mês abreviado
%B	Nome do mês completo
%d	O dia do mês como um número decimal entre 01 e 31
%H	As horas como um número entre 00 e 23
%I	As horas como um número entre 01 e 12
%M	Os minutos como um número entre 00 e 59
%p	AM ou PM
%S	Segundos como um número entre 00 e 61
%y	O ano como um número entre 00 e 99
%Y	O ano como um número de quatro dígitos
%Z	Nome do fuso horário

Problema Prático 4.11

Comece definindo `t` como a hora local 1.500.000.000 segundos a partir do início de 1º de janeiro de 1970 UTC:

```
>>> import time
>>> t = time.localtime(1500000000)
```

Construa as próximas strings usando a função de hora em formato de string `strftime()`:

(a) `'Thursday, July 13 2017'`

(b) `'09:40 PM Hora oficial do Brasil em 13/07/2017'`

(c) `'Te encontro em Thu July 13 às 09:40 PM.'`

Implementação Final de `openLog()`

Agora, podemos completar a implementação da função `openLog()`.

Módulo: ch4.py

```
1  import time
2  def openLog(nomearq, modo = 'r'):
3      '''abre arquivo nomearq em certo modo e retorna referência ao
4         arquivo aberto; registra o acesso ao arquivo em log.txt'''
5
6      arqEntrada = open(nomearq, modo)
7
8      # obtém hora atual
9      now = time.localtime()
10     nowFormat = time.strftime('%A %b/%d/%y %I:%M %p', now)
11
12     # abre arquivo log.txt no modo de acréscimo e acrescenta log
13     arqSaída = open('log.txt', 'a')
14     log = '{}: Arquivo {} aberto.\n'                # formata string
15     arqSaída.write(log.format(nowFormat, nomearq))
16     arqSaída.close()
17
18     return arqEntrada
```

Resumo do Capítulo

Neste capítulo, apresentamos as ferramentas de processamento de textos e processamento de arquivos em Python.

Retornamos à classe `str` introduzida no Capítulo 2 e descrevemos as diferentes formas como os valores de string podem ser definidos, usando aspas simples, duplas ou triplas. Descrevemos como usar sequências de escape para definir caracteres especiais em strings. Por fim, apresentamos os métodos aceitos pela classe `str`, pois somente operadores de string foram abordados no Capítulo 2.

Um método de string que enfatizamos é o método `format()`, usado para controlar o formato da string quando exibida por meio da função `print()`. Explicamos a sintaxe das strings de formato que descrevem o formato de saída. Depois de ter entendido a formatação de saída de string, você poderá focar nos aspectos mais complexos de seus programas, em vez de tentar alcançar o formato de saída desejado.

Este capítulo também introduz as ferramentas de processamento de arquivos. Primeiro, explicamos os conceitos de um arquivo e de um sistema de arquivos. Apresentamos métodos para abrir e fechar um arquivo e métodos `read()`, para ler um arquivo, e `write()`, para gravar uma string em um arquivo. Dependendo de como um arquivo será processado, existem diferentes padrões para leitura de um arquivo, e estes foram descritos aqui.

Erros de programação foram discutidos informalmente nos capítulos anteriores. Devido à maior probabilidade de erros quando se trabalha com arquivos, discutimos formalmente o que são erros e definimos as exceções. Listamos os diferentes tipos de exceções que os estudantes provavelmente encontrarão.

No estudo de caso do capítulo, colocamos outro foco na formatação da saída, no contexto do desenvolvimento de uma aplicação que registra os acessos aos arquivos em um log. Também apresentamos o valioso módulo `time` da Biblioteca Padrão, que oferece funções para obter a hora e também funções de formatação que informam a hora em um formato desejado.

Soluções dos Problemas Práticos

4.1 As expressões são:
(a) `s[2:5]`, (b) `s[7:9]`, (c) `s[1:8]`, (d) `s[:4]` e (e) `s[7:]` (ou `s[-3:]`).

4.2 As chamadas de método são:
(a) `cont = forecast.count('day')`
(b) `clima = forecast.find('sunny')`
(c) `troca = forecast.replace('sunny', 'cloudy')`

4.3 O caractere de tabulação é usado como o separador.

```
>>> print(último, primeiro, meio, sep='\t')
```

4.4 A função `range()` é usada para percorrer os inteiros de 2 a n; cada inteiro é testado e, se for divisível por 2 ou 3, exibido com um argumento `end = ', '`.

```
def even(n)
    for i in range(2,n+1):
        if i%2 == 0 or i%3 == 0:
            print(i, end=', ')
```

4.5 Só precisamos colocar uma vírgula e dois caracteres de nova linha de forma apropriada:

```
>>> fstring = '{} {}\n{} {}\n{}, {} {}'
>>> print(fstring.format(primeiro,último,número,rua,cidade,estado,
          codPostal))
```

4.6 A solução usa o tipo `f` de apresentação de ponto flutuante:

```
def rol(estudantes):
    'exibe grade de médias para um rol de estudantes'
    print('Último     Primeiro     Classe      Nota Média')
    for estudante in estudantes:
        print('{:10}{:10}{:10}{:8.2f}'.format(estudante[0],
              estudante[1], estudante[2], estudante[3]))
```

4.7 Tornar o conteúdo do arquivo em uma string permite o uso de funções de string para contar o número de ocorrências da substring alvo.

```
def stringCount(nomearq, alvo):
    '''retorna o número de ocorrências da
       string alvo no conteúdo do nomearq'''
    arqEntrada = open(nomearq)
    conteúdo = arqEntrada.read()
    arqEntrada.close()
    return conteúdo.count(alvo)
```

4.8 Para remover a pontuação de um texto, pode-se usar o método de string `translate()` para substituir cada caractere de pontuação pela string vazia `' '`:

```
def palavras(nomearq):
    'retorna a lista de palavras reais, sem pontuação'
    arqEntrada = open(nomearq, 'r')
    conteúdo = arqEntrada.read()
    arqEntrada.close()
    tabela = str.maketrans('!,.:;?', 6*' ')
    conteúdo=conteúdo.translate(tabela)
    conteúdo=conteúdo.lower()
    return conteúdo.split()
```

4.9 Para implementar a função, percorremos as linhas do arquivo:

```
def meuGrep(nomearq, alvo):
    'exibe cada linha do arquivo que contém a string alvo'
    arqEntrada = open(nomearq)
    for linha in arqEntrada:
        if alvo in linha:
            print(linha, end='')
```

4.10 As causas dos erros de sintaxe e as versões corretas são:

(a) O parêntese esquerdo e o colchete direito não correspondem. A expressão intencionada provavelmente é `(3+4)`, avaliada como o inteiro 7, ou `[3+4]`, avaliada como uma lista contendo o inteiro 7.

(b) A coluna está faltando; a expressão correta é `if x == 5:`.

(c) `print ()` é uma função e, portanto, deverá ser chamada com parênteses e com os argumentos, se houver, dentro deles; a expressão correta é `print('hello')`.

(d) Os objetos em uma lista são separados por vírgulas: `lst = [4,5,6]` é o correto.
(e) A(s) instrução(ões) no corpo de um laço `for` deve(m) ficar recuada(s).

```
>>> for i in range(3):
        print(i)
```

4.11 As strings de formato são obtidas conforme mostramos, considerando que `t = time.localtime()`:

(a) `time.strftime('%A, %B %d %Y', t)`
(b) `time.strftime('%I:%M %p %Z Hora oficial do Brasil em %d/%m/%Y',t)`
(c) `time.strftime('Te encontro em %a %B %d às %I:%M %p.', t)`

Exercícios

4.12 Comece executando, no shell interativo, esta instrução de atribuição:

```
>>> s = 'abcdefghijklmnopqrstuvwxyz'
```

Agora, usando a string `s` e o operador de indexação, escreva expressões que sejam avaliadas como `'bcd'`, `'abc'`, `'defghijklmnopqrstuvwx'`, `'wxy'` e `'wxyz'`.

4.13 Considere que a string `s` seja definida como:

```
s = 'goodbye'
```

Escreva expressões booleanas em Python que correspondam a estas proposições:

(a) O pedaço que consiste no segundo e terceiro caracteres de `s` seja `'bc'`.
(b) O pedaço que consiste nos primeiros 14 caracteres de `s` seja `'abcdefghijklmn'`.
(c) O pedaço de `s` excluindo os primeiros caracteres seja `'opqrstuvwxyz'`.
(d) O pedaço de `s` excluindo o primeiro e o último caracteres seja `'bcdefghijklmnopqrstuvw'`.

4.14 Traduza cada linha para uma instrução Python:

(a) Atribua à variável `log` a string a seguir, que por acaso é o fragmento de um log para uma solicitação de um arquivo de texto de um servidor Web:

```
128.0.0.1 - - [12/Feb/2011:10:31:08 -0600] "GET /docs/test.txt HTTP/1.0"
```

(b) Atribua à variável `endereço` a substring de `log` que termina antes do primeiro espaço em branco em `log`, usando o método de string `split()` e o operador de indexação sobre a string `log`.
(c) Atribua à variável `data` o pedaço da string `log` contendo a data (`12/Feb ... -6000`), usando o operador de indexação sobre a string `log`.

4.15 Para cada um dos valores de string de `s` a seguir, escreva a expressão envolvendo `s` e o método de string `split()` que é avaliado para a lista:

```
['10', '20', '30', '40', '50', '60']
```

(a) `s = '10 20 30 40 50 60'`
(b) `s = '10,20,30,40,50,60'`
(c) `s = '10&20&30&40&50&60'`
(d) `s = '10 - 20 - 30 - 40 - 50 - 60'`

4.16 Implemente um programa que solicite três palavras (strings) do usuário. Seu programa deverá exibir o valor booleano `True` se as palavras forem inseridas na ordem do dicionário; caso contrário, nada é exibido.

```
>>>
Digite primeira palavra: baiacu
Digite segunda palavra: salmão
Digite terceira palavra: tucunaré
True
```

4.17 Traduza cada linha para uma instrução Python usando métodos de string:

(a) Atribua à variável `mensagem` a string `'O segredo desta mensagem é que a mensagem é secreta'`.
(b) Atribua à variável `tamanho` o tamanho da string `mensagem`, usando o operador `len()`.
(c) Atribua à variável `conta` o número de vezes que a substring `'secreta'` aparece na string `mensagem`, usando o método `count()`.
(d) Atribua à variável `censurado` uma cópia da string `mensagem` com cada ocorrência da substring `'mensagem'` substituída por `'xxxxxxxx'`, usando o método `replace()`.

4.18 Suponha que a variável `s` tenha sido atribuída desta maneira:

```
s = '''It was the best of times, it was the worst of times; it
was the age of wisdom, it was the age of foolishness; it was the
epoch of belief, it was the epoch of incredulity; it was ...'''
```

(O início de *A Tale of Two Cities* [*Um conto de duas cidades*], de Charles Dickens.) Depois, faça o seguinte, em ordem, a cada vez:

(a) Escreva uma sequência de instruções que produzam uma cópia de `s`, chamada `novaS`, na qual os caracteres `.`, `,`, `;` e `\n` sejam substituídos por espaços em branco.
(b) Remova os espaços em branco iniciais e finais em `novaS` (e chame a nova string de `novaS`).
(c) Torne todos os caracteres em `novaS` minúsculos (e chame a nova string de `novaS`).
(d) Calcule o número de ocorrências em `novaS` da string `'it was'`.
(e) Mude cada ocorrência de `was` para `is` (e chame a nova string de `novaS`).
(f) Divida `novaS` em uma lista de palavras e chame a lista de `listaS`.

4.19 Escreva instruções Python que exibam as saídas formatadas a seguir usando as variáveis já atribuídas `primeiro`, `meio` e `último`:

```
>>> primeiro = 'Marlena'
>>> meio = 'Sigel'
>>> último = 'Mae'
```

(a) `Sigel, Marlena Mae`
(b) `Sigel, Marlena M.`
(c) `Marlena M. Sigel`
(d) `M. M. Sigel`

4.20 Dados os valores de string para o remetente, destinatário e assunto de um e-mail, escreva uma expressão em formato de string que use as variáveis remetente, destinatário e assunto e que exiba conforme o trecho a seguir:

```
>>> remetente = 'tim@abc.com'
>>> destinatário = 'tom@xyz.org'
>>> assunto = 'Hello!'
>>> print(???)                  # preencha
De: tim@abc.com
Para: tom@xyz.org
Assunto: Hello!
```

4.21 Escreva instruções Python que exibam os valores de π e a constante de Euler e nos formatos mostrados:

(a) `pi = 3.1, e = 2.7`

(b) `pi = 3.14, e = 2.72`

(c) `pi = 3.141593e+00, e = 2.718282e+00`

(d) `pi = 3.14159, e = 2.71828`

Problemas

4.22 Escreva uma função `mês()` que aceite um número entre 1 e 12 como entrada e retorne a abreviação em três letras do mês correspondente. Faça isso sem usar uma instrução `if`, apenas operações de strings. *Dica:* use uma string para armazenar as abreviações em ordem.

```
>>> mês(1)
'Jan'
>>> mês(11)
'Nov'
```

4.23 Escreva uma função `média()` que não aceite entrada, mas solicite que o usuário entre com uma sentença. Sua função deverá retornar o tamanho médio de uma palavra na sentença.

```
>>> médio()
Digite uma sentença: A sample sentence
5.0
```

4.24 Implemente a função `animar()`, que apanhe como entrada um nome de um time (como uma string) e imprima uma saudação conforme mostramos:

```
>>> animar('Vitória')
Como se soletra campeão?
Eu sei, eu sei!
V I T Ó R I A !
É assim que'se soletra campeão!
Vai, Vitória!
```

4.25 Escreva a função `contaVogal()`, que aceita uma string como entrada e conta e exibe o número de ocorrências de vogais na string.

```
>>> contaVogal('Le Tour de France')
a, e, i, o e u aparecem, respectivamente, 1, 3, 0, 1, 1 vezes.
```

4.26 A função de criptografia `crypto()` aceita como entrada uma string (isto é, o nome de um arquivo no diretório ativo). A função deve exibir o arquivo na tela com esta modificação: cada ocorrência da string `'secret'` no arquivo deve ser substituída pela string `'xxxxxx'`.

Arquivo: crypto.txt

```
>>> crypto('crypto.txt')
I will tell you my xxxxxx. But first, I have to explain
why it is a xxxxxx.

And that is all I will tell you about my xxxxxx.
```

4.27 Escreva uma função `fcopy()` que aceite como entrada dois nomes de arquivo (como strings) e copie o conteúdo do primeiro arquivo para o segundo.

Arquivo: crypto.txt

```
>>> fcopy('exemplo.txt','saída.txt')
>>> open('saída.txt').read()
'As 3 linhas desse arquivo terminam com o caractere de nova linha.\n\n
 Há uma linha em branco acima desta linha.\n'
```

4.28 Implemente a função `links()` que aceita como entrada o nome de um arquivo HTML (como uma string) e retorna o número de hyperlinks nesse arquivo. Para fazer isso, você assumirá que cada hyperlink aparece em uma tag de âncora. Você também precisa saber que cada tag de âncora termina com a substring </a>.

Teste seu código no arquivo HTML `twolinks.html` ou em qualquer arquivo HTML baixado da Web para a pasta na qual seu programa se encontra.

Arquivo: twolinks.html

```
>>> links('twolinks.html')
2
```

4.29 Escreva uma função `stats()` que aceita um argumento de entrada: o nome de um arquivo de texto. A função deverá exibir, na tela, o número de linhas, palavras e caracteres no arquivo; sua função deverá abrir o arquivo apenas uma vez.

Arquivo: example.txt

```
>>> stats( 'example.txt')
número de linhas: 3
número de palavras: 20
número de caracteres: 98
```

4.30 Implemente a função `distribuição()`, que aceita como entrada o nome de um arquivo (como uma string). Esse arquivo de única linha terá notas em forma de letra, separadas por espaços. Sua função deverá exibir a distribuição de notas, conforme mostrado a seguir.

Arquivo: grades.txt

```
>>> distribuição('grades.txt')
6 alunos tiveram  A
2 alunos tiveram A-
3 alunos tiveram B+
2 alunos tiveram B
2 alunos tiveram B-
4 alunos tiveram C
1 aluno  teve    C-
2 alunos tiveram F
```

4.31 Implemente a função `duplicata()`, que aceita como entrada a string e o nome de um arquivo no diretório atual e retorna `True` se o arquivo tiver palavras duplicadas e `False` em caso contrário.

```
>>> duplicata('Duplicates.txt')
True
>>> duplicata('noDuplicates.txt')
False
```

Arquivo: Duplicates.txt

Arquivo: noDuplicates.txt

4.32 A função `censura()` apanha o nome de um arquivo (uma string) como entrada. A função deverá abrir o arquivo, lê-lo e depois gravá-lo no arquivo `censurado.txt` com esta modificação: cada ocorrência de uma palavra de quatro letras no arquivo deverá ser substituída pela string `'xxxx'`.

```
>>> censura('example.txt')
```

Arquivo: example.txt

Observe que essa função não produz saída, mas cria o arquivo `censurado.txt` na pasta atual.

CAPÍTULO

5

Estruturas de Controle de Execução

ESTE CAPÍTULO ABORDA, com mais profundidade, as instruções e técnicas do Python que oferecem controle sobre quais blocos de código serão executados, quando e com que frequência.

Começamos a discussão com a estrutura de controle de decisão do Python, a instrução `if`, introduzida no Capítulo 3 em seus formatos de uma e duas vias. Apresentamos aqui o formato geral: uma estrutura de controle de decisão multivias, que permite a definição de um número qualquer de condições e blocos de código alternativos associados.

Em seguida, oferecemos uma cobertura profunda das estruturas e técnicas de controle de iteração em Python. Duas instruções Python oferecem a capacidade de executar um bloco de código repetidamente: o laço for e o laço while. Ambos são usados de várias maneiras diferentes. A maior parte deste capítulo trata dos diferentes padrões de iteração, e quando e como utilizá-los.

Compreender diferentes padrões de iteração, na realidade, consiste em compreender as diferentes técnicas de repartir problemas e solucioná-los iterativamente. Este capítulo, portanto, trata fundamentalmente da solução de problemas.

5.1 Controle de Decisão e a Instrução if

A instrução if é a estrutura de controle de decisão fundamental, que permite que blocos de código alternativos sejam executados com base em algumas condições. No Capítulo 3, apresentamos a instrução if do Python. Primeiro, a vimos em sua forma mais simples, o formato de decisão de única via:

```
if <condição>:
    <bloco de código endentado>
<instrução não endentada>
```

As instruções no <bloco de código endentado> são executadas somente se a <condição> for verdadeira (True); se a <condição> for falsa (False), nenhum bloco de código alternativo é executado. De qualquer forma, a execução continua com a instrução contida em <instrução não endentada> que fica abaixo e com a mesma endentação da instrução if.

O formato de decisão de duas vias da instrução if é usado quando um dentre dois blocos de código alternativos precisa ser executado, dependendo de uma condição:

```
if <condição>:
    <bloco de código endentado 1>
else:
    <bloco de código endentado 2>
<instrução não endentada>
```

Se a condição for verdadeira, o <bloco de código endentado 1> é executado; caso contrário, o <bloco de código endentado 2> é executado. Observe que as condições sob as quais os dois blocos de código são executados são mutuamente exclusivas. De qualquer forma, a execução novamente continua com a instrução contida em <instrução não endentada>.

Decisões em Três Vias (e Mais!)

O formato mais geral da instrução if em Python é a estrutura de controle de decisão multivias (três ou mais):

```
if <condição1>:
    <bloco de código endentado 1>
elif <condição2>:
    <bloco de código endentado 2>
elif <condição3>:
    <bloco de código endentado 3>
else:                   # poderia haver mais instruções elif
    <último bloco de código endentado>
<bloco de código não endentado>
```

Essa instrução é executada desta maneira:

- Se <condição1> for verdadeira, então <bloco de código endentado 1> é executado.
- Se <condição1> for falsa, mas <condição2> for verdadeira, então <bloco de código endentado 2> é executado.
- Se <condição1> e <condição2> forem falsas, mas <condição3> for verdadeira, então <bloco de código endentado 3> é executado.
- Se nenhuma das condições anteriores for verdadeira, então <último bloco de código endentado> é executado.

Em todos os casos, a execução continuará com a instrução <bloco de código não endentado>.

A palavra-chave elif significa "else if" (senão, se). Uma instrução elif é seguida por uma condição, assim como a instrução if. Um número qualquer de instruções elif pode vir após uma instrução if, e uma instrução else pode vir depois de todas elas (mas é opcional). Associado a cada instrução if e elif, e também com a instrução else opcional, há um bloco de código endentado. O Python executará o bloco de código da *primeira condição* que é avaliada como True; nenhum outro bloco de código é executado. Se nenhuma condição for avaliada como True, e se houver uma instrução else, o bloco de código da instrução else é executado.

Na função temperatura(), mostrada a seguir, expandimos o exemplo de temperatura do Capítulo 3 (baseada em graus Fahrenheit) para ilustrar a instrução if em três vias:

Módulo: ch5.py

```
1 def temperatura(t):
2     'exibe mensagem com base no valor de temperatura t'
3     if t > 86:
4         print('Está quente!')
5     elif t > 32:
6         print('Está frio.')
7     else:                        # t <= 32
8         print('Está congelando!')
```

Para determinado valor de t, o bloco de código endentado da primeira condição que for verdadeira é executado; se nem a primeira nem a segunda condição forem verdadeiras, então o código endentado correspondente à instrução else é executado.

```
>>> temperatura(87)
Está quente!
>>> temperatura(86)
Está frio.
>>> temperatura(32)
Está congelando!
```

O fluxograma das execuções possíveis dessa função aparece na Figura 5.1.

Ordenação das Condições

Há uma questão com relação às estruturas de decisão multivias que não existe com as instruções if de uma ou duas vias. A ordem em que as condições aparecem em uma instrução if multivias é importante. Para ver isso, tente descobrir o que está errado com a ordem das condições na próxima implementação da função temperatura():

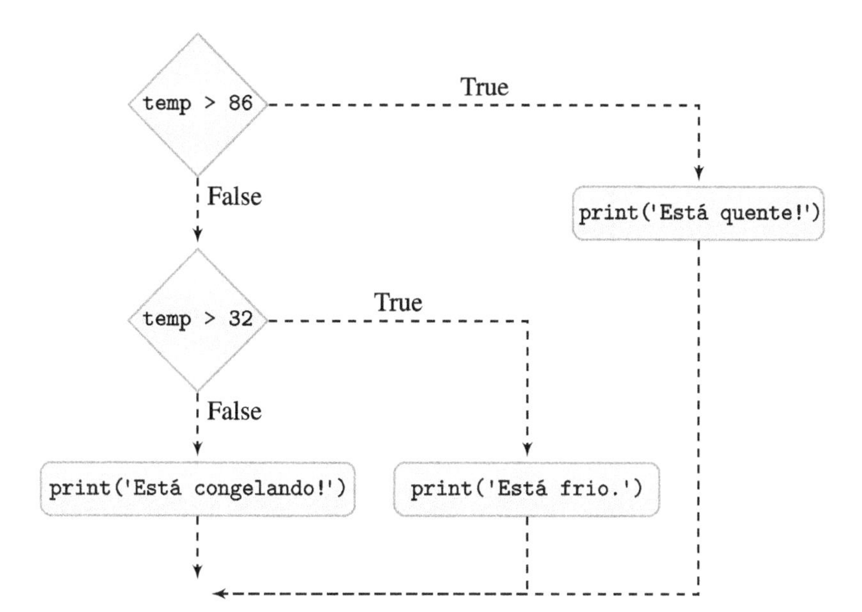

Figura 5.1
Fluxograma da função `temperatura()`. A primeira condição verificada é `t > 86`. Se ela for verdadeira, então a instrução `print('Está quente!')` é executada. Se for falsa, então a condição `t > 32` é verificada. Se for verdadeira, então a instrução `print('Está frio!')` é executada. Se for falsa, então a instrução `print('Está congelando!')` é executada.

```
def temperatura(t):
    if t > 32:
        print('Está frio ')
    elif t > 86:
        print('Está quente!')
    else:
        print('Está congelando!')
```

O problema com essa implementação é que `'Está frio.'` será exibido para *todos os valores* de `t` maiores que 32. Assim, se `t` for 104, o que será exibido é `'Está frio.'`. Na verdade, `'Está quente!'` nunca será exibido, não importa se o valor de `t` for muito alto. O problema é que as condições `t > 32` e `t > 86` não são *mutuamente exclusivas*, como acontece com as condições correspondentes aos blocos de código em uma estrutura de decisão em duas vias.

Um modo de resolver a implementação é tornar as condições mutuamente exclusivas, de forma explícita:

```
def temperatura(t):
    if 32 < t <= 86:          # acrescenta condição t <= 86
        print('Está frio.')
    elif t > 86:
        print('Está quente!')
    else:                         t <= 32
        print('Está congelando!')
```

Entretanto, tornar as condições mutuamente exclusivas de forma explícita pode tornar o código desnecessariamente complicado. Outra forma de resolver a implementação errada é tornar as condições mutuamente exclusivas de forma *implícita*, como fizemos na implementação original da função `temperatura()`. Vamos explicar isso melhor.

A aplicação `temperatura()` deverá ter três blocos de código distintos, cada um correspondente a determinado intervalo de temperatura: $t > 86°$, $32° < t \leq 86°$ e $t \leq 32°$. Um desses intervalos precisa se tornar a primeira condição da instrução `if` em três vias, digamos, `t > 86`.

Qualquer condição subsequente em uma instrução `if` de três vias será testada somente se a primeira condição falhar (ou seja, se o valor de `t` não for maior que 86). Portanto, qualquer condição subsequente inclui, implicitamente, a condição `t <= 86`. Assim, a segunda condição explícita `t > 32` é, na realidade, `32 < t <= 86`. De modo semelhante, a condição implícita para a instrução `else` é `t <= 32`, pois ela é executada somente se `t` for, no máximo, 32.

Problema Prático 5.1

Implemente a função `meuIMC()`, que aceita como entrada a altura de uma pessoa (em metros) e o peso (em quilos) e calcula o Índice de Massa Corporal (IMC) dessa pessoa. A fórmula do IMC é:

$$\texttt{imc} = \frac{\texttt{peso}}{\texttt{altura}^2}$$

Sua função deverá *exibir* a string `'Abaixo do peso'` se o `imc < 18.5`, `'Normal'` se `18,5 <= imc < 25`, e `'Sobrepeso'` se `imc >= 25`.

```
>>> meuIMC *86, 1.90)
Normal
>>> meuIMC (63, 1.90)
Abaixo do peso
```

5.2 Laço `for` e Padrões de Iteração

No Capítulo 3, introduzimos o laço `for`. Em geral, o laço `for` tem esta estrutura:

```
for <variável> in <sequência>:
    <bloco de código endentado>
<instrução não endentada>
```

A variável `<sequência>` deve se referir a um objeto que seja uma string, lista, range ou qualquer tipo de contêiner *que possa ser percorrido* — veremos o que isso significa no Capítulo 8. Quando o Python executa o laço `for`, ele atribui valores sucessivos de `<sequência>` à `<variável>` e executa o `<bloco de código endentado>` para cada valor de `<variável>`. Depois que o `<bloco de código endentado>` tiver sido executado pela última vez em `<sequência>`, a execução continua com a instrução `<instrução não endentada>`, que se encontra abaixo do bloco endentado e tem a mesma endentação da primeira linha da instrução de laço `for`.

O laço `for`, e os laços em geral, têm muitos usos em programação, e existem diferentes maneiras de usar os laços. Nesta seção, descrevemos vários padrões de uso básicos para os laços.

Padrão de Laço: Laço de Iteração

Até este ponto do livro, usamos o laço `for` apenas para percorrer os itens de uma lista:

```
>>> l = ['gato', 'cão', 'frango ']
>>> for animal in l:
        print(animal)


gato
cão
frango
```

Ele foi usado para percorrer os caracteres de uma string:

```
>>> s = 'cupcake'
>>> for c in s:
        if c in 'aeiou':
                print(c)


u
a
e
```

Percorrer uma sequência explícita de valores e realizar alguma ação sobre cada valor é o padrão de uso mais simples para um laço `for`. Chamamos esse padrão de uso de *padrão de laço de iteração*. Esse é o padrão de laço que mais usamos até aqui neste livro. Incluímos, como nosso exemplo final de um padrão de laço de iteração, o código do Capítulo 4, que lê uma linha de arquivo e exibe cada linha no shell interativo:

```
>>> arqEntrada = open('teste.txt', 'r')
>>> for linha in arqEntrada:
        print(linha, end='')
```

Neste exemplo, a iteração não é sobre caracteres de uma string ou itens de uma lista, mas sobre as linhas do objeto de arquivo `arqEntrada`. Embora o contêiner seja diferente, o padrão de iteração básico é o mesmo.

Padrão de Laço: Laço Contador

Outro padrão de laço que estivemos usando é a repetição por uma sequência de inteiros, especificada com a função `range()`:

```
>>> for i in range(10):
        print(i, end=' ')

0 1 2 3 4 5 6 7 8 9
```

Usamos esse padrão, que chamamos de padrão de laço contador, quando precisamos executar um bloco de código para cada inteiro em algum intervalo (`range`). Por exemplo, podemos querer encontrar (e exibir) todos os números pares de 0 até algum inteiro `n`:

```
>>> n = 10
>>> for i in range(n):
        if i % 2 == 0:
            print(i, end = ' ')

0 2 4 6 8
```

Problema Prático 5.2

Escreva uma função chamada `potências()` que apanhe um inteiro positivo n como entrada e exiba, na tela, todas as potências de 2 desde 2^1 até 2^n.

```
>>> potências(6)
2 4 8 16 32 64
```

Um motivo muito comum para percorrer uma sequência de inteiros consecutivos é gerar os índices de uma sequência, seja a sequência uma lista, string ou outra qualquer. Ilustramos isso com uma nova lista `animais`.

```
>>> animais = ['gato', 'cão', 'peixe', 'pássaro']
```

Podemos exibir os animais na lista usando o padrão de laço de iteração:

```
>>> for animal in animais:
        print(animal)

gato
cão
peixe
pássaro
```

Em vez de percorrer *os itens* da lista `animais`, também poderíamos percorrer *os índices* da lista `animais` e conseguir o mesmo resultado:

```
>>> for i in range(len(animais)): # i recebe valores 0, 1, 2, ...
        print(animais[i])         # exibe objeto no índice i

gato
cão
peixe
pássaro
```

Observe como as funções `range()` e `len()` funcionam em sequência para gerar os índices 0, 1, 2 e 3 da lista `animais`. A execução do laço é ilustrada na Figura 5.2.

A segunda técnica, usando a iteração pelos índices de lista, é mais complicada e menos intuitiva do que a técnica que percorre os itens da lista. Por que, então, ela seria utilizada?

Bem, existem situações em que é necessário percorrer uma sequência pelo índice, em vez do valor. Por exemplo, considere o problema de verificar se uma lista `lst` de números está classificada em ordem crescente. Para fazer isso, basta verificar se cada número da lista é menor que o seguinte — se houver um seguinte. Vamos tentar implementar essa técnica percorrendo os itens da lista:

```
for item in lst:
    # agora compara item com o próximo objeto na lista lst
```

Estamos sem saída. Como comparamos um item da lista com o item seguinte? O problema é que não temos realmente um modo de acessar o objeto na lista `lst` que esteja após o objeto `item`.

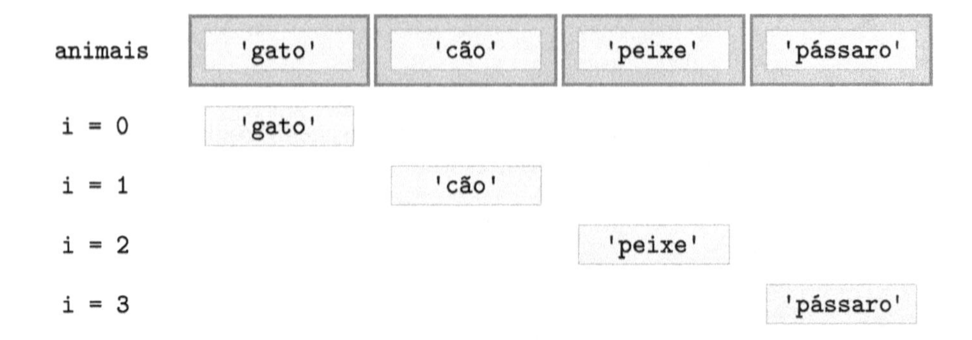

Figura 5.2 **Problema do contador.** No laço `for`, a variável `i` recebe, sucessivamente, os valores 0, 1, 2 e 3. Para cada valor de `i`, o objeto da lista `animais[i]` é exibido: string `'gato'` quando `i` é 0, `'cão'` quando `i` é 1 e assim por diante.

Se percorrermos a lista por *índice* da lista no lugar do *item* da lista, temos uma forma de fazer isso: o objeto seguinte ao item no índice *i* deverá estar no índice *i* + 1:

```
for i in range(len(lst)):
    # compara lst[i] com lst[i+1]
```

A próxima questão a resolver é como comparar `lst[i]` com `lst[i+1]`. Se a condição `lst[i] < lst[i+1]` for verdadeira, não precisamos fazer mais nada além de verificar o próximo par adjacente na próxima iteração do laço. Se a condição for falsa — ou seja, `lst[i] >= lst[i+1]` —, então sabemos que a lista `lst` não está na ordem crescente e podemos imediatamente retornar `False`. Assim, só precisamos de uma instrução `if` de única via dentro do laço:

```
for i in range(len(lst)):
    if lst[i] >= lst[i+1]:
        return False
```

Nesse laço, a variável `i` recebe os índices da lista `lst`. Para cada valor de `i`, verificamos se o objeto na posição `i` é maior ou igual ao objeto na posição `i+1`. Se isso acontecer, podemos retornar `False`. Se o laço `for` terminar, isso significa que cada par consecutivo de objetos na lista `lst` está em ordem crescente e, portanto, a lista inteira está em ordem crescente.

Acontece que cometemos um erro nesse código. Observe que comparamos os itens da lista no índice 0 e 1, 1 e 2, 2 e 3, até o item no índice `len(lst)-1` e `len(lst)`. Mas não existe um item no índice `len(lst)`. Em outras palavras, não precisamos comparar o último item da lista com o "item seguinte" na lista. O que precisamos fazer é encurtar em 1 o intervalo sobre o qual o laço `for` é repetido.

Veja nossa solução final na forma de uma função que aceita como entrada uma lista e retorna `True` se a lista estiver classificada em ordem crescente e `False` caso contrário.

Módulo: ch5.py

```
1  def ordenada(lst):
2      'retorna True se a sequência lst for crescente; se não, False '
3      for i in range(0, len(lst)-1): # i = 0, 1, 2, ..., len(lst)-2
4          if lst[i] > lst[i+1]:
5              return False
6      return True
```

Problema Prático 5.3

Escreva a função `aritmética()`, que aceita uma lista de inteiros como entrada e retorna `True` se eles formarem uma sequência aritmética. (Uma sequência de inteiros é uma *sequência aritmética* se a diferença entre os itens consecutivos da lista for sempre a mesma.)

```
>>> aritmética([3, 6, 9, 12, 15])
True
>>> aritmética([3, 6, 9, 11, 14])
False
>>> aritmética([3])
True
```

Padrão de Laço: Laço Acumulador

Um padrão comum nos laços é acumular "alguma coisa" em cada iteração do laço. Dada uma lista de números `listaNum`, por exemplo, poderíamos querer somar os números. Para fazer isso usando um laço `for`, primeiro precisamos introduzir uma variável `minhaSoma`, que manterá a soma. Essa variável é inicializada em 0; depois, um laço `for` pode ser usado para percorrer os números na `listaNum` e somá-los à `minhaSoma`. Por exemplo:

```
>>> listaMun = [3, 2, 7, -1, 9]
>>> minhaSoma = 0                    # inicializando o acumulador
>>> for num in listaMun:
        minhaSoma = minhaSoma + num  # somando ao acumulador

>>> minhaSoma                        # a soma dos números em listaNum
20
```

A execução do exemplo de laço `for` anterior é ilustrada na Figura 5.3. A variável `minhaSoma` serve como o *acumulador*. Nesse caso, é um acumulador inteiro inicializado em 0, pois estamos somando inteiros e 0 é a identidade para a adição (ou seja, 0 não afeta a adição). Cada valor de `num` é somado ao acumulador com a atribuição

```
minhaSoma = minhaSoma + num
```

Na expressão à direita do operador de atribuição `=`, o valor de `num` e o valor atual do acumulador `minhaSoma` são somados. A atribuição, então, coloca o resultado dessa adição de volta ao acumulador `minhaSoma`. Dizemos que `minhaSoma` é *incrementada pelo* valor de `num`. Essa operação é tão comum que existe um atalho para ela:

```
minhaSoma += num
```

Vamos recalcular a soma usando este atalho:

```
>>> minhaSoma = 0
>>> for num in listaNum:
        minhaSoma += num
```

Vamos nos referir ao padrão desse laço `for` como o *padrão de laço acumulador*.

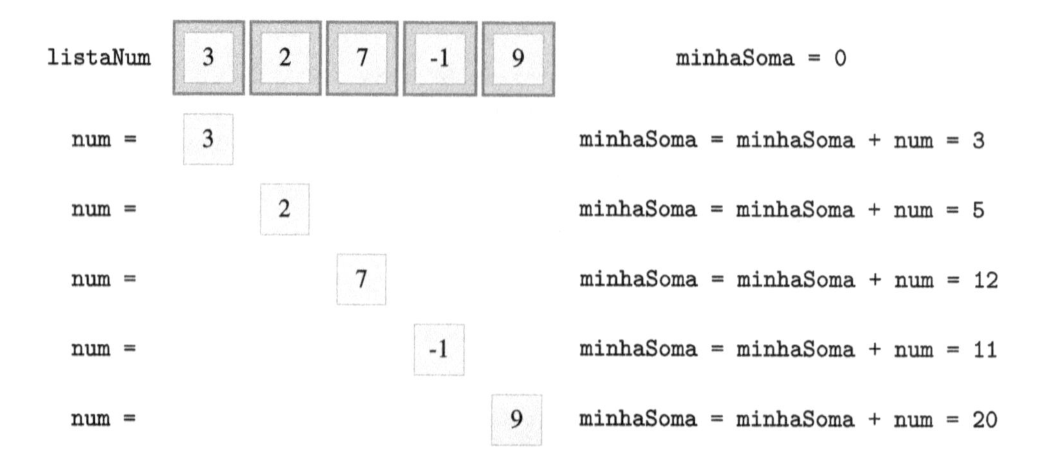

Figura 5.3 **Padrão de acumulador.** O laço `for` percorre os números na `listaNum`. A cada iteração, o número atual é somado ao acumulador `minhaSoma` usando a atribuição `minhaSoma = minhaSoma + num`.

Acumulando Tipos Diferentes

Ilustramos o padrão de acumulador com vários outros exemplos. Lembre-se de que, no Capítulo 2, apresentamos a função embutida `soma()`, que pode ser usada para somar os valores em uma lista:

```
>>> sum(listaNum)
20
```

Assim, escrever um laço `for` para somar os números em uma lista não foi realmente necessário. Normalmente, porém, uma função embutida não está disponível. E se, por exemplo, quiséssemos multiplicar todos os números na lista? Uma técnica semelhante à que usamos para a soma poderia funcionar:

```
>>> meuProd = 0                    # inicializando o produto
>>> for num in listaNum:           # num recebe valores de listaNum
        meuProd = meuProd * num    # meuProd é multiplicado por num
>>> meuProd                        # o que saiu errado?
0
```

O que saiu errado? Inicializamos o produto acumulador `meuProd` com 0; o problema é que 0 vezes qualquer coisa é 0. Quando multiplicamos `meuProd` por cada valor em `listaNum`, sempre recebemos um 0. O valor 0 foi uma boa escolha para inicializar uma soma porque 0 é a identidade para o operador de adição. O valor identidade para o operador de multiplicação é 1:

```
>>> meuProd = 1
>>> for num in listaNum:
    meuProd = meuProd * num

>>> meuProd
-378
```

Problema Prático 5.4

Implemente a função `fatorial()`, que toma como entrada um inteiro não negativo e retorna seu fatorial. O *fatorial* de um inteiro não negativo n, indicado por $n!$, é definido desta maneira:

$$n! = \begin{cases} 1 & \text{se } n = 0 \\ n \times (n-1) \times (n-2) \times \ldots \times 2 \times 1 & \text{se } n > 0 \end{cases}$$

Logo, 0! = 1,3! = 6 e 5! = 120.

```
>>> fatorial(0)
1
>>> fatorial(3)
6
>>> fatorial(5)
120
```

Em nossos dois primeiros exemplos de padrões de acumulador, os acumuladores foram de um tipo numérico. Se acumularmos (concatenarmos) caracteres em uma string, o acumulador deverá ser uma string. Para qual valor de string o acumulador deve ser inicializado? Ele precisa ser um valor que seja a identidade para a concatenação de string (ou seja, tem a propriedade: quando concatenada com algum caractere, a string resultante deverá ser simplesmente o caractere). A string vazia `''` (não o espaço em branco!) é, portanto, a identidade para a concatenação de string.

Problema Prático 5.5

Um *acrônimo* é uma palavra formada tomando-se as primeiras letras das palavras em uma frase e depois criando uma palavra para elas. Por exemplo, RAM é um acrônimo para a memória de acesso aleatório (*random access memory*). Escreva uma função `acrônimo()` que aceite uma frase (ou seja, uma string) como entrada e depois retorne o acrônimo para essa frase. *Nota*: O acrônimo deverá estar em letras maiúsculas, mesmo que as palavras na frase não sejam iniciadas por maiúsculas.

```
>>> acrônimo('Random access memory')
'RAM'
>>> acrônimo('central processing unit')
'CPU'
```

Se acumularmos objetos em uma lista, o acumulador deverá ser uma lista. Qual é a identidade para a concatenação de lista? É a lista vazia `[]`.

Problema Prático 5.6

Escreva a função `divisores()`, que aceita um inteiro positivo *n* como entrada e retorna a lista de todos os divisores positivos de *n*.

```
>>> divisores(1)
[1]
>>> divisores(6)
[1, 2, 3, 6]
>>> divisores(11)
[1, 11]
```

Padrões de Laço: Laço Aninhado

Suponha que queiramos desenvolver uma função `aninhada()`, que aceite um inteiro positivo *n* como entrada e exiba, na tela, essas *n* linhas:

```
0 1 2 3 ... n-1
0 1 2 3 ... n-1
0 1 2 3 ... n-1
...
0 1 2 3 ... n-1
```

Por exemplo:

```
>>> n = 5
>>> aninhada(n)
0 1 2 3 4
0 1 2 3 4
0 1 2 3 4
0 1 2 3 4
0 1 2 3 4
```

Como já vimos, para exibir uma linha, basta fazer:

```
>>> for i in range(n):
        print(i,end=' ')

0 1 2 3 4
```

Para obter *n* dessas linhas (ou 5 linhas, nesse caso), tudo o que precisamos fazer é repetir o laço *n* vezes (ou 5 vezes, nesse caso). Podemos fazer isso com um laço `for` externo adicional, que executará o laço `for` repetidamente:

```
>>> for j in range(n):          # laço externo repete 5 vezes
        for i in range(n):          # laço inteiro exibe 0, 1, 2, 3, 4
            print(i, end = ' ')

0 1 2 3 4 0 1 2 3 4 0 1 2 3 4 0 1 2 3 4 0 1 2 3 4
```

Opa, não é isso o que queríamos. A instrução `print(i, end= ' ')` força *todos* os números em uma linha. O que queremos é começar uma nova linha *depois* que cada sequência `0 1 2 3 4` for exibida. Em outras palavras, precisamos chamar a função `print()` sem argumento toda vez que o laço interno

```
for i in range(n):
    print(i, end = ' ')
```

for executado. Veja aqui nossa solução final:

Módulo: ch5.py

```
1 def aninhada(n):
2     'exibe n linhas cada uma contendo o valor 0 1 2 ... n-1'
3     for j in range(n):          # repete n vezes:
4         for i in range(n):          # exibe 0, 1, ..., n-1
5             print(i, end = ' ')
6         print()                 # salva cursor na próxima linha
```

Note que precisamos usar um nome de variável no laço `for` externo, diferente do nome de variável no laço for interno (`i`).

Nesse programa, uma instrução de laço está contida dentro de outra instrução de laço. Referimo-nos a esse tipo de padrão de laço como um *padrão de laço aninhado*. Um padrão de laço aninhado pode conter mais de dois laços aninhados.

Problema Prático 5.7

Escreva uma função `xmult()` que aceite duas listas de inteiros como entrada e retorne uma lista contendo todos os produtos de inteiros da primeira lista com os inteiros da segunda lista.

```
>>> xmult([2], [1, 5])
[2, 10]
>>> xmult([2, 3], [1, 5])
[2, 10, 3, 15]
>>> xmult([3, 4, 1], [2, 0])
[6, 0, 8, 0, 2, 0]
```

Suponha agora que queiramos escrever outra função, `aninhada2()`, que aceite um inteiro positivo *n* e exiba, na tela, estas *n* linhas:

```
0
0 1
0 1 2
0 1 2 3
...
0 1 2 3 ... n-1
```

Por exemplo:

```
>>> aninhada2(5)
0
0 1
0 1 2
0 1 2 3
0 1 2 3 4
```

O que precisa ser mudado na função `aninhada()` para criar essa saída? Em `aninhada()`, a linha completa `0 1 2 3 ... n-1` é exibida para cada valor da variável `j`. O que queremos agora é:

- Exibir `0` quando `j` for `0`.
- Exibir `0 1` quando `j` for `1`.
- Exibir `0 1 2` quando `j` for `2` e assim sucessivamente.

A variável do laço interno `i` precisa percorrer não `range(n)`, mas os valores `0, 1, 2, ..., j`, ou seja, o `range(j+1)`. Isso sugere esta solução:

Módulo: ch5.py

```
1  def aninhada2(n):
2      'exibe n linhas 0 1 2 ... j para j = 0, 1, ..., n-1'
3      for j in range(n):          # j = 0, 1, ..., n-1
4          for i in range(j+1):     # exibe 0 1 2 ... j
5              print(i, end = ' ')
6          print()                  # passa para próxima linha
```

Problema Prático 5.8

Uma forma de classificar uma lista de n números diferentes em ordem crescente é executar n – 1 passadas sobre os números na lista. Cada passada compara todos os números adjacentes na lista e os inverte, se estiverem fora da ordem. Ao final da primeira passada, o maior item estará no final da lista (no índice $n - 1$). Portanto, a segunda passada pode parar antes de alcançar o último elemento, pois ele já está na posição correta; a segunda passada colocará o segundo maior item na penúltima posição. Em geral, a passada i comparará os pares nos índices 0 e 1, 1 e 2, 2 e 3, ..., e $i - 1$ e i; ao final da passada, o i-ésimo maior item estará no índice $n - i$. Portanto, após a passada $n - 1$, a lista estará em ordem crescente.

Escreva uma função `bubbleSort()` que aceite uma lista de números como entrada e classifique a lista usando essa técnica.

```
>>> lst = [3, 1, 7, 4, 9, 2, 5]
>>> bubblesort(lst)
>>> lst
[1, 2, 3, 4, 5, 7, 9]
```

5.3 Mais sobre Listas: Listas Bidimensionais

As listas que examinamos até aqui podem ser vistas como tabelas unidimensionais. Por exemplo, a lista

```
>>> l = [3, 5, 7]
```

pode ser vista como a tabela

3	5	7

Uma tabela unidimensional pode facilmente ser representada em Python como uma lista. Mas, e que tal as tabelas bidimensionais, como esta ilustrada a seguir?

4	7	2	5
5	1	9	2
8	3	6	6

Uma tabela bidimensional como esta é representada em Python como uma lista de listas, também conhecida como uma lista bidimensional.

Listas Bidimensionais

Uma tabela bidimensional consiste em uma série de linhas (ou tabelas unidimensionais). É exatamente assim que as tabelas bidimensionais são representadas em Python: uma lista de elementos de lista, com cada elemento de lista correspondendo a uma linha da tabela. Por exemplo, a tabela bidimensional ilustrada anteriormente é representada em Python como:

```
>>> t = [[4, 7, 2, 5], [5, 1, 9, 2], [8, 3, 6, 6]]
>>> t
[[4, 7, 2, 5], [5, 1, 9, 2], [8, 3, 6, 6]]
```

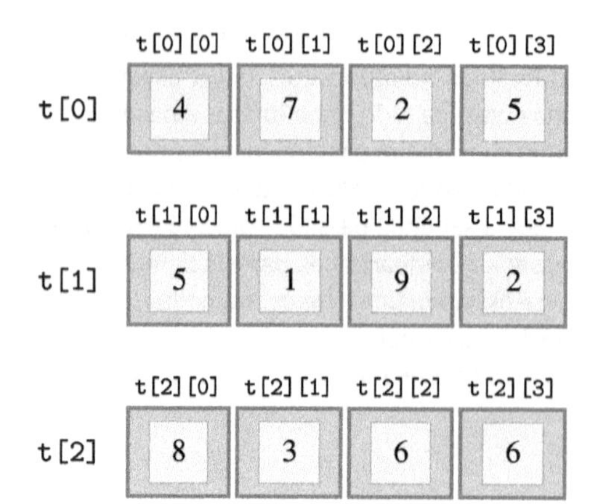

Figura 5.4 **Lista bidimensional.** A lista `t` representa uma tabela 2D. A primeira linha da tabela é `t[0]`, a segunda é `t[1]` e a terceira é `t[2]`. Os itens na primeira linha são `t[0][0]`, `t[0][1]`, `t[0][2]` e `t[0][3]`. Os itens na segunda linha são `t[1][0]`, `t[1][1]`, `t[1][2]`, `t[1][3]` e assim por diante.

A lista `t` é ilustrada na Figura 5.4; observe que `t[0]` corresponde à primeira linha da tabela, `t[1]` corresponde à segunda linha e `t[2]` corresponde à terceira linha. Podemos verificar isso:

```
>>> t[0]
[4, 7, 2, 2]
>>> t[1]
[5, 1, 9, 2]
```

Até este ponto, não há nada realmente de novo aqui: sabíamos que uma lista poderia conter outra lista. O que é especial é que cada elemento da lista tem o mesmo tamanho. Agora, como acessamos (lemos ou escrevemos) itens individuais na tabela? Um item em uma tabela bidimensional normalmente é acessado usando suas "coordenadas" (ou seja, seu índice de linha e índice de coluna). Por exemplo, o valor 8 na tabela está na linha 2 (contando da linha mais ao topo e começando com o índice 0) e coluna 0 (contando da coluna mais à esquerda). Em outras palavras, 8 está localizado no índice 0 da lista `t[2]`, ou em `t[2][0]` (veja a Figura 5.4). Em geral, o item localizado na linha `i` e coluna `j` de uma lista bidimensional `t` é acessado com a expressão `t[i][j]`:

```
>>> t[2][0]              # o elemento na linha 2, coluna 0
8
>>> t[0][0]              # o elemento na linha 0, coluna 0
4
>>> t[1][2]              # o elemento na linha 1, coluna 2
9
```

Para atribuir um valor à entrada na linha *i* e coluna *j*, simplesmente usamos a instrução de atribuição. Por exemplo:

```
>>> t[2][3] = 7
```

A entrada na linha 2 e coluna 3 de `t` é, agora, 7:

```
>>> t
[[4, 7, 2, 5], [5, 1, 9, 2], [8, 3, 6, 7]]
```

Às vezes, precisamos acessar *todas* as entradas de uma lista bidimensional em alguma ordem e não apenas uma única entrada em uma linha e coluna especificadas. Para visitar as entradas de uma lista bidimensional sistematicamente, o padrão de laço aninhado é utilizado.

Listas Bidimensionais e o Padrão de Laço Aninhado

Quando exibimos o valor da lista bidimensional t, a saída que obtivemos foi uma lista de listas, em vez de uma tabela com fileiras em diferentes linhas. Frequentemente, é bom exibir o conteúdo de uma lista bidimensional de modo que ela se pareça com uma tabela. A próxima abordagem usa o padrão de iteração para exibir cada linha da tabela em uma linha separada.

```
>>> for linha in t:
        print(linha)

[4, 7, 2, 5]
[5, 1, 9, 2]
[8, 3, 6, 7]
```

Suponha que, em vez de exibir cada linha da tabela como uma lista, quiséssemos ter uma função `print2D()` que exibe os itens em `t` conforme mostramos a seguir:

```
>>> print2D(t)
4 7 2 5
5 1 9 2
8 3 6 7
```

Usamos o padrão de laço aninhado para implementar essa função. O laço `for` externo é usado para gerar as linhas, enquanto o laço `for` interno percorre os itens em sequência e os exibe:

Módulo: ch5.py

```
1 def print2D(t):
2     'exibe valores na lista 2D t como uma tabela 2 D'
3     for linha in t:
4         for item in linha:        # exibe item seguido por
5             print(item, end=' ')     # um expaço em branco
6         print()                   # move para próxima linha
```

Vamos considerar mais um exemplo. Suponha que precisemos desenvolver a função `incr2D()`, que incrementa o valor de cada número em uma lista de números bidimensional:

```
>>> print2D(t)
4 7 2 5
5 1 9 2
8 3 6 7
>>> incr2D(t)
>>> print2D(t)
5 8 3 6
6 2 10 3
9 4 7 8
```

Nitidamente, a função `incr2D()` precisará executar:

```
t[i][j] += 1
```

para cada índice de linha `i` e índice de coluna `j` de uma lista bidimensional de entrada `t`. Podemos usar o padrão de laço aninhado para gerar todas as combinações de índice de linha e coluna.

O laço externo deverá gerar os índices de linha de `t`. Para fazer isso, precisamos saber o número de linhas em `t`. Ele é simplesmente `len(t)`. O laço interno deverá gerar os índices de coluna de `t`. Estamos esbarrando em um problema aqui. Como descobrimos quantas colunas `t` possui? Bem, na realidade, esse é o número de itens em uma linha, e como estamos supondo que todas as linhas têm o mesmo número de itens, podemos escolher arbitrariamente a primeira linha para obter o número de colunas: `len(l[0])`. Agora, podemos implementar a função:

Módulo: ch5.py

```
1  def incr2D(t):
2      'incrementa cada número na lista 2D de números t'
3      nlinhas = len(t)                    # número de linhas
4      ncolunas = len(t[0])                # número de colunas
5
6      for i in range(nlinhas):            # i é o índice da linha
7          for j in range(ncolunas):           #j é o índice da coluna
8              t[i][j] += 1
```

O padrão de laço aninhado é usado nesse programa para acessar os itens da lista bidimensional `t` linha por linha, da esquerda para a direita, de cima para baixo. Os primeiros acessados são os itens na linha 0 — `t[0][0]`, `t[0][1]`, `t[0][2]` e `t[0][3]`, nesta ordem —, conforme ilustrado na Figura 5.5. Depois disso, os itens na linha 1 são acessados, da esquerda para a direita, e depois os itens na linha 2, e assim sucessivamente.

Problema Prático 5.9

Escreva uma função `soma2D()` que aceita duas listas bidimensionais do mesmo tamanho (ou seja, o mesmo número de linhas e colunas) como argumentos de entrada e incrementa cada entrada na primeira lista com o valor da entrada correspondente na segunda lista.

```
>>> t = [[4, 7, 2, 5], [5, 1, 9, 2], [8, 3, 6, 6]]
>>> s = [[0, 1, 2, 0], [0, 1, 1, 1], [0, 1, 0, 0]]
>>> soma2D(t,s)
>>> for linha in t:
        print(linha)

[4, 8, 4, 5]
[5, 2, 10, 3]
[8, 4, 6, 6]
```

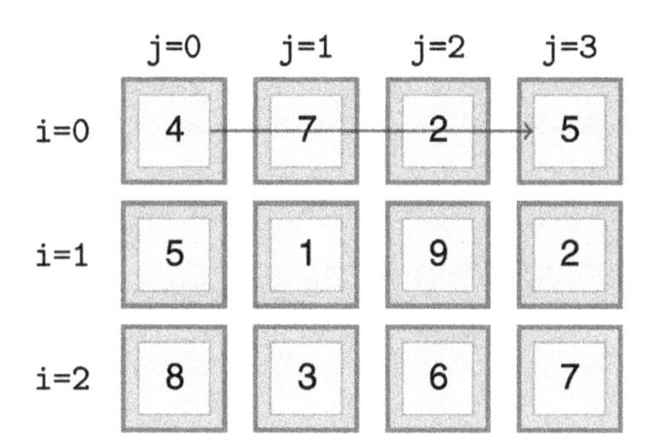

Figura 5.5 **Padrão de laço aninhado.** O laço `for` externo gera índices de linha. O laço `for` interno gera os índices de coluna. A seta ilustra a execução do laço `for` interno para o índice da primeira linha (0).

5.4 Laço `while`

Além dos laços `for`, existe outra estrutura de controle de iteração, mais geral, em Python: o laço `while`. Para entender como funciona o laço `while`, começamos revendo como funciona uma instrução `if` em uma via:

```
if <condição>:
    <bloco de código endentado>
<instrução não endentada>
```

Lembre-se de que o `<bloco de código endentado>` é executado quando a `<condição>` é verdadeira; depois que o `<bloco de código endentado>` é executado, a execução do programa continua com a `<instrução não endentada>`. Se a `<condição>` for falsa, a execução do programa vai diretamente para a `<instrução não endentada>`.

O *formato* de uma instrução `while` é essencialmente idêntico ao formato de uma instrução `if` em única via:

```
while <condição>:
    <bloco de código endentado>
<instrução não endentada>
```

Assim como para uma instrução `if`, em uma instrução `while`, o `<bloco de código endentado>` é executado se a `<condição>` for verdadeira. Porém, depois que o `<bloco de código endentado>` tiver sido executado, a execução do programa volta para verificar se a `<condição>` é verdadeira. Se for, então o `<bloco de código endentado>` é executado novamente. Enquanto o `<bloco de código endentado>` for verdadeiro, ele continua sendo executado, uma vez a cada verificação. Quando a `<condição>` for avaliada como falsa, então a execução salta para a `<instrução não endentada>`. O fluxograma do laço `while` na Figura 5.6 ilustra os caminhos de execução possíveis.

Quando o laço `while` é útil? Ilustramos isso com o próximo problema. Suponha que tenhamos uma ideia tola de calcular os primeiros múltiplos de 73 que sejam maiores que 3.951. Uma forma de resolver esse problema é gerar sucessivamente os múltiplos positivos de 73 até alcançarmos um número maior que 3.951. Uma implementação de laço `for` dessa ideia começaria com:

```
for múltiplo in range(73, ???, 73)}:
    ...
```

A ideia é usar a função `range()` para gerar a sequência de múltiplos de 73: 73, 146, 219,... O problema é que não sabemos onde parar (ou seja, por qual número o `???` será substituído).

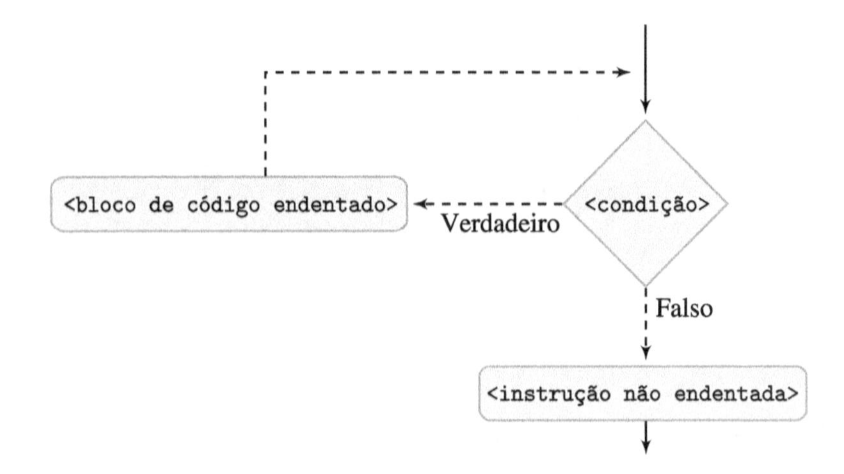

Figura 5.6 **Fluxograma da instrução** `while`. O bloco condicional será executado repetidamente, desde que a condição seja avaliada como verdadeira. Quando a condição for avaliada como falsa, a instrução seguinte ao laço `while` é executada.

Um laço `while` é perfeito para situações em que precisamos repetir, mas não sabemos quantas vezes. Em nosso caso, precisamos continuar gerando múltiplos de 73 enquanto os múltiplos forem $\leqslant$ 3.951. Em outras palavras, *enquanto múltiplo* $\leq$ 73, *geramos o próximo múltiplo*. Vamos traduzir isso para Python:

```
while múltiplo <= 3951:
  múltiplo += 73
```

A variável `múltiplo` precisa ser inicializada antes do laço `while`. Podemos inicializá-la como o primeiro múltiplo positivo de 73, que é 73. A cada iteração do laço `while`, a condição `múltiplo <= 3951` é verificada. Se for verdadeira, `múltiplo` é incrementado para o próximo múltiplo de 73:

```
>>> limite = 3951
>>> múltiplo = 73
>>> while múltiplo <= limite:
        múltiplo += n

>>> múltiplo
4015
```

Quando a condição do laço `while` é avaliada como `False`, a execução do laço termina. O valor de `múltiplo` é, então, maior do que `limite`. Como o valor anterior de `múltiplo` não foi maior, ele terá o valor que queremos: o menor múltiplo maior do que o `limite`.

Problema Prático 5.10

Escreva uma função `juros()` que aceite como entrada uma taxa de juros de ponto flutuante (por exemplo, 0,06, que corresponde a 6% de taxa de juros). Sua função deverá calcular e retornar quanto tempo (em anos) será necessário para que um investimento duplique seu valor. *Nota*: O número de anos necessário para que um investimento duplique não depende do valor do investimento inicial.

```
>>> juros(0.07)
11
```

5.5 Mais Padrões de Laço

Com o laço `while` em mãos, bem como algumas estruturas de controle de laço adicionais, que iremos apresentar, podemos desenvolver mais alguns padrões de laço úteis.

Padrões de Iteração: Laço de Sequência

Alguns problemas, particularmente vindos da ciência, engenharia e finanças, podem ser resolvidos gerando uma sequência de números que, por fim, atinge um número desejado. Ilustramos esse padrão na sequência de números de Fibonacci bem conhecida:

$$1, 1, 2, 3, 5, 8, 13, 21, 34, 55, 89, \ldots$$

A sequência de números de Fibonacci começa com os inteiros 1 e 1 e prossegue infinitamente aplicando esta regra: o número atual na sequência é a soma dos dois números anteriores na sequência.

DESVIO

Números de Fibonacci

A sequência de Fibonacci recebeu o nome de Leonardo de Pisa, conhecido como Fibonacci, que a introduziu para o mundo ocidental. A sequência na realidade era conhecida muito tempo antes, entre os matemáticos indianos:

Fibonacci desenvolveu a sequência como um modelo para o crescimento de uma população de coelhos idealizada. Ele considerou que (1) os coelhos são capazes de acasalar com uma idade de um mês e (2) é necessário um mês para que os filhos nasçam. O número de pares de coelhos no final do mês *i* é descrito pelo *i*-ésimo número de Fibonacci desta maneira:

- Inicialmente, no início do mês 1, existe apenas 1 par.
- Ao final do mês 1, o par se acasala, mas ainda há apenas 1 par.
- Ao final do mês 2, o par original produz um par de coelhos e novamente se acasala, de modo que agora existem 2 pares.
- Ao final do mês 3, o par original produz um par de coelhos novamente e se acasala novamente. O segundo par se acasala, mas ainda não tem descendentes. Agora existem 3 pares.
- Ao final do mês 4, o par original e o segundo par produzem um par de coelhos cada, de modo que agora existem 5 pares.

Um problema natural é calcular o *i*-ésimo número de Fibonacci. O Problema 5.32, ao final deste capítulo, pede que você faça exatamente isso. No momento, vamos resolver um problema ligeiramente diferente. Gostaríamos de calcular o primeiro número de Fibonacci maior que algum determinado `limite` inteiro. Faremos isso gerando a sequência de números de Fibonacci e parando quando alcançarmos um número maior que o `limite`. Assim, se nosso número de Fibonacci atual for `atual`, nossa condição do laço `while` será

```
while atual <= limite:
```

Se a condição for verdadeira, precisamos gerar o próximo número de Fibonacci ou, em outras palavras, o próximo valor de `atual`. Para fazer isso, precisamos guardar o número de Fibonacci que vem antes de `atual`. Assim, precisamos ter outra variável, digamos, `anterior`, além de uma variável `atual` para o número de Fibonacci atual. Antes do laço `while`, inicializamos `anterior` e `atual` como o primeiro e segundo números de Fibonacci:

Módulo: ch5.py

```
1  def fibonacci(limite):
2      'retorna o menor número de Ficonacci maior que limite'
3      anterior = 1          # primeiro número de Fibonacci
4      atual = 1             # segundo número de Fibonacci
5      while atual <= limite:
6          # atual torna-se anterior, e novo atual é calculado
7          anterior, atual = atual, anterior+atual
8      return atual
```

Observe o uso da instrução de atribuição paralela para calcular os novos valores para `atual` e `anterior`.

Na função `fibonacci()`, o laço é usado para gerar uma sequência de números até que uma condição seja satisfeita. Referimo-nos a esse padrão de laço como o *padrão de laço de sequência*. No próximo problema, aplicamos o padrão de laço de sequência para aproximar o valor da constante matemática *e*, chamada constante de Euler.

Problema Prático 5.11

Sabe-se que o valor exato de *e* é igual a esta soma infinita:

$$\frac{1}{0!}+\frac{1}{1!}+\frac{1}{2!}+\frac{1}{3!}+\frac{1}{4!}+\frac{1}{5!}+\ldots$$

Uma soma infinita é impossível de ser calculada. Podemos conseguir uma aproximação de *e* calculando a soma dos primeiros poucos termos na soma infinita. Por exemplo, $e_0 = \frac{1}{0!} = 1$ é uma aproximação (grosseira) para *e*. A próxima soma, $e_1 = \frac{1}{0!} + \frac{1}{1!} = 2$, é melhor, mas ainda muito ruim. A próxima, $e_2 = \frac{1}{0!} + \frac{1}{1!} + \frac{1}{2!} = 2{,}5$, parece ser melhor. As próximas somas mostram que estamos seguindo na direção correta:

$$e_3 = \frac{1}{0!}+\frac{1}{1!}+\frac{1}{2!}+\frac{1}{3!} = 2{,}6666\ldots$$
$$e_4 = \frac{1}{0!}+\frac{1}{1!}+\frac{1}{2!}+\frac{1}{3!}+\frac{1}{4!} = 2{,}7083\ldots$$

Agora, como $e_4 - e_3 = \frac{1}{4!} > \frac{1}{5!} + \frac{1}{6!} + \frac{1}{7!} + \ldots$, sabemos que e_4 está dentro de $\frac{1}{4!}$ do valor real para *e*. Isso nos dá um modo de calcular uma aproximação de *e* que esteja garantidamente dentro de determinado intervalo do valor verdadeiro de *e*.

Escreva a função `aproxE()` que aceita como entrada um valor de ponto flutuante `erro` e retorna um valor que aproxima a constante *e* até dentro do `erro`. Você fará isso gerando a sequência de aproximação e_0, e_1, e_2, ..., até que a diferença entre a aproximadamente atual e a anterior não seja maior que o `erro`.

```
>>> aproxE(0.01)
2.7166666666666663
>>> aproxE(0.000000001)
2.7182818284467594
```

Padrão de Laço: Laço Infinito

O laço `while` pode ser usado para criar um laço *infinito*, ou seja, um laço executado "para sempre".

```
while True:
    <bloco de código endentado>
```

Como `True` é sempre verdadeiro, o `<bloco de código endentado>` será executado todas as vezes.

Os laços infinitos são úteis quando o programa precisa oferecer um serviço indefinidamente. Um servidor Web (ou seja, um programa que serve páginas Web) é um exemplo de um programa que oferece um serviço. Ele repetidamente recebe solicitações de página Web do seu navegador Web — e de outras pessoas — e envia de volta a página Web solicitada. O próximo exemplo ilustra o uso do padrão de laço infinito em um "serviço de saudação" muito mais simples.

Gostaríamos de escrever uma função `olá2()` que repetidamente solicita que os usuários entrem com seu nome e depois, quando o usuário tiver terminado e pressionado [Enter] ou [Return], ele receba uma saudação:

```
>>> hello2()
Qual é o seu nome? Sam
Olá Sam
Qual é o seu nome? Tim
Olá Tim
```

Aqui está uma implementação simples que usa o *padrão de laço infinito:*

Módulo: ch5.py

```
1 def olá2():
2     '''um serviço de saudação: ele pede repetidamente o nome
3        do usuário e depois o saúda'''
4     while True:
5         nome = input('Qual é o seu nome?')
6         print('Olá {}'.format(nome))
```

Como você interrompe um programa que usa um padrão de laço infinito? Qualquer programa em execução, incluindo aquele que executa um laço infinito, pode ser parado — mais precisamente, interrompido — de fora do programa (externamente) com a digitação (simultânea) de [Ctrl]-[C] no teclado. É assim que devemos parar a execução da função `olá2()`.

Padrão de Laço: Laço e Meio

Um laço `while` também deve ser usado quando um programa deve processar repetidamente alguns valores de entrada até que um *flag* seja alcançado. (Um flag é um valor qualquer que é escolhido para indicar o final da entrada.)

Mais especificamente, considere o problema de desenvolver uma função `cidades()` que repetidamente solicita nomes de cidade (ou seja, strings) do usuário e as acumula em uma lista. O usuário indica o final da entrada inserindo uma string vazia, no ponto em que a função deve retornar a lista de todas as cidades inseridas pelo usuário. Veja o comportamento que esperamos ver:

```
>>> cidades()
Digite a cidade: Lisboa
Digite a cidade: San Francisco
Digite a cidade: Hong Kong
Digite a cidade:
['Lisboa', 'San Francisco', 'Hong Kong']
>>>
```

Se o usuário não digitar uma cidade, a lista vazia será retornada:

```
>>> cidades()
Digite a cidade:
[]
```

Nitidamente, a função `cidades()` deverá ser implementada usando um laço que pede interativamente do usuário a cidade em cada iteração. Como o número de iterações não é conhecido, precisamos usar um laço `while`. A condição desse laço `while` deverá verificar se o usuário digitou a string vazia. Isso significa que o usuário deverá digitar a primeira cidade *antes* de entrar no laço `while`. Naturalmente, também precisaremos pedir que o usuário digite uma cidade em cada iteração do laço `while`.

Módulo: ch5.py

```
1  def cidades():
2      '''retorna a lista de cidades que são inseridas interativamente
3         pelo usuário; a string vazia termina a entrada interativa'''
4      lst = []
5
6      cidade = input('Digite a cidade:')  # pede ao usuário para
7                                           informar a primeira cidade
8      while cidade != '':                 # se a cidade não for o valor
9                                            de flag
10         lst.append(cidade)              # acrescenta cidade à lista
11         city = input('Digite a cidade: ')  # e pede ao usuário mais
12                                              uma vez
       return lst
```

Observe que a função usa o padrão de laço acumulador para acumular as cidades em uma lista.

Na função `cidades()`, existem duas chamadas de função `input()`: uma antes da instrução de laço `while` e uma dentro do bloco de código do laço `while`. Uma forma de eliminar uma dessas instruções "redundantes" e tornar o código mais intuitivo é usar um laço infinito e uma instrução `if` dentro do corpo do laço `while`. A instrução `if` testaria se o usuário informou o valor de flag:

Módulo: ch5.py

```
1  def cidades2():
2      '''retorna a lista de cidades que são inseridas interativamente
3         pelo usuário; a string vazia termina a entrada interativa '''
4      lst = []
5
6      while True:                          # repete indefinidamente
7          cidade = input('Digite a cidade: ') # pede que o usuário
8                                                informe a cidade
9          if cidade == '':                 # se a cidade for o valor
10                                              de flag
11             return lst                     # retorna lista
12
           lst.append(cidade)               # acrescenta cidade à lista
```

Ao executar a função `cidades2()`, a última iteração do laço `while` é aquela durante a qual o usuário insere a string vazia. Nessa iteração, somente "metade" do corpo do laço é executada; a instrução `lst.append(cidade)` é pulada. Por esse motivo, o padrão de laço em `cidades2()` normalmente é chamado de padrão de *laço e meio*.

DESVIO

Mais Padrões de Laço

Neste livro, descrevemos apenas os principais padrões de laço. Outros padrões de laço foram propostos. Se você quiser ver mais, esse site Web registra os padrões de laço propostos por diversos cientistas da computação:

http://max.cs.kzoo.edu/patterns/Repetition.shtml

5.6 Estruturas Adicionais de Controle de Iteração

Terminamos este capítulo apresentando diversas instruções Python que oferecem mais controle sobre a iteração. Usamos exemplos simples, de modo a claramente ilustrar como eles funcionam.

Instrução `break`

A instrução `break` pode ser acrescentada ao bloco de código de um laço (seja um laço `for` ou um laço `while`). Quando executada, a iteração atual do laço é interrompida e o laço é encerrado. A execução, então, continua com a instrução seguinte à instrução do laço. Se a instrução `break` aparecer no bloco de código de um laço de um padrão de laço aninhado, somente o laço mais interno, que contém a instrução `break`, será encerrado.

Para ilustrar o uso da instrução `break`, começamos com outra implementação da função que exibe os números em uma lista bidimensional de números, em um formato de tabela 2D:

Módulo: ch5.py

```
1 def print2D2(tabela):
2     'exibe valores na lista 2D de números t como uma tabela 2D'
3     for linha in tabela:
4         for num in linha:
5             print(num, end=' ')
6         print()
```

Vamos testar o código:

```
>>> tabela = [[2, 3, 0, 6], [0, 3, 4, 5], [4, 5, 6, 0]]
>>> print2D2(tabela)
2 3 0 6
0 3 4 5
4 5 6 0
```

Suponha que, em vez de exibir a linha completa, queiramos imprimir somente aqueles números na linha até, mas sem incluir, a primeira entrada 0 na linha. Uma função antes0() que faz isso se comportaria da seguinte forma:

```
>>> antes0(tabela)
2 3

4 5 6
```

Para implementar antes0(), modificamos a implementação de print2D() acrescentando uma instrução if, dentro do bloco de código de laço for interno, que verifica se o valor atual de num é 0. Se for, a instrução break é executada. Isso terminará o laço for interno. Observe que a instrução break não termina o laço for externo; a execução, portanto, continua na próxima linha da tabela.

Módulo: ch5.py

```
1  def antes0(tabela):
2      '''exibe valores na lista 2D de números t como uma tabela 2D
3         apenas valores na linha até o primeiro 0 são exibidos'''
4      for linha in tabela:
5
6          for num in linha:  # laço for interno
7              if num == 0:        # se num é 0
8                  break           # termina laço for interno
9              print(num, end=' ') # caso contrário, exibe num
10
11         print()             # move cursor para próxima linha
```

A instrução break não afeta o laço for externo, que percorrerá todas as linhas da tabela, independentemente de a instrução break ter sido executada ou não.

Instrução continue

A instrução continue pode ser acrescentada ao bloco de código de um laço, assim como a instrução break. Quando a instrução continue é executada, a iteração do laço atual, mais interno, é interrompida, e a execução continua com a *próxima* iteração da instrução de laço atual, mais interna. Diferentemente da instrução break, a instrução continue não termina o laço mais interno; ela só termina a iteração atual do laço mais interno.

Para ilustrar o uso da instrução continue, modificamos a função print2D2() para pular a exibição dos valores 0 na tabela. A função modificada, que chamamos ignora0(), deverá se comportar desta forma:

```
>>> tabela = [[2, 3, 0, 6], [0, 3, 4, 5], [4, 5, 6, 0]]
>>> ignora0(tabela)
2 3 6
3 4 5
4 5 6
```

Observe que os valores 0 na tabela são ignorados. Vamos implementar ignora0():

Módulo: ch5.py

```
1  def ignora0(tabela):
2      '''exibe valores na lista 2D de números t como uma tabela 2D
3         valores 0 não são exibidos'''
4      for linha in tabela
5
6          for num in linha:   # laço for interno
7              if num == 0:        # se num é 0, termina
8                  continue        # iteração do laço interno atual
9              print(num, end=' ') # caso contrário, exibe num
10
11         print()             # move cursor para próxima
```

Instrução pass

Em Python, cada instrução `def` de definição de função, instrução `if` ou laço `for` ou `while` deve ter um corpo (ou seja, um bloco de código endentado não vazio). Haveria um erro de sintaxe durante a análise do programa se o bloco de código não estiver presente. Na rara ocasião em que o código nos blocos realmente não precisa fazer nada, ainda teremos que colocar algum código lá. Por esse motivo, o Python oferece a instrução `pass`, que não faz nada, mas ainda é uma instrução válida.

No próximo exemplo, ilustramos seu uso, em um fragmento de código que exibe o valor de `n` somente se seu valor for ímpar.

```
if n % 2 == 0:
    pass        # não faz nada para número n par
else:
    print(n)    # exibe apenas número n ímpar
```

Se o valor de `n` for par, o primeiro bloco de código é executado. O bloco é apenas uma instrução `pass`, que não faz nada.

A instrução `pass` é usada quando a sintaxe do Python exige (corpos de funções e instruções de controle de execução). A instrução `pass` também é útil como marcador de lugar, quando um corpo de código ainda não tiver sido implementado.

Resumo do Capítulo

Este capítulo essencial aborda as estruturas de controle de fluxo Python com profundidade.

Começamos revisando a construção de fluxo de controle `if`, introduzida no Capítulo 2. Descrevemos seu formato mais geral, a estrutura de decisão multivias que usa a instrução `elif`. Enquanto as estruturas condicionais de uma e duas vias são definidas com apenas uma condição, as estruturas condicionais multivias, em geral, possuem várias condições. Se as condições não forem mutuamente exclusivas, a ordem em que elas aparecem na instrução `if` multivias é importante, e deve-se ter o cuidado de garantir que a ordem dará o comportamento desejado.

O núcleo deste capítulo descreve as diferentes maneiras como as estruturas de iteração são usadas. Primeiramente, vimos os padrões de laço fundamentais de iteração, contador, acumulador e aninhado. Estes não são apenas os padrões de laço mais comuns, mas também os blocos de montagem para padrões de laço mais avançados. O padrão de laço aninhado é particularmente útil para o processamento de listas bidimensionais, que apresentamos neste capítulo.

Antes de descrevermos padrões de iteração mais avançados, apresentamos outra construção de laço em Python, o laço `while`. Ele é mais geral do que a construção de laço `for` e pode ser usado para implementar laços cuja implementação ficaria estranha usando o laço `for`. Usando a construção de laço `while`, descrevemos os padrões de laço de sequência, infinito, interativo e laço e meio.

Ao final do capítulo, apresentamos várias outras instruções de controle de iteração (`break`, `continue` e `pass`), que dão um pouco mais de controle sobre as estruturas de iteração e desenvolvimento de código.

As estruturas de fluxo de controle de decisão e iteração são os blocos de montagem usados para descrever soluções algorítmicas para os problemas. O modo como se deve aplicar essas estruturas de modo eficaz ao solucionar um problema é uma das habilidades fundamentais de um profissional de computação. O domínio das estruturas condicionais multivias e a compreensão de quando e como aplicar os padrões de iteração descritos neste capítulo compõem o primeiro passo para o desenvolvimento dessa habilidade.

Soluções dos Problemas Práticos

5.1 Depois de calcular o IMC, usamos a instrução `if` em multivias para decidir o que deve ser exibido:

```
def meuIMC(peso, altura):
  'exibe relatório do IMC'
  imc = peso / altura**2
  if imc < 18.5:
    print('Abaixo do peso')
  elif imc < 25:
    print('Normal')
  else:                         # imc >= 25
    print('Sobbrepeso')
```

5.2 Precisamos exibir $2^1, 2^2, 2^3, \ldots, 2^n$ (isto é, 2^i para todos os inteiros i de 1 até n). Para percorrer o intervalo de 1 até n (inclusive), usamos o intervalo da chamada de função (1, n+1):

```
def potências(n):
  'exibe  2**i para i = 1, 2, ..., n'
  for i in range(1, n+1):
    print(2**i, end=' ')
```

5.3 Precisamos verificar se a diferença entre os valores de lista adjacentes são todos iguais. Um modo de fazer isso é verificar se eles são todos iguais à diferença entre os dois primeiros itens da lista, `l[0]` e `l[1]`. Assim, precisamos verificar se `l[2] - l[1]`, `l[3] - l[2]`, ..., `l[n-1] - l[n-2]`, em que `n` é o tamanho da lista `l`, são todos iguais a `dif = l[1] - l[0]`. Ou, colocando de outra maneira, precisamos verificar se `l[i+1] - l[i] = dif` para $i = 1, 2, \ldots, n-2$, valores obtidos percorrendo `range(1, len(l)-1)`:

```
def aritmética(lst):
    '''retorna True se a lista lst tiver uma sequência aritmética,
       False caso contrário'''
    if len(lst) < 2: # uma sequência de tamanho < 2 é aritmética
        return True
    # verifica se diferença entre itens sucessivos é igual
    # à diferença entre os dois primeiros números
    dif = l[1] - l[0]
    for i in range(1, len(l)-1):
        if l[i+1] - l[i] != dif:
            return False
    return True
```

5.4 Precisamos multiplicar (acumular) os inteiros 1, 2, 3, ..., n. O acumulador `res` é inicializado em 1, a identidade para a multiplicação. Depois, percorremos a sequência 2, 3, 4, ..., n e multiplicamos `res` por cada número na sequência:

```
def fatorial(n):
    'retorna n! para inteiro n da entrada'
    res = 1
    for i in range(2,n+1):
        res *= i
    return res
```

5.5 Neste problema, gostaríamos de percorrer as palavras da frase e *acumular* a primeira letra em cada palavra. Assim, precisamos quebrar a frase em uma lista de palavras, usando o método de string `split()` e depois percorrer as palavras nessa lista. Acrescentaremos a primeira letra de cada palavra à string acumuladora `res`.

```
def acrônimo(frase):
    'retorna o acrônimo da string de entrada frase'
    # desmembra a frase em uma lista de palavras
    palavras = frase.split()
    # acumula primeiro caractere, maiúsculo, de cada palavra
    res = ''
    for w in palavras:
        res = res + w[0].upper()
    return res
```

5.6 Os divisores de n incluem 1, n e talvez mais números entre eles. Para achá-los, podemos percorrer *todos* os inteiros dados por `range(1, n+1)` e verificar em cada inteiro se ele é um divisor de n.

```
def divisores(n):
    'retorna a lista de divisores de n'
    res = []
    for i in range(1, n+1):
        if n % i == 0:
            res.append(i)
    return res
```

5.7 Usaremos o padrão de laço aninhado para multiplicar cada inteiro na primeira lista por cada inteiro na segunda lista. O laço `for` externo percorrerá os inteiros na primeira lista. Depois, para cada inteiro `i`, o laço `for` interno percorrerá os inteiros da segunda lista, e cada inteiro será multiplicado por `i`; o produto é acumulado em um acumulador de lista.

```
def xmult(l1, l2):
    '''retorna a lista de produtos na lista l1
       com itens na lista l2'''
    l = []
    for i in l1:
        for j in l2:
            l.append(i*j)
    return l
```

5.8 Conforme discutimos no enunciado do problema, na primeira passada, você precisa comparar sucessivamente os itens nos índices 0 e 1, 1 e 2, 2 e 3, ..., até `len(lst)-2` e `len(lst)-1`. Podemos fazer isso gerando a sequência de inteiros de 0 até, mas não incluindo, `len(lst)-1`.

Na segunda passada, podemos interromper as comparações em pares com o par de itens nos índices `len(lst)-3` e `len(lst)-2`, de modo que os índices que precisamos na segunda passada sigam de 0 até, mas não incluindo, `len(lst)-2`. Isso sugere que devemos usar o laço mais externo para gerar os limites superiores `len(lst)-1` para a passada 1, `len(lst)-2` para a passada 2, até 1 (quando é feita a comparação final entre os dois primeiros itens da lista).

O laço interno implementa uma passada que compara itens de lista adjacentes até os itens nos índices `i-1` e `i` e troca os itens ordenados incorretamente:

```
def bubblesort(lst):
    'ordena lista lst em ordem não decrescente'
    for i in range(len(lst)-2, 0, -1):
        # realiza passada que termina em
        # i = len(lst)-2, len(lst)-1, ..., 0
        for j in range(i):
            # compara itens nos índices j e j+1
            # para cada j = 0, 1, ..., i-1
            if lst[j] > lst[j+1]:
                # troca números nos índices j e j+1
                lst[j], lst[j+1] = lst[j+1], lst[j]
```

5.9 Usamos o padrão de laço aninhado para gerar todos os pares de índices de coluna e linha e somarmos as entradas correspondentes:

```
def add2D(t1, t2):
    '''t1 e t2 são listas 2D com o mesmo número de linhas e
       mesmo número de colunas de tamanho igual

       add2D incrementa cada item t1[i][j[ por t2[i][j]'''
    nlinhas = len(t1)             # número de linhas
    ncolunas = len(t1[0])         # número de colunas
    for i in range(nlinhas):      # para cada índice de linha i
        for j in range(ncolunas):     # para cada índice de coluna j
            t1[i][j] += t2[i][j]
```

5.10 Primeiramente, observe que o número de anos exigidos para um investimento dobrar de valor não depende do valor investido. Logo, podemos considerar que o investimento original é R$ 100. Usamos um laço `while` para somar os juros anuais ao investimento `x`. A condição do laço `while` verificará se `x < 200`. O que o problema pergunta é quantas vezes executamos o laço `while`. Para contar isso, usamos o padrão de laço contador:

```
def juros(taxa):
    '''retorna número de anos para investimento
       dobrar para a taxa indicada'''
    valor = 100                 # saldo inicial da conta
    contador = 0
    while valor < 200:
        # enquanto investimento não dobrou de valor
        contador += 1           # acrescenta mais um ano
        valor += valor*taxa     # soma juros
    return contador
```

5.11 Começamos atribuindo a primeira aproximação (1) a `ant` e a segunda (2) a `atual`. A condição do laço `while` é então `atual - ant > erro`. Se a condição for verdadeira, então precisamos gerar novos valores para `ant` e `atual`. O valor de `atual` torna-se `ant` e o novo valor `atual` é então `ant + 1/fatorial(???)`. O que `???` deverá conter? Na primeira iteração, deverá ser 2, pois a terceira aproximação é o valor da segunda + $\frac{1}{2!}$. Na próxima iteração, deverá ser 3, depois 4 e assim por diante. Obtemos esta solução:

```
def aproxE(erro):
    'retorna aproximação de e dentro do erro'
    ant = 1                        # aproximação 0
    atual = 2                      # aproximação 1
    i = 2                          # índice da próx. aproximação
    while atual-ant > erro:
        # enquanto diferença entre aproximação
        # atual e anterior for muito grande
                                   # aproximação atual
        ant = atual                # torna-se anterior
                                   # calcula nova aproximação
        atual = ant + 1/factorial(i)     # com base no índice i
        i += 1                     # índice da próx. aproximação
  return atual
```

Exercícios

5.12 Implemente a função `teste()`, que aceita como entrada um inteiro e exibe `'Negativo'`, `'Zero'` ou `'Positivo'` dependendo do seu valor.

```
>>> teste(-3)
Negativo
>>> teste(0)
Zero
>>> teste(3)
Positivo
```

5.13 Leia cada Exercício de 5.14 a 5.22 e decida qual padrão de laço deverá ser usado em cada um.

5.14 Escreva a função `mult3()`, que aceite como entrada uma lista de inteiros e exiba somente os múltiplos de 3, um por linha.

```
>>> mult3([3, 1, 6, 2, 3, 9, 7, 9, 5, 4, 5])
3
6
3
9
9
```

5.15 Implemente a função `vogais()`, que aceite como entrada uma string e exiba os índices de todas as vogais na string. *Dica:* uma vogal pode ser definida como qualquer caractere na string `'aeiouAEIOU'`.

```
>>> vogais('Hello WORLD')
1
4
7
```

5.16 Implemente a função `índices()`, que aceite como entrada uma palavra (como uma string) e uma letra de um caractere (como uma string) e retorne uma lista de índices em que a letra ocorre na palavra.

```
>>> índices('mississippi', 's')
[2, 3, 5, 6]
>>> índices('mississippi', 'i')
[1, 4, 7, 10]
>>> índices('mississippi', 'a')
[]
```

5.17 Escreva a função `dobros()`, que aceite como entrada uma lista de inteiros e resulte nos inteiros na lista que são exatamente o dobro do inteiro anterior na lista, um por linha.

```
>>> dobros([3, 0, 1, 2, 3, 6, 2, 4, 5, 6, 5])
2
6
4
```

5.18 Implemente a função `quatro_letras()`, que aceite como entrada uma lista de palavras (ou seja, strings) e retorne a sublista de todas as palavras de quatro letras na lista.

```
>>> quatro_letras(['cão', 'letra', 'pare', 'tela', 'bom', 'dica'])
['pare', 'tela', 'dica']
```

5.19 Escreva uma função `emAmbas()`, que aceite duas listas e retorna `True` se houver um item que seja comum às duas listas, e `False` caso contrário.

```
>>> emAmbas([3, 2, 5, 4, 7], [9, 0, 1, 3])
True
```

5.20 Escreva uma função `interseção()`, que aceite duas listas, cada uma não contendo valores duplicados, e retorne uma lista contendo valores que estão presentes nas duas listas (ou seja, a interseção das duas listas de entrada).

```
>>> interseção([3, 5, 1, 7, 9], [4, 2, 6, 3, 9])
[3, 9]
```

5.21 Implemente a função `par()`, que aceite como entrada duas listas de inteiros e um inteiro *n* e exiba os pares de inteiros, um da primeira lista de entrada e o outro da segunda lista de entrada, que somem *n*. Cada par deverá ser exibido na tela.

```
>>> par([2, 3, 4], [5, 7, 9, 12], 9)
2 7
4 5
```

5.22 Implemente a função `parSoma()`, que aceite como entrada uma lista de inteiros distintos `lst` e um inteiro `n`, e exiba os índices de todos os pares de valores em `lst` que somam `n`.

```
>>> parSoma([7, 8, 5, 3, 4, 6], 11)
0 4
1 3
2 5
```

Problemas

5.23 Escreva a função `pagar()`, que aceite como entrada um salário horário e o número de horas que um empregado trabalhou na última semana. A função deverá calcular e retornar o pagamento do empregado. O trabalho em hora extra deverá ser pago da seguinte forma: qualquer total de horas além de 40, porém menor ou igual a 60, deverá ser pago a 1,5 vez o salário horário normal. Qualquer total além de 60 deverá ser pago a duas vezes o salário horário normal.

```
>>> pagar(10, 35)
350
>>> pagar(10, 45)
475
>>> pagar(10, 61)
720
```

5.24 Escreva a função `case()`, que aceite uma string como entrada e retorne `'inicial maiúscula'`, `'inicial minúscula'` ou `'desconhecido'`, dependendo se a string começa com uma letra maiúscula, uma letra minúscula ou algo diferente de uma letra do nosso alfabeto, respectivamente.

```
>>> case('Android')
'capitalized'
>>> case('3M')
'unknown'
```

5.25 Implemente a função `bissexto()`, que aceite um argumento de entrada — um ano — e retorne `True` se o ano for um ano bissexto e `False` caso contrário. (Um ano é ano bissexto se for divisível por 4, mas não por 100, a menos que seja divisível por 400, quando será um ano bissexto. Por exemplo, 1700, 1800 e 1900 não são anos bissextos, mas 1600 e 2000 são.)

```
>>> bissexto(2008)
True
>>> bissexto(1900)
False
>>> bissexto(2000)
True
```

5.26 Pedra, Papel, Tesoura é um jogo de dois jogadores no qual cada jogador escolhe um de três itens. Se os dois jogadores escolherem o mesmo item, o jogo fica empatado. Caso contrário, as regras que determinam o vencedor são:

(a) Pedra sempre vence Tesoura (Pedra esmaga Tesoura).
(b) Tesoura sempre vence Papel (Tesoura corta Papel).
(c) Papel sempre vence Pedra (Papel cobre Pedra).

Implemente a função `dpt()`, que aceita a escolha (`'D'`, `'P'` ou `'T'`) do jogador 1 e a escolha do jogador 2, e retorna –1 se o jogador 1 vencer, 1 se o jogador 2 vencer ou 0 se houver um empate.

```
>>> dpt('D', 'P')
1
>>> dpt('D', 'T')
-1
>>> dpt('T', 'T')
0
```

5.27 Escreva a função `letra2número()`, que aceite como entrada uma nota de letra (A, B, C, D, F, possivelmente com um – ou um +) e retorne a nota numérica correspondente. Os valores numéricos para A, B, C, D e F são 4, 3, 2, 1, 0. Um + aumenta o valor da nota numérica em 0,3 e um – a diminui em 0,3.

```
>>> letra2número('A-')
3.7
>>> letra2número('B+')
3.3
>>> letra2número('D')
1.0
```

5.28 Escreva a função `geométrica()`, que aceite uma lista de inteiros como entrada e retorne `True` se os inteiros na lista formarem uma sequência geométrica. Uma sequência a_0, a_1, a_2, a_3, a_4, ..., $a_n - 2$, $a_n - 1$ é uma sequência geométrica se as razões a_1/a_0, a_2/a_1, a_3/a_2, a_4/a_3, ..., a_{n-1}/a_{n-2} forem todas iguais.

```
>>> geométrica([2, 4, 8, 16, 32, 64, 128, 256])
True
>>> geométrica([2, 4, 6, 8])
False
```

5.29 Escreva a função `últimoprimeiro()`, que aceite um argumento — uma lista de strings no formato `<Sobrenome, Nome>` — e retorne uma lista consistindo em duas listas:

(a) Uma lista de todos os nomes.
(b) Uma lista de todos os sobrenomes.

```
>>> últimoprimeiro(['Gerber, Len', 'Fox, Kate', 'Dunn, Bob'])
[['Len', 'Kate', 'Bob'], ['Gerber', 'Fox', 'Dunn']]
```

5.30 Desenvolva a função `muitos()`, que aceite como entrada o nome de um arquivo no diretório atual (como uma string) e gere o número de palavras de tamanho 1, 2, 3 e 4. Teste sua função no arquivo `sample.txt`.

Arquivo: sample.txt

```
>>> muitos('sample.txt')
Palavras de tamanho 1 : 2
Palavras de tamanho 2 : 5
Palavras de tamanho 3 : 1
Palavras de tamanho 4 : 10
```

5.31 Escreva uma função `subSoma()`, que aceite como entrada uma lista de números positivos e um número positivo `alvo`. Sua função deverá retornar `True` se houver três números na lista que, somados, resultem no `alvo`. Por exemplo, se a lista de entrada for `[5, 4, 10, 20, 15, 19]` e o `alvo` for 38, então `True` deve ser retornado, pois 4 + 15 + 19 = 38. Porém, se a lista de entrada for a mesma, mas o valor de `alvo` for 10, então o valor retornado deverá ser `False`, pois 10 não é a soma de três números quaisquer na lista informada.

```
>>> subSoma([5, 4, 10, 20, 15, 19], 38)
True
>>> subSoma([5, 4, 10, 20, 15, 19], 10)
False
```

5.32 Implemente a função `fib()`, que aceite um inteiro não negativo n como entrada e retorne o n-ésimo número de Fibonacci.

```
>>> fib(0)
1
>>> fib(4)
5
>>> fib(8)
34
```

5.33 Implemente uma função `mistério()`, que aceite como entrada um inteiro positivo n e respostas a esta pergunta: Quantas vezes n pode ser dividido ao meio (usando a divisão de inteiros) antes de alcançar 1? Esse valor deverá ser retornado.

```
>>> mistério(4)
2
>>> mistério(11)
3
>>> mistério(25)
4
```

5.34 Escreva uma função `extrato()`, que aceite como entrada uma lista de números de ponto flutuante, com números positivos representando depósitos e números negativos representando retiradas de uma conta bancária. Sua função deverá retornar uma lista de dois números de ponto flutuante; o primeiro será a soma dos depósitos, e o segundo (um número negativo) será a soma das retiradas.

```
>>> extrato([30.95, -15.67, 45.56, -55.00, 43.78])
[-70.67, 120.29]
```

5.35 Implemente a função `pixels()`, que aceite como entrada uma lista bidimensional de entradas de inteiros não negativos (representando os valores de pixels de uma imagem) e retorne o número de entradas que são positivas (ou seja, o número de pixels que não são escuros). Sua função deverá funcionar com listas bidimensionais de qualquer tamanho.

```
l = [[0, 156, 0, 0], [34, 0, 0, 0], [23, 123, 0, 34]]
>>> pixels(l)
5
>>> l = [[123, 56, 255], [34, 0, 0], [23, 123, 0], [3, 0, 0]]
>>> pixels(l)
7
```

5.36 Implemente a função `primo()`, que aceite um inteiro positivo como entrada e retorne `True` se ele for um número primo e `False` caso contrário.

```
>>> primo(2)
True
>>> primo(17)
True
>>> primo(21)
False
```

5.37 Escreva a função `mssl()` (sublista de soma máxima), que aceite como entrada uma lista de inteiros. Depois, ela calcula e retorna a soma da sublista de soma máxima da lista de entrada. A sublista de soma máxima é a sublista (pedaço) da lista de entrada cuja soma de entradas seja a maior. A sublista vazia é definida como tendo soma 0. Por exemplo, a sublista de soma máxima da lista

`[4, -2, -8, 5, -2, 7, 7, 2, -6, 5]`

é `[5, -2, 7, 7, 2]` e a soma de suas entradas é 19.

```
>>> l = [4, -2, -8, 5, -2, 7, 7, 2, -6, 5]
>>> mssl(l)
19
>>> mssl([3,4,5])
12
>>> mssl([-2,-3,-5])
0
```

No último exemplo, a sublista de soma máxima é a sublista vazia, pois todos os itens da lista são negativos.

5.38 Escreva a função `collatz()`, que aceite um inteiro positivo x como entrada e exibe a sequência de Collatz começando em x. Uma sequência de Collatz é obtida aplicando repetidamente essa regra ao número anterior x na sequência:

$$x = \begin{cases} x/2 & \text{se } x \text{ for par} \\ 3x+1 & \text{se } x \text{ for ímpar} \end{cases}$$

Sua função deverá parar quando a sequência chegar ao número 1. *Nota:* é uma questão ainda não resolvida se a sequência de Collatz de cada inteiro positivo sempre termina em 1.

```
>>> collatz(10)
10
5
16
8
4
2
1
```

5.39 Escreva a função `exclamação()`, que aceite como entrada uma string e a retorne com esta modificação: cada vogal é substituída por quatro cópias consecutivas de si mesmo e um ponto de exclamação (`!`) é acrescentado no final.

```
>>> exclamação('argh')
'aaaargh!'
>>> exclamação('hello')
'heeeelloooo!'
```

5.40 A constante π é um número irracional com valor aproximado de 3,1415928... O valor exato de π é igual a esta soma infinita:

$$\pi = 4/1 - 4/3 + 4/5 - 4/7 + 4/9 - 4/11 + \ldots$$

Podemos ter uma boa aproximação de π calculando a soma dos primeiros poucos termos. Escreva uma função `aproxPi()`, que aceite como entrada um `erro` como valor de ponto flutuante e aproxime a constante π dentro do `erro`, calculando a soma indicada, termo por termo, até que a diferença entre a soma atual e a anterior (com um termo a menos) não seja maior do que o erro. A função deverá retornar a nova soma.

```
>>> aproxPi(0.01)
3.1611986129870506
>>> aproxPi(0.0000001)
3.1415928535897395
```

5.41 Um polinômio de grau n com coeficientes $a_0, a_1, a_2, a_3, \ldots, a_n$ é a função

$$p(x) = a_0 + a_1x + a_2x^2 + a_3 * x^3 + \ldots + a_n * x^n$$

Essa função pode ser avaliada em diferentes valores de x. Por exemplo, se $p(x) = 1 + 2x + x^2$, então $p(2) = 1 + 2*2 + 2^2 = 9$. Se $p(x) = 1 + x^2 + x^4$, então $p(2) = 21$ e $p(3) = 91$.

Escreva uma função poli() que aceite como entrada uma lista de coeficientes $a_0, a_1, a_2, a_3, \ldots, a_n$ de um polinômio $p(x)$ e um valor x. A função retornará $p(x)$, que é o valor do polinômio quando avaliado em x. Observe que o uso a seguir é para os três exemplos mostrados.

```
>>> poli([1, 2, 1], 2)
9
>>> poli([1, 0, 1, 0, 1], 2)
21
>>> poli([1, 0, 1, 0, 1], 3)
91
```

5.42 Implemente a função `fatPrimo()`, que aceite como entrada um inteiro positivo n e retorne uma lista contendo todos os números nos fatores primos de n. (Os fatores primos de um inteiro positivo n é a lista exclusiva de números primos cujo produto é n.)

```
>>> fatPrimo(5)
[5]
>>> fatPrimo(72)
[2, 2, 2, 3, 3]
```

5.43 Implemente a função `linhaPar()`, que aceite uma lista bidimensional de inteiros e retorne `True` se cada linha da tabela totalizar um número par e `False` caso contrário (isto é, se alguma linha totalizar um número ímpar).

```
>>> linhaPar([[1, 3], [2, 4], [0, 6]])
True
>>> linhaPar([[1, 3], [3, 4], [0, 5]])
False
>>> linhaPar([[1, 3, 2], [3, 4, 7], [0, 6, 2]])
True
>>> linhaPar([[1, 3, 2], [3, 4, 7], [0, 5, 2]])
False
```

5.44 Uma cifra de substituição para os dígitos 0, 1, 2, 3, ..., 9 substitui cada dígito em 0, 1, 2, 3, ..., 9 por outro dígito em 0, 1, 2, 3, ..., 9. Ele pode ser representado como uma string de 10 dígitos, especificando como cada dígito em 0, 1, 2, 3, ..., 9 é substituído. Por exemplo, a string de 10 dígitos `'3941068257'` especifica uma cifra de substituição em que o dígito 0 é substituído pelo dígito 3, 1 por 9, 2 por 4 e assim por diante. Para criptografar um inteiro não negativo, substitua cada um de seus dígitos pelo dígito especificado na chave de criptografia.

Implemente a função `cifra()`, que aceite como entrada uma chave de string de 10 dígitos e uma string de dígitos (ou seja, o texto claro a ser criptografado) e retorne a criptografia do texto claro.

```
>>> cifra('3941068257', '132')
'914'
>>> cifra('3941068257', '111')
'999'
```

5.45 A função `médiamédia()` aceita como entrada uma lista cujos itens são listas de três números. Cada lista de três números representa as três notas que determinado estudante recebeu para um curso. Por exemplo, aqui está uma lista de entrada para uma turma de quatro estudantes:

```
[[95,92,86], [66,75,54],[89, 72,100],[34,0,0]]
```

A função `médiamédia()` deverá exibir duas linhas na tela. A primeira linha terá uma lista contendo a nota média de cada aluno. A segunda linha terá apenas um número: a nota média da turma, definida como a média das notas médias de todos os estudantes.

```
>>> médiamédia([[95, 92, 86], [66, 75, 54],[89, 72, 100], [34, 0, 0]])
[91.0, 65.0, 87.0, 11.333333333333334]
63.5833333333
```

5.46 Uma inversão em uma sequência é um par de entradas que estão fora da ordem. Por exemplo, os caracteres F e D formam uma inversão na string `'ABBFHDL'`, pois F aparece antes de D; o mesmo ocorre com os caracteres H e D. O número total de inversões em uma sequência (ou seja, o número de pares que estão fora da ordem) é uma medida de como a sequência está *desordenada*. O número total de inversões em `'ABBFHDL'` é 2. Implemente a função `inversões()`, que aceite uma sequência (ou seja, uma string) de caracteres maiúsculos de A até Z e retorne o número de inversões na sequência.

```
>>> inversões('ABBFHDL')
2
>>> inversões('ABCD')
0
>>> inversões('DCBA')
6
```

5.47 Escreva a função `d2x()`, que aceite como entrada um inteiro não negativo n (na representação decimal padrão) e um inteiro x entre 2 e 9, e retorne uma string de dígitos que corresponda à representação de n na base x.

```
>>> d2x(10, 2)
'1010'
>>> d2x(10, 3)
'101'
>>> d2x(10, 8)
'12'
```

5.48 Considere que `lista1` e `lista2` sejam duas listas de inteiros. Dizemos que `lista1` é uma sublista de `lista2` se os elementos em `lista1` aparecerem em `lista2` na mesma ordem em que aparecem em `lista1`, mas não necessariamente de forma consecutiva. Por exemplo, se `lista1` for definida como

```
[15, 1, 100]
```

e `lista2` for definida como

```
[20, 15, 30, 50, 1, 100]
```

então, `lista1` é uma sublista de `lista2`, porque os números em `lista1` (15, 1 e 100) aparecem na `lista2` na mesma ordem. Porém, a lista

```
[15, 50, 20]
```

não é uma sublista de `lista2`.

Implemente a função `sublista()`, que aceite como entrada as listas `lista1` e `lista2` e retorne `True` se a `lista1` for uma sublista de `lista2`, e `False` caso contrário.

```
>>> sublista([15, 1, 100], [20, 15, 30, 50, 1, 100])
True
>>> sublista([15, 50, 20], [20, 15, 30, 50, 1, 100])
False
```

5.49 O método de Heron é um método dos gregos antigos usado para calcular a raiz quadrada de um número n. O método gera uma sequência de números que representa aproximações cada vez melhores para $\sqrt{n}$. O primeiro número na sequência é uma escolha qualquer; cada outro número na sequência é obtido a partir do número anterior *ant* usando a fórmula

$$\frac{1}{2}(\texttt{ant} + \frac{n}{\texttt{ant}})$$

Escreva a função `heron()`, que aceite como entrada dois números: *n* e *erro*. A função deverá começar com uma escolha inicial de 1.0 para $\sqrt{n}$ e depois gerar repetidamente aproximações melhores até que a diferença (mais precisamente, o valor absoluto da diferença) entre as aproximações sucessivas seja, no máximo, *erro*.

```
>>> heron(4.0, 0.5)
2.05
>>> heron(4.0, 0.1)
2.000609756097561
```

CAPÍTULO

6

Contêineres e Aleatoriedade

O FOCO DESTE CAPÍTULO são as outras classes de contêiner embutidas, disponíveis em Python. Embora as listas sejam contêineres úteis para uso geral, existem situações em que elas são desajeitadas ou ineficazes para serem usadas. Por esse motivo, Python oferece outras classes de contêiner embutidas.

Em um contêiner de dicionário, os valores armazenados no contêiner podem ser indexados usando índices especificados pelo usuário, que chamamos de chaves. Os dicionários têm muitos usos diferentes, incluindo contagem, sendo contêineres de uso geral, assim como os contêineres de lista. Além dos dicionários, também explicamos quando e como usar as classes contêiner embutidas `tuple` e `set`.

Também retornamos às strings mais uma vez e as examinamos como contêineres de caracteres. No mundo interconectado de hoje, o texto é tratado em um local e lido em outro, e os computadores precisam ser capazes de lidar com a codificação e decodificação de caracteres a partir de diferentes sistemas de escrita. Nesse contexto, apresentamos o Unicode como padrão atual para a codificação de caracteres.

Para introduzir toda uma nova classe de problemas e aplicações, incluindo jogos de computador, terminamos este capítulo com uma discussão de como gerar números "aleatórios". Depois, no estudo de caso aqui apresentado, usamos a aleatoriedade para desenvolver um jogo simples de blackjack.

6.1 Dicionários

Começamos o capítulo introduzindo o importante tipo embutido de contêiner de dicionário.

Índices Definidos pelo Usuário como Motivação para Dicionários

Suponha que precisamos, de alguma forma, armazenar registros de empregado para uma empresa com 50.000 funcionários. O ideal é que possamos processar o registro de cada empregado usando apenas um número de identificação, como CPF ou RG, da seguinte forma:

```
>>> empregado[987654321]
['Yu', 'Tsun']
>>> empregado[864209753]
['Anna', 'Karenina']
>>> empregado[100010010]
['Hans', 'Castorp']
```

No índice 987654321 do contêiner chamado empregado, é armazenado o nome e sobrenome do empregado com identificador 987-65-4321, Yu Tsun. O nome e sobrenome são armazenados em uma lista, que poderia conter informações adicionais, como endereço, data de nascimento, cargo e assim por diante. Nos índices 864209753 e 100010010, serão armazenados os registros para `['Anna' , 'Karenina']` e `['Hans' , 'Castorp']`. Em geral, no índice *i*, estará armazenado o registro (nome e sobrenome) do funcionário com identificador *i*.

Se empregado fosse uma `list`, precisaríamos ter uma lista muito grande. Ela deveria ser maior que o valor inteiro do maior identificador de empregado. Como os identificadores possuem números de nove dígitos, empregado precisaria ter o tamanho de 1.000.000.000. Isso é muito grande. Mesmo que nosso sistema possa acomodar uma lista tão grande, ela seria um desperdício enorme: a maior parte da lista estará vazia. Somente 50 mil posições da lista serão usadas. Há mais um problema com as listas: nossos números de identificação não são realmente valores inteiros, pois normalmente são indicados usando hifens, como em 987-65-4321, e podem começar com 0, como em 012-34-5678. Valores como 987-65-4321 e 012-34-5678 são mais bem representados como valores de string `'987-65-4321'` e `'012-34-5678'`.

O problema é que os itens de lista têm como finalidade serem acessados usando um índice inteiro que representa a posição do item em uma coleção. O que queremos é algo mais: gostaríamos de acessar itens usando "índices definidos pelo usuário", como ou `'864-20-9753'` ou `'987-65-4321'`, ilustrados na Figura 6.1.

Python possui um tipo contêiner embutido, denominado *dicionário*, que nos permite usar "índices definidos pelo usuário". Veja como podemos definir um dicionário chamado `empregado`, que se comporta conforme gostaríamos:

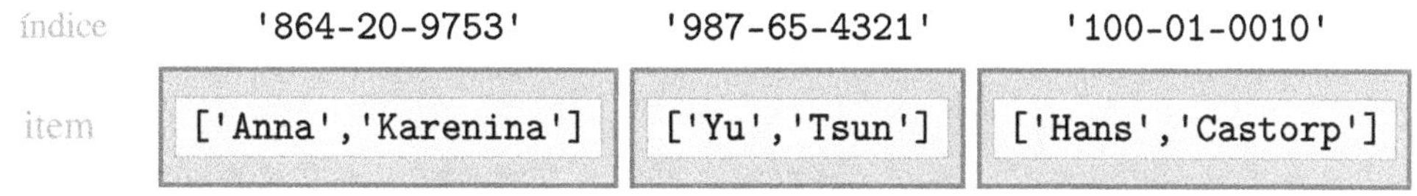

índice	'864-20-9753'	'987-65-4321'	'100-01-0010'
item	['Anna','Karenina']	['Yu','Tsun']	['Hans','Castorp']

Figura 6.1 Motivação para um dicionário. Um dicionário é um contêiner que armazena itens que são acessíveis usando índices "especificados pelo usuário".

```
>>> empregado = {
        '864-20-9753': ['Anna', 'Karenina'],
        '987-65-4321': ['Yu', 'Tsun'],
        '100-01-0010': ['Hans', 'Castorp']}
```

Escrevemos a instrução de atribuição usando múltiplas linhas para enfatizar claramente que o "índice" `'864-20-9753'` corresponde ao valor `['Anna' , 'Karenina']`, o índice `'987-65-4321'` corresponde ao valor `['Yu' , 'Tsun']`, e assim por diante. Vamos verificar se o dicionário empregado funciona como desejamos:

```
>>> empregado['987-65-4321']
['Yu', 'Tsun']
>>> empregado['864-20-9753']
['Anna', 'Karenina']
```

O dicionário empregado difere de uma lista porque um item em um dicionário é acessado usando um "índice" especificado pelo usuário, em vez do índice representando a posição dos itens no contêiner. Discutimos isso com mais precisão em seguida.

Propriedades da Classe de Dicionário

O tipo de dicionário em Python, indicado por `dict`, é um tipo de contêiner, assim como `list` e `str`. Um dicionário contém pares de (*chave*, *valor*). O formato geral da expressão avaliada como um objeto dicionário é:

```
{<chave 1>:<valor 1>, <chave 2>:<valor 2>, ..., <chave i>:<valor i>}
```

Essa expressão define um dicionário contendo *i* pares *chave:valor*. A *chave* e o *valor* são ambos objetos. A *chave* é o "índice" usado para acessar o *valor*. Assim, em nosso dicionário `empregado`, `'100-01-0010'` é a chave e `['Hans', 'Castorp']` é o valor.

Os pares (chave, valor) em uma expressão do dicionário são separados por vírgulas e delimitados em chaves (em vez de colchetes, `[]`, usados para as listas). A chave e valor em cada par de (chave, valor) são separados por um sinal de dois pontos (`:`), com a chave estando à esquerda e o valor à direita dos dois pontos. As chaves podem ser de qualquer tipo, desde que o tipo seja imutável. Assim, objetos de string e numéricos podem ser chaves, enquanto objetos do tipo `list` não podem. O valor pode ter qualquer tipo.

Frequentemente dizemos que uma chave *mapeia* seu valor ou é o índice do valor. Como os dicionários podem ser vistos como um mapeamento entre chaves e valores, eles, em geral, são chamados de *mapas*. Por exemplo, aqui está um dicionário mapeando abreviações de dia da semana `'Seg'`, `'Ter'`, `'Qua'` e `'Qui'` (as chaves) aos dias correspondentes `'Segunda'`, `'Terça'`, `'Quarta'` e `'Quinta'` (os valores):

```
>>> dias = {'Seg':'Segunda', 'Ter':'Terça', 'Qua':'Quarta',
        'Qui':'Quinta'}
```

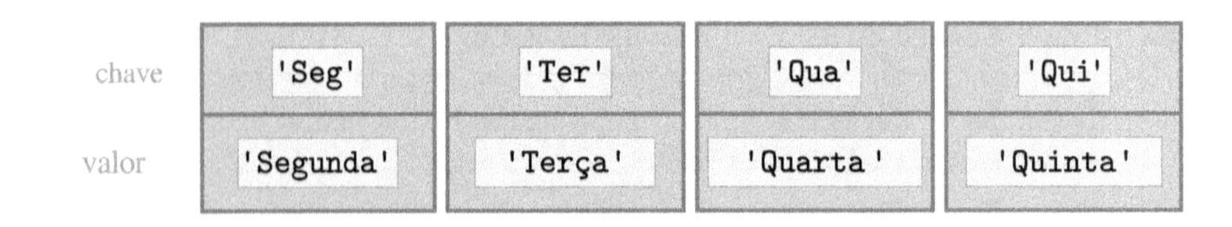

Figura 6.2 Dias **do dicionário.** O dicionário mapeia as chaves de string 'Seg', 'Ter', 'Qua' e 'Qui' aos valores de string 'Segunda', 'Terça', 'Quarta' e assim por diante.

A variável `dias` refere-se a um dicionário, ilustrada na Figura 6.2, com quatro pares (chave, valor). O par de (chave, valor) `'Seg' : 'Segunda'` tem chave `'Seg'` e valor `'Segunda'`, o par de (chave, valor) `'Ter' : 'Terça'` tem chave `'Ter'` e valor `'Terça'` etc.

Os valores no dicionário são acessados por chave, e não por índice (ou deslocamento). Para acessar o valor `'Quarta'` no dicionário `dias`, usamos a chave `'Qua'`:

```
>>> dias['Qua']
'Quarta'
```

e não o índice 2

```
>>> dias[2]
Traceback (most recent call last):
  File "<pyshell#27>", line 1, in <module>
    dias[2]
KeyError: 2
```

A exceção `KeyError` nos diz que estamos usando uma chave ilegal, nesse caso, indefinida.

Os pares (chave, valor) no dicionário não são ordenados, e nenhuma hipótese de ordenação pode ser feita. Por exemplo, poderíamos definir um dicionário d como:

```
>>> d = {'b':23, 'a':34, 'c':12}
```

Porém, quando avaliamos d, podemos não obter os pares (chave, valor) na ordem em que eles foram definidos:

```
>>> d
{'a': 34, 'c': 12, 'b': 23}
```

Dicionários são mutáveis, assim como as listas. Um dicionário pode ser modificado para conter um novo par de (chave, valor):

```
>>> dias['Sex'] = 'sexta'
>>> dias
{'Sex': 'sexta', 'Seg': 'Segunda', 'Ter': 'Terça',
'Qua': 'Quarta', 'Qui': 'Quinta'}
```

Isso implica que os dicionários possuem tamanho dinâmico. O dicionário também pode ser modificado de modo que uma chave existente se refira a um novo valor:

```
>>> dias['Sex'] = 'Sexta'
>>> dias
{'Sex': 'Sexta', 'Seg': 'Segunda', 'Ter': 'Terça',
'Qua': 'Quarta', 'Qui': 'Quinta'}
```

Um dicionário vazio pode ser definido usando o construtor padrão `dict()` ou simplesmente como:

```
>>> d = {}
```

Problema Prático 6.1

Escreva uma função `estadoNasc()` que aceite como entrada o nome completo de um presidente dos Estados Unidos (como uma string) e retorne o estado em que ele nasceu. Você deverá usar esse dicionário para armazenar o estado em que cada presidente recente nasceu:

```
{'Barack Hussein Obama II':'Hawaii',
 'George Walker Bush':'Connecticut',
 'William Jefferson Clinton':'Arkansas',
 'George Herbert Walker Bush':'Massachussetts',
 'Ronald Wilson Reagan':'Illinois',
 'James Earl Carter, Jr':'Georgia'}
```

```
>>> estadoNasc('Ronald Wilson Reagan')
'Illinois'
```

Operadores de Dicionário

A classe de dicionário aceita alguns dos mesmos operadores que a classe de lista aceita. Já vimos que o operador de indexação (`[]`) pode ser usado para acessar um valor usando a chave como índice:

```
>>> dias['Sex']
'Sexta'
```

O operador de indexação também pode ser usado para alterar o valor correspondente a uma chave ou incluir um novo par de (chave, valor) ao dicionário.

```
>>> dias
{'Sex': 'Sexta', 'Seg': 'Segunda', 'Ter': 'Terça',
'Qua': 'Quarta', 'Qui': 'Quinta'}
>>> dias['Sab'] = 'Sábado'
>>> dias
{'Sex': 'Sexta', 'Seg': 'Segunda', 'Ter': 'Terça',
'Qua': 'Quarta', 'Qui': 'Quinta', 'Sab': 'Sábado'}
```

O tamanho de um dicionário (ou seja, o número de pares [chave, valor] existentes) pode ser obtido usando a função `len`:

```
>>> len(dias)
6
```

Os operadores `in` e `not in` são usados para verificar se um objeto é uma chave no dicionário:

```
>>> 'Sex' in dias
True
>>> 'Dom' in dias
False
>>> 'Dom' not in dias
True
```

A Tabela 6.1 mostra alguns dos operadores que podem ser usados com dicionários.

Tabela 6.1 Operadores da classe `dict`. Uso e explicação para operadores de dicionário comumente utilizados.

Operação	Explicação
`k in d`	Verdadeiro se `k` é uma chave no dicionário `d`; caso contrário, Falso
`k not in d`	Falso se `k` é uma chave no dicionário `d`; caso contrário, Verdadeiro
`d[k]`	Valor correspondente à chave `k` no dicionário `d`
`len(d)`	Número de pares (chave, valor) no dicionário `d`

Existem operadores que a classe `list` aceita, mas a classe `dict` não. Por exemplo, o operador de indexação `[]` não pode ser usado para obter um pedaço de um dicionário. Isso faz sentido: um pedaço implica uma ordem, e não há ordem em um dicionário. Também não são aceitos os operadores + e *, entre outros.

Problema Prático 6.2

Implemente a função `rlookup()`, que oferece o recurso de pesquisa reversa de uma agenda de telefones. Sua função aceita, como entrada, um dicionário representando uma agenda de telefones. No dicionário, os números de telefone (chaves) são mapeados para indivíduos (valores). Sua função deverá oferecer uma interface de usuário simples, por meio da qual um usuário pode inserir um número de telefone e obter o nome e sobrenome do indivíduo atribuído a esse número.

```
>>> agenda_r = {'(123)456-78-90':['Anna','Karenina'],
                '(901)234-56-78':['Yu', 'Tsun'],
                '(321)908-76-54':['Hans', 'Castorp']}
>>> rlookup(agenda_r)
Digite número do telefone no formato (xxx)xxx-xx-xx: (123)456-78-90
('Anna', 'Karenina')
Digite número do telefone no formato (xxx)xxx-xx-xx: (453)454-55-00
O número informado não está em uso.
Digite número do telefone no formato (xxx)xxx-xx-xx:
```

Métodos de Dicionário

Embora as classes `list` e `dict` compartilhem muitos operadores, há somente um método que elas compartilham: `pop()`. Esse método aceita uma chave e, se a chave estiver no dicionário, ele remove o par de (chave, valor) associado do dicionário e retorna o valor:

```
>>> dias
{'Sex': 'Sexta', 'Seg': 'Segunda', 'Ter': 'Terça',
'Qua': 'Quarta', 'Qui': 'Quinta', 'Sab': 'Sábado'}
>>> dias.pop('Ter')
'Terça'
>>> dias.pop('Sex')
'Sexta'
>>> dias
{'Seg': 'Segunda', 'Qua': 'Quarta', 'Qui': 'Quinta',
'Sab': 'Sábado'}
```

Agora vamos apresentar mais alguns métodos do dicionário. Quando o dic `d1` chama o método `update()` com o dicionário do argumento de entrada `d2`, todos os pares (chave, valor) de `d2` são acrescentados a `d1`, possivelmente escrevendo sobre pares (chave, valor) de `d1`. Por exemplo, suponha que tenhamos um dicionário dos nossos dias da semana favoritos:

```
>>> favoritos = {'Qui':'Quinta', 'Sex':'Sexta','Sab':'Sábado'}
```

Podemos acrescentar outros dias ao nosso dicionário `dias`:

```
>>> dias.update(favoritos)
>>> dias
{'Sex': 'Sexta', 'Seg': 'Segunda', 'Qua': 'Quarta',
'Qui': 'Quinta', 'Sab': 'Sábado'}
```

O par de (chave, valor) `'Sex':'Sexta'` foi acrescentado a `dias` e o par de (chave, valor) `'Sab':'Sábado'` substituiu o par `'Sab':'Sáb'`, originalmente no dicionário `dias`. Observe que somente uma cópia do par de (chave, valor) `'Qui':'Quinta'` pode estar no dicionário.

Métodos de dicionário particularmente úteis são `keys()`, `values()` e `items()`: eles retornam chaves, valores e pares (chave, valor), respectivamente, no dicionário. Para ilustrar como usar esses métodos, usamos o dicionário `dias` definido como:

```
>>> dias
{'Sex': 'Sexta', 'Seg': 'Segunda', 'Qua': 'Quarta',
'Qui': 'Quinta', 'Sab': 'Sábado'}
```

O método `keys()` retorna as chaves do dicionário:

```
>>> chaves = dias.keys()
>>> chaves
dict_keys(['Sex', 'Seg', 'Qua', 'Qui', 'Sab'])
```

O objeto contêiner retornado pelo método `keys()` não é uma lista. Vamos verificar seu tipo:

```
>>> type(dias.keys())
<class 'dict_keys'>
```

Tudo bem, esse é um tipo que ainda não vimos. Será que realmente temos que aprender tudo o que há a respeito desse novo tipo? Neste ponto, não necessariamente. Só precisamos entender realmente o seu uso. Assim, como o objeto é retornado pelo método `keys()` utilizado? Ele normalmente é usado para percorrer as chaves do dicionário, por exemplo:

```
>>> for chave in dias.keys():
        print(chave, end=' ')

  Sex Seg Qua Qui Sab
```

Assim, a classe `dict_keys` aceita iteração. De fato, quando percorremos um dicionário diretamente, como em:

```
>>> for chave in dias:
        print(chave, end=' ')

Sex Seg Qua Qui Sab
```

o interpretador Python traduz a instrução `for chave in dias` para `for chave in dias.keys()` antes de executá-la.

A Tabela 6.2 lista alguns dos métodos comumente utilizados que a classe de dicionário aceita; como sempre, você poderá aprender mais examinando a documentação on-line, digitando

```
>>> help(dict)
...
```

no shell do interpretador. Os métodos de dicionário `values()` e `itens()` mostrados na Tabela 6.2 também retornam objetos que podemos percorrer. O método `values()` normalmente é usado para percorrer os valores de um dicionário:

```
>>> for valor in dias.values():
        print(valor, end=', ')

Sexta, Segunda, Quarta, Quinta, Sábado,
```

O método `items()` normalmente é usado para percorrer os pares (chave, valor) do dicionário:

```
>>> for item in dias.items():
        print(item, end='; ')

('Sex', 'Sexta'); ('Seg', 'Segunda'); ('Qua', 'Quarta');
('Qui', 'Quinta'); ('Sab', 'Sábado');
```

Os pares (chave, valor) no contêiner obtido avaliando `dias.items()` aparecem em um formato que ainda não vimos. Esse formato é uma representação de um objeto contêiner do tipo `tuple`, que será introduzido na próxima seção.

Tabela 6.2 **Métodos da classe `dict`.** Alguns métodos da classe `dict` comumente utilizados. `d` refere-se a um dicionário.

Operação	Explicação
`d.items()`	Retorna uma visão dos pares (chave, valor) em `d` como tuplas
`d.get(k)`	Retorna o valor da chave `k`, equivalente a `d[k]`
`d.keys()`	Retorna uma visão das chaves de `d`
`d.pop(k)`	Remove o par (chave, valor) com chave `k` de `d` e retorna o valor
`d.update(d2)`	Acrescenta os pares (chave, valor) do dicionário `d2` a `d`
`d.values()`	Retorna uma visão dos valores de `d`

DESVIO

Objetos de Visão

Os objetos retornados pelos métodos `keys()`, `values()` e `items()` são denominados *objetos de visão*, isto é, objetos que oferecem uma *visão dinâmica* das chaves do dicionário, valores e pares (chave, valor), respectivamente. Isso significa que, quando o dicionário muda, a visão reflete essas mudanças.

Por exemplo, suponha que tenhamos definido o dicionário `dias` e a visão `chaves` como:

```
>>> dias
{'Sex': 'Sexta', 'Seg': 'Segunda', 'Qua': 'Quarta',
'Qui': 'Quinta', 'Sab': ' Sábado'}
>>> chaves = dias.keys()
>>> chaves
dict_keys(['Sex', 'Seg', 'Qua', 'Qui', 'Sab'])
```

O nome `chaves` refere-se a uma visão das chaves do dicionário `dias`. Agora, vamos excluir uma chave (e valor associado) do dicionário `dias`:

```
>>> del(dias['Seg'])
>>> dias
{'Sex': 'Sexta', 'Qua': 'Quarta', 'Qui': 'Quinta',
'Sab': 'Sábado'}
```

Observe que a visão `chaves` também mudou:

```
>>> chaves
dict_keys(['Sex', 'Qua', 'Qui', 'Sab'])
```

Os objetos contêiner retornados por `keys()`, `values()` e `items ()` possuem tipos que também aceitam diversas operações de conjunto, como união e interseção. Essas operações nos permitem, digamos, combinar as chaves de dois dicionários ou achar os valores comuns aos dois dicionários. Discutimos essas operações com mais detalhes na Seção 6.2, quando veremos o tipo embutido `set`.

Um Dicionário como um Substituto para a Condição Multivias

Quando apresentamos os dicionários no início desta seção, nossa motivação foi a necessidade de um contêiner com índices definidos pelo usuário. Agora, mostramos usos alternativos para os dicionários. Suponha que quiséssemos desenvolver uma pequena função, chamada `complete()`, que aceite a abreviação de um dia da semana, como `'Ter'`, e retorne o dia correspondente, que para a entrada `'Ter'` seria `'Terça'`.

```
>>> complete('Ter')
'Terça'
```

Uma forma de implementar a função seria usar uma instrução `if` multivias:

```
def complete(abreviação):
    'retorna dia da semana correspondente à abreviação'
    if abreviação == 'Seg':
        return 'Segunda'
    elif abbreviation == 'Ter':
        return 'Terça'
    elif ...
        ...
    else: # abreviação deve ser Dom
        return 'Domingo'
```

Omitimos parte da implementação, porque ela é longa, porque você deverá ser capaz de terminá-la e também porque ela é tediosa para ler e escrever. Também a omitimos porque não é um modo eficaz de implementar a função.

O problema principal com a implementação é que ela simplesmente exagera usando uma instrução `if` de sete vias para implementar o que, na realidade, é um "mapeamento" entre abreviações de dia e os dias correspondentes da semana. Agora, já sabemos como implementar esse mapeamento usando um dicionário. Aqui está uma implementação melhor da função `complete()`:

Módulo: ch6.py

```
1 def complete(abreviação):
2     'retorna dia da semana correspondente à abreviação'
3
4     dias = {'Seg': 'Segunda', 'Ter':'Terça', 'Qua': 'Quarta ',
5             'Qui': 'Quinta', 'Sex': 'Sexta', 'Sab': 'Sábado',
6             'Dom':'Domingo'}
7
8     return days[abreviação]
```

Dicionário como uma Coleção de Contadores

Uma aplicação importante do tipo de dicionário é seu uso no cálculo do número de ocorrências de "coisas" em um conjunto maior. Um mecanismo de busca, por exemplo, pode ter que calcular a frequência de cada palavra em uma página Web a fim de calcular sua relevância em relação às consultas ao mecanismo de busca.

Em uma escala menor, suponha que queiramos contar a frequência de cada nome em uma lista de nomes de estudante, como esta:

```
>>> estudantes = ['Cindy', 'John', 'Cindy', 'Adam', 'Adam',
                  'Jimmy', 'Joan', 'Cindy', 'Joan']
```

Mais precisamente, gostaríamos de implementar uma função `frequência()`, que aceite uma lista como `estudantes` na entrada e calcule o número de ocorrências de cada item distinto da lista.

Como é comum, existem diferentes maneiras de implementar a função `frequência()`. Contudo, a melhor maneira é criar um contador para cada item distinto na lista e depois percorrer os itens na lista: para cada item visitado, o contador correspondente é incrementado. Para que isso funcione, precisamos responder a três perguntas:

1. Como saber quantos contadores precisamos?
2. Como armazenamos todos os contadores?
3. Como associamos um contador a um item da lista?

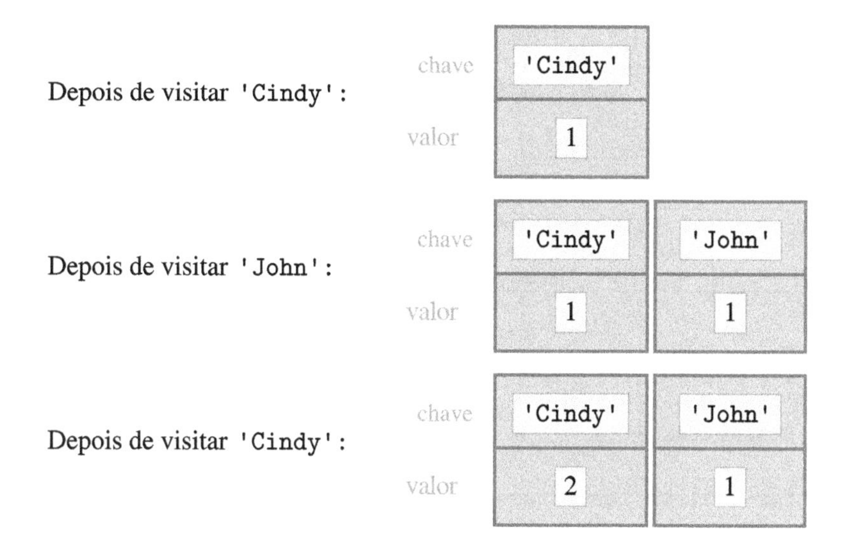

Figura 6.3 Contadores criados dinamicamente. Contadores são criados dinamicamente, no decorrer da iteração pela lista `estudantes`. Quando o primeiro item, `'Cindy'`, é visitado, um contador para a string `'Cindy'` é criado. Quando o segundo item, `'John'`, é visitado, um contador para `'John'` é criado. Quando o terceiro item, `'Cindy'`, é visitado, o contador correspondente a `'Cindy'` é incrementado.

A resposta para a primeira pergunta é não se preocupar com a quantidade de contadores que precisamos, mas criá-los dinamicamente, conforme a necessidade. Em outras palavras, criamos um contador para um item somente quando, ao percorrermos a lista, encontrarmos o item pela primeira vez. A Figura 6.3 ilustra os estados dos contadores depois de visitar o primeiro, segundo e terceiro nomes na lista `estudantes`.

Problema Prático 6.3

Desenhe o estado dos contadores depois de visitar os próximos três nomes na lista `estudantes`. Faça um desenho depois de visitar `'Adam'`, outro depois de visitar o segundo `'Adam'` e ainda outro depois de visitar `'Jimmy'`, usando a Figura 6.3 como seu modelo.

A Figura 6.3 nos dá uma ideia de como responder à segunda pergunta: podemos usar um dicionário para armazenar os contadores. Cada contador de item será um valor no dicionário, e o próprio item será a chave correspondente ao valor. Por exemplo, a string `'Cindy'` seria a chave e o valor correspondente seria seu contador. O mapeamento do dicionário entre chaves e valores também responde à terceira pergunta.

Agora, também podemos decidir o que a função `frequência()` deverá retornar: um dicionário mapeando cada item distinto na lista ao número de vezes que ele ocorre na lista. Aqui está um exemplo de uso dessa função:

```
>>> estudantes = ['Cindy', 'John', 'Cindy', 'Adam', 'Adam',
          'Jimmy', 'Joan', 'Cindy', 'Joan',]
>>> frequência(estudantes)
{'John': 1, 'Joan': 2, 'Adam': 2, 'Cindy': 3, 'Jimmy': 1}
```

No dicionário retornado pela chamada `frequência(estudantes)`, mostrada na Figura 6.4, as chaves são os nomes distintos na lista `estudantes` e os valores são as frequências correspondentes: assim, `'John'` ocorre uma vez, `'Joan'` ocorre duas vezes e assim por diante.

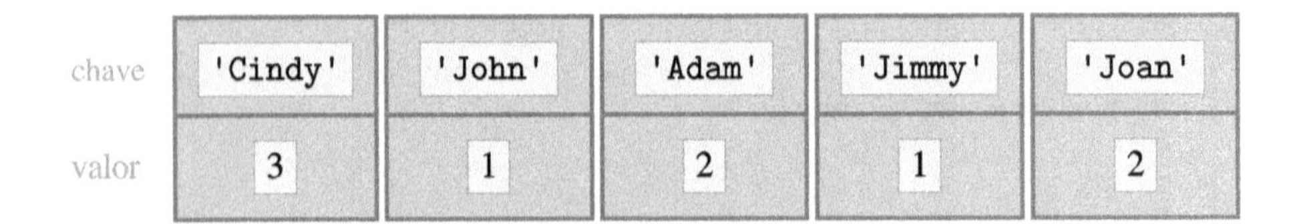

Figura 6.4 **Dicionário como um contador de contadores.** Esse dicionário é a saída da execução da função `frequência()` sobre a lista `estudantes`.

Com todas as partes do quebra-cabeças montadas, agora podemos implementar a função:

Módulo: ch6.py

```
1  def frequência(listaItens):
2      'retorna frequência dos itens em listaItens'
3      contadores = {}          # inicializa dicionário de contadores
4
5      for item in listaItens:
6
7          if item in contadores:   # contador para o item já existe
8              contadores[item] += 1    # portanto, incrementa
9          else:                    # contador para item é criado
10             contadores[item] = 1     # e inicializado em 1
11
12     return contadores
```

O dicionário `contadores` é inicializado como um dicionário vazio na linha 3. O laço `for` percorre a lista de itens `listaItens` e, para cada item:

- ou o contador correspondente ao item é incrementado;
- ou então, se não existe um contador para o item, um contador correspondente a ele é criado e inicializado em 1.

Observe o uso de um padrão de acumulador para acumular as contagens de frequência.

Problema Prático 6.4

Implemente a função `contaPalavra()`, que aceite como entrada um texto — como uma string — e exiba a frequência de cada palavra no texto. Você pode considerar que o texto não possui pontuação e que as palavras são separadas por espaços em branco.

```
>>> texto = 'all animals are equal but some \
animals are more equal than others'
>>> contaPalavra(texto)
all      appears 1 time.
animals  appears 2 times.
some     appears 1 time.
equal    appears 2 times.
but      appears 1 time.
are      appears 2 times.
others   appears 1 time.
than     appears 1 time.
more     appears 1 time.
```

6.2 Outros Tipos de Contêiner Embutidos

Nesta seção, apresentamos mais duas classes contêiner úteis: `tuple` e `set`.

Classe `tuple`

No Problema Prático 6.2, definimos um dicionário que mapeia números de telefone a indivíduos (por nome e sobrenome):

```
>>> agenda_r = { '(123)456-78-90':['Anna','Karenina'],
                 '(901)234-56-78':['Yu', 'Tsun'],
                 '(321)908-76-54':['Hans', 'Castorp']}
```

Usamos esse dicionário para implementar uma aplicação de pesquisa de agenda reversa. Dado um número de telefone, a aplicação retorna o indivíduo ao qual esse número é atribuído. E se, em vez disso, quiséssemos montar uma aplicação que implementa uma agenda de telefones padrão: dado o nome e sobrenome de uma pessoa, a aplicação retornaria o número de telefone atribuído a esse indivíduo.

Para a aplicação de pesquisa padrão, um dicionário como `agenda_r` não é apropriado. O que precisamos é de um mapeamento de indivíduos para números de telefone. Assim, vamos definir um novo dicionário que, efetivamente, seja o inverso do mapeamento de `agenda_r`:

```
>>> agenda = {['Anna','Karenina']:'(123)456-78-90',
              ['Yu', 'Tsun']:'(901)234-56-78',
              ['Hans', 'Castorp']:'(321)908-76-54'}
Traceback (most recent call last):
  File "<pyshell#242>", line 1, in <module>
    agenda = {['Anna','Karenina']:'(123)456-78-90',
TypeError: unhashable type: 'list'
```

Opa, temos um problema. O problema é que estamos tentando definir um dicionário cujas chaves são objetos de lista. Lembre-se de que o tipo `list` é mutável e que as chaves do dicionário devem ser de um tipo imutável.

Para nos auxiliar, existe uma classe de coleção em Python que se comporta como uma lista em quase todo aspecto, exceto por ser imutável: a classe `tuple`. Um objeto `tuple` contém uma sequência de valores separados por vírgulas e delimitados por parênteses (`()`) em vez de colchetes (`[]`):

```
>>> dias = ('Seg', 'Ter', 'Qua')
>>> dias
('Seg', 'Ter', 'Qua')
```

Vamos verificar o tipo ao qual o objeto `dias` se refere:

```
>>> type(dias)
<class 'tuple'>
```

Os parênteses são opcionais em expressões simples, como esta atribuição:

```
>>> dias = 'Seg', 'Ter', 'Qua', 'Qui'
>>> dias
('Seg', 'Ter', 'Qua', 'Qui')
```

O operador de indexação pode ser usado para acessar itens de tupla usando o deslocamento do item como índice, assim como nos objetos de lista:

```
>>> dias[2]
'Qua'
```

Porém, qualquer tentativa de mudar o objeto `tuple` resulta em uma exceção `TypeError`:

```
>>> dias[4] = 'qui'
Traceback (most recent call last):
  File "<pyshell#261>", line 1, in <module>
    dias[4] = 'qui'
TypeError: 'tuple' object does not support item assignment
```

Além disso, a inclusão de novos itens a um objeto `tuple` não é permitida:

```
>>> dias[5] = 'Sex'
Traceback (most recent call last):
  File "<pyshell#260>", line 1, in <module>
    dias[5] = 'Sex'
TypeError: 'tuple' object does not support item assignment
```

Assim, como nas listas, os itens em contêineres `tuple` são ordenados e acessados usando um índice (deslocamento). Diferentemente das listas, os contêineres `tuple` são imutáveis. Para descobrir mais sobre a classe `tuple`, leia a documentação on-line ou simplesmente use a função de documentação `help()`.

Objetos `tuple` Podem Ser Chaves de Dicionário

Como objetos `tuple` são imutáveis, eles podem ser usados como chaves de dicionário. Vamos voltar ao nosso objetivo original de construir um dicionário que mapeia (o nome e o sobrenome de) indivíduos a números de telefone. Agora, podemos usar objetos `tuple` como chaves, no lugar de objetos `list`.

```
>>> agenda = {(  'Anna','Karenina'):'(123)456-78-90',
               ('Yu', 'Tsun'):'(901)234-56-78',
               ('Hans', 'Castorp'):'(321)908-76-54'}
>>> agenda
{('Hans', 'Castorp'): '(321)908-76-54',
('Yu', 'Tsun'): '(901)234-56-78',
('Anna', 'Karenina'): '(123)456-78-90'}
```

Vamos verificar se o operador de indexação funciona como desejamos:

```
>>> agenda[(  'Hans', 'Castorp')]
'(321)908-76-54'
```

Agora, você pode implementar a ferramenta de pesquisa padrão de agenda.

Problema Prático 6.5

Use a função `lookup()`para implementar uma aplicação de pesquisa de agenda. Sua função aceita, como entrada, um dicionário representando uma agenda. No dicionário, as tuplas contendo nomes e sobrenomes de indivíduos (as chaves) são mapeadas a strings contendo números de telefone (os valores). Veja aqui um exemplo:

```
>>> agenda = {('Anna','Karenina'):'(123)456-78-90',
              ('Yu', 'Tsun'):'(901)234-56-78',
              ('Hans', 'Castorp'):'(321)908-76-54'}
```

Sua função deverá oferecer uma interface simples com o usuário, por meio da qual ele possa informar o nome e sobrenome de um indivíduo e obter o número de telefone atribuído a esse indivíduo.

```
>>> lookup(agenda)
Digite o nome: Anna
Digite o sobrenome: Karenina
(123)456-78-90
Digite o nome: Yu
Digite o sobrenome: Tsun
(901)234-56-78
```

Revisão do Método de Dicionário `items()`

Antes de prosseguirmos, vamos retornar e dar uma olhada no método de dicionário `items()`. Ele foi usado na seção anterior para percorrer os pares (chave, valor) do dicionário dias:

```
>>> dias = {'Seg': 'Segunda', 'Ter': 'Terça', 'Qua': 'Quarta',
            'Qui': 'Quinta'}
```

O método de dicionário `items()` retorna um contêiner que possui objetos `tuple`, um para cada par de (chave, valor).

```
>>> dias.items()
dict_items([('Qua', 'Quarta'), ('Seg', 'Segunda'),
            ('Qui', 'Quinta'), ('Ter', 'Terça')])
```

Cada `tuple` contém dois itens: a chave e o valor do par de (chave, valor) correspondente.

AVISO

Tupla de Único Item

Suponha que precisemos criar uma tupla de único item, como esta:

```
>>> dias = ('Seg')
```

Vamos avaliar o valor e o tipo do objeto `dias`:

```
>>> dias
'Seg'
>>> type(dias)
<class 'str'>
```

O que obtivemos é nenhuma `tuple` sequer! É apenas a string `'Seg'`. Os parênteses foram basicamente ignorados. Vamos fazer outro exemplo para esclarecer o que está acontecendo.

```
>>> t = (3)
>>> t
3
>>> type(3)
<class 'int'>
```

É claro que os parênteses são tratados como os parênteses deveriam ser em uma expressão aritmética. Na verdade, o mesmo aconteceu quando avaliamos (`'Seg'`); embora cercar strings com parênteses possa parecer estranho, os operadores de string Python * e + às vezes exigem que os usemos para indicar a ordem em que as operações de string devem ser avaliadas, como mostra o próximo exemplo:

```
>>> ('Seg'+'Ter')*3
'SegTerSegTerSegTer'
>>> 'Seg'+('Ter'*3)
'SegTerTerTer'
```

Como criamos uma tupla de único elemento? O que diferencia os parênteses em uma `tuple` geral dos parênteses em uma expressão é que, dentro dos parênteses da tupla, haverá itens separados por vírgula. Assim, as vírgulas fazem a diferença, e tudo o que precisamos fazer é incluir uma vírgula após o primeiro e único item, para obtermos um objeto `tuple` de único item:

```
>>> dias = ('Seg',)
```

Vamos verificar se obtivemos um objeto `tuple`:

```
>>> dias
('Seg',)
>>> type(dias)
<class 'tuple'>
```

Classe `set`

Outro tipo contêiner embutido do Python é a classe `set`. A classe `set` tem todas as propriedades do conjunto matemático. Ela é usada para armazenar uma coleção de itens fora de ordem, sem permissão para inclusão de itens duplicados. Os itens devem ser objetos imutáveis. O tipo `set` admite operadores que implementam os operadores de conjunto clássicos: inclusão em conjunto, interseção, união, diferença simétrica e assim por diante. Assim, ele é útil sempre que uma coleção de itens é modelada como um conjunto matemático e, também, para remoção de duplicatas.

Um conjunto é definido usando a mesma notação usada para conjuntos matemáticos: uma sequência de itens separados por vírgulas e delimitados com chaves: `{ }`. Veja como atribuiríamos o conjunto de três números de telefone (como strings) à variável `agenda1`:

```
>>> agenda1 = {'123-45-67', '234-56-78', '345-67-89'}
```

Verificamos o valor e o tipo de `agenda1`:

```
>>> agenda1
{'123-45-67', '234-56-78', '345-67-89'}
>>> type(agenda1)
<class 'set'>
```

Se tivéssemos definido um conjunto com itens duplicados, eles seriam ignorados:

```
>>> agenda1 = {'123-45-67', '234-56-78', '345-67-89',
               '123-45-67', '345-67-89'}
>>> agenda1
{'123-45-67', '234-56-78', '345-67-89'}
```

Usando o Construtor `set` para Remover Duplicatas

O fato de que os conjuntos não podem ter duplicatas nos dá a primeira grande aplicação para os conjuntos: remover duplicatas de uma lista. Suponha que tenhamos uma lista com duplicatas, como esta lista de idades de alunos em uma turma:

```
>>> idades = [23, 19, 18, 21, 18, 20, 21, 23, 22, 23, 19, 20]
```

Para remover duplicatas desta lista, podemos converter a lista em um conjunto, usando o construtor `set`. O construtor `set` eliminará todas as duplicatas, pois um conjunto não deverá tê-las. Convertendo o conjunto de volta para uma lista, obtemos uma lista sem duplicatas:

```
>>> idades = list(set(idades))
>>> idades
[18, 19, 20, 21, 22, 23]
```

Porém, existe *um grande detalhe*: os elementos foram reordenados.

AVISO

Conjuntos Vazios

Para instanciar um conjunto vazio, podemos ser tentados a fazer isto:

```
>>> agenda2 = {}
```

Porém, quando verificamos o tipo de `agenda2`, obtemos um tipo de dicionário:

```
>>> type(agenda2)
<class 'dict'>
```

O problema aqui é que as chaves (`{}`) são usadas para definir dicionários também, e `{}` representa um dicionário vazio. Se isso acontecer, então duas perguntas são levantadas:

1. Como o Python diferencia então entre a notação de conjunto e de dicionário?
2. Como criamos um conjunto vazio?

A resposta para a primeira pergunta é esta: embora conjuntos e dicionários sejam indicados usando chaves que delimitam uma sequência de itens separados por vírgula, os itens nos dicionários são pares de (chave, valor) com objetos separados por sinais de dois pontos (`:`), enquanto os itens nos conjuntos não são separados por esses sinais.

A resposta para a segunda pergunta é que temos que usar o construtor `set` explicitamente ao criarmos um conjunto vazio:

```
>>> agenda2 = set()
```

Verificamos o valor e o tipo de `agenda2` para termos certeza de que temos um conjunto vazio:

```
>>> agenda2
set()
>>> type(agenda2)
<class 'set'>
```

Operadores set

A classe set admite operadores que correspondem às operações matemáticas normais de conjuntos. Alguns são operadores que também podem ser usados com tipos de lista, string e dicionário. Por exemplo, os operadores in e not in são usados para testar a pertinência ao conjunto:

```
>>> '123-45-67' in agenda1
True
>>> '456-78-90' in agenda1
False
>>> '456-78-90' not in agenda1
True
```

O operador len() retorna o tamanho do conjunto:

```
>>> len(agenda1)
3
```

Os operadores de comparação ==, !=, <, <=, > e >= também são aceitos, mas seu significado é específico do conjunto. Dois conjuntos são "iguais" se e somente se tiverem os mesmos elementos:

```
>>> agenda3 = {'345-67-89','456-78-90'}
>>> agenda1 == agenda3
False
>>> agenda1 != agenda3
True
```

Conforme mostra a Figura 6.5, os conjuntos agenda1 e agenda3 não contêm os mesmos elementos.

Um conjunto é "menor ou igual a" outro conjunto se ele for um subconjunto deste, e um conjunto é "menor ou igual a outro conjunto" se ele for um subconjunto apropriado deste. Assim, por exemplo:

```
>>> {'123-45-67', '345-67-89'} <= agenda1
True
```

Como vemos na Figura 6.5, o conjunto {'123-45-67', '345-67-89'} é um subconjunto do conjunto agenda1. Porém, agenda1 não é um subconjunto apropriado de agenda1:

```
>>> agenda1 < agenda1
False
```

As operações matemáticas de conjunto (união, interseção, diferença e diferença simétrica) são implementadas como operadores set |, &, - e ^, respectivamente. Cada operação set

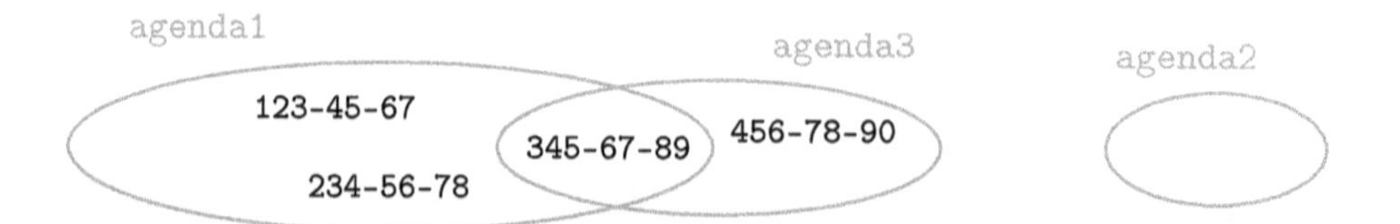

Figura 6.5 Três conjuntos de agenda. O diagrama de Venn dos conjuntos agenda1, agenda2 e agenda3.

aceita dois conjuntos e retorna um novo conjunto. A união de dois conjuntos contém todos os elementos que estão em qualquer um dos conjuntos:

```
>>> agenda1 | agenda3
{'123-45-67', '234-56-78', '345-67-89', '456-78-90'}
```

A interseção de dois conjuntos contém todos os elementos que estão nos dois conjuntos:

```
>>> agenda1 & agenda3
{'345-67-89'}
```

A diferença entre dois conjuntos contém todos os elementos que estão no primeiro conjunto, mas não no segundo.

```
>>> agenda1 - agenda3
{'123-45-67', '234-56-78'}
```

A diferença simétrica desses dois conjuntos contém todos os elementos que estão ou no primeiro conjunto ou no segundo conjunto, mas não em ambos:

```
>>> agenda1 ^ agenda3
{'123-45-67', '234-56-78', '456-78-90'}
```

Use a Figura 6.5 para verificar se os operadores de conjunto funcionam conforme o esperado.

Antes de prosseguirmos para a discussão dos métodos da classe `set`, resumimos na Tabela 6.3 os operadores de conjunto comumente usados, que acabamos de verificar.

Operação	Explicação
`x in s`	`Verdadeiro` se `x` estiver no conjunto `s`; se não, `False`
`x not in s`	`False` se `x` estiver no conjunto `s`; se não, `True`
`len(s)`	Retorna o tamanho do conjunto `s`
`s == t`	`True` se os conjuntos `s` e `t` tiverem os mesmos elementos; se não, `False`
`s != t`	`True` se os conjuntos `s` e `t` não tiverem os mesmos elementos; caso contrário, `False`
`s <= t`	`True` se cada elemento do conjunto `s` estiver no conjunto `t`; se não, `False`
`s < t`	`True se s <= t e s != t`
`s | t`	Retorna a união dos conjuntos `s` e `t`
`s & t`	Retorna a interseção dos conjuntos `s` e `t`
`s - t`	Retorna a diferença entre os conjuntos `s` e `t`
`s ^ t`	Retorna a diferença simétrica dos conjuntos `s` e `t`

Tabela 6.3 **Operadores da classe** `set`. Vemos aqui o uso e a explicação para os operadores `set` comumente utilizados.

Métodos `set`

Além dos operadores, a classe `set` aceita uma série de métodos. O método `set add()` é usado para acrescentar um item a um conjunto:

```
>>> agenda3.add('123-45-67')
>>> agenda3
{'123-45-67', '345-67-89', '456-78-90'}
```

O método remove() é usado para remover um item de um conjunto:

```
>>> agenda3.remove('123-45-67')
>>> agenda3
{'345-67-89', '456-78-90'}
```

Por fim, o método clear() é usado para esvaziar um conjunto:

```
>>> agenda3.clear()
```

Verificamos que agenda3 está realmente vazia:

```
>>> agenda3
set()
```

Para aprender mais sobre a classe set, leia a documentação on-line ou use a função de documentação help().

Problema Prático 6.6

Implemente a função sync() que aceita uma lista de agendas (em que cada agenda é um conjunto de números de telefone) como entrada e retorna uma agenda (como um conjunto) contendo a união de todas as agendas.

```
>>> agenda4 = {'234-56-78', '456-78-90'}
>>> agendas = [agenda1, agenda2, agenda3, agenda4]
>>> sync(agendas)
{'234-56-78', '456-78-90', '123-45-67', '345-67-89'}
```

6.3 Codificações de Caracteres e Strings

O tipo string, str, é o tipo Python para armazenar valores de texto. Nos Capítulos 2 e 4, vimos como criar objetos de string e manipulá-los usando operadores e métodos de string. A suposição, então, foi de que estávamos lidando com objetos de string contendo texto em português. Essa suposição ajudou a tornar o processamento de strings intuitivo, mas também ocultou a complexidade e a riqueza de suas representações. Agora, discutimos a complexidade das representações de texto que se deve ao imenso número de símbolos e caracteres nas linguagens mundiais que falamos e escrevemos. Discutimos especificamente quais tipos de caracteres as strings podem conter.

Codificações de Caracteres

Os objetos de string são usados para armazenar texto, ou seja, uma sequência de caracteres. Os caracteres poderiam ser letras maiúsculas e minúsculas do alfabeto, dígitos, sinais de pontuação e, possivelmente, símbolos como o sinal de cifrão ($). Como vimos no Capítulo 2, para criar uma variável cujo valor seja o texto 'Uma maçã custa R$ 0,99!', só precisávamos fazer:

```
>>> texto = 'Uma maçã custa R$ 0,99!'
```

A variável texto, então, é avaliada como o texto:

```
>>> texto
'Uma maçã custa R$ 0,99!'
```

Embora tudo isso possa parecer bastante limpo e direto, as strings são um tanto confusas. O problema é que os computadores lidam com bits e bytes, e os valores de string precisam ser codificados de alguma forma com bits e bytes. Em outras palavras, cada caractere de um valor de string precisa ser mapeado para uma codificação de bit específica, e essa codificação deverá ser mapeada de volta ao caractere.

Mas por que devemos nos importar com a codificação? Como vimos nos Capítulos 2 e 4, a manipulação de strings é bastante intuitiva, e certamente não precisamos nos preocupar com a forma como as strings são codificadas. Quase sempre, *não* temos que nos preocupar com isso. Entretanto, na Internet global, os documentos criados em um local podem precisar ser lidos em outro. Precisamos saber como trabalhar com caracteres de outros sistemas de escrita, sejam eles caracteres de outros idiomas, como inglês, francês, grego, árabe ou chinês, ou símbolos de diversos domínios, como matemática, ciências ou engenharia. Também é importante sabermos como as strings são representadas porque, como cientistas da computação, desejamos saber o que acontece nos bastidores.

ASCII

Por muitos anos, a codificação padrão para caracteres no idioma inglês foi a codificação ASCII. O American Standard Code for Information Interchange (ASCII) foi desenvolvido na década de 1960. Ele define um código numérico para 128 caracteres, pontuação e alguns outros símbolos comuns no idioma inglês americano. A Tabela 6.4 mostra os códigos ASCII decimais para os caracteres "imprimíveis".

Vamos explicar o que significam as entradas desta tabela. O código ASCII decimal para a letra a minúscula é 97. O símbolo `&` é codificado com o código ASCII decimal 38. Os códigos ASCII de 0 até 32 e 127 incluem caracteres não imprimíveis, como o retrocesso (código decimal 8), tabulação horizontal (código decimal 9) e avanço de linha (código decimal 10). Você pode explorar as codificações ASCII usando a função `ord()` em Python, que retorna o código ASCII decimal de um caractere:

```
>>> ord('a')
97
```

32		48	0	64	@	80	P	96	`	112	p
33	!	49	1	65	A	81	Q	97	a	113	q
34	"	50	2	66	B	82	R	98	b	114	r
35	#	51	3	67	C	83	S	99	c	115	s
36	$	52	4	68	D	84	T	100	d	116	t
37	%	53	5	69	E	85	U	101	e	117	u
38	&	54	6	70	F	86	V	102	f	118	v
39	'	55	7	71	G	87	W	103	g	119	w
40	(	56	8	72	H	88	X	104	h	120	x
41	)	57	9	73	I	89	Y	105	i	121	y
42	*	58	:	74	J	90	Z	106	j	122	z
43	+	59	;	75	K	91	[	107	k	123	{
44	,	60	<	76	L	92	\	108	l	124	|
45	-	61	=	77	M	93	]	109	m	125	}
46	.	62	>	78	N	94	^	110	n	126	~
47	/	63	?	79	O	95	_	111	o		

Tabela 6.4 **Codificação ASCII.** Caracteres ASCII imprimíveis e seus códigos decimais correspondentes. O caractere para o código decimal 43, por exemplo, é o operador +. O caractere para o código decimal 32 é o espaço em branco, exibido como um espaço vazio.

A sequência de caracteres de um valor de string (como 'dad') é codificada como uma sequência de códigos ASCII 100, 97 e 100. O que é armazenado na memória é exatamente essa sequência de códigos. Naturalmente, cada código é armazenado em binário. Como os códigos decimais ASCII vão de 0 a 127, eles podem ser codificados com sete bits; como um byte (oito bits) é a menor unidade de armazenamento na memória, cada código é armazenado em um byte.

Por exemplo, o código ASCII decimal para a letra a minúscula é 97, que corresponde ao código ASCII binário 1100001. Assim, na codificação ASCII, o caractere a é codificado em um único byte com o primeiro bit sendo um 0 e os bits restantes sendo 1100001. O byte resultante, 01100001, pode ser descrito de forma mais sucinta usando um número com dois dígitos hexa 0x61 (6 para os quatro bits da esquerda, 0110, e 1 para os 4 bits da direita, 0001). De fato, é muito comum usar códigos ASCII em hexa (como uma abreviação para os códigos binários ASCII).

O símbolo &, por exemplo, é codificado com o código ASCII decimal 38, que corresponde ao código binário 0100110, ou código hexa 0x26.

Problema Prático 6.7

Escreva uma função `codifica()`, que aceite uma string como entrada e *exiba* o código ASCII — em notação decimal, hexa e binária — de cada caractere nela contida.

```
>>> codifica('dad')
Car  Decimal  Hexa  Binário
 d       100    64  1100100
 a        97    61  1100001
 d       100    64  1100100
```

A função `chr()` é o inverso da função `ord()`. Ela apanha um código numérico e retorna o caractere correspondente a ele.

```
>>> chr(97)
'a'
```

Problema Prático 6.8

Escreva a função `char(início, fim)`, que exiba os caracteres correspondentes aos códigos decimais *i* para todos os valores de *i* desde `início` até `fim`, inclusive.

```
>>> char(62, 67)
62 : >
63 : ?
64 : @
65 : A
66 : B
67 : C
```

Unicode

ASCII é um padrão americano. Dessa forma, ele não provê caracteres que não estejam no idioma inglês americano. Não existe o "é" do português, o "Δ" do grego ou o '世' do mandarim na codificação ASCII. Codificações diferentes de ASCII foram desenvolvidas para lidar com diferentes idiomas ou grupos de idiomas. Porém, isso gera um problema: com a existência de diferentes codificações, é provável que algumas delas não estejam instaladas em um computador. Em um mundo globalmente interconectado, um documento de texto criado em um computador frequentemente precisará ser lido em outro, talvez em um continente diferente. E se o computador que estiver lendo o documento não tiver a codificação correta instalada?

Unicode foi desenvolvido para ser o esquema de codificação de caracteres universal. Ele inclui todos os caracteres em todas as linguagens escritas, modernas ou antigas, e inclui símbolos técnicos das áreas de ciência, engenharia e matemática, sinais de pontuação e assim por diante. Em Unicode, cada caractere é representado por um *ponto de código* inteiro. Contudo, o ponto de código não é necessariamente a representação de byte real do caractere; é apenas o identificador para o caractere em particular.

Por exemplo, o ponto de código para a letra `'k'` minúscula é o inteiro com valor hexa 0x006B, que corresponde ao valor decimal 107. Como você pode ver na Tabela 6.4, 107 também é o código ASCII para a letra `'k'`. Unicode utiliza, convenientemente, um ponto de código para os caracteres ASCII, que é igual ao seu código ASCII.

Como você incorpora caracteres Unicode em uma string? Para incluir o caractere `'k'`, por exemplo, você usaria a sequência de escape Python `\u006B`:

```
>>> '\u006B'
'k'
```

No próximo exemplo, a sequência de escape `\u0020` é usada para indicar o caractere Unicode com ponto de código 0x0020 (em hexa, correspondente ao decimal 32). Este, na verdade, é o espaço em branco (veja a Tabela 6.4):

```
>>> 'Hello\u0020World !'
'Hello World !'
```

Agora, vamos testar alguns exemplos em diversos idiomas diferentes. Vamos começar com meu nome em cirílico:

```
>>> '\u0409\u0443\u0431\u043e\u043c\u0438\u0440'
'Љубомир'
```

Aqui está 'Hello World!' em grego:

```
>>> '\u0393\u03b5\u03b9\u03b1\u0020\u03c3\u03b1\u03c2
     \u0020\u03ba\u03cc\u03c3\u03bc\u03bf!'
'Γεια σας κόσμο!'
```

Por fim, vamos escrever 'Hello World!' em mandarim:

```
>>> mandarim ='\u4e16\u754c\u60a8\u597d!'
>>> mandarim
'世界⊠好!'
```

DESVIO

Revisão de Comparações de String

Agora que sabemos como as strings são representadas, podemos entender como funciona a comparação de strings. Primeiro, os pontos de código Unicode, sendo inteiros, dão uma ordenação natural a todos os caracteres que podem ser representados em Unicode. Assim, por exemplo, o espaço em branco ' ', nessa ordenação, vem antes do caractere cirílico 'Љ', pois o ponto de código Unicode para ' ' (que é 0x0020) é um inteiro menor que o ponto de código Unicode para 'Љ' (que é 0x0409):

```
>>> '\u0020' > '\u0409'
False
>>> '\u0020' < '\u0409'
True
```

Unicode foi elaborado de modo que, para qualquer par de caracteres do mesmo alfabeto, um que esteja antes no alfabeto que o outro tenha um ponto de código Unicode menor. Por exemplo, 'a' está antes de 'd' no alfabeto, e o ponto de código para 'a' é menor que o ponto de código para 'd'. Desse modo, os caracteres Unicode formam um conjunto ordenado de caracteres, coerente com todos os alfabetos que o Unicode abrange.

Quando duas strings são comparadas, dizemos que a comparação é feita usando a ordem do dicionário. Outro nome para a ordem do dicionário é a ordem lexicográfica. Essa ordem pode ser definida com precisão, agora que entendemos que os caracteres vêm de um conjunto ordenado (Unicode). A palavra

$$a_1a_2a_3 \ldots a_k$$

aparece antes na ordem lexicográfica da palavra

$$b_1b_2b_3 \ldots b_l$$

se ou

- $a_1 = b_1, a_2 = b_2, \ldots, a_k = b_k$ e $k < l$, ou
- para o menor índice i para o qual a_i e b_i são diferentes, o ponto de código Unicode para a_i for menor que o ponto de código Unicode para b_i.

Vamos verificar se os operadores de string básicos funcionam nessa string.

```
>>> len(mandarim)
5
>>> mandarim[0]
'世'
```

Operadores de string funcionam independentemente do alfabeto usado na string. Agora, vejamos se as funções `ord()` e `chr()` se estendem do ASCII para o Unicode:

```
>>> ord(mandarim[0])
19990
>>> chr(19990)
'世'
```

Perfeitamente! Observe que 19990 é o valor decimal do valor hexa 0x4e16, que na verdade é o ponto de código Unicode do caractere 世. Assim, a função embutida `ord()` na realidade apanha o caractere Unicode e gera o valor decimal do seu ponto de código Unicode, e `chr()` faz o inverso. O motivo pelo qual ambos funcionam para caracteres ASCII é que os pontos de código Unicode para caracteres ASCII são, por projeto e conforme observado, os códigos ASCII.

Codificação UTF-8 para Caracteres Unicode

Uma string Unicode é uma sequência de pontos de código que são números de 0 a 0x10FFFF. Porém, diferentemente dos códigos ASCII, os pontos de código Unicode não são o que é armazenado na memória. A regra para traduzir um caractere ou ponto de código Unicode em uma sequência de bytes é denominada *codificação*.

Não há apenas uma, mas várias codificações Unicode: UTF-8, UTF-16 e UTF-32. UTF significa *formato de transformação Unicode* (*Unicode transformation format*), e cada UTF-x define um modo diferente de mapear um ponto de código Unicode em uma sequência de bytes. UTF-8 tornou-se a codificação preferida para e-mail, páginas Web e outras aplicações, onde os caracteres são armazenados ou enviados por uma rede. De fato, a codificação padrão quando você escreve programas Python 3 é UTF-8. Um dos recursos do UTF-8 é: cada caractere ASCII (ou seja, cada símbolo da Tabela 6.4) tem uma codificação UTF-8 que é exatamente a codificação ASCII em 8 bits (1 byte). Isso significa que um texto ASCII é um texto Unicode codificado com a codificação UTF-8.

Em algumas situações, seu programa Python receberá texto sem uma codificação especificada. Isso acontece, por exemplo, quando o programa baixa um documento de texto da World Wide Web (como veremos no Capítulo 11). Nesse caso, Python não possui escolha além de tratar o "texto" como uma sequência de bytes brutos armazenados em um objeto do tipo `bytes`. Isso acontece porque os arquivos baixados da Web podem ser imagens, vídeo, áudio e não simplesmente texto.

Considere este conteúdo de um arquivo de texto baixado da Web:

```
>>> conteúdo
b'Este é um documento de texto \npostado na \nWWW.\n'
```

A variável `content` refere-se a um objeto do tipo `bytes`. Como você pode verificar, a letra `b` na frente da "string" indica que:

```
>>> type(conteúdo)
<class 'bytes'>
```

Para decodificá-la para uma string codificada usando a codificação Unicode UTF-8, precisamos usar o método `decode()` da classe `bytes`:

```
>>> conteúdo.decode('utf-8')
'Este é um documento de texto \npostado na \nWWW.\n'
```

Se o método `decode()` for chamado sem argumentos, o padrão, a codificação dependente da plataforma será utilizada, que é UTF-8 para Python 3 (ou ASCII para Python 2).

DESVIO

Arquivos e Codificações

O terceiro argumento, opcional, da função `open()`, usada para abrir um arquivo, é a codificação a ser usada na leitura ou gravação do arquivo de texto. Se não for especificada, será usada a codificação padrão dependente da plataforma. Esse argumento deverá ser usado somente no modo texto; haverá um erro se for usado para arquivos binários. Vamos abrir o arquivo `mandarim.txt` especificando explicitamente a codificação UTF-8:

```
>>> arqEntrada = open('mandarim.txt', 'r', encoding='utf-8')
>>> print(arqEntrada.read())
你好世界!

(tradução: Hello World!)
```

6.4 Módulo `random`

Números aleatórios são úteis para executar simulações na ciência, na engenharia e nas finanças. Eles são necessários nos protocolos criptográficos modernos, que oferecem segurança para o computador, privacidade na comunicação e autenticação. Eles, além de serem um componente necessário em jogos de sorte, como pôquer ou blackjack (vinte e um), ajudam a tornar os jogos de computador menos previsíveis.

Números verdadeiramente aleatórios não são fáceis de obter. A maioria das aplicações de computador que exigem números aleatórios utiliza números criados por um *gerador de número pseudoaleatório* (pseudo significa falso, ou não real). Os geradores de número pseudoaleatório são programas que produzem uma sequência de números que "parecem" ser aleatórios e são bons o suficiente para a maioria das aplicações que precisam de números aleatórios.

Em Python, os geradores de número pseudoaleatório e as ferramentas associadas estão disponíveis por meio do módulo `random`. Como é comum, se precisarmos usar funções no módulo `random`, precisamos importá-lo primeiro:

```
>>> import random
```

Em seguida, descrevemos algumas funções do módulo `random` particularmente úteis.

Escolhendo um Inteiro Aleatório

Começamos com a função `randrange()`, que apanha um par de inteiros a e b e retorna algum número no intervalo de — e incluindo — *a* até — e *não* incluindo — *b*, com cada número no intervalo com a mesma probabilidade. Veja como usaríamos essa função para simular diversos lançamentos de dado (com seis lados):

```
>>> random.randrange(1,7)
2
>>> random.randrange(1,7)
6
>>> random.randrange(1,7)
5
>>> random.randrange(1,7)
1
>>> random.randrange(1,7)
2
```

Problema Prático 6.9

Implemente a função `adivinhe()`, que aceita como entrada um inteiro *n* e implementa um jogo interativo de adivinhação de números. A função deverá começar escolhendo um número aleatório no intervalo de 0 até *n*, mas não incluindo este. A função, então, pedirá repetidamente ao usuário para adivinhar o número escolhido. Quando o usuário adivinhar corretamente, a função deverá exibir uma mensagem `'Acertou!'` e terminar. Toda vez que o usuário escolhe um número incorreto, a função deverá ajudá-lo exibindo a mensagem `'Muito baixo'` ou `'Muito alto'`.

```
>>> adivinhe(100)
Digite seu número: 50
Muito baixo.
Digite seu número: 75
Muito alto.
Digite seu número: 62
Muito alto.
Digite seu número: 56
Muito baixo.
Digite seu número: 59
Muito alto.
Digite seu número: 57
Acertou!
```

DESVIO

Aleatoriedade

Normalmente, pensamos no resultado, cara ou coroa, de um lançamento de moeda como um evento aleatório. A maioria dos jogos de azar (ou sorte) depende da geração de eventos aleatórios (dados lançados, cartas embaralhadas, roletas giradas etc.). O problema com esses métodos de geração de eventos aleatórios é que eles não são apropriados para a geração aleatória e rápida o suficiente para um programa de computador em execução. De fato, não é fácil fazer com que um programa de computador gerencie números verdadeiramente aleatórios. Por esse motivo, os cientistas de computador desenvolveram algoritmos determinísticos, denominados geradores de número pseudoaleatório, que geram números que "parecem" ser aleatórios.

Escolhendo um "Real" Aleatório

Às vezes, o que precisamos em uma aplicação não é um inteiro aleatório, mas um número aleatório escolhido a partir de determinado intervalo numérico. A função `uniform()` aceita dois números a e b e retorna um número float x, tal que $a \leqslant x \leqslant b$ (supondo que $a \leqslant b$), com cada valor float no intervalo sendo igualmente provável. Veja como a usaríamos para obter diversos números aleatórios entre 0 e 1:

```
>>> random.uniform(0,1)
0.9896941090637834
>>> random.uniform(0,1)
0.3083484771618912
>>> random.uniform(0,1)
0.12374451518957152
```

Problema Prático 6.10

Existe uma forma de estimar o valor da constante matemática π lançando dardos em um alvo. Essa não é uma boa maneira de estimar π, mas é divertida. Suponha que você tenha um dardo com raio 1 dentro de um quadrado de 2×2 na parede. Agora, lance os dardos aleatoriamente e suponha que, de n dardos que atingem o quadrado, k atinjam o alvo (veja a Figura 6.6).

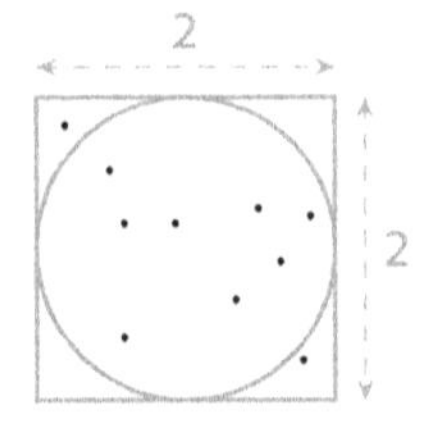

Figura 6.6 **Alvo dentro de um quadrado.** Aqui, mostramos 10 lançamentos de dardo com 8 dentro do alvo. Nesse caso, a estimativa de π seria $\frac{4*8}{10} = 3{,}2$.

Como os dardos foram lançados aleatoriamente, a razão k/n deverá aproximar a razão da área do alvo ($\pi \times 1^2$) e a área do quadrado ao redor dele (2^2). Em outras palavras, deveríamos ter:

$$\frac{k}{n} \approx \frac{\pi}{4}$$

A fórmula pode ser reescrita de modo que possa ser usada para estimar π:

$$\pi \approx \frac{4k}{n}$$

Implemente a função `aproxPi()`, que aceite como entrada um inteiro n, simule n lançamentos de dardo no quadrado de 2 × 2 contendo o alvo, conte o número de dardos atingindo o alvo e retorne uma estimativa de π com base no contador e em n. *Nota*: para simular um lançamento de dardo aleatório no quadrado, você só precisa obter as coordenadas x e y aleatórias para o lançamento.

```
>>> aproxPi(1000)
3.028
>>> aproxPi(100000)
3.1409600000000002
>>> aproxPi(1000000)
3.141702
>>>
```

Embaralhando, Escolhendo e Examinando Aleatoriamente

Vamos ilustrar mais algumas funções do módulo `random`. A função `shuffle()` embaralha, ou permuta, os objetos em uma sequência, semelhantemente ao modo como um baralho de cartas é misturado antes de um jogo, como o blackjack. Cada permutação possível é igualmente provável. Veja como podemos usar essa função para embaralhar uma lista duas vezes:

```
>>> lst = [1,2,3,4,5]
>>> random.shuffle(lst)
>>> lst
[3, 4, 1, 5, 2]
>>> random.shuffle(lst)
>>> lst
[1, 3, 2, 4, 5]
```

A função `choice()` nos permite escolher um item de um contêiner uniformemente, de forma aleatória. Dada a lista

```
>>> lst = ['cat', 'rat', 'bat', 'mat']
```

veja como escolheríamos um item da lista uniforme e aleatoriamente:

```
>>> random.choice(lst)
'mat'
>>> random.choice(lst)
'bat'
>>> random.choice(lst)
'rat'
>>> random.choice(lst)
'bat'
```

Se, em vez de precisar de apenas um item, quiséssemos escolher uma amostra de tamanho k, com cada amostra tendo a mesma probabilidade, usaríamos a função `sample()`. Ela aceita como entrada o contêiner e o número k.

Veja como escolheríamos amostras aleatórias da lista `lst` de tamanho 2 ou 3:

```
>>> random.sample(lst, 2)
['mat', 'bat']
>>> random.sample(lst, 2)
['cat', 'rat']
>>> random.sample(lst, 3)
['rat', 'mat', 'bat']
```

6.5 Estudo de Caso: Jogos de Sorte

Os jogos de azar, como pôquer e blackjack, passaram para a era digital com muito sucesso. Neste estudo de caso, mostraremos como desenvolver uma aplicação blackjack. Ao desenvolver essa aplicação, usaremos diversos conceitos introduzidos neste capítulo: conjuntos, dicionários, caracteres Unicode e, naturalmente, a aleatoriedade, por meio do embaralhamento de cartas.

Blackjack

Blackjack pode ser jogado com um baralho padrão de 52 cartas. Em um jogo de blackjack para uma pessoa, o jogador disputa com *a casa* (ou seja, o *carteador*). A casa distribui as cartas, joga usando uma estratégia fixa e vence em caso de um empate. Nossa aplicação blackjack simulará a casa. O jogador (ou seja, o usuário da aplicação) está tentando vencer a casa.

DESVIO

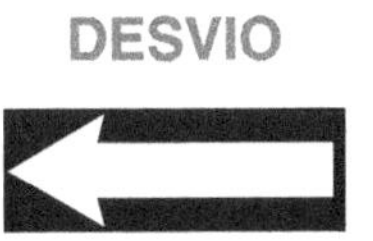

Regras do Jogo Blackjack

O jogo começa com a casa distribuindo cartas de um baralho misturado para o jogador e para si mesma (a casa). A primeira carta é entregue ao jogador, a segunda à casa, a terceira ao jogador e a quarta à casa. Cada um recebe duas cartas. Então, o jogador tem a oportunidade de pedir uma carta adicional, que normalmente é chamada de "carta".

O objetivo do blackjack é obter uma mão cujos valores de carta cheguem o mais próximo possível de 21, sem ultrapassar. O valor de cada carta de número é o seu próprio valor, e o valor de cada carta de figura é 10. O ás tem valor igual a 1 ou 11, o que for mais apropriado (isto é, o que chega mais próximo de 21 sem ultrapassá-lo). Pedindo cartas uma ou mais vezes, o jogador tenta chegar a um valor de mão mais próximo de 21. Se o total da mão do jogador ultrapassar 21 após um pedido de carta, ele perde.

Quando o jogador decide parar (isto é, passar a oportunidade de pedir cartas), é a vez de a casa pedir cartas adicionais. A casa precisa usar uma estratégia fixa: ela deve pedir carta se o seu melhor valor de mão for menor que 17, e parar se for 17 ou mais. Naturalmente, se a melhor mão da casa ultrapassar 21, o jogador vence.

Quando a casa parar, a mão do jogador será comparada com a mão da casa. Se o jogador tiver uma mão com valor mais alto, ele vence. Se tiver uma mão com valor menor, ele perde. No caso de um empate, ninguém vence (isto é, o jogador mantém sua aposta), exceto se as mãos da casa e do jogador empatarem em 21. Nesse caso, se o jogador ou a casa tiver uma mão de blackjack (um ás e uma figura com valor 10), a mão com o blackjack vencerá.

Vamos ilustrar, com alguns exemplos, como queremos que a aplicação blackjack funcione. Quando você iniciar a aplicação, a casa deverá distribuir duas cartas para você e duas para si mesma:

```
>>> blackjack()
Casa:       7♠     A♡
  Você:    6♠    10♠
Deseja carta (c) - o default - ou parar (p)?
```

A casa distribui um 6 e um 10 de espadas para você e um 7 de espadas e um às de copas para ela. A casa, então, pergunta se você deseja pedir carta. Suponha que você queira:

```
Você recebeu    8 ♣
Você ultrapassou... perdeu.
```

Você recebe um 8 de paus; como o valor da sua mão é 10 + 8 + 6 > 21, você perde. Vamos tentar outro exemplo:

```
>>> blackjack()
Casa:    5 ◊     7 ♠
Você:    2 ♠     8 ♡
Deseja carta (c) - o default - ou parar (p)?
Você recebeu    9 ♣
Deseja carta (c) - o default - ou parar (p)? p
A casa recebeu    A ♡
A casa recebeu    5 ♣
Você venceu!
```

Depois de receber suas duas primeiras cartas, você decide pedir carta e recebe um 9 de paus. Com um valor de 19, você decide parar. A casa, então, pede mais uma carta e recebe um ás. Com um valor de ás de 11, o total da casa é 5 + 7 + 11 = 23, de modo que o valor de ás igual a 1 é usado em seu lugar, tornando o valor da mão da casa 5 + 7 + 1 = 13. Como

13 < 17, a casa deverá pedir mais uma carta, e recebe um 5. Com uma mão totalizando 18, a casa deverá parar e o jogador vence.

Neste exemplo final, a casa perde porque ela ultrapassa o valor 21:

```
>>> blackjack()
Casa:    2 ♢    10 ♣
Você:    4 ♢     8 ♠
Deseja carta (c) - o default - ou parar (p)?
Você recebeu     A ♠
Deseja carta (c) - o default - ou parar (p)? p
A casa recebeu   10 ♡
A casa ultrapassou... Você venceu!
```

Em vez de desenvolver a aplicação blackjack como uma única função, nós a desenvolvemos de forma modular, usando várias funções pequenas. A técnica modular tem dois benefícios principais. Um é que funções menores são mais fáceis de escrever, testar e depurar. Outra é que algumas das funções podem ser reutilizadas em alguma outra aplicação de jogo de cartas. De fato, a primeira função que implementamos retorna um baralho misturado, bastante útil na maioria dos jogos de cartas.

Criando e Misturando o Baralho de Cartas

O jogo começa com um baralho misturado com 52 cartas. Cada carta é definida por seu valor e naipe, e cada combinação de valor e naipe define uma carta. Para gerar todas as 52 combinações de valor e carta, primeiro criamos um conjunto de valores e um conjunto de cartas (usando os caracteres de naipe Unicode). Depois, usamos um padrão de laço aninhado para gerar cada combinação de valor e naipe. Por fim, usamos a função `shuffle()` do módulo `random` para misturar o baralho:

Módulo: blackjack.py

```
1  def misturaBaralho():
2      'retorna o baralho misturado'
3  
4      # naipes é um conjunto de 4 símbolos Unicode: espadas e paus
5      # pretos, e ouros e copas brancos
6      naipes = {'\u2660', '\u2661', '\u2662', '\u2663'}
7      valores = {'2','3','4','5','6','7','8','9','10','J','Q','K','A'}
8      baralho = []
9  
10     # cria baralho de 52 cartas
11     for naipe in naipes:
12         for valor in valores:                  # carta é a concatenação
13             baralho.append(valores:+ ''+naipe) # de naipe e valor
14 
15     # mistura o baralho e retorna
16     random.shuffle(baralho)
17     return baralho
```

Uma lista é usada para manter as cartas do baralho misturadas, pois uma lista define uma ordenação sobre os itens que ela contém. Uma mão de blackjack, porém, não precisa ser ordenada. Ainda assim, escolhemos as listas para representar as mãos do jogador e da casa. Em seguida, vamos desenvolver uma função que distribui uma carta ao jogador ou à casa.

Distribuindo uma Carta

A próxima função é usada para retirar uma carta do topo em um baralho misturado para um dos participantes do jogo. Ela retorna a carta retirada.

Módulo: blackjack.py

```
1 def distribuiCarta(baralho, participante):
2     'retira única carta do baralho para o participante'
3     carta = baralho.pop()
4     participante.append(carta)
5     return carta
```

Observe que essa função também pode ser reutilizada em outras aplicações de jogo de carta. A próxima função, porém, é específica do blackjack.

Calculando o Valor de uma Mão

Em seguida, desenvolvemos uma função `total()` que apanha uma mão do blackjack (isto é, uma lista de cartas) e usa a melhor atribuição de valores às cartas de ás para retornar o melhor valor possível para a mão. O desenvolvimento dessa rotina em uma função separada faz sentido, não porque ela poderia ser reutilizada em outros jogos de carta, mas porque encapsula um cálculo bastante específico e um tanto complexo.

O mapeamento de cartas aos seus valores em blackjack é um tanto intricado. Portanto, usamos um dicionário para mapear as atribuições de valores às cartas (chaves de dicionário), com o ás recebendo o valor 11. O valor da mão é calculado com essas atribuições, usando um padrão de laço acumulador. Em paralelo, também contamos o número de ases, caso queiramos trocar o valor de um ás para 1.

Se o valor da mão obtido for 21 ou menos, ele é retornado. Caso contrário, o valor de cada ás na mão, se houver, e um por um, é convertido para 1, até que o valor da mão seja inferior ou igual a 21.

Módulo: blackjack.py

```
1  def total(mão):
2      'retorna o valor da mão de blackjack'
3      valores = {'2':2, '3':3, '4':4, '5':5, '6':6, '7':7, '8':8,
4                 '9':9, '1':10, 'J':10, 'Q':10, 'K':10, 'A':11}
5      resultado = 0
6      ases = 0
7
8      # soma os valores das cartas na mão
9      # também soma o número de ases
10     for carta in mão:
11         resultado += values[carta[0]]
12         if carta[0] =='A':
13             ases += 1
14
15     # enquanto valor da mão > 21 e existe um às na
16     # mão com valor 11, converte seu valor para 1
17     while result > 21 and ases > 0:
18         resultado -= 10
19         ases -= 1
20
21     return resultado
```

Comparando as Mãos do Jogador e da Casa

Outra parte da implementação de blackjack que podemos desenvolver como uma função separada é a comparação entre a mão do jogador e a mão da casa. As regras de blackjack são usadas para determinar e anunciar o vencedor.

Módulo: blackjack.py

```
1  def comparaMãos(casa, jogador):
2      'compara mãos da casa e do jogador e mostra resultado'
3
4      # calcula total da mão da casa e do jogador
5      totalCasa, totalJogador = total(casa), total(jogador)
6
7      if totalCasa > totalJogador:
8          print('Você perdeu.')
9      elif totalCasa < totalJogador:
10         print('Você venceu!')
11     elif totalCasa == 21  and 2 == len(casa) < len(jogador):
12         print('Você perdeu.') # casa vence com um blackjack
13     elif totalJogador == 21 and 2 == len(jogador) < len(casa):
14         print('Você venceu!')   # jogador vence com um blackjack
15     else:
16         print('Empatou')
```

Função Blackjack Principal

Agora, implementamos a função principal, `blackjack()`. As funções que desenvolvemos até aqui tornam o programa mais fácil de escrever e também de ler.

Módulo: blackjack.py

```
1  def blackjack()
2      'simula a casa em um jogo de blackjack'
3
4      baralho = misturaBaralho()     # apanha baralho misturado
5
6      casa = []     # mão da casa
7      jogador = []  # mão do jogador
8
9      for i in range(2):         # distribui mão inicial em 2 rodadas
10        distribuiCarta(baralho, jogador) # distribui para jogador
                                            primeiro
11        distribuiCarta(baralho, house)   # distribui para casa depois
12
13     # apresenta as mãos
14     print('Casa:{:>7}{:>7} '.format(casa[0] , casa[1]))
15     print('  Você:{:>7}{:>7}'.format(jogador[0], jogador[1]))
16
17     # enquanto usuário pede mais uma carta, a casa a entrega
18     resposta = input('Deseja carta (c) - o default - ou parar (p)?')
19     while resposta in {'', 'c', 'carta'}:
20         carta = distribuiCarta(baralho, jogador)
21         print('Você recebeu{:>7}'.format(carta))
```

```
23          if total(jogador) > 21:    # total do jogador é > 21
24              print('Você ultrapassou... perdeu.')
25              return
26
27          resposta = input('Deseja carta (c) - o default - ou parar (p)?')
28
29      # a casa deve jogar pelas "regras da casa"
30      while total(casa) < 17:
31          carta = distribuiCarta(baralho, casa)
32          print('A casa recebeu{:>7}'.format(carta))
33
34          if total(casa) > 21:       # total da casa é > 21
35              print('A casa ultrapassou... Você venceu!')
36              return
37
38      # compara as mãos da casa e do jogador e mostra resultado
39      comparaMãos(casa, jogador)
```

Nas linhas 6 e 7, o baralho misturado é usado para distribuir as mãos iniciais, que são então exibidas. Nas linhas 18 a 25, o padrão de laço interativo é usado para implementar os pedidos de carta adicional pelo jogador. Depois que cada carta é distribuída, o valor da mão do jogador é verificado. As linhas de 30 a 36 implementam a regra da casa para concluir a mão da casa.

Resumo do Capítulo

Este capítulo começa introduzindo diversas classes contêiner do Python que complementam as classes de string e de lista, que estivemos usando até aqui.

A classe de dicionário `dict` é um contêiner de pares (chave, valor). Uma forma de ver um dicionário é vê-lo como um contêiner que armazena valores acessíveis por meio de índices especificados pelo usuário, denominados chaves. Outra é vê-lo como um mapeamento entre chaves e valores. Na prática, os dicionários são tão úteis quanto as listas. Um dicionário pode ser usado, por exemplo, como um substituto para uma estrutura condicional multivias, ou como uma coleção de contadores.

Em algumas situações, a mutabilidade das listas é um problema. Por exemplo, não podemos usar listas como chaves de um dicionário, pois as listas são mutáveis. Apresentamos a classe embutida `tuple`, que é basicamente uma versão imutável da classe `list`. Usamos objetos `tuple` quando precisamos de uma versão imutável de uma lista.

A última classe contêiner embutida que apresentamos neste capítulo é a classe `set`, que implementa um conjunto matemático, ou seja, um contêiner que aceita operações matemáticas de conjunto, como união e interseção. Como todos os elementos de um conjunto deverão ser distintos, os conjuntos podem ser usados para remover facilmente as duplicatas de outros contêineres.

Neste capítulo, também completamos a cobertura do tipo string `str`, embutido no Python, que iniciamos no Capítulo 2 e continuamos no Capítulo 4. Descrevemos o intervalo de caracteres que um objeto de string pode conter. Apresentamos o esquema de codificação de caracteres Unicode, o default no Python 3 (mas não no Python 2), que permite que os desenvolvedores trabalhem com strings que usam caracteres ingleses não americanos.

Por fim, este capítulo introduz o módulo `random` da Biblioteca Padrão. O módulo admite funções que retornam números pseudoaleatórios, tão necessárias em simulações e jogos de computador. Também apresentamos as funções do módulo `random`, como `shuffle()`, `choice()` e `sample()`, que nos permitem misturar e retirar de objetos contêiner.

Soluções dos Problemas Práticos

6.1 A função aceita o nome do presidente (`presidente`) como entrada. Esse nome é mapeado para um estado. O mapeamento entre nomes de presidentes e estados é mais bem descrito com um dicionário. Após a definição do dicionário, a função simplesmente retorna o valor correspondente à chave `presidente`:

```
def estadoNasc(presidente):
    'retorna o estado de nascimento do presidente informado '

    estados = {'Barack Hussein Obama II':'Hawaii',
               'George Walker Bush':'Connecticut',
               'William Jefferson Clinton':'Arkansas',
               'George Herbert Walker Bush':'Massachussetts',
               'Ronald Wilson Reagan':'Illinois',
               'James Earl Carter, Jr':'Georgia'}

    return estados[presidente]
```

6.2 O serviço de pesquisa reversa é implementado com um padrão de laço infinito, interativo. Em cada iteração desse laço, o usuário deverá informar um número. O número de telefone informado pelo usuário é mapeado, usando a agenda, para um nome. Esse nome, então, é apresentado.

```
def rlookup(agenda):
    '''implementa um serviço de pesquisa reversa da agenda
       agenda é um dicionário que mapeia números de telefone a nomes'''
    while True:
        número = input('Digite número do telefone no\
                        formato (xxx)xxx-xx-xx: ')
        if número in agenda:
            print(agenda[número])
        else:
            print('O número informado não está em uso.')
```

6.3 Veja a Figura 6.7.

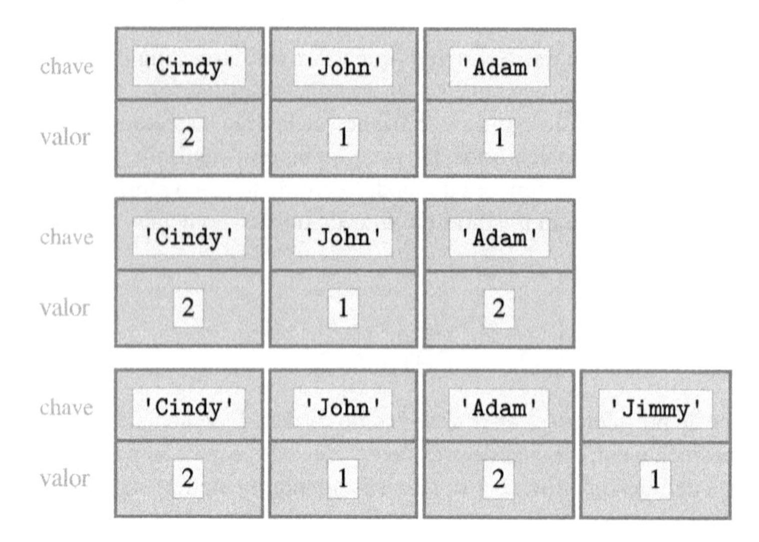

Figura 6.7 **Estados de contadores.** Quando a string `'Adam'` é visitada, o par (chave, valor) `('Adam', 1)` é acrescentado ao dicionário. Quando outra string `'Adam'` é visitada, o valor nesse mesmo par (chave, valor) é incrementado em um. Outro par (chave, valor) é acrescentado na visita à string `'Jimmy'`.

6.4 A primeira coisa a fazer é dividir o texto e obter uma lista de palavras. Depois, é usado o padrão comum para contar usando um dicionário de contadores.

```
def contaPalavra(texto):
    'exibe freq de cada palavra no texto'
    listaPalavras = text.split()  # separa texto em lista de palavras
    contadores ={}                # dicionário de contadores
    for palavra in listaPalavras:
        if palavra in contadores:   # contador para palavra existe
            contadores[palavra] += 1
        else:                   # contador para palavra não existe
            contadores[palavra] = 1
    for palavra in contadores:  # exibe contagens de palavras
        if contadores[palavra] == 1:
            print('{:8} aparece {} vez.'.format(palavra,\
                                                contadores[palavra]))
        else:
            print('{:8} aparece {} vezes.'.format(palavra,\
                                                  contadores[palavra]))
```

6.5 O padrão de laço infinito é usado para oferecer um serviço de longa duração. Em cada iteração, o usuário deve informar um nome e um sobrenome, que são então usados para montar um objeto `tuple`. Esse objeto é usado como chave para o dicionário da agenda. Se o dicionário tiver um valor correspondente a essa chave, o valor é apresentado; caso contrário, uma mensagem de erro é exibida na tela.

```
def lookup(agenda):
    '''implementa serviço de agenda interativo usando
       o dicionário de agenda como entrada'''
    while True:
        nome = input('Digite o nome')
        sobrenome = input('Digite o sobrenome')

        pessoa = (nome, sobrenome)      # constrói a chave

        if pessoa in agenda:        # se a chave estiver no dicionário
            print(agenda[pessoa])      # mostra o valor
        else:                       # se chave ausente do dicionário
            print('O nome informado não é conhecido.')
```

6.6 O objetivo é obter a união de todos os conjuntos que aparecem em uma lista. O padrão acumulador é o padrão de laço correto para fazer isso. O acumulador deverá ser um conjunto inicializado como vazio:

```
def sync(agendas):
    'retorna a união de conjuntos em agendas'
    res = set()  # inicializa o acumulador

    for agenda in agendas:
        res = res | agenda    # acumula agenda em res
    return res
```

6.7 O padrão de iteração é usado para percorrer os caracteres da string. A cada iteração, o código ASCII do caractere atual é exibido:

```
def codifica(texto):
    'exibe códigos ASCII dos caracteres em texto, um por linha'
    print('Car  Decimal  Hexa  Binário') # exibe cabeçalho

    for c in texto:
        código = ord(c)    # calcula código ASCII
        # exibe caractere e seu código decimal, hexa e binário
        print(' {}    {:7} {:4x}  {:7b}'.format(c,código,código,código))
```

6.8 Usamos um padrão de laço contador para gerar inteiros de `início` a `fim`. O caractere correspondente a cada inteiro é apresentado:

```
def char(início,fim):
    '''exibe os caracteres com códigos ASCII
       no intervalo entre início e fim'''
    for i in range(início, fim+1):
        # exibe código ASCII inteiro e caractere correspondente
        print('{} : {}'.format(i, chr(i)))
```

6.9 A função `randrange()` do módulo `random` é usada para gerar o número secreto a ser descoberto. Um laço infinito e um padrão de laço e meio são usados para implementar o serviço interativo:

```
import random
def adivinhe(n):
    'um jogo interativo para descoberta de número'
    segredo = random.randrange(0,n)  # gera número secreto

    while True:
        # usuário informa um valor
        adivinhe = eval(input('Digite seu número:'))
        if adivinhe == segredo:
            print('Acertou!')
            break
        elif adivinhe < segredo:
            print('Muito baixo.')
        else: # adivinhe > segredo
            print('Muito alto.')
```

6.10 Cada lançamento de dardo aleatório é simulado escolhendo, de modo uniforme e aleatório, uma coordenada x e y entre –1 e 1. Se o ponto (x, y) resultante estiver dentro da distância 1 a partir da origem (0, 0) (isto é, o centro do alvo), o ponto representa um acerto. Um padrão de laço acumulador é usado para somar todos os "acertos".

```
import random
def aproxPi(total):
    'retorna valor aproximado de pi conforme "lançamento de dardo"'
    contador = 0              # conta dardos que atingem o alvo
    for i in range(total):
        x = random.uniform(-1,1) # coordenada x do dardo
        y = random.uniform(-1,1) # coordenada y do dardo
        if x**2+y**2 <= 1:       # se o dardo atingiu o alvo
            contador += 1            # incrementa contador
    return 4*contador/total
```

Exercícios

6.11 Implemente a função `criptFácil()`, que aceite uma string como entrada e exiba sua criptografia definida da seguinte forma. Cada caractere em uma posição ímpar i no alfabeto será criptografado com o caractere na posição $i + 1$, e cada caractere em uma posição par i será criptografado com o caractere na posição $i - 1$. Em outras palavras `'a'` é criptografado com `'b'`, `'b'` com `'a'`, `'c'` com `'d'`, `'d'` com `'c'` e assim por diante. Caracteres minúsculos deverão permanecer minúsculos, e caracteres maiúsculos deverão permanecer assim.

```
>>> criptFácil('abc')
bad
>>> criptFácil('ZOO')
YPP
```

6.12 Refaça o Problema 5.27 usando um dicionário em vez de uma instrução `if` multivias.

6.13 Defina um dicionário chamado `agências`, que armazene um mapeamento entre os acrônimos CCC, FCC, FDIC, SSB, WPA (as chaves) e as agências do governo federal norte-americano 'Civilian Conservation Corps', 'Federal Communications Commission', 'Federal Deposit Insurance Corporation', 'Social Security Board' e 'Works Progress Administration' (os valores), criadas pelo Presidente Roosevelt durante o New Deal (Novo Acordo). Depois:

(a) Inclua o mapa do acrônimo SEC para 'Securities and Exchange Commission'.

(b) Mude o valor da chave SSB para 'Social Security Administration'.

(c) Remova os pares (chave, valor) com as chaves CCC e WPA.

6.14 Repita o Exercício 6.13 com esta mudança: antes de fazer as mudanças nas agências, defina `acrônimos` como a visão de suas chaves. Depois de fazer as mudanças, avalie `acrônimos`.

6.15 O dicionário usado no Problema Prático 6.5 pressupõe que somente uma pessoa pode ter certo nome e sobrenome. Porém, em uma agenda típica, pode haver mais de uma pessoa com o mesmo nome e sobrenome. Um dicionário modificado, que mapeia uma tupla (sobrenome, nome) a uma *lista* de números de telefone, poderia ser usado para implementar uma agenda mais realista. Reimplemente a função lookup() do Problema Prático 6.5 de modo que ela possa aceitar esse dicionário (isto é, com valores de lista) como entrada e retornar todos os números aos quais uma tupla (sobrenome, nome) é mapeada.

6.16 Usando um padrão de laço contador, construa conjuntos mult3, mult5 e mult7 de múltiplos não negativos de 3, 5 e 7, respectivamente, menores que 100. Depois, usando esses três conjuntos, escreva expressões de conjunto que retornam:

(a) Múltiplos de 35.
(b) Múltiplos de 105.
(c) Múltiplos de 3 ou 7.
(d) Múltiplos de 3 ou 7, mas não de ambos.
(e) Múltiplos de 7 que não sejam múltiplos de 3.

6.17 Escreva uma função hexaASCII() que apresente a correspondência entre os caracteres minúsculos no alfabeto e a representação hexadecimal de seu código ASCII. Nota: Uma string de formato e o método de string format podem ser usados para representar um valor numérico em notação hexa.

```
>>> hexaASCII()
a:61 b:62 c:63 d:64 e:65 f:66 g:67 h:68 i:69 j:6a k:6b l:6c m:6d
n:6e o:6f p:70 q:71 r:72 s:73 t:74 u:75 v:76 w:77 x:78 y:79 z:7a
```

6.18 Implemente a função moeda(), que retorna 'Cara' ou 'Coroa' com a mesma probabilidade.

```
>>> moeda()
'Cara '
>>> moeda()
'Cara '
>>> moeda()
'Coroa'
```

6.19 Usando um tradutor on-line, como o Google Translate, traduza a frase "My name is Ada" para árabe, japonês e sérvio. Depois, copie e cole as traduções para o seu shell interativo e lhes atribua como strings aos nomes de variável arábico, japonês e sérvio. Por fim, para cada string, exiba o ponto de código Unicode de cada caractere na string, usando um padrão de laço de iteração.

Problemas

6.20 Escreva a função reverte(), que aceite como entrada uma agenda, ou seja, um dicionário mapeando nomes (as chaves) a números de telefone (os valores). A função deverá retornar outro dicionário representando a agenda reversa, mapeando números de telefone (as chaves) aos nomes (os valores).

```
>>> agenda = {   'Smith, Jane':'123-45-67',
             'Doe, John':'987-65-43','Baker,David':'567-89-01'}
>>> reverte(agenda)
{'123-45-67': 'Smith, Jane', '567-89-01': 'Baker,David',
'987-65-43': 'Doe, John'}
```

6.21 Escreva a função `símbolo()` que aceite uma string (o nome de um arquivo) como entrada. O arquivo terá nomes de empresa e símbolos de ações. Nesse arquivo, um nome de empresa ocupará uma linha e seu símbolo de ação estará na linha seguinte. Após essa linha estará uma linha com outro nome de empresa e assim por diante. Seu programa lerá o arquivo e armazenará o nome e o símbolo da ação em um dicionário. Depois, ele fornecerá uma interface para o usuário, de modo que ele possa obter o símbolo da ação para determinada empresa. Teste seu código na lista NASDAQ 100 de ações, dada no arquivo `nasdaq.txt`.

Arquivo: nasdaq.txt

```
>>> símbolo('nasdaq.txt')
Digite nome da empresa: YAHOO
Símbolo da ação: YHOO
Digite nome da empresa: GOOGLE INC
Símbolo da ação: GOOG
...
```

6.22 A imagem espelho da string `vow` é a string `wov`, e a imagem espelho de `wood` é a string `boow`. A imagem espelho da string `bed`, porém, não pode ser representada como uma string, pois a imagem espelho de `e` não é um caractere válido.

Desenvolva a função `espelho()`, que apanhe uma string e retorne sua imagem espelho, mas somente se esta puder ser representada usando as letras no alfabeto.

```
>>> espelho('vow')
'wov'
>>> espelho('wood')
'boow'
>>> espelho('bed')
'INVALID'
```

6.23 Você gostaria de produzir um dicionário exclusivo assustador, mas tem dificuldade para achar milhares de palavras que deveriam entrar nesse dicionário. Sua ideia brilhante é escrever uma função `dicAssust()`, que leia uma versão eletrônica de um livro de terror, digamos, *Frankenstein*, de Mary Wollstonecraft Shelley, apanhe todas as palavras nele contidas e as escreva em ordem alfabética em um novo arquivo, chamado `dicionário.txt`. Você pode eliminar as palavras de uma e duas letras, pois nenhuma delas será assustadora.

Você notará que a pontuação no texto torna esse exercício um pouco mais complicado. Você poderá tratar disso substituindo a pontuação por espaços ou strings vazias.

Arquivo: frankenstein.txt

```
>>> dicAssust('frankenstein.txt')
abandon
abandoned
abbey
abhor
abhorred
abhorrence
abhorrent
...
```

6.24 Implemente a função `nomes()`, que não aceite entrada, mas solicite repetidamente do usuário o nome de um estudante em uma turma. Quando o usuário digita a string vazia, a função deve exibir, para cada nome, o número de estudantes com esse nome.

```
>>> nomes()
Digite o próximo nome: Valerie
Digite o próximo nome: Bob
Digite o próximo nome: Valerie
Digite o próximo nome: Amelia
Digite o próximo nome: Bob
Digite o próximo nome:
Há 1 aluno chamado Amelia
Há 2 alunos chamados Bob
Há 2 alunos chamados Valerie
```

6.25 Escreva a função `diferente()`, que aceite uma tabela bidimensional como entrada e retorne o número de entradas distintas na tabela.

```
>>> t = [[1,0,1],[0,1,0]]
>>> diferente(t)
2
>>> t = [[32,12,52,63],[32,64,67,52],[64,64,17,34],[34,17,76,98]]
>>> diferente(t)
10
```

6.26 Escreva a função `semana()`, que não aceita argumentos. Ela pedirá que o usuário informe repetidamente uma abreviação em três letras e sem acentuação para um dia da semana (Seg, Ter, Qua, Qui, Sex, Sab ou Dom), e depois imprimirá o dia correspondente no formato extenso.

```
>>> semana()
Digite a abreviação do dia: Ter
Terça-feira
Digite a abreviação do dia: Dom
Domingo
Digite a abreviação do dia: Sab
Sábado
Digite a abreviação do dia:
```

6.27 Ao final deste livro (e em outros livros), normalmente existe um índice que relaciona as páginas em que certa palavra aparece. Neste problema, você criará um índice para um texto mas, em vez do número de páginas, você usará os números de linha.

Você implementará a função `índice()`, que aceite como entrada o nome de um arquivo de texto e uma lista de palavras. Para cada palavra na lista, sua função achará as linhas no arquivo de texto em que a palavra ocorre, exibindo os números de linha correspondentes (onde a numeração começa com 1). Você deverá abrir e ler o arquivo apenas uma vez.

Arquivo: raven.txt

```
>>> índice('raven.txt', ['raven', 'mortal', 'dying', 'ghost',
           'ghastly', 'evil','demon'])
ghost     9
dying     9
demon     122
evil      99, 106
ghastly   82
mortal    30
raven     44, 53, 55, 64, 78, 97, 104, 111, 118, 120
```

6.28 Implemente a função `traduza()`, que ofereça um serviço de tradução rudimentar. A entrada da função é um dicionário mapeando palavras em um idioma (o primeiro idioma) às palavras correspondentes em outro (o segundo idioma). A função oferece um serviço que permite aos usuários digitar uma frase no primeiro idioma interativamente e depois obter uma tradução para o segundo idioma, pressionando a tecla Enter/Return. As palavras ausentes no dicionário devem ser traduzidas como ____.

6.29 Na sua turma, muitos estudantes são amigos. Vamos supor que dois estudantes que compartilham um amigo deverão ser amigos; em outras palavras, se os estudantes 0 e 1 são amigos e os estudantes 1 e 2 são amigos, então os estudantes 0 e 2 deverão ser amigos. Usando essa regra, podemos particionar os estudantes em círculos de amigos.

Para fazer isso, implemente uma função `redes()`, que aceite dois argumentos de entrada. O primeiro é o número n de estudantes na turma. Consideramos que os estudantes são identificados usando os inteiros de 0 a $n - 1$. O segundo argumento de entrada é uma lista de objetos de tupla que define os amigos. Por exemplo, a tupla (0, 2) define os estudantes 0 e 2 como amigos. A função `redes()` deverá exibir a partição de estudantes em círculos de amigos, conforme ilustramos:

```
>>> redes(5, [(0, 1), (1, 2), (3, 4)])
Rede social 0   is {0, 1, 2}
Rede social 1   is {3, 4}
```

6.30 Implemente a função `simul()`, que aceite como entrada um inteiro n e simule n rodadas de Pedra, Papel e Tesoura entre os jogadores 1 e 2. O jogador que vencer mais rodadas vence o jogo de n rodadas, com possibilidade de empate. Sua função deverá exibir o resultado do jogo conforme mostramos. (Você pode querer usar sua solução do Problema 5.26.)

```
>>> simul(1)
Jogador 1
>>> simul(1)
Empate
>>> simul(100)
Jogador 2
```

6.31 Craps é um jogo baseado em dados, popular em muitos cassinos. Assim como blackjack, um jogador joga contra a casa. O jogo começa com o jogador lançando um par de dados comum, com seis lados. Se o jogador resultar em um total de 7 ou 11, ele vence. Se o jogador totalizar 2, 3 ou 12, ele perde. Para todos os outros resultados, o jogador lançará repetidamente o par de dados até que consiga o valor inicial novamente (quando ganhará) ou 7 (quando perderá).

(a) Implemente a função `craps()`, que não use argumento, simule um jogo de craps e retorne 1 se o jogador venceu e 0 se o jogador perdeu.

```
>>> craps()
0
>>> craps()
1
>>> craps()
1
```

(b) Implemente a função `testaCraps()`, que aceite um inteiro positivo n como entrada, simule n jogos de craps e retorne a fração de jogos que o jogador venceu.

```
>>> testaCraps(10000)
0.4844
>>> testaCraps(10000)
0.492
```

6.32 Você poderá saber que as ruas e avenidas de Manhattan (Nova York) formam uma grade. Um percurso aleatório pela grade (isto é, Manhattan) é um percurso em que uma direção aleatória (N, S, L, O) é escolhida com a mesma probabilidade em cada interseção. Por exemplo, um percurso aleatório em uma grade de 5 × 11 começando em (5,2) poderia visitar os pontos (6, 2), (7, 2), (8, 2), (9, 2), (10, 2), de volta a (9, 2) e depois de volta a (10, 2), antes de sair da grade.

Escreva a função `manhattan()`, que apanha o número de linhas e colunas na grade, simula um percurso aleatório começando no centro da grade e calcula o número de vezes que cada interseção foi visitada pelo percurso aleatório. Sua função deverá exibir a tabela linha por linha quando o percurso aleatório se mover para fora da grade.

```
>>> manhattan(5, 11)
[0, 0, 0, 0, 0, 0, 0, 0, 0, 0, 0]
[0, 0, 0, 0, 0, 0, 0, 0, 0, 0, 0]
[0, 0, 0, 0, 0, 1, 1, 1, 1, 2, 2]
[0, 0, 0, 0, 0, 0, 0, 0, 0, 0, 0]
[0, 0, 0, 0, 0, 0, 0, 0, 0, 0, 0]
```

6.33 O jogo de cartas para dois jogadores War é jogado com um baralho comum de 52 cartas. Um baralho misturado é dividido igualmente entre os dois jogadores, que mantêm suas cartas viradas para baixo. O jogo consiste em batalhas, até que um dos jogadores esgote suas cartas. Em uma batalha, cada jogador revela a carta do topo de sua pilha; o jogador com a carta mais alta toma as duas cartas e as vira para baixo no fundo de sua pilha. Se as duas cartas tiverem o mesmo valor, ocorre uma guerra.

Em uma guerra, cada jogador coloca, virada para baixo, suas três cartas de cima e escolhe uma delas. O jogador que escolher a carta de maior valor acrescenta todas as oito cartas no fundo de sua pilha. No caso de outro empate, as guerras são repetidas, até que um jogador vença e coleta todas as cartas sobre a mesa. Se um jogador ficar sem cartas antes de virar as três cartas em uma guerra, eles poderão concluir a guerra, usando sua última carta como escolha.

Em War, o valor de uma carta de número é o seu próprio valor posicional, e os valores das cartas com letras `A`, `K`, `Q` e `J` são 14, 13, 12 e 11, respectivamente.

(a) Escreva uma função `war()`, que simule um jogo de War e retorne uma tupla contendo o número de batalhas, guerras e guerras de duas rodadas no jogo. *Nota*: ao incluir cartas ao fundo da pilha de um jogador, não se esqueça de embaralhar as cartas primeiro, para gerar mais aleatoriedade à simulação.

(b) Escreva uma função `warStats()`, que aceite um inteiro positivo *n* como entrada, simule *n* jogos de War e calcule o número médio de batalhas, guerras e guerras de duas rodadas.

6.34 Desenvolva um jogo simples que ensine a alunos de jardim da infância a somar números de um dígito. Sua função `jogo()` apanhará um inteiro *n* como entrada e depois fará *n* perguntas de adição com números de único dígito. Os números a serem somados deverão ser escolhidos aleatoriamente a partir do intervalo [0, 9] (isto é, 0 a 9, inclusive). O usuário informará a resposta quando solicitado. Sua função deverá exibir `'Correto'` ou `'Incor-`

reto', dependendo se a resposta é correta ou não. Depois de *n* perguntas, sua função deverá exibir o número de respostas corretas.

```
>>> jogo(3)
8 + 2 =
Digite a resposta: 10
Correto.
6 + 7 =
Digite a resposta: 12
Incorreto.
7 + 7 =
Digite a resposta: 14
Correto.
Você teve 2 respostas corretas entre 3
```

6.35 A *cifra de César* é uma técnica de criptografia em que cada letra da mensagem é substituída pela letra que é um número fixo de posições no alfabeto. Esse "número fixo" é chamado de chave, que pode ter qualquer valor de 1 a 25. Se a chave for 4, por exemplo, então a letra A seria substituída por E, B por F, C por G e assim sucessivamente. Os caracteres no final do alfabeto, W, X, Y e Z, seriam substituídos por A, B, C e D.

Escreva a função `césar()`, que aceite como entrada uma chave entre 1 e 25 e um nome de arquivo de texto (uma string). Sua função deverá codificar o conteúdo do arquivo com uma cifra de César usando a chave de entrada e gravar o conteúdo codificado em um novo arquivo `cifra.txt` (além de retorná-lo).

Arquivo: clear.txt

```
>>> césar(3, 'clear.txt')
"Vsb Pdqxdo (Wrs vhfuhw)\n\n1. Dozdbv zhdu d gdun frdw.\n2. Dozdbv
zhdu brxu djhqfb'v edgjh rq brxu frdw.\n"
```

6.36 George Kingsley Zipf (1902-1950) observou que a frequência da *k*-ésima palavra mais comum em um texto é aproximadamente proporcional a 1/*k*. Isso significa que há um valor constante *C* tal que, *para a maioria* das palavras *w* no texto, o seguinte é verdadeiro:

Se a palavra *w* é a *k*-ésima mais comum, então $\text{freq}(w) * k \approx C$

Aqui, pela frequência da palavra *w*, freq(*w*), queremos dizer o número de vezes que a palavra ocorre no texto dividido pelo número total de palavras no texto.

Implemente a função `zipf()`, que aceite um nome de arquivo como entrada e verifique a observação de Zipf, exibindo o valor freq(*w*)**k* para as 10 primeiras palavras mais frequentes *w* no arquivo. Ao processar o arquivo, ignore o uso de maiúsculas e minúsculas, assim como a pontuação.

Arquivo: frankenstein.txt

```
>>> zipf('frankenstein.txt')
0.0557319552019
0.0790477076165
0.113270715149
0.140452498306
0.139097394747
0.141648177917
0.129359248582
0.119993091629
0.122078888284
0.134978942754
```

CAPÍTULO

7

Namespaces

NESTE CAPÍTULO, apresentamos namespaces como uma construção fundamental para o gerenciamento da complexidade do programa. À medida que os programas de computador aumentam de complexidade, torna-se necessário adotar uma abordagem modular e desenvolvê-los usando vários componentes menores, desenvolvidos, testados e depurados individualmente. Esses componentes – sejam eles funções, módulos ou classes – deverão trabalhar juntos como um programa, mas também não deverão interferir uns com os outros de maneiras não intencionadas.

A modularidade e a "não interferência" (normalmente denominadas *encapsulamento*) são possíveis graças ao fato de que cada componente tem seu próprio *namespace*. Namespaces organizam o esquema de nomes em funções, módulos e classes, de modo que os nomes definidos dentro de um componente não sejam visíveis a outros componentes. Namespaces desempenham um papel fundamental na execução de chamadas de função e do fluxo de controle normal de um programa. Comparamos isso com o fluxo de controle excepcional, causado quando uma exceção (ou erro) é levantada. Apresentamos a manipulação de exceções como uma forma de controlar esse fluxo de controle.

Este capítulo abrange conceitos e técnicas que tratam fundamentalmente do projeto do programa. Estes são aplicados no Capítulo 8, para criar novas classes, e no Capítulo 10, para compreender como as funções recursivas são executadas.

7.1 Encapsulamento em Funções

No Capítulo 3, apresentamos as funções como invólucros que empacotam um fragmento de código. Para relembrar os motivos para envolver o código em funções – e depois usar essas funções –, vejamos de novo a função jump() do turtle graphics, que desenvolvemos no Capítulo 3:

Módulo: turtlefunctions.py

```
1  def jump(t, x, y):
2      'faz tartaruga t saltar para coordenadas (x, y)'
3      t.penup()
4      t.goto(x,y)
5      t.pendown()
```

A função jump() oferece um modo sucinto de fazer com que o objeto de tartaruga t se mova para um novo local sem deixar rastro. No Capítulo 3, usamos jump() várias vezes na função emoticon(), que desenha uma carinha sorridente:

Módulo: turtlefunctions.py

```
1  def emoticon(t,x,y):
2      'tartaruga t desenha uma carinha com queixo na coordenada (x, y)'
3      t.pensize(3)              # define direção da tartaruga e tamanho
4      t.setheading(0)             da caneta
5      jump(t,x,y)               # move para (x, y) e desenha cabeça
6      t.circle(100)
7      jump(t,x+35,y+120)        # move e desenha olho direito
8      t.dot(25)
9      jump(t,x-35,y+120)        # move e desenha olho esquerdo
10     t.dot(25)
11     jump(t,x-60.62,y+65)      # move e desenha sorriso
12     t.setheading(-60)
13     t.circle(70,120)          # seção de 120 graus de um círculo
```

As funções jump() e emoticon() ilustram alguns dos benefícios das funções: reutilização de código, encapsulamento e modularidade. Explicamos cada um com mais detalhes.

Reutilização de Código

Um fragmento de código usado várias vezes em um programa ou por vários programas pode ser empacotado em uma função. Desse modo, o programador digita o fragmento de código apenas uma vez, dentro de uma definição de função, e depois chama a função onde quer que o fragmento de código seja necessário. O programa acaba sendo mais curto, com uma única chamada de função substituindo o fragmento de código, e mais limpo, pois o nome da função pode ser mais descritivo da ação sendo realizada pelo fragmento de código. A depuração também se torna mais fácil, pois um bug no fragmento de código precisará ser reparado somente uma vez.

Na função `emoticon()`, usamos a função `jump()` quatro vezes, tornando a função `emoticon()` mais curta e mais legível. Também a tornamos mais fácil de modificar: qualquer mudança no modo como um salto deve ser feito precisará ser implementado somente uma vez, dentro da função `jump()`. De fato, a função `emoticon()` nem sequer precisaria ser modificada.

Vimos outro exemplo de reutilização de código no estudo de caso ao final do Capítulo 6, em que desenvolvemos uma aplicação blackjack. Visto que embaralhar um baralho comum de 52 cartas e distribuir uma carta a um participante do jogo é comum para a maioria dos jogos de cartas, implementamos cada ação em uma função separada, reutilizável.

Modularidade (ou Decomposição Procedural)

A complexidade do desenvolvimento de um programa grande pode ser tratada quebrando o programa em partes menores, mais simples, autocontidas. Cada parte menor (por exemplo, função) pode ser atribuída, implementada, testada e depurada independentemente.

Desmembramos o problema de desenhar uma carinha sorridente em duas funções. A função `jump()` é independente da função `emoticon()`, e pode ser testada e depurada independentemente. Quando a função `jump()` tiver sido desenvolvida, a função `emoticon()` será mais fácil de implementar. Também empregamos o método modular para desenvolver a aplicação blackjack, no Capítulo 6, usando cinco funções.

Encapsulamento (ou Ocultação de Informações)

Ao usar uma função em um programa, normalmente o desenvolvedor não precisa conhecer os detalhes de sua implementação, mas somente o que ela faz. Na verdade, remover os detalhes da implementação do radar do desenvolvedor torna seu trabalho mais fácil.

O desenvolvedor da função `emoticon()` não precisa saber como a função `jump()` funciona, apenas que ela levanta a tartaruga `t` e a solta nas coordenadas (x, y). Isso simplifica o processo de desenvolvimento da função `emoticon()`. Outro benefício do encapsulamento é que, se a implementação da função `jump()` mudar (e se tornar mais eficiente, por exemplo), a função `emoticon()` não precisará sofrer alteração.

Na aplicação blackjack, as funções que embaralham as cartas e calculam o valor de uma mão encapsulam o código que realiza o trabalho real. O benefício aqui é que o programa blackjack principal contém chamadas de função significativas, como

```
baralho = misturaBaralho()    # retorna baralho misturado
```

e

```
distribuiCarta(baralho, participante)    # distribui para jogador primeiro
```

em vez de código mais difícil de ser lido.

Variáveis Locais

Há um perigo em potencial quando o desenvolvedor que usa uma função não conhece seus detalhes de implementação. E se, de alguma forma, a execução da função inadvertidamente afetar o programa que a chama (ou seja, o programa que fez a chamada da função)? Por exemplo, o desenvolvedor poderia acidentalmente usar um nome de variável, no programa que chama, que também seja definido e usado na função em execução. Para conseguir o encapsulamento, essas duas variáveis deverão ser separadas. Os nomes de variável definidos (ou seja, atribuídos) dentro de uma função deverão estar "invisíveis" ao programa que chama: eles deverão ser variáveis que existem apenas localmente, no contexto da execução da função, e não deverão afetar variáveis do mesmo nome no programa que chama. Essa invisibilidade é alcançada graças ao fato de que as variáveis definidas dentro das funções são *variáveis locais*.

Ilustramos isso com a próxima função:

Módulo: ch7.py

```
1 def double(y):
2     x = 2
3     print('x = {},  y = {}'.format(x,y))
4     return x*y
```

Depois de executar o módulo ch7, verificamos que os nomes x e y não foram definidos no shell do interpretador:

```
>>> x
Traceback (most recent call last):
  File "<pyshell#37>", line 1, in <module>
    x
NameError: name 'x' is not defined
>>> y
Traceback (most recent call last):
  File "<pyshell#38>", line 1, in <module>
    y
NameError: name 'y' is not defined
```

Agora, vamos executar double():

```
>>> res = double(3)
x = 2, y = 3
```

Durante a execução da função, as variáveis x e y existem: y recebe o valor 3 e x recebe o valor 2. Porém, depois da execução da função, os nomes x e y não existem no shell do interpretador:

```
>>> x
Traceback (most recent call last):
  File "<pyshell#40>", line 1, in <module>
    x
NameError: name 'x' is not defined
>>> y
Traceback (most recent call last):
  File "<pyshell#41>", line 1, in <module>
    y
NameError: name 'y' is not defined
```

Nitidamente, x e y existem apenas durante a execução da função.

Namespaces Associados a Chamadas de Função

Na realidade, algo ainda mais forte é verdadeiro: os nomes x e y definidos durante a execução de double() são invisíveis ao programa que chamou a função (o shell do interpretador, em nosso exemplo) até mesmo durante a execução da função. Para nos convencermos disso, vamos definir valores x e y no shell e depois executar a função double() novamente:

```
>>> x,y = 20,30
>>> res = double(4)
x = 2, y = 4
```

Vamos verificar se as variáveis x e y (definidas no shell do interpretador) mudaram:

```
>>> x,y
(20, 30)
```

Não, elas não mudaram. Esse exemplo mostra que existem dois pares separados de nomes de variável x e y: o par definido no shell do interpretador e o par definido durante a execução da função. A Figura 7.1 ilustra que o shell do interpretador e a função em execução `double()` possuem, cada um, seus próprios espaços separados para nomes. Cada espaço é chamado de *namespace* (espaço de nomes). O shell do interpretador tem seu namespace. Cada chamada de função cria um novo namespace. Diferentes chamadas de função terão diferentes namespaces correspondentes. O efeito disso é que cada chamada de função tem sua própria "área de execução", de modo que ela não interfere com a execução do programa que a chamou ou de outras funções.

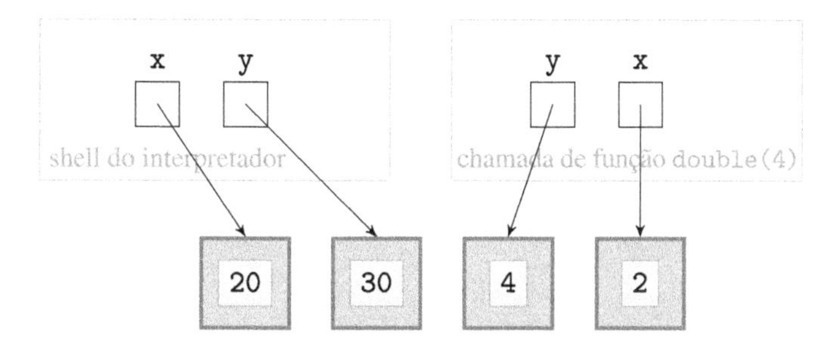

Figura 7.1 **Namespaces.** Os nomes de variável x e y são definidos no shell do interpretador. Durante a execução de `double(4)` separado, as variáveis locais y e x são definidas no namespace da chamada de função.

Os nomes atribuídos durante a execução de uma chamada de função são considerados *nomes locais*, com relação a uma chamada de função. Os nomes locais a uma função existem apenas no namespace associado à chamada de função. Eles:

- São visíveis apenas ao código dentro da função.
- Não interferem com os nomes definidos fora da função, mesmo que sejam os mesmos.
- Existem apenas durante a execução da função; eles não existem antes que a função inicie a execução nem depois que a função termina sua execução.

Problema Prático 7.1

Defina as funções f() e g() desta maneira:

```
>>> def f(y):
        x = 2
        print('Em f(): x = {}, y = {}'.format(x,y))
        g(3)
        print('Em f(): x = {}, y = {}'.format(x,y))

>>> def g(y):
        x = 4
        print('Em g(): x = {}, y = {}'.format(x,y))
```

Usando a Figura 7.1 como seu modelo, mostre, graficamente, os nomes de variáveis, seus valores e os namespaces das funções `f()` e `g()` durante a execução da função `g()` quando esta chamada for feita:

```
>>> f(1)
```

Namespaces e a Pilha de Programa

Sabemos que um novo namespace é criado para cada chamada de função. Se chamarmos uma função, que, por sua vez, chama uma segunda função, que, por sua vez, chama uma terceira função, haverá três namespaces, um para cada chamada de função. Agora, vamos verificar como esses namespaces são gerenciados pelo sistema operacional (SO). Isso é importante porque, sem o suporte do SO para o gerenciamento de namespaces, as chamadas de função não poderiam ser feitas.

Usaremos esse módulo como nosso exemplo atual:

Módulo: stack.py

```
1  def h(n):
2      print('Inicia h')
3      print(1/n)
4      print(n)
5
6  def g(n):
7      print('Inicia g')
8      h(n-1)
9      print(n)
10
11 def f(n):
12     print('Inicia f')
13     g(n-1)
14     print(n)
```

Depois que executarmos o módulo, faremos a chamada de função `f(4)` a partir do shell:

```
>>> f(4)
Inicia f
Inicia g
Inicia h
0.5
2
3
4
```

A Figura 7.2 ilustra a execução de `f(4)`.

A Figura 7.2 mostra os três namespaces diferentes e o valor diferente que `n` tem em cada um. Para entender como esses namespaces são gerenciados, vamos acompanhar a execução de `f(4)` cuidadosamente.

Quando começamos a executar `f(4)`, o valor de `n` é 4. Quando a chamada de função `g(3)` é feita, o valor de `n` no namespace da chamada de função `g(3)` é 3. Porém, o valor antigo de

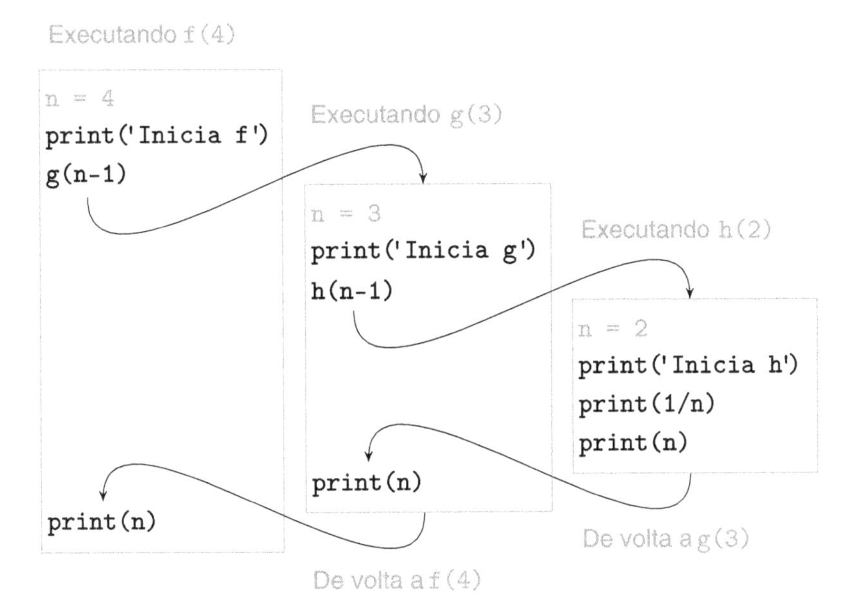

Figura 7.2 Execução de `f(4)`. A execução começa no namespace da chamada de função `f(4)`, em que `n` é 4. A chamada de função `g(3)` cria um namespace em que `n` é 3; a função `g()` executa usando esse valor de `n`. A chamada de função `h(2)` cria outro namespace em que `n` é 2; a função `h()` usa esse valor de `n`. Quando a execução de `h(2)` termina, a execução de `g(3)` e seu namespace correspondente, em que `n` é 3, é restaurada. Quando `g(3)` termina, a execução de `f(4)` é restaurada.

`n`, 4, ainda é necessário, pois a execução de `f(4)` não está concluída; a linha 14 precisará ser executada depois que `g(3)` terminar.

Antes que a execução de `g(3)` seja iniciada, o SO subjacente armazena todas as informações necessárias para concluir a execução de `f(4)`:

- O valor da variável `n` (nesse caso, o valor `n` = 4).
- A linha de código na qual a execução de `f(4)` deverá retornar (nesse caso, a linha 14).

Essa informação é armazenada pelo SO em uma área da memória principal chamada *pilha de programa*. Ela é denominada pilha porque o SO *empurrará* a informação para o *topo* da pilha de programa antes de executar `g(3)`, como mostra a Figura 7.3.

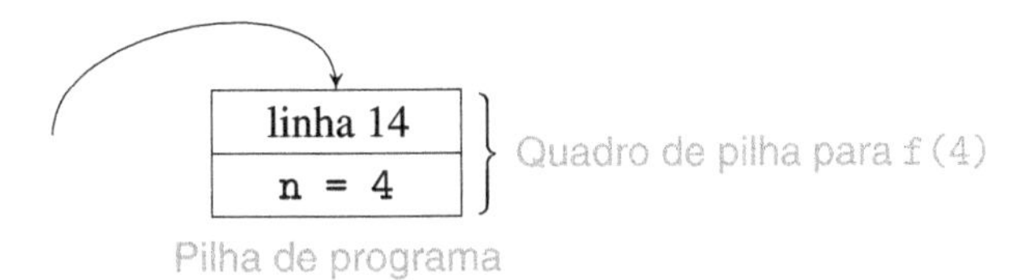

Figura 7.3 Quadro de pilha. Uma chamada de função armazena suas variáveis locais em seu quadro de pilha; se outra função for chamada, então a linha a ser executada em seguida também é armazenada.

A área da pilha de programa armazenando as informações relacionadas com uma chamada de função específica não acabada é denominada *quadro de pilha*.

Quando a chamada de função `g(3)` começa a ser executada, o valor de `n` é 3. Durante a execução de `g(3)`, a função `h()` é chamada na entrada `n-1` = 2. Antes que a chamada seja feita, o quadro de pilha correspondente a `g(3)` é empurrado para a pilha de programa, como mostra a Figura 7.4.

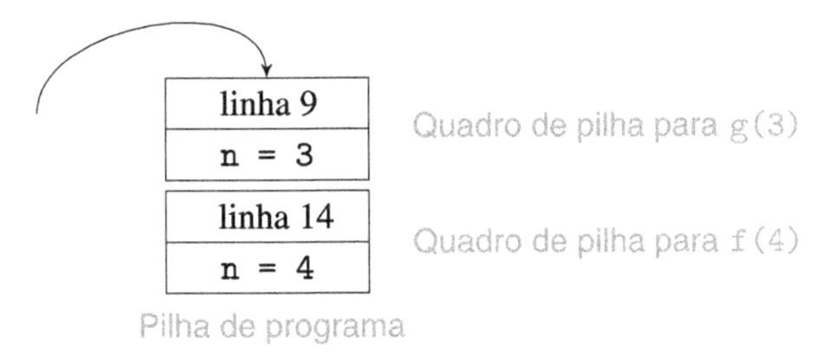

Figura 7.4 Pilha de programa. Se uma função é chamada dentro de outra função, o quadro de pilha para a função chamada é armazenado no topo do quadro de pilha da função que chama.

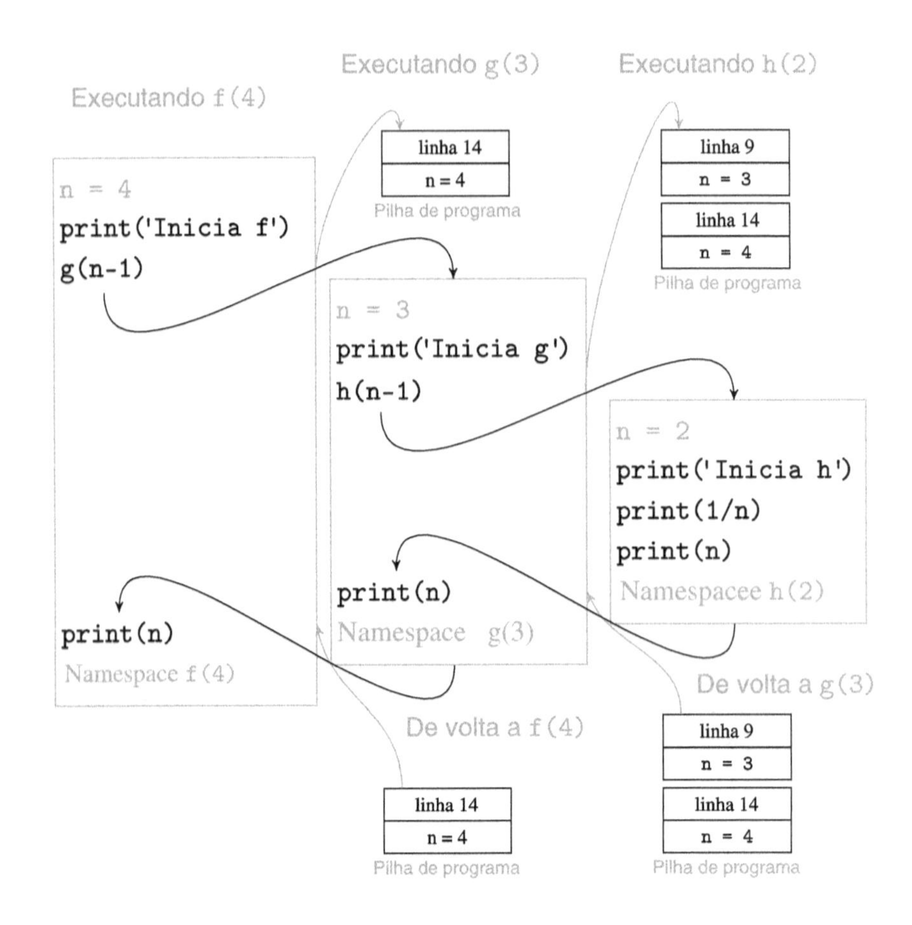

Figura 7.5 Execução de `f(4)`, parte 2. A chamada de função `f(4)` é executada em seu próprio namespace. Quando é feita a chamada de função `g(3)`, o namespace de `f(4)` é empurrado para a pilha de programa. A chamada `g(3)` roda em seu próprio namespace. Quando é feita a chamada `h(2)`, o namespace de `g(3)` também é empurrado para a pilha de programa. Quando a chamada de função `h(2)` termina, o namespace de `g(3)` é restaurado retirando o quadro de pilha do topo da pilha de programa; sua execução continua a partir da linha armazenada no quadro de pilha (ou seja, a linha 9). Quando `g(3)` termina, o namespace de `f(4)` e sua execução são restaurados removendo a pilha de programa novamente.

Na Figura 7.5, novamente ilustramos a execução da chamada de função `f(4)`, mas dessa vez também mostramos como o SO usa a pilha de programa para armazenar o namespace de uma chamada de função inacabada, de modo que possa restaurar o namespace quando a chamada de função for retomada. Na metade superior da Figura 7.5, a sequência de chamadas de função é ilustrada com setas pretas. Cada chamada tem um "push" correspondente de um quadro para a pilha de programa, mostrada com setas em cinza-escuro.

Agora, vamos retomar nossa análise cuidadosa da execução de `f(4)`. Quando `h(2)` é executada, `n` é 2 e os valores `1/n` = 0,5 e `n` = 2 são exibidos. Depois, `h(2)` termina. Nesse ponto, a execução deverá retornar à chamada de função `g(3)`. Assim, o namespace associado a `g(3)` precisa ser restaurado e a execução de `g(3)` deve continuar a partir de onde parou. O SO fará isso *removendo* um quadro do topo da pilha de programa e usando os valores no quadro para:

- Restaurar o valor de `n` para 3 (ou seja, restaurar o namespace).
- Continuar a execução de `g(3)` começando com a linha 9.

A execução da linha 9 resultará na exibição de `n` = 3 e no término de `g(3)`. Como vemos na Figura 7.5, a pilha de programa é então retirada novamente para restaurar o namespace da chamada de função `f(4)` e continuar a execução de `f(4)` a partir da linha 14. Isso resulta na exibição de `n` = 4 e no término de `f(4)`.

DESVIO

Pilhas de Programa e Ataques de Estouro de Buffer

A pilha de programa é um componente essencial da memória principal de um SO. A pilha de programa contém um quadro de pilha para cada chamada de função. Um quadro de pilha é usado para armazenar variáveis (como `n`) que são locais em relação à chamada da função. Além disso, quando é feita uma chamada para outra função, o quadro de pilha é usado para armazenar o número de linha (ou seja, endereço de memória) da instrução na qual a execução deverá ser retomada, quando essa outra função terminar.

A pilha de programa também apresenta uma vulnerabilidade em um sistema de computação, frequentemente explorada em um tique de ataque a sistemas de computação conhecido como ataque de estouro de *buffer*. A vulnerabilidade é que o argumento de entrada de uma chamada de função, digamos, o 4 em `f(4)`, pode ser escrito na pilha de programa, conforme ilustra a Figura 7.5. Em outras palavras, o SO aloca um pequeno espaço na pilha de programa para armazenar o argumento de entrada esperado (em nosso caso, um valor inteiro).

Um usuário malicioso poderia chamar a função com um argumento muito maior do que o espaço alocado. Esse argumento poderia conter um código malicioso e também escreveria um novo número de linha sobre um dos números de linha existentes na pilha de programa. Esse novo número de linha, naturalmente, apontaria para o código malicioso.

Por fim, o programa em execução removerá o quadro de pilha contendo o número de linha sobrescrito e começará a executar instruções a partir dessa linha.

7.2 Namespaces Globais *versus* Locais

Vimos que cada chamada de função tem um namespace associado a ela. Esse namespace é onde residem os nomes definidos durante a execução da função. Dizemos que o *escopo* desses nomes (ou seja, o espaço onde eles residem) é o namespace da chamada de função.

Cada nome (seja um nome de variável, nome de função ou nome de tipo e não apenas um nome local) em um programa Python tem um escopo, ou seja, um namespace onde ele reside. Fora de seu escopo, o nome não existe, e qualquer referência a ele resultará em um erro. Os nomes atribuídos dentro de (no corpo de) uma função são considerados como tendo *escopo local* (local em relação a uma chamada de função), o que significa que seu namespace é aquele associado à chamada de função.

Os nomes atribuídos no shell do interpretador ou em um módulo fora de qualquer função são considerados como tendo *escopo global*. Seu escopo é o namespace associado ao shell ou ao módulo inteiro. As variáveis com escopo global são denominadas *variáveis globais*.

Variáveis Globais

Quando você executa uma instrução Python no shell do interpretador, está fazendo isso em um namespace associado ao shell. Nesse contexto, esse namespace é o namespace global, e as variáveis definidas nele, como a variável `a` em

```
>>> a = 0
>>> a
0
```

são variáveis globais, cujo escopo é global.

Quando você executa um módulo, seja de dentro ou de fora do seu ambiente de desenvolvimento integrado, existe um namespace associado ao módulo em execução. Esse namespace é o namespace global durante a execução do módulo. Qualquer variável definida no módulo fora de qualquer função, como a no módulo `scope.py`:

Módulo: scope.py

```
1  # um módulo realmente pequeno
2  a = 0
```

é uma variável global.

Variáveis com Escopo Local

Usamos uma sequência de exemplos para ilustrar a diferença entre escopos global e local. Nosso primeiro exemplo é este estranho módulo:

Módulo: scope1.py

```
1  def f(b):          # f tem escopo global, b tem escopo local
2      a = 6          # este a tem escopo local à chamada de função f()
3      return a*b     # este a é o a local
4
5  a = 0              # este a tem escopo global
6  print('f(3) = {}'.format(f(3)))
7  print('a é {}'.format(a))          # a global ainda é 0
```

Quando executamos esse módulo, a definição de função é executada primeiro, e depois as três últimas linhas do módulo são executadas em sucessão. Os nomes `f` e `a` têm escopo global. Quando a função `f(3)` é chamada na linha 6, as variáveis locais `b` e depois `a` são definidas no namespace da chamada de função `f(3)`. A variável local a não está relacionada com o nome global a, como mostra a Figura 7.6.

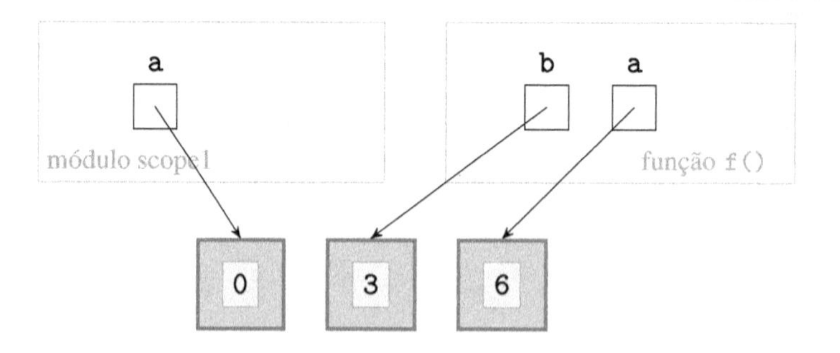

Figura 7.6 **Variáveis locais.** Na linha 5, o inteiro 0 é atribuído ao nome de variável local a. Durante a execução da chamada de função `f(3)` na linha 6, uma variável a separada, local em relação à chamada de função, é definida e recebe o inteiro 3.

Isto é exibido quando o módulo é executado:

```
>>>
f(3) = 18
a é 0
```

Observe que, ao avaliar o produto `a*b` enquanto executa `f(3)`, o nome local a é utilizado.

Variáveis com Escopo Global

Para obter nosso próximo exemplo, removemos a linha 2 do módulo scope1:

Módulo: scope2.py

```
1  def f(b):
2      return a*b              # este a é o a global
3
4  a = 0                       # este a tem escopo global
5  print('f(3) = {}'.format(f(3)))
6  print('a é {}'.format(a))   # a global ainda é 0
```

Quando executarmos o módulo scope2, a chamada de função f(3) será feita. A Figura 7.7 mostra os nomes de variável e os namespaces em que são definidos, quando a chamada de função f(3) é executada.

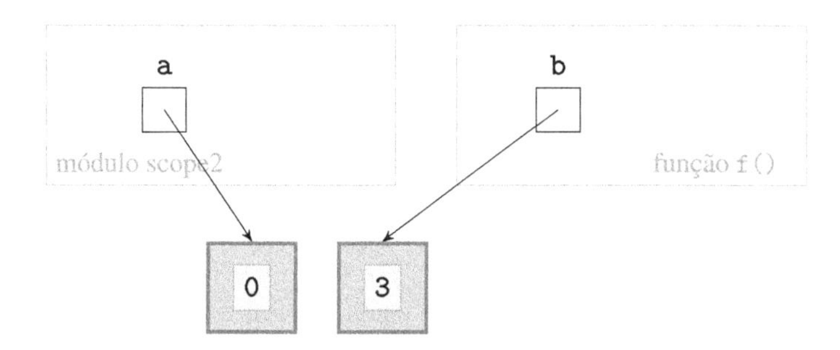

Figura 7.7 Variáveis globais. Durante a execução da chamada de função f(3) na linha 5, a variável a é avaliada quando se calcula o produto a*b. Como nenhum nome a existe no namespace da chamada de função, o nome a definido no namespace global é utilizado.

Quando o produto a*b é avaliado durante a execução de f(3), não existe uma variável local a no namespace associado à chamada de função f(3). A variável a usada é agora a variável global a, cujo valor é 0. Quando você executa esse exemplo, obtém:

```
>>>
f(3) = 0
a é 0
```

Como o interpretador Python decide se avaliará um nome como um nome local ou global?

Sempre que o interpretador Python precisa avaliar um nome (de uma variável, função etc.), ele procura a definição de nome nesta ordem:

1. Primeiro, o namespace da chamada da função delimitadora.
2. Depois, o namespace global (módulo).
3. Por fim, o namespace do módulo builtins.

Em nosso primeiro exemplo, o módulo scope1, o nome a no produto a*b foi avaliado para um nome local; no segundo exemplo, o módulo scope2, como nenhum nome a foi definido no namespace local da chamada de função, a é avaliada como o nome global a.

Nomes embutidos (como sum(), len(), print() etc.) são nomes predefinidos no módulo builtins, que o Python importa automaticamente na partida. (Discutimos sobre esse módulo embutido com mais detalhes na Seção 7.5.) A Figura 7.8 mostra os diferentes namespaces que existem quando a chamada de função f(3) é executada no módulo scope2.

A Figura 7.8 ilustra como os nomes são avaliados durante a execução da instrução print(a*b) na linha 2 da função f() enquanto executa f(3). A execução de print(a*b)

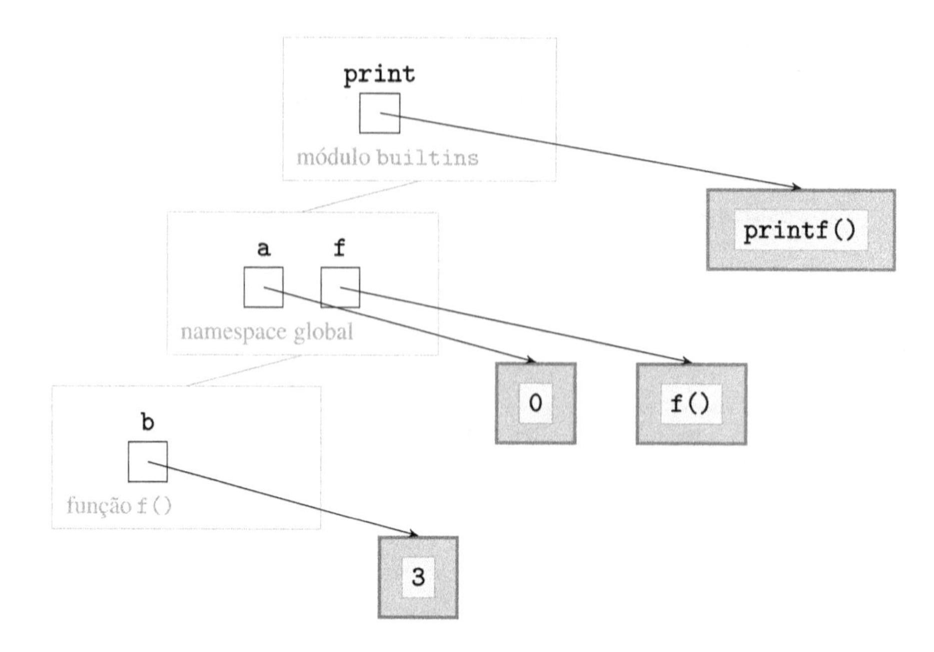

Figura 7.8 **Procurando uma definição de nome.** Existem três namespaces durante a execução de `f(3)` quando o módulo `scope2` é executado. Sempre que o interpretador Python precisa avaliar um nome, ele inicia a busca pelo nome no namespace local. Se o nome não for encontrado lá, ele continua a busca no namespace global. Se o nome também não for achado lá, a busca de nome se move então para o namespace `builtins`.

envolve três buscas de nome, todas começando com o namespace local da chamada de função `f(3)`:

1. O interpretador Python primeiro procura o nome a. Primeiro, ele procura no namespace local da função `f(3)`. Como ele não está lá, ele procura em seguida no namespace global, onde encontra o nome a.
2. A busca pelo nome b começa e termina no namespace local.
3. A busca pelo nome (de função) `print` começa no namespace local, continua pelo namespace global e termina, com sucesso, no namespace do módulo `builtins`.

Alterando Variáveis Globais Dentro de uma Função

Em nosso último exemplo, consideramos esta situação: suponha que, na função `f()` do módulo `scope1`, a intenção da instrução `a = 0` fosse *modificar* a variável global a. Como vimos no módulo `scope1`, a instrução `a = 0` dentro da função `f()`, em vez disso, criará uma nova variável local com o mesmo nome. Se a nossa intenção fosse fazer com que a função *mudasse o valor de uma variável global*, então teríamos que usar a palavra reservada `global` para indicar que um nome é global. Usamos esse módulo para explicar a palavra-chave `global`:

Módulo: scope3.py

```
1  def f(b):
2      global a      # todas as referências a a em f() são para o a global
3      a = 6         # a global é alterado
4      return a*b    # este a é o a global
5
6  a = 0             # este a tem escopo global
7  print('f(3) = {}'.format(f(3)))
8  print('a é {}'.format(a))          # a global foi mudado para 6
```

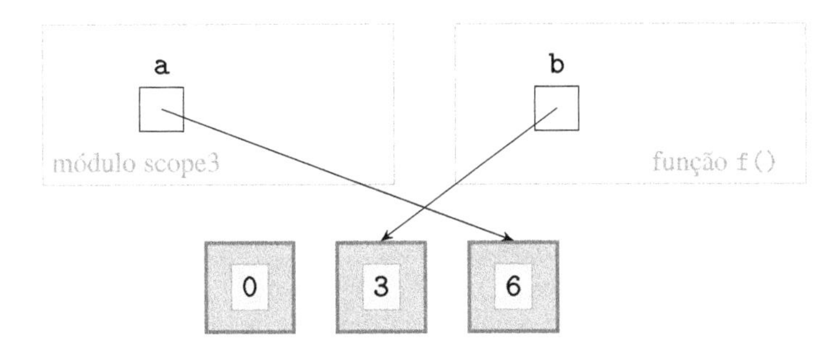

Figura 7.9 **Palavra-chave** `global`. Durante a execução de `f(3)`, a atribuição `a = 6` é executada. Como o nome a é definido para que se refira ao nome global a, é o global a que é atribuído. Nenhum nome a é criado no namespace local da chamada de função.

Na linha 3, a atribuição `a = 6` muda o valor da variável global a, pois a instrução `global a` especifica que o nome a é global, em vez de local. Esse conceito é ilustrado na Figura 7.9.

Quando você executa o módulo, o valor modificado da variável global a é usado para calcular `f(3)`:

```
>>>
f(3) = 18
a é 6
```

Problema Prático 7.2

Módulo: fandg.py

Para cada nome no próximo módulo, indique se ele é um nome global ou se é local em `f(x)` ou local em `g(x)`.

```
1  def f(y):
2      x = 2
3      return g(x)
4
5  def g(y):
6      global x
7      x = 4
8      return x*y
9
10 x = 0
11 res = f(x)
12 print('x = {}, f(0) = {}'.format(x, res))
```

7.3 Fluxo de Controle Excepcional

Embora o foco da discussão neste capítulo tenha sido sobre namespaces, também abordamos outro tópico fundamental: como o sistema operacional e os namespaces dão suporte ao fluxo de controle de execução "normal" de um programa, especialmente chamadas de função. Consideramos, nesta seção, o que acontece quando o fluxo de controle de execução "normal" é interrompido por uma exceção, bem como as formas de controlar esse fluxo de controle excepcional. Esta seção também continua a discussão das exceções, que iniciamos na Seção 4.4.

Exceções e Fluxo de Controle Excepcional

O motivo pelo qual os objetos de erro são denominados *exceções* é que, quando eles são criados, o fluxo de execução normal do programa (conforme descrito, digamos, pelo fluxograma do programa) é interrompido, e a execução passa para o chamado *fluxo de controle excepcional* (que o fluxograma normalmente não mostra, pois não faz parte da execução normal do programa). O fluxo de controle excepcional padrão é interromper o programa e exibir a mensagem de erro contida no objeto de exceção.

Ilustramos isso usando as funções `f()`, `g()` e `h()` que definimos na Seção 7.1. Na Figura 7.2, ilustramos o fluxo de execução normal da chamada de função `f(4)`. Na Figura 7.10, ilustramos o que acontece quando fazemos a chamada de função `f(2)` a partir do shell.

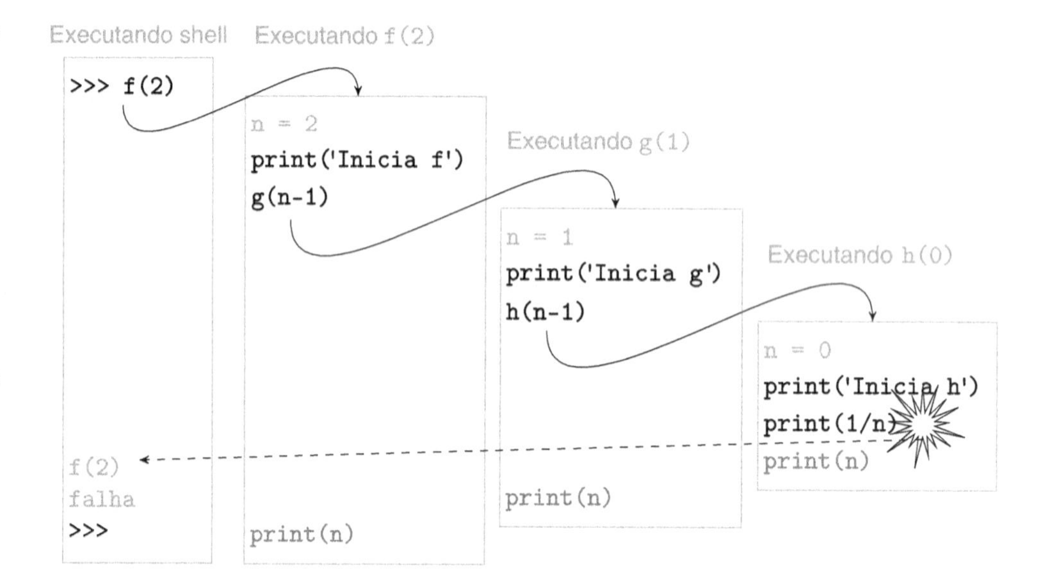

Figura 7.10 Execução de `f(2)`. O fluxo normal do controle de execução da chamada de função `f(2)` a partir do shell aparece com setas pretas: `f(2)` chama `g(1)` que, por sua vez, chama `h(0)`. Quando a expressão de avaliação `1/n = 1/0` é tentada, uma exceção `ZeroDivisionError` é levantada. O fluxo normal do controle de execução é interrompido: a chamada de função `h(0)` não roda até o fim, nem `g(1)` nem `f(2)`. O fluxo de controle excepcional aparece com uma seta tracejada. As instruções que não são executadas aparecem em cinza-claro. Como a chamada `f(2)` é interrompida, a informação de erro é exibida no shell.

A execução segue normalmente até a chamada de função `h(0)`. Durante a execução de `h(0)`, o valor de `n` é 0. Portanto, ocorre um estado de erro quando a expressão `1/n` é avaliada. O interpretador levanta uma exceção `ZeroDivisionError` e cria um objeto de exceção `ZeroDivisionError` que contém informações sobre o erro.

O comportamento padrão quando uma exceção é levantada consiste em interromper a chamada de função em que ocorreu o erro. Como o erro ocorreu durante a execução de `h(0)`, a execução de `h(0)` é interrompida. Porém, o erro também ocorreu durante a execução das chamadas de função `g(1)` e `f(2)`, e a execução de ambas é interrompida também. Assim, as instruções mostradas em cinza-claro na Figura 7.10 nunca são executadas.

Quando a execução retorna ao shell, a informação contida no objeto de exceção é exibida no shell:

```
Traceback (most recent call last):
  File "<pyshell#116>", line 1, in <module>
    f(2)
  File "/Users/me/ch7.py", line 13, in f
    g(n-1)
  File "/Users/me/ch7.py", line 8, in g
    h(n-1)
  File "/Users/me/ch7.py", line 3, in h
    print(1/n)
ZeroDivisionError: division by zero
```

Além do tipo de erro e uma mensagem de erro amigável, a saída também inclui um *traceback*, que consiste em todas as chamadas de função que foram interrompidas pelo erro.

Capturando e Manipulando Exceções

Alguns programas não deverão terminar quando uma exceção for levantada: programas de servidor, programas de shell e praticamente qualquer programa que trata de solicitações. Como esses programas recebem solicitações de fora do programa (interativamente do usuário ou de um arquivo), é difícil garantir que o programa não entrará em um estado errôneo devido a uma entrada malformada. Esses programas precisam continuar oferecendo seu serviço mesmo se houver um erro interno. Isso significa que o comportamento padrão de interromper o programa quando ocorre um erro e imprimir uma mensagem de erro precisa ser mudado.

Podemos mudar o fluxo de controle excepcional padrão especificando um comportamento alternativo quando uma exceção for levantada. Fazemos isso usando o par de instruções `try`/`except`. A próxima pequena aplicação ilustra como utilizá-las:

Módulo: age1.py

```
1  strIdade = input('Digite sua idade:  ')
2  intIdade = int(strIdade)
3  print('Você tem  {} anos de idade.'.format(intIdade))
```

A aplicação pede que o usuário digite sua idade interativamente. O valor informado pelo usuário é uma string. Esse valor é convertido para um inteiro antes de ser exibido. Experimente!

Esse programa funciona bem, desde que o usuário digite sua idade de modo que possibilite a conversão para um inteiro. Mas, e se o usuário digitar "quinze" em vez disso?

```
>>>
Digite sua idade: quinze
Traceback (most recent call last):
  File "/Users/me/age1.py", line 2, in <module>
    intIdade = int(strIdade)
ValueError: invalid literal for int() with base 10: 'quinze'
```

Uma exceção `ValueError` é levantada porque a string `'quinze'` não pode ser convertida para um inteiro.

Em vez de "falhar" ao executar a instrução `idade = int(strIdade)`, não seria mais elegante se pudéssemos dizer ao usuário que ele deveria informar sua idade usando dígitos decimais? Podemos conseguir isso usando o próximo par de instruções `try` e `except`:

Módulo: age2.py

```
1  try:
2      # bloco try --- executado primeiro; se uma exceção for
3      # levantada, a execução do bloco try é interrompida
4      strIdade = input('Digite sua idade: ')
5      strIdade = interface(strIdade)
6      print('Você tem {} anos de idade.'.format(intIdade))
7  except:
8      # bloco except --- executado somente se uma exceção
9      # for levantada durante execução do bloco try
10     print('Digite sua idade usando os dígitos 0-9!')
```

As instruções `try` e `except` trabalham em sequência. Cada uma tem um bloco de código intencionado abaixo dela. O bloco de código abaixo da instrução `try`, contendo 5 linhas, é executado primeiro. Se não houver um erro, então o bloco de código abaixo de `except` é ignorado.

```
>>>
Digite sua idade: 22
Você tem 22 anos de idade.
```

Porém, se uma exceção for levantada durante a execução de um bloco de código `try` (digamos, se `strIdade` não puder ser convertida para um inteiro), o interpretador Python saltará a execução das instruções restantes no bloco de código `try` e executará o bloco de código da instrução `except` (isto é, a linha 9) em vez disso.

```
>>>
Digite sua idade: quinze
Digite sua idade usando os dígitos 0-9!
```

Observe que a primeira linha do bloco `try` foi executada, mas não a última.

O formato de um par de instruções `try/except` é:

```
try:
    <bloco de código endentado 1>
except:
    <bloco de código endentado 2>
<instrução não endentada>
```

A execução de `<bloco de código endentado 1>` é tentada primeiro. Se ela passar sem levantar qualquer exceção, então o `<bloco de código endentado 2>` é ignorado e a execução continua com a `<instrução não endentada>`. Porém, se for levantada uma exceção durante a execução do `<bloco de código endentado 1>`, então as instruções restantes no `<bloco de código endentado 1>` não são executadas; em vez disso, o `<bloco de código endentado 2>` é executado. Se o `<bloco de código endentado 2>` for executado sem uma nova exceção ser levantada, então a execução continua com a `<instrução não endentada>`.

O bloco de código `<bloco de código endentado 2>` é denominado manipulador de exceção, pois trata de uma exceção levantada. Também podemos dizer que um manipulador de exceção captura uma exceção.

O Manipulador de Exceção Padrão

Se uma exceção levantada não for capturada por uma instrução `except` (e, portanto, não for tratada por um manipulador de exceção definido pelo usuário), o programa em execução será interrompido e o traceback e a informação sobre o erro serão apresentados. Vimos esse comportamento quando executamos o módulo `age1.py` e digitamos a idade como uma string:

```
>>>
Digite sua idade: quinze
Traceback (most recent call last):
  File "/Users/me/age1.py", line 2, in <module>
    intIdade = int(strIdade)
ValueError: invalid literal for int() with base 10: 'quinze'
```

Esse comportamento padrão é, na realidade, o trabalho do *manipulador de exceção padrão* do Python. Em outras palavras, cada exceção levantada será capturada e tratada, se não por um manipulador definido pelo usuário, então pelo manipulador de exceção padrão.

Capturando Exceções de Determinado Tipo

No módulo `age2.py`, a instrução `except` pode capturar uma exceção de qualquer tipo. A instrução `except` também poderia ser escrita para capturar somente certo tipo de exceção, digamos, exceções `ValueError`:

Módulo: age3.py

```
1  try:
2      # bloco try
3      strIdade = input('Digite sua idade:')
4      intIdade = int(strIdade)
5      print('Você tem {} anos de idade.'.format(intIdade))
6  except ValueError:
7      # bloco except --- executado somente se uma exceção
8      # ValueError for levantada no bloco try
9      print('Digite sua idade usando os dígitos 0-9!')
```

Se uma exceção for levantada enquanto se executa o bloco de código `try`, então o manipulador de exceção é executado somente se o tipo do objeto de exemplo combinar com o tipo de exceção especificado na instrução `except` correspondente (`ValueError`, nesse caso). Se uma exceção for levantada e não combinar com o tipo especificado na instrução `except`, então a instrução `except` não o capturará. Em vez disso, o tratador de exceção padrão tratará dele.

Manipuladores de Exceção Mútliplos

Poderia haver não apenas uma, mas várias instruções `except` após uma instrução `try`, cada uma com seu próprio manipulador de exceção. Ilustramos isso com a próxima função `buscaIdade()`, que tenta abrir um arquivo, ler a primeira linha e convertê-la para um inteiro em um único bloco de código `try`.

Módulo: ch7.py

```
1  def buscaIdade(nomearq):
2      '''converte primeira linha do arquivo nomearq para
3         um inteiro e exibe na tela'''
4      try:
5          arqEntra = open(nomearq)
6          strIdade = arqEntra.readline()
7          idade = int(strIdade)
8          print('idade é',idade)
9      except IOError:
10         # executado somente se for levantada exceção IOError
11         print('Erro de entrada/saída.')
12     except ValueError:
13         # executado somente se for levantada exceção ValueError
14         print('Valor não pode ser convertido para inteiro.')
15     except:
16         # executada somente se for levantada uma exceção
17         # diferente de IOError ou ValueError
18         print('Outro erro.')
```

Vários tipos de exceções poderiam ser levantados enquanto se executa o bloco de código `try` na função `buscaIdade`. O argumento poderia não existir:

```
>>> buscaIdade('age.txt')
Erro de entrada/saída.
```

Nesse caso, o que aconteceu foi que a exceção `IOError` foi levantada enquanto executada a primeira instrução do bloco de código `try`; as instruções restantes na seção de código foram puladas e o manipulador da exceção `IOError` foi executado.

Outro erro poderia ser que a primeira linha do arquivo `age.txt` não contém algo que possa ser convertido para um valor inteiro:

Arquivo: age.txt

```
>>> buscaIdade('age.txt')
Valor não pode ser convertido para inteiro
```

A primeira linha do arquivo `age.txt` é `'fifteen\n'`, de modo que uma exceção `ValueError` é levantada quando se tenta convertê-la para um inteiro. O manipulador de exceção associado apresenta a mensagem amigável sem interromper o programa.

A última instrução `except` capturará qualquer exceção que as duas primeiras instruções `except` não capturaram.

DESVIO

Voo Inaugural do Ariane 5

Em 4 de junho de 1996, o foguete Ariane 5, desenvolvido durante muitos anos pela Agência Espacial Europeia, fez seu primeiro voo de teste. Segundos após o lançamento, o foguete explodiu.

A falha aconteceu quando uma exceção de estouro foi levantada durante uma conversão de ponto flutuante para inteiro. A causa da falha não foi uma conversão malsucedida (isso não traria qualquer consequência), mas sim uma exceção que não foi tratada. Por causa disso, o software de controle do foguete falhou e desligou o computador do foguete. Sem seu sistema de navegação, o foguete começou a girar incontrolavelmente, e os monitores onboard fizeram o foguete se autodestruir.

Este provavelmente foi um dos bugs de computador mais caros da história.

Problema Prático 7.3

Crie uma função "wrapper" `safe-open()` para a função `open()`. Lembre-se de que, quando `open()` é chamada para abrir um arquivo que não existe no diretório de trabalho atual, uma exceção é levantada:

```
>>> open('ch7.px', 'r')

Traceback (most recent call last):
  File "<pyshell#19>", line 1, in <module>
    open('ch7.px', 'r')
IOError: [Errno 2] No such file or directory: 'ch7.px'
```

Se o arquivo existe, uma referência ao objeto de arquivo aberto é retornada:

```
>>> open('ch7.py', 'r')
<_io.TextIOWrapper name='ch7.py' encoding='US-ASCII'>
```

Quando `safe-open()` é usado para abrir um arquivo, uma referência ao objeto de arquivo aberto deverá ser retornada se nenhuma exceção for levantada, assim como para a função `open()`. Se uma exceção for levantada ao tentar abrir o arquivo, `safe-open()` deverá retornar `None`.

```
>>> safe-open('ch7.py', 'r')
<_io.TextIOWrapper name='ch7.py' encoding='US-ASCII'>
>>> safe-open('ch7.px', 'r')
>>>
```

Controlando o Fluxo de Controle Excepcional

Começamos esta seção com um exemplo ilustrando como uma exceção levantada interrompe o fluxo normal de um programa. Agora, vemos maneiras de gerenciar o fluxo excepcional usando tratadores de exceção devidamente posicionados. Novamente, usamos as funções `f()`, `g()` e `h()`, definidas no módulo `stack.py`, mostrado a seguir, como nosso exemplo atual.

Módulo: stack.py

```
1  def h(n):
2      print('Inicia h')
3      print(1/n)
4      print(n)
5
6  def g(n):
7      print('Inicia g')
8      h(n-1)
9      print(n)
10
11 def f(n):
12     print('Inicia f')
13     g(n-1)
14     print(n)
```

Na Figura 7.10, mostramos como a avaliação de `f(2)` faz com que uma exceção seja levantada. A exceção `ZeroDivisionError` é levantada quando é feita uma tentativa de avaliar `1/0` enquanto se executa `h(0)`. Como o objeto de exceção não é capturado nas chamadas de função `h(0)`, `g(1)` e `f(2)`, essas chamadas de função são interrompidas, e o manipulador de exceção padrão trata da exceção, como mostra a Figura 7.10.

Suponha que quiséssemos capturar a exceção levantada e tratá-la exibindo `'Capturado!'`, e depois continuando com o fluxo normal do programa. Temos várias escolhas para escrever um bloco de código `try` e capturar a exceção. Uma técnica é colocar a função mais externa `f(2)` em um bloco `try` (veja também a Figura 7.11):

```
>>> try:
        f(2)
except:
        print('Capturado!')
```

A execução na Figura 7.11 é feita em paralelo com aquela ilustrada na Figura 7.10, até o ponto em que a chamada de função `f(2)`, feita pelo shell, é interrompida devido a uma

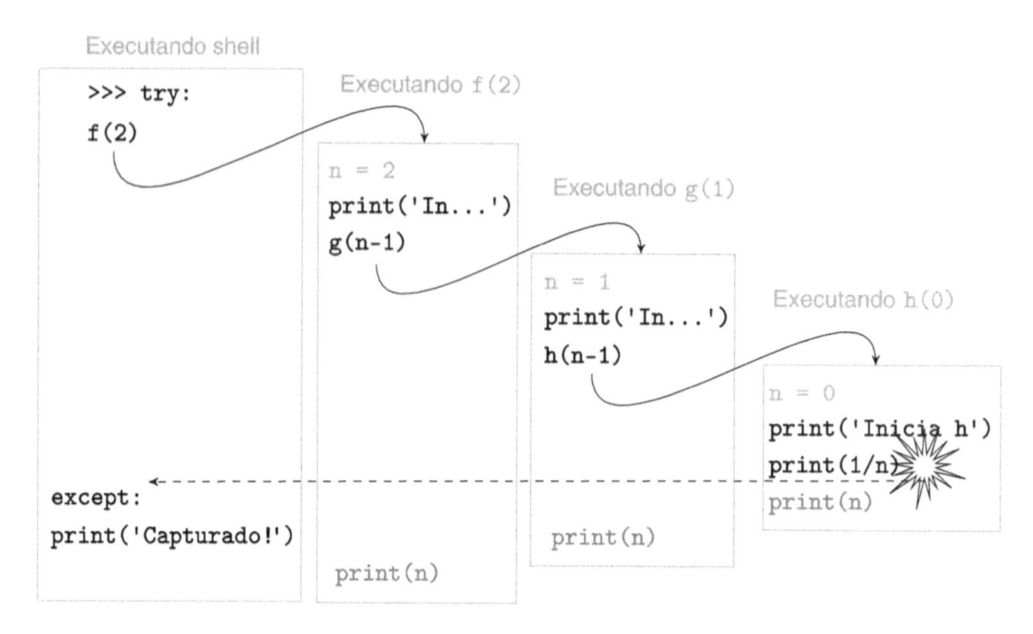

Figura 7.11 **Execução de f(2) com um manipulador de exceção.** Executamos f(2) em um bloco try. A execução roda normalmente até que uma exceção seja levantada enquanto h(0) é executada. O fluxo normal de execução é interrompido. A chamada de função h(0) não roda até o fim, e nem g(1) ou f(2). A seta tracejada mostra o fluxo de execução excepcional. As instruções que não são executadas aparecem em cinza. A instrução except correspondente ao bloco try captura a exceção e o manipulador correspondente a trata.

exceção levantada. Como a chamada de função foi feita em um bloco `try`, a exceção é capturada pela instrução `except` correspondente e tratada por seu manipulador de exceção. A saída resultante inclui a string `'Capturado!'` exibida pelo manipulador:

```
Inicia f
Inicia g
Inicia h
Capturado!
```

Compare isso com a execução mostrada na Figura 7.10, quando o manipulador de exceção padrão tratou a exceção.

No exemplo anterior, escolhemos implementar um manipulador de exceção no ponto em que a função `f(2)` é chamada. Isso representa uma decisão de projeto pelo desenvolvedor da função `f()`, cujo usuário da função deve se preocupar com o tratamento das exceções.

No próximo exemplo, o desenvolvedor da função `h()` toma a decisão de projeto de que a função `h()` deverá tratar de qualquer exceção que ocorra durante sua execução. Nesse exemplo, a função `h()` é modificada de modo que seu código esteja dentro de um bloco `try`:

Módulo: stack2.py

```
1 def h(n):
2     try:
3         print('Inicia h')
4         print(1/n)
5         print(n)
6     except:
7         print('Capturado!')
```

(As funções `f()` e `g()` permanecem iguais em `stack.py`.) Quando executamos `f(2)`, obtemos:

```
>>> f(2)
Inicia f
Inicia g
Inicia h
Capturado!
1
2
```

A Figura 7.12 ilustra essa execução. A execução é paralela àquela da Figura 7.11, até que a exceção é levantada quando se tenta avaliar `1/0`. Como a avaliação agora está dentro de um bloco `try`, a instrução `except` correspondente captura essa exceção. O manipulador associado exibe a mensagem `'Capturado!'`. Quando o manipulador termina, o fluxo de controle de execução normal retoma e a chamada de função `h(0)` é executada até o término, assim como `g(1)` e `f(2)`.

Problema Prático 7.4

Que instruções no módulo `stack.py` não são executadas quando se executa `f(2)`, supondo que estas modificações sejam feitas em `stack.py`:

(a) Acrescente uma instrução `try` que envolva a linha `print (1/n)` em `h()`.
(b) Acrescente uma instrução `try` que envolva as três linhas de código em `g()`.
(c) Acrescente uma instrução `try` que envolva a linha `h(n-1)` em `g()` somente.

Em cada caso, o manipulador de exceção associado ao bloco `try` simplesmente exibe a mensagem `'Capturado!'`.

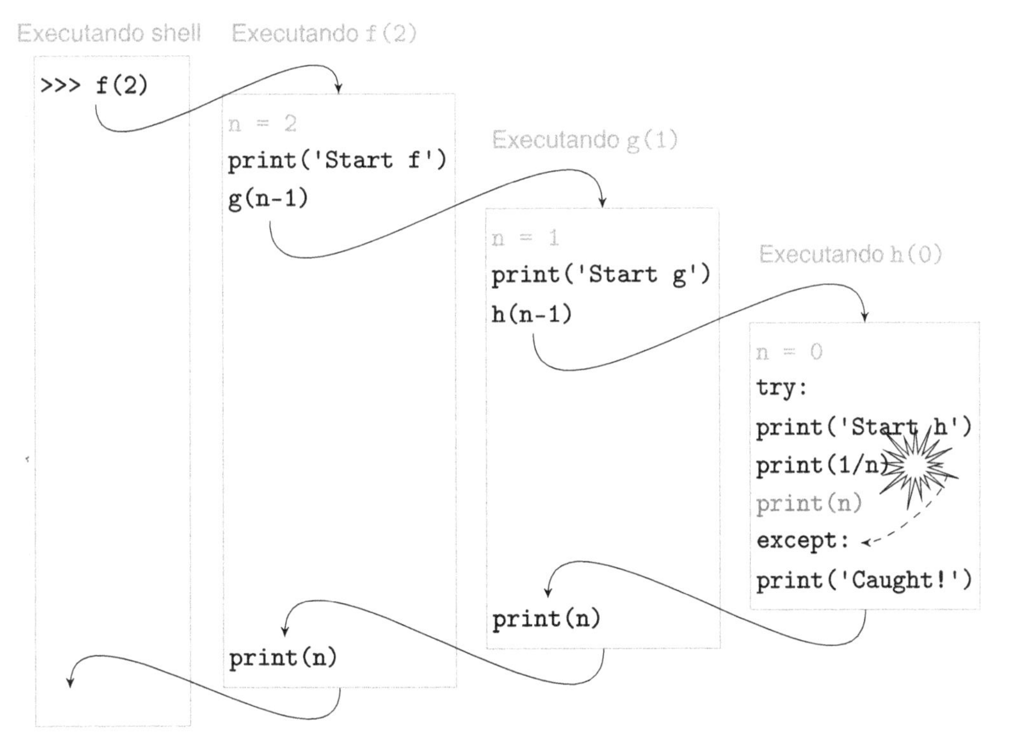

Figura 7.12 Execução de `f(2)` com um manipulador de exceção dentro de `h()`. O fluxo de execução normal é mostrado com setas pretas. Quando é feita uma tentativa de avaliar `1/n` (ou seja, 1/0), uma exceção `ZeroDivisionError` é levantada e o fluxo de execução normal é interrompido. A seta tracejada mostra o fluxo de execução excepcional, e as instruções que não são executadas aparecem em cinza-claro. Como a exceção ocorreu em um bloco `try`, a instrução `except` correspondente captura a exceção, e seu manipulador associado a trata. O fluxo de execução normal, então, é retomado, com `h(0)`, `g(1)` e `h(2)` todos sendo executados até o fim.

7.4 Módulos como Namespaces

Até aqui, usamos o termo *módulo* para descrever um arquivo que consiste em um código Python. Quando o módulo é executado (importado), então o módulo é (também) um namespace. Esse namespace tem um nome, que é o nome do módulo. Nesse namespace estarão os nomes definidos no escopo global do módulo: os nomes de funções, valores e classes definidas no módulo. Esses nomes são todos denominados *atributos* do módulo.

Atributos do Módulo

Como já vimos, para ter acesso a todas as funções no módulo `math` da Biblioteca Padrão, importamos o módulo:

```
>>> import math
```

Quando o módulo é importado, a função embutida `dir()` em Python pode ser usada para visualizar todos os atributos do módulo:

```
>>> dir(math)
['__doc__', '__file__', '__name__', '__package__', 'acos',
 'acosh', 'asin', 'asinh', 'atan', 'atan2', 'atanh', 'ceil',
'copysign', 'cos', 'cosh', 'degrees', 'e', 'exp', 'fabs',
'factorial', 'floor', 'fmod', 'frexp', 'fsum', 'hypot', 'isinf',
'isnan', 'ldexp', 'log', 'log10', 'log1p', 'modf', 'pi', 'pow',
'radians', 'sin', 'sinh', 'sqrt', 'tan', 'tanh', 'trunc']
```

(A lista pode ser ligeiramente diferente, dependendo da versão do Python que você esteja usando.) Você pode reconhecer muitas das funções e constantes matemáticas que já utilizamos. Usando a notação familiar para acessar os nomes no módulo, você pode ver os objetos aos quais esses nomes se referem:

```
>>> math.sqrt
<built-in function sqrt>
>>> math.pi
3.141592653589793
```

Agora, podemos entender o que essa notação realmente significa: `math` é um namespace e a expressão `math.pi`, por exemplo, avalia o nome `pi` no namespace `math`.

DESVIO

"Outros" Atributos Importados

A saída da função `dir()` mostra que existem atributos no módulo do namespace `math` que claramente não são funções ou constantes matemáticas: `__doc__`, `__file__`, `__name__` e `__package__`. Esses nomes existem para cada módulo importado. Eles são definidos pelo interpretador Python no momento da importação e são mantidos por ele para fins de manutenção.

O nome do módulo, o caminho absoluto do arquivo contendo o módulo e a docstring do módulo são armazenados nas variáveis `__name__`, `__file__` e `__doc__`, respectivamente.

O que Acontece Quando um Módulo É Importado

Quando o interpretador Python executa uma instrução `import`, ele:

1. Procura o arquivo correspondente ao módulo.
2. Executa o código do módulo para criar os objetos definidos no módulo.
3. Cria um namespace no qual os nomes desses objetos residirão.

Discutimos o primeiro passo com detalhes a seguir. O segundo passo consiste em executar o código do módulo. Isso significa que todas as instruções Python no módulo importado são executadas de cima para baixo. Todas as atribuições, definições de função, definições de classe e instruções `import` criarão objetos (sejam objetos inteiros ou de string, ou funções, ou módulos, ou classes) e gerarão os atributos (ou seja, nomes) dos objetos resultantes. Os nomes serão armazenados em um novo namespace, cujo nome normalmente é o nome do módulo.

Caminho de Busca do Módulo

Agora, vamos examinar como o interpretador encontra o arquivo correspondente ao módulo a ser importado. Uma instrução `import` só lista um nome, o nome do módulo, sem qualquer informação de diretório ou sufixo `.py`. Python utiliza um caminho de busca para localizar o módulo. O caminho de busca é simplesmente uma lista de diretórios (ou pastas) onde o Python procurará os módulos. O nome da variável `path` definido no módulo da Biblioteca Padrão `sys` refere-se a essa lista. Você poderá, então, ver qual é o caminho de busca (atual) executando isto no shell:

```
>>> import sys
>>> sys.path
['/Users/me/Documents', ...]
```

(Omitimos a longa lista de diretórios contendo os módulos da Biblioteca Padrão.) O caminho de busca do módulo sempre contém o diretório do *módulo de alto nível*, que discutimos em seguida, e também os diretórios contendo os módulos da Biblioteca Padrão. A cada instrução `import`, o Python procurará o módulo solicitado em cada diretório dessa lista, da esquerda para a direita. Se o Python não puder achar o módulo, então uma exceção `Import.Error` será levantada.

Por exemplo, suponha que queiramos importar o módulo `example.py` que está armazenado no diretório principal `/Users/me` (ou qualquer diretório no qual você tenha salvo o arquivo `example.py`):

Módulo: example.py

```
1  'um exemplo de módulo'
2  def f():
3      'função f'
4      print('Executando f()')
5
6  def g():
7      'função g'
8      print('Executando g()')
9
10 x = 0  # var global
```

Antes de importarmos o módulo, executamos a função dir() para verificar quais nomes estão definidos no namespace do shell:

```
>>> dir()
['__builtins__', '__doc__', '__name__', '__package__']
```

A função dir(), quando chamada sem um argumento, retorna os nomes no namespace atual, que nesse caso é o namespace shell. Parece que somente nomes de "manutenção" foram definidos. (Leia o próximo Desvio, sobre o nome __builtins__.)

Agora, vamos tentar importar o módulo example.py:

```
>>> import example
Traceback (most recent call last):
  File "<pyshell#24>", line 1, in <module>
    import example
ImportError: No module named example
```

Isso não funcionou porque o diretório /Users/me não está na lista sys.path. Portanto, vamos acrescentá-lo:

```
>>> import sys
>>> sys.path.append('/Users/me')
```

e tentar novamente:

```
>>> import example
>>> example.f
<function f at 0x15e7d68>
>>> example.x
0
```

Agora funcionou. Vamos executar dir() novamente e verificar se o módulo example foi importado:

```
>>> dir()
['__builtins__', '__doc__', '__name__', '__package__', 'example',
 'sys']
```

DESVIO

Módulo builtins

O nome __builtins__ refere-se ao namespace do módulo builtins, ao qual nos referimos na Figura 7.8.

O módulo builtins contém todos os tipos e funções embutidas, e normalmente é importado de forma automática na partida do Python. Você pode verificar isso listando os atributos do módulo builtins, por meio da função dir():

```
>>> dir(__builtins__)
['ArithmeticError', 'AssertionError', ..., 'vars', 'zip']
```

Nota: use dir(__builtins__), e não dir('__builtins__').

Encontre o módulo `random` em um dos diretórios listados em `sys.path`, abra-o e encontre as implementações das funções `randrange()`, `random()` e `sample()`. Depois, importe o módulo no shell do interpretador e veja seus atributos usando a função `dir()`.

Problema Prático 7.5

Módulo de Alto Nível

Uma aplicação de computador é um programa que normalmente é dividido em vários arquivos (ou seja, módulos). Em cada programa Python, um dos módulos é especial: ele contém o "programa principal", significando o código que inicia a aplicação. Esse módulo é denominado módulo de *alto nível*. Os módulos restantes são basicamente módulos de "biblioteca", importados pelo módulo de alto nível e que contêm funções e classes usadas pela aplicação.

Já vimos que, quando um módulo é importado, o interpretador Python cria algumas variáveis de "manutenção" no namespace do módulo. Uma destas é a variável `__name__`. Python definirá seu valor desta forma:

- Se o módulo estiver sendo executado como um módulo de alto nível, o atributo `__name__` é definido como a string `__main__`.
- Se o arquivo estiver sendo importado por outro módulo, seja ele de alto nível ou não, o atributo `__name__` é definido como o nome do módulo.

Usamos o próximo módulo para ilustrar como `__name__` é atribuído:

Módulo: name.py

```
1 print('Meu nome é {}'.format(__name__))
```

Quando esse módulo é executado a partir do shell (por exemplo, pressionando [F5] no shell IDLE), ele é executado como o programa principal (ou seja, o módulo de alto nível):

```
>>>
Meu nome é __main__
```

Logo, o atributo `__name__` do módulo importado é definido como `__main__`.

DESVIO

Módulo de Alto Nível e o Caminho de Busca do Módulo

Na subseção anterior, mencionamos que o diretório contendo o módulo de alto nível é listado no caminho de busca. Vamos verificar se isso realmente acontece. Primeiro, execute o módulo anterior `name.py` que foi salvo, digamos, no diretório `/Users/me`. Depois, verifique o valor de `sys.path`:

```
>>> import sys
>>> sys.path
['/Users/me', '/Users/lperkovic/Documents', ...]
```

Observe que o diretório `/Users/me` se encontra no caminho de busca.

O módulo `name` também é o módulo de alto nível quando executado na linha de comando:

```
> python name.py
Meu nome é __main__
```

Porém, se outro módulo importar o módulo `name`, então o módulo `name` não será o módulo de alto nível. Na próxima instrução `import`, o shell é o programa de alto nível que importa o módulo `name.py`:

```
>>> import name
Meu nome é name
```

Aqui está outro exemplo. O próximo módulo tem apenas uma instrução, uma instrução que importa o módulo `name.py`:

Módulo: import.py

```
1 import name
```

Quando o módulo `import.py` é executado pelo shell, ele é executado como o programa principal que importa o módulo `name.py`:

```
>>>
Meu nome é name
```

Nos dois casos, o atributo `__name__` do módulo importado é definido como o nome do módulo.

O atributo `__name__` de um módulo é útil para escrever código que deve ser executado somente quando o módulo for executado como o módulo de alto nível. Por exemplo, esse seria o caso se o módulo for um módulo de "biblioteca" que contém definições de função e o código for usado para depuração. Tudo o que precisamos fazer é tornar o código de depuração um bloco de código dessa instrução `if`:

```
if __name__ == '__main__':
    # bloco de código
```

Se o módulo for executado como um módulo de alto nível, o bloco de código será executado; caso contrário, ele não será executado.

Problema Prático 7.6

Acrescente código ao módulo `example.py` que chama as funções definidas no módulo e exibe os valores das variáveis definidas no módulo. O código deverá ser executado somente quando o módulo rodar como um módulo de alto nível, tal como quando ele for executado pelo shell:

```
>>>
Testando módulo example:
Executando f()
Executando g()
0
```

Diferentes Maneiras de Importar Atributos de Módulo

Agora, vamos descrever três formas diferentes de importar um módulo e seus atributos, e discutir os benefícios relativos de cada uma. Novamente, usamos o módulo `example` como nosso exemplo atual:

Módulo: example.py

```
1  'um módulo de exemplo'
2  def f():
3      print('Executando f()')
4
5  def g():
6      print('Executando g()')
7
8  x = 0  # var global
```

Uma forma de se ter acesso às funções `f()` ou `g()`, ou à variável global `x`, é:

```
>>> import example
```

Essa instrução `import` encontrará o arquivo `example.py` e executará o código nele. Isso instanciará dois objetos de função e um objeto inteiro, criando um namespace, chamado `example`, no qual serão armazenados os nomes dos objetos criados. Para acessar e usar os atributos de módulo, precisamos especificar o namespace do módulo:

```
>>> example.f()
Executando f()
```

Como já vimos, chamar `f()` diretamente resultaria em um erro. Portanto, a instrução `import` não trouxe o nome `f` para o namespace do módulo `__main__` (o módulo que importou `example`); ela só trouxe o nome do módulo `example`, conforme ilustrado na Figura 7.13.

Em vez de importar o nome do módulo, também é possível importar os nomes dos próprios atributos necessários, usando o comando `from`:

```
>>> from example import f
```

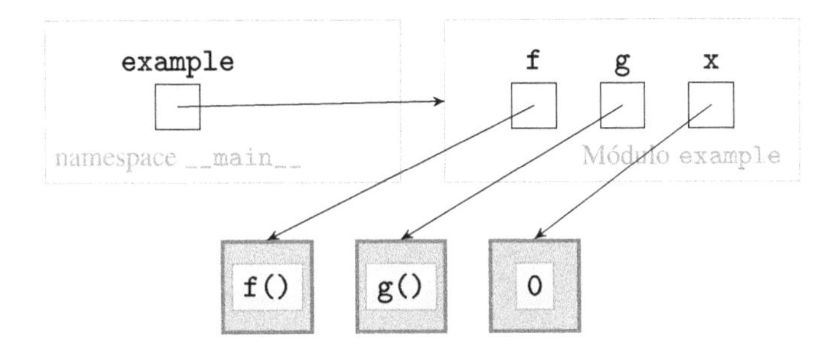

Figura 7.13 Importando um módulo. A instrução `import example` cria o nome `example` no namespace do módulo que chama, que se referirá ao namespace associado ao módulo importado `example`.

Conforme ilustramos na Figura 7.14, `from` copia o nome do atributo `f` para o escopo do programa principal, o módulo realizando a importação, de modo que `f` possa ser referenciado diretamente, sem ter que especificar o nome do módulo.

```
>>> f()
Executando f()
```

Observe que esse código copia somente o nome do atributo `f`, e não do atributo g (veja a Figura 7.14). A referência direta a g resulta em um erro:

```
>>> g()
Traceback (most recent call last):
  File "<pyshell#7>", line 1, in <module>
    g()
NameError: name 'g' is not defined
```

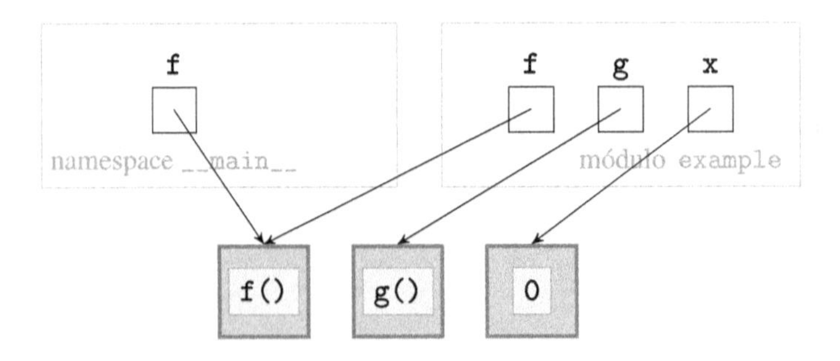

Figura 7.14 **Importando um atributo de módulo.** Atributos de módulo podem ser importados para o namespace do módulo que chama. A instrução `from example import f` cria o nome `f` no namespace do módulo que chama, que se refere ao objeo de função apropriado.

Por fim, também é possível usar `from` para importar todos os atributos de um módulo, usando o curinga `*`:

```
>>> from example import *
>>> f()
Executando f()
>>> x
0
```

A Figura 7.15 mostra que todos os atributos do exemplo são copiados para o namespace `__main__`.

Qual é a melhor maneira? Essa pode não ser a pergunta correta. Cada uma das três técnicas tem alguns benefícios. Simplesmente importar o nome do módulo tem o benefício de manter os nomes no módulo em um namespace separado do módulo principal. Isso garante que não haverá conflito entre um nome no módulo principal e o mesmo nome no módulo importado.

O benefício de importar atributos individuais do módulo é que não temos que usar o namespace como um prefixo quando nos referirmos ao atributo. Isso ajuda a tornar o código menos extenso e, portanto, mais legível. O mesmo é verdadeiro quando todos os atributos de módulo são importados usando `import *`, com o benefício adicional de fazer isso de forma sucinta. Porém, normalmente não é uma boa ideia usar `import *`, pois podemos inadvertidamente importar um nome que entra em conflito com um nome global no programa principal.

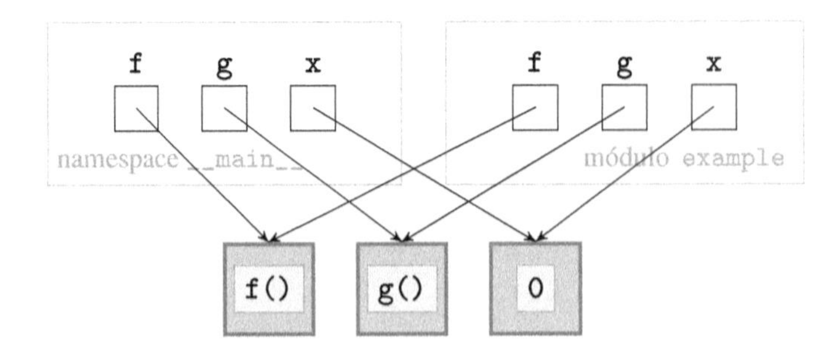

Figura 7.15 **Importando todos os atributos do módulo.** A instrução `from example import *` importa todos os atributos de `example` para o namespace do módulo que chama.

7.5 Classes como Namespaces

Em Python, um namespace é associado a cada classe. Nesta seção, explicamos o que isso significa. Discutimos, em particular, como Python usa namespaces de um modo inteligente para implementar classes e métodos de classe.

Porém, primeiro, por que devemos nos importar em saber *como* o Python implementa classes? Estivemos usando as classes embutidas do Python sem sequer precisarmos olhar por debaixo do capô. Porém, haverá ocasiões em que desejaremos ter uma classe que não existe em Python. O Capítulo 8 explica como desenvolver novas classes. Lá, será útil saber como o Python usa namespaces para implementar classes.

Uma Classe É um Namespace

Por debaixo do capô, uma classe Python é basicamente um namespace no velho estilo. O nome do namespace é o nome da classe, e os nomes armazenados no namespace são os atributos de classe (por exemplo, os métodos de classe). Por exemplo, a classe `list` é um namespace chamado `list`, que contém os nomes dos métodos e operadores da classe `list`, como mostra a Figura 7.16.

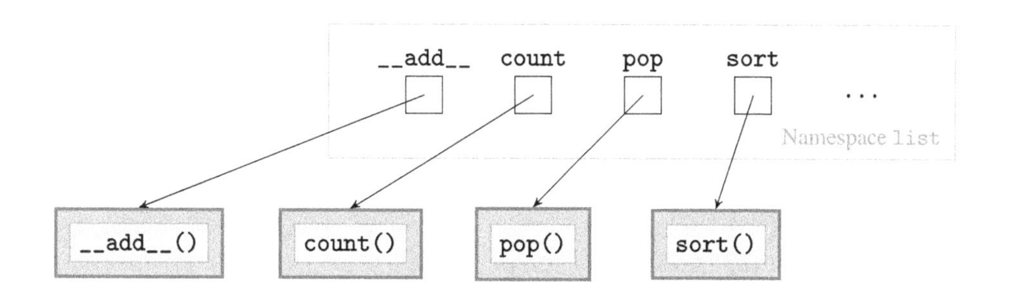

Figura 7.16 O namespace `list` e seus atributos. A classe `list` define um namespace que contém os nomes de todos os operadores e métodos de lista. Cada nome refere-se ao objeto de função apropriado.

Lembre-se de que, para acessar um atributo de um módulo importado, precisamos especificar o namespace (ou seja, o módulo `name`) no qual o atributo é definido:

```
>>> import math
>>> math.pi
3.141592653589793
```

De modo semelhante, os atributos da classe `list` podem ser acessados usando `list` como namespace:

```
>>> list.pop
<method 'pop' of 'list' objects>
>>> list.sort
<method 'sort' of 'list' objects>
```

Assim como para qualquer outro namespace, você pode usar a função embutida `dir()` para descobrir todos os nomes definidos no namespace `list`:

```
>>> dir(list)
['__add__', '__class__', '__contains__', '__delattr__',
 ...,
 'index', 'insert', 'pop', 'remove', 'reverse', 'sort']
```

Estes são nomes dos operadores e métodos da classe `list`.

Métodos de Classe São Funções Definidas no Namespace da Classe

Agora, vamos examinar como os métodos de classe são implementados em Python. Continuamos a usar a classe `list` como nosso exemplo atual. Suponha, por exemplo, que você queira classificar esta lista:

```
>>> lst = [5,2,8,1,3,6,4,7]
```

No Capítulo 2, aprendemos como fazer isso:

```
>>> lst.sort()
```

Sabemos agora que a função `sort()` é, na realidade, uma função definida no namespace `list`. De fato, quando o interpretador Python executa a instrução

```
>>> lst.sort()
```

a primeira coisa que ele fará é traduzir a instrução para

```
>>> list.sort(lst)
```

Tente executar as duas instruções e você verá que o resultado é o mesmo!

Quando o método `sort()` é invocado sobre o objeto de lista `lst`, o que realmente acontece é que a função `sort()`, definida no namespace `list`, é chamada sobre o objeto de lista `lst`. De modo mais geral, Python mapeia automaticamente a invocação de um método por uma instância de uma classe, como em

```
instance.method(arg1, arg2, ...)
```

para uma chamada a uma função definida na classe namespace e usando a instância como primeiro argumento:

```
class.method(instance, arg1, arg2, ...)
```

em que a `class` é o tipo da `instance`. Essa última instrução é a instrução realmente executada.

Vamos ilustrar isso com mais alguns exemplos. A invocação de método pela lista `lst`

```
>>> lst.append(9)
```

é traduzida pelo interpretador Python para

```
>>> list.append(lst, 9)
```

A chamada de método pelo dicionário `d`

```
>>> d.keys()
```

é traduzida para

```
>>> dict.keys(d)
```

Por esses exemplos, você pode ver que a *implementação* de cada método de classe precisa incluir um argumento de entrada adicional, correspondente à instância chamando o método.

Resumo do Capítulo

Este capítulo aborda os conceitos e construções da linguagem de programação que são fundamentais para o gerenciamento da complexidade do programa. O capítulo se baseia no material introdutório sobre funções e passagem de parâmetros, das Seções 3.3 e 3.5, e monta uma estrutura que será útil quando aprendermos a desenvolver novas classes Python no Capítulo 8 e quando aprendermos como as funções recursivas são executadas, no Capítulo 10.

Um dos principais benefícios das funções encapsulamento vem da propriedade de caixa-preta das funções: as funções não interferem com o programa que chama, a não ser pelos argumentos de entrada (se houver) e valores retornados (se houver). Essa propriedade das funções é mantida porque um namespace separado é associado a cada chamada de função e, portanto, um nome de variável definido durante a execução da chamada de função não é visível fora dessa chamada de função.

O fluxo de controle de execução normal de um programa, no qual as funções chamam outras funções, requer o gerenciamento dos namespaces de chamada de função pelo SO, por meio de uma pilha de programa. A pilha de programa é usada para registrar os namespaces das chamadas de função ativas. Quando uma exceção é levantada, o fluxo de controle normal do programa é interrompido e substituído pelo fluxo de controle excepcional. O fluxo de controle excepcional padrão consiste em interromper cada chamada de função ativa e enviar uma mensagem de erro. Neste capítulo, apresentamos o tratamento de exceção, usando o par de instruções `try/except`, como um modo de gerenciar o fluxo de controle excepcional e, quando isso fizer sentido, usá-lo como parte do programa.

Namespaces são associados aos módulos importados, bem como a classes e, conforme mostra o Capítulo 8, objetos também. O motivo para isso é o mesmo que para as funções: os componentes de um programa são mais fáceis de gerenciar se se comportarem como caixas-pretas que não interferem umas com as outras de formas não intencionadas. Compreender as classes Python como namespaces é particularmente útil no próximo capítulo, no qual aprenderemos a desenvolver novas classes.

Soluções dos Problemas Práticos

7.1 Durante a execução de `g(3)`, a chamada de função `f(1)` ainda não terminou e tem um namespace associado a ela; nesse namespace, são definidos os nomes de variável local y e x, com valores 1 e 2, respectivamente. A chamada de função `g(3)` também tem um namespace associado a ela, contendo diferentes nomes de variável y e x, referindo-se aos valores 3 e 4, respectivamente.

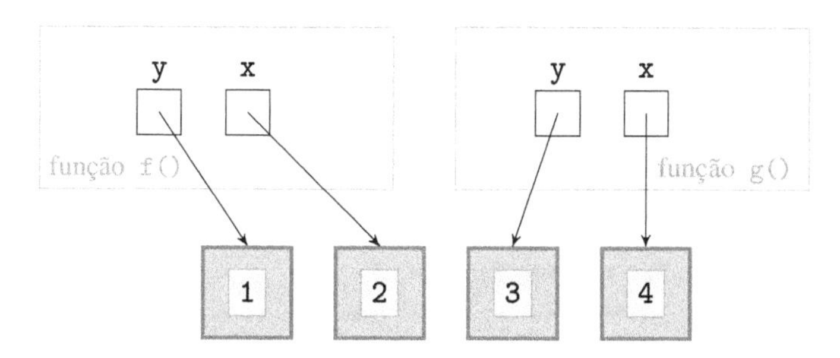

7.2 As respostas aparecem nos comentários em linha:

```
def f(y):          # f é global, y é local a f()
    x = 2          # x é local a f()
    return g(x)    # g é global, x é local a f()

def g(y):          # g é global, y é local a g()
    global x       # x é global
    x = 4          # x é global
    return x*y     # x é global, y é local a g()

x = 0              # x é global
res = f(x)         # res, f e x são globais
print('x = {}, f(0) = {}'.format(x, res)) # o mesmo aqui
```

7.3 A função deverá aceitar os mesmos argumentos que a função `open()`. As instruções que abrem o arquivo e retornam a referência ao arquivo aberto deverão estar na seção de código `try`. O manipulador de exceção deverá simplesmente retornar `None`.

```
def safe-open(nomearq, modo):
    'retorna handle para arquivo aberto nomearq, ou None se houve erro'
    try:
        # bloco try
        arqEntrada = open(nomearq, modo)
        return arqEntrada
    except:
        # except block
        bloco except
```

7.4 Estas instruções não são executadas:

(a) Cada instrução é executada.

(b) As últimas instruções em `h()` e `g()`.

(c) A última instrução em `h()`.

7.5 No Windows, a pasta contendo o módulo `random` é `C:\\Python3x\lib`, em que `x` pode ser 1, 2 ou outro dígito, dependendo da versão do Python 3 que você está usando; em um Mac, ela é `/Library/Frameworks/Python.Framework/Versions/3.x/lib/python31`.

7.6 Esse código é acrescentado ao final do arquivo `example.py`:

```
if __name__ == '__main__':
    print('Testando módulo example:')
    f()
    g()
    print(x)
```

Exercícios

7.7 Usando a Figura 7.5 como seu modelo, ilustre a execução da chamada de função `f(1)`, bem como o estado da pilha de programa. A função `f()` é definida no módulo `stack.py`.

7.8 Qual é o problema com o programa a seguir?

Módulo: probA.py

```
1  print(f(3))
2  def f(x):
3      return 2*x+1
```

O próximo exercício apresenta o mesmo problema?

Módulo: probB.py

```
1  def g(x):
2      print(f(x))
3
4  def f(x):
5      return 2*x+1
6
7  g(3)
```

7.9 A aplicação blackjack desenvolvida na Seção 6.5 consiste em cinco funções. Portanto, todas as variáveis definidas no programa são locais. Porém, algumas das variáveis locais são passadas como argumentos para outras funções, e os objetos a que elas se referem são, portanto (intencionalmente), compartilhados. Para cada objeto desse tipo, indique em que função o objeto foi criado e quais funções têm acesso a ele.

7.10 Este exercício é relacionado com os módulos `one`, `two` e `three`:

Módulo: one.py

```
1  import two
2
3  def f1():
4      two.f2()
5
6  def f4():
7      print('Hello!')
```

Módulo: two.py

```
1  import three
2
3  def f2():
4      three.f3()
```

Módulo: three.py

```
1  import one
2
3  def f3():
4      one.f4()
```

Quando o módulo `one` é importado para o shell do interpretador, podemos executar `f1()`:

```
>>> import one
>>> one.f1()
Hello!
```

(Para que isso funcione, a lista `sys.path` deverá incluir a pasta contendo os três módulos.) Usando as Figuras 7.13 como seu modelo, desenhe os namespaces correspondentes aos três módulos importados e também o namespace do shell. Mostre todos os nomes definidos nos três namespaces definidos e também os objetos a que se referem.

7.11 Depois de importar `one` no problema anterior, podemos ver os atributos de `one`:

```
>>> dir(one)
['__builtins__', '__doc__', '__file__', '__name__', '__package__',
'f1', 'f4', 'two']
```

Porém, não podemos ver os atributos de `two` da mesma maneira:

```
>>> dir(two)
Traceback (most recent call last):
  File "<pyshell#202>", line 1, in <module>
    dir(two)
NameError: name 'two' is not defined
```

Por que isso ocorre? Observe que a importação do módulo `one` força a importação dos módulos `two` e `three`. Como podemos ver seus atributos usando a função `dir()`?

7.12 Usando a Figura 7.2 como seu modelo, ilustre a execução da chamada de função `one.f1()`. A função `f1()` é definida no módulo `one.py`.

7.13 Modifique o módulo `blackjack.py` da Seção 6.5 de modo que, quando o módulo é executado como o módulo no topo, a função `blackjack()` seja chamada (em outras palavras, um jogo de `blackjack` inicia). Teste sua solução executando o programa a partir do shell da linha de comandos do seu sistema:

```
> python blackjack.py
Casa:   7  ♣   8 ♡
Você:  10  ♣   J ♠
Deseja carta (c) — o default — ou parar (p)?
```

7.14 Considere que a lista `lst` seja:

```
>>> lst = [2,3,4,5]
```

Traduza as invocações do método `list` a seguir em chamadas apropriadas para as funções no namespace `list`:

(a) `lst.sort()`
(b) `lst.append(3)`
(c) `lst.count(3)`
(d) `lst.insert(2, 1)`

7.15 Traduza as invocações de método de string a seguir para chamadas de funções no namespace `str`:

(a) `'error'.upper()`
(b) `'2,3,4,5'.split(',')`
(c) `'mississippi'.count('i')`
(d) `'bell'.replace('e', 'a')`
(e) `'  '.format(1, 2, 3)`

Problemas

7.16 O primeiro argumento de entrada da função `índice()` no Problema 6.27 deveria ser o nome de um arquivo de texto. Se o arquivo não puder ser encontrado pelo interpretador ou se não puder ser lido como um arquivo de texto, uma exceção será levantada. Reimplemente a função `índice()` de modo que a mensagem mostrada aqui seja exibida em seu lugar:

```
>>> índice('rven.txt', ['raven', 'mortal', 'dying', 'ghost'])
Arquivo 'rven.txt' não encontrado.
```

7.17 No Problema 6.34, você foi solicitado a desenvolver uma aplicação que pede aos usuários para resolverem problemas de adição. Os usuários deveriam digitar suas respostas usando os dígitos de 0 a 9.

Reimplemente a função `jogo()` de modo que ele trate da entrada incorreta (não um dígito) do usuário exibindo uma mensagem amigável, como "Favor escrever sua resposta usando os dígitos de 0 a 9. Tente novamente!" e depois dando ao usuário outra oportunidade para digitar uma resposta correta.

```
>>> jogo(3)
8 + 2 =
Digite a resposta: dez
Favor escrever sua resposta usando os dígitos de 0 a 9. Tente novamente!
Digite a resposta:10
Correto.
```

7.18 A aplicação blackjack desenvolvida na Seção 6.5 inclui a função `distribuiCarta()`, que retira a carta do topo do baralho e a passa a um participante do jogo. O baralho é implementado como uma lista de cartas, e a retirada da carta do topo do baralho corresponde à remoção da lista. Se a função for chamada sobre um baralho vazio, é feita uma tentativa de retirar de uma lista vazia, e uma exceção `IndexError` é levantada.

Modifique a aplicação blackjack tratando da exceção levantada ao tentar distribuir uma carta de um baralho vazio. Seu manipulador deverá criar um novo baralho misturado e distribuir uma carta do topo desse novo baralho.

7.19 Implemente a função `entraValores()`, que pede que o usuário entre com um conjunto de valores de ponto flutuante diferente de zero. Quando o usuário entrar com um valor que não seja um número, dê ao usuário uma segunda chance de entrar com o valor. Depois de dois erros seguidos, termine o programa. Some todos os valores corretamente especificados quando o usuário digitar 0. Use o tratamento de exceção para detectar entradas indevidas.

```
>>> entraValores()
Favor digitar um número: 4.75
Favor digitar um número: 2,25
Erro. Favor entrar novamente.
Favor digitar um número: 2.25
Favor digitar um número: 0
7.0
>>> entraValores()
Favor digitar um número: 3.4
Favor digitar um número: 3,4
Erro. Favor entrar novamente.
Favor digitar um número: 3,4
Dois erros seguidos. Encerrando ...
```

7.20 No Problema 7.19, o programa termina quando o usuário comete dois erros *em seguida*. Implemente a versão alternativa do programa que termine quando o usuário comete o segundo erro, mesmo que venha após uma entrada correta do usuário.

7.21 Se você digitar Ctrl-C enquanto o shell está executando a função `input()`, uma exceção `KeyboardInterrupt` será levantada. Por exemplo:

```
>>> x = input()          # Digitando Ctrl-C
Traceback (most recent call last):
  File "<stdin>", line 1, in <module>
KeyboardInterrupt
```

Crie uma função wrapper `safe_input()` que funciona exatamente como a função `input()`, exceto por retornar `None` quando uma exceção é levantada.

```
>>> x = safe_input()   # Digitando Ctrl-C
>>> x                  # x é None
>>> x = safe_input()   # Digitando 34
34
>>> x                  # x é 34
'34'
```

CAPÍTULO

8

Programação Orientada a Objeto

ESTE CAPÍTULO DESCREVE como implementar novas classes Python e apresenta a programação orientada a objeto (POO).

Existem vários motivos para as linguagens de programação como Python permitirem que os desenvolvedores definam novas classes. As classes que forem projetadas especificamente para determinada aplicação tornarão o programa de aplicação mais intuitivo e mais fácil de desenvolver, depurar, ler e manter.

A capacidade de criar novas classes também habilita uma nova técnica de estruturação de programas de aplicação. Uma função expõe ao usuário seu comportamento, mas encapsula (ou seja, oculta) sua implementação. De modo semelhante, uma classe expõe ao usuário os métodos que podem ser aplicados aos objetos da classe (ou seja, instâncias da classe), mas encapsula o modo como os dados contidos nos objetos são armazenados e como os métodos da classe são implementados. Essa propriedade das classes é alcançada graças a namespaces detalhados, personalizados, que são associados a cada classe e objeto. A POO é um paradigma de desenvolvimento de software que alcança modularidade e portabilidade de código, organizando programas de aplicação em torno de componentes que são classes e objetos.

8.1 Definindo uma Nova Classe em Python

Vamos explicar agora como é possível definir uma nova classe em Python. A primeira classe que desenvolvemos é a classe `Ponto`, uma classe que representa pontos no plano ou, se você preferir, em um mapa. Mais precisamente, um objeto do tipo `Ponto` corresponde a um ponto no plano bidimensional. Lembre-se de que cada ponto no plano pode ser especificado por suas coordenadas no eixo *x* e no eixo *y*, como mostra a Figura 8.1.

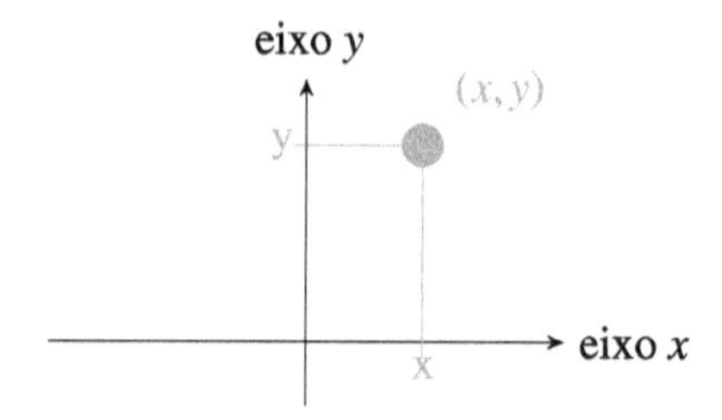

Figura 8.1 **Um ponto no plano.** Um objeto do tipo `Ponto` representa um ponto no plano. Um ponto é definido por suas coordenadas *x* e *y*.

Antes de implementarmos a classe `Ponto`, precisamos decidir como ela deverá se comportar, ou seja, quais métodos ela deverá aceitar.

Métodos da Classe `Ponto`

Vamos descrever como gostaríamos de usar a classe `Ponto`. Para criar um objeto `Ponto`, usaríamos o construtor padrão da classe `Ponto`. Isso não é diferente de usar os construtores padrão `list()` ou `int()`para criar um objeto de lista ou de inteiro.

```
>>> ponto = Point()
```

(Só um lembrete: não implementamos a classe `Ponto` ainda; o código aqui serve apenas para ilustrar o modo como desejamos que a classe `Ponto` se comporte.)

Quando tivermos um objeto `Ponto`, deveremos definir suas coordenadas usando os métodos `setx()` e `sety()`:

```
>>> ponto.setx(3)
>>> ponto.sety(4)
```

Neste ponto, o objeto `Ponto` `ponto` deverá ter suas coordenadas definidas. Poderíamos verificar isso usando o método `get()`:

```
>>> ponto.get()
(3, 4)
```

Uso	Explicação
`ponto.setx(xcoord)`	Define a coordenada *x* de `ponto` como `xcoord`
`ponto.sety(ycoord)`	Define a coordenada *y* de `ponto` como `ycoord`
`ponto.get()`	Retorna as coordenadas *x* e *y* de `ponto` como uma tupla `(x, y)`
`ponto.move(dx, dy)`	Altera as coordenadas do ponto de `(x, y)` atual para `(x+dx, y+dy)`

Tabela 8.1 Métodos da classe `Ponto`. O uso para os quatro métodos da classe `Ponto` aparece aqui; `ponto` refere-se a um objeto do tipo `Ponto`.

O método `get()` retornaria as coordenadas do `ponto` como um objeto `tuple`. Agora, para mover o `ponto` três unidades para baixo, usaríamos o método `move()`:

```
>>> ponto.move(0,-3)
>>> ponto.get()
(3, 1)
```

Também deverá ser possível alterar as coordenadas do `ponto`:

```
>>> ponto.sety(-2)
>>> ponto.get()
(3, -2)
```

Resumimos os métodos que queremos que a classe `Ponto` aceite na Tabela 8.1.

Uma Classe e Seu Namespace

Conforme aprendemos no Capítulo 7, um namespace é associado a cada classe em Python, e o nome do namespace é o nome da classe. A finalidade do namespace é armazenar os nomes dos atributos de classe. A classe `Ponto` deverá ter um namespace associado, denominado `Ponto`. Esse namespace teria os nomes dos métodos da classe `Ponto`, como mostra a Figura 8.2.

A Figura 8.2 mostra como cada nome no namespace `Ponto` se refere à implementação de uma função. Vamos considerar a implementação da função `setx()`.

No Capítulo 7, aprendemos que Python traduz uma invocação de método como

```
>>> ponto.setx(3)
```

para

```
>>> Point.setx(ponto, 3)
```

Assim, a função `setx()` é uma função definida no namespace `Ponto`. Ela apanha não apenas um, mas dois argumentos: o objeto `Ponto` que está invocando o método e uma coordenada *x*. Portanto, a implementação de `setx()` teria que ser algo semelhante a:

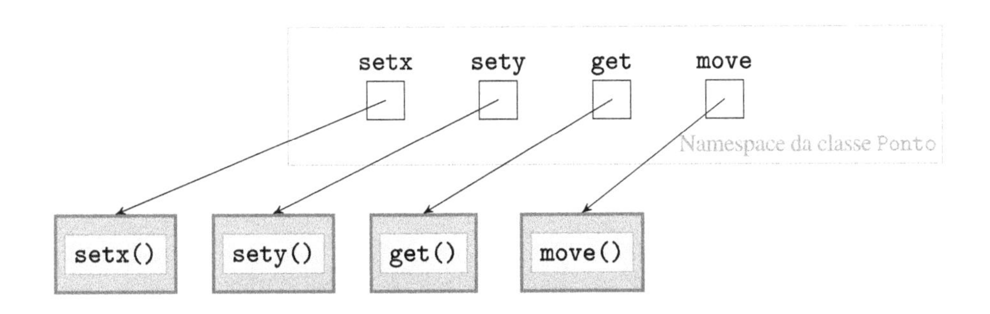

Figura 8.2 Classe `Ponto` e seus atributos. Quando a classe `Ponto` é definida, um namespace associado à classe é definido também; esse namespace contém os atributos da classe.

```
def setx(ponto, coordx):
    # implementação de setx
```

A função `setx()`, de alguma forma, teria que armazenar a coordenada *x* `coordx` de modo que, mais tarde, ela possa ser recuperada, digamos, pelo método `get()`. Infelizmente, o próximo código não funcionará

```
def setx(ponto, coordx):
    x = coordx
```

porque x é uma variável local que desaparecerá assim que a chamada de função `setx()` terminar. Onde o valor de `coordx` deverá ser armazenado, de modo que possa ser recuperado mais tarde?

Cada Objeto Tem um Namespace Associado

Sabemos que um namespace é associado a cada classe. Acontece que não apenas as classes, mas *cada* objeto Python tem seu próprio namespace separado. Quando instanciamos um novo objeto do tipo `Ponto` e lhe damos o nome `ponto`, como em

```
>>> ponto = Point()
```

um novo namespace, chamado `ponto`, é criado, conforme mostra a Figura 8.3(a).

Como um namespace é associado ao objeto `ponto`, podemos usá-lo para armazenar valores:

```
>>> ponto.x = 3
```

Essa instrução cria o nome `x` no namespace `ponto` e lhe atribui o objeto inteiro 3, como mostra a Figura 8.3(b).

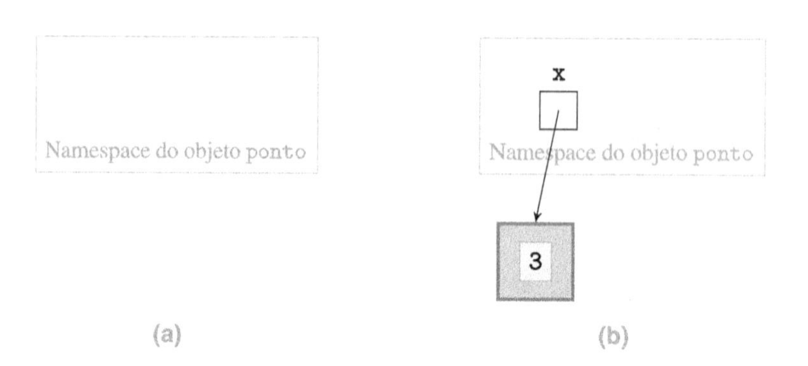

Figura 8.3 O namespace de um objeto. (a) Cada objeto `Ponto` tem um namespace. (b) A instrução `ponto.x = 3` atribui 3 à variável `x` definida no namespace `ponto`.

Agora, vamos retornar à implementação do método `setx()`. Aqui, temos um lugar para a coordenada *x* de um objeto `Ponto`. Ela é armazenada no namespace associado a ela. O método `setx()` seria implementado desta maneira:

```
def setx(ponto, coordx):
    ponto.x = coordx
```

Implementação da Classe `Ponto`

Agora, estamos prontos para escrever a implementação da classe `Ponto`:

Módulo: ch8.py

```
1  class Point:
2      'classe que representa pontos no plano'
3      def setx(self, coordx):
4          'define coordenada x do ponto como coordx'
5          self.x = coordx
6      def sety(self, coordy):
7          'define coordenada y do ponto como coordy'
8          self.y = coordy
9      def get(self):
10         'retorna tupla com coordenadas x e y do ponto'
11         return (self.x, self.y)
12     def move(self, dx, dy):
13         'muda as coordenadas x e y por dx e dy'
14         self.x += dx
15         self.y += dy
```

A palavra reservada `class` é usada para definir uma nova classe em Python. A instrução `class` é muito semelhante à instrução `def`. Uma instrução `def` define uma nova *função* e lhe dá um nome; uma instrução `class` define um novo *tipo* e lhe dá um nome. (Ambos também são semelhantes na instrução de atribuição que dá um nome a um objeto.)

Após a palavra-chave `class` vem o nome da classe, assim como o nome da função vem após a instrução `def`. Outra semelhança com definições de função é a docstring abaixo da instrução `class`: ela será processada pelo interpretador Python como parte da documentação para a classe, assim como para funções.

Uma classe é definida por seus atributos. Os atributos de classe (ou seja, os quatro métodos da classe `Ponto`) são definidos em um bloco de código endentado, logo abaixo da linha

```
class Point:
```

O primeiro argumento de entrada de cada método de classe refere-se ao objeto invocando o método. Já descobrimos a implementação do método `setx()`:

```
def setx(self, coordx):
    'define coordenada x do ponto'
    self.x = coordx
```

Fizemos uma mudança na implementação. O primeiro argumento que se refere ao objeto `Ponto` invocando o método `setx()` é denominado `self`, em vez de `ponto`. O nome do primeiro argumento, na verdade, pode ser qualquer coisa; o que realmente importa é que ele sempre se refira ao objeto que chama o método. Porém, a convenção entre os desenvolvedores Python é usar o nome `self` para o objeto no qual o método é chamado, e seguimos essa mesma convenção.

O método `sety()` é semelhante a `setx()`: ele armazena a coordenada *y* na variável `y`, que também é definida no namespace do objeto que chama. O método `get()` retorna os valores dos nomes `x` e `y` definidos no namespace do objeto que chama. Por fim, o método `move()` muda os valores das variáveis `x` e `y` associados ao objeto que chama.

Você agora deverá testar sua nova classe `Ponto`. Primeiro, execute a definição da classe executando o módulo `ch8.py`. Depois, experimente isto, por exemplo:

```
>>> a = Point()
>>> a.setx(3)
>>> a.sety(4)
>>> a.get()
(3, 4)
```

Problema Prático 8.1

Acrescente o método `getx()` à classe `Ponto`; esse método não aceita entrada e retorna a coordenada x do objeto `Ponto` que chama o método.

```
>>> a.getx()
3
```

Variáveis de Instância

As variáveis definidas no namespace de um objeto, como as variáveis `x` e `y` no objeto `Ponto` `a`, são chamadas *variáveis de instância*. Cada instância (objeto) de uma classe terá seu próprio namespace e, portanto, sua própria cópia separada de uma variável de instância.

Por exemplo, suponha que criemos um segundo objeto `Ponto`, `b`, da seguinte forma:

```
>>> b = Point()
>>> b.setx(5)
>>> b.sety(-2)
```

As instâncias `a` e `b` terão, cada uma, suas próprias cópias das variáveis de instância `x` e `y`, como mostra a Figura 8.4.

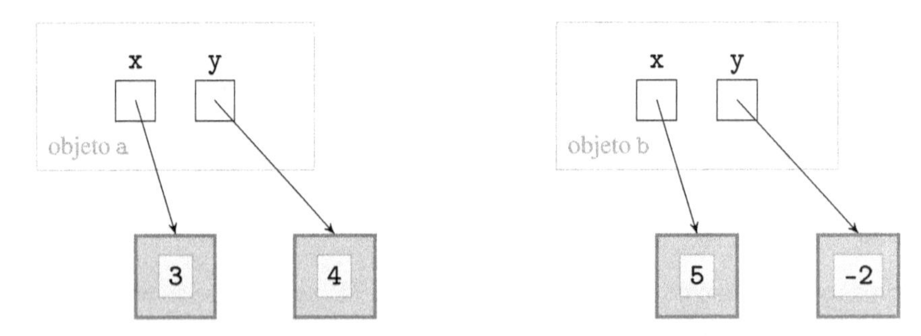

Figura 8.4 **Variáveis de instância.** Cada objeto do tipo `Ponto` tem suas próprias variáveis de instância `x` e `y`, armazenadas no namespace associado ao objeto.

De fato, as variáveis de instância `x` e `y` podem ser acessadas especificando a instância apropriada:

```
>>> a.x
3
>>> b.x
5
```

Naturalmente, elas também podem ser mudadas diretamente:

```
>>> a.x = 7
>>> a.x
7
```

Instâncias Herdam Atributos de Classe

Os nomes `a` e `b` referem-se a objetos do tipo `Ponto`, de modo que os namespaces de `a` e `b` deverão ter alguma relação com o namespace `Ponto`, que contém os métodos de classe que podem ser invocados sobre os objetos `a` e `b`. Podemos verificar isso usando a função `dir()`

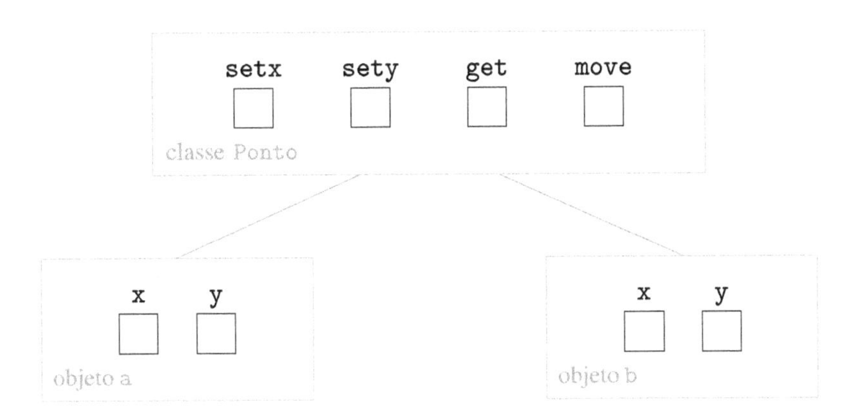

Figura 8.5 **Atributos de instância e classe.** Cada objeto do tipo `Ponto` tem seus próprios atributos de instância `x` e `y`. Todos eles herdam os atributos da classe `Ponto`.

do Python, apresentada no Capítulo 7, que aceita um namespace e retorna uma lista de nomes que ele definiu:

```
>>> dir(a)
['__class__', '__delattr__', '__dict__', '__doc__', '__eq__',
 ...
 '__weakref__', 'get', 'move', 'setx', 'sety', 'x', 'y']
```

(Omitimos algumas linhas da saída.)

Como era de se esperar, os nomes de variável de instância `x` e `y` aparecem na lista. Mas também aparecem os métodos da classe `Ponto`: `setx`, `sety`, `get` e `move`. Diremos que o objeto `a` herda todos os atributos da classe `Ponto`, assim como um filho herda atributos de um pai. Portanto, todos os atributos da classe `Ponto` são acessíveis a partir do namespace `a`. Vamos verificar isto:

```
>>> a.setx
<bound method Point.setx of <__main__.Point object at 0x14b7ef0>>
```

O relacionamento entre os namespaces `a`, `b` e `Ponto` é ilustrado na Figura 8.5. É importante entender que os nomes de método `setx`, `sety`, `get` e `move` são definidos no namespace `Ponto`, e não no namespace `a` ou `b`. Assim, o interpretador Python usa esse procedimento quando avalia a expressão `a.setx`:

1. Primeiro, ele tenta encontrar o nome `setx` no objeto (namespace) `a`.
2. Se o nome `setx` não existir no namespace `a`, então ele tenta encontrar `setx` no namespace `Ponto` (onde o encontrará).

Definição de Classe de Forma Mais Geral

O formato da instrução de definição de classe é:

```
class <Nome da Classe>:
    <variável da classe 1> = <valor>
    <variável da classe 2> = <valor>
    ...
    def <método da classe 1>(self, arg11, arg12, ...):
        <implementação do método da classe 1>
    def <método da classe 2>(self, arg21, arg22, ...):
        <implementação do método da classe 2>
    ...
```

(Veremos a versão mais geral em outras seções.)

A primeira linha de uma definição de classe consiste na palavra-chave `class` seguida por `<Nome da Classe>`, o nome dessa classe. Em nosso exemplo, o nome foi `Ponto`.

As definições dos atributos de classe vêm após a primeira linha. Cada definição é recuada em relação à primeira linha. Os atributos de classe podem ser métodos de classe ou variáveis de classe. Na classe `Ponto`, quatro métodos de classe foram definidos, mas nenhuma variável de classe. Uma variável de classe é aquela cujo nome é definido no namespace da classe.

Problema Prático 8.2

Comece definindo a classe `Teste` e depois criando duas instâncias de `Teste` no seu shell do interpretador:

```
>>> class Teste:
        versão = 1.02

>>> a = Teste()
>>> b = Teste()
```

A classe `Teste` tem apenas um atributo, a variável de classe `versão`, que se refere ao valor `float` 1.02.

(a) Desenhe os namespaces associados à classe e aos dois objetos, os nomes – se houver – neles contidos e os valores aos quais os nomes se referem.

(b) Execute essas instruções e preencha os pontos de interrogação:

```
>>> a.versão
???
>>> b.versão
???
>>> Teste.versão
???
>>> Teste.versão=1.03
>>> a.versão
???
>>> Ponto.versão
???
>>> a.versão = 'Última!!'
>>> Ponto.versão
???
>>> b.versão
???
>>> a.versão
???
```

(c) Desenhe o estado dos namespaces após essa execução. Explique por que as três últimas expressões são avaliadas dessa forma.

Documentando uma Classe

Para obter uma documentação utilizável na ferramenta `help()`, é importante documentar devidamente uma nova classe. A classe `Ponto` que definimos tem uma docstring para a classe e também uma para cada método:

```
>>> help(Point)
Help on class Point in module __main__:

class Point(builtins.object)
 |  classe que representa um ponto no plano
 |
 |  Métodos definidos aqui:
 |
 |  get(self)
 |      retorna as coordenadas x e y do ponto como uma tupla
 |
 ...
```

(Omitimos o restante da saída.)

Classe `Animal`

Antes de prosseguirmos para a próxima seção, vamos colocar em prática tudo o que aprendemos até aqui e desenvolver uma nova classe, chamada `Animal`, que abstrai animais e aceita três métodos:

- `setEspécie(espécie)`: define a espécie do objeto animal como `espécie`.
- `setLinguagem(linguagem)`: define a linguagem do objeto animal como `linguagem`.
- `fala()`: apresenta uma mensagem do animal, como mostramos em seguida.

Veja como queremos que a classe se comporte:

```
>>> snoopy = Animal()
>>> snoopy.setEspécie('cão')
>>> snoopy.setLinguagem('latir')
>>> snoopy.speak()
Eu sou um cão e sei latir.
```

Começamos com a definição de classe com a primeira linha:

```
class Animal:
```

Agora, em um bloco de código endentado, definimos os três métodos de classe, começando com o método `setEspécie()`. Embora o método `setEspécie()` seja *usado* com um argumento (a espécie animal), ele precisa ser *definido* como uma função que aceita dois argumentos: o argumento `self`, que se refere ao objeto invocando o método, e o argumento da espécie:

```
def setEspécie(self, espécie):
    self.espécie = espécie
```

Note que usamos para a variável de instância `espécie` o mesmo nome da variável local `espécie`. Como a variável de instância é definida no namespace `self` e a variável local é definida no namespace local da chamada de função, não existe conflito de nomes.

A implementação do método `setLinguagem()` é semelhante à implementação de `setEspécie`. O método `fala()` é *usado* sem argumentos de entrada; portanto, ela deve ser definida apenas com o argumento de entrada `self`. Esta é a implementação final:

Módulo: ch8.py

```
1  class Animal:
2      'representa um animal'
3  
4      def setEspécie(self, espécie):
5          'define a espécie do animal'
6          self.esp = espécie
7  
8      def setLinguagem(self, linguagem):
9          'define a linguagem do animal'
10         self.ling = linguagem
11 
12     def fla(self):
13         ' exibe uma sentença pelo animal'
14         print('IEu sou um {} e sei {}'.format(self.esp, self.ling))
```

Problema Prático 8.3

Implemente a classe `Retângulo`, que representa retângulos. A classe deverá implementar estes métodos:

- `setTamanho(largura, comprimento)`: aceita dois valores numéricos como entrada e define o comprimento e largura do retângulo.
- `perímetro()`: retorna o perímetro do retângulo.
- `área()`: retorna a área do retângulo.

```
>>> retângulo = Retângulo(3,4)
>>> retângulo.perímetro()
14
>>> retângulo.área()
12
```

8.2 Exemplos de Classes Definidas pelo Usuário

Para se acostumar mais com o processo de projeto e implementação de uma nova classe, nesta seção trabalhamos com a implementação de várias outras classes. Primeiro, explicamos como tornar mais fácil a criação e inicialização de novos objetos.

Operador de Construtor Sobrecarregado

Vamos examinar novamente a classe `Ponto` que desenvolvemos na seção anterior. Para criar um objeto `Ponto` nas coordenadas (*x*, *y*) (3, 4), precisamos executar três instruções separadas:

```
>>> a = Point()
>>> a.setx(3)
>>> a.sety(4)
```

A primeira instrução cria uma instância de `Ponto`; as duas linhas restantes inicializam as coordenadas x e y do ponto. Isso é muita coisa apenas para criar um ponto em certo local. Seria mais elegante se pudéssemos juntar a instanciação e a inicialização em uma etapa:

```
>>> a = Point(3,4)
```

Já vimos tipos que permitem que um objeto seja inicializado no momento de sua criação. Os inteiros podem ser inicializados quando criados:

```
>>> x = int(93)
>>> x
93
```

O mesmo acontece com objetos do tipo `Fraction`, do módulo embutido `fractions`:

```
>>> import fractions
>>> x = fractions.Fraction(3,4)
>>> x
Fraction(3, 4)
```

Construtores que tomam argumentos de entrada são úteis porque podem inicializar o estado do objeto no momento em que o objeto é instanciado.

Para poder usar um construtor `Ponto()` com argumentos de entrada, temos que incluir explicitamente um método chamado `__init__()` à implementação da classe `Ponto`. Quando acrescentado a uma classe, ele será chamado automaticamente pelo interpretador Python sempre que um objeto for criado. Em outras palavras, quando o Python executar

```
Point(3,4)
```

ele criará um objeto `Ponto` "vazio" primeiro e depois executará

```
self.__init__(3, 4)
```

em que `self` refere-se ao objeto recém-criado `Ponto`. Observe que, como `__init__()` é um método da classe `Ponto` que aceita dois argumentos de entrada, a função `__init__()` precisará ser definida para aceitar dois argumentos de entrada também, *mais* o argumento obrigatório `self`:

Módulo: ch8.py

```
1  class Point:
2      'representa pontos no plano'
3
4      def __init__(self, coordx, coordy):
5          'inicializa coordenadas de ponto em (coordx, coordy)'
6          self.x = coordx
7          self.y = coordy
8
9      # implementações dos métodos setx(), sety(), get() e move()
```

AVISO

Função _ _init_ _ É Chamada *Toda Vez* que um Objeto É Criado

Como o método `__init__()` é chamado toda vez que um objeto é instanciado, o construtor `Ponto()` agora deverá ser chamado com dois argumentos. Isso significa que a chamada do construtor sem um argumento resultará em um erro:

```
>>> a = Point()
Traceback (most recent call last):
  File "<pyshell#23>", line 1, in <module>
    a = Point()
TypeError: __init__() takes exactly 3 positional arguments
(1 given)
```

É possível reescrever a função `__init__()` de modo que possa tratar de dois argumentos, ou nenhum, ou um. Continue lendo.

Construtor Padrão

Sabemos que os construtores das classes embutidas podem ser usados com ou sem argumentos:

```
>>> int(3)
3
>>> int()
0
```

Podemos fazer o mesmo com as classes definidas pelo usuário. Tudo o que precisamos fazer é especificar os valores padrão dos argumentos de entrada `coordx` e `coordy` *se* os argumentos de entrada não forem indicados. Na próxima reimplementação do método `__init__()`, especificamos valores padrão de 0:

Módulo: ch8.py

```
1 class Point:
2     'representa pontos no plano'
3
4     def __init__(self, coordx=0, coordy=0):
5         'inicializa coordenadas do ponto em (coordx, coordy)'
6         self.x = coordx
7         self.y = coordy
8
9     # implementações dos métodos setx(), sety(), get() e move()
```

Esse construtor `Ponto` pode agora tomar dois argumentos de entrada

```
>>> a = Point(3,4)
>>> a.get()
(3, 4)
```

ou nenhum

```
>>> b = Point()
>>> b.get()
(0, 0)
```

ou até mesmo apenas um

```
>>> c = Point(2)
>>> c.get()
(2, 0)
```

O interpretador Python atribuirá os argumentos construtores às variáveis locais `coordx` e `coordy`, da esquerda para a direita.

Jogando com a Classe Carta

No Capítulo 6, desenvolvemos uma aplicação blackjack. Usamos strings como `'3 ♠'` para representar jogos de carta. Agora que sabemos como desenvolver novos tipos, faz sentido desenvolver uma classe `Carta` para representar jogos de carta.

Essa classe deverá admitir um construtor de dois argumentos para criar objetos `Carta`:

```
>>> carta = Carta('3', '\u2660')
```

A string `'\u2660'` é a sequência de escape que representa o caractere Unicode ♠. A classe também deverá aceitar métodos para recuperar o valor e o naipe do objeto `Carta`:

```
>>> carta.pegaValor()
'3'
>>> carta.pegaNaipe()
'♠'
```

Isso deverá ser suficiente. Queremos que a classe `Carta` aceite estes métodos:

- `Carta(valor, naipe)`: construtor que inicializa o valor e o naipe da carta.
- `pegaValor()`: retorna o valor da carta.
- `pegaNaipe()`: retorna o naipe da carta.

Observe que o construtor é especificado para aceitar exatamente dois argumentos de entrada. Escolhemos não oferecer valores padrão para o valor e naipe, pois não é óbvio qual seria realmente uma carta de jogo padrão. Vamos implementar a classe:

Módulo: cards.py

```
1  class Card:
2      'representa uma carta do jogo'
3
4      def __init__(self, valor, naipe):
5          'inicializa valor e naipe da carta do jogo'
6          self.valor = valor
7          self.suit = naipe
8
9      def getRank(self):
10         'retorna valor'
11         return self.valor
12
13     def getSuit(self):
14         'retorna naipe'
15         return self.naipe
```

Observe que o método `__init__()` é implementado para aceitar dois argumentos: o valor e o naipe da carta a ser criada.

Problema Prático 8.4

Modifique a classe `Animal` que desenvolvemos na seção anterior de modo que aceite um construtor com dois, um ou nenhum argumento de entrada:

```
>>> snoopy = Animal('cão', 'latir')
>>> snoopy.fala()
Eu sou um cão e sei latir.
>>> tweety = Animal('canário')
>>> tweety.fala()
Eu sou um canário e sei emitir sons.
>>> animal = Animal()
>>> animal.fala()
Eu sou um animal e sei emitir sons.
```

8.3 Criando Novas Classes Contêiner

Embora o Python ofereça um conjunto diversificado de classes contêiner, sempre haverá uma necessidade de desenvolver classes contêiner moldadas para aplicações específicas. Ilustramos isso com uma classe que representa um baralho de cartas de jogo e também com a classe contêiner de fila clássica.

Criando uma Classe que Representa um Baralho de Cartas

Novamente, usamos a aplicação blackjack do Capítulo 6 para motivar nossa próxima classe. No programa blackjack, o baralho de cartas foi implementado usando uma lista. Para misturar o baralho, usamos o método `shuffle()` do módulo `random`, e para distribuir uma carta, usamos o método de `lista pop()`. Resumindo, a aplicação blackjack foi escrita usando terminologia e operações não específicas da aplicação.

O programa blackjack teria sido mais legível se o contêiner de lista e as operações fossem ocultadas e o programa fosse escrito usando uma classe `Baralho` e os métodos de `Baralho`. Assim, vamos desenvolver essa classe. Mas como gostaríamos que a classe `Baralho` se comportasse?

Primeiro, devemos ser capazes de obter um baralho padrão de 52 cartas, usando um construtor padrão:

```
>>> baralho = Baralho()
```

A classe deverá implementar um método para misturar o baralho:

```
>>> baralho.mistura()
```

A classe também deverá implementar um método para distribuir a carta do topo do baralho.

```
>>> baralho.distribuiCarta()
Carta('9', '♠')
>>> baralho.distribuiCarta()
Carta('J', '♢')
>>> baralho.distribuiCarta()
Carta('10', '♢')
>>> baralho.distribuiCarta()
Carta('8', '♣')
```

Os métodos que a classe `Baralho` deverá implementar são:

- `Baralho()`: construtor que inicializa o baralho para conter um baralho padrão de 52 cartas de jogo.
- `mistura()`: mistura o baralho.
- `pegaNaipe()`: retira e retorna a carta no *topo* do baralho.

Implementando a Classe `Baralho` (de Cartas)

Vamos implementar a classe `Baralho`, começando com o construtor `Baralho`. Diferentemente dos dois exemplos da seção anterior (classes `Ponto` e `Carta`), o construtor `Baralho` não aceita argumentos de entrada. Ele ainda precisa ser implementado, pois sua tarefa é criar as 52 cartas de jogo de um baralho e armazená-las em algum lugar.

Para criar a lista de 52 cartas de jogo padrão, podemos usar um laço aninhado semelhante ao que usamos na função `misturaBaralho()` da aplicação blackjack. Lá, criamos um conjunto de naipes e um conjunto de valores

```
 naipes = {'\u2660', '\u2661', '\u2662', '\u2663'}
valores = {'2','3','4','5','6','7','8','9','10','J','Q','K','A'}
```

e depois usamos um laço `for` aninhado para criar cada combinação de valor e naipe

```
for naipe in naipes:
    for valor in valores:
        # cria carta com determinado valor e naipe e inclui no baralho
```

Precisamos de um contêiner para armazenar todas as cartas de jogo. Como a ordenação das cartas em um baralho é relevante e o baralho deverá ser capaz de mudar, escolhemos uma lista assim como fizemos na aplicação blackjack no Capítulo 6.

Agora, temos algumas decisões de projeto a fazer. Primeiro, a lista contendo os jogos de carta deverá ser uma variável de instância ou de classe? Como cada objeto `Baralho` deverá ter sua própria lista de cartas de jogo, a lista claramente deverá ser uma variável de instância.

Temos outra questão de projeto a resolver: onde os conjuntos `naipes` e `valores` devem ser definidos? Eles poderiam ser variáveis locais da função `__init__()`. Também poderiam ser variáveis de classe da classe `Baralho`. Ou então poderiam ser variáveis de instância. Como os conjuntos não serão modificados e são compartilhados por todas as instâncias de `Baralho`, decidimos torná-los variáveis de classe.

Dê uma olhada na implementação do método `__init__()` no módulo `cards.py`. Como os conjuntos `naipes` e `valores` são variáveis de classe da classe `Baralho`, eles são definidos no namespace `Baralho`. Portanto, para acessá-los nas linhas 12 e 13, você precisa especificar um namespace:

```
for naipe in Baralho, naipes:
    for valor in Baralho valores:
        # inclui Carta com determinado valor e naipe no baralho
```

Agora, vamos voltar nossa atenção para a implementação dos dois métodos de classe restantes da classe `Baralho`. O método `shuffle()` deverá simplesmente chamar a função `shuffle()` do módulo `random` sobre a variável de instância `self.baralho`.

Para o método `distribuiCarta()`, precisamos decidir onde está o topo do baralho. Ele está no início da lista `self.baralho` ou no final dela? Decidimos ir para o final. A classe `Baralho` completa é:

Módulo: cards.py

```
1  from random import shuffle
2  class Baralho:
3      'representa um baralho de 52 cartas'
4
5      # valores e naipes são variáveis da classe Baralho
6      valores = {'2','3','4','5','6','7','8','9','10','J','Q','K','A'}
7
8      # naipes são 4 símbolos Unicode representando os 4 naipes
9      naipes = {'\u2660', '\u2661', '\u2662', '\u2663'}
10
11     def __init__(self):
12         'inicializa baralho de 52 cartas'
13         self.baralho = []        # baralho está inicialmente vazio
14
15         for naipe in Baralho.naipes: # naipes e valores são Baralho
16             for valor in Baralho.valores: # variáveis da classe
17                 # inclui Carta com certo valor e naipe no baralho
18                 self.baralho.append(Carta(valor, naipe))
19
20     def distribuiCarta:
21         'distribui (remove e retorna) carta do topo do baralho'
22         return self.baralho.pop()
23
24     def shuffle(self):
25         'mistura o baralho'
26         shuffle(self.baralho)
```

Problema Prático 8.5

Modifique o construtor da classe Baralho de modo que a classe também possa ser usada para jogos de carta que não usam o baralho padrão de 52 cartas. Para esses jogos, precisaríamos oferecer a lista de cartas explicitamente no construtor. Veja a seguir um exemplo um tanto artificial:

```
>>> baralho = Baralho(['1', '2', '3', '4'])
>>> baralho.shuffle()
>>> baralho.distribuiCarta()
'3'
>>> baralho.distribuiCarta()
'1'
```

Classe Contêiner Queue

Queue (*queue*) é um tipo de contêiner que abstrai uma fila, como uma fila de compradores em um supermercado, aguardando no caixa. Em uma fila desse tipo, os clientes são atendidos em um padrão do tipo "primeiro a entrar, primeiro a sair (FIFO — first-in, first-out). Um cliente se posicionará no final da fila e a primeira pessoa na fila é a próxima a ser atendida pelo caixa. Geralmente, todas as inserções são feitas ao final da fila, e todas as retiradas devem ser pela frente.

Método	Descrição
`enqueue(item)`	Inclui item ao final da fila
`dequeue()`	Remove e retorna o elemento na frente da fila
`isEmpty()`	Retorna Verdadeiro se a fila estiver vazia, Falso caso contrário

Tabela 8.2 **Métodos de fila.** Uma fila é um contêiner de uma sequência de itens. os únicos acessos à sequência são `enqueue(item)` e `dequeue()`.

Agora, desenvolvemos uma classe `Queue` básica, que abstrai uma fila. Ela aceitará acessos bastante restritivos aos itens na fila: o método `enqueue()` para acrescentar um item ao final da fila e o método `dequeue()` para remover um item da frente da fila. Como vemos na Tabela 8.2, a classe `Queue` também aceitará o método `isEmpty()`, que retorna verdadeiro ou falso, dependendo se a fila está vazia ou não. A classe `Queue` é considerada um tipo de contêiner FIFO, pois o item removido é o item que entrou primeiro na fila.

Antes de implementarmos a classe `Queue`, vamos ilustrar seu uso. Comecemos instanciando um objeto `Queue`:

```
>>> fruta = Queue()
```

Depois, inserimos uma fruta (como uma string) na fila:

```
>>> fruta.enqueue('maçã')
```

Vamos inserir mais algumas frutas:

```
>>> fruta.enqueue('banana')
>>> fruta.enqueue('coco')
```

Depois, podemos remover uma fruta da fila:

```
>>> fruta.dequeue()
'maçã'
```

O método `dequeue()` deverá remover *e* retornar o item que se encontra na frente da fila. Retiramos do final da fila mais duas vezes para retornar a uma fila vazia:

```
>>> fruta.dequeue()
'banana'
>>> fruta.dequeue()
'coco'
>>> fruta.isEmpty()
True
```

A Figura 8.6 mostra a sequência de estados em que a fila passou enquanto executamos os comandos anteriores.

Implementando uma Classe de Fila

Vamos discutir a implementação da classe `Queue`. A pergunta mais importante que precisamos responder é como iremos armazenar os itens na fila. A fila pode estar vazia ou conter um número ilimitado de itens. Ela também precisa manter a ordem dos itens, pois isso é essencial para uma fila (imparcial). Que tipo embutido pode ser usado para armazenar, em ordem, um número qualquer de itens e permitir inserções em uma ponta e exclusões da outra ponta?

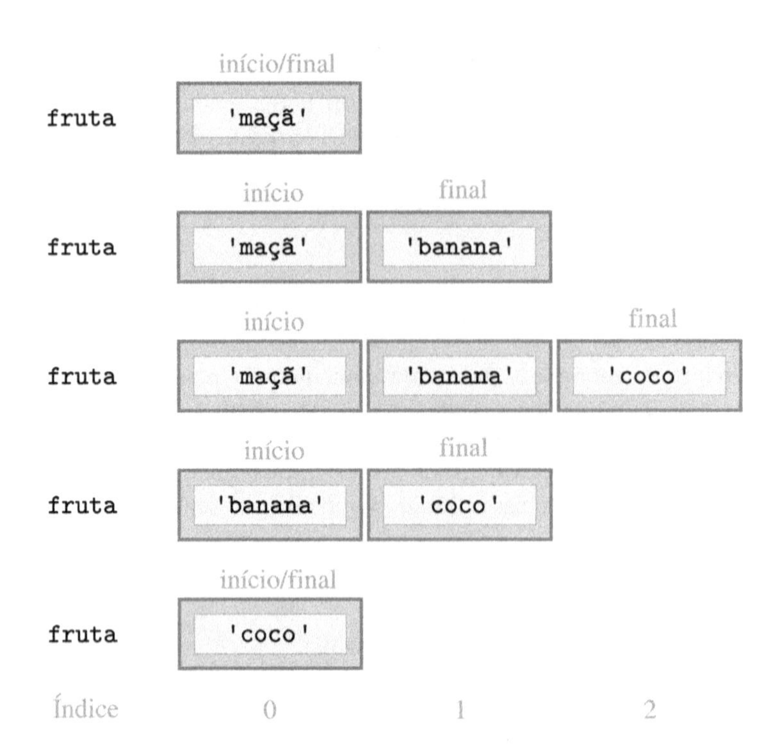

Figura 8.6 **Operações com fila.** Esse é o estado da fila `fruta` após as instruções: `fruta.enqueue('maçã')`, `fruta.enqueue('banana')`, `fruta.enqueue('coco')`, `fruta.dequeue()`, `fruta.dequeue()`.

O tipo `list` certamente satisfaz essas restrições e, portanto, vamos prosseguir com ele. A próxima pergunta é: quando e onde na classe `Queue` deve ser criada a implementação dessa lista? Em nosso exemplo, é claro que esperamos que o construtor `Queue` padrão nos dê uma fila vazia. Isso significa que precisamos criar a lista assim que o objeto `Queue` é criado ou seja, em um método `__init__()`:

```
    def __init__(self):
        'instancia uma lista vazia que conterá os itens da fila'
        self.q = []
... # restante da definição de classe
```

Agora, prosseguimos para a implementação dos três métodos de `Queue`. O método `isEmpty()`pode ser implementado facilmente apenas verificando a extensão da lista `self.q`:

```
def isEmpty(self):
    'retorna True se a fila estiver vazia, False caso contrário'
    return (len(self.q) == 0)
```

O método `enqueue()` deverá colocar itens no final da lista `self.q`, e o método `dequeue()` deverá remover itens da frente da lista `self.q`. Agora, precisamos decidir qual é a frente da lista `self.q`. Podemos escolher a frente para ser o item da lista mais à esquerda (ou seja, no índice 0) ou o item mais à direita (no índice –1). Ambos funcionarão, e o benefício de cada um depende da implementação subjacente da classe embutida `list` – o que está fora do escopo deste capítulo.

Na Figura 8.6, o primeiro elemento da fila aparece à esquerda, que normalmente associamos ao índice 0, e assim fazemos o mesmo em nossa implementação. Quando tomamos essa decisão, a classe `Queue` pode ser implementada:

Módulo: ch8.py

```
class Queue:
    'uma classe de fila clássica'

    def __init__(self):
        'instancia uma lista vazia'
        self.q = []

    def isEmpty(self):
        'retorna True se a fila estiver vazia, False caso contrário'
        return (len(self.q) == 0)

    def enqueue (self, item):
        'Insere item no final da fila'
        return self.q.append(item)

    def dequeue(self):
        'remove e retorna item na frente da fila'
        return self.q.pop(0)
```

8.4 Operadores Sobrecarregados

Existem algumas inconveniências com as classes definidas pelo usuário que desenvolvemos até aqui. Por exemplo, suponha que você crie um objeto `Ponto`:

```
>>> ponto = Ponto(3,5)
```

e depois tente avaliá-lo:

```
>>> ponto
<__main__.Ponto object at 0x15e5410>
```

Isso não é muito amigável, certo? A propósito, o código diz que `ponto` refere-se a um objeto do tipo `Ponto` – em que `Ponto` é definido no namespace do módulo do topo – e que seu ID de objeto – endereço de memória, efetivamente – é 0x15e5410, em hexa. De qualquer forma, provavelmente essa não é a informação que queríamos obter quando avaliamos `ponto`.

Aqui está outro problema. Para obter o número de caracteres em uma string ou o número de itens em uma lista, dicionário, tupla ou conjunto, usamos a função `len()`. Parece natural usar a mesma função para obter o número de itens em um objeto contêiner `Queue`. Infelizmente, não conseguimos isto:

```
>>> fruta = Queue()
>>> fruta.enqueue('maçã')
>>> fruta.enqueue('banana')
>>> fruta.enqueue('coco')
>>> len(fruta)
Traceback (most recent call last):
  File "<pyshell#356>", line 1, in <module>
    len(fruta)
TypeError: object of type 'Queue' has no len()
```

O que estamos querendo dizer é isto: as classes que desenvolvemos até aqui não se comportam como classes embutidas. Para que as classes definidas pelo usuário sejam úteis e fáceis de usar, é importante torná-las mais familiares (ou seja, mais semelhantes a classes embutidas). Felizmente, o Python admite sobrecarga de operador, que possibilita isso.

Operadores São Métodos de Classe

Considere o operador +. Ele pode ser usado para somar números:

```
>>> 2 + 4
6
```

Ele também pode ser usado para concatenar listas e strings:

```
>>> [4, 5, 6] + [7]
[4, 5, 6, 7]
>>> 'strin' + 'g'
'string'
```

O operador + é considerado um *operador sobrecarregado*. Um operador sobrecarregado é um operador que foi definido para várias classes. Para cada classe, a definição – e, portanto, o significado – do operador é diferente. Assim, por exemplo, o operador + foi definido para as classes `int`, `list` e `str`. Ele implementa adição de inteiros para a classe `int`, concatenação de lista para a classe `list` e concatenação de strings para a classe `str`. A questão agora é: como o operador + é definido para determinada classe?

Python é uma linguagem orientada a objeto e, como já dissemos, qualquer "avaliação", incluindo a avaliação de uma expressão aritmética como `2 + 4`, na realidade é uma invocação de método. Para ver qual método exatamente, você precisa usar a ferramenta de documentação `help()`. Se você digitar `help(int)`, `help(str)` ou `help(list)`, verá que a documentação para o operador + é:

```
...
 |  __add__(...)
 |      x.__add__(y) <==> x+y
...
```

Isso significa que, sempre que o Python avalia a expressão `x + y`, ele primeiro a substitui pela expressão `x.__add__(y)`, uma invocação de método pelo objeto `x` com o objeto `y` como argumento de entrada, e depois avalia a nova invocação de método, a expressão. Isso é verdade não importa quais sejam x e y. Assim, você na realidade pode avaliar `2 + 3`, `[4, 5, 6] + [7]` e `'strin'+'g'` usando invocações ao método `__add__()` em vez disto:

```
>>> int(2).__add__(4)
6
>>> [4, 5, 6].__add__([7])
[4, 5, 6, 7]
>>> 'strin'.__add__('g')
'string'
```

DESVIO

A Adição, Afinal, É Apenas uma Função

A expressão algébrica

```
>>> x+y
```

é traduzida pelo interpretador Python para

```
>>> x.__add__(y)
```

que é uma invocação de método. No Capítulo 7, aprendemos que essa invocação de método é traduzida pelo interpretador para

```
>>> type(x).__add__(x,y)
```

(Lembre-se de que `type(x)` é avaliado para a classe do objeto x.) Essa última expressão é aquela que realmente é avaliada.

Isso é verdade, logicamente, para todos os operadores: qualquer expressão ou invocação de método é, na realidade, uma chamada por uma função definida no namespace da classe do primeiro operando.

O operador + é apenas um dos operadores sobrecarregados do Python; a Tabela 8.3 mostra alguns outros. Para cada operador, a função correspondente aparece além de uma explicação do comportamento do operador para os tipos numéricos, o tipo `list` e o tipo `str`. Todos os operadores listados são definidos para outros tipos embutidos (`dict`, `set` etc.) e também para tipos definidos pelo usuário, como vemos em seguida.

Observe que o último operador listado é o *operador construtor sobrecarregado*, mapeado para a função `__init__()`. Já vimos como podemos implementar um construtor sobrecarregado em uma classe definida pelo usuário. Veremos que a implementação de outros operadores sobrecarregados é muito semelhante.

Tornando a Classe `Ponto` Amiga do Usuário

Lembre-se do exemplo com o qual começamos esta seção:

```
>>> ponto = Ponto(3,5)
>>> ponto
<__main__.Ponto object at 0x15e5410>
```

Em vez disso, para o que gostaríamos que `ponto` fosse avaliado? Suponha que queiramos:

```
>>> ponto
Ponto(3, 5)
```

Para entender como podemos conseguir isso, primeiro precisamos entender que, quando avaliamos `ponto` no shell, o Python exibe a *representação de string* do objeto. A representação de string padrão de um objeto é seu tipo e endereço, como em

```
<__main__.Ponto object at 0x15e5410>
```

Para modificar a representação de string para uma classe, precisamos implementar o operador sobrecarregado `repr()` para a classe. O operador `repr()` é chamado automaticamente pelo interpretador sempre que o objeto tiver que ser representado como uma string. Um exemplo de quando isso acontece é quando o objeto precisa ser exibido no shell do

Tabela 8.3 **Operadores sobrecarregados.** Alguns dos operadores sobrecarregados comumente utilizados e comportamentos para os tipos de número, lista e string.

Operador	Método	Número	Lista e String
x + y	x.__add__(y)	Adição	Concatenação
x - y	x.__sub__(y)	Subtração	—
x * y	x.__mul__(y)	Multiplicação	Autoconcatenação
x / y	x.__truediv__(y)	Divisão	—
x // y	x.__floordiv__(y)	Divisão de inteiros	—
x % y	x.__mod__(y)	Módulos	—
x == y	x.__eq__(y)	Igual a	
x != y	x.__ne__(y)	Não igual a	
x > y	x.__gt__(y)	Maior que	
x >= y	x.__ge__(y)	Maior ou igual a	
x < y	x.__lt__(y)	Menor que	
x <= y	x.__le__(y)	Menor ou igual a	
repr(x)	x.__repr__()	Representação de string canônica	
str(x)	x.__str__()	Representação de string informal	
len(x)	x.__len__()	—	Tamanho da coleção
<type>(x)	<type>.__init__(x)	Construtor	

interpretador. Assim, a familiar representação [3, 4, 5] de uma lista lst contendo os números 3, 4 e 5

```
>>> lst
[3, 4, 5]
```

na realidade é a exibição da string resultante da chamada repr(lst)

```
>>> repr(lst)
'[3, 4, 5]'
```

Todas as classes embutidas implementam o operador sobrecarregado repr() para essa finalidade. Para modificar a representação de string padrão dos objetos de classes definidas pelo usuário, precisamos fazer o mesmo. Fazemos isso implementando o método correspondente ao operador repr() na Tabela 8.3, método __repr__().

Para que um objeto Ponto seja exibido no formato Ponto(<x>, <y>), tudo o que precisamos fazer é acrescentar o próximo método à classe Ponto:

Módulo: cards.py

```
1  class Point:
2
3      # outros métodos de Ponto
4
5      def __repr__(self):
6          'retorna representação de string canônica Ponto(x, y)'
7          return 'Ponto({}, {})'.format(self.x, self.y)
```

Agora, quando avaliarmos um objeto Ponto no shell, obteremos o que desejamos:

```
>>> ponto = Ponto(3,5)
>>> ponto
Ponto(3, 5)
```

AVISO

Representações de String dos Objetos

Na realidade, existem duas maneiras de conseguir uma representação de string de um objeto: o operador sobrecarregado `repr()` e o construtor de string `str()`.

O operador `repr()` deverá retornar uma representação de string canônica do objeto. O ideal, mas não necessário, é que esta seja a representação de string que você usaria para construir o objeto, como `'[2, 3, 4]'` ou `'Ponto(3, 5)'`.

Em outras palavras, a expressão `eval(repr(o))` deverá trazer de volta o objeto `o` original. O método `repr()` é chamado automaticamente quando uma expressão é avaliada para um objeto no shell do interpretador e esse objeto precisa ser exibido na janela do shell.

O construtor de string `str()` retorna uma representação de string informal, idealmente bastante legível, do objeto. Essa representação de string é obtida pela chamada de método `o.__str__()`, se o método `__str__()` for implementado. O interpretador Python chama o construtor de string no lugar do operador sobrecarregado `repr()` sempre que o objeto tiver que ser exibido "de forma elegante" pela função `print()`. Ilustramos a diferença com esta classe:

```
class Representação:
    def __repr__(self):
        return 'representação de string canônica'
    def __str__(self):
        return 'Representação de string elegante.'
```

Vamos testar isso:

```
>>> rep = Representação()
>>> rep
representação de string canônica
>>> print(rep)
Representação de string elegante.
```

Contrato entre o Construtor e o Operador `repr()`

A última caixa de AVISO indicou que a saída de um operador sobrecarregado `repr()` deveria ser a representação de string canônica do objeto. A representação de string canônica do objeto `Ponto(3,5)` é `'Ponto(3,5)'`. A saída do operador `repr()` para o mesmo objeto `Ponto` é:

```
>>> repr(Ponto(3, 5))
'Ponto(3, 5)'
```

Parece que satisfizemos o contrato entre o construtor e o operador de representação `repr()`: Eles são iguais. Vamos verificar:

```
>>> Ponto(3, 5) == eval(repr(Ponto(3, 5)))
False
```

O que saiu errado?

Bem, o problema não é com o construtor nem com o operador `repr()`, mas com o operador ==: ele não considera dois pontos com as mesmas coordenadas necessariamente iguais. Vamos verificar:

```
>>> Ponto(3, 5) == Ponto(3, 5)
False
```

O motivo para esse comportamento um tanto estranho é que, para classes definidas pelo usuário, o comportamento padrão para o operador == é retornar `True` somente quando os dois objetos que estamos comparando são o mesmo objeto. Vamos mostrar que isso realmente ocorre:

```
>>> ponto = Ponto(3,5)
>>> ponto == ponto
True
```

Conforme mostramos na Tabela 8.3, o método correspondente ao operador sobrecarregado == é o método `__eq__()`. Para mudar o comportamento do operador sobrecarregado ==, precisamos implementar o método `__eq__()` na classe `Ponto`. Fazemos isso na versão final da classe `Ponto`:

Módulo: ch8.py

```
1  class Ponto:
2      'classe que representa um ponto no plano'
3
4      def __init__(self, coordx=0, coordy=0):
5          'inicializa coordenadas de ponto em (coordx, coordy)'
6          self.x = coordx
7          self.y = coordy
8      def setx(self, coordx):
9          'define coordenada x do ponto como coordx'
10         self.x = coordx
11     def sety(self, coordy):
12         'define coordenada y do ponto como coordy'
13         self.y = coordy
14     def get(self):
15         'retorna as coordenadas x e y do ponto como uma tupla'
16         return (self.x, self.y)
17     def move(self, dx, dy):
18         'muda as coordenadas x e y por i e j, respectivamente'
19         self.x += dx
20         self.y += dy
21     def __eq__(self, outro):
22         'self == outro quando eles têm as mesmas coordenadas'
23         return self.x == outro.x and self.y == outro.y
24     def __repr__(self):
25         'retorna representação de string canônica Ponto(x, y)'
```

A nova implementação da classe `Ponto` aceita o operador == de um modo que faça sentido

```
>>> Ponto(3, 5) == Ponto(3, 5)
True
```

e também garante que o contrato entre o construtor e o operador `repr()` seja satisfeito:

```
>>> Ponto(3, 5) == eval(repr(Ponto(3, 5)))
True
```

Problema Prático 8.6

Implemente operadores sobrecarregados `repr()` e `==` para a classe `Carta`. Sua nova classe `Carta` deverá se comportar como a seguir:

```
>>> Carta('3', '♠') == Carta('3', '♠')
True
>>> Carta('3', '♠') == eval(repr(Carta('3', '♠')))
True
```

Tornando a Classe Queue Amigável ao Usuário

Agora, vamos tornar a classe `Queue` da seção anterior mais amigável, sobrecarregando os operadores `repr()`, `==` e `len()`. No processo, veremos que é útil estender o construtor.

Começamos com esta implementação de `Queue`:

Módulo: ch8.py

```
1  class Queue:
2      'uma classe de fila clássica'
3
4      def __init__(self):
5          'instancia uma lista vazia'
6          self.q = []
7
8      def isEmpty(self):
9          'retorna True se a fila estiver vazia, False caso contrário'
10         return (len(self.q) == 0)
11
12     def enqueue (self, item):
13         'insere item no final da fila'
14         return self.q.append(item)
15
16     def dequeue(self):
17         'remove e retorna item na frente da fila'
18         return self.q.pop(0)
```

Primeiro, vamos cuidar dos operadores "fáceis". O que significa duas filas iguais? Significa que elas têm os mesmos elementos na mesma ordem. Em outras palavras, as listas que contêm os itens das duas filas são as mesmas. Portanto, a implementação do operador `__eq__()` para a classe `Queue` deverá consistir em uma comparação entre as listas correspondentes aos dois objetos `Queue` que estamos comparando:

```
def __eq__(self, outro):
    '''retorna True se as filas self e outro tiverem
       os mesmos itens na mesma ordem'''
    return self.q == outro.q
```

A função de operador sobrecarregado `len()` retorna o número de itens em um contêiner. Para permitir seu uso em objetos `Queue`, precisamos implementar o método `__len__()` correspondente (veja a Tabela 8.3) na classe `Queue`. O tamanho da fila é, naturalmente, o tamanho da lista subjacente `self.q`:

```
def __len__(self):
    'retorna número de itens na fila'
    return len(self.q)
```

Vamos agora passar à implementação do operador `repr()`. Suponha que tenhamos construído uma fila desta forma:

```
>>> fruta = Queue()
>>> fruta.enqueue('maçã')
>>> fruta.enqueue('banana')
>>> fruta.enqueue('coco')
```

Como queremos que se pareça a representação de string canônica? Que tal:

```
>>> fruta
Queue(['maçã', 'banana', 'coco'])
```

Lembre-se de que, quando implementamos o operador sobrecarregado `repr()`, idealmente devemos satisfazer o contrato entre ele e o construtor. Para satisfazê-lo, devemos poder construir a fila conforme aparece a seguir:

```
>>> Queue(['maçã', 'banana', 'coco'])
Traceback (most recent call last):
  File "<pyshell#404>", line 1, in <module>
    Queue(['maçã', 'banana', 'coco'])
TypeError: __init__() takes exactly 1 positional argument (2 given)
```

Não podemos, pois implementamos o construtor `Queue` de modo que não aceite argumentos de entrada. Assim, decidimos mudar o construtor, como vemos em seguida. Os dois benefícios de fazer isso são que (1) o contrato entre o construtor e `repr()` é satisfeito e (2) objetos `Queue` recém-criados agora podem ser inicializados no momento da instanciação.

Módulo: ch8.py

```
1  class Queue:
2      'uma classe de fila clássica'
3
4      def __init__(self, q = None):
5          'inicializa fila com base na lista q, padrão é fila vazia'
6          if q == None:
7              self.q = []
8          else:
9              self.q = q
10
11     # métodos enqueue, dequeue e isEmpty definidos aqui
12
13     def __eq__(self, outro):
14         '''retorna True se as filas self e outro tiverem
15            os mesmos itens na mesma ordem'''
16         return self.q == outro.q
17
18     def __len__(self):
19         'retorna número de itens na fila'
20         return len(self.q)
21
22     def __repr__(self):
23         'retorna representação de string canônica da fila'
24         return 'Queue({})'.format(self.q)
```

Problema Prático 8.7

Implemente os operadores sobrecarregados `len()`, `repr()` e `==` para a classe `Baralho`. Sua nova classe `Baralho` deverá se comportar conforme mostramos:

```
>>> len(Baralho())
52
>>> Baralho() == Baralho()
True
>>> Baralho() == eval(repr(Baralho()))
True
```

8.5 Herança

A reutilização de código é um objetivo fundamental da engenharia de software. Um dos principais motivos para envolver o código em funções é reutilizar o código com mais facilidade. De modo semelhante, um benefício importante de organizar o código em classes definidas pelo usuário é que as classes podem, então, ser reutilizadas em outros programas, assim como é possível usar uma função no desenvolvimento de outra. Uma classe pode ser (re)utilizada como se encontra, algo que já fizemos desde o Capítulo 2. Uma classe também pode ser "estendida" em uma nova classe por meio da *herança de classe*. Nesta seção, apresentaremos a segunda técnica.

Herdando Atributos de uma Classe

Suponha que, no processo de desenvolvimento de uma aplicação, descubramos que seria muito conveniente ter uma classe que se comporte exatamente como a classe embutida `list`, mas que também aceite um método chamado `escolha()`, que retorne um item da lista, escolhido de modo uniforme e aleatório.

Mais precisamente, essa classe, que vamos nos referir como `MinhaLista`, aceitaria os mesmos métodos da classe `list`, da mesma maneira. Por exemplo, gostaríamos de poder criar um objeto contêiner `MinhaLista`:

```
>>> milhalista = MinhaLista()
```

Também gostaríamos de poder incluir itens nela usando o método `append()` de `list`, calcular o número de itens nela contidos usando o operador sobrecarregado `len()` e contar o número de ocorrências de um item usando o método `count()` de `list`:

```
>>> minhalista.append(2)
>>> minhalista.append(3)
>>> minhalista.append(5)
>>> minhalista.append(3)
>>> len(minhalista)
4
>>> minhalista.count(3)
2
```

Além de aceitar os mesmos métodos que a classe `list` aceita, a classe `MinhaLista` também deverá aceitar o método `escolha()`, que retorna um item da lista, com cada item na lista tendo a mesma chance de ser escolhido:

```
>>> minhalista.escolha()
5
>>> minhalista.escolha()
2
>>> minhalista.escolha()
5
```

Uma forma de implementar a classe `MinhaLista` é a técnica que usamos ao desenvolver as classes `Baralho` e `Queue`. Uma variável de instância de lista `self.lst` seria usada para armazenar os itens de `MinhaLista`:

```
import random
class MinhaLista:
    def __init__(self, inicial = []):
        self.lst = inicial
    def __len__(self):
        return len(self.lst)
    def append(self, item):
        self.lst.append(self, item)
    # implementações dos métodos de "lista" restantes

   def escolha(self):
     return random.escolha(self.lst)
```

Essa técnica para desenvolver a classe `MinhaLista` exigiria que escrevêssemos mais de 30 métodos. Isso levaria um bom tempo e seria tedioso. Não seria melhor se pudéssemos definir a classe `MinhaLista` de uma forma muito mais abreviada, que basicamente dissesse que a classe `MinhaLista` é uma "extensão" da classe `list` com o método `escolha()` sendo um método adicional? Acontece que podemos:

Módulo: ch8.py

```
1  import random
2  class MinhaLista(list):
3     'uma subclasse da lista que implementa o método escolha'
4
5     def escolha(self):
6        'retorna item da lista escolhida uniformemente de modo aleatório'
7        return random.escolha(self)
```

Essa definição de classe especifica que a classe `MinhaLista` é uma subclasse da classe `list` e, assim, aceita todos os métodos que a classe `list` aceita. Isso é indicado na primeira linha

```
class MinhaLista(list):
```

A estrutura hierárquica entre as classes `list` e `MinhaLista` é ilustrada na Figura 8.7.

A Figura 8.7 mostra um objeto contêiner `MinhaLista` denominado `minhalista`, criado no shell do interpretador (ou seja, no namespace `_ _main_ _`):

```
>>> minhalista = MinhaLista([2, 3, 5, 3])
```

O objeto `minhalista` é mostrado como um "filho" da classe `MinhaLista`. Essa representação hierárquica ilustra que o objeto `minhalista` herda todos os atributos da classe `MinhaLista`. Vimos que os objetos herdam os atributos de sua classe na Seção 8.1.

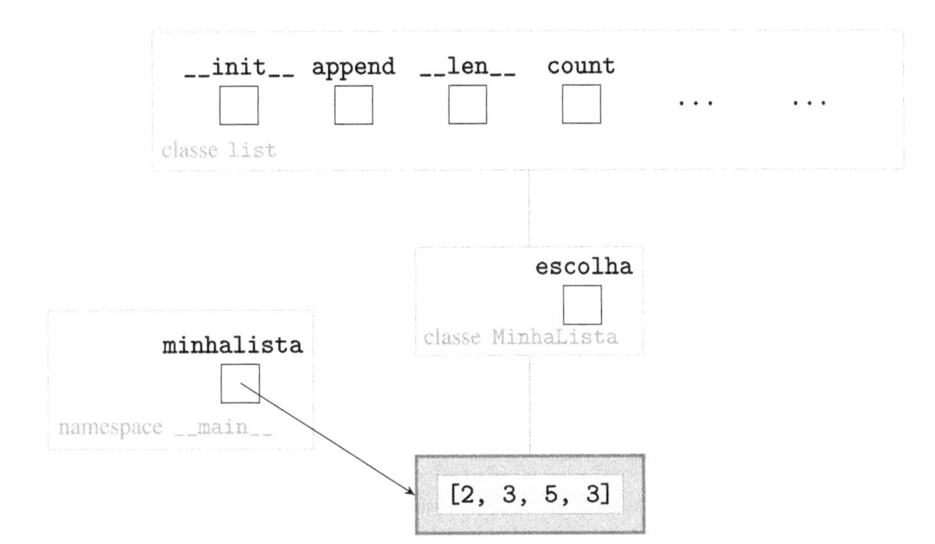

Figura 8.7 **Hierarquia das classes `list` e `MinhaLista`.** Alguns dos atributos da classe `list` são relacionados, todos se referindo a funções apropriadas. A classe `MinhaLista` é uma subclasse da classe `list` e herda todos os atributos da classe `list`. Ela também define um atributo adicional, o método `escolha()`. O objeto referenciado por `minhalista` herda todos os atributos de classe de sua classe, `MinhaLista`, que inclui os atributos da classe `list`.

A Figura 8.7 também mostra a classe `MinhaLista` como um "filho" da classe `list`. Essa representação hierárquica ilustra que a classe `MinhaLista` herda todos os atributos de `list`. Você pode verificar isso usando a função embutida `dir()`:

```
>>> dir(MinhaLista)
['__add__', '__class__', '__contains__', '__delattr__',
 ...
 'append', 'escolha', 'count', 'extend', 'index', 'insert',
 'pop', 'remove', 'reverse', 'sort']
```

O que isso significa é que o objeto `minhalista` herdará não apenas o método `escolha()` da classe `MinhaLista`, mas também todos os atributos de `list`. Você pode, novamente, verificar isto:

```
>>> dir(minhalista)
['__add__', '__class__', '__contains__', '__delattr__',
 ...
 'append', 'escolha', 'count', 'extend', 'index', 'insert',
 'pop', 'remove', 'reverse', 'sort']
```

A classe `MinhaLista` é considerada uma *subclasse* da classe `list`. A classe `list` é a *superclasse* da classe `MinhaLista`.

Definição de Classe Geral

Quando implementamos as classes `Ponto`, `Animal`, `Carta`, `Baralho` e `Queue`, usamos esse formato para a primeira linha da instrução de definição de classe:

```
class <Nome da Classe>:
```

Para definir uma classe que herda atributos de uma classe `<Superclasse>` existente, a primeira linha da definição da classe deverá ser

```
class <Nome da Classe>(<Superclasse>):
```

Também é possível definir uma classe que herde atributos de mais do que apenas uma classe existente. Nesse caso, a primeira linha da instrução de definição da classe é:

```
class <Nome da Classe>(<Superclasse 1>, <Superclasse 2>, ...):
```

Sobrescrevendo Métodos de Superclasse

Ilustramos a herança de classe usando outro exemplo simples. Suponha que precisemos de uma classe `Ave` que é semelhante à classe `Animal` da Seção 8.1. A classe `Ave` deverá aceitar métodos `setEspécie()` e `setLinguagem()`, assim como a classe `Animal`.

```
>>> tweety = Ave()
>>> tweety.setEspécie('pinto')
>>> tweety.setLinguagem('piu')
```

A classe `Ave` também deverá aceitar um método chamado `fala()`. Porém, seu comportamento difere do comportamento do método `fala()` de `Animal`:

```
>>> tweety.fala()
piu! piu! piu!
```

Veja agora outro exemplo do comportamento que esperamos da classe `Ave`:

```
>>> daffy = Ave()
>>> daffy.setEspécie('pato')
>>> daffy.setLiguagem('quac')
>>> daffy.fala()
quac! quac! quac!
```

Vamos discutir como implementar a classe `Ave`. Uma vez que a classe `Ave` compartilha atributos com a classe existente `Animal` (afinal, pássaros são animais), nós a desenvolvemos como uma subclasse de `Animal`. Primeiro, vamos relembrar a definição da classe `Animal` da Seção 8.1:

Módulo: ch8.py

```
1  class Animal:
2      'representa um animal'
3
4      def setEspécie(self, espécie):
5          'define a espécie do animal'
6          self.esp = espécie
7
8      def setLinguagem(self, linguagem):
9          'define a linguagem do animal'
10         self.ling = linguagem
11
12     def fala(self):
13         'exibe uma sentença pelo animal'
14         print('Eu sou um {}e sei{}.'.format(self.esp, self.ling))
```

Se definirmos a classe `Ave` como uma subclasse da classe `Animal`, ela terá o comportamento errado para o método `fala()`. Assim, a questão é esta: existe um modo de definir `Ave` como uma subclasse de `Animal` *e* mudar o comportamento do método `fala()` na classe `Ave`?

Existe, e é simplesmente implementar um novo método `fala()` na classe `Ave`:

Módulo: ch8.py

```
1  class Ave(Animal):
2      'representa uma ave'
3
4      def fala(self):
5          'exibe sons da ave'
6          print('{}! '.format(self.linguagem) * 3)
```

A classe `Ave` é definida como uma subclasse de `Animal`. Portanto, ela herda todos os atributos da classe `Animal`, inclusive o método `fala()` e `Animal`. No entanto, há um método `fala()` definido na classe `Ave`; esse método *substitui* o método herdado de `Animal`. Dizemos que o método `Ave` *redefine* (*overrides*) o método `fala()` da superclasse.

Agora, quando o método `fala()` é chamado sobre um objeto `Ave`, como `daffy`, como o interpretador Python decide qual método `fala()` ele deve invocar? Usamos a Figura 8.8 para ilustrar como o interpretador Python procura definições de atributo.

Quando o interpretador executa

```
>>> daffy = Ave()
```

ele cria um objeto `Ave` chamado `daffy` e um namespace, inicialmente vazio, associado a ele. Agora, vamos considerar como o interpretador Python encontra a definição de `setEspécie()` em:

```
>>> daffy.setEspécie('pato')
```

O interpretador procura a definição do atributo `setEspécie` começando com o namespace associado ao objeto `daffy` e continuando pela hierarquia de classes. Ele não encontra a definição no namespace associado ao objeto `daffy` nem no namespace associado à classe `Ave`. Por fim, ele encontra a definição de `setEspécie` no namespace associado à classe `Animal`.

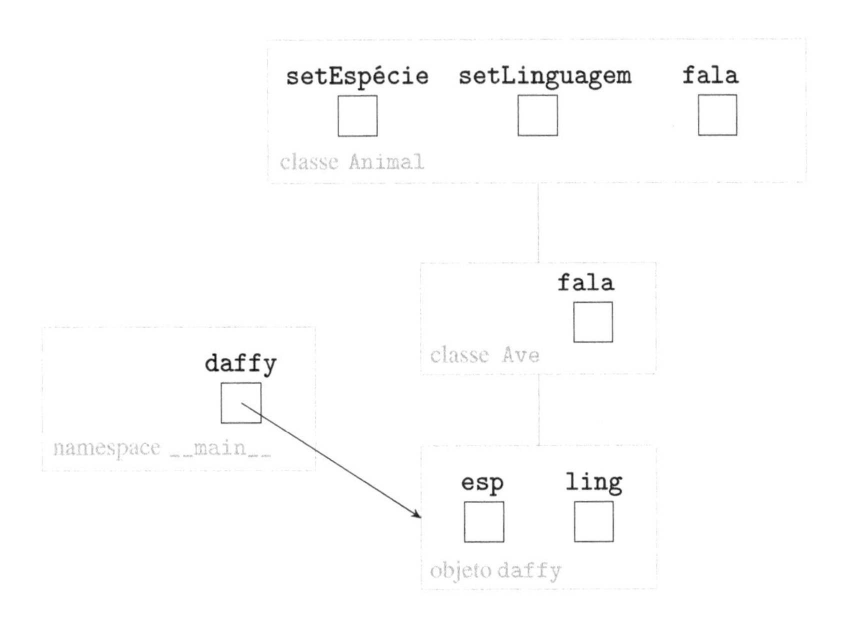

Figura 8.8 Namespaces associados às classes `Animal` e `Ave`, objeto `daffy`, e o shell. Omitimos os valores das variáveis de instância e as implementações dos métodos de classe.

A busca da definição de método quando o interpretador avalia

```
>>> daffy.defLinguagem('quac')
```

também termina com o namespace da classe `Animal`.

Porém, quando o interpretador Python executa

```
>>> daffy.fala()
quac! quac! quac!
```

o interpretador encontra a definição do método `fala()` na classe `Ave`. Em outras palavras, a busca do atributo `fala` nunca alcança a classe `Animal`. É o método `fala()` de `Ave` que está sendo executado.

AVISO

Problemas com Nomes de Atributo

Agora que entendemos como os atributos de objeto são avaliados pelo interpretador Python, podemos discutir os problemas que podem surgir com a escolha descuidada de nomes de atributo. Considere, por exemplo, esta definição de classe:

```
class Problema:
    def valor(self, v):
        self.valor = v
```

e experimente:

```
>>> p = Problema()
>>> p.valor(9)
>>> p.valor
9
```

Até aqui, tudo bem. Ao executar `p.valor(9)`, o objeto `p` não tem uma variável de instância `valor`, e a busca do atributo termina a função `valor()` na classe `Problema`. Uma variável de instância `valor` é então criada no próprio objeto, e isso é confirmado pela avaliação da instrução seguinte, `p.valor`.

Agora, suponha que tentemos:

```
>>> p.valor(3)
Traceback (most recent call last):
  File "<pyshell#324>", line 1, in <module>
    p.valor(9)
TypeError: 'int' object is not callable
```

O que houve? A busca do atributo `valor` começou e terminou com o objeto `p`: o objeto tem um atributo chamado `valor`. Esse atributo refere-se a um objeto inteiro, 9, que não pode ser chamado como uma função.

Estendendo Métodos da Superclasse

Vimos que uma subclasse pode *herdar* um método de uma superclasse ou *redefini-lo*. Também é *possível* estender um método da superclasse. Ilustramos isso usando um exemplo que compara os três padrões de herança.

Ao criar uma classe como uma subclasse de outra classe, os atributos herdados são tratados de várias maneiras. Eles podem ser herdados como se encontram, podem ser substituídos ou podem ser estendidos. O próximo módulo mostra três subclasses da classe `Super`. Cada uma ilustra uma das maneiras como um atributo herdado pode ser tratado.

Módulo: ch8.py

```
1  class Super:
2      'classe genérica com um método'
3      def método(self):                    # o método Super
4          print('em Super.método')
5
6  class Herdeiro(Super):
7      'classe que herda método'
8      pass
9
10 class Substituto(Super):
11     'classe que redefine método'
12     def método(self):
13         print('em Substituto.método')
14
15 class Extensor(Super):
16     'classe que estende método'
17     def método(self):
18         print('iniciando Extensor.método')
19         Super.método(self)               # chamando método Super
20         print('encerrando Extensor.método')
```

Na classe `Herdeiro`, o atributo `método()` é herdado como se encontra. Na classe `Substituto`, ele é completamente substituído. Em `Extensor`, o atributo `método()` é redefinido, mas a implementação de `método()` na classe `Extensor` chama o `método()` original a partir da classe `Super`. Efetivamente, a classe `Extensor` acrescenta um comportamento adicional ao atributo da superclasse.

Na maioria dos casos, uma subclasse herdará diferentes atributos de diferentes maneiras, mas cada atributo herdado seguirá um desses padrões.

Problema Prático 8.8

Implemente a classe `Vetor`, que aceita os mesmos métodos da classe `Ponto` que desenvolvemos na Seção 8.4. A classe `Vetor` também deverá aceitar a adição de vetor e operações de produto. A adição de dois vetores

```
>>> v1 = Vetor(1, 3)
>>> v2 = Vetor(-2, 4)
```

é um novo vetor cujas coordenadas são a soma das coordenadas correspondentes de `v1` e `v2`:

```
>>> v1 + v2
Vetor(-1, 7)
```

O produto de v1 e v2 é a soma dos produtos das coordenadas correspondentes:

```
>>> v1 * v2
10
```

Para que um objeto Vetor seja exibido como Vetor (. , .) em vez de Ponto(. , .), você precisará redefinir o método __repr__().

Implementando uma Classe Queue Herdando de list

A classe Queue que desenvolvemos nas Seções 8.3 e 8.4 é apenas um modo de projetar e implementar uma classe de fila. Outra implementação torna-se natural depois que reconhecemos que todo objeto Queue é apenas um "embrulho fino" para um objeto list. Assim, por que não criar a classe Queue de modo que cada objeto Queue *seja* um objeto list? Em outras palavras, por que não criar a classe Queue como uma subclasse de list? Portanto, vamos fazer isto:

Módulo: ch8.py

```
1  class Queue2(list):
2      'uma classe de fila, subclasse de list'
3
4      def isEmpty(self):
5          'retorna True se fila vazia, False caso contrário'
6          return (len(self) == 0)
7
8      def dequeue(self):
9          'remove e retorna item na frente da fila'
10         return self.pop(0)
11
12     def enqueue (self, item):
13         'insere item no final da fila '
14         return self.append(item)
```

Observe que, como a variável self refere-se a um objeto Queue2, que é uma subclasse de list, segue-se que self é também um objeto list. Assim, métodos de list, como pop() e append(), são invocados diretamente sobre self. Note também que os métodos __repr__() e __len__() não precisam ser implementados, pois eles são herdados da superclasse list.

O desenvolvimento da classe Queue2 envolveu muito menos trabalho do que o desenvolvimento da classe original Queue. Isso a torna melhor?

AVISO

Herdando Muito

Embora herdar muito seja desejável na vida real, existe uma coisa como muita herança na programação orientada a objeto. Embora simples de implementar, a classe Queue2 tem o problema de herdar *todos* os atributos de list, incluindo métodos que violam o espírito de uma fila. Para ver isso, considere este objeto Queue2:

```
>>> q2
[5, 7, 9]
```

A implementação de `Queue2` nos permite remover itens do meio da fila:

```
>>> q2.pop(1)
7
>>> q2
[5, 9]
```

Ela também nos permite inserir itens no meio da fila:

```
>>> q2.insert(1,11)
>>> q2
[5, 11, 9]
```

Assim, 7 foi atendido antes de 5 e 5 entrou na fila na frente de 9, violando as regras da fila. Devido a todos os métodos herdados de `list`, não podemos dizer que a classe `Queue2` se comporta no espírito de uma fila.

8.6 Exceções Definidas pelo Usuário

Existe um problema com a implementação da classe `Queue` que desenvolvemos na Seção 8.4. O que acontece quando tentamos remover algo de uma fila vazia? Vamos verificar. Primeiro, criamos uma fila vazia:

```
>>> queue = Queue()
```

Em seguida, tentamos remover algo dela:

```
>>> queue.dequeue()
Traceback (most recent call last):
  File "<pyshell#185>", line 1, in <module>
    queue.dequeue()
  File "/Users/me/ch8.py",
    line 156, in dequeue
    return self.q.pop(0)
IndexError: pop from empty list
```

Uma exceção `IndexError` é levantada, pois estamos tentando remover o item no índice 0 da lista vazia `self.q`. Qual é o problema?

O problema não é a exceção: assim como para remover algo de uma lista vazia, não há nada sensato a fazer quando se tenta remover algo de uma fila vazia. O problema é o tipo de exceção. Uma exceção `IndexError` e a mensagem associada `'pop from empty list'` têm pouco uso para o desenvolvedor que está usando a classe `Queue` e que pode não saber que contêineres `Queue` utilizam variáveis de instância `list`.

Muito mais útil para o desenvolvedor seria uma exceção chamada `EmptyQueueError`, com uma mensagem do tipo `'remoção de uma fila vazia'`. Em geral, normalmente é uma boa ideia definir seu próprio tipo de exceção em vez de contar com uma classe de exceção genérica, embutida, como `IndexError`. Uma classe definida pelo usuário, por exemplo, pode ser usada para personalizar o tratamento e o informe dos erros.

Para obter mensagens de erro mais úteis, precisamos aprender duas coisas:

1. Como definir uma nova classe de exceção.
2. Como levantar uma exceção em um programa.

Primeiro, vamos discutir como fazer este último.

Levantando uma Exceção

Em nossa experiência até aqui, quando uma exceção é levantada durante a execução de um programa, isso é feito pelo interpretador Python, já que ocorreu uma condição de erro. Vimos também um tipo de exceção que não é causada por um erro: é a exceção `KeyboardInterrupt`, normalmente levantada pelo usuário. O usuário levantaria essa exceção pressionando simultaneamente as teclas Ctrl-c para encerrar um laço infinito, por exemplo:

```
>>> while True:
        pass

Traceback (most recent call last):
  File "<pyshell#210>", line 2, in <module>
    pass
KeyboardInterrupt
```

(O laço infinito é interrompido por uma exceção `KeyboardInterrupt`.)

De fato, todos os tipos de exceções, não apenas exceções `KeyboardInterrupt`, podem ser levantadas pelo usuário. A instrução Python `raise` força o levantamento de uma exceção de determinado tipo. Veja como levantaríamos uma exceção `ValueError` no shell do interpretador:

```
>>> raise ValueError()
Traceback (most recent call last):
  File "<pyshell#24>", line 1, in <module>
    raise ValueError()
ValueError
```

Lembre-se de que `ValueError` é simplesmente uma classe, que por acaso é uma classe de exceção. A instrução `raise` consiste na palavra-chave `raise` seguida por um construtor de exceção, como `ValueError()`. A execução da instrução levanta uma exceção. Se ela não for tratada pelas cláusulas `try/except`, o programa é interrompido e o tratador de exceção padrão exibe a mensagem de erro no shell.

O construtor de exceção pode apanhar um argumento de entrada que pode ser usado para oferecer informações sobre a causa do erro:

```
>>> raise ValueError('Só estou brincando ...')
Traceback (most recent call last):
  File "<pyshell#198>", line 1, in <module>
    raise ValueError('Só estou brincando ...')
ValueError: Só estou brincando  ...
```

O argumento opcional é uma mensagem de string que será associada ao objeto: ele é, de fato, a representação em string informal do objeto, ou seja, aquela retornada pelo método `__str__()` e apresentada pela função `print()`.

Em nossos dois exemplos, mostramos que uma exceção pode ser levantada independentemente de isso fazer sentido ou não. Voltamos a esse ponto no próximo Problema Prático.

Problema Prático 8.9

Reimplemente o método `dequeue()` da classe `Queue` de modo que seja levantada uma exceção `KeyboardInterrupt` (um tipo de exceção impróprio, nesse caso) com a mensagem `'remoção de uma fila vazia'` (uma mensagem de erro realmente apropriada) se for feita uma tentativa de remover algum elemento de uma fila vazia.

```
>>> queue = Queue()
>>> queue.dequeue()
Traceback (most recent call last):
  File "<pyshell#30>", line 1, in <module>
    queue.dequeue()
  File "/Users/me/ch8.py", line 183, in dequeue
    raise KeyboardInterrupt('remoção de uma fila vazia')
KeyboardInterrupt: remoção de uma fila vazia
```

Classes de Exceção Definidas pelo Usuário

Agora, descrevemos como definir nossas próprias classes de exceção.

Cada tipo de exceção embutido é uma subclasse da classe `Exception`. De fato, tudo o que temos a fazer para definir uma nova classe de exceção é defini-la como uma subclasse, direta ou indiretamente, de `Exception`. E é isso.

Como exemplo, veja como poderíamos definir uma nova classe de exceção `MeuErro`, que se comporta exatamente como a classe `Exception`:

```
>>> class MeuErro(Exception):
        pass
```

(Essa classe só tem atributos herdados de `Exception`; a instrução `pass` é necessária porque a instrução `class` espera um bloco de código endentado.) Vamos verificar se podemos levantar uma exceção `MeuErro`:

```
>>> raise MeuErro('mensagem de teste')
Traceback (most recent call last):
  File "<pyshell#247>", line 1, in <module>
    raise MeuErro('mensagem de teste')
MeuErro: mensagem de teste
```

Observe que também pudemos associar a mensagem de erro `'mensagem de teste'` com o objeto de exceção.

Melhorando o Encapsulamento da Classe `Queue`

Começamos esta seção indicando que a remoção de um elemento de uma fila vazia levantará uma exceção e mostrará uma mensagem de erro que nada tem a ver com filas. Agora, vamos definir uma nova classe de exceção `EmptyQueueError` e reimplementar o método `dequeue()` de modo que levante uma exceção desse tipo se ele for invocado sobre uma fila vazia.

Escolhemos implementar a nova classe de exceção sem quaisquer métodos adicionais:

Módulo: ch8.py

```
1 class EmptyQueueError(Exception):
2     pass
```

A seguir, mostramos a nova implementação da classe Queue, com uma nova versão do método dequeue(); nenhum outro método de Queue é modificado.

Módulo: ch8.py

```
1  class Queue:
2      'uma classe de fila clássica'
3      # métodos __init__(), enqueue(), isEmpty(), __repr__(),
4      # __len__(), __eq__() implementados aqui
5
6      def dequeue(self):
7          if len(self) == 0:
8              raise EmptyQueueError('remoção de uma fila vazia')
9          return self.q.pop(0)
```

Com essa nova classe Queue, obtemos uma mensagem de erro mais significativa quando tentamos remover um elemento de uma fila vazia:

```
>>> queue = Queue()
>>> queue.dequeue()
Traceback (most recent call last):
  File "<pyshell#34>", line 1, in <module>
    queue.dequeue()
  File "/Users/me/ch8.py", line 186, in dequeue
    raise EmptyQueueError('remoção de uma fila vazia')
EmptyQueueError: remoção de uma fila vazia
```

Efetivamente, ocultamos os detalhes de implementação da classe Queue.

8.7 Estudo de Caso: Indexação e Iteradores

Neste estudo de caso, aprenderemos como fazer com que uma classe contêiner se pareça mais com uma classe embutida. Veremos como permitir a indexação de itens no contêiner e como permitir a iteração, usando um laço for, sobre os itens no contêiner.

Como a iteração por um contêiner é uma tarefa abstrata, que generaliza por diferentes tipos de contêineres, os desenvolvedores de software criaram um método geral para implementar o comportamento da iteração. Esse método, chamado *padrão de projeto iterador*, é apenas um entre muitos padrões de projeto de POO desenvolvidos e catalogados para fins de solução de problemas comuns em desenvolvimento de software.

Sobrecarga dos Operadores de Indexação

Suponha que estejamos trabalhando com uma fila, seja do tipo Queue ou Queue2, e que gostaríamos de ver qual item está na 2ª, 3ª ou 24ª posição na fila. Em outras palavras, gostaríamos de usar o operador de indexação [] sobre o objeto de fila.

Implementamos a classe Queue2 como uma subclasse de list. Assim, Queue2 herda todos os atributos da classe list, incluindo o operador de indexação. Vamos verificar isso. Primeiro, criamos o objeto Queue2:

```
>>> q2 = Queue2()
>>> q2.enqueue(5)
>>> q2.enqueue(7)
>>> q2.enqueue(9)
```

Agora, usamos o operador de indexação sobre ele:

```
>>> q2[1]
7
```

Aqui, vamos voltar nossa atenção para a implementação original, Queue. Os únicos atributos da classe Queue são aqueles que implementamos explicitamente. Portanto, ela não deve aceitar o operador de indexação:

```
>>> q = Queue()
>>> q.enqueue(5)
>>> q.enqueue(7)
>>> q.enqueue(9)
>>> q
[5, 7, 9]
>>> q[1]
Traceback (most recent call last):
  File "<pyshell#18>", line 1, in <module>
    q[1]
TypeError: 'Queue' object does not support indexing
```

Para poder acessar os itens de Queue usando o operador de indexação, precisamos inclui o método __getitem__() à classe Queue. Isso porque, quando o operador de indexação é usado sobre um objeto, como em q[i], o interpretador Python traduz isso para uma chamada ao método __getitem__(), como em q.__getitem__(i); se o método __getitem__() não for implementado, então o tipo do objeto não aceitará indexação.

Aqui está a implementação de __getitem__() que acrescentaremos à classe Queue:

```
def __getitem__(self, chave):
    return self.q[chave]
```

A implementação conta com o fato de que as listas aceitam indexação: para colocar o item da fila no índice chave, retornamos o item no índice chave da lista self.q. Verificamos que isso realmente funciona:

```
>>> q = queue()
>>> q.enqueue(5)
>>> q.enqueue(7)
>>> q.enqueue(9)
>>> q[1]
7
```

Tudo bem, então agora podemos usar o operador de indexação para *obter* o item de uma Queue no índice 1. Isso significa que podemos alterar o item no índice 1?

```
>>> q[1] = 27
Traceback (most recent call last):
  File "<pyshell#48>", line 1, in <module>
    q[1] = 27
TypeError: 'queue' object does not support item assignment
```

Não mesmo. O método __getitem__() é chamado pelo interpretador Python somente quando avaliamos self[chave]. Quando tentamos atribuir algo a self[chave], o operador sobrecarregado __setitem__() é chamado pelo interpretador Python em vez disso. Se quiséssemos permitir atribuições como `q[1] = 27`, então teríamos que implementar um método `__setitem__()` que aceitasse uma chave e um item como entrada e colocasse o item na posição `chave`.

Uma implementação possível de `__setitem__()` poderia ser:

```
def __setitem__(self, chave, item):
    self.q[chave] = item
```

Essa operação, porém, não faz sentido para uma classe de fila, e não vamos acrescentá-la.

Um benefício da implementação do método `__getitem__()` é que ele nos permite percorrer um contêiner `Queue`, usando o padrão de laço de iteração:

```
>>> for item in q:
        print(item)

5
7
9
```

Antes de implementar o método `__getitem__()`, não poderíamos ter feito isso.

Problema Prático 8.10

Lembre-se de que também podemos percorrer um contêiner `Queue` usando o padrão de laço contador (isto é, percorrendo os índices).

```
>>> for i in range(len(q)):
        print(q[i])

3
5
7
9
```

Que operador sobrecarregado, além do operador de indexação, precisa ser implementado para poder percorrer um contêiner usando esse padrão?

Iteradores e Padrões de Projeto POO

Python aceita a iteração por todos os contêineres embutidos que já vimos: strings, listas, dicionários, tuplas e conjuntos. Acabamos de ver que, incluindo o comportamento de indexação a uma classe contêiner definida pelo usuário, podemos percorrê-la também. A coisa mais extraordinária é que o mesmo padrão de iteração é usado para todos os tipos de contêiner:

```
for c in s:          # s é uma string
    print(char)

for item in lst:     # lst é uma list
    print(item)

for chave in d:      # d é um dicionário
    print(chave)

for item in q:       # q é uma fila (classe definida pelo usuário)
    print(item)
```

O fato de que o mesmo padrão de código é usado para percorrer diferentes tipos de contêineres não é por acaso. A iteração pelos itens em um contêiner transcende o tipo contêiner. O uso do mesmo padrão familiar para codificar a iteração simplifica o trabalho do desenvolvedor ao ler ou escrever código. Dito isso, como cada tipo de contêiner é diferente, o trabalho feito pelo laço `for` terá que ser diferente, dependendo do tipo de contêiner: as listas possuem índices e os dicionários não, por exemplo, de modo que o laço `for` precisa funcionar de um modo para listas e de outro modo para dicionários.

Para explorar ainda mais a iteração, voltamos a percorrer um contêiner `Queue`. Com nossa implementação atual, a iteração por uma fila começa na frente da fila e termina no final da fila. Isso parece razoável, mas, e se realmente quiséssemos percorrer do final para o início, como em:

```
>>> q = [5, 7, 9]
>>> for item in q:
        print(item)

9
7
5
```

Não há um jeito para isso?

Felizmente, o Python usa uma técnica para implementar a iteração que pode ser customizada. Para implementar o *padrão iterador*, Python usa classes, operadores sobrecarregados e exceções de um modo elegante. Para descrevê-lo, precisamos primeiro compreender como a iteração (ou seja, um laço `for`) funciona. Vamos usar o próximo laço `for` como exemplo:

```
>>> s = 'abc'
>>> for c in s:
        print(c)

a
b
c
```

O que realmente acontece no laço é isto: a instrução de laço `for` faz com que o método `__iter__()` seja invocado sobre o objeto contêiner (string `'abc'`, nesse caso). Esse método retorna um objeto chamado *iterador*; o iterador será de um tipo que implementa um método chamado `__next__()`; esse método é então usado para acessar itens no contêiner um de cada vez. Portanto, o que acontece "nos bastidores" quando o último laço `for` é executado é isto:

```
>>> s = 'abc'
>>> it = s.__iter__()
>>> it.__next__()
'a'
>>> it.__next__()
'b'
>>> it.__next__()
'c'
>>> it.__next__()
Traceback (most recent call last):
  File "<pyshell#173>", line 1, in <module>
    it.__next__()
StopIteration
```

Depois que o iterador foi criado, o método `__next__()` é chamado repetidamente. Quando não houver mais elementos, `__next__()` levanta uma exceção `StopIteration`. O laço `for` apanhará essa exceção e terminará a iteração.

Para acrescentar o comportamento iterador customizado a uma classe contêiner, precisamos fazer duas coisas:

1. Acrescentar o método de classe `__iter__()`, que retorna um objeto de um tipo iterador (ou seja, de um tipo que aceita o método `__next__()`).
2. Implementar o tipo iterador e, em particular, o método `__next__()`.

Ilustramos isso implementando a iteração sobre contêineres `Queue` em que os itens de fila são visitados do final para o início da fila. Primeiro, um método `__iter__()` precisa ser acrescentado à classe `Queue`:

Módulo: ch8.py

```
1 class Queue:
2     'uma classe de fila clássica'
3
4     # outros métodos de Queue implementados aqui
5
6     def __iter__(self):
7         'retorna iterador de Queue'
8         return QueueIterator(self)
```

O método `__iter__()` de `Queue` retorna um objeto do tipo `QueueIterator` que ainda iremos implementar. Observe, porém, que o argumento `self` é passado ao construtor `QueueIterator()`: para que o iterador percorra uma fila específica, é melhor que ele tenha acesso à fila.

Agora, vamos implementar a classe iteradora `QueueIterator`. Precisamos implementar o construtor de classe `QueueIterator` de modo que ele aceite uma referência ao contêiner `Queue` sobre o qual ele percorrerá:

```
class QueueIterator:
    'iterador para a classe de contêiner Queue'

    def __init__(self, q):
        'construtor'
        self.q = q

    # método next a ser implementado
```

O método `__next__()` deverá retornar o próximo item na fila. Isso significa que precisamos registrar qual será o próximo item, usando uma variável de instância que chamaremos de `índice`. Essa variável precisará ser inicializada, e o lugar para fazer isso é no construtor. Aqui está a implementação completa:

Módulo: ch8.py

```
1 class QueueIterator:
2     'iterador para classe contêiner Queue'
3
4     def __init__(self, q):
5         'construtor'
6         self.índice = len(q)-1
7         self.q = q
8
```

```
9        def __next__(self):
10           '''retorna próximo item de Queue; se não houver item
11              seguinte, levanta exceção StopIteration'''
12           if self.índice < 0:       # não há próximo item
13               raise StopIteration()
14
15           # retorna próximo item
16           res = self.q[self.índice]
17           self.índice -= 1
18           return res
```

O método `__next__()` levantará uma exceção se não houver mais itens para percorrer. Caso contrário, ele armazenará o item no `índice`, decrementará o `índice` e retornará o item armazenado.

Problema Prático 8.11

Desenvolva a subclasse `listaEstranha` de `list` que se comporta exatamente como uma lista, exceto pelo comportamento peculiar do laço `for`:

```
>>> lst = listaEstranha(['a', 'b', 'c', 'd', 'e', 'f', 'g', 'h'])
>>> lst
['a', 'b', 'c', 'd', 'e', 'f', 'g', 'h']
>>> for item in lst:
        print(item, end=' ')

a c e g
```

O padrão do laço de iteração pula itens alternadamente na lista.

Resumo do Capítulo

Neste capítulo, descrevemos como desenvolver novas classes Python. Também explicamos os benefícios do paradigma da programação orientada a objeto (POO) e discutimos os principais conceitos da POO que usamos neste capítulo e usaremos nos seguintes.

Uma nova classe em Python é definida com a instrução `class`. O corpo da instrução `class` contém as definições dos atributos da classe. Os atributos são os métodos e variáveis de classe que especificam as propriedades de classe e o que pode ser feito com as instâncias da classe. A ideia de que um objeto de classe pode ser manipulado pelos usuários por meio de invocações de método apenas e sem conhecimento da implementação desses métodos é chamada de *abstração*. A abstração facilita o desenvolvimento de software porque o programador trabalha com objetos de forma abstrata (ou seja, com nomes de métodos "abstratos" em vez do código "concreto").

Para que a abstração seja benéfica, o código "concreto" e os dados associados a objetos devem ser *encapsulados* (isto é, tornar-se "invisíveis" ao programa usando o objeto). O *encapsulamento* é alcançado graças ao fato de que (1) cada classe define um namespace em que os atributos de classe (variáveis e métodos) residem, e (2) cada objeto tem um namespace que herda os atributos de classe e em que os atributos de instância residem.

Para completar o encapsulamento de uma nova classe definida pelo usuário, pode ser necessário definir exceções específicas da classe para ela. O motivo é que, se uma exceção for lançada quando um método é invocado sobre um objeto da classe, o tipo da exceção e a mensagem de erro devem ser significativos ao usuário da classe. Por conta disso, neste capítulo, também apresentamos as exceções definidas pelo usuário.

A programação orientada a objeto é uma técnica de programação que alcança um código modular por meio do uso de objetos e da estruturação do código nas classes definidas pelo usuário. Embora estejamos trabalhando com objetos desde o Capítulo 2, este capítulo finalmente mostra os benefícios da técnica de POO.

Em Python, é possível implementar operadores como + e == para classes definidas pelo usuário. A propriedade da POO de que os operadores podem ter significados diferentes e novos, dependendo do tipo dos operandos, é denominada *sobrecarga de operador* (um caso especial do conceito de POO do *polimorfismo*). A sobrecarga de operadores facilita o desenvolvimento de software porque operadores (bem definidos) possuem significados intuitivos e tornam a aparência do código mais esparsa e mais limpa.

Uma nova classe definida pelo usuário pode ser definida para herdar os atributos de uma classe já existente. Essa propriedade da POO é denominada *herança de classe*. A reutilização de código, naturalmente, é o benefício definitivo da herança de classe. Faremos bastante uso da herança de classe quando desenvolvermos interfaces gráficas com o usuário no Capítulo 9 e analisadores HTML no Capítulo 11.

Soluções dos Problemas Práticos

8.1 O método `getx()` não aceita argumento, além de `self`, e retorna `coordx`, definido no namespace `self`.

```
def getx(self):
    'retorna coordenada x'
    return self.coordx
```

8.2 O desenho para a parte (a) aparece na Figura 8.9(a). Para a parte (b), você pode preencher os pontos de interrogação apenas executando os comandos. O desenho para a parte (c) aparece na Figura 8.9(c). A última instrução `a.versão` retorna a string `'Teste'`. Isso é porque a atribuição `a.versão` cria o nome `versão` no namespace `a`.

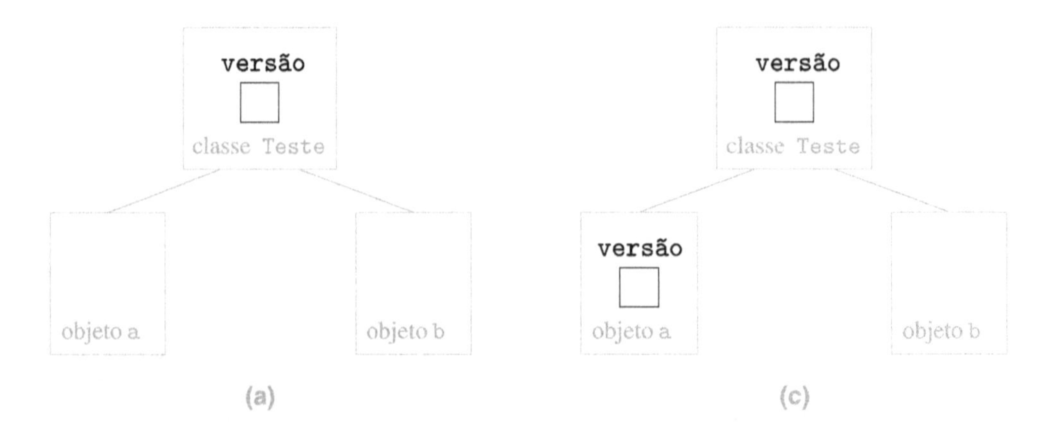

Figura 8.9 Solução do Problema Prático 8.2.

8.3 Quando criado, um objeto `Retângulo` não tem variáveis de instância. O método `setTamanho()` deverá criar e inicializar variáveis de instância para armazenar a largura e o comprimento do retângulo. Essas variáveis de instância são então usadas pelos métodos `perímetro()` e `área()`. Em seguida, está a implementação da classe `Retângulo`.

```
class Retângulo:
    'classe que representa retângulos'

    def setTamanho(self, coordx, coordy):
        'construtor'
        self.x = coordx
        self.y = coordy

    def perímetro(self):
        'retorna perímetro do retângulo'
        return 2*(self.x+self.y)

    def área(self):
        'retorna área do retângulo'
        return self.x*self.y
```

8.4 Um método `__init__()` é acrescentado à classe. Ele inclui valores padrão para os argumentos de entrada `espécie` e `linguagem`:

```
def __init__(self, espécie='animal', linguagem='emite sons'):
    'construtor'
    self.esp = espécie
    self.ling = linguagem
```

8.5 Como permitimos que o construtor seja usado com ou sem uma lista de cartas, precisamos implementar a função `__init__()` com um argumento e ter um valor padrão para ela. Esse valor padrão, na realidade, deveria ser uma lista contendo as 52 cartas de jogo padrão, mas essa lista ainda não foi criada. Escolhemos, em vez disso, definir o valor padrão como `None`, um valor do tipo `NoneType`, usado para representar nenhum valor. Podemos, assim, começar a implementar `__init__()`, conforme mostramos a seguir:

```
def __init__(self, listaCartas = None):
    'construtor'
    if listaCartas != None:  # entra baralho fornecido
        self.baralho = listaCartas
    else:                    # nenhum baralho incluído
        # self.baralho é uma lista de 52 cartas de jogo
```

8.6 A string retornada pelo operador `repr()` deverá se parecer com uma instrução que constrói um objeto `Carta`. O operador == retorna `True` se e somente se as duas cartas sendo comparadas tiverem os mesmos valor e naipe.

```
class Carta:
    # outros métodos de Carta

    def __repr__(self):
        'retorna representação formal'
        return "Carta('{}', '{}')".format(self.valor, self.naipe)

    def __eq__(self, outro):
        'self = outro se valor e naipe forem os mesmos'
        return self.valor == outro.valor and self.naipe == outro.naipe
```

8.7 As implementações aparecem a seguir. O operador == decide que dois baralhos são iguais se tiverem as mesmas cartas e na mesma ordem.

```
class Baralho:
    # outros métodos de Baralho

    def __len__(self):
        'retorna tamanho do baralho'
        return len(self.baralho)

    def __repr__(self):
        'retorna representação de string canônica'
        return 'Baralho({})'.format(self.baralho)

    def __eq__(self, outro):
        '''retorna True se baralho tiver as
           mesmas cartas na mesma ordem'''
        return self.baralho == outro.baralho
```

8.8 A implementação completa da classe `Vetor` é:

```
class Vetor(Ponto):
    'uma classe de vetor 2D'

    def __mul__(self, v):
        'produto de vetores'
        return self.x * v.x + self.y * v.y

    def __add__(self, v):
        'adição de vetores'
        return Vector(self.x+v.x, self.y+v.y)

    def __repr__(self):
        'retorna representação de string canônica'
        return 'Vetor{}'.format(self.get())
```

8.9 Se o tamanho do objeto `Queue` (ou seja, `self`) for 0, uma exceção `KeyboardInterrupt` é levantada:

```
def dequeue(self):
    '''remove e retorna item na frente da fila
       levanta exceção KeyboardInterrupt se fila vazia'''
    if len(self) == 0:
        raise KeyboardInterrupt('remove da fila vazia')

    return self.q.pop(0)
```

8.10 O operador `len()`, que retorna o tamanho do contêiner, é usado explicitamente em um padrão de laço contador.

8.11 A classe `listaEstranha` herda todos os atributos da lista e sobrecarrega o método `__iter__()` para retornar um objeto `ListIterator`. Sua implementação aparece em seguida.

```
class listaEstranha(list):
    'lista com padrão peculiar de laço de iteração'

    def __iter__(self):
        'retorna objeto iterador de lista'
        return ListIterator(self)
```

Um objeto do tipo `ListIterator` percorre um contêiner `listaEstranha`. O construtor inicializa a variável de instância `lst`, que se refere ao contêiner `listaEstranha`, e `índice`, que armazena o índice do próximo item a retornar.

```
class ListIterator:
    'iterador peculiar para classe listaEstranha'

    def __init__(self, l):
        'construtor'
        self.lst = lst
        self.índice = 0

    def __next__(self):
        'retorna próximo item de listaEstranha'
        if self.índice >= len(self.l):
            raise StopIteration
        res = self.l[self.índice]
        self.índice += 2
        return res
```

O método `__next__()` retorna o item na posição `índice` e incrementa `índice` em 2.

Exercícios

8.12 Inclua o método `distância()` à classe `Ponto`. Ele apanha outro objeto `Ponto` como entrada e retorna a distância até esse ponto (a partir do ponto chamando o método).

```
>>> c = Ponto()
>>> c.setx(0)
>>> c.sety(1)
>>> d = Ponto()
>>> d.setx(1)
>>> d.sety(1)
>>> c.distância(d)
1.4142135623730951
```

8.13 Inclua na classe `Animal` os métodos `setIdade` e `getIdade()` e defina e recupere a idade do objeto `Animal`.

```
>>> flipper = Animal()
>>> flipper.setEspécie('golfinho')
>>> flipper.setIdade(3)
>>> flipper.getIdade()
3
```

8.14 Acrescente à classe `Ponto` os métodos `up()`, `down()`, `left()` e `right()`, que movem o objeto `Ponto` em 1 unidade na direção apropriada. A implementação de cada um não deverá modificar as variáveis de instância `x` e `y` diretamente, mas indiretamente, chamando o método `move()` existente.

```
>>> a = Ponto(3, 4)
>>> a.left()
>>> a.get()
(2, 4)
```

8.15 Inclua um construtor à classe `Retângulo` de modo que o comprimento e a largura do retângulo possam ser definidos no momento em que o objeto `Retângulo` é criado. Use valores padrão de 1 se o comprimento ou largura não forem especificados.

```
>>> retângulo = Retângulo(2, 4)
>>> retângulo.perímetro()
12
>>> retângulo = Retângulo()
>>> retângulo.área()
1
```

8.16 Traduza estas expressões de operador sobrecarregado em chamadas de método apropriadas:

(a) `x > y`
(b) `x != y`
(c) `x % y`
(d) `x // y`
(e) `x ou y`

8.17 Sobrecarregue operadores apropriados para a classe `Carta` de modo que você possa comparar as cartas com base no valor:

```
>>> Carta('3', '♠') < Carta('8', '◊')
True
>>> Carta('3', '♠') > Carta('8', '◊')
False
>>> Carta('3', '♠') <= Carta('8', '◊')
True
>>> Carta('3', '♠') >= Carta('8', '◊')
False
```

8.18 Implemente uma classe `meuInt` que se comporte quase da mesma forma que a classe `int`, exceto tentar somar um objeto do tipo `meuInt`. Nesse caso, ocorre esse comportamento estranho:

```
>>> x = meuInt(5)
>>> x * 4
20
>>> x * (4 + 6)
50
>>> x + 6
'Qualquer ...'
```

8.19 Implemente sua própria classe de string `minhaStr`, que se comporte como a classe `str` normal, exceto que:

- O operador de adição (+) retorna a soma dos tamanhos de duas strings (em vez da concatenação).
- O operador de multiplicação (*) retorna o produto dos tamanhos das duas strings.

Os dois operandos, para ambos os operadores, são considerados strings; o comportamento da sua implementação pode ser indefinido se o segundo operando não for uma string.

```
>>> x = myStr('mundo')
>>> x + 'universo'
13
>>> x * 'universo'
40
```

8.20 Desenvolva uma classe `minhaLista` que seja uma subclasse da classe embutida `list`. A única diferença entre `minhaLista` e `list` é que o método `sort` é redefinido. Contêineres `minhaLista` deverão se comportar como listas normais, exceto conforme mostrado a seguir:

```
>>> x = minhaLista([1, 2, 3])
>>> x
[1, 2, 3]
>>> x.reverse()
>>> x
[3, 2, 1]
>>> x[2]
1
>>> x.sort()
Você deseja...
```

8.21 Suponha que você execute as próximas instruções usando a classe `Queue2` da Seção 8.5:

```
>>> queue2 = Queue2(['a', 'b', 'c'])
>>> duplicata = eval(repr(queue2))
>>> duplicata
['a', 'b', 'c']
>>> duplicata.enqueue('d')
Traceback (most recent call last):
  File "<pyshell#22>", line 1, in <module>
    duplicate.enqueue('d')
AttributeError: 'list' object has no attribute 'enqueue'
```

Explique o que aconteceu e ofereça uma solução.

8.22 Modifique a solução do Problema Prático 8.11 de modo que dois itens de lista sejam pulados a cada iteração de um laço `for`.

```
>>> lst = listaEstranha(['a', 'b', 'c', 'd', 'e', 'f', 'g', 'h'])
>>> for item in lst:
        print(item, end=' ')

a d g
```

Problemas

8.23 Desenvolva uma classe `ContaBancária` que aceite estes métodos:

- `__init__()`: inicializa o saldo da conta bancária com o valor do argumento de entrada, ou 0 se nenhum argumento for dado.
- `retirada()`: toma uma quantidade como entrada e a retira do saldo.
- `depósito()`: toma uma quantidade como entrada e a soma ao saldo.
- `saldo()`: retorna o saldo na conta.

```
>>> x = ContaBancária(700)
>>> x.saldo())
700.00
>>> x.retirada(70)
>>> x.saldo()
630.00
>>> x.depósito(7)
>>> x.saldo()
637.00
```

8.24 Implemente uma classe `Polígono` que abstraia polígonos regulares e dê suporte a métodos de classe:

- `__init__()`: um construtor que aceita como entrada o número de lados e o comprimento de um objeto n-gono (polígonos de n lados).
- `perímetro()`: retorna o perímetro do objeto de n-gono lados.
- `área()`: retorna a área de um objeto n-gono.

Nota: A área de um polígono regular com n lados de comprimento s é

$$\frac{s^2 n}{4\tan(\frac{\pi}{n})}$$

```
>>> p2 = Polígono(6, 1)
>>> p2.perímetro()
6
>>> p2.área()
2.5980762113533165
```

8.25 Implemente a classe `Trabalhador`, com suporte para os seguintes métodos:

- `__init__()`: construtor que aceita como entrada o nome do trabalhador (como uma string) e o valor do pagamento horário (como um número).
- `mudaValorHora()`: toma um novo valor de pagamento como entrada e muda esse valor de pagamento do trabalhador para o novo valor horário.
- `paga()`: toma o número de horas trabalhadas como entrada e exibe `'Não Implementado'`.

Em seguida, desenvolva as classes `TrabalhadorHora` e `TrabalhadorAssalariado` como subclasses de `Trabalhador`. Cada uma sobrecarrega o método herdado `paga()` para calcular o pagamento semanal para o trabalhador. Os trabalhadores por hora são pagos conforme o valor da hora para as horas reais trabalhadas; quaisquer horas extras acima de 40 horas são pagadas em dobro. Os trabalhadores assalariados recebem pelas 40 horas, independentemente do número de horas trabalhadas. Como o número de horas não é relevante, o método `paga()` para os trabalhadores assalariados também poderá ser chamado sem um argumento de entrada.

```
>>> w1 = Trabalhador('Joe', 15)
>>> w1.paga(35)
Não implementado
>>> w2 = TrabalhadorAssalariado('Sue', 14.50)
>>> w2.paga()
580.0
>>> w2.paga(60)
580.0
>>> w3 = TrabalhadorHora('Dana', 20)
>>> w3.paga(25)
500
>>> w3.mudaValorHora(35)
>>> w3.paga(25)
875
```

8.26 Crie uma classe `Segmento` que represente um segmento de linha no plano e admita os métodos:

- `__init__()`: construtor que toma como entrada um par de objetos `Ponto` que representam as extremidades do segmento de linha.
- `comprimento()`: retorna o comprimento do segmento.
- `inclinação()`: retorna a inclinação do segmento ou `Nenhuma` se não houver inclinação.

```
>>> p1 = Ponto(3,4)
>>> p2 = Ponto()
>>> s = Segmento(p1, p2)
>>> s.comprimento()
5.0
>>> s.inclinação()
0.75
```

8.27 Implemente uma classe Pessoa que aceite estes métodos:

- `__init__()`: um construtor que toma como entrada o nome de uma pessoa (como uma string) e ano de nascimento (como um inteiro).
- `idade()`: retorna a idade da pessoa.
- `nome()`: retorna o nome da pessoa.

Use a função `localtime()` do módulo `time` da Biblioteca Padrão para calcular a idade.

8.28 Desenvolva uma classe `ArqTexto` que ofereça métodos para analisar um arquivo de texto. A classe `ArqTexto` aceitará um construtor que tome como entrada um nome de arquivo (como uma string) e instancie um objeto `ArqTexto` associado ao arquivo de texto correspondente. A classe `ArqTexto` deverá aceitar os métodos `ncars()`, `npalavras()` e `nlinhas()`, que retornam o número de caracteres, palavras e linhas, respectivamente, no arquivo de texto associado. A classe também deverá aceitar os métodos `ler()` e `lerlinhas()`, que retornam o conteúdo do arquivo de texto como uma string ou como uma lista de linhas, respectivamente, assim como esperaríamos para objetos de arquivo.

Por fim, a classe deverá aceitar o método `grep()`, que apanha uma string alvo como entrada e procurar as linhas no arquivo de texto que contêm a string alvo; além disso, o método deverá exibir o número de linha em que a numeração começa com 0.

Arquivo: raven.txt

```
>>> t = ArqTexto('raven.txt')
>>> t.ncars()
6299
>>> t.npalavras()
1125
>>> t.nlinhas()
126
>>> print(t.ler())
Once upon a midnight dreary, while I pondered weak and weary,
...
Shall be lifted - nevermore!
>>> t.grep('nevermore')
75: Of `Never-nevermore.`
89: She shall press, ah, nevermore!
124: Shall be lifted - nevermore!
```

8.29 Acrescente o método `palavras()` à classe `ArqTexto` do Problema 8.28. Ele não usa entrada e retorna uma lista, sem duplicatas, de palavras no arquivo.

8.30 Acrescente o método `ocorrências()` à classe `ArqTexto` do Problema 8.28. Ele não utiliza entrada e retorna um dicionário mapeando cada palavra no arquivo (a chave) ao número de vezes que ela ocorre no arquivo (o valor).

8.31 Acrescente o método `média()` à classe `ArqTexto` do Problema 8.28. Ele não utiliza entrada e retorna, em um objeto `tuple`, (1) o número médio de palavras por sentença no arquivo, (2) o número de palavras na sentença com mais palavras e (3) o número de palavras na sentença com menos palavras. Você pode considerar que os símbolos que delimitam uma sentença sejam `'!?.'`.

8.32 Implemente a classe `Mão`, que representa uma mão de cartas de jogo. A classe deverá ter um construtor que toma como entrada a ID do jogador (uma string). Ela deverá ter suporte para o método `incluiCarta()`, que toma uma carta como entrada e a inclui na mão, e o método `mostraMão()`, que apresenta a mão do jogador no formato mostrado.

```
>>> mão = Mão('Casa')
>>> baralho = Baralho()
>>> baralho.mistura()
>>> mão.incluiCarta(baralho.distribuiCarta())
>>> mão.incluiCarta(baralho.distribuiCarta())
>>> mão.incluiCarta(baralho.distribuiCarta())
>>> mão.mostraMão()
Casa:  10 ♡   8 ♠   2 ♠
```

8.33 Reimplemente a aplicação blackjack do estudo de caso no Capítulo 6 usando as classes `Carta` e `Baralho` desenvolvidas neste capítulo e a classe `Mão` do Problema 8.32.

8.34 Implemente a classe `Data`, com suporte para estes métodos:

- `__init__()`: construtor que não usa entrada e inicializa o objeto `Date` para o número atual.
- `display()`: toma um argumento de formato e exibe a data no formato solicitado.

Use a função `localtime()` da hora do módulo da Biblioteca Padrão para obter a `hora` atual. O argumento de formato é uma string

- 'MDY': MM/DD/YY (por exemplo, 02/18/14)
- 'MDYY': MM/DD/YYYY (por exemplo, 02/18/2014)
- 'DMY': DD/MM/YY (por exemplo, 18/02/14)
- 'DMYY': DD/MM/YYYY (por exemplo, 18/02/2014)
- 'MODY': Mon DD, YYYY (por exemplo, Feb 18, 2014)

Você deverá usar os métodos `localtime()` e `strftime()` do módulo `time` da Biblioteca Padrão.

```
>>> x = Data()
>>> x.display('MDY')
'02/18/14'
>>> x.display('MODY')
'Feb 18, 2014'
```

8.35 Desenvolva uma classe `Craps` que lhe permita jogar craps no seu computador. (As regras do craps foram descritas no Problema 6.31.) Sua classe deverá ter suporte para estes métodos:

- `__init__()`: começa lançando um par de dados. Se o valor resultante (ou seja, a soma dos dois dados) for 7 ou 11, então uma mensagem é exibida informando que o usuário ganhou. Se o valor do lançamento for 2, 3 ou 12, então uma mensagem deverá informar que ele perdeu. Para todos os outros valores, uma mensagem informará que o usuário deverá lançar os dados para obter pontos.

- `porPonto()`: gera um lançamento de um par de dados e, dependendo do valor do lançamento, exibe uma das três mensagens, conforme apropriado (e mostrado a seguir):

```
>>> c = Craps()
Lançamento total: 11. Você ganhou!
>>> c = Craps()
Lançamento total: 2. Você perdeu!
>>> c = Craps()
Lançamento total: 5. Lance para obter pontos
>>> c.forPoint()
Lançamento total: 6. Lance para obter pontos
>>> c.forPoint()
Lançamento total: 5. Você ganhou!
>>> c = Craps()
Lançamento total: 4. Lance para obter pontos
>>> c.forPoint()
Lançamento total: 7. Você perdeu!
```

8.36 Implemente a classe `Pseudorandom`, usada para gerar uma sequência de inteiros pseudoaleatórios usando um *gerador congruente linear*. O método congruente linear gera uma sequência de números começando com determinado número de semente x. Cada número na sequência será obtido aplicando uma função matemática $f(x)$ sobre o número anterior x na sequência. A função $f(x)$ exata é definida por três números: a (o multiplicador), c (o incremento) e m (o módulo):

$$f(x) = (ax + c) \bmod m$$

Por exemplo, se $m = 31$, $a = 17$ e $c = 7$, o método congruente linear geraria a seguinte sequência de números, começando com a semente $x = 12$:

$$12, 25, 29, 4, 13, 11, 8, 19, 20, \ldots$$

visto que $f(12) = 25$, $f(25) = 29$, $f(29) = 4$ e assim por diante. A classe `Pseudorandom` deverá ter suporte para estes métodos:

- `__init__()`: construtor que toma como entrada os valores a, x, c e m, e inicializa o objeto `Pseudorandom`.
- `next()`: gera e retorna o próximo número na sequência pseudoaleatória.

```
>> x = pseudorandom(17, 12, 7, 31)
>>> x.next()
25
>>> x.next()
29
>>> x.next()
4
```

8.37 Implemente a classe contêiner `Stat`, que armazena uma sequência de número e oferece informações estatísticas sobre os números. Ela admite um construtor sobrecarregado que inicializa o contêiner e os métodos mostrados.

```
>>> s = Stat()
>>> s.add(2)        # soma 2 ao contêiner Stat
>>> s.add(4)
>>> s.add(6)
>>> s.add(8)
>>> s.min()         # retorna valor mínimo no contêiner
2
>>> s.max()         # retorna valor máximo no contêiner
8
>>> s.sum()         # retorna a soma dos valores no contêiner
20
>>> len(s)          # retorna número de itens no contêiner
4
>>> s.mean()        # retorna média dos itens no contêiner
5.0
>>> 4 in s          # retorna True se estiver no contêiner
True
>>> s.clear()       # esvazia a sequência
```

8.38 Uma pilha é um contêiner de sequência que, como uma fila, admite métodos de acesso bastante restritivos: todas as inserções e remoções são feitas a partir de uma única ponta da pilha, normalmente chamada de topo da pilha (imagine uma pilha de pratos). Implemente a classe contêiner `Pilha`, que implementa uma pilha. Ela deverá ser uma subclasse do objeto, dar suporte ao operador sobrecarregado `len()` e aceitar os métodos:

- `push()`: toma um item como entrada e o coloca no topo da pilha.
- `pop()`: remove e retorna o item no topo da pilha.
- `isEmpty()`: retorna `True` se a pilha estiver vazia; caso contrário, `False`.

Uma pilha normalmente é conhecida como um contêiner do tipo "último a entrar, primeiro a sair" (LIFO — *last-in first-out*), pois o último item inserido é o primeiro a ser removido. Os métodos de pilha são ilustrados a seguir.

```
>>> s = Pilha()
>>> s.push('prato 1')
>>> s.push('prato 2')
>>> s.push('prato 3')
>>> s
['prato 1', 'prato 2', 'prato 3']
>>> len(s)
3
>>> s.pop()
'prato 3'
>>> s.pop()
'prato 2'
>>> s.pop()
'prato 1'
>>> s.isEmpty()
True
```

8.39 Escreva uma classe contêiner chamada `FilaPrioritária`. A classe deverá dar suporte aos seguintes métodos:

- `insert()`: toma um número como entrada e o acrescenta no contêiner.
- `min()`: retorna o menor número no contêiner.
- `removeMin()`: remove o menor número no contêiner.
- `isEmpty()`: retorna `True` se o contêiner estiver vazio; caso contrário, `False`.

O operador sobrecarregado `len()` também deverá ser aceito.

```
>>> pq = FilaPrioritária()
>>> pq.insert(3)
>>> pq.insert(1)
>>> pq.insert(5)
>>> pq.insert(2)
>>> pq.min()
1
>>> pq.removeMin()
>>> pq.min()
2
>>> len(pq)
3
>>> pq.isEmpty()
False
```

8.40 Implemente as classes `Quadrado` e `Triângulo` como subclasses da classe `Polígono`, do Problema 8.24. Cada uma sobrecarregará o método construtor `__init__`, de modo que apanhará somente o argumento 1 (o comprimento do lado) e cada uma sobrecarregará o método `área()` usando uma implementação mais simples. O método `__init__` deverá utilizar o método da superclasse `__init__`, de modo que as variáveis de instância (`l` e `n`) não são definidas nas subclasses. *Nota*: a área de um triângulo equilátero de lado *s* é s^2 * sqrt(3)/4.

```
>>> s = Quadrado(2)
>>> s.perímetro()
8
>>> s.área()
4
>>> t = Triângulo(3)
>>> t.perímetro()
9
>>> t.área()
6.3639610306789285
```

8.41 Considere a hierarquia de árvore de classes:

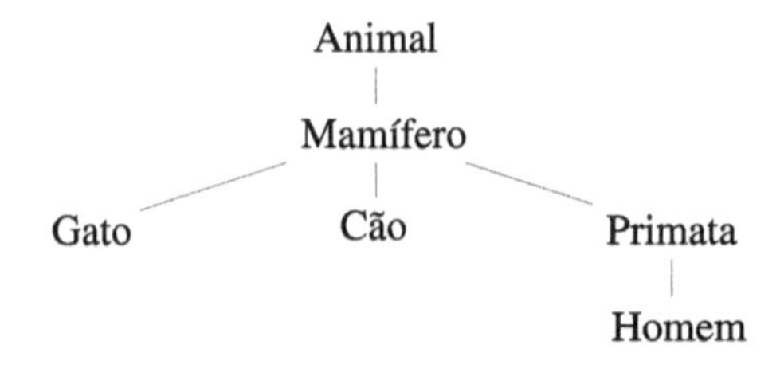

Implemente seis classes para modelar essa taxonomia com herança em Python. Na classe `Animal`, implemente o método `fala()`, que será herdado pelas classes descendentes de `Animal`. Complete a implementação das seis classes, de modo que apresentem este comportamento:

```
>>> garfield = Gato()
>>> garfield.fala()
Miau
>>> dude = Homem()
>>> dude.fala( )
Hello, world!
```

8.42 Implemente duas subclasses da classe `Pessoa`, descrita no Problema 8.27. A classe `Instrutor` tem suporte para dois métodos:

- `__init__()`: construtor que recebe a pós-graduação da pessoa além do nome e ano de nascimento.
- `degree()`: retorna a pós-graduação do instrutor.

A classe `Estudante`, também uma subclasse da classe `Pessoa`, tem suporte para:

- `__init__()`: construtor que recebe a graduação da pessoa, além do nome e ano de nascimento.
- `graduação()`: retorna a graduação do estudante.

Sua implementação das três classes deverá se comportar conforme mostramos no código a seguir:

```
>>> x = Instrutor('Smith', 1963, 'PhD')
>>> x.idade()
45
>>> y = Estudante('Jones', 1987, 'Ciência da Computação')
>>> y.idade()
21
>>> y.graduação()
'Ciência da Computação'
>>> x.pós()
'PhD'
```

8.43 No Problema 8.23, existem alguns inconvenientes com a implementação da classe `ContaBancária`, e eles são ilustrados aqui:

```
>>> x = ContaBancária(-700)
>>> x.saldo()
-700
>>> x.retirada(70)
>>> x.saldo()
-770
>>> x.depósito(-7)
>>> x.saldo()
Saldo:  -777
```

Os problemas são: (1) uma conta bancária com saldo negativo pode ser criada, (2) o valor de retirada é maior que o saldo e (3) o valor do depósito é negativo. Modifique o código da classe `ContaBancária` de modo que uma exceção `ValueError` seja levantada para qualquer uma dessas violações, juntamente com uma mensagem apropriada: `'Saldo inválido'`, `'Saque indevido'` ou `'Depósito negativo'`.

```
>>> x = ContaBancária2(-700)
Traceback (most recent call last):
...
ValueError: Saldo inválido
```

8.44 No Problema 8.43, uma exceção `ValueError` genérica é levantada se ocorrer qualquer uma das três violações. Seria mais útil se uma exceção mais específica, definida pelo usuário, fosse levantada. Defina novas classes de exceção `ErroSaldoNegativo`, `ErroSaqueIndevido` e `ErroDepósito`, que sejam levantadas em seu lugar. Além disso, a representação de string informal do objeto de exceção deverá conter o saldo que resultaria da criação de conta com saldo negativo, do saque indevido e do depósito negativo.

Por exemplo, ao tentar criar uma conta bancária com um saldo negativo, a mensagem de erro deverá incluir o saldo que resultaria se a criação da conta fosse permitida:

```
>>> x = ContaBancária3(-5)
Traceback (most recent call last):
...
ErroSaldoNegativo: Conta criada com saldo negativo -5
```

Quando uma retirada resultar em um saldo negativo, a mensagem de erro também deverá incluir o saldo resultante se o saque fosse permitido:

```
>>> x = ContaBancária3(5)
>>> x.retirada(7)
Traceback (most recent call last):
...
ErroSaqueIndevido: Operação resultaria em saldo negativo -2
```

Se um depósito negativo for tentado, o valor do depósito negativo deverá ser incluído na mensagem de erro:

```
>>> x.depósito(-3)
Traceback (most recent call last):
...
ErroDepósito: Depósito negativo -3
```

Por fim, reimplemente a classe `ContaBancária` para usar essas novas classes de exceção no lugar de `ValueError`.

CAPÍTULO

9

Interfaces Gráficas do Usuário

ESTE CAPÍTULO APRESENTA o desenvolvimento da interface gráfica do usuário (GUI — *graphical user interface*).

Quando você usa uma aplicação de computador — seja um navegador Web, um cliente de e-mail, um jogo de computador ou um ambiente de desenvolvimento integrado (IDE) Python —, normalmente isso é feito por meio de uma GUI, usando um mouse e um teclado. Existem dois motivos para usar uma GUI: oferece uma visão geral melhor do que uma aplicação faz e torna mais fácil a utilização da aplicação.

Para desenvolver GUIs, um desenvolvedor precisará de uma interface de programação de aplicação (API) GUI que ofereça o *kit* de ferramentas GUI necessário. Existem várias APIs GUI para Python; neste texto, usamos *tkinter*, um módulo que faz parte da Biblioteca Padrão Python.

Além do desenvolvimento de GUIs usando *tkinter*, este capítulo também aborda as técnicas de desenvolvimento de software fundamentais usadas naturalmente no desenvolvimento GUI. Apresentamos a *programação dirigida por evento*, uma técnica para desenvolver aplicações na qual as tarefas são executadas em resposta a eventos (como cliques de botão). Também aprendemos que as GUIs são desenvolvidas de forma ideal como classes definidas pelo usuário e, mais uma vez, teremos a oportunidade de demonstrar os benefícios da programação orientada a objeto (POO).

9.1 Fundamentos do Desenvolvimento GUI com `tkinter`

Uma interface gráfica do usuário (GUI) consiste em blocos de montagem visuais básicos, como botões, labels, formulários de entrada de texto, menus, caixas de seleção e barras de rolagem, entre outros, todos posicionados em uma janela padrão. Os blocos de montagem normalmente são chamados de *widgets*. Para desenvolver GUIs, um desenvolvedor exigirá um módulo que disponibilize tais *widgets*. Usaremos o módulo `tkinter`, que está incluído na Biblioteca Padrão.

Nesta seção, explicamos os fundamentos do desenvolvimento GUI usando `tkinter`: como criar uma janela, como acrescentar texto ou imagens nela e como manipular a aparência e a localização dos widgets.

Widget `Tk`: A Janela GUI

Em nosso primeiro exemplo GUI, montaremos uma GUI básica, que consiste em uma janela e nada mais. Para fazer isso, importamos a classe `Tk` do módulo `tkinter` e instanciamos um objeto do tipo `Tk`:

```
>>> from tkinter import Tk
>>> raiz = Tk()
```

Um objeto `Tk` é um widget GUI que representa a janela GUI; ele é criado sem argumentos.

Se você executar o código apresentado, notará que a criação do widget `Tk()` não lhe apresentou uma janela na tela. Para que a janela apareça, o método `mainloop()` de `Tk` precisa ser invocado em um widget:

```
>>> raiz.mainloop()
```

Agora, você deverá ver uma janela como aquela da Figura 9.1.

A janela GUI é exatamente isso: uma janela e nada mais. Para exibir texto ou imagens dentro dessa janela, precisamos usar o widget `Label` do `tkinter`.

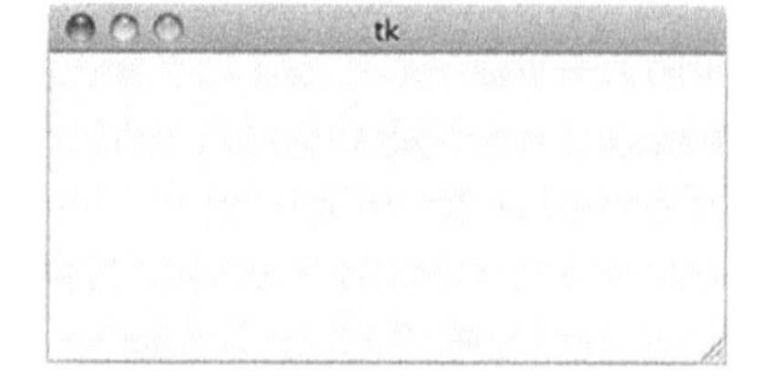

Figura 9.1 **Uma janela GUI do `tkinter`.** A janela pode ser minimizada e fechada, e tem aparência semelhante a qualquer outra janela no sistema operacional sendo utilizado.

Widget `Label` para Exibição de Texto

O widget `Label` pode ser usado para exibir texto dentro de uma janela. Vamos ilustrar seu uso desenvolvendo uma versão GUI da aplicação clássica "Hello, world!". Para começar, precisamos importar a classe `Label` além da classe `Tk` do `tkinter`:

```
>>> from tkinter import Tk, Label
>>> raiz = Tk()
```

Depois, criamos um objeto `Label` que exibe o texto "Hello, world GUI!":

```
>>> hello = Label(master = raiz, text = 'Hello, world GUI!')
```

O primeiro argumento nesse construtor `Label`, denominado `master`, especifica que o widget `Label` residirá dentro do widget `raiz`. Uma GUI normalmente contém muitos widgets organizados em um padrão hierárquico. Quando um widget X é definido para residir dentro do widget Y, o widget Y é considerado o *master* do widget X.

O segundo argumento, denominado `text`, refere-se ao texto exibido pelo widget `Label`. O argumento de `texto` é um de cerca de 12 argumentos construtores *opcionais* que especificam a aparência de um widget `Label` (e de outros widgets `tkinter` também). Listamos alguns desses argumentos opcionais na Tabela 9.1, mostrando seu uso nesta seção.

Embora o construtor `Label` especifique que o widget de label reside dentro do widget `raiz`, ele não especifica *onde* no widget `raiz` o label deverá ser colocado. Existem várias maneiras de especificar a geometria da GUI (ou seja, o posicionamento dos widgets dentro de seu master); discutiremos mais detalhes sobre isso no decorrer desta seção. Uma forma simples de especificar o posicionamento de um widget dentro do seu master é invocar o método `pack()` sobre o widget. O método `pack()` pode aceitar argumentos que especificam a posição desejada do widget dentro do seu master; sem quaisquer argumentos, ele usará a posição padrão, que consiste em colocar o widget centralizado e contra o limite superior de seu master:

```
>>> hello.pack() # hello é colocado contra o limite superior do master
>>> raiz.mainloop()
```

Assim como em nosso primeiro exemplo, o método `mainloop()` dará partida da GUI mostrada na Figura 9.2:

Figura 9.2 **Um label de texto.** O widget `Label` criado com o argumento `text` exibirá um label de texto. Observe que o label é posicionado contra o limite superior de seu master, a própria janela.

Conforme ilustra a Tabela 9.1, o argumento `text` é apenas um de uma série de argumentos construtores de widget opcionais que definem a aparência de um widget. Demonstramos algumas das outras opções nos próximos três exemplos de GUI.

Exibindo Imagens

Um widget `Label` pode ser usado para exibir mais do que apenas texto. Para exibir uma imagem, um argumento chamado `image` deverá ser usado no construtor `Label`, em vez de um argumento `text`. O próximo programa de exemplo coloca uma imagem GIF dentro de uma janela GUI. (O exemplo usa o arquivo `peace.gif`, que deverá estar na mesma pasta do módulo `peace.py`.)

Tabela 9.1 **Opções do widget** `tkinter`. Aqui estão algumas das opções do widget `tkinter`, que podem ser usadas para especificar a aparência do widget. Os valores para as opções são passados como argumentos de entrada para o construtor do widget. As opções podem ser usadas para especificar a aparência de todos os widgets `tkinter`, e não apenas o widget `Label`. O uso das opções nessa tabela é ilustrado no decorrer desta seção.

Opção	Descrição
`text`	Texto a exibir
`image`	Imagem a exibir
`width`	Largura do widget em pixels (para imagens) ou caracteres (para texto); se for omitido, o tamanho é calculado com base no conteúdo
`height`	Altura do widget em pixels (para imagens) ou caracteres (para texto); se for omitido, o tamanho é calculado com base no conteúdo
`relief`	Estilo da borda; as possibilidades são `FLAT` (padrão), `GROOVE`, `RAISED`, `RIDGE` e `SUNKEN`, todos definidos em `tkinter`
`borderwidth`	Largura da borda; o padrão é 0 (sem borda)
`background`	Nome da cor de fundo (como uma string)
`foreground`	Nome da cor de primeiro plano (como uma string)
`font`	Descritor de fonte (como uma tupla com nome da família de fonte, tamanho da fonte e – opcionalmente – um estilo de fonte)
`padx,pady`	Preenchimento acrescentado ao widget ao longo do eixo *x* ou *y*

Arquivo: peace.gif

Módulo: peace.py

```
1  from tkinter import Tk, Label, PhotoImage
2  raiz = Tk()                        # a janela
3  # transforma GIF em formato que tkinter pode exibir
4  photo = PhotoImage(file='peace.gif')
5
6  peace = Label(master=raiz,
7                image=foto,
8                width=300,       # largura do label, em pixels
9                height=180)      # altura do label, em pixels
10 peace.pack()
11 raiz.mainloop()
```

A GUI resultante aparece na Figura 9.3. A imagem do argumento construtor deverá se referir a uma imagem em um formato que o `tkinter` pode exibir. A classe `Photoimage`, definida no módulo `tkinter`, é usada para transformar uma imagem GIF em um objeto com tal formato. Os argumentos `width` e `height` especificam a largura e a altura do label em pixels.

Figura 9.3 **Um label de imagem.** Com o argumento `image`, um widget `Label` exibe uma imagem. As opções `width` e `height` especificam a largura e a altura do label, em pixels. Se a imagem for menor que o label, um preenchimento branco é acrescentado ao redor dela.

DESVIO

GIF e Outros Formatos de Imagem

GIF é apenas um entre muitos formatos de arquivo de imagem que foram definidos. Você provavelmente está acostumado com o formato JPEG (*Joint Photographic Experts Group*), usado principalmente para fotografias. Outros formatos de imagem muito usados são BMP (*Bitmap Image File*), PDF (*Portable Document Format*) e TIFF (*Tagged Image File Format*).

Para exibir imagens em formatos diferentes de GIF, a Python Imaging Library (PIL) pode ser usada. Ela contém classes que carregam imagens em um dos mais de 30 formatos e as converte para um objeto de imagem compatível com o `tkinter`. A PIL também contém ferramentas para processar imagens. Para obter mais informações, consulte

`www.pythonware.com/products/pil/`

Nota: no momento em que este livro foi escrito, a PIL não havia sido atualizada para trabalhar com o Python 3.

Posicionando Widgets

O gerenciador de geometria `tkinter` é responsável pelo posicionamento de widgets dentro de seu master. Se vários widgets tiverem que ser dispostos, o posicionamento será calculado pelo gerenciador de geometria usando não só sofisticados algoritmos de layout (que tentam garantir que o layout fique correto), bem como diretivas dadas pelo programador. O tamanho de um widget master contendo um ou mais widgets é baseado no seu tamanho e posicionamento. Além do mais, o tamanho e o layout serão ajustados dinamicamente à medida que a janela GUI é redimensionada pelo usuário.

O método `pack()` é um dos três métodos que podem ser usados para fornecer diretivas ao gerenciador de geometria. (Veremos outro, o método `grid()`, mais adiante nesta seção.) As diretivas especificam a posição relativa dos widgets dentro de seu master.

Para ilsutrar como usar as diretivas e também mostrar opções adicionais de construtor de widget, desenvolvemos uma GUI com dois labels de imagem e um label de texto, mostrados na Figura 9.4.

Figura 9.4 **GUI com múltiplos widgets.** Três widgets `Label` são posicionados dentro da janela GUI; a imagem de paz é empurrada para a esquerda, a carinha sorridente é empurrada para a direita, e o texto é empurrado para baixo.

O argumento opcional `side` do método `pack()` é usado para direcionar o gerenciador de geometria `tkinter` para empurrar o widget contra determinada borda de seu master. O valor de `side` pode ser `TOP`, `BOTTOM`, `LEFT` ou `RIGHT`, que são constantes definidas no módulo `tkinter`; o valor padrão para `side` é `TOP`. Na implementação da GUI apresentada na figura, usamos a opção `side` para posicionar corretamente os três widgets:

Arquivo: peace.gif,smiley.gif

Módulo: smileyPeace.py

```
from tkinter import Tk,Label,PhotoImage,BOTTOM,LEFT,RIGHT,RIDGE
# GUI ilustra opções de construtor de widget e método pack()
raiz = Tk()

# label com texto "A paz começa com um sorriso.
texto = Label(raiz,
              font = ('Helvetica', 16, 'bold italic'),
              foreground='white',   # cor da letra
              background='black',   # cor do fundo
              padx=25,  # expande label 25 pixels para esquerda e direita
              pady=10,  # amplia label 10 pixels acima e abaixo
              text='A paz começa com um sorriso.')
texto.pack(side=BOTTOM)                # empurra label para baixo

# label com imagem de símbolo da paz
peace = PhotoImage(file='peace.gif')
peaceLabel = Label(raiz,
                   borderwidth=3,  # largura da borda do label
                   relief=RIDGE,   # estilo da borda do label
                   image=peace)
peaceLabel.pack(side=LEFT)             # empurra label para esquerda
# label com imagem da carinha sorridente
smiley = PhotoImage(file='smiley.gif')
smileyLabel = Label(raiz,
                    image=smiley)
smileyLabel.pack(side=RIGHT)           # empurra label para direita

root.mainloop()
```

A Tabela 9.2 lista duas outras opções para o método `pack()`. A opção `expand`, que pode ser definida como `True` ou `False`, especifica se o widget poderá expandir até preencher qualquer espaço extra dentro do master. Se a opção `expand` for definida como `True`, a opção `fill` poderá ser usada para especificar se a expansão deverá ser ao longo do eixo x, do eixo y ou de ambos.

O programa GUI `smileyPeace.py` também demonstra algumas opções de construtor de widget que ainda não vimos. Uma borda no estilo `RIDGE` de largura 3 em torno do símbolo de paz é especificada usando as opções `borderwith` e `relief`. Além disso, o label de texto (uma frase de Madre Teresa) é construído com as opções que especificam letras brancas

Tabela 9.2 **Algumas opções de posicionamento.** Além da opção `side`, o método `pack()` pode usar as opções `fill` e `expand`.

Opção	Descrição
`side`	Especifica o lado (usando as constantes `TOP`, `BOTTOM`, `LEFT` ou `RIGHT`, definidas no `tkinter`) contra o qual o widget será empurrado; o padrão é `TOP`
`fill`	Especifica se o widget deverá preencher a largura ou a altura do espaço dado a ele pelo master; as opções são 'both', 'x', 'y' e 'none' (o padrão)
`expand`	Especifica se o widget deverá ser expandido para preencher o espaço dado a ele; o padrão é `False`, nenhuma expansão

(opção `foreground`) em um fundo preto (opção `background`) com preenchimento extra de 10 pixels para cima e para baixo (opção `pady`) e de 25 pixels para a esquerda e para a direita (opção `padx`). A opção `font` especifica que a fonte de texto deverá ser negrito, itálico, fonte Helvetica com tamanho de 16 pontos.

Problema Prático 9.1

Escreva um programa `peaceandlove.py` que cria esta GUI:

Arquivo: peace.gif

O label de texto "Paz & Amor" deverá ser empurrado para a esquerda e ter um fundo preto com tamanho para caber 5 linhas de 20 caracteres. Se o usuário expandir a janela, o label deverá permanecer colado à borda esquerda da janela. A imagem do símbolo da paz deverá ser empurrada para a direita. Porém, quando o usuário expande a janela, o fundo branco deverá preencher o espaço criado. A figura mostra a GUI *depois* que o usuário a expandiu manualmente.

AVISO

Esquecendo-se da Especificação da Geometria

É um erro comum esquecer de especificar o posicionamento dos widgets. Um widget aparece em uma janela GUI somente depois que tiver sido posicionado em seu master. Isso é obtido invocando, no widget, o método `pack()`, o método `grid()`, que veremos em breve, ou o método `place()`, que não será abordado aqui.

Arrumando Widgets em uma Grade

Agora, vamos considerar uma GUI que tem mais do que apenas alguns labels. Como você desenvolveria a GUI do teclado de telefone mostrada na Figura 9.5?

Figura 9.5 **GUI do teclado de telefone.** Os labels desta GUI são armazenados em uma grade 4 × 3. O método `grid()` é mais adequado do que `pack()` para colocar widgets em uma grade. As linhas (ou colunas) são indexadas de cima para baixo (ou da esquerda para a direita) começando do índice 0.

Já sabemos como criar cada "botão" individual do teclado de telefone usando um widget `Label`. O que não é claro de forma alguma é como conseguir todos os 12 arrumados em uma grade.

Se precisarmos colocar vários widgets em um padrão tipo grade, o método `grid()` é mais apropriado que o método `pack()`. Ao usar o método `grid()`, o widget master é dividido em linhas e colunas, e cada célula da grade resultante pode armazenar um widget. Para colocar um widget na linha `r` e coluna `c`, o método `grid()` é invocado sobre o widget com a linha `r` e a coluna `c` como argumentos de entrada, conforme mostramos nessa implementação da GUI do teclado de telefone:

Módulo: phone.py

```
1  from tkinter import Tk, Label, RAISED
2  raiz = Tk()
3  labels = [['1', '2', '3'],      # textos de label do teclado
4            ['4', '5', '6'],      # organizados em uma grade
5            ['7', '8', '9'],
6            ['*', '0', '#']]
7
8  for r in range(4):          # para cada linha r = 0, 1, 2, 3
9      for c in range(3):      # para cada coluna c = 0, 1, 2
10         # cria label para linha r e coluna c
11         label = Label(raiz,
12                       relief=RAISED,      # borda elevada
13                       padx=10,            # torna label largo
14                       text=labels[r][c])  # texto do label
15         # coloca label na linha r e coluna c
16         label.grid(row=r, column=c)
17
18 raiz.mainloop()
```

Nas linhas 5 a 8, definimos uma lista bidimensional que armazena na linha r e coluna c o texto que será colocado no label na linha r e coluna c do teclado de telefone. Fazer isso facilita a criação e o posicionamento adequado dos labels no laço `for` aninhado nas linhas de 10 a 19. Observe o uso do método `grid()` com argumentos de entrada de linha e coluna.

A Tabela 9.3 mostra algumas opções que podem ser usadas com o método `grid()`.

Tabela 9.3 **Algumas opções do método** `grid()`. A opção `columnspan` (ou `rowspan`) é usada para colocar um widget por várias colunas (ou linhas).

Opção	Descrição
`column`	Especifica a coluna para o widget; o padrão é coluna 0
`columnspan`	Especifica quantas colunas os widgets deverão ocupar
`row`	Especifica a linha para o widget; o padrão é linha 0
`rowspan`	Especifica quantas linhas os widgets deverão ocupar

AVISO

Misturando `pack()` e `grid()`

Os métodos `pack()` e `grid()` utilizam métodos diferentes para calcular o layout dos widgets. Esses métodos *não funcionam* bem juntos, e cada um tentará otimizar o layout à sua própria maneira, tentando desfazer as escolhas do outro algoritmo. O resultado é que o programa pode nunca concluir sua execução.

A história é esta: você precisa usar um ou outro para *todos* os widgets com o mesmo master.

Problema Prático 9.2

Implemente a função `cal()` que aceita como entrada um ano e um mês (um número entre 1 e 12) e começa com uma GUI que mostra o calendário correspondente. Por exemplo, o calendário mostrado é obtido usando:

```
>>> cal(2012, 2)
```

tk

Mon	Tue	Wed	Thu	Fri	Sat	Sun
		1	2	3	4	5
6	7	8	9	10	11	12
13	14	15	16	17	18	19
20	21	22	23	24	25	26
27	28	29				

Para fazer isso, você precisará calcular (1) o dia da semana (segunda, terça,...) referente ao primeiro dia do mês e (2) o número de dias no mês (levando em consideração os anos bissextos). A função `monthrange()`, definida no módulo `calendar`, retorna exatamente esses dois valores:

```
>>> from calendar import monthrange
>>> monthrange(2012, 2)    # ano 2012, mês 2 (fevereiro)
(2, 29)
```

O valor retornado é uma tupla. O primeiro valor na tupla, 2, corresponde à quarta-feira (segunda é 0, terça é 1 etc.). O segundo valor, 29, é o número de dias em fevereiro no ano 2012, um ano bissexto.

DESVIO

Deseja Aprender Mais?

Este capítulo é apenas uma introdução ao desenvolvimento GUI usando o `tkinter`. Uma visão geral abrangente do desenvolvimento GUI e do `tkinter` completaria um livro inteiro. Se você quiser aprender mais, comece com a documentação Python em

```
http://docs.python.org/py3k/library/tkinter.html
```

Há também outros recursos gratuitos, on-line, que você pode usar para aprender mais. A lista "oficial" desses recursos se encontra em

```
http://wiki.python.org/moin/TkInter
```

Dois recursos particularmente úteis (embora utilizem Python 2) estão em

```
http://www.pythonware.com/library/tkinter/introduction/
http://infohost.nmt.edu/tcc/help/pubs/tkinter/
```

9.2 Widgets `tkinter` Baseados em Evento

Agora, vamos explorar os diferentes tipos de widgets disponíveis no `tkinter`. Em particular, estudamos aqueles widgets que respondem a cliques do mouse e entradas do teclado pelo usuário. Esses widgets têm um comportamento interativo que precisa ser programado usando um estilo de programação chamado *programação dirigida por evento*. Além do desenvolvimento GUI, a programação dirigida por evento também é usada no desenvolvimento de jogos de computador e aplicações cliente/servidor distribuídas, entre outras.

Widget `Button` e Manipuladores de Evento

Vamos começar com o widget de botão clássico. A classe `Button` do módulo `tkinter` representa botões GUI. Para ilustrar seu uso, desenvolvemos uma aplicação GUI simples, mostrada na Figura 9.6, que contém apenas um botão.

A aplicação funciona desta maneira: quando você pressiona o botão "Clique aqui", o dia e hora do clique do botão são apresentados no shell do interpretador:

```
>>>
Day:  07 Jul 2014
Time: 23:42:47 PM
```

Você pode clicar no botão novamente (e novamente), se desejar:

```
>>>
Day:  07 Jul 2014
Time: 23:42:47 PM

Day:  07 Jul 2014
Time: 23:42:50 PM
```

Vamos implementar esta GUI. Para construir um widget de botão, usamos o construtor `Button`. Assim como para o construtor `Label`, o primeiro argumento do construtor `Button` deve se referir ao master do botão. Para especificar o texto que será exibido no topo do botão, o argumento `text` é usado, novamente assim como para um widget `Label`. De fato, todas as opções para customizar widgets mostrados na Tabela 9.1 também podem ser usadas para widgets `Button`.

A única diferença entre um botão e um label é que um botão é um widget interativo. Toda vez que um botão é clicado, uma ação é realizada. Essa "ação" é, na realidade, implementada como uma função, chamada toda vez que esse botão é acionado. Podemos especificar o nome dessa função usando uma opção `command` no construtor `Button`. Veja como criaríamos o widget de botão para a GUI apresentada:

```
raiz = Tk()
button = Button(root, text='Clique aqui', command=clicked)
```

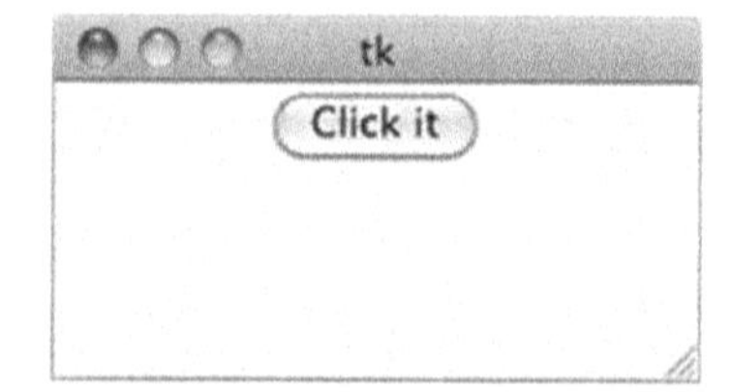

Figura 9.6 **GUI com um widget** `Button`. O texto "Clique aqui" é exibido no topo do botão. Quando o botão é clicado, a informação do dia e da hora é apresentada.

Quando o botão é clicado, a função `clicked()` será executada. Agora, precisamos implementar essa função. Quando chamada, a função deverá exibir a informação atual de dia e hora. Usamos o módulo `time`, explicado no Capítulo 4, para obter e exibir a hora local. O programa GUI completo é, então:

Módulo: clickit.py

```
1  from tkinter import Tk, Button
2  from time import strftime, localtime
3
4  def clicked():
5      'exibe informação de dia e hora'
6      hora = strftime('Dia:  %d %b %Y\nHora: %H:%M:%S %p\n',
7                      localtime())
8      print(hora)
9
10 raiz = Tk()
11
12 # cria botão rotulado com 'Clique aqui' e manipulador de evento clicked()
13 button = Button(raiz,
14                 text='Clique aqui',    # texto do botão
15                 command=clicked)    # manipulador do evento clique
16 button.pack()                          do botão
17 raiz.mainloop()
```

A função `clicked()` é denominada *manipulador de evento*; o que ela *manipula* é o *evento* do botão "Clique aqui" sendo acionado.

Na primeira implementação de `clicked()`, a informação de dia e hora é exibida no shell. Suponha que fosse preferível exibir a mensagem em sua própria janela GUI, como mostra a Figura 9.7, no lugar do shell.

No módulo `tkinter.messagebox`, há uma função chamada `showinfo`, que exibe uma string em uma janela separada. Assim, podemos simplesmente substituir a função original `clicked()` por:

Módulo: clickit.py

```
1  from tkinter.messagebox import showinfo
2
3  def clicked():
4      'exibe informação de dia e hora'
5      time = strftime('Dia:  %d %b %Y\nHora: %H:%M:%S %p\n',
6                      localtime())
7      showinfo(message=time)
```

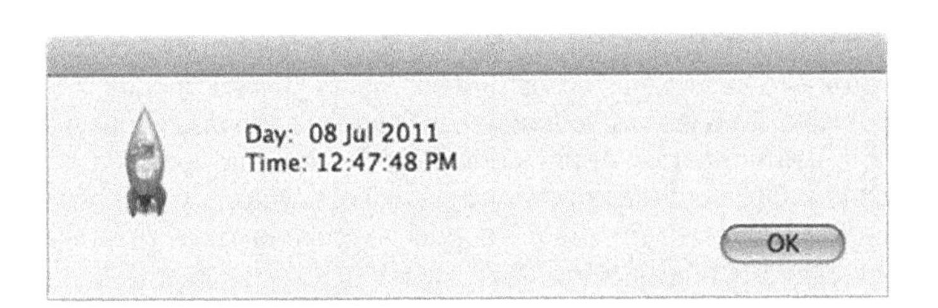

Figura 9.7 Janela `showinfo()`. A função `showinfo()` do módulo `tkinter.messagebox` mostra uma mensagem em uma janela separada. Um clique no botão "OK" faz a janela desaparecer.

Problema Prático 9.3

Implemente um aplicativo GUI que contenha dois botões rotulados "Hora local" e "Hora de Greenwich". Quando o primeiro botão é pressionado, a Hora local deverá aparecer no shell. Quando o segundo botão é pressionado, a Hora de Greenwich deve ser exibida.

```
>>>
Hora local
Dia:  08 Jul 2011
Hora: 13:19:43 PM

Hora de Greenwich
Dia:  08 Jul 2011
Hora: 18:19:46 PM
```

Você pode obter a Hora de Greenwich usando a função `gmtime()` do módulo `time`.

Eventos, Manipuladores de Evento e `mainloop()`

Tendo visto o funcionamento do widget `Button` interativo, agora é uma boa hora para explicar como uma GUI processa eventos gerados pelo usuário, como cliques do botão. Quando uma GUI é iniciada com a chamada do método `mainloop()`, o Python inicia um laço infinito chamado *laço de evento*. O laço de evento é mais bem descrito usando pseudocódigo:

```
while True:
    espera que ocorra um evento
    executa a função associada ao manipulador de evento
```

Em outras palavras, em qualquer ponto no tempo, a GUI está esperando um evento. Quando ocorre um evento, como um clique do botão, a GUI executa a função especificada para tratar do evento. Quando o manipulador termina, a GUI volta para esperar pelo próximo evento.

Um clique do botão é apenas um tipo de evento que pode ocorrer em uma GUI. Os movimentos do mouse e o pressionamento das teclas no teclado em um campo de entrada também geram eventos, que podem ser tratados pela GUI. Veremos exemplos disso mais adiante nesta seção.

DESVIO

Pequena História das GUIs

O primeiro sistema de computador com uma GUI foi o computador Xerox Alto, desenvolvido em 1973 por pesquisadores da Xerox PARC (Palo Alto Research Center) em Palo Alto, Califórnia. Fundada em 1970 como uma divisão de pesquisa e desenvolvimento da Xerox Corporation, a Xerox PARC foi responsável por desenvolver muitas tecnologias de computador agora comuns, como a impressão a laser, Ethernet e o computador pessoal moderno, além das GUIs.

A GUI do Xerox Alto foi inspirada pelos hiperlinks baseados em texto clicáveis com um mouse, no On-Line System, desenvolvido pelos pesquisadores no Stanford Research Institute International no Menlo Park, Califórnia, sob a liderança de Douglas Engelbart. A GUI do Xerox Alto incluía elementos gráficos como janelas, menus, botões de opção, caixas de seleção e ícones, todos manipulados usando um mouse e um teclado.

Em 1979, o cofundador da Apple Computer, Steve Jobs, visitou a Xerox PARC, onde descobriu a GUI controlada por mouse do Xerox Alto. Ele prontamente a integrou, primeiro no Apple Lisa em 1983, e depois no Macintosh em 1984. Desde então, todos os principais sistemas operacionais possuem suporte para GUI.

O Widget `Entry`

Em nosso próximo exemplo de GUI, apresentamos a classe de widget `Entry`. Ela representa a caixa de texto clássica, de única linha, que você encontraria em um formulário. A aplicação GUI que queremos montar pede que o usuário digite uma data e depois calcula o dia da semana correspondente a ela. A GUI deverá se parecer com aquela mostrada na Figura 9.8:

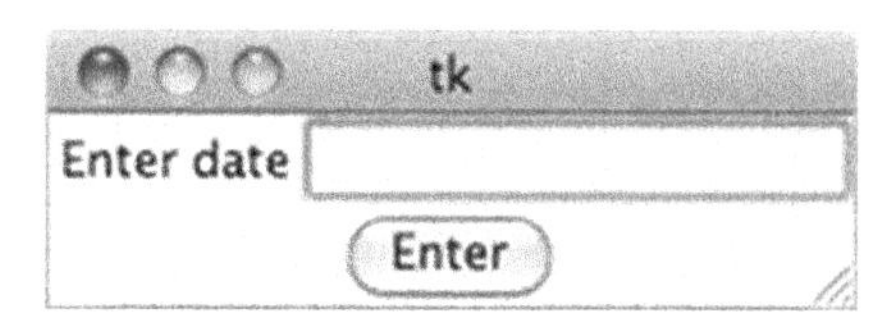

Figura 9.8 Aplicação do dia da semana. A aplicação solicita que o usuário digite uma data no formato MMM DD, AAAA, como em "Jan 21, 1967".

Depois que o usuário digitar "Jan 21, 1967" na caixa de entrada e clicar no botão "Entrar", uma nova janela, mostrada na Figura 9.9, deverá aparecer:

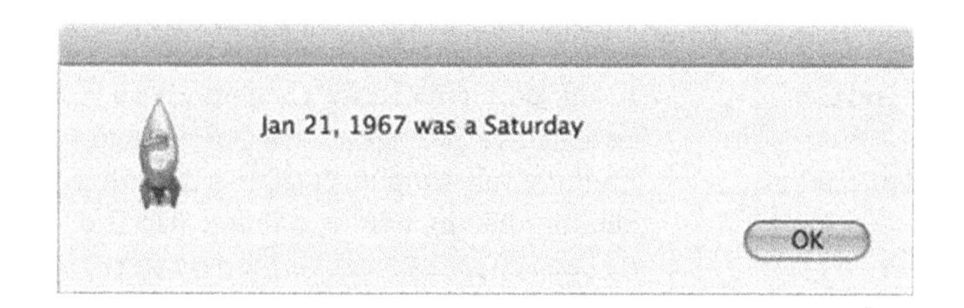

Figura 9.9 Janela pop-up da aplicação weekday. Quando o usuário informa a data e pressiona o botão "Entrar", o dia da semana correspondente à data aparece na janela pop-up.

É claro que a GUI deverá ter um `Label` e um widget `Button`. Para uma caixa de entrada de texto, precisamos usar o widget `Entry` definido no `tkinter`. O widget `Entry` é apropriado para a entrada (e exibição) de uma única linha de texto. O usuário pode entrar com texto dentro do widget usando o teclado. Agora, podemos iniciar a implementação da GUI:

Módulo: day.py

```
1  # instruções import e manipulador de evento
2  # compute() que calcula e exibe o dia da semana
3
4  raiz = Tk()
5
6  # label
7  label = Label(raiz, text='Digite a data')
8  label.grid(row=0, column=0)
9
10 # entry
11 dateEnt = Entry(raiz)
12 dateEnt.grid(row=0, column=1)
13
14 # button
15 button = Button(root, text='Entrar', command=compute)
16 button.grid(row=1, column=0, columnspan=2)
17
18 raiz.mainloop()
```

Na linha 13, criamos um widget `Entry`. Observe que estamos usando o método `grid()` para colocar os três widgets. A única coisa que resta a fazer é implementar a função de tratamento de evento `compute()`. Primeiro, vamos descrever o que essa função precisa fazer:

1. Ler a data da entrada `dateEnt`.
2. Calcular o dia da semana correspondente à data.
3. Exibir a mensagem do dia de semana em uma janela pop-up.
4. Apagar a data da entrada `dateEnt`.

A última etapa é um retoque: excluímos a data digitada para facilitar a entrada de uma nova data.

Para *ler* a string que está dentro do widget `Entry`, podemos usar o método `get()` de `Entry`. Ele retorna a string que está dentro da entrada. Para *excluir* a string dentro de um widget `Entry`, precisamos usar o método `delete()` de `Entry`. Em geral, ele é usado para excluir uma substring da string dentro do widget `Entry`. Portanto, ele aceita dois índices, `primeiro` e `último`, e exclui a substring começando no índice `primeiro` e terminando *antes* do índice `último`. Os índices `0` e `END` (uma constante definida no `tkinter`) são usados para excluir a string inteira dentro de uma entrada. A Tabela 9.4 mostra o uso destes e outros métodos de `Entry`.

Tabela 9.4 **Alguns métodos de `Entry`.** Aqui estão três métodos importantes da classe `Entry`. A constante `END` é definida no `tkinter` e refere-se ao índice *após* o último caractere na entrada.

Método	Descrição
`e.get()`	Retorna a string dentro da entrada e
`e.insert(índice, texto)`	Insere `texto` da entrada e no `índice` indicado; se `índice` for `END`, anexa a string ao final
`e.delete(primeiro, último)`	Exclui a substring na entrada e do índice `primeiro` até, mas não incluindo, o índice `último`; `delete(0, END)` exclui todo o `texto` da entrada

Armados com o método da classe de widget `Entry`, agora podemos implementar a função de tratamento de evento `compute()`:

Módulo: day.py

```
1  from tkinter import Tk, Button, Entry, Label, END
2  from time import strptime, strftime
3  from tkinter.messagebox import showinfo
4
5  def compute():
6      '''exibe dia da semana correspondente à data em dateEnt
7         data deve ter formato MMM DD, AAAA (ex.: Jan 21, 1967)'''
8
9      global dateEnt   # dateEnt é uma variável global
10
11     # lê data da entrada dateEnt
12     date = dateEnt.get()
13
14     # calcula dia da semana correspondente à data
15     weekday = strftime('%A', strptime(date, '%b %d, %Y'))
16
17     # exibe o dia da semana em janela pop-up
18     showinfo(message = '{} foi {}'.format(date, weekday))
19
20     # exclui data da entrada dateEnt
21     dateEnt.delete(0, END)
22
23 # restante do programa
```

Na linha 9, especificamos que `dateEnt` é uma variável global. Embora isso não seja estritamente necessário (não estamos atribuindo a `dateEnt` dentro da função `compute()`), isso é um aviso para que o programador mantendo o código esteja ciente de que `dateEnt` não é uma variável local.

Na linha 15, usamos duas funções do módulo `time` para calcular o dia da semana correspondente a uma data. A função `strptime()` toma como entrada uma string contendo uma data (`date`) e uma string de formato (`'%b %d, %Y'`), que usa diretivas da Tabela 4.6. A função retorna a data em um objeto do tipo `time.struct_time`. Lembre-se do estudo de caso do Capítulo 4, em que a função `strftime()` aceita um objeto e uma string de formato (`'%A'`) e retorna a data formatada de acordo com a string de formato. Como a string de formato contém somente a diretiva `%A` que especifica o dia da semana da data, somente o dia da semana é retornado.

Problema Prático 9.4

Implemente uma variação do programa `day.py`, chamado `day2.py`. Em vez de exibir a mensagem do dia da semana em uma janela pop-up separada, insira-a na frente da data na caixa de entrada, conforme mostrado. Inclua também um botão rotulado com "Apagar", que apaga a caixa de entrada.

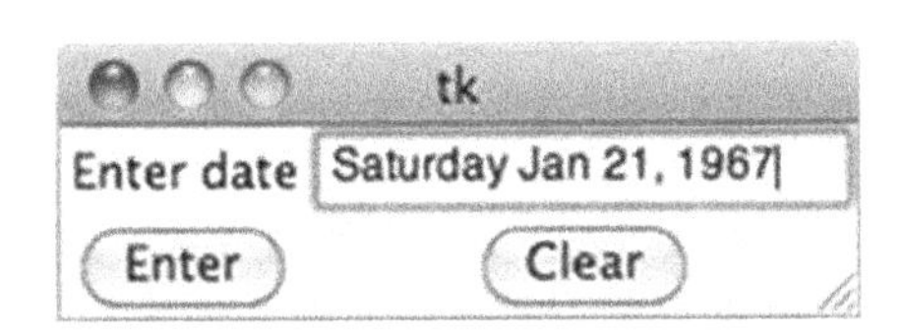

Widget `Text` e Vínculo de Eventos

Apresentamos em seguida o widget `Text`, que é usado para inserir, interativamente, várias linhas de texto de um modo semelhante à entrada de texto em um editor de textos. A classe de widget `Text` admite os mesmos métodos `get()`, `insert()` e `delete()` da classe `Entry`, embora em um formato diferente (ver Tabela 9.5).

Método	Descrição
`t.insert(índice, texto)`	Insere `texto` no widget `t` de `Text` antes de `índice`
`t.get(de, para)`	Retorna a substring no widget `t` de `Text` do índice `de` até, mas não incluindo, o índice `para`
`t.delete(de, para)`	Exclui a substring no widget `t` de `Text` entre o índice `de` até, mas não incluindo, o índice `para`

Tabela 9.5 **Alguns métodos de `Text`.** Diferentemente dos índices usados para os métodos de `Entry`, os índices usados nos métodos `Text` têm a forma de `linha.coluna` (por exemplo, o índice 2.3 refere-se ao quarto caractere na terceira linha).

Usamos um widget `Text` para desenvolver uma aplicação que se parece com um editor de textos, mas que registra "secretamente" e exibe cada toque de tecla que o usuário digita no widget `Text`. Por exemplo, suponha que você digitasse a sentença contida na Figura 9.10:

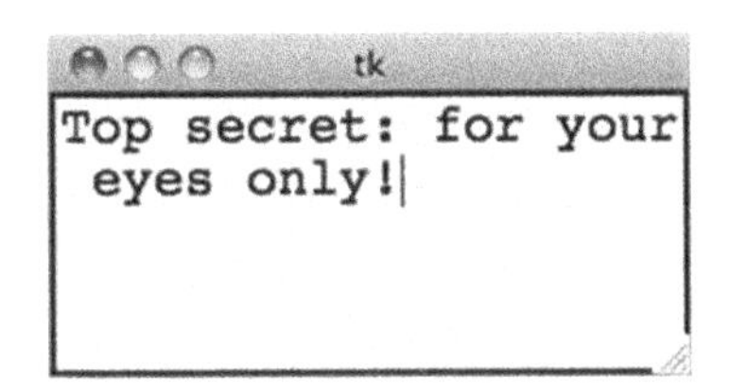

Figura 9.10 **Aplicação registradora de teclas.** A GUI registradora de teclas consiste em um widget `Text`. Quando o usuário digita texto dentro da caixa de texto, os toques de tecla são registrados e exibidos no shell.

Isso apareceria no shell:

```
>>>
char = Shift_L
char = T
char = o
char = p
char = space
char = s
char = e
char = c
char = r
char = e
char = t
...
```

(Omitimos o restante dos caracteres.) Essa aplicação normalmente é conhecida como um *keylogger*.

Agora, vamos desenvolver essa aplicação GUI. Para criar um widget `Text` com tamanho suficiente para conter cinco linhas de 20 caracteres, usamos as opções `width` e `height` do construtor do widget:

```
from tkinter import Text
t = Text(raiz, width=20, height=5)
```

Para registrar cada toque de tecla quando digitarmos dentro do `texto` do widget `Text`, precisamos associar, de alguma forma, uma função de manipulação de evento aos toques de tecla. Conseguimos isso com o método `bind()`, cuja finalidade é "vincular" (ou associar) um *tipo de evento* a um *manipulador de evento*. Por exemplo, a instrução

```
text.bind('<KeyPress>', record)
```

vincula um toque de tecla, um tipo de evento descrito com a string `'<KeyPress>'`, ao manipulador de evento `record()`.

Para completar a aplicação registradora de teclas, precisamos aprender um pouco mais sobre os padrões de evento e a classe `Event` do `tkinter`.

Padrões de Evento e a Classe `Event` do `tkinter`

Em geral, o primeiro argumento do método `bind()` é o tipo de evento que queremos vincular. O tipo do evento é descrito por uma string que é a concatenação de um ou mais *padrões de evento*. Um padrão de evento tem a forma

```
<modificador-tipo-detalhe>
```

A Tabela 9.6 mostra alguns valores possíveis para o modificador, tipo e detalhe. Para nossa aplicação registradora de teclas, o padrão de evento consistirá em apenas um tipo, `KeyPress`. Aqui estão alguns outros exemplos de padrões de evento e eventos alvo associados.

- `<Control-Button-1>`: pressionar Ctrl e o botão esquerdo do mouse simultaneamente.
- `<Button-1><Button-3>`: clicar com o botão esquerdo do mouse e *depois* com o direito.
- `<KeyPress-D><Return>`: pressionar a tecla do teclado D e *depois* Enter/Return.
- `<Buttonsl-Motion>`: movimento do mouse enquanto segura o botão esquerdo do mouse.

Modificador	Descrição
`Control`	Tecla CTRL
`Button1`	Botão esquerdo do mouse
`Button3`	Botão direito do mouse
`Shift`	Tecla Shift
Tipo	
`Button`	Botão do mouse
`Return`	Tecla Enter/Return
`KeyPress`	Pressione uma tecla do teclado
`KeyRelease`	Libere uma tecla do teclado
`Motion`	Movimento do mouse
Detalhe	
`<button number>`	1, 2 ou 3 para botão esquerdo, do meio e direito, respectivamente
`<key symbol>`	Símbolo de letra da tecla

Tabela 9.6 **Alguns modificadores, tipos e detalhes de padrão de evento.** Um padrão de evento é uma string, delimitada pelos símbolos < e >, consistindo em até dois modificadores, um tipo e até um detalhe, nessa ordem.

O segundo argumento do método `bind()` é a função de tratamento de evento. Essa função precisa ser definida pelo desenvolvedor para tomar exatamente um argumento, um objeto do tipo `Event`. A classe `Event` é definida no `tkinter`. Quando ocorre um evento (como uma tecla pressionada), o interpretador Python criará um objeto do tipo `Event` associado ao evento e chamará a função de tratamento de evento com o objeto `Event` passado como único argumento.

Um objeto `Event` tem muitos atributos que armazenam informações sobre o evento, que causaram sua instanciação. Para um evento de tecla pressionada, por exemplo, o interpretador Python criará um objeto `Event` e atribuirá o símbolo de tecla pressionada e o número (Unicode) aos atributos `keysym` e `keysum_num`.

Portanto, em nossa aplicação keyLogger, a função de manipulação de evento `record()` deverá tomar esse objeto `Event` como entrada, ler o símbolo de tecla e a informação de número armazenada nele e exibi-los no shell. Isso ocasiona o comportamento desejado de exibir continuamente os toques de tecla feitos pelo usuário da GUI.

Módulo: keyLogger.py

```
1  from tkinter import Tk, Text, BOTH
2
3  def record(event):
4      '''função de manipulação de evento para evento de tecla pressionada
5         evento de entrada é do tipo tkinter.Event '''
6      print('char = {}'.format(event.keysym)) # exibe símbolo da tecla
7
8  raiz = Tk()
9
10 text = Text(root,
11             width=20,  # define largura em 20 caracteres
12             height=5)  # define altura em 5 linhas de caracteres
13
14 # Vincula evento de tecla à função de tratamento de evento record()
15 text.bind('<KeyPress>', record)
16
17 # widget expande se master também expandir
18 text.pack(expand = True, fill = BOTH)
19
20 root.mainloop()
```

Tabela 9.7 **Alguns atributos de `Event`.** Alguns poucos atributos da classe `Event` aparecem aqui. O tipo do evento que faz com que o atributo seja definido também é mostrado. Todos os tipos de evento definirão o atributo `time`, por exemplo.

Atributo	Tipo de Evento	Descrição
`num`	`ButtonPress, ButtonRelease`	Botão do mouse pressionado
`time`	todos	Hora do evento
`x`	todos	Coordenada *x* do mouse
`y`	todos	Coordenada *y* do mouse
`keysym`	`KeyPress, KeyRelease`	Tecla pressionada como uma string
`keysym_num`	`KeyPress, KeyRelease`	Tecla pressionada como número Unicode

Outros atributos do objeto `Event` são definidos pelo interpretador Python, dependendo do tipo de evento. A Tabela 9.7 mostra alguns dos atributos e, para cada um, o tipo de evento que causará sua definição. Por exemplo, o atributo `num` será definido por um evento `ButtonPress`, mas não por um evento `KeyPress` ou `KeyRelease`.

Problema Prático 9.5

No programa `day.py` original, o usuário precisa clicar no botão "Entrar" depois de digitar uma data na caixa de entrada. Exigir que o usuário use o mouse logo depois de digitar uma data usando o teclado é uma inconveniência. Modifique o programa `day.py` para permitir que o usuário simplesmente pressione a tecla Enter/Return no teclado em vez de clicar no botão "Entrar".

AVISO

Funções de Manipulação de Evento

Existem dois tipos distintos de funções de manipulação de evento no `tkinter`. Uma função `buttonHandler()`, que trata dos cliques em um widget `Button`, é um tipo:

```
Button(root, text='exemplo', command=buttonHandler)
```

A função `buttonHandler()` deverá ser definida para não aceitar argumentos.
Uma função `eventHandler()`, que trata de um tipo de evento, é:

```
widget.bind('<tipo de evento>', eventHandler)
```

A função `eventHandler()` deve ser definida para aceitar exatamente um argumento de entrada do tipo `Event`.

9.3 Criando GUIs

Nesta seção, continuamos a apresentar novos tipos de widgets interativos. Discutimos como projetar GUIs que registrem alguns valores que são lidos ou modificados pelos manipuladores de evento. Também ilustramos como criar GUIs que contêm vários widgets em um padrão hierárquico.

Widget `Canvas`

O widget `Canvas` é um widget divertido, que pode exibir desenhos contendo linhas e objetos geométricos. Você pode pensar nele como uma versão primitiva do `turtle` graphics. (De fato, o `turtle` graphics é basicamente uma GUI do `tkinter`.)

Figura 9.11 **Aplicação de desenho com caneta.** Essa GUI implementa uma aplicação de desenho com caneta. O pressionamento do botão esquerdo do mouse inicia a curva. Depois, você desenha a curva arrastando o mouse com o botão pressionado. O desenho termina quando o botão é liberado.

Ilustramos o widget `Canvas` montando uma aplicação de desenho de caneta muito simples. A aplicação consiste em uma tela de desenho inicialmente vazia. O usuário pode desenhar curvas dentro da tela usando o mouse. Pressionar o botão esquerdo do mouse inicia o desenho da curva. O movimento do mouse enquanto pressiona o botão move a caneta e desenha a curva. A curva está completa quando o botão é liberado. Um risco feito usando essa aplicação aparece na Figura 9.11.

Começamos criando primeiro um widget `Canvas` com tamanho de 100 × 100 pixels. Como o desenho da curva deve ser iniciado pressionando o botão esquerdo do mouse, precisaremos vincular o tipo de evento `<Button-1>` a uma função de manipulação de evento. Além do mais, como o movimento do mouse enquanto o botão esquerdo do mouse está pressionando desenha a curva, também precisaremos vincular o tipo de evento `<Button1-Motion>` a outra função de manipulação de evento.

E é isto o que temos até aqui:

Módulo: draw.py

```
1  from tkinter import Tk, Canvas
2
3  # manipuladores de evento começam e desenham aqui
4
5  raiz = Tk()
6
7  oldx, oldy = 0, 0   # coordenadas do mouse (variáveis globais)
8
9  # canvas
10 canvas = Canvas(raiz, height=100, width=150)
11
12 # vincula evento de clique do botão esquerdo à função begin()
13 canvas.bind("<Button-1>", begin)
14
15 # vincula evento de movimento do mouse enquanto o botão está pressionado
16 canvas.bind("<Button1-Motion>", draw)
17
18 canvas.pack()
19 root.mainloop()
```

Agora, precisamos implementar os manipuladores `begin()` e `draw()` que realmente desenharão a curva. Vamos discutir a implementação de `draw()` em primeiro lugar. Toda vez que o mouse é movido enquanto pressiona o botão esquerdo do mouse, o manipulador `draw()` é chamado com um argumento de entrada que é um objeto `Event` armazenando a nova posição do mouse. Para continuar desenhando a curva, tudo o que precisamos fazer é conectar essa nova posição do mouse à anterior com uma linha reta. A curva apresentada será, efetivamente, uma sequência de segmentos de linha reta *muito* curtos, conectando as posições sucessivas do mouse.

O método `create_line()` de `Canvas` pode ser usado para desenhar uma linha reta entre os pontos. Em sua forma geral, ele usa como entrada uma sequência de coordenadas x, y `(x1, y1, x2, y2, ... xn, yn)` e desenha um segmento de linha do ponto `(x1, y1)` ao ponto `(x2, y2)`, outro do ponto `(x2, y2)` ao ponto `(x3, y3)` e assim sucessivamente. Portanto, para conectar a antiga posição do mouse nas coordenadas `(oldx, oldy)` à nova posição `(newx, newy)`, só precisamos executar:

```
canvas.create_line(oldx, oldy, newx, newy)
```

Assim, a curva é desenhada conectando repetidamente a nova posição do mouse à posição antiga (anterior) do mouse. Isso significa que deve haver uma posição antiga do mouse "inicial" (ou seja, o início da curva). Essa posição é definida pelo manipulador de evento `begin()`, chamado quando o botão esquerdo do mouse é pressionado:

Módulo: draw.py

```
1 def begin(event):
2     'inicializa o início da curva com a posição do mouse'
3
4     global oldx, oldy
5     oldx, oldy = event.x, event.y
```

No manipulador `begin()`, as variáveis `oldx` e `oldy` recebem as coordenadas do mouse quando o botão esquerdo do mouse for pressionado. Essas variáveis globais serão constantemente atualizadas dentro do manipulador `draw()`, para guardar a última posição do mouse registrada enquanto a curva é desenhada. Agora, podemos implementar o manipulador de evento `draw()`:

Módulo: draw.py

```
1 def draw(event):
2     'desenha um segmento de linha da posição antiga do mouse à nova'
3     global oldx, oldy, canvas      # x e y serão mudados
4     newx, newy = event.x, event.y  # nova posição do mouse
5
6     # conecta posição anterior do mouse à atual
7     canvas.create_line(oldx, oldy, newx, newy)
8
9     oldx, oldy = newx, newy        # nova posição torna-se a anterior
```

Antes de prosseguirmos, vamos listar, na Tabela 9.8, alguns métodos aceitos pelo widget `Canvas`.

Método	Descrição
`create_line(x1, y1, x2, y2, ...)`	Cria segmentos de linha conectando os pontos `(x1,y1)`, `(x2,y2)`, ...; retorna a ID do item construído
`create_rectangle(x1, y1, x2, y2)`	Cria um retângulo com vértices em `(x1, y1)` e `(x2, y2)`; retorna a ID do item construído
`create_oval(x1, y1, x2, y2)`	Cria uma oval interna e tangente a um retângulo com vértices em `(x1, y1)` e `(x2, y2)`; retorna a ID do item construído
`delete(ID)`	Exclui o item identificado pela ID
`move(item, dx, dy)`	Move `item` para a direita dx unidades e para baixo dy unidades

Tabela 9.8 **Alguns métodos de `Canvas`.** Listamos somente alguns métodos da classe Canvas do widget `tkinter`. Cada objeto desenhado na tela tem uma ID exclusiva (que é um inteiro).

AVISO

Armazenando o Estado em uma Variável Global

No programa `draw.py`, as variáveis `oldx` e `oldy` armazenam as coordenadas da última posição do mouse. Essas variáveis são inicialmente definidas pela função `begin()` e depois atualizadas pela função `draw()`. Portanto, as variáveis `oldx` e `oldy` não podem ser variáveis locais a qualquer função e precisam ser definidas como variáveis globais.

O uso de variáveis globais é problemático porque o escopo das variáveis globais é o módulo inteiro. Quanto maior o módulo e mais nomes ele tiver, maior a probabilidade de definirmos, inadvertidamente, um nome duas vezes no módulo. Isso é ainda mais provável quando variáveis, funções e classes são importadas de outro módulo. Se um nome for definido várias vezes, todas as definições serão descartadas, menos uma, o que normalmente resulta em bugs muito estranhos.

Na próxima seção, aprenderemos como desenvolver GUIs como novas classes de widget usando técnicas de POO. Um dos benefícios é que poderemos armazenar o estado da GUI em variáveis de instância, em vez de em variáveis globais.

Problema Prático 9.6

Implemente o programa `draw2.py`, uma modificação de `draw.py`, que aceita a exclusão da última curva desenhada na tela pressionando Ctrl e o botão esquerdo do mouse simultaneamente. Para fazer isso, você precisará excluir todos os segmentos de linha curtos criados por `create_line()` que compõem a última curva. Isso, por sua vez, significa que você precisa armazenar todos os segmentos que formam a última curva em algum tipo de contêiner.

Widget `Frame` como um Widget Organizador

Agora, vamos apresentar o widget `Frame`, um importante widget cuja finalidade principal é servir como master de outros widgets e facilitar a especificação da geometria de uma GUI. Nós o utilizamos em outra GUI gráfica, que denominamos *plotter*, mostrada na Figura 9.12. A GUI plotter permite que o usuário desenhe movendo uma caneta horizontal ou vertical-

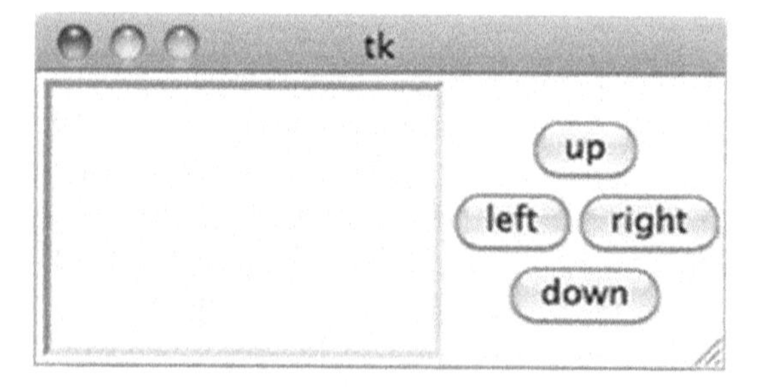

Figura 9.12 **Aplicação de plotter.** Essa GUI apresenta uma tela e quatro botões controlando os movimentos da caneta. Cada botão moverá a caneta 10 unidades na direção indicada.

mente, usando os botões à direita da tela. Um clique no botão deverá mover a caneta 10 pixels na direção indicada no botão.

É claro que a GUI plotter consiste em um widget `Canvas` e quatro widgets `Button`. O que é menos claro é o modo como especificamos a geometria dos widgets dentro de seu master (ou seja, a própria janela). Nem o método `pack()` nem o método `grid()` podem ser usados para posicionar a tela e os widgets de botão diretamente na janela, de modo que eles precisam ser apresentados conforme mostra a Figura 9.12.

Para simplificar a especificação da geometria, podemos usar um widget `Frame` cuja única finalidade é ser o master dos quatro widgets de botão. O posicionamento hierárquico dos widgets é então alcançado em duas etapas. A primeira etapa é posicionar os quatro widgets de botão em seu master `Frame` usando o método `grid()`. Depois, simplesmente posicionamos os widgets `Canvas` e `Frame` um ao lado do outro.

Módulo: plotter.py

```
1  from tkinter import Tk, Canvas, Frame, Button, SUNKEN, LEFT, RIGHT
2  
3  # manipuladores de evento up(), down(), left() e right()
4  
5  raiz = Tk()
6  
7  # tela com borda de tamanho 100 x 150
8  canvas = Canvas(root, height=100, width=150,
9                  relief=SUNKEN, borderwidth=3)
10 canvas.pack(side=LEFT)
11 
12 # frame para manter os 4 botões
13 box = Frame(raiz)
14 box.pack(side=RIGHT)
15 
16 # os 4 widgets de botão têm a caixa do widget Frame como seu master
17 button = Button(box, text='up', command=up)
18 button.grid(row=0, column=0, columnspan=2)
19 button = Button(box, text='left',command=left)
20 button.grid(row=1, column=0)
21 button = Button(box, text='right', command=right)
22 button.grid(row=1, column=1)
23 button = Button(box, text='down', command=down)
24 button.grid(row=2, column=0, columnspan=2)
25 
26 x, y = 50, 75 # posição da caneta, inicialmente no meio
27 
28 root.mainloop()
```

Os quatro manipuladores de evento de botão deverão mover a caneta na direção apropriada. Só mostramos o manipulador para o botão "up" deixando a implementação dos três manipuladores restantes como um exercício:

Módulo: plotter.py

```
1  def up():
2      'move caneta 10 pixels para cima'
3      global y, canvas                        # y é modificado
4      canvas.create_line(x, y, x, y-10)
5      y -= 10
```

DESVIO

Por que a Coordenada *y* Diminui Quando Movemos para Cima?

A função `up()` deverá mover a caneta na posição (*x*, *y*) para cima em 10 unidades. Em um sistema de coordenadas típico, isso significa que *y* deverá ser aumentado em 10 unidades. Em vez disso, o valor de *y* é diminuído em 10 unidades.

O motivo para isso é que o sistema de coordenadas em uma tela de desenho não é o mesmo que o sistema de coordenadas com o qual estamos acostumados. A origem, ou seja, a posição nas coordenadas (0, 0), está no canto superior esquerdo da tela de desenho. As coordenadas *x* aumentam para a direita e as coordenadas *y aumentam para baixo na tela de desenho.* Portanto, mover para cima significa diminuir a coordenada *y*, que é o que faz a função `up()`.

Embora peculiar, o sistema de coordenadas de `Canvas` segue o sistema de coordenadas da tela. Cada pixel na sua tela tem coordenadas definidas em relação ao canto superior esquerdo da tela, que tem coordenadas (0, 0). Por que o sistema de coordenadas da tela usa tal sistema?

Isso tem a ver com a ordem na qual os pixels são atualizados em um aparelho de televisão, o precursor do monitor de computador. A linha superior de pixels é atualizada da esquerda para a direita, e depois a segunda, a terceira e assim por diante.

Problema Prático 9.7

Complete a implementação das funções `down()`, `left()` e `right()` no programa `plotter.py`.

9.4 POO para GUIs

Até aqui neste capítulo, o foco de nossa apresentação tem sido em compreender como usar os widgets `tkinter`. Desenvolvemos aplicações GUI para ilustrar o uso dos widgets. Para manter as coisas simples, não nos preocupamos em saber se nossas aplicações GUI podem ser facilmente reutilizadas.

Para tornar uma aplicação GUI ou qualquer programa reutilizável, ele deverá ser desenvolvido como um componente (uma função ou uma classe) que encapsula todos os detalhes de implementação e todas as referências aos dados (e widgets) definidos no programa. Nesta seção, apresentamos a técnica de POO para o projeto de GUIs. Essa técnica tornará nossas aplicações GUI mais fáceis de reutilizar.

Fundamentos de POO para GUI

Para ilustrar a técnica de POO para o desenvolvimento GUI, implementamos a aplicação `clickit.py`. Essa aplicação apresenta uma GUI com um único botão; quando clicado, uma janela aparece e exibe a hora atual. Veja nosso código original (com as instruções `import` e comentários removidos, para que possamos nos concentrar na estrutura do programa).

Módulo: clickit.py

```
1  def clicked():
2      'apresenta informação de dia e hora'
3      time = strftime('Dia:  %d %b %Y\nHora: %H:%M:%S %p\n',
4                      localtime())
5      showinfo(message=time)
6
7  raiz = Tk()
8  button = Button(root,
9                  text='Clique aqui',
10                 command=clicked)   # manipulador de evento de
11 button.pack()                        clique de botão
12 raiz.mainloop()
```

Esse programa tem algumas propriedades indesejáveis. Os nomes `button` e `clicked` possuem escopo global. (Ignoramos o widget de janela `raiz`, pois está realmente "fora da aplicação", como veremos em breve.) Além disso, o programa não está encapsulado em um único componente nomeado (função ou classe), que pode ser referenciado de forma limpa e incorporado a uma GUI maior.

A ideia básica da técnica de POO para o desenvolvimento GUI é desenvolver a aplicação GUI como uma classe de widget nova, definida pelo usuário. Os widgets são complicados, e seria uma tarefa muio difícil implementar uma classe de widget do zero. Para nos ajudar, existe a herança da POO. Podemos garantir que nossa nova classe seja uma classe de widget simplesmente fazendo com que ela herde atributos de uma classe de widget existente. Como nossa nova classe precisa conter outro widget (o botão), ela deverá herdar de uma classe de widget que pode conter outros widgets (ou seja, a classe `Frame`).

A implementação da GUI `clickit.py`, portanto, consiste em definir uma nova classe, digamos, `ClickIt`, que seja uma subclasse de `Frame`. Um widget `ClickIt` deverá conter dentro dele apenas um widget de botão. Como o botão deve ser parte da GUI de partida, ele precisará ser criado e posicionado no momento em que o widget `ClickIt` for instanciado. Isso significa que o widget de botão deve ser criado e posicionado no construtor `ClickIt`.

Agora, qual será o master do botão? Como o botão deverá estar contido no widget `ClickIt` instanciado, seu master é o próprio widget (`self`).

Por fim, lembre-se de que sempre especificamos um master quando criamos um widget. Também devemos poder especificar o master de um widget `ClickIt`, de modo a podermos criar a GUI desta maneira:

```
>>> raiz = Tk()
>>> clickit = Clickit(raiz)  # cria widget ClickIt dentro de raiz
>>> clickit.pack()
>>> raiz.mainloop()
```

Portanto, o construtor `ClickIt` deverá ser definido para tomar um argumento, seu widget master. (A propósito, esse código mostra por que escolhemos não encapsular o widget de janela `raiz` dentro da classe `ClickIt`.)

Com todas as ideias que já passamos, podemos iniciar nossa implementação da classe de widget `ClickIt`, em particular, seu construtor:

Módulo: ch9.py

```
1  from tkinter import Button, Frame
2  from tkinter.messagebox import showinfo
3  from time import strftime, localtime
4
5  class ClickIt(Frame):
6      'GUI que apresenta hora atual'
7
8      def __init__(self, master):
9          'construtor'
10         Frame.__init__(self, master)
11         self.pack()
12         button = Button(self,
13                         text='Clique aqui',
14                         command=self.clicked)
15         button.pack()
16
17     # função de manipulação de evento clicked()
```

Existem três coisas a observar sobre o construtor `__init__()`. Primeiro, observe na linha 10 que o construtor `__init__()` de `ClickIt` *estende* o construtor `__init__()` de `Frame`. Há dois motivos para fazermos isso:

1. Queremos que o widget `ClickIt` seja inicializado assim como o widget `Frame`, de modo que seja um widget `Frame` completo.
2. Queremos que o widget `ClickIt` receba um master da mesma forma que qualquer widget `Frame` é atribuído a um master; assim, passamos o argumento de entrada `master` do construtor `ClickIt` ao construtor do `Frame`.

A próxima coisa a observar é que `button` não é uma variável global, como era no programa `clickit.py` original. Ele é simplesmente uma variável local, e não pode afetar nomes definidos no programa que usa a classe `ClickIt`. Por fim, observe que definimos o manipulador de evento de botão para ser `self.clicked`, o que significa que `clicked()` é um método da classe `ClickIt`. Aqui está sua implementação:

Módulo: ch9.py

```
1      def clicked(self):
2          'apresenta informações de dia e hora'
3          time = strftime('Dia:  %d %b %Y\nHora: %H:%M:%S %p\n',
4                          localtime())
5          showinfo(message=time)
```

Por ser um método de classe, o nome `clicked` não é global, como era no programa original `clickit.py`.

A classe ClickIt, portanto, encapsula o código e os nomes clicked e button. Isso significa que nenhum desses nomes é visível a um programa que usa um widget ClickIt, o que livra o desenvolvedor de se preocupar em se os nomes no programa entrarão em conflito com eles. Além do mais, o desenvolvedor achará extremamente fácil usar e incorporar um widget ClickIt em uma GUI maior. Por exemplo, o código a seguir incorpora o widget ClickIt em uma janela e inicia a GUI:

```
>>> raiz = Tk()
>>> app = Clickit(raiz)
>>> app.pack()
>>> root.mainloop()
```

Widgets Compartilhados São Atribuídos a Variáveis de Instância

Em nosso próximo exemplo, reimplementamos a aplicação GUI day.py como uma classe. Nós a usamos para ilustrar quando dar nomes de variável de instrução aos widgets. O programa original day.py (novamente, sem instruções import ou comentários) é:

Módulo: day.py

```
1  def compute():
2      global dateEnt    # dateEnt é uma variável global
3
4      date = dateEnt.get()
5      weekday = strftime('%A', strptime(date, '%b %d, %Y'))
6      showinfo(message = '{} foi {}'.format(date, weekday))
7      dateEnt.delete(0, END)
8
9  raiz = Tk()
10
11 label = Label(root, text='Digite a data')
12 label.grid(row=0, column=0)
13
14 dateEnt = Entry(raiz)
15 dateEnt.grid(row=0, column=1)
16
17 button = Button(raiz, text='Entrar', command=compute)
18 button.grid(row=1, column=0, columnspan=2)
19
20 root.mainloop()
```

Nessa implementação, os nomes compute, label, dateEnt e button possuem escopo global. Reimplementamos a aplicação como uma classe chamada Day, que encapsulará esses nomes e o código.

O construtor Day deverá ser responsável por criar os widgets de label, entrada e botão, assim como o construtor ClickIt foi responsável por criar o widget de botão. Porém, existe uma diferença: a entrada dateEnt é referenciada no manipulador de evento compute(). Por causa disso, dateEnt não pode ser simplesmente uma variável local do construtor Day. Em vez disso, nós a tornamos uma variável de instância que pode ser referenciada pelo manipulador de evento:

Módulo: ch9.py

```
1  from tkinter import Tk, Button, Entry, Label, END
2  from time import strptime, strftime
3  from tkinter.messagebox import showinfo
4
5  class Day(Frame):
6      'aplicação que calcula o dia da semana correspondente a uma data'
7
8      def __init__(self, master):
9          Frame.__init__(self, master)
10         self.pack()
11
12         label = Label(self, text='Digite a data')
13         label.grid(row=0, column=0)
14
15         self.dateEnt = Entry(self)        # variável de instância
16         self.dateEnt.grid(row=0, column=1)
17
18         button = Button(self, text='Entrar',
19                         command=self.compute)
20         button.grid(row=1, column=0, columnspan=2)
21
22     def compute(self):
23         '''exibe o dia da semana que corresponde à data em dateEnt,
24            no formato MMM DD, AAAA (ex.: Jan 21, 1967)'''
25         date = self.dateEnt.get()
26         weekday = strftime('%A', strptime(date, '%b %d, %Y'))
27         showinfo(message = '{} foi {}'.format(date, weekday))
28         self.dateEnt.delete(0, END)
```

Os widgets `Label` e `Button` não precisam ser atribuídos a variáveis de instância, pois nunca são referenciados pelo manipulador de evento. Eles são simplesmente nomes dados, que são locais ao construtor. O manipulador de evento `compute()` é um método de classe, assim como `clicked()` em `ClickIt`. De fato, os manipuladores de evento sempre devem ser métodos de classe em uma classe de widget definida pelo usuário.

A classe `Day`, portanto, encapsula os quatro nomes que eram globais no programa `day.py`. Assim como para a classe `ClickIt`, torna-se muito fácil incorporar um widget `Day` em uma GUI. Para esclarecer isso, vamos executar uma GUI que incorpora ambos:

```
>>> raiz = Tk()
>>> day = Day(raiz)
>>> day.pack()

>>> clickit = ClickIt(raiz)
>>> clickit.pack()
>>> root.mainloop()
```

A Figura 9.13 mostra a GUI resultante, com um widget `Day` acima de um widget `ClickIt`.

Problema Prático 9.8

Reimplemente a aplicação GUI `keylogger.py` como uma nova classe de widget definida pelo usuário. Você precisará decidir se é necessário atribuir o widget `Text` contido nessa GUI a uma variável de instância ou não.

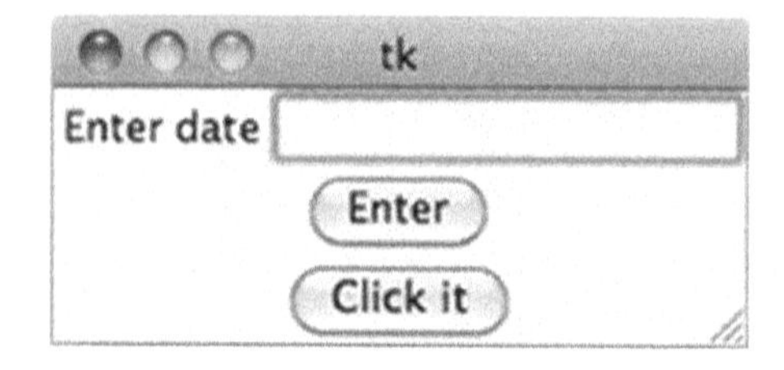

Figura 9.13 **Dois widgets definidos pelo usuário em uma GUI.** Uma classe de widget definida pelo usuário pode ser usada exatamente como uma classe de widget embutida.

Dados Compartilhados São Atribuídos a Variáveis de Instância

Para demonstrar ainda mais o benefício do encapsulamento na implementação de uma GUI como uma classe de widget definida pelo usuário, reimplementamos a aplicação GUI `draw.py`. Lembre-se de que essa aplicação oferece uma tela de desenho na qual o usuário pode desenhar usando o mouse. A implementação original é esta:

Módulo: draw.py

```
1  from tkinter import Tk, Canvas
2
3  def begin(event):
4      'inicializa o início da curva na posição do mouse'
5      global oldx, oldy
6      oldx, oldy = event.x, event.y
7
8  def draw(event):
9      'desenha um segmento de linha da antiga posição do mouse para a nova'
10     global oldx, oldy, canvas      # x e y serão mudados
11     newx, newy = event.x, event.y  # nova posição do mouse
12     canvas.create_line(oldx, oldy, newx, newy)
13     oldx, oldy = newx, newy      # nova posição torna-se anterior
14
15 raiz = Tk()
16
17 oldx, oldy = 0, 0    # coordenadas do mouse (variáveis globais)
18
19 canvas = Canvas(root, height=100, width=150)
20 canvas.bind("<Button-1>", begin)
21 canvas.bind("<Button1-Motion>", draw)
22 canvas.pack()
23
24 root.mainloop()
```

Na implementação original `draw.py`, precisávamos usar as variáveis globais `oldx` e `oldy` para registrar a posição do mouse. Isso porque os manipuladores de evento `begin()` e `draw()` as referenciavam. Na reimplementação como uma nova classe de widget, podemos armazenar as coordenadas do mouse em variáveis de instância em vez disso.

De modo semelhante, como a tela de desenho é referenciada pelo manipulador de evento `draw()`, temos que torná-la uma variável de instância também:

Módulo: ch9.py

```
from tkinter import Canvas, Frame, BOTH
class Draw(Frame):
    'uma aplicação de desenho básica'

    def __init__(self, parent):
        Frame.__init__(self, parent)
        self.pack()

        # coordenadas do mouse são variáveis de instância
        self.oldx, self.oldy = 0, 0

        # cria tela e vincula eventos do mouse aos manipuladores
        self.canvas = Canvas(self, height=100, width=150)
        self.canvas.bind("<Button-1>", self.begin)
        self.canvas.bind("<Button1-Motion>", self.draw)
        self.canvas.pack(expand=True, fill=BOTH)

    def begin(self,event):
        'trata clique do botão esquerdo registrando posição do mouse'
        self.oldx, self.oldy = event.x, event.y

    def draw(self, event):
        '''trata movimento do mouse, ao pressionar botão esquerdo,
           conectando posição anterior à nova posição do mouse'''
        newx, newy = event.x, event.y
        self.canvas.create_line(self.oldx, self.oldy, newx, newy)
        self.oldx, self.oldy = newx, newy
```

Problema Prático 9.9

Reimplemente a aplicação GUI plotter como uma classe de widget definida pelo usuário, que encapsula o estado da plotter (ou seja, a posição da caneta). Pense cuidadosamente sobre quais widgets precisam ser atribuídas a variáveis de instância.

9.5 Estudo de Caso: Desenvolvendo uma Calculadora

No estudo de caso deste capítulo, implementamos uma GUI básica de calculadora, mostrada na Figura 9.14. Usamos técnicas de POO para implementá-la como uma classe de widget definida pelo usuário, do zero. No processo, explicamos como escrever uma única função de manipulação de evento que trata de muitos botões diferentes.

Botões da Calculadora e Passagem de Argumentos aos Manipuladores

Vamos arregaçar as mangas imediatamente e tratar do código que cria os 24 botões da calculadora. Podemos usar a técnica baseada em uma lista bidimensional de rótulos de botão e um laço aninhado, que usamos no programa `phone.py` da Seção 9.1. Vamos começar.

Figura 9.14 **GUI** Calc. Uma aplicação de calculadora com os quatro operadores normais, uma raiz quadrada e uma função de quadrado, além de capacidade de memória.

Módulo: calc.py

```
1  # rótulos de botão de calculadora em uma lista 2D
2  buttons = [['MC',      'M+',       'M-', 'MR'],
3             ['C' , '\u221a', 'x\u00b2', '+' ],
4             ['7' ,      '8' ,       '9' , '-' ],
5             ['4' ,      '5' ,       '6' , '*' ],
6             ['1' ,      '2' ,       '3' , '/' ],
7             ['0' ,      '.' ,       '+-', '=' ]]
8
9  # cria e posiciona botões em linha e coluna apropriadas
10 for r in range(6):
11     for c in range(4):
12         b = Button(self,        # botão para símbolo buttons[r][c]
13                    text=buttons[r][c],
14                    width=3,
15                    relief=RAISED,
16                    command=???)             # método ??? a ser feito
17         b.grid(row = r+1, column = c)       # entrada está na linha 0
```

(Usamos os caracteres Unicode `\u221a` e `\u00b2` para a raiz quadrada e o subscrito em x^2.)

O que falta nesse código é o nome de cada função de manipulação de evento (observe os pontos de interrogação ??? na linha 16). Com 24 botões diferentes, precisamos ter 24 manipuladores de evento diferentes. A escrita de 24 manipuladores diferentes não apenas seria muito cansativa, mas também muito repetitiva, pois muitos deles são basicamente iguais. Por exemplo, os 10 manipuladores para os 10 botões de "dígito" devem fazer basicamente a mesma coisa: anexar o dígito apropriado à string no campo de entrada.

Não seria mais elegante se pudéssemos escrever apenas um manipulador de evento, chamado `click()`, para todos os 24 botões? Esse manipulador tomaria um argumento de entrada, o label do botão clicado, e então trataria do clique do botão, dependendo de qual seja ele.

O problema é que um manipulador de evento de botão não pode tomar um argumento de entrada. Em outras palavras, a opção `command` no construtor `Button` deverá se referir a uma função que pode e será chamada sem argumentos. Portanto, não há uma solução?

Na realidade, há uma solução para o problema, e ela usa o fato de que as funções em Python podem ser definidas de modo que, quando chamadas sem um valor de entrada, o argumento de entrada receba um valor padrão. Em vez de fazer com que a função `click()` seja o manipulador oficial, definimos, dentro do laço `for` aninhado, o manipulador para ser uma função `cmd()` que usa um argumento de entrada `x` — cujo padrão é o label `buttons[r][c]` — e chama `self.click(x)`. O próximo módulo inclui essa técnica (e o código que cria o widget `Entry`):

Módulo: calc.py

```
 1 # usa o widget Entry para exibição
 2 self.entry = Entry(self, relief=RIDGE, borderwidth=3,
 3                    width=20, bg='gray',
 4                    font=('Helvetica', 18))
 5 self.entry.grid(row=0, column=0, columnspan=5)
 6
 7 # cria e coloca botões na linha e coluna apropriada
 8 for r in range(6):
 9     for c in range(4):
10
11         # função cmd() é definida, de modo que, quando chamada
12         # sem um argumento de entrada, executa
13         # self.click(buttons[r][c])
14         def cmd(x=buttons[r][c]):
15             self.click(x)
16
17         b = Button(self,          # botão para símbolo buttons[r][c]
18                    text=buttons[r][c],
19                    width=3,
20                    relief=RAISED,
21                    command=cmd)             # cmd() é o manipulador
22         b.grid(row=r+1, column=c)           # entrada é na linha 0
```

Em cada iteração do laço `for` mais interno, uma nova função `cmd` é definida. Ela é definida de modo que, quando chamada sem um valor de entrada, ela executa `self.clicked(buttons [r] [c])`. Os label `buttons [r][c]` é o label do botão sendo criado na mesma iteração. O construtor `button` definirá `cmd()` para ser o manipulador de evento do botão.

Resumindo, quando o botão da calculadora com o label `key` é clicado, o interpretador Python executará `self.click(key)`. Para completar a calculadora, só precisamos implementar o manipulador de evento "não oficial" `click()`.

Implementando o Manipulador de Evento "Não Oficial" `click()`

A função `click()`, na realidade, trata de cada clique do botão. Ela toma o label de texto `key` do botão clicado como entrada e, dependendo do label do botão, realiza uma de várias coisas. Se `key` for um dos dígitos de 0 a 9 ou o ponto, então `key` deverá simplesmente ser acrescentado aos dígitos já no widget `Entry`:

```
self.entry.insert(END, key)
```

(Veremos em breve que isso não é suficiente.)

Se key for um dos operadores +, -, * ou /, isso significa que só digitamos um operando, exibido no widget da entrada, e estamos para começar a digitar o próximo operando. Para lidar com isso, usamos uma variável de instância self.expr, que armazenará a expressão digitada até aqui como uma string. Isso significa que precisamos acrescentar o operando atualmente exibido na caixa de entrada e também o operador key:

```
self.expr += self.entry.get()
self.expr += key
```

Além disso, precisamos de alguma forma indicar que o próximo dígito digitado é o início do próximo operando e não deve ser anexado ao valor atual no widget Entry. Fazemos isso definindo um flag:

```
self.startOfNextOperand = True
```

Isso significa que precisamos repensar o que precisa ser feito quando key é um dos dígitos de 0 a 9. Se startOfNextOperand for True, precisamos primeiro excluir o operando atualmente exibido na entrada e inicializar o flag como False:

```
if self.startOfNextOperand:
    self.entry.delete(0, END)
    self.startOfNextOperand = False
self.entry.insert(END, key)
```

O que deveria ser feito se key for =? A expressão digitada até aqui deverá ser avaliada e exibida na entrada. A expressão consiste em tudo armazenado em self.expr e o operando atualmente na entrada. Antes de exibir o resultado da avaliação, o operando atualmente na entrada deverá ser excluído. Como o usuário pode ter digitado uma expressão ilegal, precisamos fazer tudo isso dentro de um bloco try; o manipulador de exceção exibirá uma mensagem de erro se uma exceção for levantada enquanto a expressão é avaliada.

Agora, podemos implementar uma parte da função click():

Módulo: calc.py

```
1  def click(self, key):
2      'manipulador para evento de pressionar tecla rotulada do botão'
3
4      if key == '=':
5          # avalia a expressão, incluindo o valor
6          # exibido na entrada e o resultado apresentado
7          try:
8              result = eval(self.expr + self.entry.get())
9              self.entry.delete(0, END)
10             self.entry.insert(END, result)
11             self.expr = ''
12         except:
13             self.entry.delete(0, END)
14             self.entry.insert(END, 'Error')
15
16     elif key in '+*-/':
17         # acrescenta operador exibido na entrada e tecla de operador
18         # à expressão e prepara novo operando
19         self.expr += self.entry.get()
20         self.expr += key
21         self.startOfNextOperand = True
```

```
22          # os casos quando key é '\u221a', 'x\u00b2', 'C',
23          # 'M+', 'M-', 'MR', 'MC' são deixados como exercício
24
25          elif key == '+-':
26              # troca entrada de positiva para negativa ou vice-versa
27              # se não houver valor na entrada, não faz nada
28              try:
29                  if self.entry.get()[0] == '-':
30                      self.entry.delete(0)
31                  else:
32                      self.entry.insert(0, '-')
33              except IndexError:
34                  pass
35
36          else:
37              # insere dígito ao final da entrada, ou como primeiro
38              # dígito, se início do próximo operando
39              if self.startOfNextOperand:
40                  self.entry.delete(0, END)
41                  self.startOfNextOperand = False
42              self.entry.insert(END, key)
```

Observe que o caso em que o usuário digita o botão +- também é mostrado. Cada toque desse botão deverá inserir um operador - na frente do operando na entrada, se for positivo, ou remover o operador -, se for negativo. Deixamos a implementação de alguns dos outros casos como um problema prático.

Por fim, implementamos o construtor. Já escrevemos o código que cria a entrada e os botões. As variáveis de instância `self.expr` e `self.startOfNextOperand` também devem ser inicializadas aí. Além disso, devemos inicializar uma variável de instância que representará a memória da calculadora.

Módulo: calc.py

```
1  def __init__(self, parent=None):
2      'construtor da calculadora'
3      Frame.__init__(self, parent)
4      self.pack()
5
6      self.memory = ''                    # memória
7      self.expr = ''                      # expressão atual
8      self.startOfNextOperand = True      # início do novo operando
9
10     # código de entrada e botões
```

Problema Prático 9.10

Complete a implementação da classe `Calc`. Você precisará implementar o código que trata dos botões `C`, `MC`, `M+`, `M-` e `MR`, bem como os botões de raiz quadrada e quadrado.

Usamos a variável de instância `self.memory` no código tratando dos quatro botões de memória. Implemente o botão de raiz quadrada e quadrado de modo que a operação apropriada seja aplicada ao valor na entrada e o resultado seja exibido na entrada.

Resumo do Capítulo

Neste capítulo, apresentamos o desenvolvimento de GUIs em Python.

A API GUI específica do Python que utilizamos é o módulo `tkinter` da Biblioteca Padrão. Esse módulo define widgets que correspondem aos componentes típicos de uma GUI, como botões, labels, formulários de entrada de texto e assim por diante. Neste capítulo, abordamos explicitamente as classes de widget `Tk`, `Label`, `Button`, `Text`, `Entry`, `Canvas` e `Frame`. Para aprender a respeito de outras classes de widget do `tkinter`, indicamos a documentação on-line do `tkinter`.

Existem várias técnicas para especificar a geometria (isto é, o posicionamento) de widgets em uma GUI. Apresentamos os métodos de classe de widget `pack()` e `grid()`. Também ilustramos como facilitar a especificação da geometria de GUIs mais complexas organizando os widgets em um padrão hierárquico.

GUIs são programas interativos que reagem a eventos gerados pelo usuário, como cliques de botão do mouse, movimento do mouse ou toques de tecla do teclado. Descrevemos como definir os manipuladores executados em resposta a esses eventos. O desenvolvimento de manipuladores de evento (isto é, funções que respondem a eventos) é um estilo de programação chamado programação dirigida por evento. Nós a encontraremos novamente quando discutirmos a análise de arquivos HTML, no Capítulo 11.

Por fim, e talvez mais importante, usamos o contexto do desenvolvimento GUI para demonstrar os benefícios da POO. Descrevemos como desenvolver aplicações GUI como novas classes de widget que podem ser facilmente incorporadas em GUIs maiores. No processo, aplicamos conceitos de POO como herança de classe, modularidade, abstração e encapsulamento.

Soluções dos Problemas Práticos

9.1 As opções `width` e `height` podem ser usadas para especificar a largura e a altura do rótulo de texto. (Observe que uma largura de 20 significa que 20 caracteres podem caber no label.) Para permitir que o preenchimento encha o espaço disponível ao redor do widget do símbolo da paz, o método `pack()` é chamado com as opções `expand = True` e `fill = BOTH`.

Módulo: peaceandlove.py

```
1  from tkinter import Tk, Label, PhotoImage, BOTH, RIGHT, LEFT
2  raiz = Tk()
3
4  label1 = Label(raiz, text="Peace & Love", background='black',
5                 width=20, height=5, foreground='white',
6                 font=('Helvetica', 18, 'italic'))
7  label1.pack(side=LEFT)
8
9  photo = PhotoImage(file='peace.gif')
10
11 label2 = Label(raiz, image=photo)
12 label2.pack(side=RIGHT, expand=True, fill=BOTH)
13
14 root.mainloop()
```

9.2 O uso da iteração facilita a criação de todos os labels. A primeira linha de labels de "dias da semana" pode ser melhorada criando a lista de dias da semana, percorrendo a lista, criando um widget de label para cada um e colocando-o na coluna apropriada da linha 0. O fragmento de código relevante aparece a seguir.

Módulo: ch9.py

```
1    days = ['Seg', 'Ter', 'Qua', 'Qui', 'Sex', 'Sáb', 'Dom'
2     # cria e posiciona labels de dia da semana
3     for i in range(7):
4         label = Label(raiz, text=days[i])
5         label.grid(row=0,column=i)
```

A iteração também é usada para criar e posicionar os labels com números. As variáveis `week` e `weekday` registram a linha e a coluna, respectivamente.

Módulo: ch9.py

```
1     # obtém o dia da semana para o primeiro dia do mês e
2     # o número de dias no mês
3     weekday, numDays = monthrange(year, month)
4     # cria calendário iniciando na semana (linha) 1 e dia (coluna) 1
5     week = 1
6     for i in range(1, numDays+1): # para i = 1, 2, ..., numDays
7         # cria label i e o coloca na linha week, coluna weekday
8         label = Label(root, text=str(i))
9         label.grid(row=week, column=weekday)
10
11        # atualiza weekday (coluna) e week (linha)
12        weekday += 1
13        if weekday > 6:
14            week += 1
15            weekday = 0
```

9.3 Dois botões deverão ser criados, em vez de um. O fragmento de código a seguir mostra as funções de manipulação de evento separadas para cada botão.

Módulo: twotimes.py

```
1  def greenwich():
2      'exibe informações de dia e hora de Greenwich'
3      time = strftime('Dia:  %d %b %Y\nHora: %H:%M:%S %p\n',
4                      gmtime())
5      print('Hora de Greenwich\n' + time)
6
7  def local():
8      'exibe informações de dia e hora local'
9      time = strftime('Dia:  %d %b %Y\nHora: %H:%M:%S %p\n',
10                     localtime())
11     print('Hora local\n' + time)
12
13 # Botão de hora local
14 buttonl = Button(raiz, text='Hora local', command=local)
15 buttonl.pack(side=LEFT)
16
17 # Botão de hora média de Greenwich
18 buttong = Button(root,text='Hora de Greenwich',command=greenwich)
19 buttong.pack(side=RIGHT)
```

9.4 Apenas descrevemos as mudanças do programa `day.py`. A função de manipulação de evento `compute()` para o botão "Enter" deverá ser modificada para:

```
def compute():
    global dateEnt   # aviso de que dateEnt é uma variável global
    # lê data da entrada dateEnt
    date = dateEnt.get()
    # calcula dia da semana correspondente à data
    weekday = strftime('%A', strptime(date, '%b %d, %Y'))
    # exibe o dia da semana em uma janela pop-up
    dateEnt.insert(0, weekday+' ')
```

A função de manipulação de evento para o botão "Apagar" deverá ser:

```
def clear():
    'apaga a entrada dateEnt'
    global dateEnt
    dateEnt.delete(0, END)
```

Por fim, os botões deverão ser definidos conforme mostramos:

```
# Botão Entrar
button = Button(raiz, text='Entra', command=compute)
button.grid(row=1, column=0)

# Botão Apagar
button = Button(raiz, text='Apagar', command=clear)
button.grid(row=1, column=1)
```

9.5 Precisamos vincular o pressionamento da tecla Enter/Return a uma função de manipulação de evento que toma um objeto `Event` como entrada. Tudo o que essa função realmente precisa fazer é chamar o manipulador `compute()`. Assim, só precisamos acrescentar a `day.py`:

```
def compute2(event):
    compute()

dateEnt.bind('<Return>', compute2)
```

9.6 A chave é armazenar os itens retornados por `canvas.create_line(x,y,newX,newY)` em algum contêiner, digamos a lista `curve`. O contêiner deverá ser inicializado como uma lista vazia toda vez que começarmos a desenhar:

Módulo: draw2.py

```
1  def begin(event):
2      'inicializa o início da curva com posição do mouse'
3      global oldx, oldy, curve
4      oldx, oldy = event.x, event.y
5      curve = []
```

Ao movermos o mouse, as IDs dos segmentos de linha criados pelo método `create_line()` de `Canvas` precisam ser anexadas à lista `curve`. Isso é mostrado na implementação da função de manipulação de evento `draw()`, a seguir.

Módulo: draw2.py

```
def draw(event):
    'desenha um segmento de linha da antiga posição do mouse à nova'
    global oldx, oldy, canvas, curve  # x e y serão modificados
    newx, newy = event.x, event.y     # nova posição do mouse
    # conecta posição anterior do mouse à atual
    curve.append(canvas.create_line(oldx, oldy, newx, newy))
    oldx, oldy = newx, newy          # nova posição torna-se anterior
def delete(event):
    'exclui última curva desenhada'
    global curve
    for segment in curve:
        canvas.delete(segment)
# vincula Ctrl com botão esquerdo do mouse a delete()
canvas.bind('<Control-Button-1>', delete)
```

O manipulador de evento para o tipo de evento `<Control-Button-1>`, função `delete()`, deverá percorrer a ID do segmento de linha em `curve` e chamar `canvas.delete()` sobre cada uma.

9.7 As implementações são semelhantes à função `up()`:

Módulo: plotter.py

```
def down():
    'move caneta 10 pixels para baixo'
    global y, canvas                   # y é modificado
    canvas.create_line(x, y, x, y+10)
    y += 10
def left():
    'move caneta 10 pixels para a esquerda'
    global x, canvas                   # x é modificado
    canvas.create_line(x, y, x-10, y)
    x -= 10
def right():
    'move caneta 10 pixels para a direita'
    global x, canvas                   # x é modificado
    canvas.create_line(x, y, x+10, y)
    x += 10
```

9.8 Como o widget `Text` não é usado pelo manipulador de evento, não é necessário atribuí-lo a uma variável de instância.

Módulo: ch9.py

```
from tkinter import Text, Frame, BOTH
class KeyLogger(Frame):
    'um editor básico que registra as teclas pressionadas'
    def __init__(self, master=None):
        Frame.__init__(self, master)
        self.pack()
        text = Text(width=20, height=5)
        text.bind('<KeyPress>', self.record)
        text.pack(expand=True, fill=BOTH)
```

```
10        def record(self, event):
11            '''trata dos eventos de toque de tecla exibindo
12               caracteres associados à tecla'''
13            print('char={}'.format(event.keysym))
```

9.9 Somente o widget `Canvas` é referenciado pela função `move()` que manipula cliques do botão, de modo que é o único widget que precisa ser atribuído a uma variável de instância, `self.canvas`. As coordenadas (isto é, estado) da caneta também precisarão ser armazenadas nas variáveis de instância `self.x` e `self.y`. A solução está no módulo `ch9.py`. Em seguida, vemos o fragmento de código do construtor que cria o botão "up" e seu manipulador; os botões restantes são semelhantes.

Módulo: ch9.py

```
1           # cria botão up
2           b = Button(buttons, text='up', command=self.up)
3           b.grid(row=0, column=0, columnspan=2)
4
5       def up(self):
6           'move caneta 10 pixels para cima '
7           self.canvas.create_line(self.x, self.y, self.x, self.y-10)
8           self.y -= 10
```

9.10 Aqui está o fragmento de código que está faltando:

Módulo: calc.py

```
1   elif key == '\u221a':
2       # calcula e exibe raiz quadrada da entrada
3       result = sqrt(eval(self.entry.get()))
4       self.entry.delete(0, END)
5       self.entry.insert(END, result)
6
7   elif key == 'x\u00b2':
8       # calcula e exibe o quadrado da entrada
9       result = eval(self.entry.get())**2
10      self.entry.delete(0, END)
11      self.entry.insert(END, result)
12
13  elif key == 'C':                    # limpa a entrada
14      self.entry.delete(0, END)
15
16  elif key in {'M+', 'M-'}:
17      # soma ou subtrai da memória o valor da entrada
18      self.memory=str(eval(self.memory+key[1]+self.entry.get()))
19
20  elif key == 'MR':
21      # substitui valor na entrada pelo valor armazenado na memória
22      self.entry.delete(0, END)
23      self.entry.insert(END, self.memory)
24
25  elif key == 'MC':                   # apaga a memória
26      self.memory = ''
```

Exercícios

9.11 Desenvolva um programa que exibe uma janela GUI com sua imagem no lado esquerdo e seu nome, sobrenome e local e data de nascimento à direita. A foto precisa estar no formato GIF. Se você não tiver uma, procure uma ferramenta conversora on-line gratuita e uma imagem JPEG para transformar para o formato GIF.

9.12 Modifique a solução do Problema Prático 9.3 de modo que as horas sejam exibidas em uma janela pop-up separada.

9.13 Modifique o teclado de telefone GUI da Seção 9.1 de modo que tenha botões em vez de dígitos. Quando o usuário disca um número, os dígitos do número devem ser exibidos no shell interativo.

9.14 No programa `plotter.py`, o usuário precisa clicar em um dos quatro botões para mover a caneta. Modifique o programa para permitir que o usuário utilize as teclas de seta no teclado em vez disso.

9.15 Na implementação da classe de widget `Plotter`, existem quatro manipuladores de evento de botão muito semelhantes: `up()`, `down()`, `left()` e `right()`. Reimplemente a classe usando apenas uma função `move()` que aceita dois argumentos de entrada `dx` e `dy` e move a caneta da posição `(x, y)` para `(x+dx, y+dx)`.

9.16 Acrescente mais dois botões ao widget `Plotter`. Um, rotulado "apagar", deverá apagar a tela. O outro, rotulado "excluir", deverá apagar o último movimento da caneta.

9.17 Aumente o widget de calculadora `Calc` de modo que o usuário possa digitar teclas do teclado em vez de clicar botões correspondentes aos 10 dígitos, o ponto e os operadores `+`, `-`, `*` e `/`. Também permita que o usuário digite a tecla Enter/Return em vez de clicar no botão rotulado com `=`.

Problemas

9.18 Implemente uma aplicação GUI que permita que os usuários calculem seu índice de massa corporal (IMC), que definimos no Problema Prático 5.1. Sua GUI deverá se parecer com aquela vista a seguir.

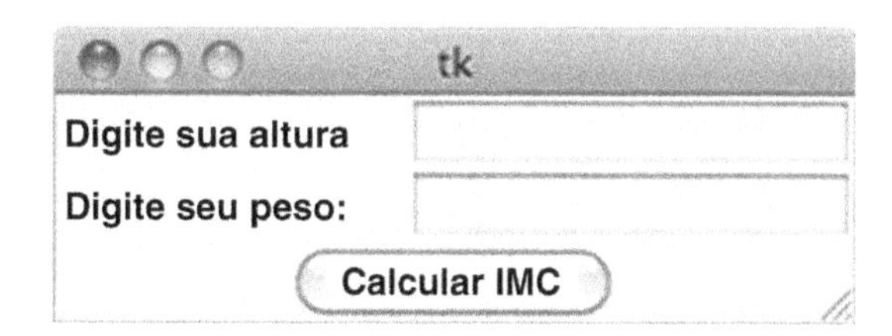

Depois de entrar com a altura e o peso e então clicar no botão, uma nova janela deverá aparecer com o IMC calculado. Cuide para que sua GUI seja amigável ao usuário, excluindo o peso e altura informados, de modo que o usuário possa inserir novas entradas sem ter que apagar as antigas.

9.19 Desenvolva uma aplicação GUI cuja finalidade seja calcular o pagamento da hipoteca mensal dado um valor de financiamento (em R$), a taxa de juros (em %) e o prazo do financiamento (ou seja, o número de meses necessários para pagar o financiamento). A GUI deverá ter três labels e três caixas de entrada para os usuários incluírem essa informação. Ela também deverá ter um botão com o texto "Calcular hipoteca" que, quando acionado, calcula e exibe a hipoteca mensal em uma quarta caixa de entrada.

A hipoteca mensal m é calculada a partir do valor do financiamento a, taxa de juros r e prazo de financiamento t, da seguinte forma:

$$m = \frac{a \times c \times (1+c)^t}{(1+c)^t - 1}$$

em que $c = r/1200$.

9.20 Desenvolva uma classe de widget `Finanças`, que incorpora uma calculadora e uma ferramenta para calcular a hipoteca mensal. Em sua implementação, você deverá usar a classe `Calc` desenvolvida no estudo de caso e um widget `Hipoteca`, do Problema 9.19.

9.21 Desenvolva uma GUI que contenha apenas um widget `Frame` de tamanho 480 × 640 que tenha este comportamento: toda vez que o usuário clicar em algum local no frame, as coordenadas locais são exibidas no shell interativo.

```
>>>
você clicou em (55, 227)
você clicou em (426, 600)
você clicou em (416, 208)
```

9.22 Modifique o teclado telefônico GUI da Seção 9.1 de modo que tenha botões, em vez de dígitos, e uma caixa de entrada no topo. Quando o usuário discar um número, este deverá ser exibido no formato de número de telefone tradicional. Por exemplo, se o usuário digitar 1234567890, a caixa de entrada deverá exibir 12-3456-7890.

9.23 Desenvolva um novo widget `Game` que implemente um jogo de adivinhação de número. Ao ser iniciado, será escolhido um número aleatório secreto, entre 0 e 9. O usuário, então, deverá escolher números. Sua GUI deverá ter um widget `Entry` para o usuário digitar a escolha de número e um widget `Button` para informar a escolha:

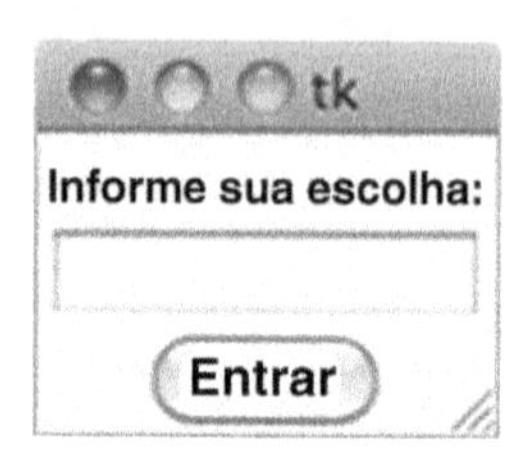

Se a escolha for correta, uma janela separada deverá informar isso ao usuário. O usuário deverá ser capaz de incluir escolhas até que a escolha seja a correta.

9.24 No Problema 9.23, o fato de pressionar a tecla Enter/Return no teclado depois de informar um número na entrada é ignorado. Modifique a GUI `Game` de modo que o pressionamento da tecla seja equivalente a pressionar o botão.

9.25 Modifique o widget `Game` do Problema 9.24 de modo que um novo jogo seja iniciado automaticamente quando o usuário tiver acertado o número. A janela informando ao usuário que ele fez uma escolha correta deverá informar algo como "Vamos fazer novamente...". Observe que um novo número aleatório teria que ser escolhido no início de cada jogo.

9.26 Implemente o widget GUI `Craps` que simula o jogo de apostas craps. A GUI deverá incluir um botão que inicia um novo jogo simulando o lançamento inicial de um par de dados. O resultado do lançamento inicial é, então, mostrado no widget `Entry`, conforme a figura a seguir.

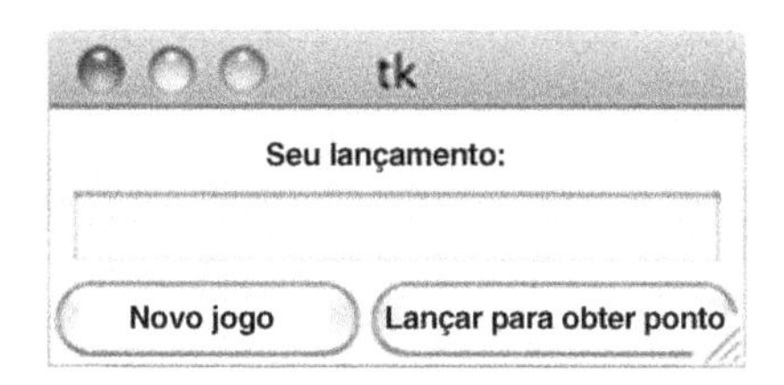

Se o lançamento inicial não for uma vitória ou uma perda, o usuário terá que clicar no botão "Lançar para obter ponto" e continuar clicando nele até que consiga vencer.

9.27 Desenvolva uma aplicação com uma caixa de texto que meça a velocidade com que você digita. Ela deverá registrar a hora em que você digitou o primeiro caractere. Depois, toda vez que você pressionar o caractere de espaço, ele deverá exibir (1) o tempo que levou para digitar a palavra correspondente e (2) uma estimativa da sua velocidade de digitação em palavras por minuto, calculando a média do tempo gasto para digitar as palavras até o momento e normalizando sobre 1 minuto. Assim, se o tempo médio por palavra for 2 segundos, a medida normalizada é de 30 palavras por minuto.

9.28 A maioria das calculadoras apaga informando 0 na tela, em vez de gerar um mostrador vazio. Modifique a implementação `Calc` de modo que a tela padrão seja 0.

9.29 Desenvolva uma nova classe de widget GUI `Ed`, que pode ser usada para ensinar adição e subtração às crianças. A GUI deverá conter dois widgets `Entry` e um widget `Button`, rotulado com "Entrar".

No início, seu programa deverá gerar (1) números pseudoaleatórios de único dígito `a` e `b` e (2) uma operação `o`, que poderia ser adição ou subtração — com a mesma probabilidade — usando a função `randrange()` no módulo `random`. A expressão `a o b`, então, será exibida no primeiro widget `Entry` (a menos que `a` seja menor que `b` e a operação `o` seja subtração, quando `b o a` será exibido, de modo que o resultado nunca seja negativo). As expressões exibidas poderiam ser, por exemplo, 3+2, 4+7, 5–2, 3–3, mas não poderiam ser 2–6.

O usuário terá que digitar, no segundo widget `Entry`, o resultado da avaliação da expressão mostrada no primeiro widget `Entry` e clicar no botão "Entrar" (assim como a tecla Enter do teclado). Se o resultado correto for informado, uma nova janela deverá informar "Você conseguiu!"

9.30 Aumente a GUI que você desenvolveu no Problema 9.29 de modo que um novo problema seja gerado depois que o usuário responde a um problema corretamente. Além disso, sua aplicação deverá registrar o número de tentativas para cada problema e incluir essa informação na mensagem exigida quando o usuário acerta o problema.

9.31 Melhore o widget `Ed` do Problema 9.30 de modo que não repita um problema dado recentemente. Mais precisamente, garanta que um novo problema sempre seja diferente dos 10 problemas anteriores.

9.32 Desenvolva a classe de widget `Calendar`, que implementa uma aplicação de calendário baseada em GUI. O construtor de `Calendar` deverá aceitar três argumentos como entrada: o widget master, um ano e um mês (usando os números de 1 a 12). Por exemplo, `Ca-`

lendar (raiz, 2012, 2) deverá criar um widget Calendar dentro do widget master raiz. O widget Calendar deverá exibir a página do calendário para o mês e ano indicados, com um botão para cada dia:

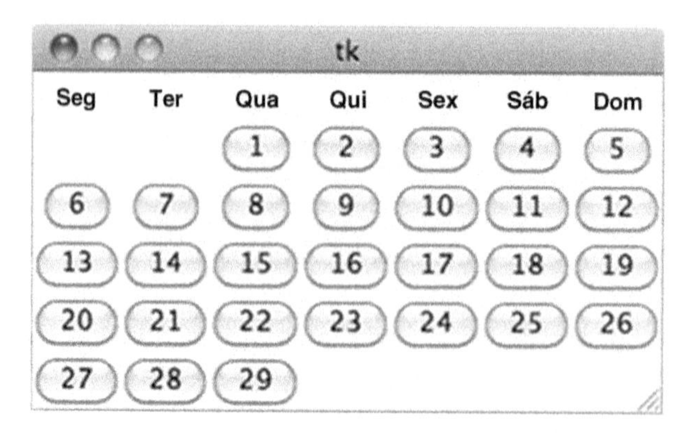

Depois, quando você clicar em um dia, uma caixa de diálogo deverá aparecer:

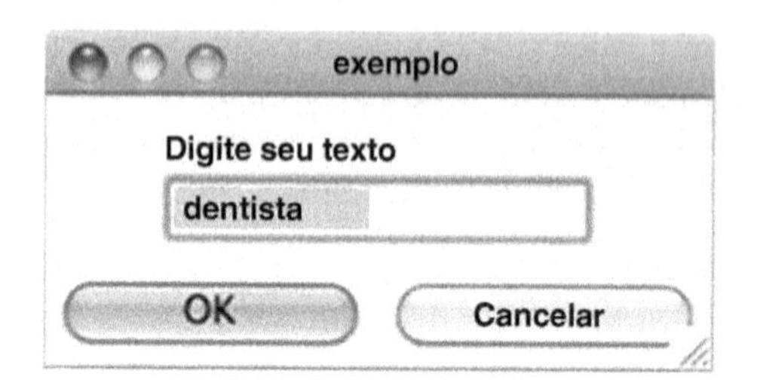

Essa janela lhe dará um campo de entrada para solicitar um compromisso. Ao clicar no botão "OK", a caixa de diálogo desaparecerá. Porém, quando clicar novamente no mesmo botão de dia na janela principal do calendário, a caixa de diálogo deverá reaparecer, juntamente com a informação do compromisso.

Você pode usar a função askstring do módulo tkinter.simpledialog para a caixa de diálogo. Ela aceita o título e o label da janela como entrada e retorna qualquer coisa que o usuário digitou. Por exemplo, a última caixa de diálogo foi criada com a chamada de função

```
askstring('exemplo', 'Digite seu texto')
```

Quando o usuário clicar em OK, a string digitada na caixa de entrada é retornada por essa chamada de função.

A função também pode aceitar um argumento opcional initialvalue, que aceita uma string e a coloca no campo de entrada:

```
askstring('exemplo', ' Digite seu texto', initialvalue='compromisso
                                                              ...')
```

9.33 Modifique a classe Calendar do Problema 9.32 de modo que possa ser usada para qualquer mês em qualquer ano. Quando iniciada, ela deverá exibir o calendário para o mês atual. Ela também deverá ter dois botões adicionais, rotulados com "anterior" e "seguinte" que, quando clicados, passarão o calendário para o mês anterior ou seguinte, respectivamente.

CAPÍTULO

10

Recursão

NESTE CAPÍTULO, aprendemos sobre a recursão, uma poderosa técnica de solução de problemas, e a análise do tempo de execução.

A recursão é uma técnica de solução de problemas que expressa a solução para um problema em termos de soluções para subproblemas do problema original. A recursão pode ser usada para resolver problemas que, de outra forma, poderiam ser bastante desafiadores. As funções desenvolvidas solucionando um problema recursivamente chamarão a si mesmas, e nos referiremos a elas como funções recursivas. Também mostramos como os namespaces e a pilha de programa dão suporte à execução das funções recursivas.

Demonstramos o grande uso da recursão em padrões numéricos, fractais, analisadores de vírus e pesquisa. Utilizamos a recursão no estudo de caso deste capítulo de modo a desenvolver uma ferramenta para resolver e visualizar a solução do problema da Torre de Hanói. Também usamos a recursão aqui ao desenvolvermos Web crawlers.

Enquanto discutimos quando a recursão deve ou não ser usada, aparece a questão do tempo de execução do programa. Até aqui, não nos preocupamos muito com a eficiência de nossos programas. Agora, corrigimos essa situação e usamos a oportunidade para analisar diversas tarefas de busca fundamentais.

10.1 Introdução à Recursão

Uma função *recursiva* é uma função que chama a si mesma. Nesta seção, explicamos o que isso significa e como as funções recursivas são executadas. Também apresentamos o *pensamento recursivo* como uma técnica para solução de problemas. Na próxima seção, aplicamos o pensamento recursivo e como desenvolver funções recursivas.

Funções Recursivas

Aqui está um exemplo que ilustra o que queremos dizer com uma função que chama a si mesma:

Módulo: ch10.py

```
1 def countdown(n):
2         print(n)
3         countdown(n-1)
```

Na implementação da função `countdown()`, a função `countdown()` é chamada. Portanto, a função `countdown()` chama a si mesma. Quando uma função chama a si mesma, dizemos que ela faz uma *chamada recursiva*.

Vamos entender o comportamento dessa função rastreando a execução da chamada de função `countdown(3)`.

- Quando executamos `countdown(3)`, a entrada 3 é exibida e então `countdown()` é chamada sobre a entrada decrementada por 1 — ou seja, 3 – 1 = 2. Temos 3 aparecendo na tela, e continuamos rastreando a execução de `countdown(2)`.
- Quando executamos `countdown(2)`, a entrada 2 é exibida e então `countdown()` é chamada sobre a entrada decrementada por 1 — ou seja, 2 – 1 = 1. Agora, temos 3 e 2 aparecendo na tela, e continuamos rastreando a execução de `countdown(1)`.
- Quando executamos `countdown(1)`, a entrada 1 é exibida e então `countdown()` é chamada sobre a entrada decrementada por 1 — ou seja, 1 – 1 = 0. Agora, temos 3, 2 e 1 exibidos na tela, e continuamos rastreando a execução de `countdown(0)`.
- Quando executamos `countdown(0)`, a entrada 0 é exibida e então `countdown()` é chamada sobre a entrada, 0, decrementada por 1 — ou seja, 0 – 1 = –1. Agora, temos 3, 2, 1 e 0 aparecendo na tela, e continuamos rastreando a execução de `countdown(-1)`.
- Quando executamos `countdown(-1)`, ...

Parece que a execução nunca terminará. Vamos verificar:

```
>>> countdown(3)
3
2
1
0
-1
-2
-3
-4
-5
-6
...
```

O comportamento da função é fazer a contagem regressiva, começando com o número da entrada original. Se deixarmos a chamada de função `countdown(3)` executar por um tempo, obteremos:

```
...
-973
-974
Traceback (most recent call last):
  File "<pyshell#2>", line 1, in <module>
    countdown(3)
  File "/Users/lperkovic/work/book/Ch10-RecursionandAlgs/ch10.py"...
    countdown(n-1)
...
```

E, depois de obter muitas linhas de mensagens de erro, acabamos com:

```
...
RuntimeError: maximum recursion depth exceeded
```

Tudo bem, então a execução estava seguindo indefinidamente, mas o interpretador Python parou com isso. Em breve, explicaremos por que a VM do Python faz isso. O ponto principal a entender neste momento é que uma função recursiva chamará a si mesma indefinidamente, a menos que modifiquemos a função de modo que haja uma *condição de parada*.

Para mostrar isso, suponha que o comportamento que queríamos alcançar com a função `countdown()` fosse, na realidade:

```
>>> countdown(3)
3
2
1
Lançar!!!
```

ou

```
>>> countdown(1)
1
Lançar!!!
```

ou

```
>>> countdown(0)
Lançar!!!
```

A função `countdown()` deverá contar até 0, começando de uma entrada informada *n*; quando 0 for alcançado, o texto `Lançar!!!` deverá ser apresentado.

Para implementar essa versão de `countdown()`, consideramos dois casos que dependem do valor da entrada *n*. Quando a entrada *n* é 0 ou negativa, tudo o que precisamos fazer é exibir `'Lançar!!!'`:

```
def countdown(n):
    'contagem regressiva até 0'
    if n <= 0:                  # caso básico
        print('Lançar!!!')
    else:
... # restante da função
```

Chamamos esse caso de *caso básico* da recursão; essa é a condição que garantirá que a função recursiva não irá chamar a si mesma indefinidamente.

O segundo caso é quando a entrada *n* é positiva. Nesse caso, fazemos a mesma coisa de antes:

```
print(n)
countdown(n-1)
```

Como esse código implementa a função `countdown()` para o valor de entrada $n > 0$? A ideia usada no código é esta: *contar regressivamente de n (número positivo) pode ser feito exibindo n primeiro e depois regredindo a partir de n* – 1. Esse fragmento de código é chamado de *etapa recursiva*. Com os dois casos resolvidos, obtemos a função recursiva:

Módulo: ch10.py

```
1  def countdown(n):
2      'contagem regressiva até 0'
3      if n <= 0:                  # caso básico
4          print('Lançar!!!')
5      else:                       # n > 0: etapa recursiva
6          print(n)                    # exibe n primeiros e depois
7          countdown(n-1)              # regride a partir de n-1
```

Uma função recursiva que termina sempre terá:

1. Um ou mais casos básicos, que oferecem a condição de término para a recursão. Na função `countdown()`, o caso básico é a condição $n < 0$, em que *n* é a entrada.
2. Uma ou mais chamadas recursivas, que precisam estar nos argumentos que ficam "mais próximos" do caso básico do que a entrada da função. Na função `countdown()`, a única chamada recursiva é feita sobre $n - 1$, que está "mais próxima" do caso básico do que a entrada *n*.

O significado de "mais próximo" depende do problema resolvido pela função recursiva. A ideia é que cada chamada recursiva seja feita sobre entradas do problema que estejam mais próximas do caso básico; isso garantirá que as chamadas recursivas, por fim, cheguem ao caso básico que encerrará a execução.

No restante desta seção e na próxima, apresentamos muito mais exemplos de recursão. O objetivo é aprender como desenvolver funções recursivas. Para fazer isso, precisamos aprender a pensar recursivamente — ou seja, descrever a solução de um problema em termos de soluções de seus subproblemas. Por que precisamos nos importar com isso? Afinal, a função `countdown()` poderia ter sido implementada com facilidade usando a iteração. (Faça isso!) Acontece que as funções recursivas nos oferecem uma técnica alternativa à técnica iterativa que usamos no Capítulo 5. Para alguns problemas, essa técnica alternativa, na realidade, é a mais fácil e, às vezes, muito mais fácil. Quando você começar a escrever programas que pesquisam na Web, por exemplo, você apreciará ter dominado a recursão.

Pensamento Recursivo

Usamos o pensamento recursivo para desenvolver a função recursiva `vertical()`, que aceita um inteiro não negativo como entrada e exibe seus dígitos empilhados verticalmente. Por exemplo:

```
>>> vertical(3124)
3
1
2
4
```

Para desenvolver `vertical()` como uma função recursiva, a primeira coisa que precisamos fazer é decidir sobre o caso básico da recursão. Isso normalmente é feito respondendo à pergunta: quando o problema de exibir verticalmente é fácil? Para que tipo de número não negativo?

O problema certamente é fácil se a entrada n tiver apenas um dígito. Nesse caso, simplesmente exibimos o próprio n:

```
>>> vertical(6)
6
```

Assim, tomamos a decisão de que o caso básico é quando $n < 10$. Vamos iniciar a implementação da função `vertical()`:

```
def vertical(n):
    'exibe dígitos de n verticalmente'
    if n < 10:          # caso básico: n tem 1 dígito
        print(n)            # apenas exibe
    else:               # etapa recursiva: n tem 2 ou mais dígitos
        # restante da função
```

A função `vertical()` exibe `n` se este for menor que 10 (ou seja, se n for um número de único dígito).

Agora que já arrumamos um caso básico, consideramos o caso em que a entrada n tem dois ou mais dígitos. Nesse caso, gostaríamos de quebrar o problema de exibição vertical do número n em subproblemas "mais fáceis", envolvendo a exibição de números "menores" que n. Nesse problema, "menor" deverá nos levar para mais perto do caso básico, um número de único dígito. Isso sugere que nossa chamada recursiva deverá ser sobre um número que tenha menos dígitos do que n.

Essa ideia nos leva ao seguinte algoritmo: como n tem pelo menos dois dígitos, quebramos o problema:

a. Exibir verticalmente o número obtido removendo o último dígito de n; esse número é "menor" porque tem menos um dígito. Para $n = 3124$, isso significaria chamar a função `vertical()` sobre 312.

b. Exibir o último dígito. Para $n = 3124$, isso significaria exibir 4.

A última coisa a descobrir são as fórmulas matemáticas para (1) o último dígito de *n* e (2) o número obtido removendo o último dígito. O último dígito é obtido usando o operador de módulo (%):

```
>>> n = 3124
>>> n%10
4
```

Podemos "remover" o último dígito de *n* usando o operador de divisão inteira (//):

```
>>> n//10
312
```

Com todas as partes que temos até aqui, podemos escrever a função recursiva:

Módulo: ch10.py

```
1  def vertical(n):
2      'exibe os dígitos de n verticalmente'
3      if n < 10:          # caso básico: n tem 1 dígito
4          print(n)        # simplesmente exibe n
5      else:               # etapa recursiva: n tem 2 ou mais dígitos
6          vertical(n//10) # exibe recursivamente todos menos o
                             último dígito
7          print(n%10)     # exibe último dígito de n
```

Problema Prático 10.1

Implemente o método recursivo `reverse()`, que aceita um inteiro não negativo como entrada e exibe os dígitos de *n* verticalmente, começando com o dígito de ordem baixa.

```
>>> reverse(3124)
4
2
1
3
```

Vamos resumir o processo de solução de um problema recursivamente:

1. Primeiro, decida sobre o caso básico ou casos do problema que podem ser resolvidos diretamente, sem recursão.
2. Descubra como quebrar o problema em um ou mais subproblemas que sejam mais próximos do caso básico; os subproblemas devem ser resolvidos recursivamente. As soluções para os subproblemas são usadas para construir a solução do problema original.

Problema Prático 10.2

Use o pensamento recursivo para implementar a função recursiva `saúde()` que, sobre a entrada inteira *n*, exibe *n* strings `'Hip '` seguidos por `Hurrah`.

```
>>> cheers(0)
Hurrah!!!
>>> cheers(1)
Hip Hurrah!!!
>>> cheers(4)
Hip Hip Hip Hip Hurrah!!!
```

O caso básico da recursão deverá ser quando n é 0; sua função deverão, então, exibir `Hurrah`. Quando $n > 1$, sua função deverá exibir `'Hip '` e depois chamar recursivamente a si mesma sobre a entrada inteira $n - 1$.

Problema Prático 10.3

No Capítulo 5, implementamos a função `fatorial()` iterativamente. A função fatorial $n!$ tem uma definição recursiva natural:

$$n! = \begin{cases} 1 & \text{se n} = 0 \\ n \cdot (n-1)! & \text{se n} > 0 \end{cases}$$

Reimplemente a função `fatorial()` usando a recursão. Além disso, estime quantas chamadas à `fatorial()` são feitas para algum valor de entrada $n > 0$.

Chamadas de Função Recursivas e a Pilha de Programa

Antes de praticarmos a solução prática de problemas usando a recursão, vamos voltar um passo e dar uma olhada mais de perto no que acontece quando uma função de recursão é executada. Isso deverá ajudar a reconhecer que a recursão funciona.

Consideramos o que acontece quando a função `vertical()` é executada sobre a entrada $n = 3124$. No Capítulo 7, vimos como os namespaces e a pilha de programa dão suporte para chamadas de função e o fluxo de controle de execução normal de um programa. A Figura 10.1 ilustra a sequência de chamadas de função recursivas, os namespaces associados e o estado da pilha de programa durante a execução de `vertical(3124)`.

Módulo: ch10.py

```
1 def vertical(n):
2     'exibe dígitos de n verticalmente'
3     if n < 10:           # caso básico: n tem 1 dígito
4         print(n)             # apenas exibe n
5     else:                # etapa recursiva: n tem 2 ou mais dígitos
6         vertical(n//10)      # exibe recursivamente todos, menos
                                 o último dígito
7         print(n%10)          # exibe último dígito de n
```

A diferença entre a execução mostrada na Figura 10.1 e a Figura 7.5 no Capítulo 7 é que, na Figura 10.1, a mesma função é chamada: a função `vertical()` chama `vertical()`, que chama `vertical()`, que chama `vertical()`. Na Figura 7.5, a função `f() chama g()`, que chama `h()`. A Figura 10.1, assim, realça que um namespace está associado a cada chamada de função, e não à própria função.

10.2 Exemplos de Recursão

Na seção anterior, apresentamos a recursão e como resolver problemas usando o pensamento recursivo. Os problemas que usamos não demonstraram realmente o poder da recursão: cada problema poderia ter sido resolvido facilmente usando a iteração. Nesta seção, vamos considerar problemas que são muito mais fáceis de resolver com a recursão.

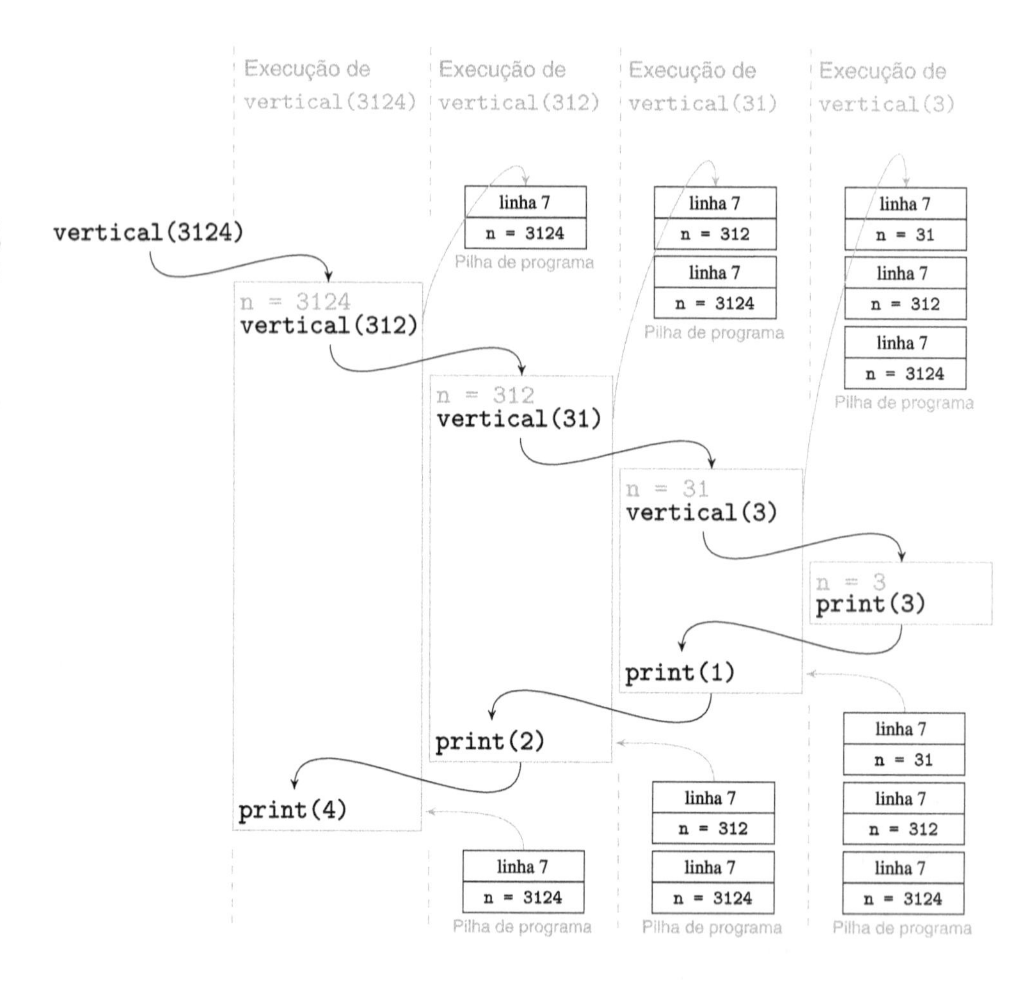

Figura 10.1 Execução de função recursiva. `vertical(3124)` executa no namespace em que `n` é 3124. Imediatamente antes de chamar `vertical(312)`, os valores no namespace (`3124`) e a próxima linha a ser executada (linha 7) são armazenados na pilha de programa. Depois, `vertical(312)` é executada em um novo namespace, em que `n` é 312. Os frames de pilha são acrescentados de forma semelhante, imediatamente antes das chamadas recursivas `vertical(31)` e `vertical(3)`. A chamada `vertical(3)` é executada em um novo namespace, no qual `n` é 3, e 3 é exibido. Quando `vertical(3)` termina, o namespace de `vertical(31)` é restaurado: `n` é 31, e a instrução na linha 7, `print(n%10)`, exibe 1. De modo semelhante, os namespaces de `vertical(312)` e `vertical(3124)` também são restaurados.

Padrão Recursivo de Sequência Numérica

Começamos implementando a função `pattern()`, que aceita um inteiro não negativo *n* e exibe um padrão numérico:

```
>>> pattern(0)
0
>>> pattern(1)
0 1 0
>>> pattern(2)
0 1 0 2 0 1 0
>>> pattern(3)
0 1 0 2 0 1 0 3 0 1 0 2 0 1 0
>>> pattern(4)
0 1 0 2 0 1 0 3 0 1 0 2 0 1 0 4 0 1 0 2 0 1 0 3 0 1 0 2 0 1 0
```

Como sequer sabemos que esse problema deverá ser resolvido recursivamente? Inicialmente, não sabemos, e precisamos simplesmente testar e ver se ele funciona. Vamos, primeiramente, identificar o caso básico. Com base nos exemplos mostrados, podemos decidir que o caso básico é a entrada 0 para a qual a função `pattern()` deverá exibir 0. Vamos iniciar a implementação da função:

```
def pattern(n):
    'exibe o enésimo padrão'
    if n == 0:
        print(0)
    else:
        # restante do programa
```

Agora, precisamos descrever o que a função `pattern()` faz para a entrada positiva *n*. Vejamos a saída de `pattern(3)`, por exemplo:

```
>>> pattern(3)
0 1 0 2 0 1 0 3 0 1 0 2 0 1 0
```

e vamos compará-la com a saída de `pattern(2)`:

```
>>> pattern(2)
0 1 0 2 0 1 0
```

Conforme ilustra a Figura 10.2, a saída de `pattern(2)` aparece na saída de `pattern(3)`, não uma vez, mas duas:

```
pattern(3)      0 1 0 2 0 1 0   3   0 1 0 2 0 1 0
                  pattern(2)          pattern(2)
```

Figura 10.2 **Saída de** `pattern(3)`. A saída de `pattern(2)` aparece duas vezes.

Parece que a saída correta de `pattern(3)` pode ser obtida chamando a função `pattern(2)`, depois exibindo 3, e então chamando `pattern(2)` novamente. Na Figura 10.3, ilustramos o comportamento similar para as saídas de `pattern(2)` e `pattern(1)`:

```
pattern(2)        0 1 0        2      0 1 0
               pattern(1)          pattern(1)

pattern(1)          0          1        0
               pattern(0)          pattern(0)
```

Figura 10.3 **Saídas de** `pattern(2)` **e** `pattern(1)`. A saída de `pattern(2)` pode ser obtida pela saída de `pattern(1)`. A saída de `pattern(1)` pode ser obtida da saída de `pattern(0)`.

Em geral, a saída de `pattern(n)` é obtida executando `pattern(n-1)`, depois exibindo o valor de `n` e, então, executando `pattern(n-1)` novamente:

```
    ... # caso básico da função
else
    pattern(n-1)
    print(n)
    pattern(n-1)
```

Vamos testar a função conforme implementada até aqui:

```
>>> pattern(1)
0
1
0
```

Quase pronto. Para colocar a saída em uma linha, precisamos permanecer na mesma linha após cada instrução `print`. Assim, a solução final é:

Módulo: ch10.py

```
1 def pattern(n):
2     'exibe o enésimo padrão'
3     if n == 0:                # caso básico
4         print(0, end=' ')
5     else:                     # etapa recursiva: n > 0
6         pattern(n-1)              # exibe padrão n-1
7         print(n, end=' ')         # exibe n
8         pattern(n-1)              # exibe padrão n-1
```

Problema Prático 10.4

Implemente o método recursivo `pattern2()`, que aceita um inteiro não negativo como entrada e exibe o padrão mostrado a seguir. Os padrões para as entradas 0 e 1 são nada e um asterisco, respectivamente:

```
>>> pattern2(0)
>>> pattern2(1)
*
```

Os padrões para as entradas 2 e 3 aparecem em seguida.

```
>>> pattern2(2)
*
**
*
>>> pattern2(3)
*
**
*
***
*
**
*
```

Fractais

Em nosso próximo exemplo de recursão, também exibiremos um padrão, mas dessa vez ele será um padrão gráfico, desenhado pelo objeto gráfico `Turtle`. Para cada inteiro não negativo n, o padrão exibido será uma curva denominada *curva de Koch* K_n. Por exemplo, a Figura 10.4 mostra a curva de Koch K_5.

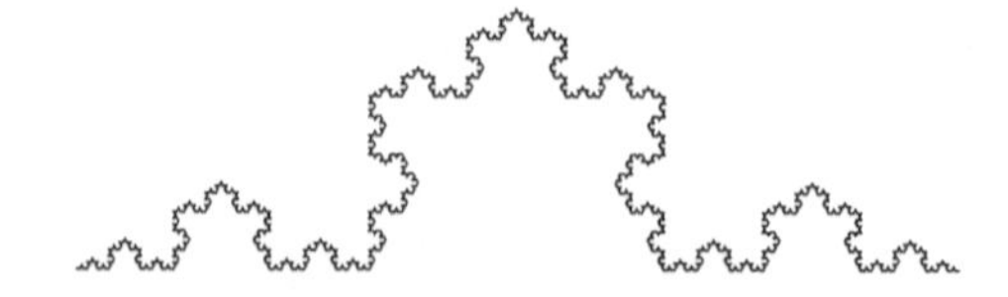

Figura 10.4 **Curva de Kock K_5.** Uma curva fractal normalmente é semelhante a um floco de neve.

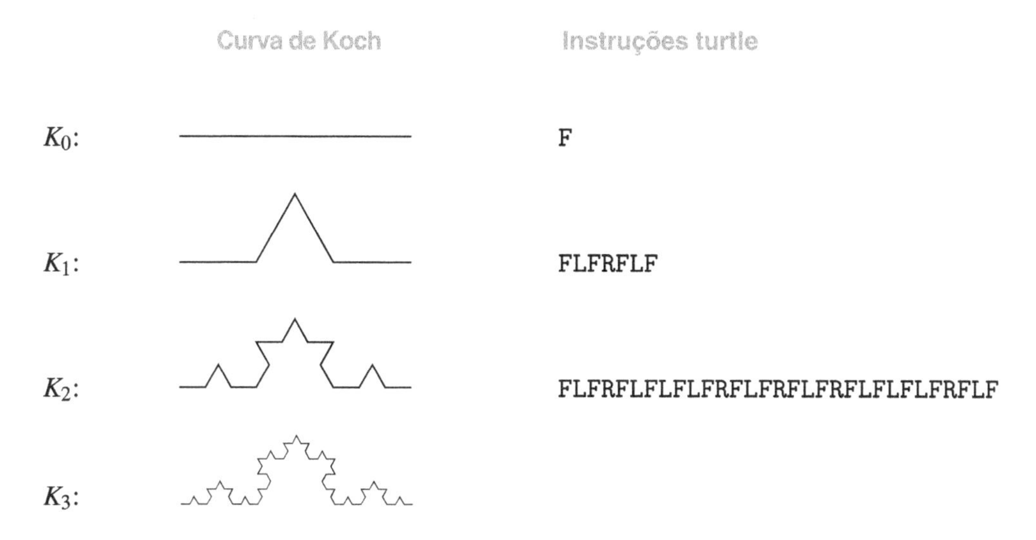

Figura 10.5 **Curvas de Koch com instruções de desenho.** À esquerda, de cima para baixo, estão as curvas de Koch K_0, K_1, K_2 e K_3. As instruções de desenho para as curvas de Koch K_0, K_1 e K_2 também são mostradas. As instruções são codificadas usando as letras `F`, `L` e `R`, correspondendo a "mover para frente", "girar 60 graus para a esquerda" e "girar 120 graus para a direita".

Usaremos a recursão para desenhar curvas de Koch como K_5. Para desenvolver a função usada para desenhar esta e outras curvas de Koch, examinamos as primeiras poucas curvas de Koch. As curvas de Koch K_0, K_1, K_2 e K_3 aparecem à esquerda na Figura 10.5.

Se você examinar os padrões cuidadosamente, poderá notar que cada curva de Koch K_i, para $i > 0$, contém dentro de si várias cópias da curva de Kock K_{i-1}. Por exemplo, a curva K_2 contém quatro cópias da (versões menores) curva K_1.

Mais precisamente, para desenhar a curva de Koch K_i, um objeto `Turtle` poderia seguir estas instruções:

1. Desenhar a curva de Koch K_1.
2. Girar 60 graus para a esquerda.
3. Desenhar a curva de Koch K_1.
4. Girar 120 graus para a direita.
5. Desenhar a curva de Koch K_1.
6. Girar 60 graus para a esquerda.
7. Desenhar a curva de Koch K_1.

Observe que essas instruções são descritas recursivamente. Isso sugere que o que precisamos fazer é desenvolver uma função recursiva `koch(n)` que aceite como entrada um inteiro não negativo n e retorne instruções que um objeto `Turtle` pode usar para desenhar a curva de Koch K_n. As instruções podem ser codificadas como uma sequência de letras `F`, `L` e `R`, correspondentes às instruções "mover para frente", "girar 60 graus para a esquerda" e "girar 120 graus para a direita", respectivamente. Por exemplo, as instruções para desenhar as curvas de Koch K_0, K_1 e K_2 aparecem à direita da Figura 10.5. A função `koch()` deverá ter este comportamento:

```
>>> koch(0)
'F'
>>> koch(1)
'FLFRFLF'
>>> koch(2)
'FLFRFLFLFLFRFLFRFLFRFLFLFLFRFLF'
```

Agora, vamos usar a percepção que desenvolvemos sobre o desenho da curva K_2 em termos do desenho de K_1 para entender como as instruções para desenhar K_2 (calculadas pela chamada de função koch(2)) são obtidas usando instruções para desenhar K_1 (calculadas pela chamada de função koch(1)). Conforme ilustra a Figura 10.6, as instruções para a curva K_1 aparecem nas instruções da curva K_2 quatro vezes:

Figura 10.6 **Saída de** Koch(2). Koch(1) pode ser usada para construir a saída de Kock(2).

```
koch(2)    FLFRFLF   L   FLFRFLF   R   FLFRFLF   L   FLFRFLF
           koch(1)       koch(1)       koch(1)       koch(1)
```

De modo semelhante, as instruções para desenhar K_1, geradas por koch(1), contêm as instruções para desenhar K_0, geradas por koch(0), como mostra a Figura 10.7.

Figura 10.7 **Saída de** Koch(1). Koch(0) pode ser usada para construir a saída de koch(1).

```
koch(1)       F      L      F      R      F      L      F
           koch(0)       koch(0)       koch(0)       koch(0)
```

Agora, podemos implementar a função koch() recursivamente. O caso básico corresponde à entrada 0. Neste caso, a função deverá simplesmente retornar a instrução 'F':

```
def koch(n):
    if n == 0:
        return 'F'
    # restante da função
```

Para a entrada $n > 0$, generalizamos a percepção ilustrada nas Figuras 10.6 e 10.7. As instruções geradas por koch(n) deverão ser a concatenação:

```
koch(n-1) + 'L' + koch(n-1) + 'R' + koch(n-1) + 'L' + koch(n-1)
```

e a função koch() é, então:

```
def koch(n):
    if n == 0:
        return 'F'
    return koch(n-1) + 'L' + koch(n-1) + 'R' + koch(n-1) + 'L' + \
           koch(n-1)
```

Se você testar essa função, verá que ela funciona. Entretanto, há uma questão de eficiência com essa implementação. Na última linha, chamamos a função koch() sobre a *mesma entrada* quatro vezes. Naturalmente, a cada vez o valor retornado (as instruções) é o mesmo. Nossa implementação é muito desperdiçadora.

AVISO

Evite Repetir as Mesmas Chamadas Recursivas

Frequentemente, uma solução recursiva é descrita mais naturalmente usando diversas chamadas recursivas idênticas. Acabamos de ver isso com a função recursiva koch(). Em vez de chamar repetidamente a mesma função sobre a mesma entrada, nós a chamamos apenas uma vez e reutilizamos sua saída várias vezes.

A melhor implementação da função koch() é, então:

Módulo: ch10.py

```
1  def koch(n):
2      'retorna direções turtle para desenhar a curva Koch(n)'
3
4      if n == 0:          # caso básico
5          return 'F'
6
7      tmp = koch(n-1) # etapa recursiva: obtém direções para Koch(n - 1)
8                      # usa isso para construir direções para Koch(n)
9
10     return tmp + 'L' + tmp + 'R' + tmp + 'L' + tmp
```

A última coisa que temos que fazer é desenvolver uma função que utiliza as instruções retornadas pela função koch() e desenha a curva de Koch correspondente usando um objeto gráfico Turtle. Aqui está ela:

Módulo: ch10.py

```
1  from turtle import Screen,Turtle
2  def drawKoch(n):
3      'desenha enésima curva de Koch usando instruções da função koch()'
4
5      s = Screen()              # cria tela
6      t = Turtle()              # cria turtle
7      directions = koch(n)      # obtém direções para desenhar Koch(n)
8
9      for move in directions: # segue os movimentos especificados
10         if move == 'F':
11             t.forward(300/3**n) # move para frente, tamanho normalizado
12         if move == 'L':
13             t.lt(60)            # gira 60 graus para a esquerda
14         if move == 'R':
15             t.rt(120)           # gira 120 graus para a direita
16     s.bye()
```

A linha 11 precisa de alguma explicação. O valor 300/3**n é o comprimento de um movimento da tartaruga para frente. Ele depende do valor de n, de modo que, não importando qual seja o valor de n, a curva de Koch tem largura de 300 pixels e cabe na tela. Verifique isso para n igual a 0 e 1.

DESVIO

Curvas de Koch e Outros Fractais

As curvas de Koch K_n foram descritas inicialmente em 1904, em um artigo do matemático sueco Helge von Koch. Ele esteve particularmente interessado na curva K_∞ obtida empurrando *n* para ∞.

A curva de Koch é um exemplo de um *fractal*. O termo *fractal* foi criado pelo matemático francês Benoit Mandelbrot em 1975, e refere-se a curvas que:

- Parecem estar "fraturadas", em vez de suaves.
- São *autossimilares* (isto é, têm a mesma aparência em diversos níveis de ampliação).
- São descritas naturalmente de forma recursiva.

Fractais físicos, desenvolvidos por processos físicos recursivos, aparecem na natureza como flocos de neve e cristais congelados no vidro frio, raios e nuvens, margens de praias e sistemas hidrográficos, couve-flor e brócolis, árvores e samambaias, e vasos sanguíneos e pulmonares.

Problema Prático 10.5

Implemente a função `snowflake()`, que aceita um inteiro não negativo n como entrada e exibe um padrão de floco de neve, combinando três curvas de Koch K_n desta maneira: quando a tartaruga terminar de desenhar a primeira e segunda curva de Koch, a tartaruga deverá girar 120 graus para a direita e começar a desenhar uma nova curva de Koch. Aqui, vemos a saída de `snowflake(4)`.

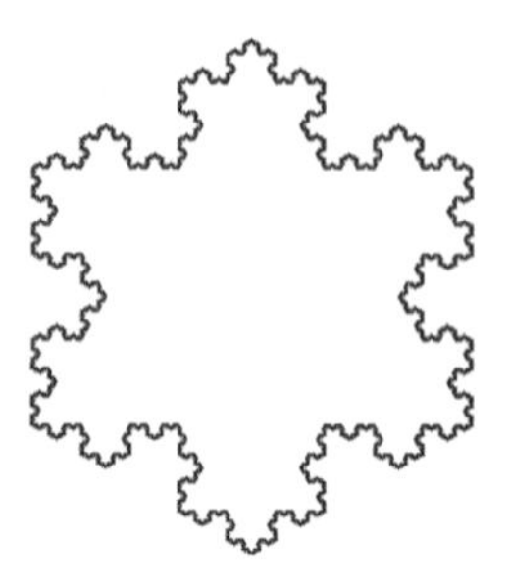

Analisador de Vírus

Agora, usamos a recursão para desenvolver um analisador de vírus, ou seja, um programa que examina sistematicamente cada arquivo no sistema de arquivos e exibe os nomes dos arquivos que contêm uma assinatura de *vírus de computador conhecida*. A assinatura é uma sequência específica que evidencia a presença do vírus no arquivo.

DESVIO

Vírus e Analisadores de Vírus

Um *vírus de computador* é um pequeno programa que, normalmente sem o conhecimento do usuário, é anexado ou incorporado em um arquivo hospedado no computador do usuário e realiza coisas desprezíveis no computador hospedeiro, quando executado. Um vírus de computador pode corromper ou excluir dados em um computador, por exemplo.

Um vírus é um programa executável, armazenado em um arquivo como uma sequência de bytes, exatamente como qualquer outro programa. Se o vírus de computador for identificado por um especialista de segurança de computação e a sequência de bytes for conhecida, tudo o que precisa ser feito para se certificar de que um arquivo contém o vírus é verificar se essa sequência de bytes aparece no arquivo. De fato, não é realmente necessário encontrar a sequência *inteira* de bytes; procurar um fragmento dessa sequência cuidadosamente escolhido é suficiente para identificar o vírus com alta probabilidade. Esse fragmento é chamado de *assinatura* do vírus: é uma sequência de bytes que aparece no código do vírus, mas provavelmente não aparece em um arquivo não infectado.

> Um *analisador de vírus* (ou scanner) é um programa que varre periódica e *sistematicamente* cada arquivo no sistema de arquivos do computador e verifica se há vírus em cada um. A aplicação analisadora terá uma lista de assinaturas de vírus que é atualizada regular e automaticamente. Cada arquivo passa pela verificação da presença de alguma assinatura na lista e é marcado se tiver essa assinatura.

Usamos um dicionário para armazenar as diversas assinaturas de vírus. Ele mapeia os nomes de vírus às assinaturas de vírus:

```
>>> signatures = {'Creeper':'ye8009g2h1azzx33',
                  'Code Red':'99dh1cz963bsscs3',
                  'Blaster':'fdp1102k1ks6hgbc'}
```

(Embora os nomes nesse dicionário sejam nomes de vírus reais, as assinaturas são completamente fictícias.)

A função de análise de vírus aceita, como entrada, o dicionário de assinaturas de vírus e o nome do caminho (uma string) da pasta superior ou arquivo. Depois, ela visita cada arquivo contido na pasta superior, suas subpastas, subpastas de suas subpastas e assim por diante. Uma pasta de exemplo `'test'` aparece na Figura 10.8, juntamente com todos os arquivos e pastas contidos nela, direta ou indiretamente. O analisador de vírus visitaria cada arquivo mostrado na Figura 10.8 e poderia produzir, por exemplo, esta saída:

Arquivo: test.zip

```
>>> scan('test', signatures)
test/fileA.txt, found virus Creeper
test/folder1/fileB.txt, found virus Creeper
test/folder1/fileC.txt, found virus Code Red
test/folder1/folder11/fileD.txt, found virus Code Red
test/folder2/fileD.txt, found virus Blaster
test/folder2/fileE.txt, found virus Blaster
```

Por causa da estrutura recursiva de um sistema de arquivos (uma *pasta* contém arquivos e outras *pastas*), usamos a recursão para desenvolver a função de análise de vírus `scan()`. Quando o caminho de entrada é o caminho de um arquivo, a função deve abrir, ler e procurar assinaturas de vírus no arquivo; este é o caso básico. Quando o caminho é o caminho de uma pasta, `scan()` deve chamar a si mesma recursivamente em cada arquivo e subpasta da pasta de entrada; esta é a etapa recursiva.

Na implementação da função `scan()`, para simplificar o programa e também ilustrar como as exceções podem ser usadas, decidimos *supor* que o caminho de entrada é para uma pasta.

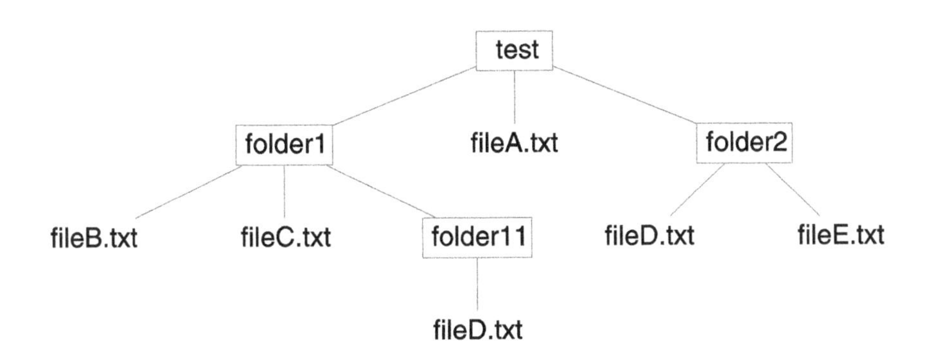

Figura 10.8 **Fragmento do sistema de arquivos.** Ilustramos a pasta `'test'` e todas as suas pastas descendentes e arquivos.

Assim, sem verificar se o caminho de entrada se refere a um arquivo ou uma pasta, tentamos listar o conteúdo da pasta com esse nome de caminho. Se o caminho for referente a um arquivo, isso causará um erro, e uma exceção será levantada.

Por esse motivo, cada chamada recursiva `scan()` é feita dentro de um bloco `try`. Se uma exceção for levantada enquanto `scan()` é executada em um nome de arquivo, o caminho deverá ser o nome de caminho de um arquivo, e não de uma pasta. O bloco `except` que corresponde à instrução `try`, portanto, deverá conter o código do caso básico que abre, lê e procura assinaturas de vírus no arquivo. A implementação completa é:

Módulo: ch10.py

```
1  import os
2  def scan(pathname, signatures):
3      '''varre recursivamente os arquivos contidos, direta ou
4         indiretamente, na pasta pathname'''
5
6      for item in os.listdir(pathname):    # para cada arquivo ou pasta
7                                           # na pasta pathname
8          # cria pathname para item chamado next
9          # next = pathname + '/' + item       # somente Mac
10         # next = pathname + '\' + item       # somente Windows
11         next = os.path.join(pathname, item) # qualquer SO
12
13         try: # faz recursão cega sobre next
14             scan(next, signatures)
15         except: # caso básico: exceção significa que next é um arquivo
16             # para cada assinatura de vírus
17             for virus in signatures:
18
19                 # verifica se arquivo next tem assinatura de vírus
20                 if open(next).read().find(signatures[virus]) >= 0:
21                     print('{}, found virus {}'.format(next,virus))
```

Esse programa usa funções do módulo `os` da Biblioteca Padrão. O módulo `os` contém funções que oferecem acesso aos recursos do sistema operacional, como o sistema de arquivos. As duas funções do módulo `os` que estamos usando são:

a. `listdir()`: aceita como entrada um nome de caminho absoluto ou relativo (como uma string) de uma pasta e retorna a lista de todos os arquivos e subpastas contidos na pasta de entrada; uma exceção é levantada se o método for chamado sobre um arquivo comum.

b. `path.join()`: aceita como entrada dois nomes de caminho, junta-os em um novo nome de caminho, inserindo \ ou / conforme a necessidade, e o retorna.

Explicaremos melhor por que precisamos da segunda função. A função `listdir()` *não* retorna uma lista de *caminhos*, mas sim uma lista de *nomes* de arquivo e pasta. Por exemplo, quando começamos a executar `scan('test')`, a função `listdir()` é chamada desta maneira:

```
>>> os.listdir('test')
['fileA.txt', 'folder1', 'folder2']
```

Se tivéssemos que fazer a chamada recursiva `scan('folder1')`, então, quando essa chamada de função começasse a ser executada, a função `listdir()` seria chamada sobre o caminho `'folder1'`, com este resultado:

```
>>> os.listdir('folder1')
Traceback (most recent call last):
  File "<pyshell#387>", line 1, in <module>
    os.listdir('folder1')
OSError: [Errno 2] No such file or directory: 'folder1'
```

O problema é que o *diretório de trabalho atual* durante a execução de `scan('teste')` é a pasta que contém a pasta `test`; a pasta `'folder1'` não está lá, daí o erro.

Em vez de fazer a chamada `scan('folder1')`, precisamos fazer a chamada sobre um caminho que seja absoluto ou relativo em relação ao diretório de trabalho atual. O nome de caminho de `'folder1'` pode ser obtido concatenando `'test'` com `'folder1'` da seguinte forma:

```
'test' + '/' + 'folder1'
```

(em um sistema Windows) ou, de forma mais geral, concatenando pathname e `item` da seguinte forma:

```
path = pathname + '\' + item
```

Isso funciona em máquinas Windows, mas não em máquinas UNIX, Linux ou Mac OS X, pois os caminhos usam barras comuns (/) nesses sistemas operacionais. Uma solução melhor e portável é usar a função `path.join()` do módulo `os`. Ela funcionará para todos os sistemas operacionais e, portanto, é independente do sistema. Por exemplo, em um Mac:

```
>>> pathname = 'test'
>>> item = 'folder1'
>>> os.path.join(pathname, item)
'test/folder1'
```

Aqui está um exemplo semelhante, executado em um sistema Windows:

```
>>> pathname = 'C://Test/virus'
>>> item = 'folder1'
>>> os.path.join(pathname, item)
'C://Test/virus/folder1'
```

10.3 Análise do Tempo de Execução

A exatidão de um programa, naturalmente, é nossa principal preocupação. Porém, também é importante que o programa seja utilizável ou ainda eficiente. Nesta seção, continuamos com o uso da recursão para resolver problemas, mas dessa vez com um olho na eficiência. Em nosso primeiro exemplo, aplicamos a recursão a um problema que não parece precisar dela e obtemos um ganho surpreendente na eficiência. No segundo exemplo, apanhamos um programa que parece ser apropriado para recursão e obtemos um programa recursivo extremamente ineficaz.

A Função de Expoente

Consideramos em seguida a implementação da função de expoente a^n. Como já vimos, Python oferece o operador de exponenciação **.

```
>>> 2**4
16
```

Mas como o operador ** é implementado? Como o implementaríamos se ele não existisse? A técnica mais direta é simplesmente multiplicar o valor de a n vezes. O padrão de acumulador pode ser usado para implementar essa ideia:

Módulo: ch10.py

```
1  def power(a, n):
2      'retorna a à potência n'
3      res = 1
4      for i in range(n):
5          res *= a
6      return res
```

Você deverá se convencer de que a função power() funciona corretamente. Mas, será que essa é a melhor maneira de implementar a função power()? Existe alguma implementação que seria executada mais rapidamente? É claro que a função power() realizará n multiplicações para calcular a^n. Se n for 10.000, então são feitas 10.000 multiplicações. Podemos implementar power() de modo que muito menos multiplicações sejam feitas, digamos, cerca de 20 em vez de 10.000?

Vejamos o que a técnica recursiva nos dará. Vamos desenvolver uma função recursiva rpower(), que tome entradas a e o inteiro não negativo n e retorne a^n.

O caso básico natural é quando a entrada n é 0. Então, $a^n = 1$ e, portanto, 1 deverá ser retornado:

```
def rpower(a, n):
    'retorna a à potência n'
    if n == 0:                # caso básico: n == 0
        return 1
    # restante da função
```

Agora, vamos tratar da etapa recursiva. Para fazer isso, precisamos expressar a^n, para $n > 0$, recursivamente em termos das menores potências de a (ou seja, "mais perto" do caso básico). Isso não é realmente difícil, e existem várias maneiras de fazê-lo:

$$
\begin{aligned}
a^n &= a^{n-1} \times a \\
a^n &= a^{n-2} \times a^2 \\
a^n &= a^{n-3} \times a^3 \\
&\ldots \\
a^n &= a^{n/2} \times a^{n/2}
\end{aligned}
$$

O mais atraente sobre a última expressão é que os dois termos, $a^{n/2}$ e $a^{n/2}$, são iguais; portanto, podemos calcular a^n fazendo apenas uma chamada recursiva para calcular $a^{n/2}$. O único problema é que $n/2$ não é um inteiro quando n é ímpar. Assim, consideramos os dois casos.

Como já descobrimos, quando o valor de n é par, podemos calcular rpower(a, n) usando o resultado de rpower(a, n//2), como mostra a Figura 10.9:

```
rpower(2, n)  =  [2× 2× ... × 2]   ×   [2× 2× ... × 2]
                 power(2, n//2)        power(2, n//2)
```

Figura 10.9 Calculando a^n recursivamente. Quando n é par, $a^n = a^{n/2} \times a^{n/2}$.

Quando o valor de n é ímpar, ainda podemos usar o resultado da chamada recursiva `rpower(a, n//2)` para calcular `rpower(a, n)`, embora com um fator a adicional, conforme ilustrado na Figura 10.10:

```
rpower(2, n)  =   2× 2× ... × 2   ×   2× 2× ... × 2   ×   2
                 power(2, n//2)     power(2, n//2)
```

Figura 10.10 **Calculando a^n recursivamente.** Quando n é ímpar, $a^n = a^{n/2} \times a^{n/2} \times a$.

Essas percepções nos levam à implementação recursiva de `rpower()`, mostrada a seguir. Observe que somente uma chamada recursiva `rpower(a, n//2)` é feita.

Módulo: ch10.py

```
1  def rpower(a,n):
2      'retorna a à potência n'
3      if n == 0:                 # caso básico: n == 0
4          return 1
5
6      tmp = rpower(a, n//2)   # etapa recursiva: n > 0
7
8      if n % 2 == 0:
9          return tmp*tmp          # a**n = a**(n//2) * a**a(n//2)
10     else: # n % 2 == 1
11         return a*tmp*tmp        # a**n = a**(n//2) * a**a(n//2) * a
```

Agora, temos duas implementações da função de exponenciação, `power()` e `rpower()`. Como podemos saber qual é mais eficiente?

Contando Operações

Uma forma de comparar a eficiência de duas funções é contar o número de operações executadas por cada função sobre a mesma entrada. No caso de `power()` e `rpower()`, estamos limitados a contar apenas o número de multiplicações

Claramente, `power(2, 10000)` precisará de 10 mil multiplicações. E `rpower(2, 10000)`? Para responder a essa pergunta, modificamos `rpower()` de modo que ela `conte` o número de multiplicações realizadas. Fazemos isso incrementando uma variável `global counter`, definida fora da função, toda vez que é feita uma multiplicação:

Módulo: ch10.py

```
1  def rpower(a,n):
2      'retorna a à potência n'
3      global counter      # conta número de multiplicações
4
5      if n==0:
6          return 1
7      # if n > 0:
8      tmp = rpower(a, n//2)
9
10     if n % 2 == 0:
11         counter += 1
12         return tmp*tmp       # 1 multiplicação
13
14     else: # n % 2 == 1
15         counter += 2
16         return a*tmp*tmp     # 2 multiplicações
```

Agora, podemos fazer a contagem:

```
>>> counter = 0
>>> rpower(2, 10000)
199506311688...792596709376
>>> counter
19
```

Assim, a recursão nos levou a um modo de realizar a exponenciação que reduziu o número de multiplicações de 10 mil para 23.

Sequência de Fibonacci

Apresentamos a sequência de Fibonacci de inteiros no Capítulo 5:

$$1, 1, 2, 3, 5, 8, 13, 21, 34, 55, 89, \ldots$$

Também descrevemos um método para construir a sequência de Fibonacci: um número na sequência é a soma dos dois números anteriores na sequência (exceto para os dois primeiros 1s). Essa regra é recursiva por natureza. Assim, se tivermos que implementar uma função `rfib()` que aceite um inteiro não negativo n como entrada e retorne o n-ésimo número de Fibonacci, uma implementação recursiva parece natural. Vamos fazer isso.

Como a regra recursiva se aplica aos números após o 0º e 1º número de Fibonacci, faz sentido que o caso básico seja quando $n \leq 1$ (ou seja, $n = 0$ ou $n = 1$). Nesse caso, `rfib()` deverá retornar 1:

```
def rfib(n):
    'retorna o enésimo número de Fibonacci'
    if n < 2:                    # caso básico
        return 1
    # restante da função
```

A etapa recursiva se aplica à entrada n > 1. Neste caso, o n-ésimo número de Fibonacci é a soma dos números de ordem $n - 1$ e $n - 2$:

Módulo: ch10.py

```
1 def rfib(n):
2     'retorna o enésimo número de Fibonacci'
3     if n < 2:                    # caso básico
4         return 1
5
6     return rfib(n-1) + rfib(n-2) # etapa recursiva
```

Vamos verificar se a função `rfib()` funciona:

```
>>> rfib(0)
1
>>> rfib(1)
1
>>> rfib(4)
5
>>> rfib(8)
34
```

A função parece estar correta. Vamos tentar calcular um número de Fibonacci maior:

```
>>> rfib(35)
14930352
```

Está correto, mas levou um bom tempo para calcular. (Experimente.) Se você testar com

```
>>> rfib(100)
...
```

ficará esperando por muito tempo. (Lembre-se de que você sempre pode interromper a execução do programa pressionando Ctrl-C simultaneamente.)

Será que o cálculo do 36º número de Fibonacci é realmente tão demorado? Lembre-se de que já implementamos uma função no Capítulo 5 que retorna o *n*-ésimo número de Fibonacci:

Módulo: ch10.py

```
1  def fib(n):
2      'retorna o enésimo número de Fibonacci
3      previous = 1      # 0º número de Fibonacci
4      current = 1       # 1º número de Fibonacci
5      i = 1             # índice do número de Fibonacci atual
6
7      while i < n:      # enquanto atual não é enésimo Fibonacci
8          previous, current = current, previous+current
9          i += 1
10
11     return current
```

Vejamos o que isso faz:

```
>>> fib(35)
14930352
>>> fib(100)
573147844013817084101
>>> fib(10000)
54438373113565...
```

Instantâneo em todos os casos. Vamos investigar o que está errado com `rfib()`.

Análise Experimental do Tempo de Execução

Um modo de comparar com precisão as funções `fib()` e `rfib()` — ou outras funções, pelo mesmo motivo — é executá-las com a mesma entrada e comparar seus tempos de execução. Como bons programadores (preguiçosos), gostamos de automatizar esse processo, e por isso, desenvolvemos uma aplicação que pode ser usada para analisar o tempo de execução de uma função. Tornaremos essa aplicação genérica no sentido de que pode ser usada em funções que não sejam apenas `fib()` e `rfib()`.

Nossa aplicação consiste em várias funções. A principal, que mede o tempo de execução sobre uma entrada, é `timing()`: ela aceita como entrada (1) o nome de uma função (como uma string) e (2) um "tamanho de entrada" (como um inteiro), executa a função `func()` sobre uma entrada do tamanho indicado e retorna o tempo de execução.

Módulo: ch10.py

```
1  import time
2  def timing(func, n):
3      'roda func sobre entrada retornada por buildInput'
4      funcInput = buildInput(n)  # obtém entrada para func
5
6      start = time.time()        # toma hora inicial
7      func(funcInput)            # roda func sobre funcInput
8      end = time.time()          # toma hora final
9
10     return end - start         # retorna tempo de execução
```

Essa função usa a função `time()` do módulo `time` para obter a hora atual antes e depois da execução da função `func`; a diferença entre as duas será o tempo de execução. (*Nota*: O tempo pode ser afetado por outras tarefas que o computador possa estar fazendo, mas evitamos tratar dessa questão.)

DESVIO

Programação de Ordem Mais Alta

Na função `timing()`, o primeiro argumento de entrada é `func` (ou seja, o nome de uma função). Tratar uma função como um valor e passá-la como um argumento para outra função é um estilo de programação denominado *programação de ordem mais alta*.

Python admite a programação de ordem mais alta porque o nome de uma função não é tratado de forma diferente do nome de qualquer outro objeto, de modo que pode ser tratado como um valor. Nem todas as linguagens admitem a programação de ordem mais alta. Algumas outras que admitem são LISP, Perl, Ruby e Javascript.

A função `buildInput()` aceita um tamanho de entrada e retorna um objeto que seja uma entrada apropriada para a função `func()` e tenha o tamanho de entrada correto. Essa função depende da função `func()` que estamos analisando. No caso das funções de Fibonacci `fib()` e `rfib()`, a entrada correspondente ao tamanho da entrada n é simplesmente n:

Módulo: ch10.py

```
1  def buildInput(n):
2      'retorna entrada para funções de Fibonacci'
3      return n
```

A comparação dos tempos de execução das duas funções sobre a mesma entrada não nos diz muito sobre qual função é melhor (ou seja, mais rápida). É mais útil comparar os tempos de execução das duas funções sobre *diversas* entradas diferentes. Desse modo, podemos tentar entender o comportamento das duas funções à medida que o tamanho da entrada (ou seja, o tamanho do problema) se torna maior. Desenvolvemos, para essa finalidade, a função `timingAnalysis`, que executa uma função arbitrária sobre uma série de entradas de tamanho crescente e relata tempos de execução.

Módulo: ch10.py

```
1  def timingAnalysis(func, start, stop, inc, runs):
2      '''exibe tempos de execução médios da função func sobre entradas
3         de tamanho start, start+inc, start+2*inc, ... até stop'''
4      for n in range(start, stop, inc): # para cada tamanho de
                                         entrada n
5          acc = 0.0                     # inicializa acumulador
6
7          for i in range(runs):     # repete runs vezes:
8              acc += timing(func, n)   # roda func sobre entrada de
                                         tamanho n
9                                       # e acumula tempos de
                                         execução
10         # exibe tempos de execução médios para tamanho de entrada n
11         formatStr = 'Tempo de execução de {}({}) é {:.7f} segundos.'
12         print(formatStr.format(func.__name__, n, acc/runs))
```

A função `timingAnalysis` toma como entrada a função `func` e os números `start`, `stop`, `inc` e `runs`. Primeiro, ela executa `func` sobre várias entradas de tamanho `start` e exibe o tempo de execução médio. Depois, ela repete isso para os tamanhos de entrada `start+inc`, `start+2*inc`,... até o tamanho de entrada `stop`.

Quando executamos `timingAnalysis()` sobre a função `fib()` com tamanhos de entrada 24, 26, 28, 30, 32 e 34, obtemos:

```
>>> timingAnalysis(fib, 24, 35, 2, 10)
Tempo de execução de fib(24) é 0.0000173 segundos.
Tempo de execução de fib(26) é 0.0000119 segundos.
Tempo de execução de fib(28) é 0.0000127 segundos.
Tempo de execução de fib(30) é 0.0000136 segundos.
Tempo de execução de fib(32) é 0.0000144 segundos.
Tempo de execução de fib(34) é 0.0000151 segundos.
```

Quando fazemos o mesmo sobre a função `rfib()`, obtemos:

```
>>> timingAnalysis(rfib, 24, 35, 2, 10)
Tempo de execução de fibonacci(24) é 0.0797332 segundos.
Tempo de execução de fibonacci(26) é 0.2037848 segundos.
Tempo de execução de fibonacci(28) é 0.5337492 segundos.
Tempo de execução de fibonacci(30) é 1.4083670 segundos.
Tempo de execução de fibonacci(32) é 3.6589111 segundos.
Tempo de execução de fibonacci(34) é 9.5540136 segundos.
```

Representamos graficamente os resultados dos dois experimentos na Figura 10.11.

Os tempos de execução de `fib()` são insignificantes. Porém, os tempos de execução de `rfib()` estão aumentando rapidamente à medida que o tamanho da entrada aumenta. Na verdade, o tempo de execução mais do que dobra entre os sucessivos tamanhos de entrada. Isso significa que o tempo de execução aumenta exponencialmente com relação ao tamanho da entrada. Para entender o motivo por trás do fraco desempenho da função recursiva `rfib()`, ilustramos sua execução na Figura 10.12.

A Figura 10.12 mostra algumas das chamadas recursivas feitas quando se calcula `rfib(n)`. Para calcular `rfib(n)`, as chamadas recursivas `rfib(n-1)` e `rfib(n-2)` deverão ser feitas; para calcular `rfib(n-1)` e `rfib(n-2)`, deverão ser feitas chamadas recursivas separadas `rfib(n-2)` e `rfib(n-3)`, e `rfib(n-2)` e `rfib(n-3)`, respectivamente. E assim por diante.

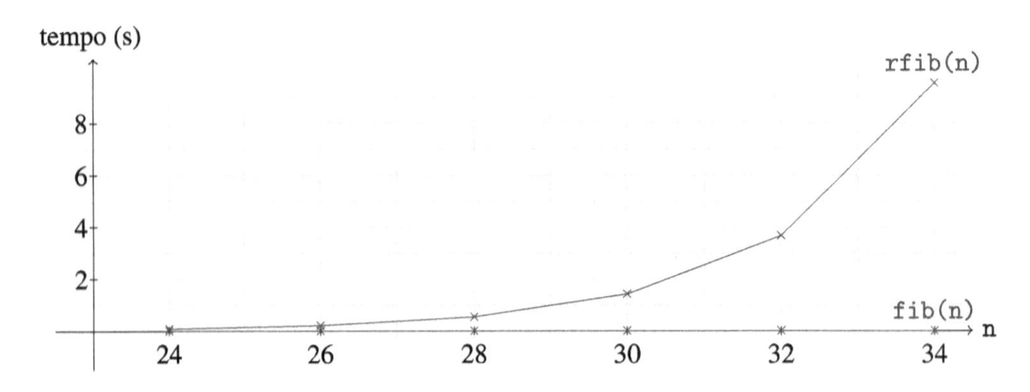

Figura 10.11 **Gráfico em tempo de execução.** São mostrados os tempos de execução médios, em segundos, de fib() e rfib() para entradas n = 24, 26, 28, 32 e 34.

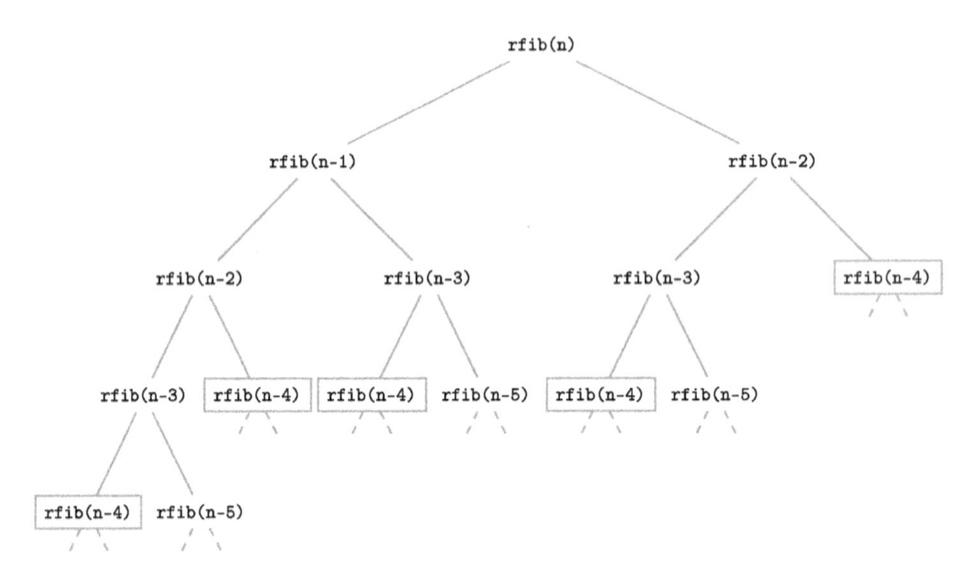

Figura 10.12 **Árvore de chamadas recursivas.** O cálculo de rfib(n) exige que se faça duas chamadas recursivas: rfib(n-1) e rfib(n-2). O cálculo de rfib(n-1) exige que se faça chamadas recursivas rfib(n-2) e rfib(n-3); o cálculo de rfib(n-2) exige as chamadas recursivas rfib(n-3) e erfib(n-4). As mesmas chamadas recursivas serão feitas várias vezes. Por exemplo, rfib(n-4) será recalculado cinco vezes.

O cálculo de rfib() inclui dois cálculos separados de rfib(n-2) e, portanto, devem levar mais do que o dobro do tempo de rfib(n-2). Isso explica o crescimento exponencial no tempo de execução. Isso também mostra o problema com a solução recursiva rfib(): ela continua fazendo e executando as mesmas chamadas de função, várias e várias vezes. A chamada de função rfib(n-4), por exemplo, é feita e executada cinco vezes, embora o resultado sempre seja o mesmo.

Problema Prático 10.6

Usando a aplicação de análise do tempo de execução, desenvolvida nesta seção, analise o tempo de execução das funções power() e rpower(), bem como o operador embutido **. Você fará isso executando timingAnalysis() sobre as funções power2(), rpower2() e pow2(), definidas a seguir, e usando tamanhos de entrada de 20 mil a 80 mil, com incrementos de 20 mil.

```
def power2(n):
    return power(2,n)
def rpower2(n):
    return rpower(2,n)
def pow2(n):
    return 2**n
```

Quando terminar, discuta qual técnica o operador embutido ** provavelmente utiliza.

10.4 Busca

Na seção anterior, aprendemos que o modo como criamos um algoritmo e implementamos um programa pode ter um efeito significativo sobre o tempo de execução do programa e, por fim, sua utilidade com grandes conjuntos de dados de entrada. Nesta seção, veremos que reorganizar o conjunto de dados de entrada e acrescentar estrutura a ele podem melhorar drasticamente o tempo de execução e a utilidade de um programa. Focalizamos diversas tarefas de busca fundamentais e normalmente usamos a classificação para dar estrutura ao conjunto de dados. Começamos com o problema fundamental de verificar se um valor está contido em uma lista.

Busca Linear

Tanto o operador `in` quanto o método `index()` da classe `list` pesquisam uma lista em busca de determinado item. Como eles foram e ainda serão *muito* usados, é importante entender a velocidade com que são executados.

Lembre-se de que o operador `in` é usado para verificar se um item está na lista ou não:

```
>>> lst = random.sample(range(1,100), 17)
>>> lst
[28, 72, 2, 73, 89, 90, 99, 13, 24, 5, 57, 41, 16, 43, 45, 42, 11]
>>> 45 in lst
True
>>> 75 in lst
False
```

O método `index()` é semelhante: em vez de retornar `True` ou `False`, ele retorna o índice da primeira ocorrência do item (ou levanta uma exceção se o item não estiver na lista).

Se os dados na lista não forem estruturados de alguma forma, não haverá realmente um modo de implementar `in` e `index()`: uma busca sistemática dos itens na lista, seja do índice 0 para cima, do índice –1 para baixo, ou algo equivalente. Esse tipo de busca é denominado *busca linear.* Supondo que a busca seja feita do índice 0 para cima, a busca linear examinaria 15 elementos na lista e acharia 45 e *todos eles* para descobrir que 75 não está na lista.

Uma busca linear pode ter que examinar cada item na lista. Seu tempo de execução, no pior dos casos, é, portanto, proporcional ao tamanho da lista. Se o conjunto de dados não for estruturado e os itens de dados não puderem ser comparados, a busca linear é, na realidade, a única busca que pode ser feita sobre uma lista.

Busca Binária

Se os dados na lista forem comparáveis, podemos melhorar o tempo de execução da busca classificando, primeiramente, a lista. Para ilustrar isso, usamos a mesma lista `lst` que usamos na busca linear, mas agora classificada:

```
>>> lst.sort()
>>> lst
[2, 5, 11, 13, 16, 24, 28, 41, 42, 43, 45, 57, 72, 73, 89, 90, 99]
```

Suponha que estejamos procurando o valor de `target` na lista `lst`. A busca linear compara `target` com o item no índice 0 de `lst`, depois com o item no índice 1, 2, 3 e assim por diante. Suponha que, em vez disso, comecemos comparando `target` com o item no índice i, para algum índice arbitrário i de `lst`. Bem, existem três resultados possíveis:

0	1	2	3	4	5	6	7	8	9	10	11	12	13	14	15	16
2	5	11	13	16	24	28	41	42	43	45	57	72	73	89	90	99
						28	41	42	43	45	57	72	73	89	90	99

Figura 10.13 **Busca binária.** Comparando 45, o valor de `target`, com o item no índice 5 de `lst`, reduzimos o espaço de busca à sublista `lst[6:]`.

- Estamos com sorte: `lst [i] == target` é verdadeiro, ou
- `target < lst[i]` é verdadeiro, ou
- `target > lst[i]` é verdadeiro.

Vamos fazer um exemplo. Suponha que o valor de `target` seja 45 e o comparemos com o item no índice 5 (ou seja, 24). É claro que o terceiro resultado, `target > lst[i]`, se aplica neste caso. Como a lista `lst` está classificada, isso nos diz que `target` possivelmente não pode estar à esquerda de 24, ou seja, na sublista `lst[0:5]`. Portanto, devemos continuar nossa busca de `target` à direita de 24 (isto é, na sublista `lst[6:17]`), como ilustra a Figura 10.13.

A principal percepção que tivemos é esta: com apenas uma comparação, entre `target` e `list[5]`, reduzimos nosso espaço de busca de 17 itens de lista para 11. (Na busca linear, a comparação reduz o espaço de busca em apenas 1.) Agora, temos que nos perguntar se uma comparação diferente reduziria o espaço de busca ainda mais.

De certa forma, o resultado `target > lst[5]` foi infeliz: acontece que `target` está na maior de `lst[0:5]` (com 5 itens) e lst[6:17] (com 11 itens). Para reduzir o papel da sorte, poderíamos garantir que as duas sublistas tenham o mesmo tamanho. Podemos conseguir isso comparando `target` com 42 — ou seja, o item no meio da lista (também chamado de *mediana*).

As ideias que desenvolvemos são a base de uma técnica de busca denominada *busca binária*. Dada uma lista e um alvo, a busca binária retorna o índice do alvo na lista, ou –1 se o alvo não estiver na lista.

A busca binária é fácil de implementar recursivamente. O caso básico é quando a lista `lst` está vazia: `target` possivelmente não pode estar nela, e retornamos –1. Caso contrário, comparamos `target` com a mediana da lista. Dependendo do resultado da comparação, terminamos ou continuamos a busca, recursivamente, sobre uma sublista de `lst`.

Implementamos a busca binária como a função recursiva `search()`. Como as chamadas recursivas serão feitas sobre sublistas `lst[i:j]` da lista original `lst`, a função `search()` deverá aceitar, como entrada, não apenas `lst` e `target`, mas também os índices `i` e `j`:

Módulo: ch10.py

```
1  def search(lst, target, i, j):
2      '''tenta achar target na sublista classificada lst[i:j]
3         índice de target é retornado se achado, -1 caso contrário'''
4      if i == j:                        # caso básico: lista vazia
5          return -1                     # target não pode estar na lista
6
7      mid = (i+j)//2                    # índice da mediana de l[i:j]
8
9      if lst[mid] == target:            # target é a mediana
10         return mid
11     if target < lst[mid]:             # busca à esquerda da mediana
12         return search(lst, target, i, mid)
13     else:                             # busca à direita da mediana
14         return search(lst, target, mid+1, j)
```

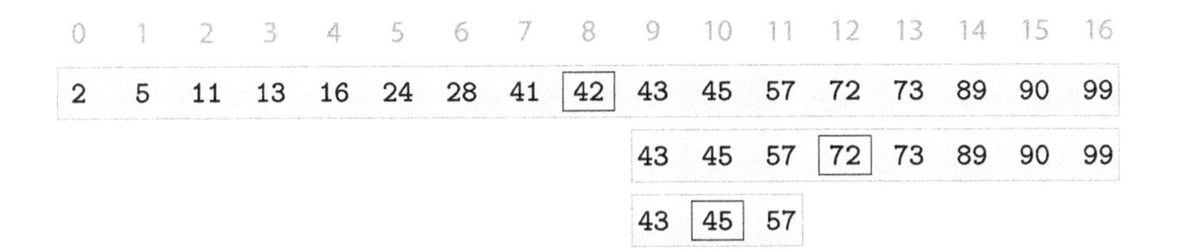

Figura 10.14 **Busca binária.** A busca de 45 começa na lista `lst[0:17]`. Depois que 45 for comparado com a mediana da lista (42), a busca continua na sublista `lst[9:17]`. Depois que 45 é comparado com a mediana da lista (72), a busca continua em `lst[9:12]`. Como 45 é a mediana de `lst[9:12]`, a busca termina.

Para iniciar a busca de `target` em `lst`, os índices 0 e `len(lst)` deverão ser dados:

```
>>> target = 45
>>> search(lst, target, 0, len(lst))
10
```

A Figura 10.14 ilustra a execução dessa busca.

Para nos convencermos de que a busca binária é, na média, muito mais rápida do que a busca linear, vamos realizar um experimento. Usando a aplicação `timingAnalysis()`, desenvolvida na última seção, comparamos o desempenho de nossa função `search()` e o método de lista embutido `index()`. Para fazer isso, desenvolvemos as funções `binary()` e `linear()`, que escolhem um item aleatório na lista de entrada e chamam `search()` ou invocam o método `index()`, respectivamente, para achar o item:

Módulo: ch10.py

```
1 def binary(lst):
2     'escolhe item aleatório na lista lst e roda search() sobre ele'
3     target=random.choice(lst)
4     return search(lst, target, 0, len(lst))
5
6 def linear(lst):
7     'escolhe item aleatório na lista lst e roda index() sobre ele'
8     target=random.choice(lst)
9     return lst.index(target)
```

A lista `lst` de tamanho `n` que usaremos é uma amostra aleatória de `n` números no intervalo de 0 a $2n - 1$.

Módulo: ch10.py

```
1 def buildInput(n):
2     'retorna uma amostra aleatória de n números no intervalo [0, 2n]'
3     lst = random.sample(range(2*n), n)
4     lst.sort()
5     return lst
```

Aqui estão os resultados:

```
>>> timingAnalysis(linear, 200000, 1000000, 200000, 20)
Run time of linear(200000) is 0.0046095
Run time of linear(400000) is 0.0091411
Run time of linear(600000) is 0.0145864
Run time of linear(800000) is 0.0184283
```

```
>>> timingAnalysis(binary, 200000, 1000000, 200000, 20)
Run time of binary(200000) is 0.0000681
Run time of binary(400000) is 0.0000762
Run time of binary(600000) is 0.0000943
Run time of binary(800000) is 0.0000933
```

É claro que a busca binária é muito mais rápida e o tempo de execução da busca linear cresce proporcionalmente com o tamanho da lista. O mais interessante sobre o tempo de execução da busca binária é que ela não parece estar aumentando muito. Por que isso?

Embora a lista linear possa acabar examinando cada item na lista, a busca binária examinará muito menos itens da lista. Para ver isso, lembre-se da nossa ideia de que, com cada comparação de busca binária, o espaço de busca diminui por mais da metade. Naturalmente, quando o tamanho do espaço de busca se torna 1 ou menos, a busca termina. O número de comparações da busca binária em uma lista de tamanho n é limitado por esse valor: o número de vezes que podemos dividir n pela metade antes que ele se torne 1. Em forma de equação, esse é o valor de x em

$$\frac{n}{2^x} = 1$$

A solução dessa equação é $x - \log_2 n$, o logaritmo base dois de n. Essa função realmente cresce muito lentamente enquanto n aumenta.

Outros Problemas de Busca

Examinamos vários outros problemas fundamentais do tipo de busca e analisamos diferentes técnicas para solucioná-los.

Teste de Exclusividade

Consideramos este problema: dada uma lista, verificar se cada item da mesma é exclusivo. Um modo natural de resolver esse problema é percorrer a lista e, para cada item, verificar se o item aparece mais de uma vez. A função `dup1` implementa essa ideia:

Módulo: ch10.py

```
1 def dup1(lst):
2     'retorna True se lista lst tiver duplicatas; caso contrário, False'
3     for item in lst:
4         if lst.count(item) > 1:
5             return True
6     return False
```

O método de lista `count()`, assim como o operador `in` e o método `index`, devem realizar uma busca linear pela lista para contar todas as ocorrências de um item alvo. Assim, em `duplicates1()`, a busca linear é realizada para cada item da lista. Podemos fazer melhor que isso?

E se classificássemos a lista primeiro? O benefício de fazer isso é que os itens duplicados ficarão um ao lado do outro na lista ordenada. Portanto, para descobrir se existem duplicatas, tudo o que precisamos fazer é comparar cada item com o item antes dele:

Módulo: ch10.py

```
1  def dup2(lst):
2      'retorna True se lista lst tiver duplicatas; caso contrário, False'
3      lst.sort()
4      for index in range(1, len(lst)):
5          if lst[index] == lst[index-1]:
6              return True
7      return False
```

A vantagem dessa técnica é que ela faz apenas uma passada pela lista. Naturalmente, existe um custo para isso: temos que classificar a lista primeiro.

No Capítulo 6, vimos que os dicionários e conjuntos podem ser úteis para verificar se uma lista contém duplicatas. As funções dup3() e dup4() utilizam um dicionário ou um conjunto, respectivamente, para verificar se a lista de entrada contém duplicatas:

Módulo: ch10.py

```
1  def dup3(lst):
2      'retorna True se lista lst tiver duplicatas, caso contrário, False'
3      s = set()
4      for item in lst:
5          if item in s:
6              return False
7          else:
8              s.add(item)
9      return True
10
11 def dup4(lst):
12     'retorna True se lista lst tiver duplicatas, caso contrário, False'
13     return len(lst) != len(set(lst))
```

Deixamos a análise dessas quatro funções como um exercício.

Problema Prático 10.7

Usando um experimento, analise o tempo de execução das funções dup1(), dup2(), dup(3) e dup(4). Você deverá testar cada função nas 10 listas de tamanho 2000, 4000, 6000 e 8000, obtidas por:

```
import random
def buildInput(n):
    'retorna uma lista de n inteiros aleatórios no intervalo [0, n**2]'
    res = []
    for i in range(n):
        res.append(random.choice(range(n**2)))
    return res
```

Observe que a lista retornada por essa função é obtida escolhendo repetidamente n números no intervalo de 0 a $n^2 - 1$ e pode ou não conter duplicatas. Ao terminar, comente os resultados.

Selecionando o *k*-ésimo Maior (Menor) Item

Achar o maior (ou menor) item em uma lista não classificada é mais bem feito com uma busca linear. A busca do segundo, terceiro, *k*-ésimo maior (ou menor) também pode ser feita com uma busca linear, embora de forma não tão simples. Achar o *k*-ésimo maior (ou menor) item para um *k* grande pode ser feito facilmente classificando a lista primeiro. (Existem formas mais eficientes de fazer isso, mas elas estão fora do escopo deste texto.) Aqui está uma função que retorna o *k*-ésimo menor valor em uma lista:

Módulo: ch10.py

```
1  def kthsmallest(lst,k):
2      'retorna o k-ésimo menor item em lst'
3      lst.sort()
4      return lst[k-1]
```

Calculando o Item que Ocorre com Mais Frequência

O problema que consideramos em seguida é procurar o item que ocorre com mais frequência em uma lista. Na realidade, sabemos como fazer isso, e mais: no Capítulo 6, vimos como os dicionários podem ser usados para calcular a frequência de *todos* os itens em uma sequência. Porém, se tudo o que queremos é encontrar o item mais frequente, o uso de um dicionário é desnecessário e um desperdício de espaço de memória.

Vimos que, classificando uma lista, todos os itens duplicados serão próximos um do outro. Se percorrermos a lista ordenada, poderemos contar o tamanho de cada sequência de duplicatas e registrar a maior. Aqui está a implementação dessa ideia:

Módulo: ch10.tex

```
1  def frequent(lst):
2      '''retorna item que ocorre com mais frequência
3         na lista lst não vazia'''
4      lst.sort()                   # primeiro classifica lista
5
6      currentLen = 1               # tamanho da sequência atual
7      longestLen = 1               # tamanho da sequência mais longa
8      mostFreq   = lst[0]          # item com sequência mais longa
9
10     for i in range(1, len(lst)):
11         # compara item atual com anterior
12         if lst[i] == lst[i-1]: # se igual
13             # sequência atual continua
14             currentLen+=1
15         else:                    # se não igual
16             # atualiza sequência mais longa, se necessário
17             if currentLen > longestLen: # se sequência que terminou
18                                         # for a maior até aqui
19                 longestLen = currentLen # armazena seu tamanho
20                 mostFreq   = lst[i-1]   # e o item
21             # inicia nova sequência
22             currentLen = 1
23     return mostFreq
```

Problema Prático 10.8

Implemente a função `frequent2()`, que usa um dicionário para calcular a frequência de cada item na lista de entrada e retorna o item que ocorre com mais frequência. Depois, realize um experimento e compare os tempos de execução de `frequent()` e `frequent2()` em uma lista obtida usando a função `buildInput()`, definida no Problema Prático 10.7.

10.5 Estudo de Caso: Torre de Hanói

Neste estudo de caso, consideramos o problema da Torre de Hanói, exemplo clássico de um problema resolvido com facilidade por meio da recursão. Também usamos essa oportunidade para desenvolver uma aplicação visual, por meio de novas classes e técnicas de programação orientada a objeto.

Aqui está o problema. Existem três pinos que chamamos, da esquerda para a direita, pinos 1, 2 e 3 e $n > 0$ discos de diferentes diâmetros. Na configuração inicial, os n discos são encaixados no pino 1 em ordem crescente de diâmetro, de cima para baixo. A Figura 10.15 mostra a configuração inicial para $n = 5$ discos.

Figura 10.15 Torre de Hanói com cinco discos. A configuração inicial.

O problema da Torre de Hanói pede para mover os discos, um por vez, e obter a configuração final mostrada na Figura 10.16.

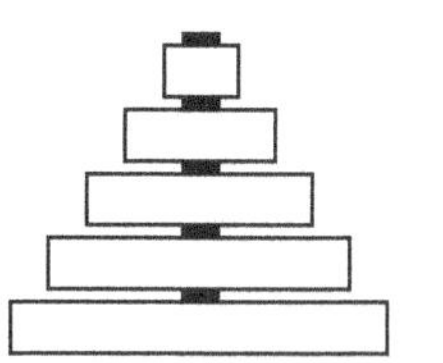

Figura 10.16 Torre de Hanói com cinco discos. A configuração final.

Existem restrições no modo como os discos podem ser movimentados:

- Os discos só podem ser movidos um por vez.
- Um disco precisa ser retirado de um pico antes que outro disco seja apanhado.
- Um disco não pode ser colocado sobre um disco com diâmetro menor.

Ilustramos essas regras na Figura 10.17, que mostra três movimentos válidos sucessivos, começando da configuração inicial da Figura 10.15.

Gostaríamos de desenvolver uma função `hanoi()` que apanhe um inteiro não negativo n como entrada e mova n discos do pino 1 ao pino 3 usando apenas movimentos válidos de único disco. Para implementar `hanoi()` recursivamente, precisamos achar um modo recursivo de descrever a solução (ou seja, as movimentações dos discos). Para nos ajudar a descobrir, vamos começar examinando os casos mais simples.

O caso mais fácil é quando $n = 0$: não há disco para mover! O próximo caso mais fácil é quando $n = 1$: um movimento do disco do pino 1 para o pino 3 resolverá o problema.

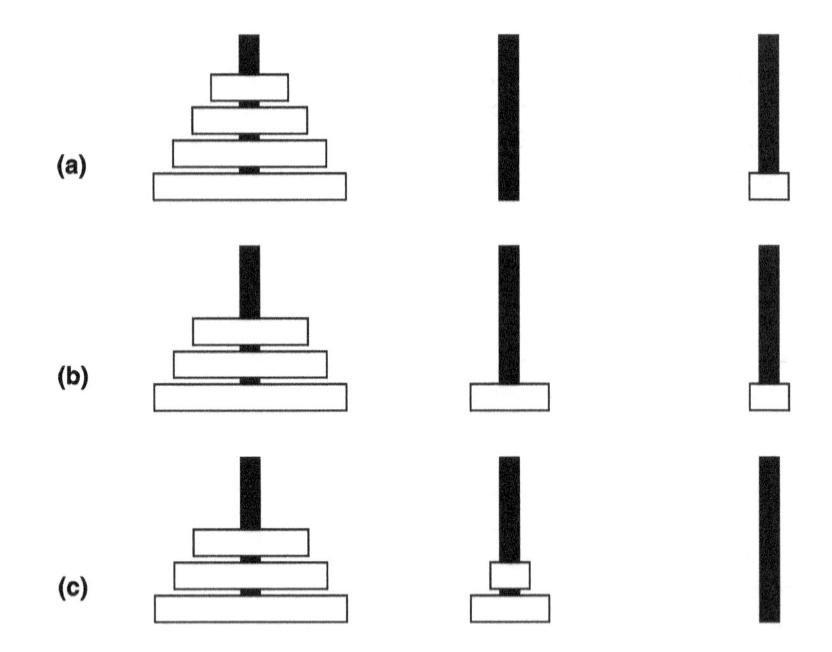

Figura 10.17 Torre de Hanói com cinco discos: três primeiros movimentos. A configuração (a) é o resultado de mover o disco do topo, menor, do pino 1 para o pino 3. A configuração (b) é o resultado de mover o próximo menor disco do pino 1 para o pino 2. Observe que a movimentação do segundo menor disco para o pino 3 teria sido um movimento inválido. A configuração (c) é o resultado da movimentação do disco encaixado no pino 3 para o pino 2.

Com $n = 2$ discos, a configuração inicial é mostrada na Figura 10.18.

Figura 10.18 Torre de Hanói com dois discos. A configuração inicial.

Para mover os dois discos do pino 1 para o pino 3, é claro que precisamos mover o disco do topo do pino 1 para fora do caminho (ou seja, para o pino 2), de modo que o maior disco possa ser movido para o pino 3. Isso é ilustrado na Figura 10.19.

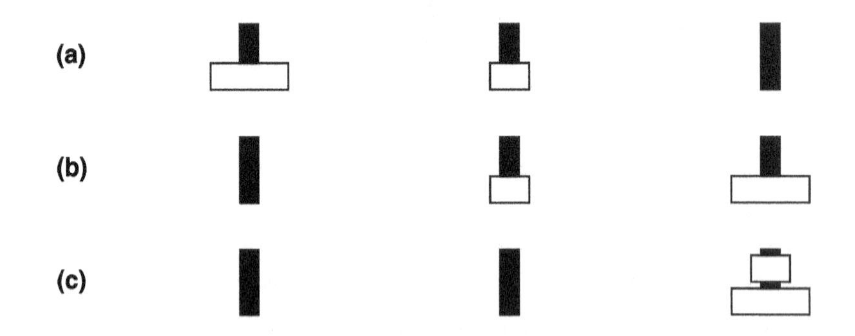

Figura 10.19 Torre de Hanói com dois discos: a solução. Os discos são movidos nesta ordem: (a) disco pequeno do pino 1 para o pino 2, (b) o disco grande do pino 1 para o pino 3, e (c) o disco pequeno do pino 2 para o pino 3.

Para implementar a função `hanoi()` de uma forma clara e intuitiva (ou seja, em termos de mover discos de um pino para outro), precisamos desenvolver classes que representem objetos de pino e disco. Discutimos a implementação dessas classes mais adiante; neste ponto, só precisamos saber como usá-las, o que mostramos usando a ferramenta `help()`. A documentação para as classes `Peg` e `Disk` é:

```
>>> help(Peg)
...
class Peg(turtle.Turtle, builtins.list)
 |  uma classe de pino para a Torre de Hanói
 ...
 |  __init__(self, n)
 |      inicializa um pino para n discos
 |
 |  pop(self)
 |      remove o disco de cima do pino e o retorna
 |
 |  push(self, disk)
 |      coloca o disco no pino
 ...
>>> help(Disk)
...
class Disk(turtle.Turtle)
 |  uma classe de disco para a Torre de Hanói
...
 |  Métodos definidos aqui:
 |
 |  __init__(self, n)
 |      inicializa disco n
```

Também precisamos desenvolver a função move(), que apanha dois pinos como entrada e move o disco superior do primeiro pino para o segundo pino:

Módulo: turtleHanoi.py

```
1  def move_disk(from_peg, to_peg):
2      'move disco do topo da from_peg para a to_peg'
3      disk = from_peg.pop()
4      to_peg.push(disk)
```

Usando essas classes e função, podemos descrever a solução do problema da Torre de Hanói com dois discos, ilustrada nas Figuras 10.18 e 10.19, conforme mostramos:

```
>>> p1 = Peg(2)         # cria pino 1
>>> p2 = Peg(2)         # cria pino 2
>>> p3 = Peg(2)         # cria pino 3
>>> p1.push(Disk(2))    # coloca disco maior no pino 1
>>> p1.push(Disk(1))    # coloca disco menor no pino 1
>>> move_disk(p1, p2)   # move disco do topo do pino 1 para pino 2
>>> move_disk(p1, p3)   # move disco restante do pino 1 para pino 3
>>> move_disk(p2, p3)   # move disco do pino 2 para pino 3
```

Agora, vamos considerar o caso em que $n = 3$ e tentar descrever a sequência de movimentos de disco para ele recursivamente. Fazemos isso com a mesma técnica que usamos para $n = 2$. Gostaríamos de apanhar os dois discos do topo do pino 1 para fora do caminho (ou seja, colocá-los no pino 2), de modo a podermos mover o disco maior do pino 1 para o pino 3. Quando estivermos com o disco maior no pino 3, novamente teremos que mover dois discos, mas dessa vez do pino 2 para o pino 3. Essa ideia é ilustrada na Figura 10.20.

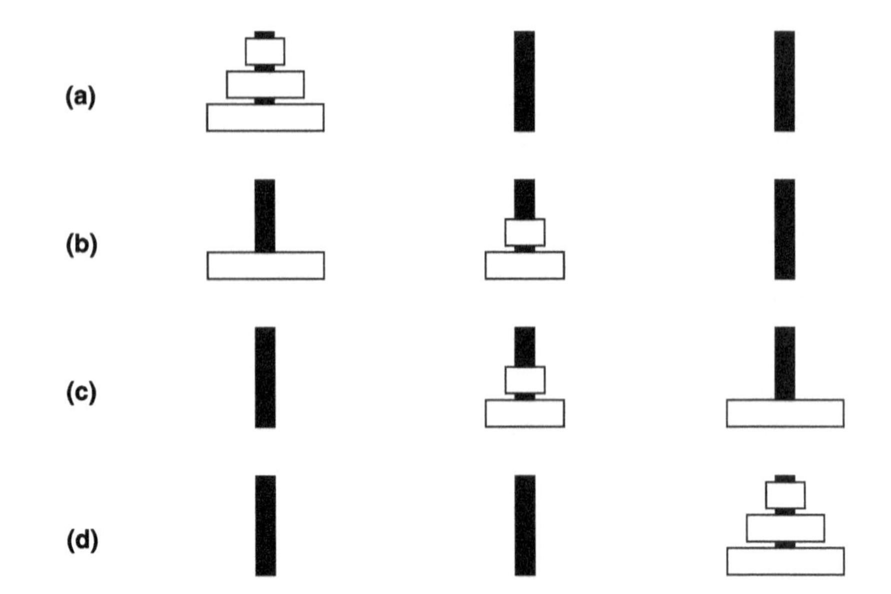

Figura 10.20 Problema da Torre de Hanói com três discos. A configuração (a) é a inicial. A próxima, (b), é o resultado de mover recursivamente dois discos do pino 1 ao pino 2. A configuração (c) é o resultado de mover o último disco do pino 1 para o pino 3. A configuração (d) é o resultado de mover recursivamente 2 discos do pino 2 para o pino 3.

A questão é: como movemos dois discos (uma vez do pino 1 para o pino 2 e outra do pino 2 para o pino 3)? Usando a recursão, é claro! Já temos uma solução para mover dois discos, e podemos usá-la. Assim, se a função `hanoi(n, peg1, peg2, peg3)` mover `n` discos do `pino p1` para o `pino p3` usando o pino intermediário p2, o próximo código deverá resolver o problema da Torre de Hanói com três discos.

```
>>> p1 = Peg(3)
>>> p2 = Peg(3)
>>> p3 = Peg(3)
>>> p1.push(Disk(3))
>>> p1.push(Disk(2))
>>> p1.push(Disk(1))
>>> hanoi(2, p1, p3, p2)
>>> move_disk(p1, p3)
>>> hanoi(2, p2, p1, p3)
```

Agora, podemos implementar a função recursiva `hanoi()`. Observe que o caso básico é quando $n = 0$, quando não há nada a fazer.

Módulo: turtleHanoi.py

```
1  def hanoi(n, peg1, peg2, peg3):
2      'move n discos de peg1 para peg3 usando peg2 '
3
4      # caso básico: n == 0. Não faz nada
5
6      if n > 0: # etapa recursiva
7          hanoi(n-1, peg1, peg3, peg2) # move n-1 discos do topo
8                                       # de peg1 para peg2
9          move_disk(peg1, peg3)        # move maior disco
10                                      # de peg1 para peg2
11         hanoi(n-1, peg2, peg1, peg3) # move n-1 discos
12                                      # de peg2 para peg3
```

Classes Peg e Disk

Agora, podemos discutir a implementação das classes Peg e Disk. A classe Disk é uma subclasse da classe Turtle. Isso significa que todos os atributos de Turtle estão disponíveis para fazer com que nossos objetos Disk apareçam corretamente.

Módulo: turtleHanoi.py

```
1  from turtle import Turtle, Screen
2  class Disk(Turtle):
3      'uma classe de disco de Torre dé Hanói
4  
5      def __init__(self, n):
6          'inicializa disco n  '
7          Turtle.__init__(self, shape='square',visible=False)
8          self.penup()                # movimentos não devem ser traçados
9          self.sety(300)              # movimentos são acima dos pinos
10         self.shapesize(1, 1.5*n, 2) # define diâmetro do disco
11         self.fillcolor(1, 1, 1)     # disco é branco
12         self.showturtle()           # disco se torna visível
```

A classe Peg é uma subclasse de duas classes: Turtle, para os aspectos visuais, e list, pois um pino é um contêiner de discos. Cada pino terá uma coordenada x determinada pela variável de classe pos. Além do construtor, a classe Peg admite os métodos de pilha push() e pop() para colocar um disco em um pino ou remover um disco do pino.

Módulo: turtleHanoi.py

```
1  class Peg(Turtle,list):
2      'classe de pino da Torre de Hanói, herda de Turtle e list'
3      pos = -200                      # coordenada x do próximo pino
4  
5      def __init__(self,n):
6          'inicializa um pino para n discos'
7  
8          Turtle.__init__(self, shape='square',visible=False)
9          self.penup()                # movimentos de pino não devem
                                         ser traçados
10         self.shapesize(n*1.25,.75,1)  # altura do pino é função
11                                       # do número de discos
12         self.sety(12.5*n)           # fundo do pino é y = 0
13         self.x = Peg.pos            # coordenada x do pino
14         self.setx(self.x)           # pino movido para sua coord. x
15         self.showturtle()           # pino se torna visível
16         Peg.pos += 200              # posição do próximo pino
17 
18     def push(self, disk):
19         'coloca disco em torno do pino'
20 
21         disk.setx(self.x)           # move disco para coord. x do pino
22         disk.sety(10+len(self)*25)  # move disco verticalmente para
                                         logo
23                                     # acima do disco mais no topo do
                                         pino
24         self.append(disk)           # acrescenta disco ao pino
25 
26     def pop(self):
27         'remove disco do topo do pino e o retorna'
28 
29         disk = self.pop()           # remove disco do pino
30         disk.sety(300)              # levanta disco para acima do pino
31         return disk
```

Por fim, aqui está o código que inicia a aplicação para até sete discos.

Módulo: turtleHanoi.py

```
def play(n):
    'mostra a solução do problema da Torre de Hanói com n discos'
    screen = Screen()
    Peg.pos = -200
    p1 = Peg(n)
    p2 = Peg(n)
    p3 = Peg(n)

    for i in range(n):          # discos são colocados em torno do pino 1
        p1.push(Disk(n-i))  # em ordem decrescente de diâmetro

    hanoi(n, p1, p2, p3)

    screen.bye()
```

Resumo do Capítulo

O foco deste capítulo é a recursão e o processo de desenvolver uma função recursiva que resolve um problema. O capítulo também apresenta a análise formal do tempo de execução dos programas e a aplica a diversos problemas de busca.

A recursão é uma técnica fundamental de solução de problemas, que pode ser aplicada a problemas cuja solução pode ser construída a partir de soluções de versões "mais fáceis" do problema. As funções recursivas frequentemente são muito mais simples de descrever (ou seja, implementar) do que as soluções não recursivas para o mesmo problema, pois aproveitam os recursos do sistema operacional, em particular, a pilha de programa.

Neste capítulo, desenvolvemos funções recursivas para diversos problemas, como a apresentação visual de fractais e a busca de vírus nos arquivos de um sistema de arquivos. O objetivo principal da exposição, porém, é tornar explícito como realizar o pensamento recursivo, um modo de enfrentar os problemas que leva a soluções recursivas.

Em alguns casos, o pensamento recursivo oferece ideias que levam a soluções mais eficientes do que a solução óbvia ou original. Em outros casos, ele levará a uma solução muito pior. Apresentamos a análise do tempo de execução dos programas como uma forma de quantificar e comparar os tempos de execução de diversos programas. A análise do tempo de execução não está limitada a funções recursivas, é claro; ela também é utilizada para analisar diversos problemas de busca.

No estudo de caso do capítulo, aplicamos a recursão para resolver o problema da Torre de Hanói e desenvolver uma ferramenta gráfica, usando técnicas de POO e um módulo gráfico `turtle`, para visualizar a solução.

Soluções dos Problemas Práticos

10.1 A função `reverse()` é obtida modificando a função `vertical()` (e renomeando-a, é claro). Observe que a função `vertical()` exibe o último dígito após exibir todos, menos o último dígito. A função `reverse()` deverá fazer exatamente o oposto.

```
def reverse(n):
    'exibe dígitos de n verticalmente, começando com dígito de baixa ordem'
    if n < 10:           # caso básico: número de um dígito
        print(n)
    else:                # n tem pelo menos 2 dígitos
       print(n%10)       # exibe último dígito de n
       reverse(n//10)    # exibe recursivamente, em reverso,
                         # tudo menos o último dígito
```

10.2 No caso básico, quando $n = 0$, apenas `'Hurrah!!!'` deverá aparecer. Quando $n > 0$, sabemos que pelo menos um `'Hip'` deverá ser exibido, o que fazemos. Isso significa que $n - 1$ strings `'Hip'` e depois `'Hurrah!!!'` restam para ser exibidos. É exatamente isso que a chamada recursiva `saúde(n-1)` fará.

```
def cheers(n):
    if n == 0:
        print('Hurrah!!!')
    else: # n > 0
        print('Hip', end=' ')
        cheers(n-1)
```

10.3 Pela definição da função fatorial $n!$, o caso básico da recursão é $n = 0$, ou $n = 1$. Nesses casos, a função `factorial()` deverá retornar 1. Para $n > 1$, a definição recursiva de $n!$ sugere que a função `factorial()` deve retornar `n * factorial(n-1)`:

```
def factorial(n):
   'retorna o fatorial do inteiro n'
    if n in [0, 1]: # caso básico
        return 1
    return factorial(n-1) * n # etapa recursiva quando n > 1
```

10.4 No caso básico, quando $n = 0$, nada é exibido. Se $n > 0$, observe que a saída de `pattern2(n)` consiste na saída de `pattern2(n-1)`, seguida por uma sequência de `n` asteriscos, seguida pela saída de `pattern2(n-1)`.

```
def pattern2(n):
    'exibe o enésimo padrão'
    if n > 0:
        pattern2(n-1)  # exibe pattern2(n-1
        print(n * '*')  # exibe n estrelas
        pattern2(n-1)  # exibe pattern2(n-1
```

10.5 Conforme ilustra a Figura 10.21 de `snowflake(4)`, um padrão de floco de neve consiste em três padrões `koch(3)` desenhados nos lados de um triângulo equilátero.

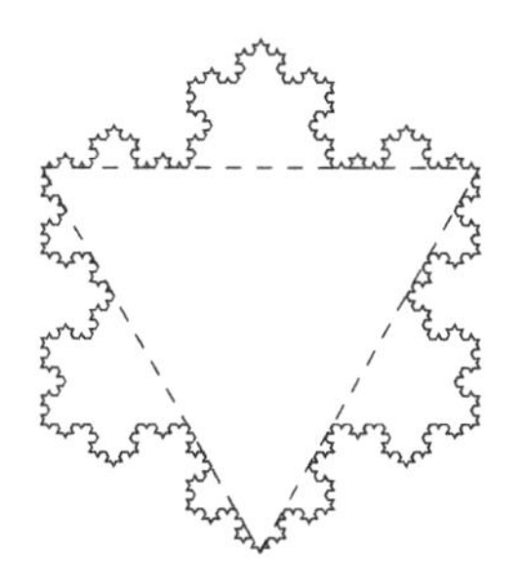

Figura 10.21 **O padrão** snowflake (4).

Para desenhar o padrão `snowflake(n)`, tudo o que precisamos fazer é desenhar o padrão `koch(n)`, girar 120 graus para a direita, desenhar `koch(n)` novamente, girar 120 graus para a direita e desenhar `koch(n)` pela última vez.

```
def drawSnowflake(n):
    'desenha enésima curva de floco de neve com função koch() 3 vezes'
    s = Screen()
    t = Turtle()
    directions = koch(n)
    for i in range(3):
        for move in directions: # desenha koch(n)
            if move == 'F':
                t.fd(300/3**n)
            if move == 'L':
                t.lt(60)
            if move == 'R':
                t.rt(120)
        t.rt(120)                # gira 120 graus para a direita
    s.bye()
```

10.6 Depois de executar os testes, você notará que os tempos de execução de `power2()` são significativamente piores do que os outros dois. É interessante que os tempos de execução de `pow2()` e `rpow2()` são muito, muito próximos. Parece que o operador embutido ** usa uma técnica equivalente à nossa solução recursiva.

10.7 Embora `dup2()` tenha a etapa de classificação adicional, você notará que `dup1()` é muito mais lenta. Isso significa que a técnica das múltiplas buscas lineares de `dup1()` é bastante ineficaz. As técnicas de dicionário e conjunto em `dup3()` e `dup4()` foram melhores, com a técnica de conjunto vencendo de modo geral. O único problema com essas duas técnicas é que ambas usam um contêiner extra, de modo que ocupam mais espaço de memória.

10.8 Você pode usar a função `frequency` do Capítulo 6 para implementar `frequent2()`.

Exercícios

10.9 Usando a Figura 10.1 como um modelo, desenhe todas as etapas que ocorrem durante a execução de `countdown(3)`, incluindo o estado da pilha de programa no início e no final de cada chamada recursiva.

10.10 Troque as instruções nas linhas 6 e 7 da função `countdown()` para criar a função `countdown2()`. Explique como ela difere de `countdown()`.

10.11 Usando a Figura 10.1 como modelo, desenhe todas as etapas que ocorrem durante a execução de `countdown2(3)`, em que `countdown2()` é a função do Exercício 10.10.

10.12 Modifique a função `countdown()` de modo que exiba seu comportamento.

```
>>> countdown3(5)
5
4
3
    BOOM!!!
    Assustei você...
2
1
Lançar!!!
```

10.13 Usando a Figura 10.1 como modelo, desenhe todas as etapas que ocorrem durante a execução de `pattern(2)`, incluindo o estado da pilha de programa no início e no final de cada chamada recursiva.

10.14 A fórmula recursiva para calcular o número de formas de escolher *k* itens entre um conjunto de *n* itens, indicado por *C(n, k)*, é:

$$C(n,k) = \begin{cases} 1 & \text{se } k = 0 \\ 0 & \text{se } n < k \\ C(n-1,k-1)+C(n-1,k) & \text{caso contrário} \end{cases}$$

O primeiro caso diz que existe uma maneira de escolher nenhum item; o segundo diz que não há uma maneira de escolher mais itens do que o que há disponível no conjunto. O último caso separa a contagem de conjuntos de *k* itens contendo o último item do conjunto e a contagem dos conjuntos de *k* itens *não* contendo o último item do conjunto. Escreva uma função recursiva `combinations()`, que calcula *C(n, k)* usando essa fórmula recursiva.

```
>>> combinations(2, 1)
0
>>> combinations(1, 2)
2
>>> combinations(2, 5)
10
```

10.15 Assim como fizemos para a função `rpower()`, modifique a função `rfib()` de modo que conte o número de chamadas recursivas feitas. Depois, use essa função para contar o número de chamadas feitas para *n* = 10, 20, 30.

10.16 Suponha que alguém começasse a resolver o problema da Torre de Hanói com cinco discos e parasse na configuração ilustrada na Figura 10.17(c). Descreva uma sequência de chamadas de função `move()` e `hanoi()` que complete o movimento dos cinco discos do pino 1 para o pino 3. *Nota*: Você pode obter a configuração inicial executando estas instruções no shell interativo:

```
>>> peg1 = Peg(5)
>>> peg2 = Peg(5)
>>> peg3 = Peg(5)
>>> for i in range(5,0,-1):
        peg1.push(Disk(i))

>>> hanoi(2, peg1, peg3, peg2)
```

Problemas

10.17 Escreva um método recursivo `silly()` que aceite um inteiro não negativo `n` como entrada e depois apresente `n` pontos de interrogação, seguidos por `n` pontos de exclamação. Seu programa não deverá usar laços.

```
>>> silly(0)
>>> silly(1)
* !
>>> silly(10)
* * * * * * * * * * ! ! ! ! ! ! ! ! ! !
```

10.18 Escreva um método recursivo `numOnes()` que aceite um inteiro não negativo n como entrada e retorne o número de 1s na representação binária de n. Use o fato de que isso é igual ao número de 1s na representação de $n/2$ (divisão inteira), mais 1 se n for ímpar.

```
>>> numOnes(0)
0
>>> numOnes(1)
1
>>> numOnes(14)
3
```

10.19 No Capítulo 5, desenvolvemos o algoritmo do Máximo Divisor Comum (MDC) de Euclides usando a iteração. O algoritmo de Euclides é descrito naturalmente de forma recursiva:

$$mdc(a,b) = \begin{cases} a & \text{se } b = 0 \\ mdc(b, a\%b) & \text{caso contrário} \end{cases}$$

Usando essa definição recursiva, implemente a função recursiva `rmdc()` que aceite dois números não negativos a e b, com $a > b$, e retorne o MDC de a e b:

```
>>> rmdc(3,0)
3
>>> rmdc(18,12)
6
```

10.20 Escreva um método `rem()` que aceite como entrada uma lista contendo, possivelmente, valores duplicados, e retorne uma cópia da lista em que uma cópia de cada valor duplicado seja removida.

```
>>> rem([4])
[]
>>> rem([4, 4])
[4]
>>> rem([4, 1, 3, 2])
[]
>>> rem([2, 4, 2, 4, 4])
[2, 4, 4]
```

10.21 Você está visitando sua cidade natal e planeja ficar na casa de um amigo. Acontece que todos os seus amigos moram na mesma rua. Para ser eficiente, você gostaria de ficar na casa de um amigo que esteja em um local central no seguinte sentido: o mesmo número de amigos, dentro de 1, reside em qualquer direção. Se as casas de dois amigos satisfizerem esse critério, escolha o amigo com o menor endereço de casa na rua.

Escreva a função `address()`, que aceite uma lista de números de casa da rua e retorne o número onde você deverá ficar.

```
>>> address([2, 1, 8, 5, 9])
5
>>> address([2, 1, 8, 5])
2
>>> address([1, 1, 1, 2, 3, 3, 4, 4, 4, 5])
3
```

10.22 Escreva um método recursivo `base()` que aceite um inteiro não negativo n e um inteiro positivo $1 < b < 10$ e *apresente* a representação base b do inteiro n.

```
>>> base(0, 2)
0
>>> base(1, 2)
1
>>> base(10, 2)
1010
>>> base(10, 3)
1 0 1
```

10.23 Desenvolva uma função recursiva `tough()` que aceite dois argumentos inteiros não negativos e gere um padrão conforme mostramos a seguir. *Dica*: o primeiro argumento representa a endentação do padrão, enquanto o segundo argumento — sempre uma potência de 2 — indica o número de "*"s no padrão.

```
>>> f(0, 0)
>>> f(0, 1)
*
>>> f(0, 2)
*
**
 *
>>> f(0, 4)
*
**
 *
****
  *
  **
   *
```

10.24 Implemente a função `permutations()` que aceita uma lista `lst` como entrada e retorna uma lista de todas as permutações de `lst` (de modo que o valor retornado seja uma lista de listas). Faça isso recursivamente da seguinte forma: se a lista de entrada `lst` tiver o tamanho 1 ou 0, basta retornar uma lista *contendo* a lista `lst`. Caso contrário, faça uma chamada recursiva na sublista `1[1:]` para obter a lista de todas as permutações de todos os elementos de `lst`, exceto o primeiro elemento `1[0]`. Depois, para cada permutação (ou seja, lista) `perm`, gere permutações de `lst` inserindo `lst[0]` em todas as posições possíveis de `perm`.

```
>>> permutations([1, 2])
[[1, 2], [2, 1]]
>>> permutations([1, 2, 3])
[[1, 2, 3], [2, 1, 3], [2, 3, 1], [1, 3, 2], [3, 1, 2], [3, 2, 1]]
>>> permutations([1, 2, 3, 4])
[[1, 2, 3, 4], [2, 1, 3, 4], [2, 3, 1, 4], [2, 3, 4, 1],
[1, 3, 2, 4], [3, 1, 2, 4], [3, 2, 1, 4], [3, 2, 4, 1],
[1, 3, 4, 2], [3, 1, 4, 2], [3, 4, 1, 2], [3, 4, 2, 1],
[1, 2, 4, 3], [2, 1, 4, 3], [2, 4, 1, 3], [2, 4, 3, 1],
[1, 4, 2, 3], [4, 1, 2, 3], [4, 2, 1, 3], [4, 2, 3, 1],
[1, 4, 3, 2], [4, 1, 3, 2], [4, 3, 1, 2], [4, 3, 2, 1]]
```

10.25 Implemente a função `anagrams()`, que calcula anagramas de determinada palavra. Um anagrama da palavra A é uma palavra B que pode ser formada rearrumando as letras de A. Por exemplo, a palavra "pot" é um anagrama da palavra "top". Sua função tomará como entrada o nome de um arquivo de palavras e também uma palavra, e exibirá todas as palavras no arquivo que sejam anagramas da palavra informada. Nos próximos exemplos, use o arquivo `words.txt` como seu arquivo de palavras.

Arquivo: words.txt

```
>>> anagrams('words.txt', 'trace')
crate
cater
react
```

10.26 Escreva uma função `pairs1()` que tome como entradas uma lista de inteiros e um valor de alvo e retorne `True` se houver dois números na lista cuja soma é o alvo e, caso contrário, `False`. Sua implementação deverá usar o padrão de laço aninhado e verificar todos os pares de números na lista.

```
>>> pair([4, 1, 9, 3, 5], 13)
4 e 9 somam 13
>>> pair([4, 1, 9, 3, 5], 11)
nenhum par soma 11
```

Quando terminar, reimplemente a função como `pairs2()` desta forma: ela primeiro classifica a lista e depois procura o par. Então, analise o tempo de execução das duas implementações usando a aplicação `timingAnalysis()`.

10.27 Neste problema, você desenvolverá uma função que rasteja pelos arquivos "vinculados". Cada arquivo visitado pelo rastejador terá zero ou mais vínculos, um por linha, com outros arquivos e nada mais. Um vínculo para um arquivo é simplesmente o nome do arquivo. Por exemplo, o conteúdo do arquivo `'file0.txt'` é:

```
'file0.txt' is:

    file1.txt
    file2.txt
```

A primeira linha representa o vínculo para o arquivo `file1.txt`, e o segundo é um vínculo para o arquivo `file2.txt`.

Implemente o método recursivo `crawl()`, que tome como entrada um nome de arquivo (como uma string), exiba uma mensagem informando o arquivo que está sendo visitado, abra o arquivo, leia cada vínculo e continue a busca recursivamente sobre cada vínculo. O exemplo a seguir usa um conjunto de arquivos empacotados no arquivo `files.zip`.

Arquivo: files.zip

```
>>> crawl('file0.txt')
Visitando file0.txt
Visitando file1.txt
Visitando file3.txt
Visitando file4.txt
Visitando file8.txt
Visitando file9.txt
Visitando file2.txt
Visitando file5.txt
Visitando file6.txt
Visitando file7.txt
```

10.28 O triângulo de Pascal é um padrão bidimensional infinito de números cujas cinco primeiras linhas são ilustradas na Figura 10.22. A primeira linha, linha 0, contém apenas 1. Todas as outras linhas começam e terminam com um 1 também. Os outros números nessas linhas são obtidos usando esta regra: o número na posição i é a soma dos números na posição $i - 1$ e i na linha anterior.

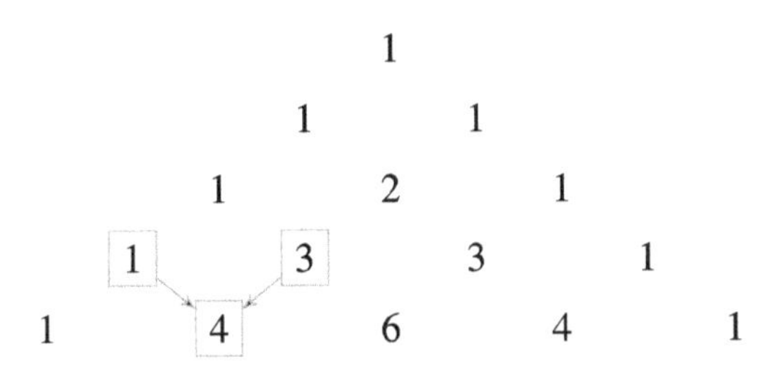

Figura 10.22 **Triângulo de Pascal.** Somente as cinco primeiras linhas do triângulo de Pascal são mostradas.

Implemente a função recursiva `pascalLine()` que aceita um inteiro não negativo n como entrada e retorna uma lista contendo a sequência de números aparecendo na n-ésima linha do triângulo de Pascal.

```
>>> pascalLine(0)
[1]
>>> pascalLine(2)
[1, 2, 1]
>>> pascalLine(3)
[1, 3, 3, 1]
```

10.29 Implemente a função recursiva `traverse()` que aceita como entrada um caminho de uma pasta (como uma string) e um inteiro `d` e exibe na tela o nome de caminho de cada arquivo e subpasta contida na pasta, direta ou indiretamente. Os caminhos de arquivo e subpasta devem ser mostrados com uma endentação proporcional à sua profundidade em relação à pasta mais superior. O próximo exemplo ilustra a execução de `traverse()` na pasta `'test'` mostrada na Figura 10.8.

Arquivo: test.zip

```
>>> traverse('test', 0)
test/fileA.txt
test/folder1
  test/folder1/fileB.txt
  test/folder1/fileC.txt
  test/folder1/folder11
    test/folder1/folder11/fileD.txt
test/folder2
  test/folder2/fileD.txt
  test/folder2/fileE.txt
```

10.30 Implemente a função `search()`, que aceita como entrada o nome de um arquivo e o caminho de uma pasta, para procurar o arquivo na pasta e em qualquer pasta nela contida, direta ou indiretamente. A função deverá retornar o caminho do arquivo, se for achado; caso contrário, nenhum deverá ser retornado. O exemplo a seguir ilustra a execução de `search('file.txt', 'test')` a partir da pasta pai da pasta 'test' mostrada na Figura 10.8.

Arquivo: test.zip

```
>>> search('fileE.txt', 'test')
  test/folder2/fileE.txt
```

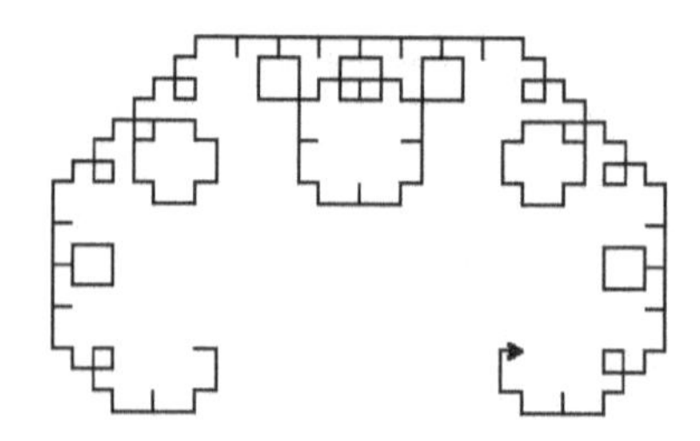

Figura 10.23 Curva de Levy L_8.

10.31 As curvas de Lévy são padrões gráficos de fractais que podem ser definidos recursivamente. Assim como as curvas de Koch, para cada inteiro não negativo $n > 0$, a curva de Lévy L_n pode ser definida em termos da curva de Lévy L_{n-1}; a curva de Lévy L_0 é simplesmente uma linha reta. A Figura 10.23 mostra a curva de Lévy L_8.

(a) Ache mais informações sobre a curva de Levy on-line e use-a para implementar a função recursiva `levy()` que aceite um inteiro não negativo n e retorne as instruções turtle codificadas com as letras L, R e F, em que L significa "girar 45 graus à esquerda", R significa "girar 90 graus à direita" e F significa "ir em frente".

```
>>> levy(0)
'F'
>>> levy(1)
'LFRFL'
>>> levy(2)
'LLFRFLRLFRFLL'
```

(b) Implemente a função `drawLevy()` de modo que ela tome o inteiro não negativo n como entrada e desenhe a curva de Levy L_n usando instruções obtidas da função `levy()`.

10.32 Implemente uma função que desenha padrões de quadrados como este:

(a) Para começar, primeiro implemente a função `square()`, que aceita como entrada um objeto `Turtle` e três inteiros x, y e s e faz com que o objeto `Turtle` trace um quadrado com lado de tamanho s centralizado nas coordenadas (x, y).

```
>>> from turtle import Screen, Turtle
>>> s = Screen()
>>> t = Turtle()
>>> t.pensize(2)
>>> square(t, 0, 0, 200)    # desenha o quadrado
```

(b) Agora, implemente a função recursiva `squares()`, que aceita as mesmas entradas da função `square` mais um inteiro n e desenha um padrão de quadrados. Quando $n = 0$, nada é desenhado. Quando $n = 1$, o mesmo quadrado desenhado por `square(t, 0, 0, 200)` é desenhado. Quando $n = 2$, o padrão é:

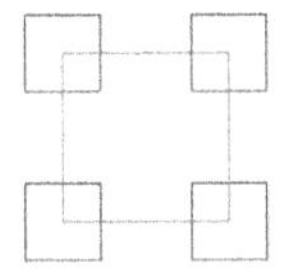

Cada um dos quatro pequenos quadrados é centralizado em um ponto do quadrado grande e tem comprimento 1/2,2 do quadrado original. Quando $n = 3$, o padrão é:

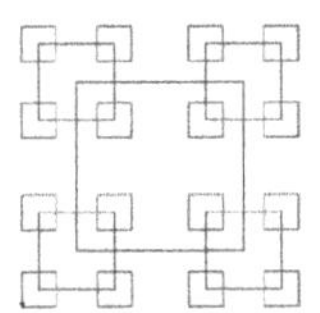

CAPÍTULO

11

A Web e a Busca

NESTE CAPÍTULO, apresentamos a World Wide Web (a WWW, ou simplesmente a Web). A Web é um dos desenvolvimentos mais importantes na ciência da computação. Ela tornou-se a plataforma escolhida para compartilhar informações e para a comunicação. Consequentemente, a Web é uma rica fonte para o desenvolvimento de aplicações inovadoras.

Iniciamos este capítulo descrevendo as três tecnologias básicas da WWW: *Uniform Resource Locators* (URLs), o *HyperText Transfer Protocol* (HTTP) e a *HyperText Markup Language* (HTML). Vamos focalizar especialmente a HTML, a linguagem das páginas Web. Depois, passaremos para os módulos da Biblioteca Padrão, que permitem que os desenvolvedores escrevam programas que acessam, baixam e processam documentos na Web. Em particular, focalizamos o domínio de ferramentas como analisadores HTML e expressões regulares, que nos ajudam a processar páginas Web e analisar o conteúdo de documentos de texto.

No estudo de caso deste capítulo, desenvolvemos um Web *crawler*, ou seja, um programa que "rasteja pela Web". Nosso crawler analisa o conteúdo de cada página Web visitada e funciona chamando a si mesmo recursivamente sobre cada link que sai da página Web. O crawler é a primeira etapa no desenvolvimento de um mecanismo de busca, que veremos no Capítulo 12.

11.1 A World Wide Web

A World Wide Web (WWW ou, simplesmente, a Web) é um sistema distribuído de documentos ligados por hyperlinks e hospedados em servidores Web pela Internet. Nesta seção, explicamos como funciona a Web e descrevemos as tecnologias nas quais ela se baseia. Utilizaremos essas tecnologias nas aplicações baseadas na Web que serão desenvolvidas neste capítulo.

Servidores Web e Clientes Web

Como já dissemos, a Internet é uma rede global, que conecta computadores do mundo inteiro. Ela permite que programas executados em dois computadores enviem mensagens um para o outro. Normalmente, a comunicação ocorre porque um dos programas está solicitando um recurso (um arquivo, digamos) do outro. O *programa* o provedor do recurso é conhecido como um *servidor*. (O *computador* que hospeda o programa servidor normalmente também é chamado de *servidor*.) O programa que solicita o recurso é conhecido como um cliente.

A WWW contém uma vasta coleção de páginas Web, documentos, multimídia e outros recursos. Esses recursos são armazenados em computadores conectados à Internet, que executam um programa servidor denominado *servidor Web*. Páginas Web, em particular, são um recurso crítico na Web, pois contêm *hyperlinks* para outros recursos na Web.

Um programa que solicita um recurso de um servidor Web é denominado *cliente Web*. O servidor Web recebe uma solicitação e envia o recurso solicitado (se existir) de volta ao cliente.

Seu navegador favorito (seja ele Chrome, Firefox, Internet Explorer ou Safari) é um cliente Web. Um navegador (ou *browser*), além de poder solicitar e receber recursos da Web, também processa o recurso e o apresenta, seja ele uma página Web, um documento de texto, imagem, vídeo ou outro tipo de multimídia. Mais importante, um navegador Web apresenta os hyperlinks contidos em uma página Web e permite que o usuário navegue entre as páginas Web simplesmente clicando nos hyperlinks.

DESVIO

Breve História da Web

A WWW foi inventada pelo cientista de computação inglês Tim Berners-Lee, enquanto trabalhava na Organização Europeia para Pesquisa Nuclear (CERN). Seu objetivo foi criar uma plataforma que os físicos de partículas do mundo inteiro pudessem usar para compartilhar documentos de forma eletrônica. O primeiro site Web foi colocado on-line em 6 de agosto de 1991, e tinha o URL

```
http://info.cern.ch/hypertext/WWW/TheProject.html
```

A Web rapidamente foi aceita como uma ferramenta de colaboração entre os cientistas. Porém, somente depois do desenvolvimento do navegador Web Mosaic (no National Center for Supercomputing Applications da University of Illinois, em Urbana-Champaign) e seu sucessor, o Netscape, é que seu uso entre o público em geral explodiu. A Web cresceu muito desde então. No final da década de 2010, o Google registrava um total de cerca de 18 bilhões de páginas Web exclusivas, hospedadas por servidores em 239 países.

O WWW Consortium (W3C), fundado e presidido por Berners-Lee, é a organização internacional encarregada de desenvolver e definir os padrões da WWW. Ele é composto de empresas de tecnologia da informação, organizações sem fins lucrativos, universidades, entidades do governo e indivíduos do mundo inteiro.

"Canalização" da WWW

Para escrever programas de aplicação que utilizam recursos na Web, precisamos saber mais sobre as tecnologias com as quais a Web se baseia. Antes de nos aprofundar nelas, vamos entender que componente da Web elas implementam.

Para solicitar um recurso na Web, é preciso haver um meio de identificá-lo. Em outras palavras, todo recurso na Web precisa ter um nome exclusivo. Além do mais, é preciso haver um modo de localizar o recurso (ou seja, descobrir qual computador na Internet hospeda o recurso). Portanto, a Web precisa ter um esquema de *nomeação* e *localizador*, que permita a um cliente Web identificar e localizar recursos.

Quando um recurso é localizado, é preciso haver um meio de solicitar o recurso. Enviar uma mensagem como "Ei, cara, me mande aquele mp3!" simplesmente não vai adiantar. Os programas cliente e servidor precisam se comunicar usando um *protocolo* combinado, que especifica com precisão como o cliente Web e o servidor Web deverão formatar a mensagem de solicitação e a mensagem de resposta, respectivamente.

As páginas Web são um recurso crítico na Web. Elas contêm informações formatadas e dados, além de hyperlinks que permitem a navegação na Web. Para especificar o formato de uma página Web e incorporar hyperlinks nela, é preciso haver uma *linguagem* que tenha suporte para a formatação de instruções e definições de hyperlink.

Esses três componentes — o esquema de nomeação, o protocolo e a linguagem de publicação na Web — foram todos desenvolvidos por Berners-Lee e são as tecnologias que realmente definem a WWW.

Esquema de Nomeação: Uniform Resource Locator

Para identificar e acessar um recurso na Web, cada recurso precisa ter um identificador exclusivo. O identificador é denominado *Uniform Resource Locator* (URL). O URL não apenas identifica exclusivamente um recurso, mas também especifica como acessá-lo, assim como o endereço de uma pessoa pode ser usado para acessá-la. Por exemplo, a declaração de missão do W3C está hospedada no site Web do consórcio, e seu URL é a string

```
http://www.w3.org/Consortium/mission.html
```

Essa string identifica o recurso da Web que é o documento de missão do W3C. Ela também especifica o modo de acessá-la, conforme ilustrado na Figura 11.1

O *esquema* especifica como acessar o recurso. Na Figura 11.1, o esquema é o protocolo `HTTP` que discutiremos em breve. O hospedeiro (`www.w3c.org`) especifica o nome do servidor que hospeda o documento, exclusivo de cada servidor. O *caminho* é o nome de caminho relativo (veja a definição na Seção 4.3) do documento em relação a um diretório especial no servidor, denominado *diretório-raiz do servidor Web*. Na Figura 11.1, o caminho é `/Consortium/mission.html`.

Observe que o protocolo `HTTP` é apenas um dos muitos esquemas que um URL pode especificar. Outros esquemas são o protocolo `HTTPS`, a versão segura (ou seja, criptografada) do HTTP, e o protocolo `FTP`, o protocolo padrão para transferir arquivos pela Internet:

```
https://webmail.cdm.depaul.edu/
ftp://ftp.server.net/
```

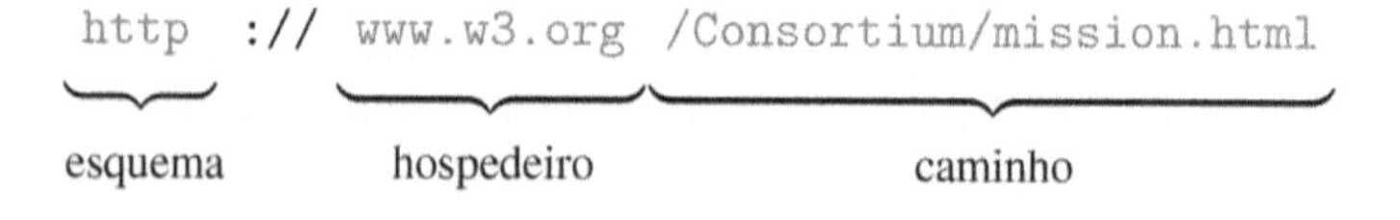

Figura 11.1 **Anatomia de um URL.** Um URL especifica o esquema, o hospedeiro e o caminho do recurso.

Outros exemplos incluem os esquemas `mailto` e `file`, como em

```
mailto:lperkovic@cs.depaul.edu
file:///Users/lperkovic/
```

O esquema `mailto` abre um cliente de e-mail, como o Microsoft Outlook, para escrever uma mensagem de e-mail (para mim, no exemplo). O esquema `file` é usado para acessar pastas ou arquivos no sistema de arquivos local (como meu diretório principal `/Users/lperkovic/`).

Protocolo: HyperText Transfer Protocol

Um servidor Web é um programa de computador que, ao ser solicitado, serve os recursos Web que ele hospeda. Um cliente Web é um programa de computador que faz essa solicitação (por exemplo, o seu navegador). O cliente faz a solicitação primeiro abrindo uma conexão de rede com o servidor (não diferente de abrir um arquivo para leitura e/ou gravação) e depois enviando uma *mensagem de solicitação* ao servidor por meio da conexão da rede (equivalente a gravar em um arquivo). Se o conteúdo solicitado estiver hospedado no servidor, o cliente por fim receberá — do servidor e por meio da conexão de rede — uma *mensagem de resposta* que contém o conteúdo solicitado (equivalente a ler de um arquivo).

Quando a conexão de rede for estabelecida, o esquema de comunicação entre o cliente e o servidor, bem como o formato exato das mensagens de solicitação e resposta, são especificados pelo *Protocolo de Transferência de Hipertexto (HyperText Transfer Protocol* — HTTP).

Suponha, por exemplo, que você use seu navegador Web e baixe a declaração de missão do W3C com o URL

```
http://www.w3.org/Consortium/mission.html
```

A mensagem de solicitação que seu navegador Web enviará ao hospedeiro `www.w3.org` começará com esta linha:

```
GET /Consortium/mission.html HTTP/1.1
```

A primeira linha da mensagem de solicitação é denominada *linha de solicitação*. A linha de solicitação precisa começar com um dos *métodos HTTP*. O método HTTP GET é um dos métodos HTTP, a forma normal como um recurso é solicitado. Depois dele está o caminho embutido no URL do recurso; esse caminho especifica a identidade *e* o local do recurso solicitado em relação ao diretório-raiz do servidor Web. A versão do protocolo HTTP utilizado encerra a linha de solicitação.

A mensagem de solicitação pode conter linhas adicionais, conhecidas como *cabeçalhos de solicitação*, após a linha de solicitação. Por exemplo, esses cabeçalhos vêm após a linha de solicitação que acabamos de mostrar:

```
Host: www.w3.org
User-Agent: Mozilla/5.0 (Windows; U; Windows NT 6.1; en-US; ...
Accept: text/html,application/xhtml+xml,application/xml;...
Accept-Language: en-us,en;q=0.5
...
```

Os cabeçalhos de solicitação dão ao cliente um modo de fornecer mais informações sobre a solicitação ao servidor, incluindo a codificação de caracteres e os idiomas (como o inglês) que o navegador aceita, informações de caching e assim por diante.

Quando o servidor Web recebe essa solicitação, ele usa o caminho que aparece na linha de solicitação para encontrar o documento solicitado. Se tiver sucesso, ele cria uma mensagem de resposta que contém o recurso solicitado.

As primeiras poucas linhas da mensagem de resposta são algo do tipo:

```
HTTP/1.1 200 OK
Date: Mon, 28 Feb 2011 18:44:55 GMT
Server: Apache/2
Last-Modified: Fri, 25 Feb 2011 04:22:57 GMT
...
```

A primeira linha dessa mensagem, denominada *linha de resposta*, indica que a solicitação teve sucesso; se não, apareceria uma mensagem de erro. As linhas restantes, denominadas *cabeçalhos de resposta*, oferecem informações adicionais ao cliente, como a hora exata em que o servidor atendeu a solicitação, a hora em que o recurso solicitado foi modificado pela última vez, a "marca" do programa servidor, a codificação de caracteres do recurso solicitado, entre outras.

Após os cabeçalhos vem o recurso solicitado, que em nosso exemplo é um documento HTML (descrevendo a missão do W3 Consortium). Se o cliente que recebe essa resposta for um navegador Web, ele calculará o layout do documento usando os códigos HTML e exibirá o documento formatado, interativo, no navegador.

HyperText Markup Language

O documento de missão do W3C `mission.html`, baixado quando o navegador apontava para o URL

```
http://www.w3.org/Consortium/mission.html
```

se parece com uma página Web típica quando *visto no navegador*. Ele possui cabeçalhos, parágrafos, listas, links, imagens, tudo arrumado corretamente para tornar o "conteúdo" legível. Porém, se você examinar o *conteúdo real* do arquivo de texto `mission.html`, verá isto:

```
<!DOCTYPE html PUBLIC "-//W3C//DTD XHTML 1.0 Strict//EN" ...
<html xmlns="http://www.w3.org/1999/xhtml" xml:lang="en" ...
...
<script type="text/javascript" src="/2008/site/js/main" ...
</div></body></html>
```

(Somente o início e o final do arquivo aparecem aqui.)

DESVIO

Visualizando o Arquivo-fonte da Página Web

Você poderá ver o conteúdo real do arquivo que aparece no seu navegador clicando, por exemplo, no menu [Exibir] e depois no item [Código-fonte] no Firefox ou no menu [Página] e, então, no item [Código-fonte] no Internet Explorer.

O arquivo `mission.html` é o *código-fonte* para a página Web exibida. Um arquivo-fonte da página Web é escrito usando uma linguagem de publicação chamada *HyperText Markup Language* (HTML). Essa linguagem é usada para definir os cabeçalhos, listas, imagens e hyperlinks de uma página Web, e incorpora vídeo e outros elementos de multimídia nela.

Elementos HTML

Um arquivo-fonte HTML é composto de *elementos* HTML. Cada elemento define um componente (como um cabeçalho, uma lista ou item de lista, uma imagem ou um link) da página Web associada. Para ver como os elementos são definidos em um arquivo-fonte HTML, consideramos a página Web mostrada na Figura 11.2. Essa é uma página Web básica resumindo a missão do W3C.

Indicados na figura estão os componentes da página Web que correspondem aos diferentes elementos do documento; o que realmente vemos são os elementos *após* terem sido interpretados pelo navegador. As definições de elemento reais estão no arquivo-fonte da página Web:

Arquivo: w3c.html

```
1  <html>
2   <head><title>W3C Mission Summary</title></head>
3   <body>
4    <h1>W3C Mission</h1>
5    <p>
6     The W3C mission is to lead the World Wide Web to its full
7     potential<br>by developing protocols and guidelines that
8     ensure the long-term growth of the Web.
9    </p>
10   <h2>Principles</h2>
11   <ul>
12    <li>Web for All</li>
13    <li>Web on Everything</li>
14   </ul>
15   See the complete
16   <a href="http://www.w3.org/Consortium/mission.html">
17    W3C Mission document
18   </a>.
19  </body>
20 </html>
```

Considere o elemento HTML correspondente ao cabeçalho "W3C Mission":

```
<h1>W3C Mission</h1>
```

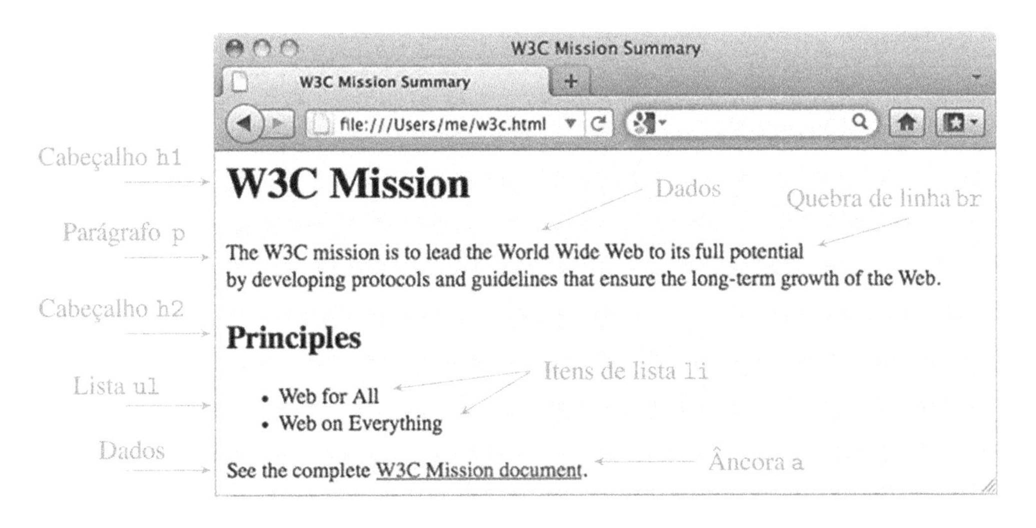

Figura 11.2 **Página Web** `w3c.html`. Uma página Web é composta de diferentes tipos de elementos HTML. Os elementos `h1` e `h2` especificam o maior e o segundo maior cabeçalho, `p` é o elemento de parágrafo, `br` é o elemento de quebra de linha, `ul` é o elemento de lista, `li` é o elemento de item de lista, e `a` é o elemento de âncora, usado para especificar um hyperlink.

Este é o cabeçalho em letras grandes chamado h1. Ele é descrito usando a *tag de início* <h1> e a *tag de fim* </h1>. O texto contido entre essas tags será representado como um cabeçalho em letras grandes pelo navegador. Observe que as tags de início e fim contêm o nome do elemento e sempre são delimitadas por < e >; a tag de fim também possui uma contrabarra para diferenciá-la.

Em geral, um elemento HTML consiste em três componentes:

1. Um par de tags: a tag de início e a tag de fim.
2. Atributos opcionais dentro da tag de início.
3. Outros elementos ou dados entre as tags de início e fim.

No arquivo-fonte HTML w3c.html, há um exemplo de um elemento (title) contido dentro de outro elemento (head):

```
<head><title>W3C Mission Summary</title></head>
```

Diz-se que qualquer elemento que apareça entre as tags de início e fim de outro elemento está contido nesse elemento. Essa relação de contenção faz surgir uma estrutura hierárquica do tipo árvore entre os elementos de um documento HTML.

Estrutura de Árvore de um Documento HTML

Os elementos em um documento HTML formam uma hierarquia de árvore semelhante à hierarquia de árvore de um sistema de arquivos (veja o Capítulo 4). O elemento-raiz de cada documento HTML precisa ser o elemento html. O elemento html contém dois elementos (cada um opcional, mas normalmente presente). O primeiro é o elemento head, que contém informações de metadados de documento, como um elemento title (que normalmente contém dados de texto que aparecem no topo da janela do navegador quando o documento é visualizado). O segundo elemento é body, que contém todos os elementos e dados que serão exibidos dentro da janela do navegador.

A Figura 11.3 mostra todos os elementos no arquivo w3c.html. A figura deixa explícito qual elemento está contido em outro e a estrutura de árvore resultante no documento. Essa estrutura de árvore e os elementos HTML juntos determinam o layout da página Web.

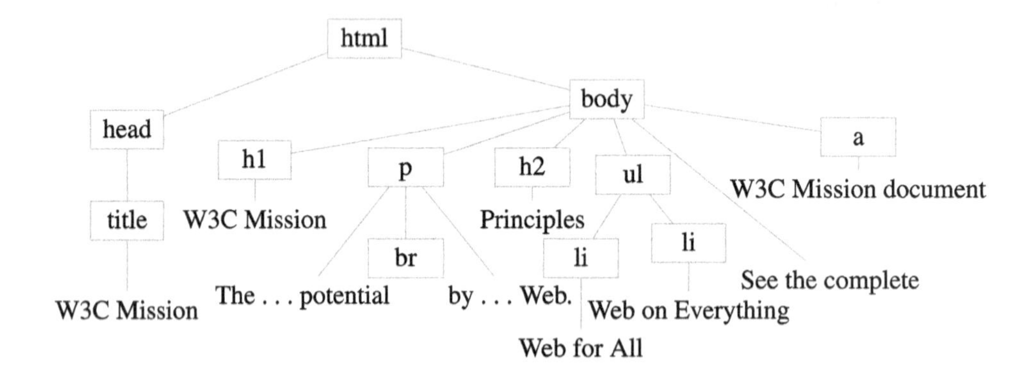

Figura 11.3 **Estrutura de w3c.html.** Os elementos de um documento HTML formam uma estrutura de árvore, hierárquica, que especifica como o conteúdo é organizado; os elementos e a estrutura hierárquica são usados pelo navegador para produzir o layout de página Web.

Elemento HTML de Âncora e Links Absolutos

O elemento de âncora HTML (a) é usado para criar texto hipervinculado. No arquivo-fonte w3c.html, criamos o texto hipervinculado desta forma:

```
<a href="http://www.w3.org/Consortium/mission.html">
 W3C Mission document
</a>
```

Esse é um exemplo de um elemento HTML com um *atributo*. Como dissemos no início desta seção, a tag de início de um elemento pode conter um ou mais atributos. Cada atributo recebe um *valor* na tag de início. O elemento de âncora `a` exige que o atributo `href` esteja presente na tag de início; o *valor* do atributo `href` deverá ser o URL do recurso vinculado. Em nosso exemplo, ele é

```
http://www.w3.org/Consortium/mission.html
```

Este URL identifica a página Web contendo a declaração de missão do W3C hospedado no servidor `www.w3.org`. O recurso vinculado pode ser qualquer coisa que possa ser identificada com um URL: uma página HTML, uma imagem, um arquivo de som, um filme e assim por diante.

O texto contido no elemento de âncora (por exemplo, o texto `W3C Mission document`) é o texto exibido no navegador, em qualquer formato que o navegador utilize para exibir hyperlinks. Na Figura 11.2, o texto hipervinculado aparece sublinhado. Quando o texto hipervinculado é clicado, o recurso vinculado é baixado e exibido no navegador.

Em nosso exemplo, o URL especificado no hyperlink é um *URL absoluto*, ou seja, ele especifica explicitamente todos os componentes de um URL: o esquema, o hospedeiro e o caminho completo do recurso vinculado. Em casos nos quais o recurso vinculado é acessível usando o mesmo esquema *e* está armazenado no mesmo hospedeiro do documento HTML contendo o link, uma versão reduzida do URL pode ser usada, conforme discutimos a seguir.

Links Relativos

Suponha que você examine o arquivo-fonte da página Web com URL

```
http://www.w3.org/Consortium/mission.html
```

e encontre o elemento de âncora

```
<a href="/Consortium/facts.html">Facts About W3C</a>
```

Observe que o valor do atributo `href` não é um URL completo; falta a especificação do esquema e do hospedeiro, e ele tem apenas o caminho `/Consortium/facts.html`. Qual é o URL completo do documento `facts.html`?

O URL `/Consortium/facts.html` é um *URL relativo*. Como ele está contido no documento com URL

```
http://www.w3.org/Consortium/mission.html
```

o URL `/Consortium/facts.html` é relativo a ele, e o esquema e o hospedeiro que faltam são simplesmente `http` e `www.w3.org`. Em outras palavras, o URL completo da página Web `/Consortium/facts.html` é:

```
http://www.w3.org/Consortium/facts.html
```

Aqui está outro exemplo. Suponha que o documento com URL

```
http://www.w3.org/Consortium/mission.html
```

contenha a âncora

```
<a href="facts.html">Facts About W3C</a>
```

Qual é o URL completo de `facts.html`? Novamente, o URL relativo `facts.html` é relativo ao URL do documento que o contém, que é:

```
http://www.w3.org/Consortium/mission.html
```

Em outras palavras, `facts.html` está contido no diretório `Consortium` do hospedeiro `www.w3.org`. Portanto, seu URL completo é

```
http://www.w3.org/Consortium/facts.html
```

Aprendendo Mais Sobre HTML

O desenvolvimento Web e a HTML não são o foco deste livro. Se você quiser aprender mais sobre HTML, existem excelentes recursos gratuitos na Web, principalmente o tutorial de HTML em

```
http://www.w3schools.com/html/default.asp
```

Este tutorial também inclui um editor de HTML interativo, que lhe permite escrever código HTML e ver o resultado.

11.2 API WWW do Python

Nas duas seções anteriores, analisamos os conceitos básicos da WWW e abordamos as três tecnologias básicas que compõem a "canalização" da Web. Tivemos um conhecimento básico de como funciona a Web e da estrutura de um arquivo-fonte HTML. Agora, podemos usar a Web em nossos programas de aplicação em Python. Nesta seção, vamos apresentar alguns dos módulos da Biblioteca Padrão que permitem que os desenvolvedores Python acessem e processem recursos na Web.

Módulo `urlib.request`

Normalmente usamos navegadores para acessar as páginas na Web. Um navegador, porém, é apenas um tipo de cliente Web; qualquer programa pode atuar como um cliente Web e acessar e baixar recursos na Web. Em Python, o módulo `urllib.request` da Biblioteca Padrão confere essa capacidade aos desenvolvedores. O módulo contém funções e classes que permitem aos programas Python abrirem e lerem recursos na Web de um modo semelhante a como os arquivos são abertos e lidos.

A função `urlopen()` no módulo `urlib.request` é semelhante à função embutida `open()`, usada para abrir arquivos (locais). Entretanto, existem três diferenças:

1. `urlopen()` aceita como entrada um URL, em vez de um nome de arquivo local.
2. Ela retorna uma solicitação HTTP sendo enviada ao servidor Web que hospeda o conteúdo.
3. Ela retorna uma resposta HTTP completa.

No próximo exemplo, usamos a função `urlopen()` para solicitar e receber um documento HTML hospedado em um servidor Web:

```
>>> from urllib.request import urlopen
>>> response = urlopen('http://www.w3c.org/Consortium/facts.html')
>>> type(response)
<class 'http.client.HTTPResponse'>
```

O objeto retornado pela função `urlopen()` é do tipo `HTTPResponse`, um tipo definido no módulo `http.client` da Biblioteca Padrão. Os objetos desse tipo encapsulam a resposta HTTP do servidor. Como já dissemos, a resposta HTTP inclui o recurso solicitado, mas também informações adicionais. Por exemplo, o método `geturl()` de `HTTPResponse` retorna o URL do recurso solicitado:

```
>>> response.geturl()
'http://www.w3.org/Consortium/facts.html'
```

Para obter todos os cabeçalhos de resposta HTTP, você pode usar o método `getheaders()`:

```
>>> for header in response.getheaders():
        print(header)

('Date', 'Sat, 16 Jul 2011 03:40:17 GMT')
('Server', 'Apache/2')
('Last-Modified', 'Fri, 06 May 2011 01:59:40 GMT')
...
('Content-Type', 'text/html; charset=utf-8')
```

(Alguns cabeçalhos são omitidos.)

O objeto `HTTPResponse` retornado por `urlopen` contém o recurso solicitado. A classe `HTTPResponse` é considerada uma classe do *tipo arquivo*, pois aceita os métodos `read()`, `readline()` e `readlines()`, os mesmos métodos admitidos pelos tipos de objetos retornados pela função de abertura de arquivo `open()`. Todos esses métodos recuperam o conteúdo do recurso solicitado. Por exemplo, vamos usar o método `read()`:

```
>>> html = response.read()
>>> type(html)
<class 'bytes'>
```

O método `read()` retornará o conteúdo do recurso. Se o arquivo for um documento HTML, por exemplo, então seu conteúdo é retornado. Observe, porém, que o método `read()` retorna um objeto do tipo `bytes`. Isso porque os recursos abertos por `urlopen()` poderiam muito bem ser arquivos de áudio ou vídeo (ou seja, arquivos binários). O comportamento padrão para `urlopen()` é considerar que o recurso é um arquivo binário e, quando esse arquivo é lido, uma sequência de bytes é retornada.

Se o recurso for um arquivo HTML (ou seja, um arquivo de texto), faz sentido decodificar a sequência de bytes em caracteres Unicode que eles representam. Usamos o método `decode()` da classe `bytes` (e explicado na Seção 6.3) para conseguir isso:

```
>>> html = html.decode()
>>> html
'<!DOCTYPE html PUBLIC "-//W3C//DTD XHTML 1.0 Strict//EN"
"http://www.w3.org/TR/xhtml1/DTD/xhtml1-strict.dtd">\n
...
     </div></body></html>\n'
```

(Muitas linhas foram omitidas.) A decodificação de um documento HTML para uma string Unicode faz sentido porque um documento HTML é um arquivo de texto. Uma vez decodificado em uma string, podemos usar operadores e métodos de string para processar o documento. Por exemplo, agora podemos descobrir o número de vezes que a string `'Web'` aparece no arquivo-fonte da página Web

```
http://www.w3c.org/Consortium/facts.html
```

Aqui está:

```
>>> html.count('Web')
26
```

Com tudo o que aprendemos até aqui, podemos escrever uma função que aceita um URL de uma página Web como entrada e retorna o conteúdo do arquivo-fonte da página Web como uma string:

Módulo: ch11.py

```
1 from urllib.request import urlopen
2 def getSource(url):
3     'returns the content of resource specified by url as a string'
4     response = urlopen(url)
5     html = response.read()
6     return html.decode()
```

Vamos testar isso na página Web do Google:

```
>>> getSource('http://www.google.com')
'<!doctype html><html><head><meta http-equiv="content-type"
content="text/html; charset=ISO-8859-1"><meta name="description"
content="Search the world&#39;s information, including webpages,
...
```

Problema Prático 11.1

Escreva o método `news()` que aceita um URL de um site Web de notícias e uma lista de tópicos de notícias (ou seja, strings) e calcula o número de ocorrências de cada tópico nas notícias.

```
>>> news('http://bbc.co.uk',['economy','climate','education'])
economy appears 3 times.
climate appears 3 times.
education appears 1 times.
```

Módulo `html.parser`

O módulo `urllib.request` oferece ferramentas para solicitar e baixar recursos como páginas Web. Se o recurso baixado for um arquivo HTML, podemos lê-lo em uma string e processá-lo usando operadores e métodos de string. Isso pode ser suficiente para responder a algumas perguntas sobre o conteúdo da página Web, mas que tal, por exemplo, apanhar todos os URLs associados a tags de âncora na página Web?

Se você parar por um instante e pensar a respeito disso, seria muito trabalhoso usar operadores e métodos de string para encontrar todos os URLs de tag de âncora em um arquivo HTML. Mas é fácil perceber o que precisa ser feito: percorrer o arquivo e apanhar o valor do atributo `href` em cada tag de início de âncora. Porém, para fazer isso, precisamos de um modo de reconhecer os diferentes elementos do arquivo HTML (o título, cabeçalhos, links, imagens, dados de texto etc.), em particular, as tags de início do elemento de âncora. O processo de analisar um documento em ordem para quebrá-lo em componentes e obter sua estrutura é denominado *análise*.

O módulo `html.parser` da Biblioteca Padrão Python oferece uma classe, `HTMLParser`, que analisa arquivos HTML. Quando *alimentada* por um arquivo HTML, ela o processará do início ao fim, achará todas as tags de início, tags de fim, dados de texto e outros componentes do arquivo-fonte, e "processará" cada um deles.

Para ilustrar o uso de um objeto `HTMLParser` e descrever o que significa "processar", usamos o arquivo HTML `w3C.html` da Seção 11.1.

Lembre-se de que o arquivo `w3c.html` começa com:

Arquivo: w3c.html

```
<html>
 <head><title>W3C Mission Summary</title></head>
 <body>
  <h1>W3C Mission</h1>
...
```

A classe `HTMLParser` tem suporte para o método `feed()` que aceita como entrada o conteúdo de um arquivo-fonte HTML, em formato de string. Portanto, para analisar o arquivo `w3c.html`, primeiro precisamos lê-lo para uma string e depois alimentá-lo no analisador:

```
>>> infile = open('w3c.html')
>>> content = infile.read()
>>> infile.close()
>>> from html.parser import HTMLParser
>>> parser = HTMLParser()
>>> parser.feed(content)
```

Quando a última linha é executada (isto é, quando o conteúdo da string é alimentado no `parser`), isso acontece nos bastidores: o analisador divide o conteúdo de string em `tokens` que correspondem, em HTML, às tags de início, tags de fim, dados de texto e outros componentes HTML, e depois *manipula* os tokens na ordem em que eles aparecem no arquivo-fonte. Isso significa que, para cada token, um método *manipulador* é invocado. Os manipuladores são métodos da classe `HTMLParser`. Alguns deles são listados na Tabela 11.1.

Token	Manipulador	Explicação
`<tag atribs>`	`handle_starttag(tag, atribs)`	Manipulador da tag de início
`</tag>`	`handle_endtag(tag)`	Manipulador da tag de fim
`data`	`handle_data(dados)`	Manipulador de quaisquer dados de texto

Tabela 11.1 **Alguns manipuladores** `HTMLParser`. Esses métodos não fazem nada quando invocados; eles precisam ser redefinidos para produzir o comportamento desejado.

Quando o analisador encontra um token da tag de início, o método `handle_starttag()` do manipulador é invocado; se o analisador encontrar um token de dados de texto, o método `handle_data()` do manipulador é invocado. O método `handle_starttag()` aceita como entrada o nome do elemento da tag de início e uma lista contendo os atributos da tag (ou `None`, se a tag não tiver atributos). Cada atributo é representado por uma `tupla` que armazena o nome e o valor do atributo. O método `handle.data()` toma apenas o token de texto como entrada. A Figura 11.4 ilustra a análise do arquivo `w3c.html`.

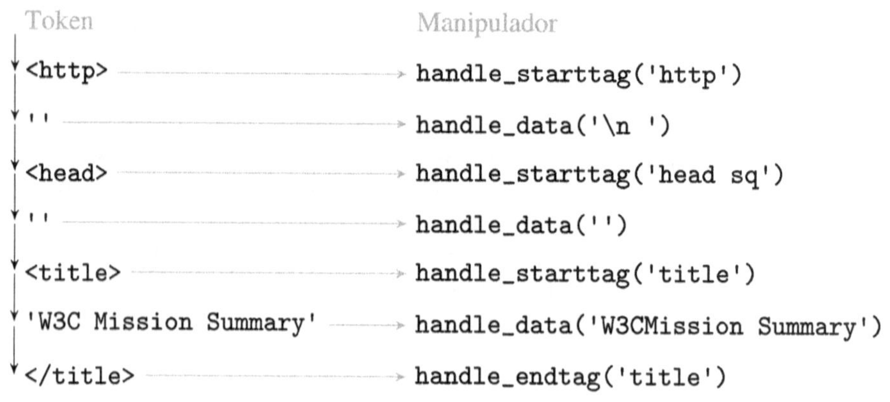

Token	Manipulador
`<http>`	`handle_starttag('http')`
`' '`	`handle_data('\n ')`
`<head>`	`handle_starttag('head sq')`
`' '`	`handle_data('')`
`<title>`	`handle_starttag('title')`
`'W3C Mission Summary'`	`handle_data('W3CMission Summary')`
`</title>`	`handle_endtag('title')`

Figura 11.4 Análise do arquivo HTML `w3c.html`. Os tokens são manipulados na ordem em que aparecem. O primeiro token, a tag de início `<html>`, é manipulado por `handle_starttag()`. O próximo token é a string entre as tags `<http>` e `<head>`, consistindo em um caractere de nova linha e um espaço em branco; considerado dado de texto, ele é manipulado por `handle_data()`.

O que os métodos do manipulador de classe `HTMLParser` (como `handle_starttag()`) realmente fazem? Bem, nada. Os métodos manipuladores da classe `HTMLParser` são implementados para não fazer nada quando chamados. É por isso que nada de interessante aconteceu quando executamos:

```
>>> parser.feed(content)
```

Os métodos manipuladores da classe `HTMLParser`, na realidade, devem ser redefinidos por manipuladores definidos pelo usuário, que implementam o comportamento desejado pelo programador. Em outras palavras, a classe `HTMLParser` não deveria ser usada diretamente, mas sim como uma superclasse da qual o desenvolvedor deriva um analisador que exibe o comportamento de análise desejado pelo programador.

Redefinindo os Manipuladores de `HTMLParser`

Vamos desenvolver um analisador que exibe o valor do URL do atributo `href` contido em cada tag de início de âncora do arquivo HTML alimentado. Para conseguir esse comportamento, o manipulador `HTMLParser` que precisa ser redefinido é o método `handle_starttag()`. Lembre-se de que esse método trata de cada token de tag de início. Em vez de não fazer nada, queremos agora que ele verifique se a tag de entrada é uma tag de âncora e, se for, ache o atributo `href` na lista de atributos e mostre seu valor. Veja a implementação da nossa classe `LinkParser`:

Módulo: ch11.py

```
1  from html.parser import HTMLParser
2  class LinkParser(HTMLParser):
3      '''analisador de doc. HTML que mostra valores dos
4         atributos href nas tags de início de âncora'''
5
6      def handle_starttag(self, tag, attrs):
7          'mostra valor do atributo href, se houver'
8
9          if tag == 'a':                          # se tag de âncora
10
11             # procura atributo href e mostra seu valor
12             for attr in attrs:
13                 if attr[0] == 'href':
14                     print(attr[1])
```

Observe como, nas linhas 12 a 14, procuramos a lista de atributos e encontramos o atributo `href`. Vamos testar nosso analisador neste arquivo HTML:

Arquivo: links.html

```
1  <html>
2  <body>
3  <h4>Absolute HTTP link</h4>
4  <a href="http://www.google.com">Absolute link to Google</a>
5  <h4>Relative HTTP link</h4>
6  <a href="w3c.html">Relative link to w3c.html.</a>
7  <h4>mailto scheme</h4>
8  <a href="mailto:me@example.net">Click here to email me.</a>
9  </body>
10 </html>
```

Existem três tags de âncora no arquivo `links.HTML`: a primeira contém o URL, que é um hyperlink para o Google, a segunda contém um URL, um link para o arquivo local `w3c.html`, e o terceiro contém um URL, que realmente inicia o cliente de correio. No código seguinte, alimentamos o arquivo em nosso analisador e obtemos os três URLs:

```
>>> infile = open('links.html')
>>> content = infile.read()
>>> infile.close()
>>> linkparser = LinkParser()
>>> linkparser.feed(content)
http://www.google.com
test.html
mailto:me@example.net
```

Problema Prático 11.2

Desenvolva a classe `MyHTMLParser` como uma subclasse de `HTMLParser` que, quando alimentada com um arquivo HTML, mostra os nomes das tags de início e fim na ordem em que aparecem no documento, e com um recuo proporcional à profundidade do elemento na estrutura de árvore do documento. Ignore os elementos HTML que não exigem uma tag de fim, como `p` e `br`.

Arquivo: w3c.html

```
>>> infile = open('w3c.html')
>>> content = infile.read()
>>> infile.close()
>>> myparser = MyHTMLParser()
>>> myparser.feed(content)
html start
    head start
        title start
        title end
    head end
    body start
        h1 start
        h1 end
        h2 start
        h2 end
        ul start
            li start
...
        a end
    body end
html end
```

Módulo urllib.parse

O analisador LinkParser que acabamos de desenvolver exibe o valor do URL de *cada* atributo href de âncora. Por exemplo, quando executamos o código a seguir na página Web da missão do W3C

```
>>> rsrce = urlopen('http://www.w3.org/Consortium/mission.html')
>>> content = rsrce.read().decode()
>>> linkparser = LinkParser()
>>> linkparser.feed(content)
```

obtemos uma saída que inclui URLs HTTP relativas, como

```
/Consortium/contact.html
```

URLs HTTP absolutas, como

```
http://twitter.com/W3C
```

e também URLs não HTTP, como

```
mailto:site-comments@w3.org
```

(Omitimos muitas linhas de saída.)

E se só estivermos interessados em coletar os URLs que correspondem a hyperlinks HTTP (ou seja, URLs cujo esquema seja o protocolo HTTP)? Observe que não podemos simplesmente dizer "colete os URLs que começam com a string http", pois assim não conseguiríamos obter os URLs relativos, como /Consortium/contact.html. O que precisamos é de uma forma de construir um URL absoluto a partir de um URL relativo (como /Consortium/contact.html) e o URL da página Web que o contém (http://www.w3.org/Consortium/mission.html).

O módulo urllib.parse da Biblioteca Padrão Python oferece alguns métodos que operam sobre URLs, incluindo um que faz exatamente o que queremos, o método urljoin(). Veja um exemplo de uso:

```
>>> from urllib.parse import urljoin
>>> url = 'http://www.w3.org/Consortium/mission.html'
>>> relative = '/Consortium/contact.html'
>>> urljoin(url, relative)
'http://www.w3.org/Consortium/contact.html'
```

Analisador que Coleta Hyperlinks HTTP

Agora, desenvolvemos outra versão da classe LinkParser, que chamamos de Collector. Ela coleta apenas URLs HTTP e, em vez de mostrá-los, os coloca em uma lista. Os URLs na lista estarão em seu formato absoluto, em vez de relativo. Por fim, a classe Collector também deverá ter suporte para o método getLinks() que retorna essa lista.

Aqui está um exemplo de uso que esperamos de um analisador Collector:

```
>>> url = 'http://www.w3.org/Consortium/mission.html'
>>> resource = urlopen(url)
>>> content = resource.read().decode()
>>> collector = Collector(url)
>>> collector.feed(content)
>>> for link in collector.getLinks():
        print(link)

http://www.w3.org/
http://www.w3.org/standards/
...
http://www.w3.org/Consortium/Legal/ipr-notice
```

(Novamente, muitas linhas de saída, todas elas URLs absolutos, são omitidas.)

Para implementar `Collector`, novamente precisamos redefinir `handle_starttag()`. Em vez de simplesmente mostrar o valor do atributo `href` contido na tag de início, se houver, o manipulador deverá processar o valor do atributo de modo que somente URLs HTTP absolutos sejam coletados. Portanto, o manipulador precisa fazer isso a cada valor `href` que estiver manipulando:

1. Transformar o valor de `href` em um URL absoluto.
2. Anexá-lo a uma lista, se for um URL HTTP.

Para fazer a primeira etapa, o URL do arquivo HTML alimentado precisa estar disponível ao manipulador. Portanto, uma variável de instância do objeto analisador `Collector` precisa armazenar o URL. Esse URL precisa, de alguma forma, ser passado ao objeto `Collector`; escolhemos passar o URL como um argumento de entrada do construtor `Collector`.

Para a segunda etapa, precisamos ter uma variável de instância `list` para armazenar todos os URLs. A lista deverá ser inicializada no construtor. Aqui está a implementação completa:

Módulo: ch11.py

```
1  from urllib.parse import urljoin
2  from html.parser import HTMLParser
3  class Collector(HTMLParser):
4      'coleta URLs de hyperklink em uma lista'
5
6      def __init__(self, url):
7          'inicializa analisador, o URL e uma lista'
8          HTMLParser.__init__(self)
9          self.url = url
10         self.links = []
11
12     def handle_starttag(self, tag, attrs):
13         'coleta URLs de hyperlink em sua forma absoluta'
14         if tag == 'a':
15             for attr in attrs:
16                 if attr[0] == 'href':
17                     # constrói URL absoluto
18                     absolute = urljoin(self.url, attr[1])
19                     if absolute[:4] == 'http': # coleta URLs HTTP
20                         self.links.append(absolute)
21
22     def getLinks(self):
23         'retorna URLs de hyperlink em seu formato absoluto'
24         return self.links
```

Problema Prático 11.3

Aumente a classe `Collector` de modo que ela também colete todos os dados de texto em uma string que pode ser recuperada usando o método `getData()`.

```
>>> url = 'http://www.w3.org/Consortium/mission.html'
>>> resource = urlopen(url)
>>> content = resource.read().decode()
>>> collector = LinksCollector(url)
>>> collector.feed(content)
>>> collector.getData()
'\nW3C Mission\n  ...'
```

(Somente os primeiros caracteres são apresentados.)

11.3 Combinação de Padrão de String

Suponha que queiramos desenvolver uma aplicação que analisa o conteúdo de uma página Web, ou qualquer outro arquivo de texto, e procuremos todos os endereços de e-mail na página. O método de string `find()` só pode encontrar endereços de e-mail *específicos*; ele não é a ferramenta correta para achar todas as substrings que "se parecem com endereços de e-mail" ou se ajustam ao padrão de um endereço de e-mail.

Para "garimpar" o conteúdo de texto de uma página Web ou outro documento de texto, precisamos de ferramentas que nos ajudem a definir padrões de texto e depois procurar strings no texto que correspondam a esses padrões de texto. Nesta seção, apresentamos *expressões regulares*, usadas para descrever padrões de string. Também apresentamos ferramentas Python que encontram strings em um texto que corresponde a determinado padrão de string.

Expressões Regulares

Como podemos reconhecer endereços de e-mail em um documento de texto? Normalmente, não achamos isso difícil. Entendemos que um endereço de e-mail segue um padrão de string:

> Um endereço de e-mail consiste em uma ID de usuário — ou seja, uma sequência de caracteres "permitidos" — seguida por um símbolo de @ seguido por um nome de host — ou seja, uma sequência separada por pontos com caracteres permitidos.

Embora essa descrição informal do padrão de string de um endereço de e-mail possa funcionar para nós, ela não é precisa o suficiente para ser usada em um programa.

Os cientistas da computação desenvolveram um modo mais formal para descrever um padrão de string: uma *expressão regular*, ou seja, uma string que consiste em caracteres e *operadores de expressão regular*. Agora, vamos aprender alguns desses operadores e como eles nos permitem definir com precisão o padrão de string desejado.

A expressão regular mais simples é uma que não usa quaisquer operadores de expressão regular. Por exemplo, a expressão regular `best` combina melhor com uma string, a string `'best'`:

Expressão Regular	String(s) Correspondente(s)
`best`	`best`

O operador . (o ponto) tem o papel de um caractere curinga: ele combina com qualquer caractere (Unicode) exceto o caractere de nova linha (`'\n'`). Portanto, `'be.t'` combina com `best`, mas também com `'belt'`, `'beet'`, `'be3t'` e `'be!t'`, entre outros:

Expressão Regular	String(s) Correspondente(s)
`be.t`	`best`, `belt`, `beet`, `bezt`, `be3t`, `be!t`, `be t`, ...

Observe que a expressão regular `be.t` não combina com a string `'bet'`, pois o operador `'.'` precisa combinar com algum caractere.

Os operadores de expressão regular *, + e ? combinam com um número em particular de repetições do caractere (ou expressão regular) anterior. Por exemplo, o operador na expressão regular `be*t` combina com *0 ou mais* repetições do caractere anterior `(e)`. Portanto, ele combina com `bt` e também com `bet`, `beet` e assim por diante:

Expressão Regular	String(s) Correspondente(s)
`be*t`	`bt, bet, beet, beeet, beeeet, ...`
`be+t`	`bet, beet, beeet, beeeet, ...`
`bee?t`	`bet, beet`

O último exemplo também ilustra que o operador + combina com *1 ou mais* repetições, enquanto ? combina com *0 ou 1* repetição do caractere (ou expressão regular) anterior.

O operador `[]` corresponde a qualquer caractere listado dentro dos colchetes: por exemplo, a expressão regular `[abc]` combina com as strings `a`, `b` e `c` e nenhuma outra string. O operador `-`, quando usado dentro do operador `[]`, especifica um intervalo de caracteres. Esse intervalo é especificado pela ordenação de caracteres Unicode. Assim, a expressão regular `[l-o]` combina com as strings `l`, `m`, `n` e `o`:

Expressão Regular	String(s) Correspondente(s)
`be[ls]t`	`belt, best`
`be[l-o]t`	`belt, bemt, bent, beot`
`be[a-cx-z]t`	`beat, bebt, bect, bext, beyt, bezt`

Para combinar com um conjunto de caracteres *não* no intervalo ou não em um conjunto especificado, o caractere de circunflexo ^ é utilizado. Por exemplo, [^0-9] corresponde a qualquer caractere que não seja um dígito:

Expressão Regular	String(s) Correspondente(s)
`be[^0-9]t`	`belt, best, be#t, ...` (mas não `be4t`).
`be[^xyz]t`	`belt, be5t, ...` (mas não `bext`, `beyt`, e `bezt`).
`be[^a-zA-Z]t`	`be!t, be5t, be t, ...` (mas não `beat`).

O operador | é um operador "ou". Se `A` e `B` são duas expressões regulares, então a expressão regular `A|B` corresponde a qualquer string que combine com `A` ou `B`. Por exemplo, a expressão regular `hello|Hello` combina com as strings `'hello'` e `'Hello'`:

Expressão Regular	String(s) Correspondente(s)
`hello|Hello`	`hello, Hello.`
`a+|b+`	`a, b, aa, bb, aaa, bbb, aaaa, bbbb, ...`
`ab+|ba+`	`ab, abb, abbb, ..., and ba, baa, baaa, ...`

A descrição de operadores que descrevemos é resumida na Tabela 11.2.

DESVIO

Operadores Adicionais de Expressão Regular

Python admite muito mais operadores de expressão regular; só arranhamos a superfície nesta seção. Para aprender mais sobre eles, leia a extensa documentação disponível on-line em:

`http://docs.python.org/py3k/howto/regex.html`

e

`http://docs.python.org/py3k/library/re.html`

Tabela 11.2 **Alguns operadores de expressão regular.** Os operadores ., *, + e ? se aplicam à expressão regular anterior ao operador. O operador | é aplicado à expressão regular à esquerda e à direita do operador.

<table>
<tr><th>Operador</th><th>Interpretação</th></tr>
<tr><td>.</td><td>Combina com qualquer caractere exceto um caractere de nova linha.</td></tr>
<tr><td>*</td><td>Combina com 0 ou mais repetições da expressão regular imediatamente anterior a ela. Assim, na expressão regular ab*, o operador * combina com 0 ou mais repetições de b, não ab</td></tr>
<tr><td>+</td><td>Combina com 1 ou mais repetições da expressão regular imediatamente anterior a ela.</td></tr>
<tr><td>?</td><td>Combina com 0 ou 1 repetições da expressão regular imediatamente anterior a ela.</td></tr>
<tr><td>[]</td><td>Combina com qualquer caractere no conjunto de caracteres listados dentro dos colchetes; um intervalo de caracteres pode ser especificado usando o primeiro e último caracteres no intervalo e colocando '-' entre eles.</td></tr>
<tr><td>^</td><td>Se S é um conjunto ou intervalo de caracteres, então [^S] combina com qualquer caractere não em S.</td></tr>
<tr><td>|</td><td>Se A e B são expressões regulares, A|B corresponde a qualquer string que combine com A ou B.</td></tr>
</table>

Problema Prático 11.4

Cada um dos casos listados oferece uma expressão regular e um conjunto de strings. Selecione as strings que combinam com a expressão regular.

Expressão Regular	Strings
(a) [Hh]ello	ello, Hello, hello
(b) re-?sign	re-sign, resign, re-?sign
(c) [a-z]*	aaa, Hello, F16, IBM, best
(d) [^a-z]*	aaa, Hello, F16, IBM, best
(e) <.*>	<h1>, 2 < 3, <<>>>>, ><

Como os operadores *, . e [têm significado especial dentro de expressões regulares, elas não podem ser usadas para combinar com os caracteres '*', '.' ou '['. Para combinar com os caracteres com significado especial, a sequência de escape \ precisa ser usada. Assim, por exemplo, a expressão regular *\[combinaria com a string '*['. Além de servir como um identificador de sequência de escape, a contrabarra \ também pode sinalizar uma *sequência especial de expressão regular.* As sequências especiais de expressão regular representam conjuntos predefinidos de caracteres comumente usadas em conjunto. A Tabela 11.3 lista algumas sequências especiais de expressão regular.

Problema Prático 11.5

Para cada uma das descrições de padrão informais listadas ou conjuntos de strings, defina uma expressão regular que se ajuste à descrição de padrão ou combine com todas as strings no conjunto e nenhuma outra.

(a) aac, abc, acc.
(b) abc, xyz.
(c) a, ab, abb, abbb, abbbb,...
(d) Strings não vazias consistindo em letras minúsculas no alfabeto (a, b, c,..., z).
(e) Strings contendo a substring oe.
(f) String representando uma tag HTML de início ou fim.

Sequências Especiais	Conjunto de Caracteres
\d	Combina com qualquer dígito decimal; equivalente a [0-9]
\D	Combina com qualquer caractere não de dígito; equivalente a [^0-9]
\s	Combina com qualquer caractere de espaço em branco, incluindo o próprio espaço em branco, o caractere de tabulação \t, o caractere de nova linha \n e o *carriage return*, \r
\S	Combina com qualquer caractere não de espaço em branco
\w	Combina com qualquer caractere alfanumérico; isso é equivalente a [a-zA-Z0-9_]
\W	Combina com qualquer caractere não alfanumérico; isso é equivalente a [^a-zA-Z0-9_]

Tabela 11.3 **Algumas sequências especiais de expressão regular.** Observe que as sequências de escape listadas devem ser usadas somente em expressões regulares; elas não devem ser usadas em uma string arbitrária.

Módulo re da Biblioteca Padrão Python

O módulo `re` na Biblioteca Padrão é a ferramenta do Python para o processamento de expressão regular. Um dos métodos definidos no módulo é o método `findall()`, que aceita duas entradas, uma expressão regular e uma string, e retorna uma lista de todas as substrings da string de entrada à qual a expressão regular corresponde. Aqui estão alguns exemplos:

```
>>> from re import findall
>>> findall('best', 'beetbtbelt?bet, best')
['best']
>>> findall('be.t', 'beetbtbelt?bet, best')
['beet', 'belt', 'best']
>>> findall('be?t', 'beetbtbelt?bet, best')
['bt', 'bet']
>>> findall('be*t', 'beetbtbelt?bet, best')
['beet', 'bt', 'bet']
>>> findall('be+t', 'beetbtbelt?bet, best')
['beet', 'bet']
```

Se a expressão regular combinar com duas substrings como aquela que está contida na outra, a função `findall()` combinará com a única substring mais longa. Por exemplo, em

```
>>> findall('e+', 'beeeetbet bt')
['eeee', 'e']
```

a lista retornada não contém substrings `'ee'` e `'eee'`. Se a expressão regular combina com duas substrings sobrepostas, a função `findall()` retorna a da esquerda. A função `findall()` de fato varre a string de entrada da esquerda para a direita e coleta as correspondências em uma lista na ordem encontrada. Você pode verificar isso ao executar:

```
>>> findall('[^bt]+', 'beetbtbelt?bet, best')
['ee', 'el', '?', 'e', ', ', 'es']
```

Aqui está outro exemplo:

```
>>> findall('[bt]+', 'beetbtbelt?bet, best')
['b', 'tbtb', 't', 'b', 't', 'b', 't']
```

AVISO

Strings Vazias Estão em Toda Parte

Compare o último exemplo com este:

```
>>> findall('[bt]*', 'beetbtbelt?bet, best')
['b', '', '', 'tbtb', '', '', 't', '', 'b', '', 't', '', '',
 'b', '', '', 't', '']
```

Como a expressão regular `[bt]*` combina com a string vazia `''`, a função `findall()` procura as substrings vazias na string de entrada `'beetbtbelt?bet, best'`, que não estão contidas em uma substring correspondente maior. Ela encontra muitas strings vazias, uma antes de cada caractere que não seja `b` ou `t`. Isso inclui a substring vazia entre o primeiro `b` e o primeiro `e`, a substring vazia entre o primeiro e segundo `e`, e assim por diante.

Problema Prático 11.6

Desenvolva a função `frequency()`, que toma uma string como entrada, calcula a frequência de cada palavra na string e retorna um dicionário que mapeia palavras na string à sua frequência. Você deverá usar uma expressão regular para obter a lista de todas as palavras na string.

```
>>> content = 'The pure and simple truth is rarely pure and never\
        simple.'
>>> frequency(content)
{'and': 2, 'pure': 2, 'simple': 2, 'is': 1, 'never': 1,
'truth': 1, 'The': 1, 'rarely': 1}
```

Outra função útil definida no módulo `re` é `search()`. Isso também exige uma expressão regular e uma string; retorna a primeira substring que combina pela expressão regular. Você pode pensar nisso como uma versão mais poderosa do método de string `find()`. Veja um exemplo:

```
>>> from re import search
>>> match = search('e+', 'beetbtbelt?bet')
>>> type(match)
<class '_sre.SRE_Match'>
```

O método `search` retorna uma referência a um objeto do tipo `SRE_Match`, referenciado informalmente como um *objeto de combinação*. O tipo admite, por exemplo, métodos para achar o índice inicial e final da combinação na string de entrada:

```
>>> match.start()
1
>>> match.end()
3
```

A substring combinada de `'beetbtbelt?bet'` começa no índice 1 e termina antes do índice 3. Os objetos de combinação também têm uma variável de atributo chamada `string`, que armazena a string buscada:

```
>>> match.string
'beetbtbelt?bet, best'
```

Para achar a substring combinada, precisamos obter a fatia de `match.string` do índice `match.start()` ao índice `match.end()`:

```
>>> match.string[match.start():match.end()]
'ee'
```

11.4 Estudo de Caso: Web Crawler

Agora, vamos usar o que aprendemos neste capítulo para desenvolver um *web crawler* básico, ou seja, um programa que visita sistematicamente as páginas Web seguindo hyperlinks. (Os Web crawlers também são chamados de *indexadores automáticos, robôs da Web* ou simplesmente *bots.*) Toda vez que ele visitar uma página Web, nosso Web crawler analisará seu conteúdo e mostrará sua análise. O objetivo final, que veremos no próximo capítulo, é usar essa análise para criar um *mecanismo de busca.*

Crawler Recursivo, Versão 0.1

Uma técnica básica para implementar um Web crawler é esta: depois de completar a análise da página Web atual, o Web crawler analisará recursivamente cada página Web pesquisável a partir da atual com um hyperlink. Essa técnica é muito semelhante àquela que usamos ao implementar a função de análise de vírus `scan()` da Seção 10.2. A função `scan()` tomou como entrada uma pasta, colocou o conteúdo da pasta em uma lista e depois chamou recursivamente a si mesma sobre cada item na lista. Nosso Web crawler deverá tomar como entrada um URL, colocar os URLs HTTP de hyperlink contidos na página Web associada em uma lista, e depois chamar a si mesma recursivamente sobre cada item na lista:

Módulo: ch11 .py

```
1  def crawl1(url):
2      'crawler Web recursiva que chama analyze() em cada página Web'
3
4      # analyze() retorna uma lista de URLs de hyperlink no URL da
         página Web
5      links = analyze(url)
6
7      # continua recursivamente a verificação de cada link em links
8      for link in links:
9          try:  # bloco try porque o link pode não ser um arquivo HTML
                 válido
10             crawl1(link)
11         except:            # se uma exceção for lançada
12             pass           # ignora e prossegue.
```

Como a função `crawl1()` é recursiva, normalmente precisaríamos definir um caso básico para ela. Sem o caso básico, o crawler pode simplesmente continuar rastejando para sempre. Isso não é necessariamente errado nesse caso, pois um crawler deverá rastejar a Web continuamente. Porém, há um problema com isso. Um programa continuamente em execução pode esgotar os recursos do computador (como a memória), tema que está fora do escopo deste texto. Assim, por questão de simplificação, escolhemos deixar o caso básico de fora e deixar nosso crawler ser executado livremente.

A função `analyze()` usada na função `crawl1()` encapsula a análise do conteúdo da página Web com o URL `url`. Implementaremos esse aspecto de `analyze()` mais adiante. A função `analyze()` também retorna a lista de links na página Web. Precisamos implementar essa parte se quisermos testar nosso Web crawler básico, `crawl1()`. Fazemos isso usando o analisador `Collector` que desenvolvemos na Seção 11.2:

Módulo: ch11.py

```
1  def analyze(url):
2      '''retorna a lista de links http, em formato absoluto,
3         na página Web com URL url'''
4      print('Visitando', url)          # para teste
5
6      # obtém links na página Web
7      content = urlopen(url).read().decode()
8      collector = Collector(url)
9      collector.feed(content)
10     urls = collector.getLinks()      # urls é a lista de links
11
12     # análise do conteúdo da página Web ainda a ser feita
13
14     return urls
```

Agora, vamos testar nosso crawler. Fazemos isso em um conjunto de páginas Web vinculadas, representadas na Figura 11.5. Cada página contém algumas palavras (na verdade, cidades do mundo) e links para algumas outras páginas. Por exemplo, o arquivo HTML `five.html` é:

Arquivo: five.html

```
1  <html>
2  <body>
3  <a href="four.html">Nairobi Nairobi Nairobi Nairobi Nairobi
4                      Nairobi Nairobi</a>
5  <a href="one.html">Bogota</a>
6  <a href="two.html">Bogota</a>
7  </body>
8  </html>
```

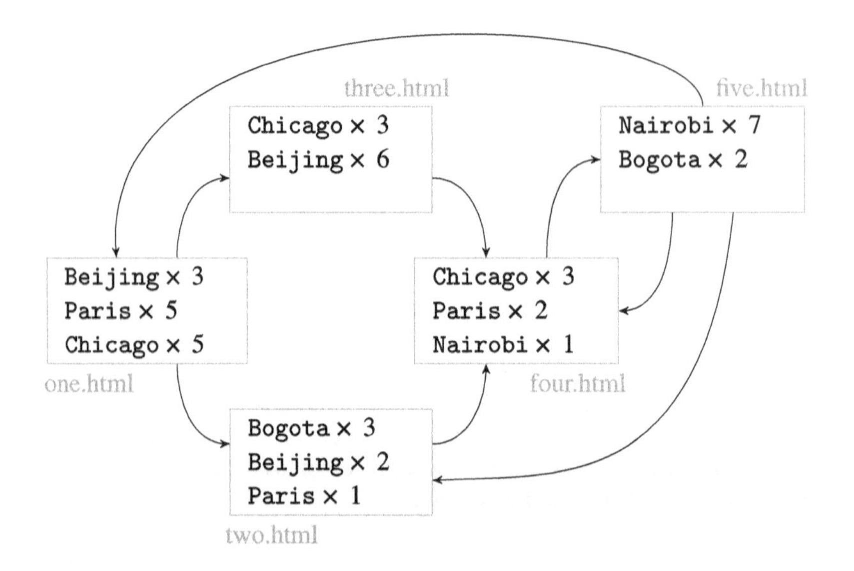

Figura 11.5 Cinco páginas Web vinculadas. Cada página contém algumas ocorrências de algumas das principais cidades do mundo. A página `one.html`, por exemplo, contém 3 ocorrências de `'Beijing'`, 5 de `'Paris'` e 5 de `'Chicago'`. Ela também possui hyperlinks para as páginas Web `two.html` e `three.html`.

Quando executamos o crawler `crawl1()` começando da página Web `one.html`, obtemos esta saída:

```
>>> crawl1('http://reed.cs.depaul.edu/lperkovic/one.html')
Visitando http://reed.cs.depaul.edu/lperkovic/one.html
Visitando http://reed.cs.depaul.edu/lperkovic/two.html
Visitando http://reed.cs.depaul.edu/lperkovic/four.html
Visitando http://reed.cs.depaul.edu/lperkovic/five.html
Visitando http://reed.cs.depaul.edu/lperkovic/four.html
Visitando http://reed.cs.depaul.edu/lperkovic/five.html
...
```

(A execução não parou e precisou ser interrompida digitando Ctrl-C.)

Vamos tentar entender o que aconteceu. O crawler começou na página `one.html`. Há dois links para fora de `one.html`. O primeiro é um link para `two.html`, e o crawler o seguiu (mais precisamente, fez uma chamada recursiva sobre ele). O crawler, então, seguiu o único link para fora de `two.html`, para a página `four.html`, e depois, novamente, o único link de `four.html` para `five.html`. A página `five.html` tem três links de saída. O primeiro é o link para a página `four.html`, e o crawler o segue. Depois disso, o crawler visitará as páginas `four.html` e `five.html` alternadamente, até falhar por alcançar a profundidade máxima de recursão, ou até ser interrompido. (Veja uma ilustração na Figura 11.6.)

Certamente, algo saiu muito errado com essa execução. A página `three.html` nunca foi visitada, e o crawler ficou preso visitando as páginas `four.html` e `five.html`. Podemos resolver o segundo problema fazendo com que o crawler ignore os `links` para páginas que já visitou. Para fazer isso, precisamos, de alguma forma, registrar as páginas visitadas.

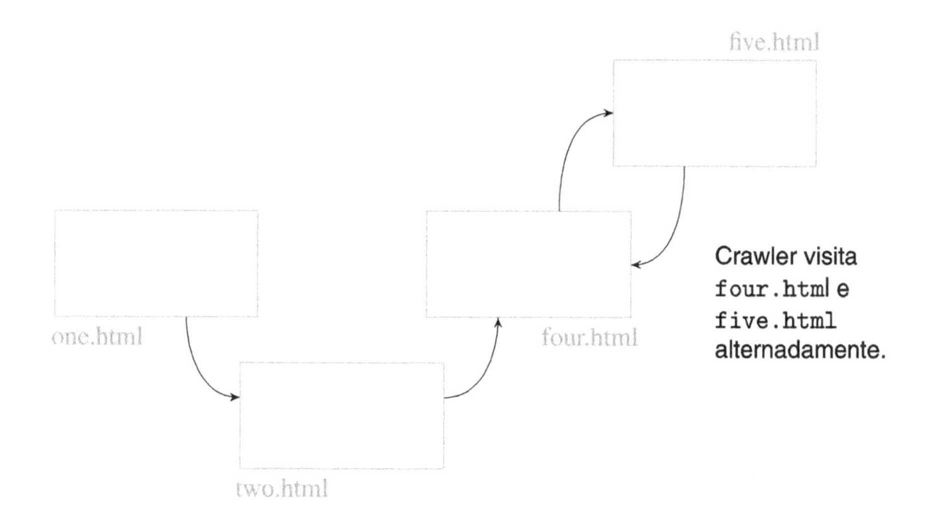

Figura 11.6 Uma execução de `crawl1()`. Iniciamos o processo do crawler chamando a função `crawl1()` sobre `one.html`. O primeiro link em `one.html` é para `two.html` e, portanto, é feita uma chamada recursiva sobre `two.html`. A partir daí, chamadas recursivas são feitas sobre `four.html` e depois sobre `five.html`. Existem três links a partir de `five.html`. Como o primeiro link de `five.html` é para a página `four.html`, é feita uma chamada recursiva sobre `four.html`. A partir daí, é feita uma chamada recursiva sobre `five.html`...

Crawler Recursivo, Versão 0.2

Em nossa segunda implementação do crawler, usamos um objeto de conjunto para armazenar os URLs das páginas Web visitadas. Como esse conjunto deverá ser acessível a partir do namespace de cada chamada recursiva, definimos o conjunto no namespace global:

Módulo: ch11.py

```
visited = set()          # inicializa visited como um conjunto vazio
def crawl2(url):
    '''um Web crawler recursivo que chama analyze()
       sobre cada página Web visitada'''

    # inclui url para conjunto de páginas visitadas
    global visited      # embora não necessário, avisa ao programador
    visited.add(url)

    # analyze() retorna uma lista de URLs de hyperlink no url da página
      Web
    links = analyze(url)

    # continua a rastejar recursivamente cada link em links
    for link in links:
        # segue o link somente se não foi visitado
        if link not in visited:
            try:
                crawl2(link)
            except:
                pass
```

As linhas 8 e 16 formam a diferença entre `crawl2()` e `crawl1()`. Acrescentando os URLs das páginas Web visitadas ao conjunto `visited` e evitando os links para páginas Web com URLs visitados, garantimos que o crawler não visitará uma página mais de uma vez. Vamos testar esse crawler com o mesmo conjunto de páginas Web de teste:

```
>>> crawl2('http://reed.cs.depaul.edu/lperkovic/one.html')
Visitando http://reed.cs.depaul.edu/lperkovic/one.html
Visitando http://reed.cs.depaul.edu/lperkovic/two.html
Visitando http://reed.cs.depaul.edu/lperkovic/four.html
Visitando http://reed.cs.depaul.edu/lperkovic/five.html
Visitando http://reed.cs.depaul.edu/lperkovic/three.html
```

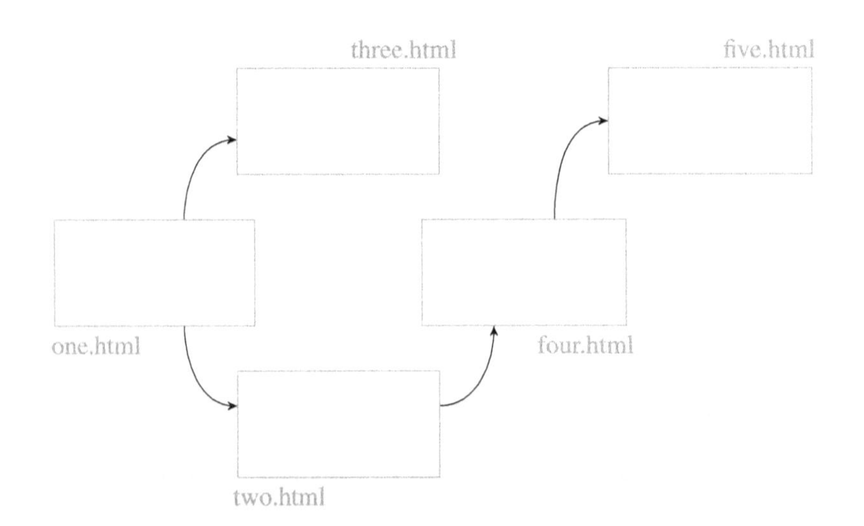

Figura 11.7 Execução de `crawl2()`. Começando da página `one.html`, o crawler visita a mesma sequência de páginas da Figura 11.6. Quando o crawler alcança `five.html`, ele não acha um link para uma página não visitada. Então, recua para a página `four.html`, depois para a página `two.html`, depois finalmente para `one.html`. O crawler, então, segue o link da página `one.html` para a página não visitada `three.html`.

As quatro primeiras páginas visitadas pelo crawler são as mesmas das quatro primeiras páginas visitadas ao testar `crawl1()`. A diferença agora é que cada página visitada é acrescentada ao conjunto `visited`. Quando o crawler alcança a página `five.html`, ele acha links para `one.html`, `two.html` e `four.html`, todos já tendo sido visitados. Portanto, a chamada recursiva de `crawl2()` sobre a página `five.html` termina, e também as chamadas recursivas sobre as páginas `four.html` e `two.html`. A execução retorna à chamada de função original de `craw2()` na página `one.html`. O segundo link nessa página é para `three.html`. Como `three.html` não foi visitado, o crawler irá em frente e o visitará em seguida. Veja a ilustração na Figura 11.7.

Problema Prático 11.7

Desenvolva novamente o segundo crawler como uma classe `Crawler2`. O conjunto `visitado` deverá ser encapsulado como uma variável de instância do objeto `Crawler2`, em vez de uma variável global.

```
>>> crawler2 = Crawler2()
>>> crawler2.crawl('http://reed.cs.depaul.edu/lperkovic/one.html')
Visitando http://reed.cs.depaul.edu/lperkovic/one.html
Visitando http://reed.cs.depaul.edu/lperkovic/two.html
Visitando http://reed.cs.depaul.edu/lperkovic/four.html
Visitando http://reed.cs.depaul.edu/lperkovic/five.html
Visitando http://reed.cs.depaul.edu/lperkovic/three.html
```

Análise de Conteúdo da Página Web

A implementação atual da função `analyze()` analisa o conteúdo de uma página Web com o único propósito de encontrar URLs de hyperlink nela. Nosso objetivo original era fazer mais do que isso: a função `analyze()` deveria analisar o conteúdo de cada página Web e exibir essa análise. Agora, acrescentamos essa funcionalidade adicional à função `analyze()`, para concluir sua implementação.

Decidimos que a análise da página Web consiste em calcular (1) a frequência de cada palavra no conteúdo da página Web (ou seja, nos dados de texto) e (2) a lista de links contidos na página Web. Já calculamos a lista de links. Para calcular as frequências das palavras, podemos usar a função `frequency()` que desenvolvemos no Problema Prático 11.6. Aqui está, então, nossa implementação final:

Módulo: ch11.py

```
1  def analyze(url):
2      '''exibe a frequência de cada palavra na página Web url
3         e exibe e retorna a lista de links http, em
4         formato absoluto'''
5
6      print('Visitando', url)          # para teste
7
8      # obtém links na página Web
9      content = urlopen(url).read().decode()
10     collector = Collector(url)
11     collector.feed(content)
12     urls = collector.getLinks()      # obtém lista de links
13
```

```
14        # calcula frequências de palavras
15        content = collector.getData()    # obtém dados de texto como
16        freq = frequency(content)          string
17
18        # mostra frequência de cada palavra na página Web
19        print('\n{:50} {:10} {:5}'.format('URL', 'palavra', 'quant '))
20        for word in freq:
21            print('{:50} {:10} {:5}'.format(url, word, freq[word]))
22
23        # mostra links http encontrados na página Web
24        print('\n{:50} {:10}'.format('URL', 'link'))
25        for link in urls:
26            print('{:50} {:10}'.format(url, link))
27
28        return urls
```

Usando essa versão de analyze(), vamos testar nosso crawler novamente. Iniciamos o processo com:

```
>>> crawl2('http://reed.cs.depaul.edu/lperkovic/one.html')
```

A saída que aparece no shell interativo aparece na página seguinte. *Nota*: para que a saída coubesse na largura da página e também para ter uma visão mais limpa dela, removemos dos URLs a substring

```
http://reed.cs.depaul.edu/lperkovic/

Visitando http://reed.cs.depaul.edu/lperkovic/one.html

URL           palavra    quant
one.html      Paris          5
one.html      Beijing        3
one.html      Chicago        5

URL           link
one.html      two.html
one.html      three.html

Visitando  http://reed.cs.depaul.edu/lperkovic/two.html

URL           palavra    quant
two.html      Bogota         3
two.html      Paris          1
two.html      Beijing        2

URL           link
two.html      four.html

Visitando http://reed.cs.depaul.edu/lperkovic/four.html

URL           palavra    quant
four.html     Paris          2
four.html     Nairobi        1
four.html     Chicago        3
```

```
URL              link
four.html        five.html

Visitando http://reed.cs.depaul.edu/lperkovic/five.html

URL              palavra    quant
five.html        Bogota         2
five.html        Nairobi        7

URL              link
five.html        four.html
five.html        one.html
five.html        two.html

Visitando http://reed.cs.depaul.edu/lperkovic/three.html

URL              palavra    quant
three.html       Beijing        6
three.html       Chicago        3

URL              link
three.html       four.html
```

DESVIO

Travessias Primeiro na Profundidade e Primeiro na Largura

A técnica que a versão 0.2 do crawler utiliza para visitar as páginas Web é denominada *travessia primeiro na profundidade*. *Travessia* é sinônimo de *crawl* para os nossos propósitos. A designação *primeiro na profundidade* se refere ao fato de que, nessa técnica, o crawler pode rapidamente se afastar do início do processo. Para ver isso, examine a Figura 11.7 novamente. Ela mostra que o crawler visita as páginas distantes `four.html` e `five.html` antes de visitar a página vizinha `three.html`.

O problema com a travessia primeiro na profundidade é que pode levar muito tempo para que uma página vizinha seja visitada. Por exemplo, se a página `five.html` tivesse um link para `www.yahoo.com` ou `www.google.com`, é pouco provável que o crawler sequer visitasse a página `three.html`.

Por esse motivo, os crawlers usados pelo Google e outros provedores de busca utilizam uma *travessia primeiro na largura*, que garante que as páginas sejam visitadas na ordem de *distância* (o número de links) a partir da página Web inicial. O Problema 11.26 pede que você implemente essa técnica.

Resumo do Capítulo

Neste capítulo, apresentamos o desenvolvimento de aplicações de computador que buscam e coletam dados de documentos próximos e distantes. Em particular, focalizamos o acesso, a busca e a coleta de dados hospedados na World Wide Web.

Hoje, a Web certamente é uma das aplicações mais importantes em execução na Internet. Nos últimos 20 anos, a Web revolucionou o modo como trabalhamos, fazemos compras, conversamos e nos divertimos. Ela permite a comunicação e o compartilhamento de informações em uma escala sem precedentes, e tornou-se um enorme repositório de dados. Esses dados, por sua vez, oferecem uma oportunidade para o desenvolvimento de novas aplicações de computador, que coletam e processam os dados e produzem informações valiosas. Este capítulo apresenta as tecnologias Web, as APIs para Web na Biblioteca Padrão Python e os algoritmos que podem ser usados para desenvolver essas aplicações.

Apresentamos as principais tecnologias Web: URLs, HTTP e HTML. Também apresentamos as APIs da Biblioteca Padrão Python para acessar recursos na Web (módulo `urllib.request`) e para processar páginas Web (módulo `html.parser`). Vimos como usar as duas APIs para baixar um arquivo-fonte HTML de página Web e analisá-lo para obter o conteúdo da página Web.

Para processar o conteúdo de uma página Web ou de qualquer outro documento de texto, é útil termos ferramentas para reconhecer padrões de string nos textos. Este capítulo apresentou essas ferramentas: expressões regulares e o módulo `re` da Biblioteca Padrão.

Aplicamos o material abordado no capítulo para desenvolver um Web crawler que visita páginas Web, uma por vez, seguindo os hyperlinks. O Web crawler usa um algoritmo recursivo fundamental para a busca, denominado busca primeiro na profundidade.

Soluções dos Problemas Práticos

11.1 Quando o documento HTML é baixado e decodificado para uma string, os métodos de string podem ser usados:

```
def news(url, topics):
    '''conta no recurso com URL url a frequência
       de cada tópico na lista topics'''

    response = urlopen(url)
    html = response.read()
    content = html.decode().lower()
    for topic in topics:
        n = content.count(topic)
        print('{} appears {} times.'.format(topic,n))
```

11.2 Os métodos `handle_starttag()` e `handle_endtag()` precisam ser redefinidos. Cada um deverá mostrar o nome do elemento correspondente à tag, recuado de forma apropriada.

A endentação é um valor inteiro incrementado a cada token de tag de início e decrementado a cada token de tag de fim. (Ignoramos os elementos `p` e `br`.) O valor da endentação deverá ser armazenado como uma variável de instância do objeto analisador e inicializado no construtor.

Módulo: ch11.py

```
1  from html.parser import HTMLParser
2  class MyHTMLParser(HTMLParser):
3      'analisador de doc. HTML que mostra tags endentadas'
4
5      def __init__(self):
6          'inicializa o analisador e a endentação inicial'
7          HTMLParser.__init__(self)
8          self.indent = 0            # valor da endentação inicial
```

```
    def handle_starttag(self, tag, attrs):
        '''mostra tag de início com endentação proporcional à
           profundidade do elemento da tag no documento'''
        if tag not in {'br','p'}:
            print('{}{} start'.format(self.indent*' ', tag))
            self.indent += 4

    def handle_endtag(self, tag):
        '''mostra tag de fim com endentação proporcional à
           profundidade do elemento da tag no documento'''
        if tag not in {'br','p'}:
            self.indent -= 4
            print('{}{} end'.format(self.indent*' ', tag))
```

11.3 Você deverá inicializar uma variável de instância vazia `self.text` no construtor `Collector`. O manipulador `handle_data()`, então, tratará do token de dados de texto concatenando-o com `self.text`. O código aparece a seguir.

Módulo: ch11.py

```
    def handle_data(self, data):
        'coleta e concatena dados de texto'
        self.text += data

    def getData(self):
        'retorna a concatenação de todos os dados de texto'
        return self.text
```

11.4 As soluções são:

(a) Hello, hello
(b) 're-sign', 'resign'
(c) aaa, best
(d) F16, IBM
(e) <h1>, <<>>>>

11.5 As soluções são:

(a) a[abc]c
(b) abc|xyz
(c) a[b]*
(d) [a-z]+
(e) [a-zA-Z]*oe[a-zA-Z]*
(f) <[^>]*>

11.6 Já consideramos este problema no Capítulo 6. A solução aqui usa uma expressão regular para combinar as palavras e é mais limpa do que a solução original.

```
def frequency(content):
    pattern = '[a-zA-Z]+'
    words = findall(pattern, content)
    dictionary = {}
    for w in words:
        if w in dictionary:
            dictionary[w] +=1
        else:
            dictionary[w] = 1
    return dictionary
```

11.7 O conjunto `visited` deverá ser inicializado no construtor. O método `crawl()` é uma ligeira modificação da função `crawl2()`:

```
class Crawler2:
    'um Web crawler'

    def __init__(self):
        'inicializa visited como um conjunto vazio'
        self.visited = set()

def crawl(self, url):
    '''chama analyze() sobre página Web url e chama a si mesma
       sobre cada link para uma página Web não visitada'''
    links = analyze(url)
    self.visited.add(url)
    for link in links:
        if link not in self.visited:
            try:
                self.crawl(link)
            except:
                pass
```

Exercícios

11.8 Em cada um dos próximos casos, selecione as strings que são combinadas pela expressão regular mostrada.

Expressão Regular	Strings
(a) `[ab]`	ab, a, b, a string vazia
(b) `a.b.`	ab, acb, acbc, acbd
(c) `a?b?`	ab, a, b, a string vazia
(d) `a*b+a*`	aa, b, aabaa, aaaab, ba
(e) `[^\d]+`	abc, 123, ?.?, 3M

11.9 Para cada descrição de padrão informal ou conjunto de strings a seguir, defina uma expressão regular que se encaixe na descrição do padrão ou combine com todas as strings no conjunto, e nenhuma outra.

(a) Strings contendo um apóstrofo (').
(b) Qualquer sequência de três letras minúsculas no alfabeto.
(c) A representação de string de um inteiro positivo.
(d) A representação de string de um inteiro não negativo.
(e) A representação de string de um inteiro negativo.
(f) A representação de string de um inteiro (positivo ou não).
(g) A representação de string de um valor de ponto flutuante usando a notação de ponto decimal.

11.10 Para cada descrição informal listada a seguir, escreva uma expressão regular que combinará com todas as strings no arquivo `frankenstein.txt` que correspondam à descrição. Também descubra a resposta usando a função `findall()` do módulo `re`.

Arquivo: frankenstein.txt

(a) String 'Frankenstein'.
(b) Números aparecendo no texto.
(c) Palavras que terminam com a substring 'ible'.
(d) Palavras que começam com uma letra maiúscula e terminam com 'y'.
(e) Lista de strings na forma 'horror of *<string em minúsculas> <string em minúsculas>*'.
(f) Expressões consistindo em uma palavra seguida pela palavra 'death'.
(g) Sentenças contendo a palavra 'laboratory'.

11.11 Escreva uma expressão regular que combine com um endereço de e-mail. Isso não é fácil, de modo que seu objetivo deverá ser criar uma expressão que combine com endereços de e-mail o mais próximo que você puder.

11.12 Escreva uma expressão regular que combine com o atributo `href` e seu valor (encontrados em uma tag de início HTML) em um arquivo-fonte HTML.

11.13 Escreva uma expressão regular que combine com as strings que representam um preço em reais. Sua expressão deverá corresponder a strings como `'R$ 13,29'` e `'R$ 1.099,29'`, por exemplo. Sua expressão não precisa corresponder a preços além de R$ 9.999,99.

11.14 Escreva uma expressão regular que combine com um URL absoluto que usa o protocolo HTTP. Novamente, isso é complicado, e você deverá buscar a "melhor" expressão que puder.

11.15 Modifique a função de crawler `crawl1()` de modo que o crawler não visite páginas Web que estejam a mais de n cliques (hyperlinks) de distância. Para fazer isso, a função deverá ter uma entrada adicional, um inteiro não negativo n. Se n for 0, então nenhuma chamada recursiva deverá ser feita. Caso contrário, as chamadas recursivas deverão passar $n - 1$ como argumento para a função `crawl1()`.

11.16 Usando a Figura 10.1 como modelo, desenhe todas as etapas que ocorrem durante a execução de `crawl2('one.html')`, incluindo o estado da pilha de programa no início e no final de cada chamada recursiva.

11.17 Modifique a função de crawler `crawl2()` de modo que o crawler só siga links hospedados no mesmo host da página Web inicial.

11.18 Modifique a função de crawler `crawl2()` de modo que o crawler só siga links para recursos que estão contidos, direta ou indiretamente, na pasta do sistema de arquivos do servidor Web que contém a página Web inicial.

Problemas

11.19 Neste livro, vimos três maneiras de remover a pontuação de uma string: usando o método `replace()`, usando o método de string `translate()` no Capítulo 4 e usando expressões regulares neste capítulo. Compare o tempo de execução de cada uma dessas técnicas empregando a estrutura de análise do tempo de execução experimental da Seção 10.3.

11.20 Você gostaria de produzir um dicionário de terror único, mas tem dificuldade para se lembrar dos milhares de palavras que deverão entrar no dicionário. Sua ideia brilhante é implementar a função `terror()`, que lê uma versão eletrônica de um livro de terror, digamos, *Frankenstein*, de Mary Wollstonecraft Shelley, apanhe todas as palavras nele contidas e as escreva em ordem alfabética em um novo arquivo, chamado `dicionário.txt`. Sua função deverá tomar o nome de arquivo (por exemplo, `frankenstein.txt`) como entrada. As primeiras linhas em `dicionário.txt` deverão ser:

Arquivo: frankenstein.txt

```
a
abandon
abandoned
abbey
abhor
abhorred
abhorrence
abhorrent
...
```

11.21 Implemente a função `getContent()`, que aceite como entrada um URL (como uma string) e mostre somente o conteúdo de dados de texto da página Web associada (ou seja, sem tags). Evite mostrar linhas em branco que venham após outra linha em branco e remova o espaço em branco em cada linha mostrada.

```
>>> getContent('http://cnn.com')
CNN.com - Breaking News, U.S., World, Weather, Entertainment &amp;
Video News

var cnnIsHomePage=true,
cnnPageName="CNN Home Page",
cnnSectionName="CNN Home Page",
sectionName="homepage",
cnn_edtnswtchver="www",
cnnCurrTime=new Date(1325871134000),
cnnCurrHour=12,
cnnCurrMin=32,
cnnCurrDay='Fri',
weatherTitle='News';
```

11.22 Escreva a função `emails()`, que aceite um documento (como uma string) como entrada e retorne o conjunto de endereços de e-mail (ou seja, strings) que aparecem nele. Você deverá usar uma expressão regular para encontrar os endereços de e-mail no documento.

```
>>> from urllib.request import urlopen
>>> url = 'http://www.cdm.depaul.edu'
>>> content = urlopen(url).read().decode()
>>> emails(content)
{'advising@cdm.depaul.edu', 'wwwfeedback@cdm.depaul.edu',
'admission@cdm.depaul.edu', 'webmaster@cdm.depaul.edu'}
```

11.23 Desenvolva uma aplicação que implemente o algoritmo de busca na Web que desenvolvemos na Seção 11.4. Sua aplicação deverá tomar como entrada uma lista de endereços de página Web e uma lista de preços máximos com o mesmo tamanho; ela deverá mostrar os endereços de página Web que correspondem a produtos cujo preço seja menor que o preço máximo. Use sua solução para o Problema 11.13 para encontrar o preço em um arquivo-fonte HTML.

11.24 Desenvolva um crawler que colete os endereços de e-mail nas páginas Web visitadas. Você pode usar a função `emails()` do Problema 11.22 para encontrar endereços de e-mail em uma página Web. Para fazer com que seu programa termine, você pode usar a técnica do Problema 11.15 ou do Problema 11.17.

11.25 Outra função útil no módulo `urllib.request` é a função `urlretrieve()`. Ela aceita como entrada um URL e um nome de arquivo (ambos como strings) e copia o conteúdo do recurso identificado pelo URL em um arquivo chamado `nomearq`. Use essa função para desenvolver um programa que copia todas as páginas Web de um site Web, começando da página Web principal, para uma pasta local no seu computador.

11.26 Implemente um Web crawler que use a travessia primeiro na largura, no lugar de primeiro na profundidade. Diferentemente da travessia primeiro na profundidade, a travessia primeiro na largura não é implementada naturalmente usando a recursão. Em vez disso, são usadas a iteração e uma fila (do tipo que desenvolvemos na Seção 8.3). A finalidade da fila é armazenar URLs que foram *descobertos*, mas ainda não visitados. Inicialmente, a fila terá somente a página Web inicial, o único URL descoberto nesse ponto. A cada iteração de um laço `while`, um URL é apanhado da fila e *depois* a página Web associada é visitada. Qualquer link na página visitada com um URL que não foi visitado ou descoberto é então acrescentado à fila. O laço `while` deverá ser repetido enquanto houver URLs descobertos, mas não visitados (ou seja, enquanto a fila não estiver vazia).

CAPÍTULO

12

Bancos de Dados e Processamento de Dados

NESTE CAPÍTULO, apresentamos várias técnicas para lidar com as grandes quantidades de dados que são criadas, armazenadas, acessadas e processadas nas aplicações de computação de hoje.

Começamos introduzindo os bancos de dados relacionais e a linguagem usada para acessá-los, SQL. Diferentemente de muitos dos programas que desenvolvemos até aqui neste livro, os programas de aplicação do mundo real normalmente fazem bastante uso de bancos de dados para armazenar e acessar dados. Isso porque os bancos de dados armazenam dados de uma forma que permita o acesso fácil e eficiente aos dados. Por esse motivo, é importante desenvolvermos uma apreciação inicial dos benefícios dos bancos de dados e como fazer uso eficaz deles.

A quantidade de dados gerada pelos Web crawlers, experimentos científicos ou mercados de ações é tão grande que nenhum computador isolado pode processar isso de modo eficaz. Em vez disso, um esforço conjunto por vários nós de computação sejam computadores, processadores ou núcleos é necessário. Apresentamos uma técnica para desenvolver programas paralelos que fazem uso eficaz dos múltiplos núcleos de um microprocessador moderno. Depois, usamos isso para desenvolver a estrutura MapReduce, uma técnica para processar dados, desenvolvida pelo Google, que pode escalar desde alguns poucos núcleos em um computador pessoal até centenas de milhares de núcleos, em uma farm de servidores.

12.1 Bancos de Dados e SQL

Os dados processados por um programa existem somente enquanto o programa é executado. Para que eles persistam além da execução do programa — para que possam ser processados mais tarde por algum outro programa, por exemplo —, os dados precisam ser armazenados em um arquivo.

Até aqui neste livro, estivemos usando arquivos de texto padrão para armazenar dados de forma persistente. A vantagem dos arquivos de texto é que eles são de uso geral e fáceis de se trabalhar. Sua desvantagem é que eles não têm estrutura; em particular, não têm uma estrutura que permita que os dados sejam acessados e processados *eficientemente*.

Nesta seção, apresentamos um tipo de arquivo especial, denominado *arquivo de bancos de dados*, ou simplesmente *bancos de dados*, que armazena dados de forma estruturada. A estrutura torna os dados em um arquivo de bancos de dados receptivo ao processamento eficiente, incluindo a inserção, atualização, exclusão e, especialmente, acesso eficiente. Um banco de dados é uma técnica de armazenamento de dados muito mais apropriada do que um arquivo de texto geral em muitas aplicações, e por isso é importante saber como trabalhar com eles.

Tabelas de Banco de Dados

No Capítulo 11, desenvolvemos um Web crawler — um programa que visita uma página Web após a outra, seguindo hyperlinks. O crawler varre o conteúdo de cada página visitada e envia informações sobre ele, incluindo todos os URLs de hyperlink contidos na página Web e a frequência de cada palavra na página. Se executarmos o crawler sobre o conjunto de páginas Web vinculadas mostradas na Figura 12.1, com cada página contendo nomes de algumas cidades do mundo com frequências indicadas, os URLs de hyperlink serão apresentados neste formato:

```
URL                 Link
one.html            two.html
one.html            three.html
two.html            four.html
...
```

As duas primeiras linhas, por exemplo, indicam que a página `one.html` contém links para as páginas `two.html` e `three.html`.

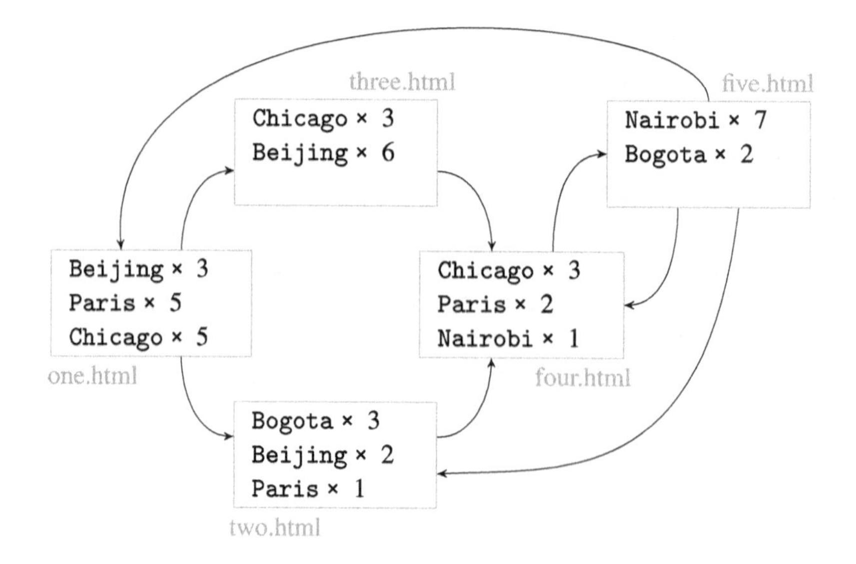

Figura 12.1 Cinco páginas Web vinculadas. Cada página contém algumas ocorrências de algumas das principais cidades do mundo. A página `one.html`, por exemplo, contém três ocorrências de '`Beijing`', cinco de '`Paris`' e cinco de '`Chicago`'. Ela também contém hyperlinks para as páginas Web `two.html` e `three.html`.

O crawler enviaria a saída da frequência de cada palavra em cada página Web neste formato:

```
URL              Word          Freq
one.html         Beijing          3
one.html         Paris            5
one.html         Chicago          5
two.html         Bogota           3
...
```

Assim, a página `one.html` contém três ocorrências de `'Beijing'`, cinco de `'Paris'` e cinco de `'Chicago'`.

Suponha que estejamos interessados em analisar o conjunto dos dados coletados pelo crawler. Poderíamos, por exemplo, estar interessados em fazer consultas como:

1. Em que páginas Web a palavra X aparece?
2. Qual é a posição das páginas Web contendo a palavra X, com base no número de ocorrências da palavra X na página?
3. Quantas páginas contêm a palavra X?
4. Que páginas têm um hyperlink para a página Y?
5. Qual é o número total de ocorrências da palavra 'Paris' em todas as páginas Web?
6. Quantos links de saída cada página visitada possui?
7. Quantos links de entrada cada página visitada possui?
8. Que páginas têm um link para uma página contendo a palavra X?
9. Que página contendo a palavra X tem mais links de entrada?

A resposta a cada uma dessas perguntas sobre o conjunto de dados produzido pelo crawler seria muito complicada. O formato de arquivo de texto do conjunto de dados exigiria que um arquivo fosse lido em uma string e, depois, operações de string fossem usadas para recuperar os dados relevantes. Por exemplo, para responder à pergunta 1, teríamos que achar todas as linhas no arquivo contendo a palavra X, desmembrar cada linha em palavras (isto é, strings separadas por espaços), coletar a primeira palavra em cada linha e depois eliminar URLs duplicados.

Uma técnica alternativa seria salvar as informações colhidas pelo crawler para um *arquivo de banco de dados* em vez de um arquivo de texto de uso geral. Um arquivo de banco

Url	Link
one.html	two.html
one.html	three.html
two.html	four.html
three.html	four.html
four.html	five.html
five.html	one.html
five.html	two.html
five.html	four.html

(a) **Tabela** Hyperlinks

Url	Word	Freq
one.html	Beijing	3
one.html	Paris	5
one.html	Chicago	5
two.html	Bogota	3
two.html	Beijing	2
two.html	Paris	1
three.html	Chicago	3
three.html	Beijing	6
four.html	Chicago	3
four.html	Paris	2
four.html	Nairobi	5
five.html	Nairobi	7
five.html	Bogota	2

(b) **Tabela** Keywords

Figura 12.2 **Tabelas** `Hyperlink` **e** `Keywords` **do banco de dados.** As tabelas contêm dados processados por um crawler sobre o conjunto de páginas mostradas na Figura 12.1. Uma linha de `Hyperlinks` corresponde a um hyperlink da página `Url` à página `Link`. Uma linha em `Keywords` corresponde a uma palavra que ocorre na página Url; a frequência de `Word` na página é `Freq`.

de dados armazena dados de uma forma *estruturada*, que permite o acesso e o processamento eficazes dos dados.

Estruturada significa que os dados em um arquivo de banco de dados são armazenados em uma ou mais *tabelas*. Cada tabela é identificada por um nome, como `Clientes` ou `Produtos`, e consiste em colunas e linhas. Cada *coluna* tem um nome e contém dados de um tipo específico: string, inteiro, real (float) e assim por diante. Cada *linha* da tabela contém dados correspondentes a um *registro do banco de dados*.

Em nosso exemplo, as informações obtidas pelo crawler sobre as páginas Web mostradas na Figura 12.1 poderiam ser armazenadas em duas tabelas de banco de dados, mostradas na Figura 12.2. A primeira tabela, chamada `Hyperlinks`, possui as colunas `Url` e `Link`. Cada linha (registro) nessa tabela também tem uma string X na coluna `Page` e uma string Y na coluna `Link`, e refere-se a um hyperlink com URL Y na página Web X. A segunda tabela, chamada `Keywords`, tem colunas `Url`, `Word` e `Freq`. Cada registro consiste nas strings X e Y nas colunas `Url` e `Word`, respectivamente, e o inteiro Z na coluna `Freq`, e corresponde à palavra Y que aparece na página Web com URL X com frequência Z.

Com dados armazenados em tabelas de banco de dados, podemos fazer consultas de dados usando uma linguagem de programação de banco de dados especial.

Structured Query Language

Arquivos de banco de dados não são lidos ou gravados por um programa de aplicação usando a interface comum de entrada/saída de arquivo. Eles normalmente também não são acessados diretamente. Em vez disso, o programa de aplicação normalmente envia comandos a um tipo especial de programa servidor, chamado *mecanismo de banco de dados* ou *sistema de gerenciamento de banco de dados*, que administra o banco de dados; este programa acessará o arquivo de banco de dados em favor da aplicação.

Os comandos aceitos pelos mecanismos de banco de dados são instruções escritas em uma linguagem de consulta, sendo que a mais popular é chamada *Structured Query Language*, normalmente citada como *SQL*. A seguir, apresentamos um pequeno subconjunto da SQL que podemos usar para escrever programas que utilizam os bancos de dados, quando esses bancos forem a escolha certa para o armazenamento de dados.

Link
two.html
three.html
four.html
four.html
five.html
one.html
two.html
four.html

```
SELECT Link
FROM Hyperlinks
```

(a)

Url	Word
one.html	Beijing
one.html	Paris
one.html	Chicago
two.html	Bogota
two.html	Beijing
two.html	Paris
three.html	Chicago
three.html	Beijing
four.html	Chicago
four.html	Paris
four.html	Nairobi
five.html	Nairobi
five.html	Bogota

```
SELECT Url, Word
FROM Keywords
```

(b)

Link
two.html
three.html
four.html
five.html
one.html

```
SELECT DISTINCT Link
FROM Hyperlinks
```

(c)

Figura 12.3 **Tabelas de resultado para três consultas.** Cada tabela é o resultado da consulta que aparece abaixo dela. A tabela (a) contém todos os valores de `Link` na tabela `Hyperlinks`. A tabela (b) contém todos os valores de `Url` e `Word` na tabela `Keywords`. A tabela (c) contém os valores *distintos* nos valores de `Link` na tabela `Hyperlinks`.

Comando SELECT

O comando SQL SELECT é usado para fazer consultas em um banco de dados. Em sua forma mais simples, esse comando é usado para recuperar uma coluna de uma tabela do banco de dados. Por exemplo, para recuperar a coluna `Link` da tabela `Hyperlinks`, você usaria:

```
SELECT Link FROM Hyperlinks
```

O resultado da execução desse comando é armazenado em uma *tabela de resultados* (também chamada de *conjunto de resultados*, ou *result set*), ilustrada na Figura 12.3(a).

Usamos caracteres maiúsculos para destacar as palavras-chave do comando SQL; os comandos SQL não diferenciam maiúsculas de minúsculas, e por isso poderíamos usar caracteres minúsculos. Em geral, o comando SQL SELECT recupera um subconjunto de colunas da tabela e tem este formato:

```
SELECT Column(s) FROM TableName
```

Por exemplo, para selecionar o conteúdo das colunas `Url` e `Word` da tabela `Keywords`, você usaria:

```
SELECT Url, Word FROM Keywords
```

A tabela de resultados é obtida conforme mostrado na Figura 12.3(b). Para recuperar *todas* as colunas da tabela `Keywords`, o caractere de curinga * pode ser usado:

```
SELECT * FROM Hyperlinks
```

A tabela de resultados obtida é a tabela original `Hyperlinks`, mostrada na Figura 12.2(a).

Quando fizemos a consulta

```
SELECT Link FROM Hyperlinks
```

o conjunto de resultados que obtivemos incluiu várias cópias do mesmo link. Se quiséssemos recuperar somente os links distintos na coluna Link, poderíamos usar a palavra-chave DISTINCT da SQL

```
SELECT DISTINCT Link FROM Hyperlinks
```

e obteríamos a tabela de resultados mostrada na Figura 12.3(c).

DESVIO

Sujando Suas Mãos com SQL

Na próxima seção, apresentamos o módulo sqlite3 da Biblioteca Padrão Python. Ele oferece uma interface de programação de aplicação (API) que permite aos programas Python acessarem arquivos de banco de dados e executarem comandos SQL neles.

Se você não puder esperar e quiser tentar executar as consultas SQL que descrevemos, poderá usar o shell SQLite da linha de comandos. Ele é um programa independente, que lhe permite executar comandos SQL interativamente contra um arquivo de banco de dados. Porém, primeiro você precisará baixar um binário pré-compilado do shell, de:

```
www.sqlite.org/download.html
```

Salve o executável binário em um diretório que contenha o arquivo de banco de dados com o qual você quer trabalhar. Ilustramos em seguida o uso do shell da linha de comandos SQLite sobre o arquivo links.db (cujas duas tabelas aparecem na Figura 12.2), de modo que salvamos o executável na pasta que contém esse arquivo.

Para executar o shell da linha de comandos SQLite, primeiro você precisa abrir o shell da linha de comando do seu sistema. Depois, passe para o diretório contendo o executável sqlite3 e execute o código mostrado para acessar o arquivo de banco de dados links.db:

```
> ./sqlite3 links.db
SQLite version 3.7.7.1
Enter ".help" for instructions
Enter SQL statements terminated with a ";"
sqlite>
```

(Esse código funciona em sistemas Unix/Linux/Mac OS X; no MS Windows, você deverá usar o comando sqlite3.exe links.db.)

No prompt sqlite>, você agora poderá executar comandos SQL contra o arquivo de banco de dados links.db. O único requisito adicional é que seu comando SQL deverá ser acompanhado de um ponto e vírgula (;). Por exemplo:

```
sqlite> SELECT Url, Word FROM Keywords;
one.html|Beijing
one.html|Paris
one.html|Chicago
two.html|Bogota
two.html|Beijing
...
five.html|Nairobi
five.html|Bogota
sqlite>
```

(Algumas linhas da saída foram omitidas.) Você pode usar o shell da linha de comandos SQLite para executar cada comando SQL descrito nesta seção.

Cláusula WHERE

Para responder a uma pergunta como "*Em quais páginas a palavra X aparece?*", precisamos fazer uma consulta de banco de dados que seleciona apenas alguns registros em uma tabela (ou seja, aqueles que satisfazem certa condição). A cláusula WHERE da SQL pode ser acrescentada ao comando SELECT para selecionar registros condicionalmente. Por exemplo, para selecionar os URLs das páginas Web contendo 'Paris', você usaria

```
SELECT Url FROM Keywords
WHERE Word = 'Paris'
```

O conjunto de resultados retornado é ilustrado na Figura 12.4(a). Observe que os valores de string na SQL também usam apóstrofos como delimitadores, assim como em Python. Em geral, o formato do comando SELECT com a cláusula WHERE é:

```
SELECT coluna(s) FROM tabela
WHERE coluna operador valor
```

A condição `coluna operador valor` restringe as linhas às quais o comando SELECT é aplicado a somente aquelas que satisfazem a condição. Os operadores que podem aparecer na condição são mostrados na Tabela 12.1. As condições podem ser delimitadas em parênteses, e os operadores lógicos AND e OR podem ser usados para combinar duas ou mais condições. *Nota*: o formato da cláusula WHERE é ligeiramente diferente quando o operador BETWEEN é usado; ele é

```
WHERE coluna BETWEEN valor1 AND valor2
```

Suponha que queiramos que o conjunto de resultados da Figura 12.4(a) seja ordenado pela frequência da palavra `'Paris'` na página Web. Em outras palavras, suponha que a pergunta seja "*Qual é a classificação das páginas Web contendo a palavra X, com base no número de ocorrências da string X na página?*" Para ordenar os registros no conjunto de resultados por um valor de coluna específico, a palavra-chave ORDER BY da SQL poderá ser usada:

```
SELECT Url,Freq FROM Keywords
WHERE Word='Paris'
ORDER BY Freq DESC
```

Esse comando retorna o conjunto de resultados mostrado na Figura 12.4(b). A palavra-chave ORDER BY é seguida por um nome de coluna; os registros selecionados serão ordenados com base nos valores dessa coluna. O padrão é a ordenação crescente; no comando, usamos a palavra-chave DESC (que significa "descending", ou "decrescente") para obter uma ordenação que coloque a página com mais ocorrências de 'Paris' em primeiro lugar.

Url
one.html
two.html
four.html

```
SELECT Url FROM Keywords
WHERE Word = 'Paris'
```

(a)

Url	Freq
one.html	5
four.html	2
two.html	1

```
SELECT Url, Freq FROM Keywords
WHERE Word = 'Paris'
ORDER BY Freq DESC
```

(b)

Figura 12.4 **Tabelas de resultados para duas consultas.** A tabela (a) mostra os URLs de páginas contendo a palavra `'Paris'` na tabela `Keywords`. A Tabela (b) mostra uma classificação das páginas Web contendo a palavra `'Paris'`, com base na frequência da palavra, em ordem descendente.

Operador	Explicação	Uso
=	Igual	`coluna = valor`
<>	Não igual	`coluna <> valor`
>	Maior que	`coluna > valor`
<	Menor que	`coluna < valor`
>=	Maior ou igual a	`coluna >= valor`
<=	Menor ou igual a	`coluna <= valor`
BETWEEN	Dentro de um intervalo inclusivo	`coluna BETWEEN valor1 e valor2`

Tabela 12.1 Operadores condicionais da SQL. As condições podem ser delimitadas por parênteses, e os operadores lógicos AND e OR podem ser usados para combinar duas ou mais condições.

Problema Prático 12.1

Escreva uma consulta SQL que retorne:

(a) O URL de cada página que possui um link para a página `four.html`.
(b) O URL de cada página que tenha um link de chegada a partir da página `four.html`.
(c) O URL e a palavra de cada palavra que aparece exatamente três vezes na página Web associada ao URL.
(d) O URL, palavra e frequência para cada palavra que aparece entre três e cinco vezes, inclusive, na página Web associada ao URL.

Funções SQL Embutidas

Para responder a consultas como "*Quantas páginas contêm a palavra Paris?*", precisamos de um modo de contar o número de registros obtidos em uma consulta. A SQL possui funções embutidas para essa finalidade. A função SQL COUNT(), quando aplicada a uma tabela de resultados, retorna o número de linhas nela contidas:

```
SELECT COUNT(*) FROM Keywords
WHERE Word = 'Paris'
```

A tabela de resultados obtida, mostrada na Figura 12.5(a), contém apenas uma coluna e um registro. Observe que a coluna não corresponde mais a uma coluna da tabela sobre a qual fizemos a consulta.

Para responder a "*Qual é o número total de ocorrências da palavra Paris em todas as páginas Web?*", precisamos somar os valores na coluna `Freq` de cada linha da tabela `Keywords`

3

```
SELECT COUNT(*)
FROM Keywords
WHERE Word = 'Paris'
```

(a)

8

```
SELECT SUM(Freq)
FROM Keywords
WHERE Word = 'Paris'
```

(b)

Url	
one.html	2
two.html	1
three.html	1
four.html	1
five.html	3

```
SELECT Url, COUNT(*)
FROM Hyperlinks
GROUP BY Url
```

(c)

Figura 12.5 Tabelas de resultados para três consultas. A tabela (a) contém o número de páginas em que a palavra 'Paris' aparece. A tabela (b) é o número total de ocorrências da palavra 'Paris' por todas as páginas Web no banco de dados. A tabela (c) contém o número de hyperlinks de saída para cada página Web.

contendo 'Paris' na coluna Word. A função SQL SUM() pode ser usada para isso, como mostramos a seguir:

```
SELECT SUM(Freq) FROM Keywords
WHERE Word = 'Paris'
```

A tabela de resultados é ilustrada na Figura 12.5(b).

Cláusula GROUP BY

Suponha que agora você queira saber "*Quantos links de saída cada página Web tem?*" Para responder isso, você precisa somar o número de links para cada valor de `Url` distinto. A cláusula SQL GROUP BY agrupa os registros de uma tabela que têm o mesmo valor na coluna especificada. A próxima consulta agrupará as linhas da tabela `Hyperlinks` por valor de Url e depois contará o número de linhas em cada grupo:

```
SELECT COUNT(*) FROM Hyperlinks
GROUP BY Url
```

Modificamos essa consulta ligeiramente para incluir também o URL da página Web:

```
SELECT Url, COUNT(*) FROM Hyperlinks
GROUP BY Url
```

O resultado dessa consulta aparece na Figura 12.5(c).

Problema Prático 12.2

Para cada pergunta, escreva uma consulta SQL que lhe responda:

(a) Quantas palavras, incluindo duplicatas, a página `two.html` contém?
(b) Quantas palavras distintas a página `two.html` contém?
(c) Quantas palavras, incluindo duplicatas, cada página Web possui?
(d) Quantos links de entrada cada página Web possui?

As tabelas de resultados para as perguntas (c) e (d) deverão incluir os URLs das páginas Web.

Criando Consultas SQL Envolvendo Múltiplas Tabelas

Suponha que queiramos saber "*Quais páginas Web têm um link para uma página contendo a palavra 'Bogota'?*" Esta pergunta requer uma pesquisa das tabelas `Keywords` e `Hyperlinks`. Precisaríamos pesquisar `Keywords` para descobrir o conjunto *S* de URLs de páginas contendo a palavra 'Bogota', e depois pesquisar `Keywords` para achar os URLs das páginas com links para as páginas em *S*.

O comando SELECT pode ser usado sobre múltiplas tabelas. Para entender o comportamento de SELECT quando usado sobre múltiplas tabelas, desenvolvemos alguns exemplos. Primeiro, a consulta

```
SELECT * FROM Hyperlinks, Keywords
```

retorna uma tabela contendo 104 registros, cada um sendo uma combinação de um registro em `Hyperlinks` e um registro em `Keywords`. Esta tabela, mostrada na Figura 12.6 e denominada *cross join*, tem cinco colunas nomeadas correspondentes às duas colunas da tabela `Hyperlinks` e três colunas da tabela `Keywords`.

Hyperlinks		Palavras-chave		
Url	**Link**	**Url**	**Word**	**Freq**
one.html	two.html	one.html	Beijing	3
one.html	two.html	one.html	Paris	5
one.html	two.html	one.html	Chicago	5
one.html	two.html	two.html	Bogota	3
...	...	...	...	...
five.html	four.html	four.html	Nairobi	5
five.html	four.html	five.html	Nairobi	7
five.html	four.html	five.html	Bogota	2

```
SELECT * FROM Hyperlinks, Keywords
```

Figura 12.6 **Juntando tabelas de banco de dados.** A tabela consiste em cada combinação de uma linha da tabela `Hyperlinks` e uma linha da tabela `Keywords`. Como existem 8 linhas na tabela `Hyperlinks` e 13 na tabela `Keywords`, o cross join terá 8 × 13 = 104 linhas. Somente as 4 primeiras e as três últimas são mostradas.

Naturalmente, é possível selecionar condicionalmente alguns registros no cross join. Por exemplo, a próxima consulta seleciona os 16 registros (2 dos quais aparecem na Figura 12.6) dos 104 no cross join que contêm 'Bogota' na coluna Word da tabela Keywords:

```
SELECT * FROM Hyperlinks, Keywords
WHERE Keywords.Word = 'Bogota'
```

Preste atenção à sintaxe desta última consulta SQL. Em uma consulta que se refere a colunas de várias tabelas, você precisa acrescentar o nome da tabela e um ponto antes de um nome de coluna. Isso é para evitar confusão se colunas em diferentes tabelas tiverem o mesmo nome. Para se referir à coluna Word da tabela `Keywords`, temos que usar a notação `Keywords.Word`.

Aqui está outro exemplo. A próxima consulta apanha somente os registros no cross join cujos valores de `Hyperlink.Url` e `Keyword.Url` coincidirem:

```
SELECT * FROM Hyperlinks, Keywords
WHERE Hyperlinks.Url = Keywords.Url
```

O resultado dessa consulta aparece na Figura 12.7.

Conceitualmente, a tabela na Figura 12.7 consiste em registros que associam um hyperlink (de `Hyperlinks.Url` a `Hyperlinks.Link`) a uma palavra que aparece na página Web apontada pelo hyperlink (ou seja, a página Web com URL `Hyperlinks.Link`).

Agora, nossa pergunta original foi "*Quais páginas Web têm um link para uma página contendo 'Bogota'?*" Para responder a essa pergunta, precisamos selecionar registros no cross

Hyperlinks		Palavras-chave		
Url	**Link**	**Url**	**Word**	**Freq**
one.html	two.html	two.html	Bogota	3
one.html	two.html	two.html	Beijing	2
one.html	two.html	two.html	Paris	1
one.html	three.html	three.html	Chicago	3
...	...	...	...	...
five.html	four.html	four.html	Paris	2
five.html	four.html	four.html	Nairobi	5

```
SELECT * FROM Hyperlinks, Keywords
WHERE Hyperlinks.Url = Keywords.Url
```

Figura 12.7 **Juntando tabelas de banco de dados.** A tabela consiste naquelas linhas da tabela na Figura 12.6 que têm `Hyperlinks.Link = Keywords.Url`.

Hyperlinks		Palavras-chave		
Url	**Link**	**Url**	**Word**	**Freq**
one.html	two.html	two.html	Bogota	3
four.html	five.html	five.html	Bogota	2
five.html	two.html	two.html	Bogota	3

```
SELECT * FROM Hyperlinks, Keywords
WHERE Keywords.Word = 'Bogota' AND Hyperlinks.Link = Keywords.Url
```

Figura 12.8 **Juntando tabelas de banco de dados.** Essa tabela consiste nas linhas da tabela da Figura 12.7 que têm `Keyword.Word = 'Bogota'`.

join cujo valor de `Keyword.Word` é 'Bogota' *e* cujo valor de `Keyword.Url` é igual ao valor de `Hyperlinks.Link`. A Figura 12.8 mostra esses registros.

Para selecionar todos os URLs de páginas Web com um link para uma página contendo 'Bogota', precisamos fazer a consulta mostrada e ilustrada na Figura 12.9.

Hyperlinks
Url
one.html
four.html
five.html

```
SELECT Hyperlinks.Url FROM Hyperlinks, Keywords
WHERE Keywords.Word = 'Bogota' AND Hyperlinks.Link = Keywords.Url
```

Figura 12.9 **Juntando tabelas de banco de dados.** Essa tabela de resultados é apenas a coluna `Hyperlinks.Url` da tabela mostrada na Figura 12.8.

Comando CREATE TABLE

Naturalmente, antes que possamos criar consultas em um banco de dados, precisamos criar as tabelas e inserir registros nelas. Quando um arquivo de bancos de dados é criado, ele estará vazio, não contendo tabelas. O comando SQL CREATE TABLE é usado para criar uma tabela e tem este formato:

```
CREATE TABLE NomeTabela
(
  Coluna1 tipoDados,
  Coluna2 tipoDados,
  ...
)
```

Espalhamos o comando por várias linhas e recuamos as definições de coluna para fins visuais, nada mais. Também poderíamos ter escrito o comando inteiro em uma linha.

Por exemplo, para definir a tabela `Keywords`, faríamos:

```
CREATE TABLE Keywords
(
  Url text,
  Word text,
  Freq int
)
```

O comando `CREATE TABLE` especifica explicitamente o nome e o tipo de dados de cada coluna da tabela. As colunas `Url` e `Word` são do tipo `text`, que corresponde ao tipo de dado

Tipo SQL	Tipo Python	Explicação
INTEGER	int	Mantém valores inteiros
REAL	float	Mantém valores de ponto flutuante
TEXT	str	Mantém valores de string, delimitados com apóstrofos
BLOB	bytes	Mantém sequência de bytes

Tabela 12.2 **Alguns tipos de dados SQL.** Diferentemente dos inteiros em Python, os inteiros SQL são limitados em tamanho (até um intervalo de -2^{31} a $2^{31} - 1$).

`str` do Python. A coluna `Freq` armazena dados inteiros. A Tabela 12.2 lista alguns dos tipos de dados SQL e os tipos de dados correspondentes em Python.

Comandos INSERT e UPDATE

O comando SQL INSERT é usado para inserir um novo registro (ou seja, linha) em uma tabela de bancos de dados. Para inserir uma linha completa, com um valor de cada coluna do banco de dados, este formato é usado:

```
INSERT INTO NomeTabela VALUES (valor1, valor2, ...)
```

Por exemplo, para inserir a primeira linha da tabela `Keywords`, você faria

```
INSERT INTO Keywords VALUES ('one.html', 'Beijing', 3)
```

O comando SQL UPDATE é usado para modificar os dados em uma tabela. Seu formato geral é

```
UPDATE NomeTabela SET coluna1 = valor1
WHERE coluna2 = valor2
```

Se quiséssemos atualizar a contagem de frequência de 'Bogota' na página `two.html`, atualizaríamos a tabela `Keywords` desta maneira:

```
UPDATE Keywords SET Freq = 4
WHERE Url = 'two.html' AND Word = 'Bogota'
```

DESVIO

Mais sobre SQL

SQL foi projetada especificamente para acessar e processar dados armazenados em um *banco de dados relacional*, ou seja, uma coleção de itens de dados armazenados em tabelas que podem ser acessadas e processadas de diversas maneiras. O termo *relacional* refere-se ao conceito matemático de *relação*, um conjunto de pares de itens ou, de modo mais geral, tuplas de itens. Uma tabela pode, assim, ser vista como uma relação matemática.

Neste texto, estivemos escrevendo comandos SQL conforme a necessidade. A vantagem de visualizar tabelas pelo prisma da matemática é que o poder de abstração e matemática pode se fazer valer para a compreensão do que pode ser calculado usando SQL e como. A *álgebra relacional* é um ramo da matemática que tem sido desenvolvido exatamente para essa finalidade.

Existem bons recursos on-line se você quiser aprender mais sobre SQL, incluindo

```
www.w3schools.com/sql/default.asp
```

12.2 Programação de Banco de Dados em Python

Com essa pequena base de SQL, você agora pode escrever aplicações que armazenam dados em bancos de dados e/ou fazem consultas a bancos de dados. Nesta seção, mostramos como armazenar os dados obtidos por um Web crawler em um banco de dados e depois minerar o banco de dados no contexto de uma aplicação simples de mecanismo de busca. Começamos apresentando a API de bancos de dados que usaremos para acessar os arquivos de bancos de dados.

Mecanismos de Banco de Dados e SQLite

A Biblioteca Padrão Python inclui um módulo de API de bancos de dados `sqlite3` que oferece aos desenvolvedores Python uma API simples, embutida, para acessar arquivos de bancos de dados. Diferentemente das APIs de bancos de dados típicas, o módulo `sqlite3` não é uma interface para um programa de mecanismo de bancos de dados separado. É uma interface para uma biblioteca de funções chamada SQLite, que acessa os arquivos de bancos de dados diretamente.

DESVIO

SQLite *Versus* Outros Sistemas de Gerenciamento de Banco de Dados

Os programas de aplicação normalmente não leem nem gravam arquivos de bancos de dados diretamente. Em vez disso, eles enviam comandos SQL a um *mecanismo de bancos de dados* ou, mais formalmente, a um sistema de gerenciamento de bancos de dados relacional (SGBDR). Um SGBDR controla o banco de dados e acessa os arquivos do banco de dados em favor da aplicação.

O primeiro SGBDR foi desenvolvido no Massachusetts Institute of Technology no início da década de 1970. SGBDRs significativos atualmente em uso incluem os comerciais da IBM, Oracle, Sybase e Microsoft, bem como os de código-fonte aberto como Ingres, Postgres e MySQL. Todos esses mecanismos são executados como programas independentes, fora do Python. Para acessá-los, você precisa usar uma API (ou seja, um módulo Python) que oferece classes e funções que permitam a aplicações Python enviar comandos SQL ao mecanismo de banco.

SQLite, porém, é uma biblioteca de funções que implementa um mecanismo de bancos de dados SQL que executa no contexto da aplicação, e não independente dela. SQLite é extremamente leve e normalmente é usado por muitas aplicações, incluindo os navegadores Firefox e Opera, Skype, Apple iOS e sistema operacional Android do Google, para armazenar dados localmente. Por esse motivo, SQLite é considerado o mecanismo de bancos de dados mais utilizado.

Criando um Banco de Dados com `sqlite3`

Agora, demonstramos o uso da API de bancos de dados `sqlite3` percorrendo as etapas necessárias para armazenar frequências de palavras e URLs de hyperlink colhidos de uma página Web para um banco de dados. Primeiro, precisamos criar uma conexão com o arquivo de bancos de dados, que é equivalente a abrir um arquivo de texto:

```
>>> import sqlite3
>>> con = sqlite3.connect('web.db')
```

A função `connect()` é uma função no módulo `sqlite3` que aceita como entrada o nome de um arquivo de bancos de dados (no diretório de trabalho ativo) e retorna um objeto do tipo `Connection`, um tipo definido no módulo `sqlite3`. O objeto `Connection` é associado ao arquivo de bancos de dados. No comando, se o arquivo de bancos de dados `web.db` existir no diretório de trabalho atual, o objeto `Connection con` o representará; caso contrário, um novo arquivo de banco de dados `web.db` é criado.

Quando temos um objeto `Connection` associado ao banco de dados, precisamos criar um objeto cursor, responsável por executar comandos SQL. O método `cursor()` da classe `Connection` retorna um objeto do tipo `Cursor`:

```
>>> cur = con.cursor()
```

Um objeto `Cursor` é o "burro de carga" do processamento de bancos de dados. Ele tem suporte para um método que aceita um comando SQL, como uma string, e o executa: o método `execute()`. Por exemplo, para criar a tabela de bancos de dados `Keywords`, você só passaria o comando SQL, como uma string, para o método `execute()`:

```
>>> cur.execute("""CREATE TABLE Keywords (Url text,
                                          Word text,
                                          Freq int)""")
```

Agora que criamos a tabela `Keywords`, podemos inserir registros nela. O comando `SQL INSERT INTO` é simplesmente passado como uma entrada para a função `execute()`:

```
>>> cur.execute("""INSERT INTO Keywords
                   VALUES ('one.html', 'Beijing', 3)""")
```

Nesse exemplo, os valores inseridos no banco de dados (`'one.html'`, `'Beijing'` e `3`) são "fixados" na expressão de string do comando SQL. Isso não é típico, pois normalmente instruções SQL executadas dentro de um programa usam valores que vêm de variáveis Python. Para construir instruções SQL que usam valores de variável Python, usamos uma técnica semelhante à formatação de strings denominada *substituição de parâmetro*.

Suponha, por exemplo, que quiséssemos inserir um novo registro no banco de dados, contendo os valores:

```
>>> url, word, freq = 'one.html', 'Paris', 5
```

Construímos a expressão de string do comando SQL normalmente, mas colocamos um símbolo ? como um marcador de lugar onde um valor de variável Python deve aparecer. Esse será o primeiro argumento do método `execute()`. O segundo argumento é uma tupla contendo as três variáveis:

```
>>> cur.execute("""INSERT INTO Keywords
                   VALUES (?, ?, ?)""", (url, word, freq))
```

O valor de cada variável de tupla é mapeado para um marcador de lugar, como mostra a Figura 12.10.

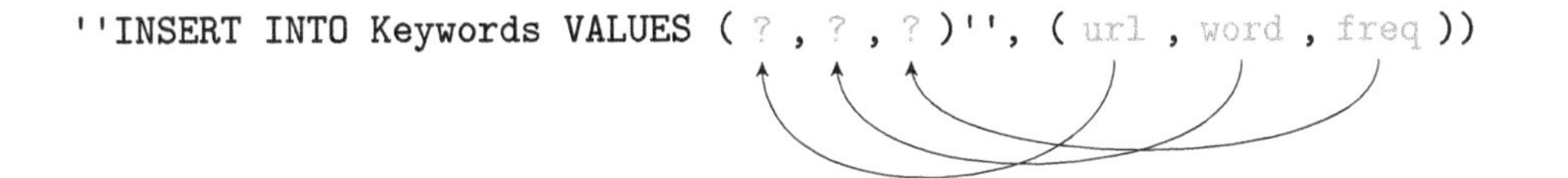

Figura 12.10 Parâmetros de Substituição. O marcador de lugar ? é colocado na expressão de string SQL onde o valor da variável deverá entrar.

Também podemos montar todos os valores em um objeto `tuple` de antemão:

```
>>> record = ('one.html','Chicago', 5)
>>> cur.execute("INSERT INTO Keywords VALUES (?, ?, ?)", record)
```

AVISO

Problema de Segurança: SQL Injection

É possível construir expressões de string de comando SQL usando strings de formato e o método de string `format()`. Porém, isso não é seguro, pois é vulnerável a um ataque de segurança conhecido como *ataque de SQL injection*. Definitivamente, você não deve usar strings de formato para construir expressões SQL.

Confirmando Mudanças no Banco de Dados e Fechando o Banco de Dados

As mudanças em um arquivo de bancos de dados — incluindo a criação ou exclusão de tabela ou inserções e atualizações de linhas — não são realmente gravadas no arquivo de bancos de dados imediatamente. Elas são registradas, temporariamente, na memória. Para garantir que as mudanças sejam efetivadas, você precisa confirmar as mudanças fazendo com que o objeto `Connection` invoque o método `commit()`:

```
>>> con.commit()
```

Quando você acabar de trabalhar com um arquivo de bancos de dados, deverá fechá-lo assim como fecharia um arquivo de texto. O objeto `Connection` invoca o método `close()` para fechar o arquivo de bancos de dados:

```
>>> con.close()
```

Problema Prático 12.3

Implemente a função `webData()` que aceita como entrada:

1. O nome de um arquivo de bancos de dados.
2. O URL de uma página Web.
3. Uma lista de todos os URLs de hyperlink na página Web.
4. Um dicionário mapeando cada palavra na página Web à sua frequência na página Web.

O arquivo de bancos de dados deverá conter tabelas chamadas `Keywords` e `Hyperlinks`, definidas conforme ilustrado nas Figuras 12.2(a) e (b). Sua função deverá inserir uma linha na tabela `Hyperlinks` para cada link na lista, e uma linha na tabela `Keywords` para cada par (palavra, frequência) no dicionário. Você também deverá confirmar e fechar o arquivo de bancos de dados quando terminar.

Consultando um Banco de Dados Usando `sqlite3`

Agora, mostraremos como fazer consultas SQL de dentro de um programa em Python. Fazemos consultas contra o arquivo de banco de dados `links.db`, que contém as tabelas `Hyperlinks` e `Keywords` mostradas na Figura 12.2.

Arquivo: links.db

```
>>> import sqlite3
>>> con = sqlite3.connect('links.db')
>>> cur = con.cursor()
```

Para executar um comando SQL SELECT, temos simplesmente que passar o comando, como uma string, para o método `execute()` do cursor:

```
>>> cur.execute('SELECT * FROM Keywords')
```

O comando SELECT deverá retornar uma tabela de resultados. Mas onde está ela?

A tabela está armazenada no próprio objeto `Cursor` (`cur`). Se você o quiser, terá que buscá-lo, o que pode ser feito de várias maneiras. Para obter os registros selecionados como uma lista de tuplas, você pode usar o método `fetchall()` (da classe `Cursor`):

```
>>> cur.fetchall()
[('one.html', 'Beijing', 3), ('one.html', 'Paris', 5),
('one.html', 'Chicago', 5), ('two.html', 'Bogota', 3)
...
('five.html', 'Bogota', 2)]
```

A outra opção é tratar o objeto `Cursor` `cur` como um repetidor e varrê-lo diretamente:

```
>>> cur.execute('SELECT * FROM Keywords')
<sqlite3.Cursor object at 0x15f93b0>
>>> for record in cur:
        print(record)

('one.html', 'Beijing', 3)
('one.html', 'Paris', 5)
...
('five.html', 'Bogota', 2)
```

A segunda técnica tem a vantagem de fazer uso eficiente da memória, pois nenhuma lista grande é armazenada na memória.

E se uma consulta usar um valor armazenado em uma variável Python? Suponha que queiramos descobrir quais páginas Web contêm o valor de `word`, em que `word` é definida como:

```
>>> word = 'Paris'
```

Mais uma vez, podemos usar a substituição de parâmetro:

```
>>> cur.execute('SELECT Url FROM Keywords WHERE Word = ?', (word,))
<sqlite3.Cursor object at 0x15f9b30>
```

O valor de `word` é colocado na consulta SQL na posição do marcador de lugar. Vamos verificar se a consulta encontra todas as páginas Web contendo a palavra 'Paris':

```
>>> cur.fetchall()
[('one.html',), ('two.html',), ('four.html',)]
```

Vamos experimentar um exemplo que usa valores de duas variáveis Python. Suponha que queiramos saber os URLs de páginas Web contendo mais do que *n* ocorrências de `word`, em que:

```
>>> word, n = 'Beijing', 2
```

Novamente, usamos a substituição de parâmetro, conforme ilustrado na Figura 12.11:

```
>>> cur.execute("""SELECT * FROM Keywords
                   WHERE Word = ? AND Freq > ?""", (word, n))
<sqlite3.Cursor object at 0x15f9b30>
```

Figura 12.11 **Duas substituições de parâmetros em SQL.** A primeira variável combina com o primeiro marcador de lugar, e a segunda variável com o segundo marcador.

```
'SELECT * FROM Keywords WHERE Word = ? AND Freq > ? ', ( word , n ))
```

AVISO

Duas Armadilhas com Cursor

Se, depois de executar a instrução `cur.execute()`, você executar

```
>>> cur.fetchall()
[('one.html', 'Beijing', 3), ('three.html', 'Beijing', 6)]
```

receberá a tabela de resultados esperada. Porém, se executar `cur.fetchall()` novamente:

```
>>> cur.fetchall()
[]
```

não receberá nada. A conclusão é esta: o método `fetchall()` esvaziará o buffer do objeto `Cursor`. Isso também é verdade se você buscar os registros na tabela de resultados varrendo o objeto `Cursor`.

Outro problema ocorre se você executar uma consulta SQL sem buscar o resultado da consulta anterior:

```
>>> cur.execute("""SELECT Url FROM Keywords
                   WHERE Word = 'Paris'""")
<sqlite3.Cursor object at 0x15f9b30>
>>> cur.execute("""SELECT Url FROM Keywords
                   WHERE Word = 'Beijing'""")
<sqlite3.Cursor object at 0x15f9b30>
>>> cur.fetchall()
[('one.html',), ('two.html',), ('three.html',)]
```

A chamada `fetchall()` retorna o resultado somente da segunda consulta. O resultado da primeira é perdido!

Problema Prático 12.4

Um *mecanismo de busca* é uma aplicação servidora que aceita uma palavra-chave de um usuário e retorna os URLs das páginas Web contendo a palavra-chave, classificadas de acordo com algum critério. Nesse problema prático, você deverá desenvolver um mecanismo de busca simples que classifica as páginas Web com base em sua frequência.

Escreva uma aplicação de mecanismo de busca baseada nos resultados de um Web crawl que armazenou frequências de palavras em uma tabela de banco de dados `Keywords`, exatamente como aquela da Figura 12.2(b). O mecanismo de busca apanhará uma palavra-chave do usuário e simplesmente retornará as páginas Web contendo a palavra-chave, classificadas pela frequência da palavra, em ordem decrescente.

```
>>> freqSearch('links.db')
Enter keyword: Paris
URL             FREQ
one.html           5
four.html          2
two.html           1
Enter keyword:
```

12.3 Técnica de Linguagem Funcional

Nesta seção, demonstramos a estrutura MapReduce para processamento de dados, desenvolvida pelo Google. Sua principal característica é que ela é *escalável*, ou seja, é capaz de processar conjuntos de dados muito grandes. Ela é robusta o suficiente para processar grandes conjuntos de dados usando diversos nós de computação, sejam eles núcleos em um microprocessador ou computadores em uma plataforma de *computação em nuvem*. De fato, na próxima seção, mostramos como estender a estrutura que desenvolvemos aqui para utilizar todos os núcleos do microprocessador do seu computador.

Para simplificar ao máximo a implementação do MapReduce, apresentamos uma nova construção em Python, *compreensão de lista*. Tanto a compreensão de lista quanto a estrutura MapReduce têm suas origens no paradigma de linguagem de programação funcional, que descrevemos rapidamente.

Compreensão de Lista

Quando você abre um arquivo de texto e usa o método readlines() para ler o arquivo, obtém uma lista de linhas. Cada linha na lista termina com um caractere de nova linha, \n. Suponha, por exemplo, que a lista lines tenha sido obtida desta forma:

```
>>> lines
['First Line\n','Second\n','\n', 'and Fourth.\n']
```

Em uma aplicação típica, o caractere \n atrapalha o processamento das linhas, e precisamos removê-lo. Um modo de fazer isso seria usar um laço for e o conhecido padrão de acumulador:

```
>>> newlines = []
>>> for i in range(len(lines)):
        newlines.append(lines[i][:-1])
```

Em cada iteração i do laço for, o último caractere da linha i (o caractere de nova linha, \n) é removido e a linha modificada é acrescentada à lista acumuladora newlines:

```
>>> newlines
['First Line', 'Second', '', 'and Fourth.']
```

Existe outra maneira de realizar a mesma tarefa em Python:

```
>>> newlines = [line[:-1] for line in lines]
>>> newlines
['First Line', 'Second', '', 'and Fourth.']
```

A instrução Python [line [:-1] for line in lines] constrói uma nova lista a partir da lista lines e é a construção de *compreensão de lista* do Python. Veja como ela funciona. Cada item line na lista lines é usado em ordem, da esquerda para a direita, para gerar um item na nova lista, aplicando line[:-1] a line. A ordem em que os itens aparecem na nova lista corresponde à ordem em que os itens correspondentes aparecem na lista original lines (veja a Figura 12.12).

De um modo geral, uma instrução de compreensão de lista tem esta sintaxe:

```
[<expressão> for <item> in <sequência/repetidor>]
```

Essa instrução é avaliada como uma lista cujos itens são obtidos aplicando a <expressão>, uma expressão Python normalmente envolvendo a variável <item>, a cada item do contêi-

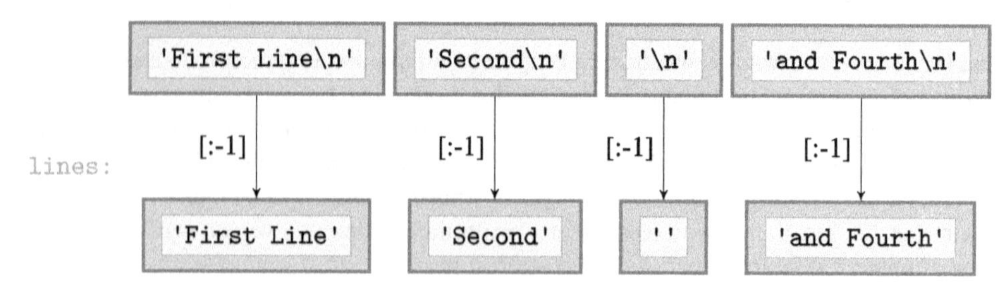

Figura 12.12 **Compreensão de lista.** A compreensão de lista constrói uma nova lista a partir de uma lista existente. A mesma função é aplicada a cada item da lista existente para construir itens da nova.

ner repetível `<sequência/repetidor>`. Uma versão ainda mais geral pode incluir uma expressão condicional opcional:

```
[<expressão> for <item> in <sequência/repetidor> if <condição>]
```

Nesse caso, a lista obtida tem elementos que são obtidos aplicando a `expressão` a cada item da `sequência/repetidor` para o qual a `condição` é verdadeira.

Vamos experimentar alguns exemplos. Na próxima modificação do último exemplo, a nova lista não terá strings vazias que correspondem a linhas vazias no arquivo original:

```
>>> [line[:-1] for line in lines if line! = '\n']
['First Line', 'Second', 'and Fourth.']
```

No próximo exemplo, construímos uma lista de números pares até 20:

```
>>> [i for i in range(0, 20, 2)]
[0, 2, 4, 6, 8, 10, 12, 14, 16, 18]
```

No último exemplo, calculamos os tamanhos das strings em uma lista:

```
>>> [len(word) for word in ['hawk', 'hen', 'hog', 'hyena']]
[4, 3, 3, 5]
```

Problema Prático 12.5

Seja a lista de strings words definida como:

```
>>> words = ['hawk', 'hen', 'hog', 'hyena']
```

Escreva instruções de compreensão de lista que usem `words` como a lista original para construir listas:

(a) `['Hawk', 'Hen', 'Hog', 'Hyena']`

(b) `[('hawk', 4), ('hen', 3), ('hog', 3), ('hyena', 5)]`

(c) `[[('h', 'hawk'), ('a', 'hawk'), ('w', 'hawk'), ('k', 'hawk')], [('h', 'hen'), ('e', 'hen'), ('n', 'hen')], [('h', 'hog'), ('o', 'hog'), ('g', 'hog')], [('h', 'hyena'), ('y', 'hyena'), ('e', 'hyena'), ('n', 'hyena'), ('a', 'hyena')]]`

A lista em (c) requer alguma explicação. Para cada string *s* da *lista* original, uma nova *lista* de tuplas é criada, tal que cada tupla mapeie um caractere da string *s* à própria string *s*.

DESVIO

Linguagem de Programação Funcional

A compreensão de lista é uma construção de programação que vem das linguagens de programação funcionais. Com origens nas linguagens de programação SETL e NPL, a compreensão de lista tornou-se bastante conhecida quando incorporada na linguagem de programação funcional Haskell e, especialmente, Python.

O paradigma de linguagem funcional difere do paradigma imperativo, declarativo e orientado a objeto, pois não tem "instruções", mas apenas expressões. Um programa em linguagem funcional é uma expressão que consiste em uma chamada de função que passa dados e possíveis outras funções como argumentos. Alguns exemplos de linguagens de programação funcionais são Lisp, Scgheme, ML, Erlang, Scala e Haskel.

Python não é uma linguagem funcional, mas apanha emprestado algumas construções de linguagem funcional que ajudam a criar programas Python mais limpos e mais curtos.

Estrutura de Solução de Problemas MapReduce

Vamos considerar, pela última vez, o problema de calcular a frequência de cada palavra em uma string. Usamos esse exemplo para motivar a classe contêiner de dicionário e também para desenvolver um mecanismo de busca muito simples. Usamos esse problema agora para motivar uma nova técnica, chamada MapReduce, desenvolvida pelo Google para resolver problemas de processamento de dados.

Suponha que queiramos calcular a frequência de cada palavra na lista

```
>>> words = ['two', 'three', 'one', 'three', 'three',
             'five', 'one', 'five']
```

A técnica MapReduce para realizar isso exige três etapas.

Na primeira, criamos uma tupla `(word, 1)` para cada palavra na lista `words`. O par `(word, 1)` é denominado par *(chave, valor)*, e o valor de `1` para cada chave `word` captura a contagem dessa instância em particular de uma palavra. Observe que existe um par `(word, 1)` para cada ocorrência de `word` na lista original `words`.

Cada par (chave, valor) é armazenado em sua própria lista, e todas essas listas de único elemento estão contidas na lista `intermediate1`, como mostra a Figura 12.13.

O passo intermediário de MapReduce reúne todos os pares `(word,1)` com a mesma chave `word` e cria um novo par (chave, valor) `(word,[1,1,...,1])`, em que `[1,1,...,1]` é uma lista de todos os valores `1` reunidos. Observe que há um `1` em `[1,1,...,1]` para cada ocorrência de `word` na lista original `words`. Chamamos essa lista de pares `(chave, valor)` obtida nessa etapa intermediária de `intermediate2` (veja a Figura 12.13).

A etapa final, um novo par `(word, count)` é construído somando todos os `1`s em cada `(word, [1,1,...,1])` de `intermediate2`, como mostra a Figura 12.13. Chamamos essa lista final de pares (chave, valor) de `result`.

Vejamos como realizar essas etapas em Python. O primeiro passo consiste em construir uma nova lista a partir da lista `words`, aplicando a função `occurrence()` a cada palavra na lista `words`:

Módulo: ch12.py

```
1 def occurrence(word):
2         'retorna lista contendo tupla (word, 1)'
3         return [(word, 1)]
```

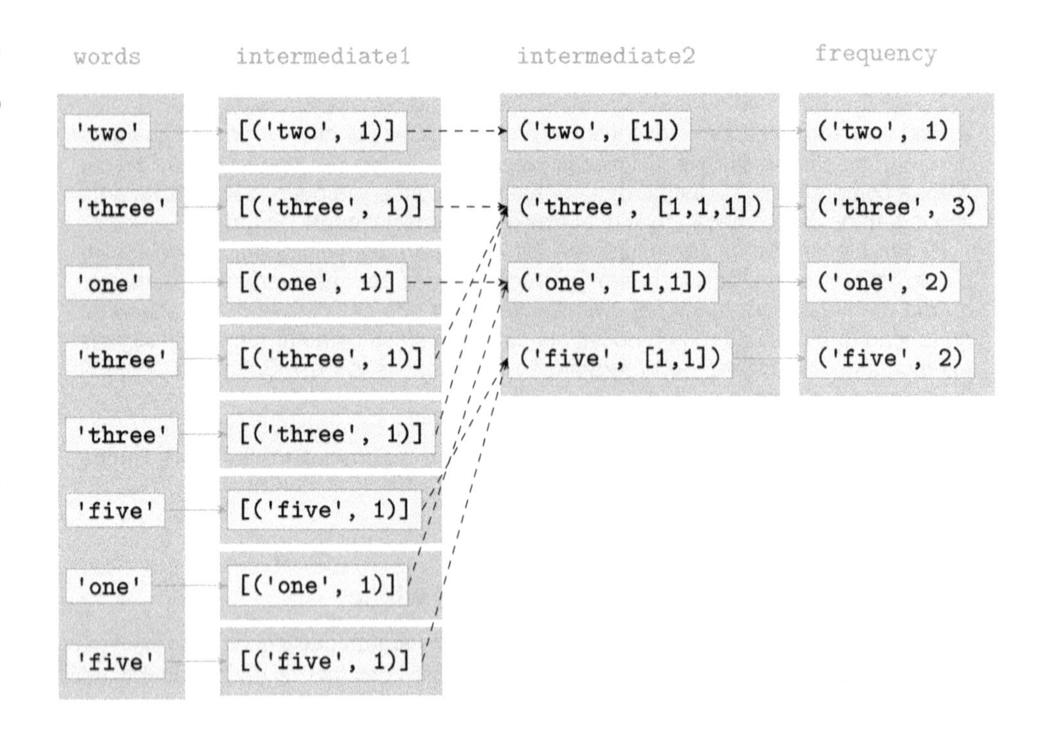

Figura 12.13 **MapReduce para frequência de palavras.** A compreensão de lista é usada para mapear cada `word` na lista `words` a uma lista `[(word,1)]`. Essas novas listas são armazenadas na lista `intermediate1`. Depois, todas as listas `[(word,1)]` de `intermediate1` contendo a mesma `word` são reunidas para criar a tupla `(word, [1,1,...,1])`. Na última etapa, os 1s em cada uma dessas tuplas são somados na variável `count`, e a tupla `(word, count)` é acrescentada à lista `frequency`.

Usando a compreensão de lista, podemos expressar o primeiro passo de MapReduce de forma sucinta:

```
>>> intermediate1 = [occurrence(word) for word in words]
>>> intermediate1
[[('two', 1)], [('three', 1)], [('one', 1)], [('three', 1)],
 [('three', 1)], [('five', 1)], [('one', 1)], [('five', 1)]]
```

Essa etapa é chamada de etapa *Map* do MapReduce, e a função `occurrence()` é considerada a função de *mapa* do problema de frequência de palavras.

AVISO

Etapa Map Retorna uma *Lista* de Tuplas

A função `occurrence()` retorna uma lista contendo apenas uma tupla. Você poderá questionar por que ela não retorna apenas a própria tupla.

O motivo é que nosso objetivo não consiste apenas em resolver o problema de frequência de palavras. Nosso objetivo é desenvolver uma estrutura geral que possa ser usada para resolver uma série de problemas. Para os problemas que não sejam o problema de frequência de palavra, a etapa Map poderá retornar mais de uma tupla. Veremos um exemplo desse último caso nesta seção. Assim, insistimos que a função map retorna uma lista de tuplas.

A etapa intermediária de MapReduce, chamada etapa *Partition*, junta todos os pares

```
(chave, valor1), (chave, valor2), ... (chave, valork)
```

contidos em (sublistas de) `intermediate1` com a *mesma* chave. Para cada chave exclusiva, um novo par `(chave, valores)` é construído, em que `valores` é a lista `[valor1, valor2, ..., valork]`. Esta etapa é encapsulada na função `partition()`:

Módulo: ch12.py

```
1  def partition(intermediate1):
2      '''intermediate1 é uma lista contendo listas [(key, value)];
3         retorna contêiner repetível com uma tupla (key, value) para
4         cada chave exclusiva em intermediate1; values é uma lista que
5         contém todos os valores em intermediate1 associados à chave
6      '''
7      dct = {}              # dicionário de pares (key, value)
8
9      # para cada par (key, value) em cada lista de intermediate1
10     for lst in intermediate1:
11         for key, value in lst:
12
13             if key in dct: # se key já no dicionário dct, inclui
14                 dct[key].append(value) # valor na lista dct[key]
15             else:          # se key ainda não no dicionário dct, inclui
16                 dct[key] = [value]     # ((key, [value]) em dct
17
18     return dct.items()  # retorna contêiner de tuplas (key, value)
```

A função `partition()` toma a lista `intermediate1` e constrói a lista `intermediate2`:

```
>>> intermediate2 = partition(intermediate1)
>>> intermediate2
dict_items([('one', [1, 1]), ('five', [1, 1]), ('two', [1]),
            ('three', [1, 1, 1])])
```

Por fim, a última etapa consiste em construir um novo par `(key, count)` a partir de cada par `(key, values)` de `intermediate2` simplesmente acumulando os valores em `values`:

Módulo: ch12.py

```
1  def occurrenceCount(keyVal):
2      return (keyVal[0], sum(keyVal[1]))
```

Novamente, a compreensão de lista oferece um modo sucinto de realizar esta etapa:

```
>>> [occurrenceCount(x) for x in intermediate2]
[('six', 1), ('one', 2), ('five', 2), ('two', 1), ('three', 3)]
```

Isso é conhecido como a etapa *Reduce* de MapReduce. A função `occurrenceCount()` é denominada função *reduce* para o problema de frequência de palavra.

MapReduce, no Abstrato

A técnica MapReduce que usamos para calcular as frequências de palavra na seção anterior pode parecer um modo desajeitado e estranho de calcular frequências de palavra. Ela pode ser vista como uma versão mais complicada da técnica baseada em dicionário que vimos no Capítulo 6. Porém, existem benefícios na técnica MapReduce. O primeiro deles é que a técnica é genérica o suficiente para ser aplicada a uma grande quantidade de problemas. O segundo benefício é que ela é receptiva a uma implementação que usa não um, mas muitos nós de computação, sejam vários núcleos em uma unidade central de processamento (CPU) ou milhares em um sistema de computação em nuvem.

Vamos examinar o segundo benefício com mais profundidade na próxima seção. O que gostaríamos de fazer agora é abstrair as etapas de MapReduce de modo que a estrutura possa ser usada em diversos problemas diferentes, simplesmente definindo as funções map e reduce específicas do problema. Resumindo, gostaríamos de desenvolver uma classe `SeqMapReduce` que possa ser usada para calcular frequências de palavra de modo tão fácil quanto este:

```
>>> words = ['two', 'three', 'one', 'three', 'three',
             'five', 'one', 'five']
>>> smr = SeqMapReduce(occurrence, occurrenceCount)
>>> smr.process(words)
[('one', 2), ('five', 2), ('two', 1), ('three', 3)]
```

Podemos, então, usar o objeto `SeqMapReduce` `smr` para calcular as frequências de outras coisas. Por exemplo, números:

```
>>> numbers = [2,3,4,3,2,3,5,4,3,5,1]
>>> smr.process(numbers)
[(1, 1), (2, 2), (3, 4), (4, 2), (5, 2)]
```

Além do mais, especificando outras funções map e reduce específicas do problema, podemos resolver outros problemas.

Essas especificações sugerem que a classe `SeqMapReduce` deverá ter um construtor que aceita as funções map e reduce como entrada. O método `process` deverá tomar uma sequência repetível contendo dados e realizar as etapas Map, Partition e Reduce:

Módulo: ch12.py

```
1  class SeqMapReduce(object):
2      'uma implementação MapReduce sequencial'
3      def __init__(self, mapper, reducer):
4          'funções mapper e reducer são específicas do problema'
5          self.mapper = mapper
6          self.reducer = reducer
7      def process(self, data):
8          'roda MapReduce sobre dados com funções mapper e reducer'
9          intermediate1 = [self.mapper(x) for x in data]  # Map
10         intermediate2 = partition(intermediate1)
11         return [self.reducer(x) for x in intermediate2] # Reduce
```

AVISO

Entrada de MapReduce Deve Ser Imutável

Suponha que queiramos calcular as frequências de sublistas na lista `lists`:

```
>>> lists = [[2,3], [1,2], [2,3]]
```

Pode parecer que a mesma técnica que usamos para contar strings e números funcionaria:

```
>>> smr = SeqMapReduce(occurrence, occurrenceCount)
>>> smr.process(lists)
Traceback (most recent call last):
...
TypeError: unhashable type: 'list'
```

Mas, o que aconteceu? O problema é que listas não podem ser usadas como chaves de um dicionário dentro da função `partition()`. Nossa técnica só pode funcionar com tipos de dados de hash, imutáveis. Mudando as listas para tuplas, estamos de volta ao caminho certo:

```
>>> lists = [(2,3), (1,2), (2,3)]
>>> m.process(lists)
[((1, 2), 1), ((2, 3), 2)]
```

Índice Invertido

Agora, vamos aplicar a estrutura MapReduce para resolver o problema do *índice invertido* (também chamado de problema do *índice reverso*). Existem muitas versões desse problema. Aquela que consideramos é esta: dado um punhado de arquivos de texto, estamos interessados em descobrir quais palavras aparecem em qual arquivo. Uma solução para o problema poderia ser representada como um mapeamento que mapeia cada palavra à lista de arquivos que a contêm. Esse mapeamento é denominado *índice invertido*.

Por exemplo, suponha que queiramos construir o índice invertido para os arquivos de texto `a.txt`, `b.txt` e `c.txt`, mostrados na Figura 12.14.

Um índice invertido mapearia, digamos, `'Paris'` à lista `['a.txt' , 'c.txt']` e `'Quito'` a `['b. txt']`. Assim, o índice invertido deverá ser:

```
[('Paris', ['c.txt', 'a.txt']), ('Miami', ['a.txt']),
('Cairo', ['c.txt']), ('Quito', ['b.txt']),
('Tokyo', ['a.txt', 'b.txt'])]
```

Para usar o MapReduce na obtenção do índice invertido, temos que definir as funções Map e Reduce que tomarão a lista dos nomes

```
['a.txt', 'b.txt', 'c.txt']
```

e produzir o índice invertido. A Figura 12.15 ilustra como essas funções deverão funcionar.

```
a.txt          b.txt          c.txt
Paris, Miami   Tokyo          Cairo, Cairo
Tokyo, Miami   Tokyo, Quito   Paris
```

Figura 12.14 **Três arquivos de texto.** Um índice invertido mapeia cada palavra à lista de arquivos contendo a palavra.

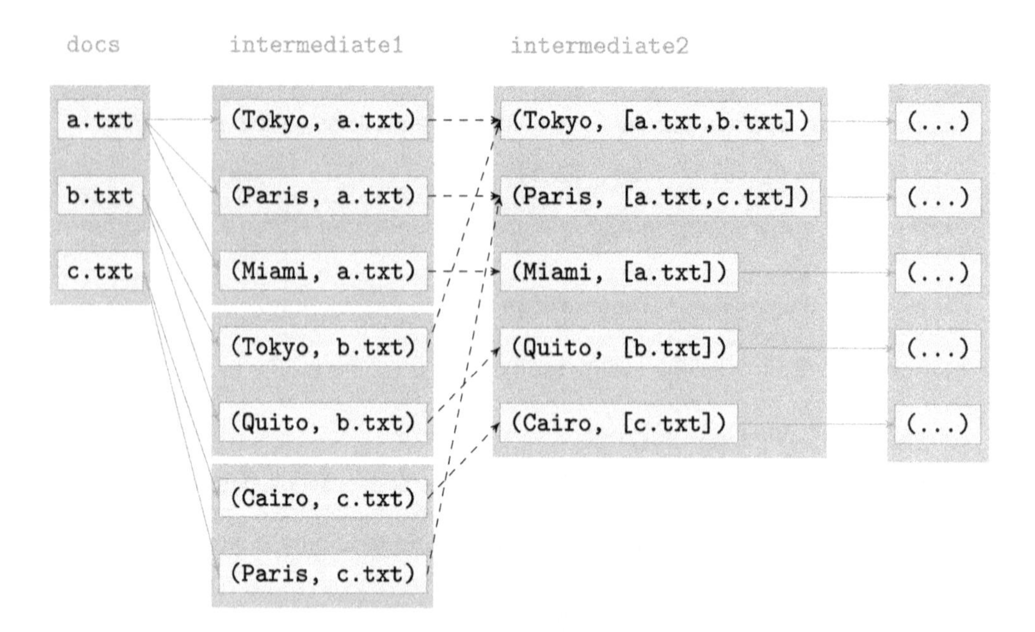

Figura 12.15 MapReduce para o problema de índice invertido. A etapa Map cria uma tupla (`word, file`) para cada palavra em um arquivo. A etapa Partition coleta todas as tuplas (`word, file`) com a mesma `word`. A saída da etapa Partition é o índice invertido desejado, que mapeia palavras aos arquivos em que estão contidas. A etapa Reduce não faz quaisquer mudanças na saída da etapa Partition.

Na fase Map, a função de mapeamento cria uma lista para cada arquivo. Essa lista contém uma tupla (`word, file`) para cada `word` no arquivo. A função `getWordsFromFile()` implementa a função de mapeamento:

Módulo: ch12.py

```
1  from string import punctuation
2  def getWordsFromFile(file):
3      '''retorna lista de itens [(word, file)]
4         para cada palavra no arquivo'''
5      infile = open(file)
6      content = infile.read()
7      infile.close()
8
9      # remove pontuação (explicado na Seção 4.1)
10     transTable = str.maketrans(punctuation, ' '*len(punctuation))
11     content = content.translate(transTable)
12
13     # constrói conjunto de itens [(word, file)] sem duplicatas
14     res = set()
15     for word in content.split():
16         res.add((word, file))
17     return res
```

Observe que essa função de mapeamento retorna um conjunto, e não uma lista. Isso não é um problema, pois o único requisito é que o contêiner retornado seja repetível. O motivo para usarmos um conjunto é para garantir que não haverá entrada [(`word, file`)] duplicada, pois elas não são necessárias e só atrasam as etapas Partition e Reduce.

Depois da etapa Map, a função de partição reunirá todas as tuplas (`word, file`) com o mesmo valor de `word` e as mesclará em uma tupla (`word, files`), em que `files` é a lista de todos os arquivos contendo `word`. Em outras palavras, a função de partição constrói o índice invertido.

Isso significa que a etapa Reduce não precisa fazer nada. A função de redução simplesmente copia itens para a lista de resultados, o índice invertido.

Módulo: ch12.py

```
1 def getWordIndex(keyVal):
2     return (keyVal)
```

Para calcular o índice invertido, você só precisa fazer:

Arquivo: a.txt, b.txt, c.txt

```
>>> files = ['a.txt', 'b.txt', 'c.txt']
>>> print(SeqMapReduce(getWordsFromFile, getWordIndex).
                process(files))
[('Paris', ['c.txt', 'a.txt']), ('Miami', ['a.txt']),
('Cairo', ['c.txt']), ('Quito', ['c.txt', 'b.txt']),
('Tokyo', ['a.txt', 'b.txt'])]
```

Problema Prático 12.6

Desenvolva uma solução baseada em MapReduce construindo um "índice de caracteres" invertido de uma lista de palavras. O índice deverá mapear cada caractere que aparece em pelo menos uma das palavras de uma lista de palavras contendo o caractere. Seu trabalho consiste em criar a função mapeadora `getChars()` e a função redutora `getCharIndex()`.

```
>>> mp = SeqMapReduce(getChars, getCharIndex)
>>> mp.process(['ant', 'bee', 'cat', 'dog', 'eel'])
[('a', ['ant', 'cat']), ('c', ['cat']), ('b', ['bee']),
('e', ['eel', 'bee']), ('d', ['dog']), ('g', ['dog']),
('l', ['eel']), ('o', ['dog']), ('n', ['ant']),
('t', ['ant', 'cat'])]
```

12.4 Computação Paralela

A computação de hoje normalmente requer o processamento de uma enorme quantidade de dados. Um mecanismo de busca extrai continuamente informações de bilhões de páginas Web. Experimentos da física de partículas executados no Large Hadron Collider, perto de Genebra, Suíça, geram petabytes de dados por ano que deverão ser processados para responder a perguntas básicas sobre o universo. Empresas como Amazon, eBay e Facebook registram milhões de transações diariamente e as utilizam em suas aplicações de mineração.

Nenhum computador, por si só, é poderoso o suficiente para enfrentar os tipos de problemas que acabamos de descrever. Hoje, grandes conjuntos de dados são processados em paralelo usando muitos, muitos processadores. Nesta seção, apresentamos a programação paralela e uma API Python que nos permite tirar proveito dos vários núcleos disponíveis na maioria dos computadores atuais. Embora os detalhes práticos da computação paralela em um sistema distribuído estejam fora do escopo deste texto, os princípios gerais que apresentamos neste capítulo também se aplicam a esse tipo de computação.

Computação Paralela

Por várias décadas e até meados da década de 2000, os microprocessadores na maioria dos computadores pessoais tinham um único núcleo (ou seja, unidade de processamento). Isso significava que apenas um programa poderia ser executado de uma só vez nessas máquinas. A partir de meados daquela década, os principais fabricantes de microprocessador, como Intel e AMD, começaram a vender microprocessadores com várias unidades de processamento, normalmente chamados de *núcleos* (ou *cores*). Quase todos os computadores pessoais vendidos atualmente e muitos dispositivos sem fio possuem microprocessadores com dois ou mais núcleos. Os programas que desenvolvemos até aqui não utilizaram mais de um núcleo. Para tirar proveito deles, precisamos usar uma das APIs de programação paralela do Python.

DESVIO

Lei de Moore

O cofundador da Intel, Gordon Moore, previu em 1965 que o número de transistores em um chip microprocessador dobraria aproximadamente a cada dois anos. Por incrível que pareça, sua previsão se manteve até aqui. Graças ao aumento exponencial na densidade de transistores, o poder de processamento de microprocessadores, medido no número de instruções por segundo, viu um tremendo crescimento durante as últimas décadas.

O aumento da densidade de transistores pode melhorar o poder de processamento de duas maneiras. Uma delas é usar o fato de que, se os transistores estão mais próximos, então as instruções podem ser executadas mais rapidamente. Assim, podemos reduzir o tempo entre a execução das instruções (ou seja, aumento da *taxa de clock* do processador). Até meados da década de 2000, era exatamente isso o que os fabricantes de microprocessador estavam fazendo.

O problema com o aumento da taxa de clock é que isso também aumenta o consumo de energia, que, por sua vez, cria problemas como superaquecimento. A outra maneira de aumentar o poder de processamento é reorganizar os transistores mais densos em vários núcleos, que podem executar instruções em paralelo. Esse método também acaba aumentando o número de instruções que podem ser executadas por segundo. Recentemente, os fabricantes de processador começaram a usar esse segundo método, produzindo processadores com dois, quatro, oito e ainda mais núcleos. Essa mudança fundamental na arquitetura dos microprocessadores é uma oportunidade, mas também um desafio. A escrita de programas que usam vários núcleos é mais complexa do que a programação com único núcleo.

Classe `Pool` do Módulo `multiprocessing`

Se o seu computador tem um microprocessador com vários núcleos, você pode dividir a execução de *alguns* programas em Python em várias tarefas, que podem ser executadas em paralelo por diferentes núcleos. Um modo de fazer isso em Python é usando o módulo `multiprocessing` da Biblioteca Padrão.

Se você não sabe o número de núcleos no seu computador, pode usar a função `cpu_count()` definida no módulo `multiprocessing` para descobrir:

```
>>> from multiprocessing import cpu_count
>>> cpu_count()
8
```

Seu computador pode ter menos núcleos, ou mais! Com oito núcleos, você poderia, teoricamente, executar programas oito vezes mais rápido. Para conseguir essa velocidade, você teria que dividir o problema que está resolvendo em oito partes de mesmo tamanho e depois deixar cada núcleo tratar de uma parte em paralelo. Infelizmente, nem todos os problemas podem ser divididos em partes de mesmo tamanho. Mas existem problemas, especialmente os de processamento de dados, que podem estar e realmente estão motivando esta discussão.

Usamos a classe `Pool` no módulo `multiprocessing` para dividir o problema e executar suas partes em paralelo. Um objeto `Pool` representa um grupo de um ou mais *processos*, cada um deles capaz de executar código independentemente em um núcleo processador disponível.

DESVIO

O que É um Processo?

Um processo normalmente é definido como um "programa em execução". Mas, o que isso realmente significa? Quando um programa é executado em um computador, ele é executado em um "ambiente" que registra todas as instruções de programa, variáveis, pilha de programa, o estado da CPU e assim por diante. Esse "ambiente" é criado pelo sistema operacional subjacente para dar suporte à execução do programa. Esse "ambiente" é aquilo que nos referimos como um processo.

Os computadores modernos realizam multiprocessamento, o que significa que eles podem executar vários programas ou, mais precisamente, múltiplos processos *simultaneamente*. O termo *simultaneamente* não significa realmente "ao mesmo tempo". Em uma arquitetura de computador com um multiprocessador de único núcleo, somente um processo pode estar realmente sendo executado em determinado momento. O que ele realmente significa neste caso é que, em qualquer ponto no tempo, existem vários processos (programas em execução), um dos quais está realmente usando a CPU e fazendo progresso; os outros processos são interrompidos, esperando que a CPU seja alocada a eles pelo sistema operacional. Em uma arquitetura de computador "multicore", a situação é diferente: vários processos podem verdadeiramente ser executados ao mesmo tempo, em núcleos diferentes.

Ilustramos o uso da classe `Pool` em um exemplo simples:

Módulo: parallel.py

```
1 from multiprocessing import Pool
2
3 pool = Pool(2)                  # cria pool de 2 processos
4
5 animals = ['hawk', 'hen', 'hog', 'hyena']
6 res = pool.map(len, animals) # aplica len() a cada item de animals
7
8 print(res)                      # mostra a lista de tamanhos de string
```

Esse programa usa um pool de dois processos para calcular os tamanhos das strings na lista `animals`. Quando você executa esse programa no shell de comandos do seu sistema (não o shell interativo do Python), obtém

```
> python parallel.py
[4, 3, 3, 5]
```

Assim, no programa `parallel.py`, o método `map()` aplica a função `len()` em cada item da lista `animals` e depois retorna uma nova lista a partir dos valores obtidos. A expressão

```
pool.map(len, animals)
```

e a expressão de compreensão de lista

```
[len(x) for x in animals]
```

realmente fazem a mesma coisa e são avaliadas para o mesmo valor. A única diferença é o modo como elas fazem isso.

Na técnica baseada em `Pool`, diferentemente da técnica de compreensão de lista, dois processos são usados para aplicar a função `len()` a cada item da lista `animals`. Se o computador hospedeiro tiver pelo menos dois núcleos, o processador poderá executar os dois processos ao mesmo tempo (ou seja, em paralelo).

Para demonstrar que os dois processos são executados ao mesmo tempo, modificamos o programa `parallel.py` para mostrar explicitamente que diferentes processos tratam de diferentes itens da lista `animal`. Para diferenciar entre os processos, usamos o fato conveniente de que cada processo tem uma ID inteira exclusiva. A ID do processo pode ser obtida usando a função `getpid()` do módulo `os` da Biblioteca Padrão:

Módulo: parallel2.py

```
1  from multiprocessing import Pool
2  from os import getpid
3
4  def length(word):
5      'retorna tamanho da string word'
6
7      # mostra a id do processo executando a função
8      print('Processo {} manipulando {}'.format(getpid(), word))
9      return len(word)
10
11 # programa principal
12 pool = Pool(2)
13 res = pool.map(length, ['hawk', 'hen', 'hog', 'hyena'])
14 print(res)
```

A função `length()` toma uma string e retorna seu tamanho, assim como `len()`; ela também mostra a ID do processo que executa a função. Quando executamos o programa anterior na linha de comando (não no shell interativo do Python), obtemos algo como:

```
> python parallel2.py
Processo 36715 manipulando hawk
Processo 36716 manipulando hen
Processo 36716 manipulando hyena
Processo 36715 manipulando hog
[4, 3, 3, 5]
```

Assim, o processo com ID 36715 tratou das strings `'hawk'` e `'hog'`, enquanto o processo com ID 36716 tratou das strings `'hen'` e `'hyena'`. Em um computador com vários núcleos, os processos podem ser executados completamente em paralelo.

AVISO

Por que Não Executamos Programas Paralelos no Shell Interativo?

Por motivos técnicos que estão fora do escopo deste livro, é possível, em algumas plataformas de sistema operacional, executar programas usando `Pool` no shell interativo. Por esse motivo, executamos todos os programas que usam um pool de processos no shell da linha de comandos do sistema operacional hospedeiro.

Para mudar o tamanho do pool em `parallel2.py`, você só precisa mudar o argumento de entrada do construtor `Pool`. Quando um pool é construído com o construtor padrão `Pool()` (ou seja, quando o tamanho do pool não é especificado), o Python decidirá por si só quantos processos irá atribuir. Ele não atribuirá mais processos do que os núcleos que existem no sistema hospedeiro.

Problema Prático 12.7

Escreva o programa `notParallel.py`, uma versão de compreensão de lista de `parallel2.py`. Execute-o para verificar quantos processos ele usa. Depois, execute `parallel2.py` várias vezes, com um tamanho de pool de 1, 3 e depois 4. Execute-o também com o construtor `Pool()` padrão.

Ganho de Velocidade na Execução Paralela

Para ilustrar o benefício da computação paralela, consideramos um problema computacionalmente intensivo, da teoria dos números. Gostaríamos de comparar a distribuição de números primos em diversos intervalos de inteiros. Mais precisamente, queremos contar a quantidade de números primos em diversos intervalos de mesmo tamanho de 100.000 inteiros grandes.

Suponha que um dos intervalos seja de 12.345.678 para cima, mas não incluindo 12.445.678. Para descobrir os números primos nesse intervalo, podemos simplesmente percorrer os números no intervalo e verificar se cada um deles é primo. A função `countPrimes()` implementa essa ideia usando a compreensão de lista:

Módulo: primeDensity.py

```
1  from os import getpid
2
3  def countPrimes(start):
4      'retorna o número de primos no intervalo [start, start+rng]'
5
6      rng = 100000
7      formatStr = 'processo {} processando intervalo'
8      print(formatStr.format(getpid(), start, start+rng))
9
10     # soma números i no intervalo [start, start+rng] que são primos
11     return sum([1 for i in range(start,start+rng) if prime(i)])
```

A função `prime()` toma um inteiro positivo e retorna `True` se ele for primo; caso contrário, retorna `False`. Ele é a solução do Problema 5.36. Usamos o próximo programa para calcular o tempo de execução da função `countPrimes()`:

Módulo: primeDensity.py

```
from multiprocessing import Pool
from time import time

if __name__ == '__main__':

    p = Pool()
    # starts é uma lista de limites esquerdos de intervalos de inteiros
    starts = [12345678, 23456789, 34567890, 45678901,
              56789012, 67890123, 78901234, 89012345]

    t1 = time()                           # hora inicial
    print(p.map(countPrimes,starts)) # executa countPrimes()
    t2 = time()                           # hora final

    p.close()
    print('Tempo gasto: {} segundos.'.format(t2-t1))
```

Se modificarmos a linha `p = Pool()` para `p = Pool(1)`, e assim tivermos um pool com apenas um processo, obtemos esta saída:

```
> python map.py
processo 4176 processando intervalo [12345678, 12445678]
processo 4176 processando intervalo [23456789, 23556789]
processo 4176 processando intervalo [34567890, 34667890]
processo 4176 processando intervalo [45678901, 45778901]
processo 4176 processando intervalo [56789012, 56889012]
processo 4176 processando intervalo [67890123, 67990123]
processo 4176 processando intervalo [78901234, 79001234]
processo 4176 processando intervalo [89012345, 89112345]
[6185, 5900, 5700, 5697, 5551, 5572, 5462, 5469]
Tempo gasto: 47.84 segundos.
```

Em outras palavras, um único processo tratou de todos os oito intervalos de inteiros e levou 47,84 segundos. (O tempo de execução provavelmente será diferente na sua máquina.) Se usarmos um pool de dois processos, obteremos uma melhoria muito grande no tempo de execução: 24,60 segundos. Assim, usando dois processos rodando em dois núcleos em vez de apenas um processo, diminuímos o tempo de execução quase pela metade.

Um modo melhor de comparar tempos de execução sequencial e paralelo é o *ganho de velocidade*, ou seja, a razão entre os tempos de execução sequencial e paralelo. Nesse caso em particular, temos um ganho de velocidade de

$$\frac{47{,}84}{24{,}6} \approx 1{,}94.$$

Isso significa que, com dois processos (rodando em dois núcleos separados), resolvemos o problema 1,94 vez, ou quase duas vezes, mais rapidamente. Observe que isso é, basicamente, o melhor que podemos esperar: dois processos executando em paralelo podem ser, no máximo, duas vezes mais rápidos do que um processo.

Com quatro processos, obtemos uma melhoria ainda melhor no tempo de execução: 16,78 segundos, que corresponde a um ganho de velocidade de 47,84/16,78 ≈ 2,85. Observe que o melhor ganho de velocidade possível com quatro processos rodando em quatro núcleos separados é 4. Com oito processos, obtemos ainda mais melhorias no tempo de execução: 14,29 segundos, que corresponde a um ganho de velocidade de 47,84/14,29 ≈ 3,35. O melhor ganho possível é, naturalmente, 8.

MapReduce, em Paralelo

Com uma versão paralela da compreensão de lista em nossas mãos, podemos modificar nossa primeira implementação sequencial de MapReduce para uma que possa rodar as etapas Map e Reduce em paralelo. A única modificação no construtor é o acréscimo de um argumento de entrada opcional: o número desejado de processos.

Módulo: ch12.py

```
1 from multiprocessing import Pool
2 class MapReduce(object):
3     'uma implementação paralela de MapReduce'
4
5     def __init__(self, mapper, reducer, numProcs = None):
6         'inicializa funções map e reduce, e processa pool'
7         self.mapper = mapper
8         self.reducer = reducer
9         self.pool = Pool(numProcs)
```

O método `process()` é modificado de modo que use o método `map()` de `Pool` em vez da compreensão de lista nas etapas Map e Reduce.

Módulo: ch12.py

```
1     def process(self, data):
2         'executa MapReduce sobre dados de sequência'
3
4         intermediate1=self.pool.map(self.mapper,data)     # Map
5         intermediate2 = partition(intermediate1)
6         return self.pool.map(self.reducer,intermediate2) # Reduce
```

MapReduce Paralelo *Versus* Sequencial

Usamos a implementação paralela de MapReduce para resolver o problema de verificação cruzada de nome. Suponha que dezenas de milhares de documentos previamente classificados tenham acabado de ser postados na Web e que os documentos mencionem diversas pessoas. Você está interessado em descobrir quais documentos mencionam uma pessoa em particular, e deseja fazer isso para cada pessoa citada em um ou mais documentos. Convenientemente, os nomes das pessoas são iniciados em maiúsculas, o que o ajuda a localizar as palavras que podem ser nomes próprios.

O problema exato que iremos resolver é este: dada uma lista de URLs (dos documentos), queremos obter uma lista de pares `(proper, urlList)`, na qual `proper` é uma palavra com inicial maiúscula em qualquer documento e `urlList` é uma lista de URLs de documentos contendo `proper`. Para poder usar MapReduce, precisamos definir as funções Map e Reduce.

A função Map apanha um URL e deve produzir uma lista de pares (chave, valor). Neste problema em particular, deverá haver um par (chave, valor) para cada palavra iniciada com letra maiúscula no documento que o URL identifique, com a palavra sendo a chave e o URL sendo o valor. Assim, a função Map é, então:

Módulo: crosscheck.py

```
1  from urllib.request import urlopen
2  from re import findall
3
4  def getProperFromURL(url):
5      '''retorna lista de itens [(word, url)] para cada palavra
6         no conteúdo da página Web associada ao url'''
7
8      content = urlopen(url).read().decode()
9      pattern = '[A-Z][A-Za-z\'\-]*'        # RE de palavras iniciadas
                                               em maiúsculas
10     propers=set(findall(pattern,content)) # remove duplicatas
11
12     res = []                  # para cada palavra iniciada em maiúsculas
13     for word in propers:      # cria par (word, url)
14         res.append((word, url))
15     return res
```

Uma expressão regular, definida na linha 8, é usada para encontrar palavras iniciadas em maiúsculas na linha 9. (As expressões regulares foram explicadas na Seção 11.3.) Palavras duplicadas são removidas convertendo a lista retornada pela `função re findall()` em um conjunto; fazemos isso porque as duplicatas não são necessárias, e também para agilizar as etapas Partition e Reduce que vêm em seguida.

A etapa Partition de MapReduce apanha a saída da etapa Map e reúne todos os pares (chave, valor) com a mesma chave. Nesse problema em particular, o resultado da etapa Partition é uma lista de pares (`word, urls`) para cada palavra iniciada com letra maiúscula; `urls` refere-se à lista de URLs de documentos contendo `word`. Como estes são exatamente os pares que precisamos, nenhum outro processamento é necessário na etapa Reduce:

Módulo: ch12.py

```
1  def getWordIndex(keyVal):
2      'retorna valor de entrada'
3      return keyVal
```

Como podemos comparar nossas implementações sequencial e paralela? No código a seguir, desenvolvemos um programa de teste que compara os tempos de execução da implementação sequencial e uma implementação paralela com quatro processos. (Os testes foram executados em uma máquina com oito núcleos.) Em vez de documentos classificados usamos, como nossa base de testes, oito romances de Charles Dickens, disponíveis publicamente pelo Projeto Gutenberg:

Módulo: ch12.py

```
1  from time import time
2
3  if __name__ == '__main__':
4
5      urls = [                  # URLs de oito romances de Charles Dickens
```

```
6            'http://www.gutenberg.org/cache/epub/2701/pg2701.txt',
7            'http://www.gutenberg.org/cache/epub/1400/pg1400.txt',
8            'http://www.gutenberg.org/cache/epub/46/pg46.txt',
9            'http://www.gutenberg.org/cache/epub/730/pg730.txt',
10           'http://www.gutenberg.org/cache/epub/766/pg766.txt',
11           'http://www.gutenberg.org/cache/epub/1023/pg1023.txt',
12           'http://www.gutenberg.org/cache/epub/580/pg580.txt',
13           'http://www.gutenberg.org/cache/epub/786/pg786.txt']
14
15       t1 = time()   # hora de início sequencial
16       SeqMapReduce(getProperFromURL, getWordIndex).process(urls)
17       t2 = time()   # hora de fim sequencial, hora de início paralela
18       MapReduce(getProperFromURL, getWordIndex, 4).process(urls)
19       t3 = time()   # hora de fim paralela
20
21       print('Sequencial: {:5.2f} segundos.'.format(t2-t1))
22       print('Paralela:   {:5.2f} segundo.'.format(t3-t2))
```

Vamos executar esse teste:

```
> python properNames.py
Sequencial: 19.89 segundos.
Paralela:   14.81 segundos.
```

Assim, com quatro núcleos, diminuímos o tempo de execução em 5,08 segundos, que corresponde a um ganho de velocidade de

$$\frac{19{,}89}{14{,}81} \approx 1{,}34.$$

O melhor ganho de velocidade possível com quatro núcleos é 4. No exemplo anterior, estamos usando quatro núcleos para obter um ganho de velocidade de 1,34, que não está próximo do melhor ganho de velocidade teórico, que é 4.

DESVIO

Por que Não Conseguimos Obter um Ganho de Velocidade Melhor?

O motivo para não conseguirmos um ganho de velocidade melhor é que sempre há overhead quando se executa um programa em paralelo. O sistema operacional tem trabalho extra a fazer quando gerencia vários processos rodando em núcleos separados. Outro motivo é que, embora nossa implementação MapReduce paralela execute as etapas Map e Reduce em paralelo, a etapa Partition ainda é sequencial. Em problemas que produzem listas intermediárias muito grandes para serem processadas na etapa Partition, a etapa Partition levará o mesmo longo tempo da implementação sequencial. Isso efetivamente reduz o benefício das etapas Map e Reduce paralelas.

É possível realizar a etapa Partition em paralelo, mas, para isso, você precisaria de acesso a um sistema de arquivo distribuído adequadamente configurado, do tipo que o Google utiliza. De fato, esse sistema de arquivo distribuído é a contribuição real feita pelo Google no desenvolvimento da estrutura MapReduce. Para aprender mais sobre isso, você pode ler o artigo original do Google que descreve a estrutura:

```
http://labs.google.com/papers/mapreduce.html
```

No Problema Prático 12.8, você desenvolverá um programa que tem uma etapa Map mais intensa em termos de tempo e uma etapa Partition menos intensa; você deverá ver um ganho de velocidade mais impressionante.

Problema Prático 12.8

Você recebe uma lista de inteiros positivos, e precisa calcular um mapeamento que mapeie um número primo àqueles inteiros na lista que o número primo divide. Por exemplo, se a lista for `[24,15,35,60]`, então o mapeamento é

```
[(2, [24, 60]), (3, [15, 60]), (5, [15, 35]), (7, [35])]
```

(O número primo 2 divide 24 e 60, o número primo 3 divide 15 e 60, e assim por diante.)

Você é informado que sua aplicação receberá listas de inteiros muito grandes como entrada. Portanto, você deverá usar a estrutura MapReduce para resolver esse problema. Para fazer isso, você precisará desenvolver uma função map e uma função reduce para esse problema em particular. Se forem chamadas `mapper()` e `reducer()`, você as usaria desta forma para obter o mapeamento descrito:

```
>>> SeqMapReduce(mapper, reducer).process([24,15,35,60])
```

Depois de implementar as funções map e reduce, compare os tempos de execução de suas implementações MapReduce sequencial e paralela, e calcule o ganho de velocidade, desenvolvendo um programa de teste que use uma amostra aleatória de 64 inteiros entre 10.000.000 e 20.000.000. Você pode usar a função `sample()` definida no módulo `random()`.

Resumo do Capítulo

Este capítulo focaliza as modernas técnicas de processamento de dados. Por trás de quase toda aplicação de computador "real" moderna, existe um banco de dados. Os arquivos de banco de dados frequentemente são mais adequados do que os arquivos de uso geral para armazenamento de dados. Por esse motivo é importante obter uma exposição inicial aos bancos de dados, entender seus benefícios e saber como utilizá-los.

Este capítulo apresenta um pequeno subconjunto da SQL, a linguagem usada para acessar arquivos do banco de dados. Também apresentamos o módulo `sqlite3` da Biblioteca Padrão Python, uma API para o trabalho com arquivos de banco de dados. Demonstramos o uso da SQL e do módulo `sqlite3` no contexto do armazenamento dos resultados de um Web crawl em um arquivo de banco de dados e depois fazendo consultas do tipo mecanismo de busca.

A escalabilidade é uma questão importante com relação ao processamento de dados. A quantidade de dados gerados e processados por muitas aplicações atuais de computador é imensa. Nem todos os programas podem escalar e tratar de grandes quantidades de dados. Assim, estamos particularmente interessados em técnicas de programação que podem escalar (isto é, que podem ser executadas em paralelo em vários processadores ou núcleos).

Neste capítulo, apresentamos diversas técnicas de programação escalável, que têm suas raízes em linguagens funcionais. Primeiro, introduzimos as compreensões de lista, uma construção em Python que permite, usando uma descrição sucinta, a execução de uma função sobre cada item de uma lista. Depois, apresentamos a função `map()`, definida no módulo `multiprocessing` da Biblioteca Padrão, que basicamente permite a execução de compreensões de lista em paralelo, usando os núcleos disponíveis de um microprocessador. Depois, nos baseamos nisso para descrever e desenvolver uma versão básica da estrutura MapReduce do Google. Essa estrutura é usada pelo Google e por outras empresas para processar conjuntos de dados realmente grandes.

Embora nossos programas sejam implementados para execução em um único computador, os conceitos e técnicas apresentados neste capítulo se aplicam à computação distribuída em geral e, especialmente, a modernos sistemas de computação em nuvem.

Soluções dos Problemas Práticos

12.1 As consultas SQL são:

(a) `SELECT DISTINCT Url FROM Hyperlinks WHERE Link = 'four.html'`

(b) `SELECT DISTINCT Link FROM Hyperlinks WHERE Url = 'four.html'`

(c) `SELECT Url, Word from Keywords WHERE Freq = 3`

(d) `SELECT * from Keywords WHERE Freq BETWEEN 3 AND 5`

12.2 As consultas SQL são:

(a) `SELECT SUM(Freq) From Keywords WHERE Url = 'two.html'`

(b) `SELECT Count(*) From Keywords WHERE Url = 'two.html'`

(c) `SELECT Url, SUM(Freq) FROM Keywords GROUP BY Url`

(d) `SELECT Link, COUNT(*) FROM Hyperlinks GROUP BY Link`

12.3 Lembre-se de usar a substituição de parâmetros corretamente e não se esqueça de confirmar (`commit`) e fechar (`close`):

```
import sqlite3
def webData(db, url, links, freq):
    '''db é o nome de um arquivo de banco de dados contendo as tabelas
       Hyperlinks e Keywords:
       url é o URL de uma página Web;
       links é uma lista de URLs de hyperlink na página Web;
       freq é um dicionário que mapeia cada palavra na
       página Web à sua frequência;

    webData insere linha (url, word, freq[word]) em Keywords
    para cada palavra-chave em freq, e registro (url, link) em
    Hyperlinks, para cada link em links
'''
con = sqlite3.connect(db)
cur = con.cursor()

for word in freq:
    record = (url, word, freq[word])
    cur.execute("INSERT INTO Keywords VALUES (?,?,?)", record)
```

```
    for link in links:
        record = (url, link)
        cur.execute("INSERT INTO Keywords VALUES (?,?)", record)

    con.commit()
    con.close()
```

12.4 O mecanismo de busca é um programa servidor simples que se repete indefinidamente e atende a uma solicitação de busca do usuário em cada iteração:

```
def freqSearch(webdb):
    '''webdb é um arquivo de banco de dados contendo palavras-chave da tabela;

       freqSearch é um mecanismo de busca simples que pega uma
       palavra-chave do usuário e mostra URLs de páginas Web que as
       contêm em ordem decrescente de frequência da palavra
    con = sqlite3.connect(webdb)
    cur = con.cursor()

    while True:    # atende para sempre
        keyword = input("Digite a palavra-chave:")

        # seleciona páginas Web contendo palavra-chave em
        # ordem decrescente de frequência de palavra-chave
        cur.execute("""SELECT Url, Freq
                       FROM Keywords
                       WHERE Word = ?
                       ORDER BY Freq DESC""", (keyword,))
        print('{:15}{:4}'.format('URL', 'FREQ'))
        for url, freq in cur:
            print('{:15}{:4}'.format(url, freq))
```

12.5 As construções de compreensão de lista são:

(a) `[word, capitalize() for word in words]`: cada palavra é iniciada em letras maiúsculas.

(b) `[(word, len(word)) for word in words]`: uma tupla é criada para cada palavra.

(c) `[[(c.word) for c in word] for word in words]`: cada palavra é usada para criar uma lista; a lista é construída a partir de cada caractere da palavra, o que também pode ser feito usando a compreensão de lista.

12.6 A função map deverá mapear uma palavra (string) para uma lista de tuplas `(c, word)` para cada caractere `c` de `word`.

```
def getChars(word):
    '''word é uma string; a função retorna uma lista de tuplas
       (c, word) para cada caractere c de word'''
    return [(c, word) for c in word]
```

A entrada para a função reduce é uma tupla `(c, lst)`, em que `lst` contém palavras contendo `c`; a função reduce deverá simplesmente eliminar duplicatas de `lst`:

```
def getCharIndex(keyVal):
    '''keyVal é uma tupla-2 (c, lst), em que lst é uma lista
       de palavras (strings)

       função retorna (c, lst'), em que lst' é lst com
       as duplicatas removidas'''
    return (keyVal[0], list(set(keyVal[1])))
```

12.7 O programa é:

Módulo: notParallel.py

```
1  from os import getpid
2
3  def length(word):
4      'retorna tamanho da string word'
5      print('Processo {} manipulando {}'.format(getpid(), word))
6      return len(word)
7
8  animals = ['hawk', 'hen', 'hog', 'hyena']
9  print([length(x) for x in animals])
```

Naturalmente, ele só usará um processo quando executado.

12.8 A função map, que chamamos de `divisors()`, aceita `number` e retorna uma lista de pares `(i, number)` para cada primo `i` dividindo `number`:

```
from math import sqrt
def divisors(number):
    '''retorna lista de (i, number) tuplas para
       cada primo i dividindo number'''
    res = []            # acumulador de fatores de number
    n = number
    i = 2
    while n > 1:
        if n%i == 0:    # se i é um fator de n
            # coleta i e divide repetidamente n por i
            # enquanto i é um fator de n
            res.append((i, number))
            while n%i == 0:
                n //= i
        i += 1          # vai para próximo i
    return res
```

A etapa Partition reunirá todos os pares `(i, number)` que têm a mesma chave `i`. A lista que ela constrói, na realidade, é a lista final desejada, de modo que a etapa Reduce só deve copiar os pares (chave, valor):

```
def identity(keyVal):
    return keyVal
```

Aqui está um programa de teste:

```
from random import sample
from time import time
if __name__ == '__main__':
    # cria lista de 64 inteiros aleatórios grandes
    numbers = sample(range(10000000, 20000000), 64)
    t1 = time()
    SeqMapReduce(divisors, identity).process(numbers)
    t2 = time()
    MapReduce(divisors, identity).process(numbers)
    t3 = time()
    print('Sequencial: {:5.2f} segundos.'.format(t2-t1))
    print('Paralela:   {:5.2f} segundos.'.format(t3-t2))
```

Quando você executa esse teste em um computador com um microprocessador multicore, deve ver a implementação paralela de MapReduce rodando mais rapidamente. Aqui está o resultado para uma execução de exemplo usando quatro núcleos:

```
Sequencial: 26.77 segundos.
Paralela:   11.18 segundos.
```

O ganho de velocidade é 2,39.

Exercícios

12.9 Escreva consultas SQL sobre as tabelas `Hyperlinks` e `Keywords` da Figura 12.2 que retornem estes resultados:

(a) As palavras distintas que aparecem na página Web com URL `four.html`.

(b) URLs de páginas Web contendo ou `'Chicago'` ou `'Paris'`.

(c) O número total de ocorrências de cada palavra distinta, por todas as páginas Web.

(d) URLs de páginas Web que têm um link de chegada a partir de uma página contendo `'Nairobi'`.

12.10 Escreva consultas SQL sobre a tabela `WeatherData` na Figura 12.16 que retornem:

(a) Todos os registros para a cidade de Londres.

(b) Todos os registros do verão.

(c) A cidade, país e estação para os quais a temperatura média é menor que 20º.

(d) A cidade, país e estação para os quais a temperatura média é maior que 20º e o volume total de chuva é menor que 10 mm.

(e) O volume de chuva total máximo.

(f) A cidade, estação e volume de chuva para todos os registros em ordem decrescente de volume de chuva.

(g) O volume total anual de chuva para Cairo, Egito.

(h) O nome da cidade, país e volume total anual de chuva para cada cidade distinta.

12.11 Usando o módulo `sqlite3`, crie um arquivo de bancos de dados `weather.db` e a tabela `WeatherData` nele. Defina os nomes de coluna e os tipos para que combinem com aqueles na tabela da Figura 12.16, depois insira todas as linhas mostradas na tabela.

Cidade	País	Estação	Temperatura	Chuva
Mumbai	Índia	1	24,8	5,9
Mumbai	Índia	2	28,4	16,2
Mumbai	Índia	3	27,9	1549,4
Mumbai	Índia	4	27,6	346,0
Londres	Reino Unido	1	4,2	207,7
Londres	Reino Unido	2	8,3	169,6
Londres	Reino Unido	3	15,7	157,0
Londres	Reino Unido	4	10,4	218,5
Cairo	Egito	1	13,6	16,5
Cairo	Egito	2	20,7	6,5
Cairo	Egito	3	27,7	0,1
Cairo	Egito	4	22,2	4,5

Figura 12.16 **Um fragmento do banco de dados do clima mundial.** A figura mostra a temperatura média por 24 horas (em graus Celsius) e o volume total de chuva (em milímetros) para o Inverno (1), Primavera (2), Verão (3) e Inverno (4) em diversas cidades do mundo.

12.12 Usando o `sqlite3` e dentro do shell interativo, abra o arquivo de bancos de dados `weather.db` que você criou no Problema 12.11. Depois, execute as consultas do Problema 12.10 por meio de instruções apropriadas em Python.

12.13 Considere que a lista `lst` seja definida como

```
>>> lst = [23, 12, 3, 17, 21, 14, 6, 4, 9, 20, 19]
```

Escreva a expressão de compreensão de lista com base na lisa `lst` que produz estas listas:

(a) `[3, 6, 4, 9]` (os números de único dígito na lista `lst`).

(b) `[12, 14, 6, 4, 20]` (os números pares na lista `lst`).

(c) `[12, 3, 21, 14, 6, 4, 9, 20]` (os números divisíveis por 2 ou 3 na lista `lst`).

(d) `[4, 9]` (os quadrados na lista `lst`).

(e) `[6, 7, 3, 2, 10]` (as metades dos números pares na lista `lst`).

12.14 Execute o programa `primeDensity.py` com um, dois, três e quatro núcleos, ou até tantos núcleos quantos você tiver no seu computador, e registre os tempos de execução. Depois, escreva uma versão sequencial do programa `primeDensity.py` (usando a compreensão de lista, digamos) e registre seu tempo de execução. Calcule o ganho de velocidade para cada execução de `primeDensity.py` com dois ou mais núcleos.

12.15 Faça o ajuste da análise de tempo de execução do programa `properNames.py`, registrando o tempo de execução de cada etapa — Map, Partition e Reduce — do MapReduce. (Você terá que modificar a classe MapReduce para fazer isso.) Quais etapas possuem maior ganho de velocidade do que outras?

Problemas

12.16 Escreva a função `ranking()`, que toma como entrada o nome de um arquivo de bancos de dados contendo uma tabela chamada `Hyperlinks` com o mesmo formato da tabela na Figura 12.2(a). A função deverá acrescentar ao banco de dados uma nova tabela que contém o número de hyperlinks de *chegada* para cada URL listado na coluna `Link` de `Hyperlinks`. Dê à nova tabela e suas colunas os nomes `Ranks`, `Url` e `Rank`, respectivamente. Quando executada contra o arquivo de bancos de dados `links.db`, a consulta curinga sobre a tabela Rank deverá produzir esta saída:

Arquivo: links.db

```
>>> cur.execute('SELECT * FROM Ranks')
<sqlite3.Cursor object at 0x15d2560>
>>> for record in cur:
        print(record)

('five.html', 1)
('four.html', 3)
('one.html', 1)
('three.html', 1)
('two.html', 2)
```

12.17 Desenvolva uma aplicação que aceite o nome de um arquivo de texto como entrada, calcule a frequência de cada palavra no arquivo e armazene os pares resultantes (palavra, frequência) em uma nova tabela, chamada `Wordcounts`, de um novo arquivo de bancos de dados. A tabela deverá ter colunas `Word` e `Freq` para armazenar os pares (palavra, frequência).

12.18 Desenvolva uma aplicação que mostre, usando gráficos Turtle, as *n* palavras que ocorrem com mais frequência em um arquivo de texto. Suponha que as frequências de palavra do arquivo já tenham sido calculadas e estejam armazenadas em um arquivo de bancos de dados como aquele criado no Problema 12.17. Sua aplicação toma como entrada o nome desse arquivo de bancos de dados e o número *n*. Depois, ela deverá mostrar as *n* palavras mais frequentes em posições aleatórias de uma tela turtle. Tente usar diferentes tamanhos de fonte para as palavras: uma fonte muito grande para a palavra que ocorre com mais frequência, uma fonte menor para as duas palavras seguintes e uma fonte ainda menor para as próximas quatro palavras, e assim por diante.

12.19 No Problema Prático 12.4, desenvolvemos um mecanismo de busca simples que classifica as páginas Web com base na frequência das palavras. Existem vários motivos pelos quais esse é um método fraco para classificar páginas Web, incluindo o fato de que ele pode ser facilmente manipulado.

Mecanismos de busca modernos, como o do Google, utilizam informações de hyperlink (entre outras coisas) para classificar páginas Web. Por exemplo, se uma página Web tiver poucos links de chegada, ela provavelmente não contém informações muito úteis. Porém, se uma página Web tiver muitos hyperlinks de chegada, então ela provavelmente contém informações úteis e deve ter uma classificação alta.

Usando o arquivo de bancos de dados `links.db`, obtido rastejando pelas páginas da Figura 12.1, e também a tabela `Rank`, criada no Problema 12.16, desenvolva novamente o mecanismo de busca do Problema Prático 12.4, de modo que ele classifique as páginas Web por número de links de chegada.

Arquivo: links.db

```
>>> search2('links.db')
Digite a palavra-chave: Paris
URL           RANK
four.html        3
two.html         2
one.html         1
Digite a palavra-chave:
```

12.20 O utilitário de busca de texto `grep` do UNIX aceita um arquivo de texto e uma expressão regular, e retorna uma lista de linhas no texto que contêm uma string que corresponde ao padrão. Desenvolva uma versão paralela de `grep` que aceite do usuário o nome de um arquivo de texto e a expressão regular, e depois use um pool de processos para pesquisar as linhas do arquivo.

12.21 Usamos o programa `primeDensity.py` para comparar as densidades dos números primos em diversos intervalos grandes de inteiros muito grandes. Neste problema, você comparará as densidades de *primos gêmeos*. Primos gêmeos são pares de primos cuja diferença é 2. Os primeiros primos gêmeos são 3 e 5, 5 e 7, 11 e 13, 17 e 19, e 29 e 31. Escreva uma aplicação que use todos os núcleos no seu computador para comparar o número de primos gêmeos pelas mesmas faixas de inteiros usadas em `primeDensity.py`.

12.22 O Problema 10.25 lhe pede para desenvolver a função `anagram()`, que usa um dicionário (ou seja, uma lista de palavras) para calcular todos os anagramas de determinada string. Desenvolva `panagram()`, uma versão paralela dessa função, que toma uma lista de palavras e calcula uma lista de anagramas para cada palavra.

12.23 Ao final deste livro existe um índice, que mapeia palavras aos números de página das páginas contendo as palavras. Um índice de linha é semelhante: ele mapeia palavras aos números de linha das linhas de texto em que elas aparecem. Desenvolva, usando a estrutura MapReduce, uma aplicação que aceite como entrada o nome de um arquivo de texto e também um conjunto de palavras, e crie um índice de linha. Sua aplicação deverá enviar o índice para um arquivo, de modo que as palavras apareçam em ordem alfabética, uma palavra por linha; os números de linha, para cada palavra, deverão vir após a palavra e ser enviados em ordem crescente.

12.24 Refaça o Problema 12.16 usando MapReduce para calcular o número de links de chegada para cada página Web.

12.25 Um *gráfico de link da Web* é uma descrição da estrutura de hyperlinks de um conjunto de páginas Web vinculadas. Um modo de representar o gráfico de link da Web é com uma lista de pares (url, linksList), com cada par correspondendo a uma página Web; url refere-se ao URL da página, e linksList é uma lista dos URLs de hyperlinks contidos na página. Observe que essa informação é facilmente coletada por um Web crawler.

O *gráfico reverso de link da Web* é outra representação da estrutura de hyperlinks do conjunto de páginas Web. Ele pode ser representado como uma lista de pares (url, incomingList), com url referindo-se ao URL de uma página Web e incomingList referindo-se a uma lista de URLs de hyperlinks de *chegada*. Assim, o gráfico reverso de link da Web torna explícitos os links de chegada, em vez de links de saída. Esse é um meio muito útil para calcular, de modo eficiente, o PageRank de páginas Web no Google.

Desenvolva uma função que apanhe um gráfico de link da Web, representado conforme descrito, e retorne o gráfico reverso de link da Web.

12.26 Um servidor Web normalmente cria um log para cada solicitação HTTP que ele trata e anexa a string do log em um arquivo de log. Manter um arquivo de log é útil por diversos motivos. Um motivo particular é que ele pode ser usado para descobrir quais recursos — identificados por URLs — gerenciados pelo servidor foram acessados e com que frequência — algo chamado de frequência de acesso do URL. Neste problema, você desenvolverá um programa que calcula a frequência de acesso do URL a partir de determinado arquivo de log.

Entradas de log do servidor Web são escritas em um formato bem conhecido, padrão, conhecido como *Common Log Format*. Esse é um formato padrão usado pelo servidor Web

Apache httpd, assim como por outros servidores. Um formato padrão torna possível desenvolver programas de análise de log que minam o arquivo de log de acesso. Uma entrada de arquivo de log produzida em um formato de log comum se parece com isto:

```
127.0.0.1 - - [16/Mar/2010:11:52:54 -0600] "GET /index.html HTTP/1.0" 200 1929
```

Esse log contém muitas informações. A principal informação, para os nossos propósitos, é o recurso solicitado `index.html`.

Escreva um programa que calcule a frequência de acesso para cada recurso que aparece no arquivo de log e grave a informação em uma tabela do banco de dados com colunas para o URL do recurso e a frequência de acesso. A gravação da frequência de acesso em um banco de dados torna a frequência de acesso ao URL receptiva a consultas e análise.

12.27 Escreva uma aplicação que calcule uma concordância de um conjunto de romances usando MapReduce. Uma *concordância* é um mapeamento que combina cada palavra em um conjunto de palavras com uma lista de sentenças dos romances, que contenha a palavra. A entrada para a aplicação é o conjunto de nomes de arquivos de texto contendo os romances e o conjunto de palavras a serem mapeadas. Você deverá gravar a concordância em um arquivo.

Índice

T

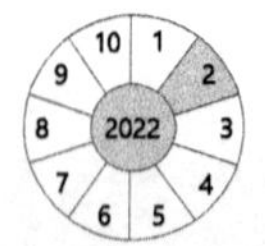

10
1
2
9
2022
3
8
4
7
6
5